生 态 学 名 著 译 丛

Ecology Revisited
Reflecting on Concepts, Advancing Science

生态学反思
——回顾概念，推进科学

Astrid Schwarz　Kurt Jax　主编

王艳芬　郝刘祥　高原　等译

中国教育出版传媒集团

高等教育出版社·北京

图字：01-2020-5989号

First published in English under the title
Ecology Revisited : Reflecting on Concepts, Advancing Science
edited by Astrid Schwarz and Kurt Jax
Copyright © Springer Science+Business Media B. V., 2011
This edition has been translated and published under licence from
Springer Nature B. V.

图书在版编目（CIP）数据

生态学反思：回顾概念，推进科学 ／（德）阿斯特
丽德·施瓦茨（Astrid Schwarz），（德）库尔特·贾克
斯（Kurt Jax）主编；王艳芬等译． -- 北京：高等教
育出版社，2023.11
书名原文：Ecology Revisited: Reflecting on
Concepts，Advancing Science
ISBN 978-7-04-061262-2

Ⅰ．①生… Ⅱ．①阿… ②库… ③王… Ⅲ．①生
态学 -研究 Ⅳ．① Q14

中国国家版本馆 CIP 数据核字（2023）第 182625 号

策划编辑	李冰祥　柳丽丽	责任编辑	柳丽丽　李冰祥　殷　鸽	封面设计	张　楠
版式设计	杨　树	责任校对	吕红颖	责任印制	田　甜

出版发行	高等教育出版社	网　　址	http://www.hep.edu.cn
社　址	北京市西城区德外大街4号		http://www.hep.com.cn
邮政编码	100120	网上订购	http://www.hepmall.com.cn
印　刷	北京市白帆印务有限公司		http://www.hepmall.com
开　本	787mm×1092mm 1/16		http://www.hepmall.cn
印　张	29.25		
字　数	520 千字	版　次	2023 年11月第 1 版
购书热线	010-58581118	印　次	2023 年11月第 1 次印刷
咨询电话	400-810-0598	定　价	128.00元

本书如有缺页、倒页、脱页等质量问题，请到所购图书销售部门联系调换
版权所有　侵权必究
物 料 号　61262-00
审 图 号　GS京（2023）1631号
本书插图系原文插图
SHENGTAIXUE FANSI——HUIGU GAINIAN, TUIJIN KEXUE

序

生态学的前身是以描述性研究方法为特征的博物学。我国在长期的原始和农业社会发展历程中,已积累了丰富的关于生物、地理和气候方面的人类认知,形成了我国传统的古代博物学知识体系。20 世纪初,西方科学知识被大规模移植、引进我国,逐步取代了我国有着 2000 多年历史的传统博物学,在生命科学领域形成了具有现代意义的生物学、生理学和生态学等众多分支学科。

在生态学引入我国的过程中,我国学者开始关注的是植物生态学和动物生态学,以译介的国外教科书为主传播生态学知识,后来才逐渐结合国内的研究成就,编著了少量适合我国国情的教科书。改革开放以来,我国的生态学研究与农林牧业生产、资源管理及环境治理等实践紧密结合,致力于服务自然资源保护、社会经济发展及人类健康保障,其社会影响和作用日益凸显,2011 年生态学从原来生物学的二级学科升格为一门独立的一级学科。

今天,我国已进入全面建设社会主义现代化强国的新时代。党的二十大报告发出了"尊重自然、顺应自然、保护自然,是全面建设社会主义现代化国家的内在要求"的号召,并从加快发展方式绿色转型,深入推进环境污染防治,提升生态系统多样性、稳定性、持续性,积极稳妥推进碳达峰碳中和等方面做出了系统性的具体部署。生态文明建设上升为国家战略,为我国生态学发展注入了全新动力。我国生态学研究与实践正处在蓬勃发展的新时期,其研究深度不断突破,广度不断拓展,学科交叉融合日益增加,不仅与自然科学相关学科互相渗透,还与人文社会科学频繁碰撞。与此同时,生态学专业教育规模不断扩大,大众生态学知识普及也受到空前重视。

然而,在我国生态学迅猛发展的背景下,生态学概念模糊的问题愈发凸显。一方面,在科学哲学研究范畴中,关于生态学乃至生物学是否是科学的争议绵延至今,其中一个重要的依据是生态学中的重要概念不够清晰,即"非实在"。另一方面,现代生态学源于西方,在不同时期通过多条路径传入我国,这就不可避免地产生了一词多译、多词同译等诸多语言学方面的问题;同时受汉语自身和传统文化影响,一些研究者在参考和理解文献过程中,使用了一些自造或者不精准的术语,甚至是以讹传讹，这些术语通过教育和媒体传播而蔓延，更加剧了相关概念的混乱。虽然很多学者已经注意到了这些问题，但是系统性的梳理和纠偏还任重道远。

本书原著 2011 年出版，但并没有受到我国生态学界的广泛关注。此次王艳芬教授组织翻译出版正当其时，对我们理解生态学的一些重要概念及内涵，以及生态学发展脉络具有重要意义。因此，当她邀请我为译著作序时，我便欣然应允。

本书虽然被定位为"手册"，但独具特色，在编写思想和体例格式方面与常见的手册完全不同，也区别于通常的词典。首先，本书在概念收集方面，不是求全求细，而是关注具有或曾经具有理论意义的基本术语。通过厘清这些基础性概念，来深刻把握生态学的核心要义。其次，本书的体例不是按字母顺序将概念进行排列，而是把一组密切相关的概念编排在一起，组成一个"概念簇"（conceptual cluster），这样既便于读者查阅，又易于深入理解概念的内涵和外延，并有利于系统掌握相关概念的逻辑关联。再次，本书对概念不是进行简单的定义和解释，而是采用了科学史研究的方法，追溯和重建概念构建和变化的动态过程，还原生态学的早期发展历史，极大地超越了一般生态学词典的功能。

由于现代生态学起源并形成于西方，我国学者往往对生态学早期历史了解较为不足，对一些重要概念演变历程的了解大多停留在简略的二手资料上。因此，本书的上述特点尤其有益于我国学者和学生。本书不仅在概念辨析上非常充分，而且还能拓展获取生态学发展史、生态学与相关学科关联方面的重要知识。此外，本书在编写中还注重从哲学的角度，讨论认识论和方法论等方面问题，这对我国生态学研究尤为重要。虽然我国的一些社会学学者们开展了有关生态哲学、环境哲学等方面的研究，但是因为他们与生态学研究者之间缺乏交流的平台，目前还没有形成相互鉴赏、批判或激发的实质性互动局面。本书的出版无疑会为两者的互动提供契机。

优秀的思想需要有得力的组织实施才能形成卓越的产品。本书由德国哲学家阿斯特丽德·施瓦茨（Astrid Schwarz）和保护生物学家库尔特·贾克斯（Kurt Jax）共同组织编写，邀请了生态学、哲学、科学史、保护生物学、人类学、语言学和其他学科的二十位学者共同编写，不仅保障了内容的深度和广度，同时还以德国学者的严谨细致风格，保证了高质量出版物的最终形成。

很遗憾，我国学者缺席了现代生态学的创建、形成及早期发展，在本书中也就没有出现我国学者的名字。但是，我国当代生态学的勃兴和我国学者对学科发展的贡献值得欣慰。王艳芬教授长期从事土壤生态学研究，她不仅产出了大量原创性科技成果，而且非常关注生态学教育和生态学史探究。她组织的翻译团队中既有生态学研究者，也有哲学、科学史和语言学学者，可谓珠联璧合，他们合作的译本尊重了原著思想，保持了原著风格和准确性，期待本书的出版能对中文生态学概念的系统性梳理起到激浊扬清、正本清源的作用。

　　潦拙数语是为序。

2023 年 8 月 17 日

于北京

致　谢

　　本书是多项活动的成果, 这些活动促成了《生态学概念手册》(*Handbook of Ecological Concepts*, HOEK) 这一研究项目和著作编写的最初构想。从一开始, 我们就将 HOEK 视作一个集体项目, 旨在为生态学的历史与哲学 (包括理论生态学) 这个相当凌乱的领域提供一个思想交流和争论的平台。创建 HOEK 并将其作为真正的集体项目的另一重要动因在于生态学概念使用上的界限不明、模糊不清和矛盾重重, 我们感到迫切需要深入调查欧洲生态学历史和理论的多样性, 以及不同民族的生态学传统、历史和风格的差异性。这种多样性或差异性在从 19 世纪末到第二次世界大战的早期生态学史中尤为明显, 并且延续到后来的发展。这些后来的发展包括生物和环境保护方面的不同的国家立法, 以及国家政府政策发起的诸多变革, 例如增加可再生能源使用的各种举措。政治发展影响着不同国家的科学的生态学, 包括概念的选择和发展以及生态学的具体实践。而同样地, 概念和理论的动态演进也会影响到政治。例如, 这种双向互动就发生在泛欧法律和指南, 比如《欧洲水框架指南》(*European Water Framework Directive*) 的具体实施战略之中, 也发生在 1990 年代政治巨变 (尤其在东德和东欧国家) 之后土地利用模式和大规模生态恢复项目所经历的深远而迅速的变化之中。

　　鉴于我们重点关注的是生态学的欧洲维度以及环境问题的一般理论框架——当然, 不排除其他地理区域——我们随即需要面对丰富多样的语言、传统、科学习惯和科学政策。另外, 考虑到编者自己的母语是德语这一事实, 如果这件事不是不可能完成的话, 我们必须从一开始就应对翻译的困难与挑战, 更不用说自然语言与专业语言之间的转化和语义差距。所有这些都让我们更加关注概念史 (Begriffsgeschichte) 中的问题, 并深切认识到概念史对整个生态学领域及其应用背景的重要性。

　　考虑到所有这些复杂的问题, HOEK 很快就演变成一个规模相当庞大并且难以驾驭的项目。因此, 首先并且最为紧迫的问题就是如何使项目变得可行。我们决定广泛联系, 听取来自生态学、哲学、历史学、语言学、地理学和社会学等不同学科的同事和朋友们对于项目的意见。他们的反馈非常积极。他们不仅欢迎这个项目，而且大多数都加入了这个项目，或者参与研讨，或者担任编委，或者成为作者或审稿人。在此致以最诚挚的感谢。如果没有他们的持续支持，这个项目就永远不会成为现实。我们非常希望，本卷即第一卷可以证明他们对我们的信任是恰当的，也是值得的。

路德维希·特列普 (Ludwig Trepl) 和沃尔夫冈·哈贝尔 (Wolfgang Haber) 从一开始就对 HOEK 项目给予了热情鼓励和大力支持，他们是慕尼黑工业大学 (弗赖辛的魏恩施蒂芬校区) 景观生态学系的主任。与两位系主任以及系里其他几位老师的讨论明晰了我们的想法。

在项目的早期阶段，也就是"原始 HOEK"时期，我们非常仔细地研究了德国一些公认的优秀百科全书项目。感谢阿尔布雷希特·冯·马索 (Albrecht von Massow) 和马库斯·班杜尔 (Markus Bandur)，他们帮助我们熟悉了《音乐术语手册词典》(*Handwörterbuch der musikalischen Terminologie*) 这部概念史大作。

我 (施瓦茨) 作为编者之一在巴黎人文科学之家 (MSH) 和科学技术历史与哲学研究所 (IHPST) 完成的博士后研究，促使本项目向前推进了一大步。特别感谢帕斯卡·阿科特 (Pascal Acot) 和让–皮埃尔·德鲁安 (Jean-Pierre Drouin)，感谢我们一起在图书馆或巴黎的美妙咖啡馆度过的时光，感谢他们反复问起的那些重要的、有时麻烦的，但总是有益的问题。非常感谢帕特里克·布兰丁 (Patrick Blandin)、多纳托·贝尔甘迪 (Donato Bergandi)、塞尔日·弗龙捷 (Serge Frontier)、卡特琳·拉雷尔 (Catherine Larrère)、帕特里克·马塔涅 (Patrick Matagne)、丹尼斯·皮乔德·维亚莱 (Denise Pichod Viale) 以及来自巴黎国家自然历史博物馆的其他几位同事，感谢他们那些启发思考的讨论。由于这些热情的接待，项目的第一次研讨会在巴黎人文科学之家举行，并得到欣纳克·布鲁恩斯 (Hinnerk Bruhns) 和卡罗琳·祖姆·科尔克 (Caroline zum Kolk) 的特别支持。

随后举办的两次研讨会，一次在莱比锡 (2004 年)，一次在达姆施塔特 (2006 年)，分别得到了大众基金会的慷慨支持。"HOEK 社团"得以巩固和扩大，而我们的共同努力也因为研讨会而获得进一步的鼓励和建设性的批评[1]。

还要感谢编者所在研究所的同事。达姆施塔特哲学研究所的同事们乐于接受我 (施瓦茨) 对项目有时高度专注的投入。感谢彼得拉·格林 (Petra Gehring) 分享她在大型项目《哲学史词典》(*Historisches Wörterbuch der Philosophie*) 中的编辑经验，该项目持续了大约 25 年并最终在 2005 年完成。我与阿尔弗雷德·诺德曼 (Alfred Nordmann) 的多次对话不仅鼓舞人心，而且直接反映在我对本书的贡献之中。

[vii]

---

[1] 研讨会信息及会议参与者请见 HOEK 相关网站。

　　亥姆霍兹环境研究中心的许多同事也在讨论过程中为项目贡献了他们的想法。他们特别帮助我 (贾克斯) 将我们的理论观念锚定在生态学实践及其应用领域之中。这里要特别感谢克劳斯·亨勒 (Klaus Henle),感谢他对于项目的全程关注和极大支持,尤其是为我提供了开展研究的环境和自由,去研究一个在生态和环境保护机构看来不那么常规的主题,至少在德国是这样。特别感谢已经离开我们的哲学家海德龙·黑塞 (Heidrun Hesse),她敢于跨越学科的界限,激励很多科学家去反思生态学及其应用中的概念和观念。我们怀念她批评的声音。

　　我们感谢以下编委会成员协助编写本书:帕斯卡·阿科特 (巴黎)、桑德拉·贝尔 (Sandra Bell) (达勒姆)、帕特里克·布兰丁 (巴黎)、阿列克谢·吉拉罗夫 (Alexej Ghilarov) (莫斯科)、约翰·高迪 (John Gowdy) (纽约州特洛伊)、沃尔克·格林 (Volker Grimm) (莱比锡)、沃尔夫冈·哈贝尔 (弗赖辛)、尔约·海拉 (Yrjo Haila) (坦佩雷)、格特鲁德·赫希–哈多恩 (Getrude Hirsch-Hadorn) (苏黎世)、安德鲁·贾米森 (Andrew Jamison) (奥尔堡)、艾伦·霍兰德 (Alan Holland) (兰卡斯特)、钟林·柯 (Chunglin Kwa) (阿姆斯特丹)、托马斯·波特哈斯特 (Thomas Potthast) (蒂宾根)、彼得·泰勒 (Peter J. Taylor) (波士顿)、路德维希·特列普 (弗赖辛)、格哈德·威格勒布 (Gerhard Wiegleb) (科特布斯)。

　　本书很多作者的母语不是英语,而是法语、俄语、芬兰语、西班牙语、挪威语、意大利语或德语。凯瑟琳·克罗斯 (Kathleen Cross)、苏珊·哈克 (Susan Haak)、帕特里克·哈姆 (Patrick Hamm) 和保罗·朗宁 (Paul Ronning) 对这些手稿进行了修订,甚至完整地翻译了某些文稿。他们富有难以置信的细心和耐心——非常感谢他们四人。特别感谢凯瑟琳·克罗斯,她不仅完成了大部分的翻译工作,而且通过交谈和电子邮件为凝练和理顺文章做出了巨大贡献。

　　最后不能不提我们的前合作者克里斯蒂安·哈克 (Christian Haak),我们感谢他为本书提出的宝贵意见以及进行的部分编辑工作。他在信息和数据管理方面做出了出色的贡献。

　　　　　　　　　　　　　阿斯特丽德·施瓦茨 (Astrid Schwarz) 于达姆施塔特
　　　　　　　　　　　　　　　库尔特·贾克斯 (Kurt Jax) 于莱比锡

原 书 序 言[2]

《生态学概念手册》(HOEK) 的发起者认为, 该套书有助于厘清科学的生态学中的概念与其所定义的对象之间的关系[3]。发起者并不试图解决关于世界秩序的古老形而上学问题, 当然也并不认为这些问题已经得到了解决。事实上, 科学家是否**发现**了独立于他本人的、植根于现实世界的不连续性、同一性或规律性, 并从中提炼出自然规律, 或者是否采用了他自己或他人所提出的概念框架来**解释**世界, 这不是一个认识论问题: 在实践中, 科学家们的确观察到了自然界中的规则性。因此, 从人类的尺度来看, 任意一棵橡树总是以同样的方式不同于任意一棵山毛榉或桦树。而且, 这种规律性可以通过复杂的 "物种" 概念得以界定, 而 "物种" 的概念通过人类感知到的不连续性而获得意义。

可以看出, 这种探讨世界的方式是由历史决定的; 观察的性质随着时间的推移而变化, 而赋予观察以意义的概念也是如此, 它的意义也在改变。因此, HOEK 的负责人决定追溯概念的构建过程以及随后的不同用法, 将重点放在探究概念的意义及其确切所指之上, 这在科学的生态学词典上是一个创新[4]。据我所知, 该领域的大多数科学词典只是将概念的历史定义及其在不同历史时期的用法简单**并置**, 并没有真正探讨概念意义变化的重要性。相反, 历史的研究防止了各种将术语规

---

[2] 这是一篇文章的修改版, 它最开始是在 2002 年巴黎举办的 HOEK 项目第一次研讨会上用法语宣读的。该会议在巴黎人文科学之家 (Maison des Sciences de l'Homme) 举办, 主题为 "HOEK 将成为现实" (HOEK is going to come true)。编辑们非常感谢帕斯卡·阿科特 (Pascal Acot) 在现场给予的毫不吝啬的鼓励, 他陪伴着 HOEK 项目走出了第一步。当时阿斯特丽德·施瓦茨 (Astrid Schwarz) 在巴黎担任德国学术交流服务中心 (German Academic Exchange Service, DAAD) 的博士后研究员。

[3] 阿斯特丽德·施瓦茨和库尔特·贾克斯,《项目大纲》, 见达姆施塔特工业大学有关网页。

[4] 阿斯特丽德·施瓦茨和库尔特·贾克斯提议介绍一些已经发展起来的通用生态学术语 (如生态系统或生态位)。20 年前, 雅克·罗杰 (Jacques Roger, 1920—1990) 曾在法国主持过一项类似的项目。这个项目最后以失败告终, 原因是它太过笼统, 并且出现了科学负责人过早离职的情况 (参见《科学词汇史》(*Cahiers pour l'Histoire du Vocabulaire Scientifique*, CNRS-INALF, 1981—1990)。最近, 多米尼克·勒古 (Dominique Lecourt) (1999) 编辑的《科学的历史与哲学词典》(*Dictionnaire d'Histoire et Philosophie des Sciences*) 由法国大学出版社 (Presses Universitaires de France) 出版, 这本词典同样以 "通用" 为特色。

范化和固定化所产生的破坏性。

HOEK 项目必然面临一些困难。毕竟，如果容易开展，可能早已成行。让我们先从一个广为认同但其实并不存在的困难开始：概念的选择。以往的尝试大多都在这个方面遭遇批评，当然很多批评都是合理的：例如，理查德·卡彭特 (J. Richard Carpenter)[5] 在 1938 年首次出版的词典中没有收录 "ecosystem"（生态系统）一词；达热 (Daget) 等[6]出版的《生态学词汇表》(Vocabulaire d'écologie) 中，既未包含 "struggle for existence"（生存斗争）的词条，也未包含 "eutrophication"（富营养化）和 "homoeostasis"（内稳态）的词条。哪怕是 HOEK 项目目前提出的词汇表[7]，可以说也仍存在一些疏漏。例如，它未收录 "biosphere"（生物圈）一词，却收录了 "cosmos"（宇宙）一词。尽管这个项目未来还会进行修订，但它仍有可能面临类似的批评，无论这种批评合理与否。我们的同事需要做的第一件事，就是确定 HOEK 项目中有哪些应该包括的词条但目前还未包括，以及有哪些已经包含进来的词条但实际上不应该被纳入······

不管怎样，一些真正的困难仍然存在。首先，生态学家的工作基于历史与地理上特定的文化和环境框架。他们的思想，以及因此而形成的他们所使用的概念的内容，都不可避免地会受到非直接科学因素的影响。其次，生态学这门学科具有这样的特征，一个世纪以来专家们都倾向于从**过程**而非**对象**的角度思考问题：例如，他们谈论植物的**演替**而非静态的**植被**。这样一来，如何把握动态概念的含义就成为一个复杂的问题。接下来，我将就这两点进行简要阐述。

非科学因素的影响

著名的加泰罗尼亚生态学家拉蒙·马加莱夫 (Ramon Margalef) 曾经说：

生态学的所有学派都受到溯源于当地景观的**地方精神**的强烈影响 [······] 地中海和阿尔卑斯山脉附近的马赛克状植被，历经数千年的人类干扰，最终促成了苏黎世-蒙彼利埃植物社会学学派的诞生 [······] 斯堪的纳维亚地区植被贫瘠，正是这一特点培养了当地能够数清每一棵嫩芽和新苗的生态学家 [······] 北美和俄罗斯空间辽阔，过渡平稳，这自然启发了生态学领域的动态研究和顶极群落理论[8]。

这其实并不只是一个有关乌普萨拉 (Uppsala) 或苏黎世-蒙彼利埃 (Zürich-

---

[5]Carpenter (1938)。

[6]Daget P, Michel G, David P, Riso J (1974)《生态学词汇表》(Hachette, Paris)。

[7]我这里指的是 2001 年 10 月 26 日的词汇表。

[8]Margalef (1968)，第 26 页（原文强调）。

Montpellier) 植物社会学学派的笑话 (前者被指责使用多层次植被分析法人为地增加了群丛的数量)。这其实意在说明, 生态学领域的概念体系并不是普适的, 或者至少难以推广: 很久以前, 当我居住在法属圭亚那地区时, 那里的一些植物学家面临的问题之一就是, 是否有可能将乔赛亚斯·布劳恩–布兰奎特 (Josias Braun-Blanquet, 1884—1980) 提出的**最小面积法**应用于潮湿热带原始森林的丰富多样性中。答案是, 理论上讲是可行的, 但因需要采样的面积过大, 无法真正应用于具体实践。

因此, HOEK 项目的合作者们可能会面临的一个问题在于, 特定的生态条件是否必然会影响到用于界定含义的概念体系的发展, 或者说, 普遍意义上的概念体系是否真的存在。这是一个至关重要的事情, 因为它涉及科学风格问题——德国风格、法国风格等, 以及建制化影响问题。

20 世纪前十年, 法国植物学家查尔斯·弗拉奥 (Charles Flahault, 1852—1935) 就因上述问题而没能成功统一植物地理学的词汇。这段时期, 生态学单元的命名混乱不堪。"群丛" (association) 或 "群系" (formation) 这些术语都未形成清晰的定义, 它们的用法完全取决于不同的研究者。1899 年, "第七届国际地理学家大会" (VII. Internationale Geographenkongress) 在柏林举办, 会议呼吁就植物地理学领域的词汇进行讨论, 并成立了专门的委员会力图解决这个问题。奥托·沃伯格 (Otto Warburg, 1859—1938)、海因里希·古斯塔夫·阿道夫·恩格勒 (Heinrich Gustav Adolf Engler, 1844—1930) 和地理学家奥斯卡·德鲁德 (Oscar Drude, 1852—1933) 向查尔斯·弗拉奥发出大会邀请, 但是大概受到那段时期阿尔萨斯 (Alsace) 和洛林 (Lorraine) 的法德冲突的影响, 弗拉奥 "未能前往" 参会。

一年后, 在巴黎召开了第一届国际植物学大会 (I. Internationaler botanischer Kongress) (1900), 会上弗拉奥发起**植物地理学命名法项目** (project for phytogeographical nomenclature)。他建立了一套 "地理和地形单元命名法" (Nomenclature of geographical and topographical units) (即从 "地域群" (le groupe de regions) 到 "站点群" (le station) , 包含中间所有可能的单元, 例如 "区域群" (le domaine)、"区群" (le district) 、"子区群" (le sous-district) 等)。弗拉奥试图将这些单元与 "生物学顺序的植物地理学术语系列" (série des termes phytogéographiques d'ordre biologique) 对应起来, 首尾单元分别对应 "植被类型" (type de vegetation) 和 "生物形态" (forme biologique), 中间的单元则对应 "群丛组" (groupes d'associations) 和 "群丛" (associations) 等。

第一届国际植物学大会闭幕时提议通过期刊和通信进行大规模的磋商, 但是并未取得实质性成果。1905 年, 在维也纳召开了 "第二届国际植物学大会" (II.

Internationaler botanischer Kongress), 成立了一个由查尔斯·弗拉奥和瑞士人卡尔·施勒特尔 (Carl Schroeter[9], 1855—1939) 领导的委员会, 目的是在 1910 年布鲁塞尔的大会上提出植物地理学的命名方案。来自蒙彼利埃的植物学家朱尔斯·帕维拉尔 (Jules Pavillard, 1868—1961) 的评论反映了当时植物学界对委员会成果的评价:

[xii]

> 1910 年 5 月 14 日至 20 日在布鲁塞尔举行的第三届国际植物学大会即将结束, 但结果令人大失所望。植物地理学部分的讨论并没有针对命名法中的基本问题提出明确的解决方案[10]。

除了之前提到的事实, 即蒙彼利埃和斯堪的纳维亚的植物社会学家很难达成一致之外, 重要的文化影响使得达成一致更不可能。例如, 英国委员会 (English Committee) 一致支持在英国具有很大影响的植物学家查尔斯·爱德华·莫斯 (Charles Edward Moss, 1870—1930) 的立场, 莫斯则受到北美生态学家弗雷德里克·爱德华·克莱门茨 (Frederic Edward Clements, 1874—1945) 关于群落演替研究的影响。莫斯认为, 动态性是植被群落的本质。他建议将群丛 (association) 定义为 "演替系列中的一个阶段" (stage in a successive series), 将群系 (formation) 定义为 "演替系列所有阶段的总和" (the totality of all stages of a successive series)!

克莱门茨对新词抱有强烈的兴趣。1902 年, 他在恩格勒担任编辑的期刊上发表文章, 就弗拉奥 1900 年最初的提议阐明看法[11]。弗拉奥当时建议直接使用限定于特定地区的术语, 如 **maquis** (丛林)、**garrigue** (荒地)、**toundra** (苔原)、**llanos** (大草原), 等等。根据弗拉奥的说法, 这些术语不可转译。克莱门茨深受系统化 (也有些教条化的) 观念的影响, 自然不会错过这个提出见解的绝好机会。他指责弗拉奥忽视了一个重要事实, 即这些术语所指示的主要群系的特定类型在其他地区也能找到。他同时指出, 现有的一些术语过于冗长, 比如 "ecological series of groups of associations" (群丛组的生态系列)、"type of vegetation" (植被类型), 等等。充分指出弗拉奥的不足之后, 克莱门茨创建了自己的命名系统, 他的命名系统严格基于希腊语和拉丁语, 并提出了新词可能的构造规则。可以想象, 伴随这些新词的出现, 很多从语言学角度看来十分怪异的概念将会产生。这些新词, 除了彰显对学识的卖弄, 大部分时间里甚至无人使用! 例如, 克莱门茨提出用 **ochtophilus** 来代替 "ripicole" (河滨), 用 **conophorophilus** 表示生长在针叶林中的植物。克莱门茨的命

---

[9]卡尔·施勒特尔是 "autecology" (个体生态学) 一词的发明者, 该词用以表示单个、孤立植物的生态学, 而 "synecology" (群落生态学) 则用以表示一个植物群落的生态学。

[10]"Une grosse déception nous attendait à l'issue du IIIe Congrès International de Botanique tenu à Bruxelles du 14 au 20 mai 1910. La discussion ouverte devant la section de phyto-géographie n'a pu conduire à aucune solution définitive des problèmes essentiels de la nomenclature."

[11]Clements (1902)。

名系统并未产生影响：植物地理学家已经有了自己的惯例——但是他的批评意见确实受到关注。1910 年，弗拉奥的提议也失败了，由于新的命名法需要得到一致同意才可通过，最终投票中出现了 14% 的"弃权"或"反对"票。

HOEK 项目肯定不会采取刚刚回顾的那些项目所要求的规范性。但是，导致弗拉奥的项目失败的原因可能同样会影响我们（施瓦茨和贾克斯）发起的项目；或许至少会影响到最终会被保留下来的条目的选择。我认为这个问题值得我们共同关注。

生态学的动态视角：困难与努力

我想讨论的第二个困难在于发展有关运动和变化的术语。一个动力学的术语并不表示一个存在，但按传统的亚里士多德的说法，"它既表示一个存在，也表示一个非存在。"当我想到一个运动的物体时，我既在思考已经不复存在的某个东西，同时也在思考相信它即将成为的某个东西。在生物学中，从静态视角到动态视角的转变，意味着要从考虑对象转变为考虑过程；这可能会导致严重的问题，我将通过仔细考察植物演替的生态学来尝试证明这一点。

20 世纪初期，大多数欧洲生态学家采用的是静态视角，即"摄影"式的观察视角。而在美国，从 1900 年代初开始就形成了一种"电影式"的生态学研究方法。植物学家康威·麦克米伦（Conway McMillan）在 1897 年的一篇开创性文章中，展示了即使是植物群系的形态，也能够表现出一种持续变化的动态："[泥炭藓沼泽或池塘] 可以被看作向森林转变过程中的冰川池塘或湖泊 [……] 从四面围绕着连绵不断的沙滩的开阔湖泊 [……] 到大片的云杉和落叶松林，几乎所有能想象到的过渡状态都能够找到"[12]。这样一来，人们就可以看到**演替的形态**最终如何揭示了植被群的**演变**：将每个时间点捕捉到的不同植被状态并置在一起，就反映了植被演变的过程。

植物演替理论之父亨利·钱德勒·考尔斯（Henry Chandler Cowles, 1869—1939）的早期著作也体现了景观群落外貌与其演替发展之间的这种联系："在密歇根湖的沙丘地区，正常的原始群丛是沙滩；然后依次是稳定的沙滩沙丘、活动的或移动的沙丘、半固定的或过渡的沙丘，以及被动的或固定的沙丘。固定的沙丘经历几个阶段之后，最终演化成落叶中生林，这是湖区正常的顶极类型 [……]"[13]。

每个有关运动的解释其实都大同小异：某个过程所发生的条件随着过程自身的发展而改变。先锋植被是加固沙丘的必要因素，它们为更高等、更密集的先锋

---

[12] McMillan (1896)。
[13] Cowles (1899)，第 20 页。

植被的发育创造了条件, 这些更高等的先锋植被随后又为更重要的树苗生长提供了保护, 如此等等。这种思考在生态学史上是富有成果的。例如, 这或许能解释为何北美植被中物种的数量是西欧的三倍之多。在上一个冰川期, 由于科迪勒拉山系是南北走向, 北美的植被可以缓慢后退到中美; 等到当前的间冰期来临, 它们又逐渐回归北美。而欧洲的情况却并非如此, 比利牛斯山脉、地中海和阿尔卑斯山脉形成了一道难以逾越的屏障。正是因为引入了演替变化的思想, 我们才能进行这样 (和诸如此类) 的分析。

[xiv]

　　但是, 采用动态视角其实非常微妙。我们当然知道如何表示或**设想**连续的过程。但科研工作只能将运动过程分解成一系列独特的、不同的状态。我们已经在植物演替中看到了这种不连续, 同样的情况也适用于树木的形态发生。建立不连续性是必要的——然而应该采取哪**些**多数科学家可以接受的标准划分这种不连续呢? 人们又一次遇到了有关思维方式和科学流派的问题。

　　此外, 克莱门茨是生态学史上最有影响力的演替生态学家之一, 但因为思想僵化遭到批判。两次世界大战之间的时期, 他有关群落及其演化的有机体论概念, 以及顶极群落作为演替过程的不可逆转之终极状态的实在论观点, 都曾遭遇猛烈的抨击。这也正是生态系统的本质仍在争论之中, 以及 "生态系统" (ecosystem) 这个词如此难以定义的原因。那么, 在这种情况下, 我们又该如何理解概念性问题呢?

　　我们无意于任何确立统一观念的努力, 众多学者们参与 HOEK 项目即是证据, 我们试图理解现有争论的原因, 此外别无其他目标。我们将遇到的一些困难其实并不新鲜。我想, 即使没有陷入偏执, 可能也会遭遇采用 "规范的" "唯意志论的" 进路的指责, 认为我们对于概念的选择带有 "武断的" "人为的" 乃至 "沙文主义的" 印记。但历史也告诉我们, 困难和失败是科学进步的重要组成部分。正是 1910 年的失败 (弗拉奥的尝试), 才使得乌普萨拉和苏黎世–蒙彼利埃的植物社会学学派几乎同时建立起来 (关于它们可说的有很多)。这两大学派直到 1950 年代一直主导着欧洲植被群命名法领域的科学景观。有关它们的合理批评 (大部分来自盎格鲁–撒克逊世界) 对于系统和动力学导向的生态学构建发挥了同样重要的作用, 欧洲乃至世界各地今天正在践行系统和动力学导向的生态学。

　　相比 20 世纪初对于术语的激进反思, HOEK 项目显然更加温和。但无论如何, 这一领域的历史至少教会我们一件事情: 遭受批评总比毫无进展要好得多。尽管 HOEK 的发起者和参与者们必须要克服重重困难, 但是并不会采取与 20 世纪初查尔斯·弗拉奥相同的做法。弗拉奥曾毫无顾忌地公开了自己对 (植物) 群系这一概念的看法: "我从来不用这个词, 因为我无法决定我到底应该支持哪种观点, 以及

到底应该赋予它什么意义；我只是设法不去用它！" [14]

帕斯卡·阿科特 (Pascal Acot)

参考文献

Carpenter JR (1938) An ecological glossary. The University of Oklahoma Press, Norman (Reprinted in 1962. Hafner Publishing Company, New-York/London)

Clements FE (1902) A system of nomenclature for phytogeography. Englers Botanische Jahrbücher 31: 1–20

Cowles HC (1899) The ecological relations of the vegetation on the sand dunes of lake Michigan. The University Press, Chicago, IL

Daget P, Michel G (ed) (1974) Vocabulaire d'ecologie. Hachette, Paris

Flahault C (1900) Projet de nomenclature phytogéographique. Actes du Congrès International de Botanique, Paris

Lecourt D (ed) (1999) Dictionnaire d'histoire et philosophie des sciences. Presses Universitaires de France, Paris

Margalef R (1968) Perspectives in ecological theory. University of Chicago Press, Chicago, IL

McMillan C (1896) On the formation of circular muskeag in Tamarack swamps. Bull Torrey Botanical Club 23: 502–503

---

[14]Flahault (1900), 第 443 页。

目 录

第七部分　科学生态学与其他领域的边界地带

第一部分　生态学概念手册的设计

第 1 章　为什么要编写《生态学概念手册》?　　[3]

Astrid Schwarz and Kurt Jax

　　在过去的几十年里, 生态学研究取得了长足进步。大量数据得以收集, 众多理论、概念和实践得以阐述, 极大地增进了人们对自然界以及人类自身对自然界影响的理解。在 20 世纪的诸多时期, 生态学被寄予厚望。人们认为生态学应该有助于解决人类面临的紧迫的 (如今是全球性的) 环境问题。事实上, 时至今日, 这些期望仍在增长。那么, 现在是编写《生态学概念手册》(从哲学和历史学视角阐释生态学及其概念) 的合适时机吗? 在全球气候变化的背景下, 难道不需要获得更多的生态学数据和模型来应对我们今天所面临的环境危机吗? 我们真的能从以前的环境危机中吸取教训吗? 这些危机, 如 20 世纪 80 年代德国的森林大衰退 (Waldsterben)[1]、20 世纪 60 年代在美国复兴的 "增长的极限" 思潮[2]、19 世纪关于水污染的大讨论[3]、18 世纪对木材稀缺 (Holznot) 的恐惧[4]。理论和概念确实能在科学中发挥主要的组织和约束作用吗? 最后, 即使我们对此能够达成共识, 那么在维基百科群体式知识产生、公认的传统科学范畴和组织解体的时代, 看似 "过时的" 的手册是阐述问题的恰当方式吗?　　[4]

　　我们认为此时正是编写《生态学概念手册》的恰当时机。

---

[1]关于 "Sterben of the Waldsterben", 参见 2007 年 7 月在 (德国) 弗莱堡大学举行的会议 "Und ewig sterben die Wälder. Das deutsche Waldsterben in multidisziplinärer Perspektive"。该会议由弗莱堡大学历史系经济与社会史教授 Franz-Josef Brüggemeier、Jens Ivo Engels 和森林经济研究所的 Gerhard Oesten、Roderich von Detten 共同组织。

[2]Höhler (2005); Schwarz (2004); Anker (2005)。

[3]Kluge (1986); Luckin (1986)。

[4]参见西弗勒 (Sieferle) 有关奥地利、瑞士和英国的著作 (Sieferle et al. 2008)。

A. Schwarz (✉)
Institute of Philosophy, Technische Universität Darmstadt, Schloss, 64283 Darmstadt, Germany
e-mail: schwarz@phil.tu-darmstadt.de

K. Jax
Department of Conservation Biology, Helmholtz Centre for Environmental Research (UFZ), Permoserstr. 15, 04318 Leipzig, Germany
e-mail: kurt.jax@ufz.de

人们需要更加深入地理解生态学概念，从整体上理解生态学认识论和生态学历史，这是基于如下重要而急迫的原因：旨在解决环境问题的研究以及与该研究相关的交流，无论是跨学科对话还是科学家与非学术领域用户间的交流，都需要评估越来越多的新数据，需要使生态学基本概念清晰化、透明化。生态学研究者一直深感生态学概念模棱两可、含糊不清[5]，为此编写了多部生态学词典，甚至成立了一些委员会来讨论生态学术语[6]。哲学家和生态学史学家也迅速加入了专业术语批评家的行列[7]。

然而，当前包括交流障碍等在内的各种问题，不仅仅是找到正确的术语或简单给概念下定义这样的概念性问题，而是更深层次的问题。为了解开生态学中的概念扭结和条缕，为生态学概念注入更强的力量，有必要追溯概念的演变和转化及其相关的认识论问题。对于环境科学或生态学等传统的异质性领域来说，尤其如此。

因此，编写该手册是为了服务各种目的和多方兴趣。然而总体而言，手册是为了更好地理解生态和环境知识领域的多元含义和认识论变化。我们认为，生态学和环境科学的知识体系首先应该围绕概念和隐喻进行建构，而不仅仅由仪器或实验技术驱动，因为在这些领域非常重要的一点是：正是概念体现了不同的认知、规范和文化体制或思维方式。

不过值得注意的是，我们的目标既不是提供生态学概念的"正确"定义，也不是驳斥被误解为错误的概念。我们感兴趣的是追溯和分析在将概念从一个学科迁移到另一个学科或从日常语言迁移到专业语言过程中经常会产生的误解和错位。因此，我们同样关注对概念的不同用途进行系统的和历史的调查，通过阐明当概念穿越学科边界甚至只是生态学内部不同研究者群体的边界时如何被模糊化，从而澄清和明晰概念。概念跨越甚至超越学科边界的现象近期引发了人们的特别关注，并从不同的理论立场进行了探讨。他们将这些概念描述为在几个知识领域之间游荡[8]或穿梭[9]的边界概念[10]，形象地比喻为破坏稳定的稳定器 (destabilising

[5]

---

[5]Looijen (1998); Mayr (1984); Frazier (1994); Peters (1991); Grimm and Wissel (1997); Jax (2006)。

[6]例如由第三届国际植物学大会成立的命名植物地理学术语的工作组 (Flahault and Schröter 1910) 或 1931 年美国生态学会成立的命名委员会 (Eggleton 1942)。

[7]Shrader-Frechette and McCoy (1993)，或格雷格·库珀 (Greg Cooper) 在 2007 年埃克赛特国际生物学的历史、哲学和社会学研究协会 (ISHPSSB) 会议上的发言；另见 Sagoff (2003)。

[8]Star and Griesemer (1989)。

[9]Stengers (1997)。

[10]施瓦茨 (Schwarz)，论文题为《科学生态学中的穿梭概念和对象》(*Commuting Concepts and Objects in Scientific Ecology*)，在 2007 年马德里举办的首届欧洲科学哲学会议上宣读。

stabiliser)[11]或一成不变的移动元 (immutable mobile)[12]。

生态学和环境科学从一开始就面临着其知识体系是社会性和认知性共同作用的结果,且概念、对象和制度杂糅等问题,通常仅靠自身无法胜任学科和认识论所需的净化工作。可以说,生态学知识是在制度、认识论和形而上学领域的边界地带[13]产生的。过去如此,现在亦然。因此,生态学必须应对理论构建、实践和知识生产中的开放性和不确定性问题。

有时,生态学家自己或明确或隐晦地提到过这种情况,担忧自己所提出概念的质量,呼吁对学科的概念框架进行更深入的自我反省[14]。生态学的基本概念基础缺乏清晰度,实际上阻碍了强有力的理论框架的建立,并在更大程度上阻碍了跨学科的交流。然而最重要的是,来自社会的巨大压力要求厘清概念,例如,需要利用生态学概念和知识进行政治环境决策或构建法律框架[15]。更加清晰、自觉地使用概念显然有助于解决环境问题和改进生态学研究。因此,正如斯图尔德·皮姆(Steward Pimm) 所言[16],20 世纪 60 和 70 年代,关于多样性 (或复杂性) 与稳定性之间关系的广泛辩论并没有产生任何令人满意的结果[17]。其中一个原因是辩论涉及几个不同的 "复杂性" 和 "稳定性" 概念,因此辩论的是几个问题,而非一个问题。以上都说明了一点,无论是基于内部原因还是外部原因,《生态学概念手册》项目既有合理性也有必要性。 [6]

1.1　HOEK 有何创新之处?

构思《生态学概念手册》花了很长时间。早期作为生态学家,我们经常思考这套关于生态学基本概念指南的手册将包含哪些内容,如何能够帮助人们理解一系列问题,包括这些问题是如何产生的,采取了哪些不同的表达方式,为什么有些问题会产生如此多的困惑,它们如何影响生态学理论和实践的发展,在应用中会存在哪些问题,以及我们如何最好地利用基本思想来创建生态学理论框架,解决环境问题等。

套书的创新之处在于它有助于快速获取专业术语的概念内涵 (有时是多个概念内涵),并提供有关其哲学和历史背景的深层信息。手册的结构和方法 (在第 2

---

[11]Kaiser and Mayerhauser (2005):《不稳定化的稳定器》(*Destabilising Stabilisers*),该论文在比勒费尔德 (Bielefeld) 举办的 "影像纳米空间" (Imaging Nanospace) 会议上宣读。

[12]Latour (1993)。

[13]生态学知识过去和现在都是基于应用和理论背景,产生于生理学或森林科学实验室,其哲学基础植根于系统理论或复杂性理论、还原论、整体论、突现论以及其他理论。

[14]例如 Haila and Järvinen (1982); Peters (1991); Pickett et al. (1994/2007)。

[15]例如各种生态系统管理方法或《生物多样性公约》及其 "生态系统方法"。

[16]Pimm (1984)。

[17]Goodman (1975); Trepl (1995)。

章和第 3 章中有更详细的解释) 与常见的生态学词典有本质上的不同。与现有的参考书相比, 最重要的不同之处在于, 套书没有按字母顺序排列概念并为其提供简短的 "专业" 定义。事实上, 标准的定义是不存在的, 如 "生态位" 是 "有机体在其环境中的功能位置, 包括有机体生活的生境, 它在那里出现和活动的时间和获得的资源"[18]。相反, 手册列出了曾经出现过的 "生态位" 概念, 并在其特有的历史背景下讨论每一个概念的含义; 通过剖析概念与人员、制度、工具和理论的联系, 详细阐述概念的转化、演变趋势和流行过程。简而言之: 我们从认识论的角度讨论概念, 基于概念与其对象的联系, 从历史、逻辑和语义等方面辨析概念演变的过程。套书并未涵盖生态学中的所有概念, 只涉及了其中具有重大理论和实践意义的少数术语 (见下文)。书中涉及的概念词汇在本书后词汇表中列出。同一概念用三种不同的语言表述, 可以看出语言的不同会导致概念丰富多样。

1.2　谁是作者?

这个项目的首要目标是编写一套具有哲学和历史意义的百科全书式的参考书。之所以称它为项目是因为我们想强调, HOEK 不仅仅是编写一套书, 还是一项

[7] 事业——实际上我们可以称之为一次冒险——将来自生态学、哲学、科学史、保护生物学、人类学、语言学和其他学科的学者聚集在一起, 阐释生态学知识。为此, 他们作为套书的作者、评阅人或顾问, 或者通过参加相关主题的研习会和课题, 反馈研讨结果, 从而为手册的编写做出贡献。因此, 本项目希望成为一个平台, 促进生态学和环境科学的自我反思, 促进其发展出具有良好哲学基础的强大理论核心。

还有一个特别之处值得一提, HOEK 在很大程度上以欧洲生态学史为基础。虽然这一地理区域对生态学作为一门科学的创立和早期发展起着决定性作用, 但在过去它经常被忽视[19], 其中最重要的原因是语言障碍。许多来自早期生态学的迷人思想有待被重新发现——这些思想, 如果经过反思并得到更广泛的传播, 我们就无须一次次闭门造车, 甚至可能催生新的概念发展, 有助于当前关于生态学理论和实践的讨论。

1.3　谁是目标读者?

套书面向的是对生态学和更广泛的环境研究和环境管理感兴趣的人, 以及环境政策的制定者。因此, 生态学学科的研究人员可能会用它来查找经典的参考文

---

[18]这是词典中常见的下定义的方式, 如《简明牛津生态学词典》(*Concise Oxford Dictionary of Ecology*) (Allaby 1994, 第 269 页)。

[19]例如重要论文集《生态学基础》(*Foundations of Ecology*) (Real and Brown 1991)。

献或记不清楚的概念, 或者使用这些信息来更清晰地组织复杂的研究问题 (甚至是研究项目)。学生可以使用套书来明晰一个不熟悉的术语, 或者增进他们对生态学概念基础的理解。专家可以从不同角度 (如政策制定、管理或法律) 找到所需的信息, 例如律师的书记员可以挖到在法庭上反击罪犯的论据。此外, 套书试图发挥强大的理论影响, 因此也是为所有对生态学和环境科学的哲学和历史感兴趣的人所著。它可以促进旨在充分描述工程或应用性基础学科问题的讨论; 套书可能还会对关于模型和模拟的讨论做出重要贡献, 或者提供与野外科学 (field science) 有关的新见解。与实验室科学相比, 迄今对野外科学在认识论和文化方面的讨论较少。

要达成本项目的两大目标——触达较大范围的多样的受众群体和使用一种本领域不太常见的方法, 需要对如何更好地推进这一项目进行较深入的系统性思考。以下章节将介绍套书的整体框架及其背后的思想 (第 2 章); 随后是更具理论性的部分, 介绍一些关于概念的历史 (概念史) 和方法论及其在诸如生态学这样的交叉科学领域中的应用前景和局限性的一些思考 (第 3 章)。 [8]

如上所述, 编写《生态学概念手册》是及时的, 也是必要的。生态学的研究需要系统性和协调性。虽然 "维基" 提供了一种有趣的、重要的普通知识生产的新形式, 但它并不像一套经过仔细编辑的手册那样, 能够保证知识的系统性。这也正是套书所试图提供的, 也是更好地理解并改善生态学和环境科学理论和实践所需要的。我们相信, 通过参考科学史和科学哲学, 并以其为基础采用适当和富有成效的方式, 这项必要而紧迫的工作能够达成其在方法论和认识论上的目标。

参考文献

Allaby M (ed) (1994) The concise Oxford dictionary of ecology. Oxford University Press, Oxford

Anker P (2005) The ecological colonization of space. Environmental history

Eggleton F (1942) Report of committee on nomenclature. Ecology 23: 255–257

Flahault Ch, Schröter C (eds) (1910) Phytogeographische Nomenklatur. III. Int. Bot. Kongress, Brüssel 1910. Zürcher & Furrer, Zürich

Frazier JG (1994) The pressure of terminological stresses—urgency of robust definitions in ecology. Bull Br Ecol Soc 25: 206–209

Goodman D (1975) The theory of diversity-stability relationships in ecology. Q Rev Biol 50: 237–266

Grimm V, Wissel C (1997) Babel, or the ecological stability discussions: an inventory and analysis of terminology and a guide for avoiding confusion. Oecologia 109: 323–334

Haila Y, Järvinen O (1982) The role of theoretical concepts in understanding the ecological theatre: a case study on island biogeography. In: Saarinen E (ed) Conceptual issues in ecology. D. Reidel, Dordrecht, pp 261–278

Höhler S (2005) Raumschiff 'Erde': Lebensraumphantasien im Umweltzeitalter. In: Schröder I, Höhler S (eds) Welt-Räume.Geschichte, Geographie und Globalisierung seit 1900. Campus, Frankfurt a.M, pp 258–281

Jax K (2006) The units of ecology: definitions and application. Q Rev Biol 81: 237–258

Kaiser M, Mayerhauser T (2005) Nano-Images as Destabilizing Stabilizers. Paper given at the conference "Imaging NanoSpace—Bildwelten der Nanoforschung", Center for interdisciplinary Research Bielefeld

Kluge T (1986) Wassernöte. Alano, Aachen

Latour B (1993) We have never been modern. Harvard University Press, Cambridge

Looijen RC (1998) Holism and reductionism in biology and ecology: the mutual dependence of higher and lower level research programme. Kluwer, Dordrecht

[9]   Luckin B (1986) Pollution and control: a social history of the Thames in the ninetheenth century. Hilger, Bristol

Mayr E (1984) Die Entwicklung der biologischen Gedankenwelt. Vielfalt, Evolution und Verer-bung. Springer, Berlin

Peters RH (1991) A critique for ecology. Cambridge University Press, Cambridge

Pickett STA, Kolasa J, Jones CG (1994/2007) Ecological understanding, 2nd edn. Academic, San Diego, 2007

Pimm SL (1984) The complexity and stability of ecosystems. Nature 307: 321–326

Real LA, Brown JH (eds) (1991) Foundations of ecology: classic papers with commentaries. University of Chicago Press, Chicago

Sagoff M (2003) The plaza and the pendulum: two concepts of ecological science. Biol Philos 18: 529–552

Schwarz AE (2004) Shrinking the ecological footprint with nanotechnoscience? In: Baird D, Nordmann A, Schummer J (eds) Discovering the nanoscale. IOS Press, Amsterdam, pp 203–208

Shrader-Frechette KS, McCoy ED (1993) Method in ecology: strategies for conservation. Cambridge University Press, Cambridge

Sieferle R-P, Krausmann F, Schandl H (2008) Socio-ecological regime transitions in Austria and the United Kingdom. Ecol Econ 1: 187–201

Star SL, Griesemer JR (1989) Institutional ecology, translations and boundary objects: amateurs and professionals in Berkeley's museum of-vertebrate-zoology, 1907–39. Soc Stud Sci 19: 387–420

Stengers I (1997) Power and invention: situating science. University of Minnesota Press, Minnesota

Trepl L (1995) Die Diversitäts-Stabilitäts-Diskussion in der Ökologie. Berichte der Akademie für Naturschutz und Landschaftspflege. Beiheift 12: 35–49

第 2 章 手 册 结 构

Kurt Jax and Astrid Schwarz

《生态学概念手册》涉及生态科学中具有或曾经具有理论意义的基本术语, 一定程度上采用了基于概念史的编写方法。20 世纪下半叶, 历史学、政治学、音乐学、哲学等领域的各种百科全书式的项目都采用了这种方法 (关于更详细的说明, 见 Schwarz, 本书第 3 章) , 其特点在于并非只是提供简单的定义和解释, 而是尝试去追溯和重建不断变化的概念构建和概念转换过程。这正是本手册的目的所在, 也反映在第一卷 (本书) 的结构中。虽然下文的想法只是当下的看法, 不过, 我们可以肯定的是, 第一卷之后还会有其他卷接连出版, 从而全面展开设计的蓝图。

总体而言, 这些章节遵循一个共同的模式。读者既可以快速方便地参考, 也可以进行深入的分析, 包括对相关概念的历史和哲学的分析。这些概念并非按字母顺序排列, 而是按所谓的概念簇 (conceptual cluster) 排列, 如 "生态单元" (ecological unit) 或 "生态相互作用" (ecological interaction) , 从而使条目在形式和内容上都更易组织 (见下文)。手册通过严格跟踪一个特定的术语 (如 "生态位" 或 "有机体") 来追踪其科学含义的演变。卷内章节遵循下文描述的模式, 每一章讨论一个关键概念[1]。其他卷和第一卷一样, 涉及生态学的特定认识论、本体论和社会政治学问题, 需要更灵活的方法来充分描述这些主题。虽然方法是灵活的, 但所有条目都具有一个共同点, 即都聚焦于生态学及其概念的历史和哲学 (认识论) 方面 (对于本

---

[1]第二卷计划讨论 "生态单元"。将分四个条目解释属于同一个概念簇的四个概念: "有机体" "种群" "群落" 和 "生态系统"。本卷中出现的概念词汇在附录的多语种词汇表中列出。这些概念中约有 2/3 是所谓的主要概念。有关更完整的条目列表, 请访问达姆施塔特工业大学相关网页。目前为止, 数目限于 200 个左右。

K. Jax
Department of Conservation Biology, Helmholtz Centre for Environmental Research (UFZ), Permoserstr. 15, 04318 Leipzig, Germany
e-mail: kurt.jax@ufz.de

A. Schwarz (✉)
Institute of Philosophy, Technische Universität Darmstadt, Schloss, 64283 Darmstadt, Germany
e-mail: schwarz@phil.tu-darmstadt.de

手册而言, 这是必不可少的)。

2.1   每个条目的结构是怎样的?

手册中的每个条目包括五节。第一节提供了一些简短的文献学信息和完整条目的摘要。第二节是词条的主体, 概述该术语的历史和认识论模式及特征, 然后在第三节进行更详细的解释。至此, 手册条目各部分或多或少遵循了百科全书式手册的结构, 如《音乐术语词典》(*Handwörterbuch der musikalischen Terminologie*, HmT 1972—2006) 或《哲学史词典》(*Historisches Wörterbuch der Philosophie*, 1971—2007)。但是第四节不同寻常: 在这一节可能会有其他作者的评论和补充文章, 内容更加开放和灵活。例如, 该节允许不同领域的专家添加与该条目前几节内容有关的评论, 插入需要以更广泛的形式讨论的重要交叉引用; 最后, 该节还可以邀请作者提出在条目设计过程中或在同行审查过程中可能出现的对立论点。第五节也是最后一部分, 列出了整个条目的参考文献。

下面, 我们详细介绍手册中每一章或条目的统一形式:

1. 每章的开头通常包括某一概念的字面翻译及其在其他语言 (至少在英语、法语和德语) 中的表述形式、对词源的描述 (包括该术语在生态学学科形成之前和生态学之外的用法)、对该概念在生态学中首次使用之来源的说明; 最后是对整章的概括。

2. 第二节是每个关键概念讨论的主体, 其下分几个小节:

(a) 该概念历史演变的主要阶段。

(b) 简述其认识论的变化和影响。

3. 本节详细阐释第二节所述的主要内容, 会讨论与其相关的各个方面, 同时又紧扣概念的核心内容。针对概念在环境保护或生物保护等生态学领域之外的应用中出现的问题, 手册建立了交叉引用, 以便读者理解。

4. 其他作者对某条目某些特定方面的评论。

5. 资料来源/参考文献。

[13]   因此, 手册的形式和内容可以满足读者开展初步研究的需求, 使其能够快速查阅具体的概念。如果读者主要对某一概念的要义感兴趣, 那么可以在该章的第一节找到答案。第二节到第四节通过细节信息和更复杂的理论讲述更深层次的内容。围绕每个概念, 不仅提供其相关术语如何以及何时进入生态学话语, 以及生态学概念可能以何种方式与其他历史实体甚至时代发生关联[2]等广角远镜头, 而且还

---

[2]详见 Pomata (1998)。

提供对这些术语的不同观点和争论的特写镜头。我们的目的是,通过在植根于不同时代和空间的视角之间来回切换镜头,激发人们对生态学多价特性的新见解。

2.2 什么是概念簇?

安排手册结构的一个经典方法是按照字母顺序排列,从 "abundance" 所属的字母 "A" 开始往后, 排向 "water cycle" 所属的 "W" 等。然而,这样的排列方式会导致在描述彼此相似的概念时出现大量重复内容; 而对于相关概念之间的联系又缺少应有的讨论。这就是本手册以 "概念簇" 的方式进行布局的首要和最直接的原因。概念簇[3]是根据概念的认识论、它们在生态学中的意义和作用以及它们所描述的现象, 将具有共同属性的概念集合在一起。这种簇的例子有 "生态单元" 和 "生态相互作用",前者汇集了种群 (population) 、群落 (community) 、群系 (formation) 、生物地理群落 (biogeocenosis) 和生态系统 (ecosystem) 等概念,后者包括捕食 (predation) 、竞争 (competition) 和互利共生 (mutualism) 等概念。

概念簇使人们能够更有效、便捷地描述和比较不同但相关的术语和概念,这就避免了对每个概念的相同概念性问题进行重复讨论, 也降低了由于大量相似概念的存在而产生的复杂性。概念是理论的基石,因而引入概念簇有助于构建生态学理论。比较和对比组成概念簇的不同概念还有助于更好地理解每个特定的概念。例如, 无论定义如何, 生物群落 (biocoenosis) 和种群都是完全不同的概念; 生态系统和植物群丛亦是如此。但是所有这些概念都有一个共同之处, 即它们描述了与研究相关的生态学单元, 这些单元 (通常) 包含不止一个有机体[4],并且在它们的概念形成历史上都受到过相同问题的影响。一些典型问题包括它们是否具有由地形或过程 ("功能") 决定的边界, 相关要素之间的相互作用是否有必要 —— 如果有必要, 具有多大程度的相互作用才可以称为一个生态单元[5]。此外, 一些概念被认为 —— 无论对错 —— 是同义的, 或者是彼此关联而形成的 (例如, 通过类比或反义形成)。最后, 不同生态单元通常被认为是通过层级系统而彼此关联, 如从种群到生物圈的嵌套式层级系统。所有这些原因表明, 在进行任何新的划分尝试之前, 有必要先理解不同的生态单元。

[14]

---

[3]该术语曾被称作 "概念场" (conceptual field), 是 2002 年在巴黎举办的首届 HOEK 研讨会上提出来的。

[4]生态系统的概念需要至少一个有机体, 当然只有一个有机体的情况极其罕见 (如 Stöcker 1979)。

[5]见 Jax et al. (1998); Jax (2006)。

2.3 概念簇和语义场

这里介绍的概念簇的概念与语义学中发展起来的 "Wortfelder" (语义场) 概念有类同之处。简要考察语义场与概念簇概念的异同, 有助于我们更好地理解概念簇及其所服务的目的。

语义场 (semantic field) 的概念最早由德国语言学家约斯特·特里耶 (Jost Trier) 提出[6]。它旨在描述自然语言中的词汇域或簇, 这里不同的词汇属于并关联于一个共同的概念域 (common conceptual domain, Sinnbezirk)。语义场中每个词的意义不能通过对其进行孤立的分析而理解, 因为它取决于不同词之间的相互关系。即使在今天, 语义场理论已经有多种应用形式, 但是特里耶的这些基本假设仍然成立[7]。概念簇同样界定了一个概念的范围, 但与语义场不同的是, 它较少关注所描述的术语的语义方面, 而正如其名称所强调的那样, 更多地关注概念方面和概念所涉及的现象。此外, 概念簇不涉及自然语言, 而只关注专业语言。本书中的术语和概念要么是新创造的, 比如新词 "生态学" (ecology), 要么是以专业的方式使用, 比如 "生态位" (niche) 这个词。而且, 我们的概念簇不仅包括来自一种语言 (如英语) 的术语, 在适当的情况下还包括来自其他语言, 特别是德语和法语。当在不同的 ("自然的") 语言中使用时, "相同的" 术语有时具有截然不同的含义。

[15]

概念簇还认同语义场理论的假设, 即通过探索在簇中的 (生态学) 术语和概念之间的相互关系, 可以更好地理解它们。换言之, 概念簇的目的是为单个概念提供丰富的语境, 通过对比、并列和相互联系的方式, 即通过突出不同概念之间的关系, 使概念的意义得以显现。

2.4 如何构建和使用概念簇

关于应该根据哪些标准定义概念簇, 以及词语具有何种特质才能被归入特定簇中, 这是概念簇与语义场概念所遇到的相同难题。当然, 基于其内容可以采用多种方法划分众多的生态学概念。我们在这里设想的概念簇, 是将意义密切相关的不同术语集合在一起。它们可能是具有相同含义的不同词 (同义词)、语义部分重叠的等同术语、总体概念及其特定实例 (例如, 作为总体概念 "群落" 的特殊表达的 "群丛" 或 "群系")。在某些情况下, 我们甚至可以观察到同一个词衍生出明显不同的含义 (例如, 生态学中的 "功能" 一词既可以表示 "过程", 也可以表示 "作用")。

---

[6] Trier (1931)。

[7] 见 Gloning (2002)。然而, 特里耶原始理论的其他部分在很大程度上遭到了拒绝, 尤其是以下两个观点: 语义场中的词汇应该以类似镶嵌的形式涵盖整个概念范围; 有可能把一门语言的所有词汇归入不同的语义场。

这种语义变化过程可能发生在生态学内部, 也可能发生在科学与非科学应用之间的相互转换中, 如通过隐喻的方式使用[8]。

在某些情况下——实际上, 在理想情况下——这些概念也可以按照层级系统的方式排序。根据第二卷的结构, 一个簇可能以 "生态单元" 为标题[9], 这是总体概念, 其中包括四个不同的关键概念, 即 "个体生物" "种群" "群落" 和 "生态系统"[10]。在这一层级以下是进一步的专门化的概念 (如 "群落" 下面包括 "生物群落" "群丛" 和 "群系"), 它们与某个关键概念的一般含义相同, 但具有该关键概念的所有定义所不具有的更具体的特征。这种专门化的概念有时有特定的名称, 有时没有 (例如, 被简单地称为 "群落", 但有更特殊的含义)。

[16]

手册将在基本术语层面之下来识别和讨论这些 (专门化) 概念之间的差异, 但一般不会单独解释诸如 "群丛" 之类的术语[11]。

这种对概念簇的处理方法涵盖了概念的共时性维度和历时性维度, 即还包括了所讨论术语的先前含义。概念是动态演变的, 形成了一个由先前概念和当前概念组成的网络, 通过这个网络将其当前含义与先前含义联系在一起, 只有在这样的网络中才能更好地理解概念的当前含义和变化过程。

使用这样的概念框架分析的目的是:

1. 理解概念的动态变化和生态学理论的结构;

2. 认识到 "相同" 概念的不同表达式可能适用于使用它们的不同语境, 找到适合呈现概念的框架。

概念簇的内部结构并不是通过任何一般方式确定下来的。簇的形成首先是有一个大的主题, 随后在其下面汇编一系列概念, 因此原则上可以通过多种方式分析簇的结构。虽然将生态学概念安排到概念簇中总是意味着对生态学知识的整体结构做出了某些理论假设, 但将概念选入一个特定的簇并不意味着入选的这个或那

---

[8]有时, 一个科学词汇是通过改变普通词汇的含义而产生的 (如术语 "生态位" (niche) 或 "同资源种团" (guild))。有时, 普通语言会使用生态学术语的隐喻含义或延伸含义 (如 "政治生态系统" (political ecosystem))。

[9]"生态单元" (ecological unit) 是指作为生态学研究对象的所有单元。单元在这里应理解为对象 (细节) 的集合, 这些对象 (细节) 是根据这样的标准选择和排列的, 即它们本身可以被描述为新的和有趣的对象。

[10]就生态单元而言, 这四个关键概念实际上非常接近认知心理学所描述的 "基本层次概念" (参见如 Medin and Smith 1984, 第 124 页): 一种中间层次的分类, 大多数知识围绕它来组织, 是交流中首选的使用层次 (Löbner 2003, 第 274 页及其后)。就像自然语言中的基本层次概念一样, "群落" 或 "生态系统" 有着多种不同用法, 所以当基本概念被误解为更专业的概念时, 就会出现不同的含义和歧义, 这并不奇怪。

[11]这里描述的方法创建了一种概念的等级结构。当然, 这种等级只存在于概念层面, 并不意味着物理等级, 例如, 在通常假设的生态单元 "包含型等级" 中 (种群是群落的一部分, 群落是生态系统的一部分)。请注意, "种群" 和 "生态系统" 在生态单元的概念等级结构中处于同一等级。

个概念或理论是有用的。恰恰相反，概念簇几乎总是将来自完全相反理论的概念汇编在一起，将这些概念应用于同一个问题时必然会得到不一样的结果[12]。因此，一个概念簇中的诸多概念的排序往往不是固定的。从某种意义上讲，如何更好地对概念簇中的生态学概念进行排序本身就是一个值得研究的问题。所以，概念簇为生态学概念的研究和生态学一般理论框架的完善提供了新动力。

[17] **参考文献**

Gloning T (2002) Ausprägungen der Wortfeldtheorie. In: Cruse A, Franz H, Michael J, Peter Rolf L (eds) Lexicology. An international handbook on the nature and structure of words and vocabularies, vol 2. Walter de Gruyter, Berlin, pp 728–737

Jax K (2006) The units of ecology. Definitions and application. Q Rev Biol 81: 237–258

Jax K, Jones CG, Pickett STA (1998) The self-identity of ecological units. Oikos 82: 253–264

Löbner S (2003) Semantik. Eine Einführung. De Gruyter, Berlin

Medin DL, Smith E (1984) Concepts and concept formation. Annu Rev Psychol 35: 113–138

Pomata G (1998) Close-ups and long shots. In: Medick H, Anne-Charlott T (eds) Geschlechtergeschichte und allgemeine Geschichte. Herausforderungen und Perspektiven. Göttingen, Wallstein, pp 57–98

Stöcker G (1979) Ökosystem—Begriff und Konzeption. Archiv für Naturschutz und Landschaftsforschung 19: 157–176

Trier J (1931) Der deutsche Wortschatz im Sinnbezirk des Verstandes: Die Geschichte eines sprachlichen Feldes. Winter, Heidelberg

---

[12]例如，"生态单元"既包括克莱门茨 (Clements) 和蒂内曼 (Thienemann) 的"整体论"群落概念，也包括格里森 (Gleason) 和拉门斯基 (Ramensky) 的"还原论"群落概念。

第 3 章　生态学概念的历史

Astrid Schwarz

《生态学概念手册》对生态学概念的使用方式尤其感兴趣。它主要关注的是追溯概念的动态变化和连续性, 即分析概念转变的过程, 以及使概念在当前和历史生态学知识中变得更加可靠的策略。概念的讨论不是从 "假" 或 "真" 的角度出发, 而是从是否适合其预期任务的角度。一个概念是否适当和有用, 重要的标准是其功能是否有效以及使用是否可靠[1], 这取决于概念对过程或现象进行分类、表征和区分的能力。区分能力越强, 概念就越可靠。

在书中, 我们试图 "追踪概念", 也就是说, 在语言游戏的具体使用中 (而不是当它们在闲暇时) 考察它们。正如路德维希·维特根斯坦 (Ludwig Wittgenstein) 曾经批判的那样, 哲学只是关注一个概念的各种定义和历史意义, 而不去思考它的实际用途。一个词的意义在于它在实践中的应用; 意义存在于表达行动中——而不在其背后[2]。毕竟, 无论是现在使用的还是过去使用的专业概念, 其意义都取决于语境和应用。

在其他地方通过一系列关于概念不连续性的描述, 也体现了在科学概念体系中对使用的强调。在追溯某些概念的历史时, 经常会遇到这样的不连续性——其中一些非常重要。这使加斯顿·巴赫拉德 (Gaston Bachelard) 和乔治·康吉扬 (Georges Canguilhem) 等哲学家认识到, "科学思维正在不断重塑其过去, 因为它的特征在于不断革命" (Canguilhem 1979, 第 18 页)[3]。因此, 为了更好、更准确地理解科学, 哲

---

[1] Lübbe 2000: 36: "…die Funktionstüchtigkeit eines Begriffs für einigermaßen randscharfe Unterscheidungs- und Zuordnungsleistungen ist ein besonders wichtiges Kriterium für die Zweckmäßigkeit eines Begriffs."

[2] 正如戈登·贝克 (Gordon Baker) 所言, 维特根斯坦试图在读者的思维中建立一种不同的表现形式: "说话和思考是通过符号操作的, 正是使用赋予了 '死的' 符号以生机" (Baker 2001, 第 16 页)。

[3] 除非另有标注, 引用的翻译均由凯瑟琳·克罗斯 (Kathleen Cross) 完成。

A. Schwarz (✉)

Institute of Philosophy, Technische Universität Darmstadt, Schloss, 64283 Darmstadt, Germany

e-mail: schwarz@phil.tu-darmstadt.de

学家和历史学家必须关注概念的不连续性, 而不是通过出版传记集或制作自然史风格的 "学说表" 来声称虚假的连续性 (同上, 第 17 页)。至关重要的是, 要了解并使人理解 "如今过时的概念、看法和方法在多大程度上甚至在它们自己的时代就已经过时了, 以及一项仍然需要科学命名的过往活动离过时的往昔 (outdated past) 有多远" (同上, 第 27 页)。

因此, 一个概念的起源 (引入和定义) 并不是它在科学背景下是否有用的关键指标, 而是它的不断再加工——它的适应性拓展——使一个概念变得实用且可靠。通过指出不连续性而不是连续性, 哲学关注的焦点是科学概念如何通过不断更新而适应不同的概念和理论环境。由于对概念的历史含义的回顾性研究不能为其在当今的有用性和适当性提供确凿证据, 所以应该观察和分析当前概念的使用情况。

基于上述考虑, 人们可能不禁要问, 概念的编史学能对科学概念的研究做出什么贡献? 特别是它对概念起源的关注有限, 并且它产生的是关于这些概念在特定时间之含义的历史知识, 而不是关于它们使用的知识, 它对科学概念的研究还有用吗? 或者说, 概念编史学能超越这些限制, 为科学概念的编史学研究提供蓝图吗?

首先, 可以说概念编史学减少了我们当前的偏见 (Lübbe 2000, 第 41 页)。概念编史学可以使我们敏锐地认识到这样一个事实, 对于一个有着稳定含义的概念来说, 当前虽然包含科学概念的出版物、文本和技术手段急剧增加, 但也只不过是提供了一个狭窄、有限的 "现在"。概念史还使我们与当前科学发展动态之间保持了一个关键距离, 借用格言式的表达, "意识到历史的教训 …… 让人警惕时尚和错误的影响" (Horder 1998, 第 186 页)。与此类似的是, 哲学家和生物学史学家简·梅恩沙因 (Jane Maienschein) 认为, "…… 好的科学需要历史的视角 [……] 我们在科学上取得了进步 [……] 既要回顾过去, 也要面向前沿" (Maienschein 2000, 第 341 页)。

我们的主要任务可能是利用关于 "过时的往昔" 的方法和概念的知识, 以便恰时地识别我们自己潜在的 "过时的现在" (outdated present)——过时是指过期了的时尚, 跟错误、退化的理论、僵化的概念一样失去了吸引力。

[21] 概念编史学的另一个重要影响是, 套用波普尔 (Popper) 的三个世界模型, 它促进了我们对现实构成的第一世界与概念和思想构成的第三世界之间的区别和关系特征的关注。概念编史学可以避免 "从词到物, 再从物到词的天真的循环推理" (Koselleck 1998, 第 121 页)。

这一切都可以看作对本书副标题中提出的论题的初步说明, 即对概念的回顾是为了推进科学发展。

3.1　构建历史系统手册的基石

因此,一本 "历史的、系统的科学概念手册" 的一个关键特征是,以关注和审慎的态度对待特定的、偶然的当下,这些都反映在一个研究纲领的相关概念和理论中。同时,在一个概念的使用中,历史或口语的含义可能仍然存在影响,即使这些影响并不总是那么明显,但仍然能够证明其与科学概念的形成有关[4]。它们可能为自然属性的特征 (Gernot Böhme) 或研究纲领的硬核 (Imre Lakatos) 提供信息,在认识论活动的幕后工作,并隐含地为自然赋予意义 (见 Schwarz, 第 8 章)。"自然平衡的伟大传统可以追溯到古代,它赋予自然以同质性、恒定性或平衡性 (equilibrium),并憎恶灭绝和随机性的思想。在基督教传统中,秩序和连贯性通常被认为是神的旨意。这样的想法很难清除" ——生态学史学家罗伯特·麦金托什 (Robert McIntosh 1991, 第 26 页) 说到。来自科学或非科学语境的先前含义也可能影响科学概念的形成。正如科泽勒克 (Koselleck) 所指出的, "可以创造一个新的术语来表达以前不存在的经验或期望。然而, 它不可能如此新颖, 以至于几乎未包含在现有语言中, 并且无法根据语境得出它的意义" (Koselleck 1998, 第 30 页)。

新名词 "生态系统" (ecosystem) 就是一个很好的例子,因为它汇集了已在使用的其他词语中隐含的含义, 如 holocoen 或 biosystem (更详细的讨论, 参见 Jax and Schwarz, 第 11 章)。"生态位" 概念是受先前概念含义影响的一个例子。这些先前概念含义分别出现在关于有机体的环境要求 (空间生态位)、关于有机体在群落中的 "角色", 以及关于将生态位作为 N 维空间中超体积的功能概念 (Haefner 1980, 第 125 页) 等诸多讨论中。

"历史的、系统的生态学概念手册" 的特殊任务是确定生态学知识领域的基本概念,并公平对待生态学中的认知和建制的多元性。为了做到这一点,人们需要充分认识到, 生态学知识也在生态科学学科之外产生。这些知识会反过来寻求与建制化的生态学知识建立关联。为了公正地对待这种建制化的开放性,生态学最近被描述为一个边界地带, 它既是实验室科学也是野外科学, 在学科结构上是介于建制和认知领域之间的学科。生态学, 罗伯特·科勒 (Robert Kohler 2002) 称之为 "边界生物学" (border biology), 是一种多层级、镶嵌式的文化。根据科勒的观点, 实验室科学和野外科学之间的紧张关系并不会简单地通过边界实践将之有效地变为一个新学科的核心而消失。相反, "在边界上" 的对象构成和理论构建在生

[22]

---

[4]这关系到口语和书面语之间以及不同公共场所之间的差异。科学家可能会谈论他或她的背景假设 (甚至会发表这些假设, 如在访谈中) , 但他们不会在科学期刊上发表这些假设。他们可能会记录在实验室日记中, 甚至在互联网上发布他们研讨会或讲座的讲稿; 但如果没有上述括号中的情形, 这些笔记将不被外人知晓。

态学中得以保留，并且与其作为边界学科的建制化特征得到维护的程度相当，这又引发了在整个科学体系结构中如何安置野外科学的难题，着手讨论科学与技术中边界和混合的无处不在性及其创新与创造性特征。事实上，生态学从一开始就被认为是一门"桥接性科学"，并且直到今天仍保留着这一特征 (参见 Schwarz and Jax, 第 19 章)，这一特征的保留可以看作为边界学科提供积极转机的持续尝试。边界学科部分源于 19 世纪的自然哲学，其特点是存在认识论和本体论的对立。直到1980 年代左右，才出现一种更广泛的、反思性的边界话语体系。

该手册的第二个特点是，它表明在该学科的整个历史中，生态学家对他们所认为的概念缺陷和专业语言中的模糊元素具有高度的敏感性和关注度 (见 Acot, 序言)。这无疑是科学家对生态学知识产生过程中不可避免会遇到的认知性和建制性困难的正常反应，但也标志着人们意识到生态学跟一般生物学一样，处于认知策略中心的主要是概念而非理论。

该手册的另一独特之处是，书中概念是按照所谓的概念簇来讨论的，而非按字母顺序 (见 Jax and Schwarz, 第 2 章)。这种方法的特有好处是不仅对所选的术语和概念之间的关系进行更加灵活的处理，而且可以通过综合考察两者的演变历史，系统性重构所选概念在生态学领域的应用。概念簇的另一个优点是，相关概念的集中有效促进了概念史方法和其他方法之间的交叉，包括与思想史 (Lovejoy 1948)、历史语义学 (Busse 1987, Busse et al. 2005)、隐喻史和话语史 (Bödeker 2002) 等的交叉。

该手册力求丰富与简约相结合。在方法使用和各种系统框架的运用上丰富多样：手册以概念史方法为核心，同时又倡导使用多种方法，既可以与话语史、思想史等进行批判性对话，又考虑到了语言学中的历史语义学和隐喻史；既运用了科学史和哲学史的真知灼见和描述性工具，又采用了哲学人类学和历史哲学的系统表述。另外，在概念的选择上是简约的，特别是在概念的呈现方式上：只选择了作为学科构建基石的少量概念 (参见词汇表)，采用一套特定的框架加以讨论 (参见 Jax and Schwarz, 第 2 章)。

[23]

3.2 争论的结束和开始

几年前人们预言概念史会消亡 (参见如 Gumbrecht 2006)，如今则认为其处于"过渡状态" (Müller 2005)，专注于该学科的德语期刊《概念史档案》(*Archiv für Begriffsgeschichte*) 最近一期即以此观点作为标题。概念史处在隐喻学与认识论、事物史 (history of objects or things) 与话语史之间的富有成效的张力中，人们再次强调语词 (作为语言之物) 与对象 (语言中的事物) 的关系问题，并对其方法论利弊进行了审视和检验。在文化研究的推动下,概念史实际上正在经历一场修正。它应该 "起到打破普遍存在于不同学科和文化之间壁垒的作用"[5]。人们发现概念史的对象有着跨学科的构造 (Müller and Schmieder 2008, 第 XII–XIII 页),并尝试将其看成 "机制史" (dispositif history) (Berg 2008, 第 329 页) 和具有反思性的媒介 (Mayer 2007)。

　　不管这些方法论修正和调整的细节在多大程度上能够令人信服 (也可能不会令人信服),人们都一致认为,科学概念史的编写不同于 "基本历史概念" 的历史或 "音乐术语" 的历史[6],甚至不同于《哲学史词典》(*Historisches Wörterbuch der Philosophie*, HWPh) 的创始人约阿希姆·里特尔 (Joachim Ritter) 所设想的 "永恒哲理" 之历史的写法。科学的概念史首先要回答概念在科学对象的形成和科学理论构建中的可变性和可靠性问题,这就要求检视历史变化中提供的反思概念不连续性的可能性和机会,这与 "认知断裂" (epistemic break) 或 "范式改变" (paradigm change) 密切相关。此外,同样重要的是,科学概念史的编写还提出了一个问题,即能否公正地对待互相交织的科学实践、科学对象以及科学概念 (Müller and Schmieder 2007, 第 210 页)——如果能的话,要如何才能做到。 [24]

3.3　科学概念的历史还是生物学或生态学概念的历史?

　　与物理学不同的是,人们经常强调概念史对生物学的重要性。这是因为生物学没有易于形式化的语言,因此没有纯粹的关系概念可供使用。三卷本丛书《生物学历史词典》(2009 年预印本) 的作者乔治·特普费尔 (Georg Toepfer) 引用乔治·康吉扬的话,声称生物学是一门 "以概念为中心的自然科学" (见下文)。事实上,康吉扬对生物学术语不能全部转换为形式化的数学语言这一个事实给予了积极的评价,进而认为这种不完备性是生物学的一种特质。

　　对于相对模糊的概念,通常只能在有限的范围和体系中才能有效刻画,这同样也适用于生态学。无论这些概念是诸如 "生态位" (niche) 和 "能量" (energy) 此类的日常词汇,还是显然更容易掌握的新词语,似乎都无关紧要。在这里,这些概念的通用性是以不同的方式发生关联的。语言游戏 "生态系统" 这一概念就是一个生动的例子,只看定义它似乎是 "不育" 的,但是其极其 "多产" 让人叹服,充分

---

[5]摘自恩斯特·米勒 (Ernst Müller) 和法尔科·施密德 (Falko Schmieder) 于 2007 年 2 月 9—10 日参加在柏林文学和文化研究中心举办的 "自然科学中的概念史" 研讨会之后的一份报告 (Archiv für Begriffsgeschichte 49 (2007), 第 210 页)。

[6]《音乐术语手册》(*Handwörterbuch der musikalischen Terminologie*, HmT) 是德国大型概念史项目之一,由汉斯-海因里希·埃格布莱希特 (Hans-Heinrich Eggebrecht) (1970 年) 创立。本手册主要借鉴了其每篇文章提供不同层次信息的这种结构。

展现了一个概念能够拥有的语义衍生能力。它在大量不同话语体系和学科中开辟了一条道路, 从语言学、经济学、医学延伸到对创新技术的社会作用的描述。由此可见, 源于其他科技领域的概念也会被生态学界所采用, "景观" (landscape) 和 "承载力" (carrying capacity) 便是其中的两个例子。反过来生态学概念也可以渗入其他领域, 使专业术语成为日常语言的一部分。如今, "群落生境" (biotope) 和 "生物多样性" (biodiversity) 随处可见。在一个注重环境的社会里, 每个人都知道什么是生态位或生态系统, 知道濒临消亡的森林和气候变化意味着什么。"从主要科学学科中撷取的有用术语 (能够) 成为通向一个时代的万能钥匙" (Pörksen 2002, 第 15 页) : 科学概念在非科学的用法中变成了一个隐喻。

3.3.1 概念还是隐喻?

概念的大众化可以被认为是潜在相似关系的有力延伸, 但是这些关系不再由一门科学学科的概念簇所决定, 而是以一种不受控制的方式展开。这些概念失去了作为概念网之节点的语境联系。在概念网中, 概念是 "作为上位或从属概念、对比或相关概念而彼此关联的" (Dutt 2008, 第 244 页)。当前学界有一个共识, 即隐喻在科学演讲和写作中是不可或缺的, 概念构建和隐喻使用之间存在着密切的联系。然而, 如何解释概念和隐喻之间的区别仍然存有争议。文化研究界有一种趋势, 即为了使用隐喻而无视概念和隐喻之间被激烈争论的差异性。他们经常给出的理由是, 毕竟许多概念词是多义的, 因此概念的语义是模糊的, 他们会说 "模糊性和非歧义性是由语境决定的" (Teichert 2008, 第 100 页)。但是为了支持隐喻转换而放弃概念的确切内容, 从而使特定的概念变成了一般的观念甚至泛化的概念, 上述理由似乎既非必要也不充分。事实上, 隐喻和概念本身的概念区分在很大程度上取决于所依据的理论假设, 因此也是语境驱动的, 或者, 如一些人所说的那样, 也属于词语权术的一部分。然而, 概念编史学大师莱因哈特·科泽勒克 (Reinhart Koselleck) 指出, 一个概念 "必须是带有歧义的", 并且强调对于概念而言这一特征是必要且适用的, 但是在其他人看来, 这只适用于隐喻。

> (一个) 概念必须保留歧义, 才能成为一个概念。[······] 因此, 一个概念可能是明确的, 但它必须带有歧义。所有**那些在符号学意义上浓缩了完整历史过程的概念是无从定义的, 只有那些没有历史的概念才能被定义 (尼采)**。一个概念将各种各样的历史经验、理论和实践中的具体指陈的总和汇聚在一个语境中, 该语境只有通过这个概念才能给定, 并且唯有借助这个概念才能被真正体验到。[······] 每个概念都有一定的范围,

[25]

对可能的经验和可设想的理论都设置了边界[7]。

显然, 这只是科泽勒克在编纂《基本历史概念词典》(*Geschichtliche Grundbe-griffe*)时所采用的关于概念的假说[8], 绝不是一个理论上令人满意的关于概念的定义 (Knobloch 1992, 第 8 页), 因为迄今我们还没有概念编史学理论 (Teichert 2008, 第 111 页)。《哲学史词典》也是如此, 它明确放弃了整合理论的想法, 转而采用实用性方法; 米勒指出, "《哲学史词典》提供的不是严格意义上的概念史, 而是记录哲学术语应用的历史" (Müller 2005, 第 9 页), 其结果是强调了概念的不变性和哲学含义的连续性。

从逻辑学和科学哲学的角度来看, 概念的作用和影响是完全不同的 (Busse 1987, 第 49 页及其后)。重点显然不在于界定概念的范围和内涵 (这两点即使并非不可能, 也的确会非常困难, 如对于民主或自由等概念)。相反, 人们关注的是社会政治话语的逻辑, 正是这种逻辑使得这些概念的形成模式极具吸引力: "那些 (基本) 概念被赋予了崇高的地位, 它们指向矛盾、使矛盾具体化并吸引矛盾" (Knobloch 1992, 第 12 页)。克诺布洛赫 (Knobloch) 甚至认为, 也许有必要转而谈论 "各历史时期不同语言行为的功能要素" (同上), 从而完全抛弃语言游戏中的 "概念", 用对概念史学对象的明确观念取而代之。这种向语言行为和话语本身靠拢的做法也可能有助于应对历史 (和现在) 的概念复杂性, 消除概念的命名困境。 [26]

另一个缓和隐喻与概念区分争议的途径可能是把两者都视作解释性模型。如前段引文所述, 从解释性模型的角度可以认为 "概念" 的含义是精准的: "每个概念都旨在为可能的经验和可设想的理论设置一定的范围和限制。" 概念模型决定了经验数据、相关概念和假说是如何联系在一起的, 以及最终如何形成解释力。对隐喻而言, 虽然玛丽·赫西 (Mary Hesse 1980) 讨论的所谓互动隐喻的观念可能也有类似的功能, 但是关键的区别是, 隐喻最重要的功能并不是展现相似性, 而是创造相似性。这里隐喻不是相似关系的结果, 而是相似关系的 "**原因**"。经常有人提出反对意见, 认为这种隐喻妨碍了关于隐喻预言范围的进一步说明从而变得相当

---

[7]Ein Begriff [···] muss vieldeutig bleiben, um ein Begriff sein zu können. [···] Ein Begriff kann also klar, muß aber vieldeutig sein. *Alle Begriffe, in denen sich ein ganzer Prozeß semiotisch zusammenfaßt, entziehen sich der Definition; definierbar ist nur, das, was keine Geschichte hat* (Nietzsche). Ein Begriff bündelt die Vielfalt geschichtlicher Erfahrung und eine Summe von theoretischen und praktischen Sachbezügen in einem Zusammenhang, der als solcher nur durch den Begriff gegeben ist und wirklich erfahrbar wird. [···] Mit jedem Begriff werden bestimmte Horizonte, aber auch Grenzen möglicher Erfahrung und denkbarer Theorie gesetzt (Koselleck 1995, 第 119–120 页)。

[8]显然, 科泽勒克并不是在描述概念在研究领域中的应用。他所指的也正如贝恩哈尔·斯科尔茨 (Bernhard F. Scholz) 所指出的 "对概念 (和词汇) 在会话链中传播的方式进行了非常充分的描述, 这种方式有助于构建和维护这些词汇的社会现实" (Scholz 1998, 第 89 页)。

武断: 一旦作为科学模型推出, 隐喻就不再可控, 这意味着无法再预测哪些关联的概念和思想最终会变得重要甚至成为 "可设想的理论"。但是, 将隐喻当作一种科学模型就意味着隐喻必须成功有效, 必须能以某种方式指导科学行动。这就要求相似关系不可能是完全任意的, 而只是不可预测的。正是由于这种不可预测性的存在, 我们就可以拓展和修正相关的概念和思想, 从而带来正面启发价值。从本质上讲, 可以从以下三个方面区分不可预测和任意延伸之间的区别, 明确这三点就能更接近科学概念的定义。首先, 一个成功的隐喻是含蓄的而不是大胆的; 其次, 它通过互动性可应用于不同的语境; 最后, 它有可能被证明是不一致的, 甚至是错误的[9]。科学隐喻作为一种模型, 其有用性可以通过 "对客体的解释性共鸣以及同步的内在适应性" 的程度来加以衡量 (Debatin 1990, 第 805 页)。

[27]　　最后, 我们可以得出这样的结论: 关于隐喻和概念各自作用的争论引起了人们对它们共同特征的关注, 这些特征与跟踪它们使用情况的方法密切相关, 包括 (1) 概念构建与科学实践之间的密切联系, (2) 概念或隐喻的自反性规则, 以及 (3) 概念簇在整合不同类型的概念、理论和隐喻中的作用。

参考文献

Baker G (2001) Wittgenstein: concepts or conceptions? Harv Rev Philos IX: 7–23

Berg G (2008) Die Geschichte der Begriffe als Geschichte des Wissens. Methodische Überlegungen zum 'practical turn' in der historischen Semantik. In: Müller E, Schmieder F (eds) Begriffsgeschichte der Naturwissenschaften. Zur historischen und kulturellen Dimension naturwissenschaftlicher Konzepte. Walter de Gruyter, Berlin, pp 327–343

Bödeker HE (ed) (2002) Begriffsgeschichte, Diskursgeschichte, Metapherngeschichte. Wallstein Verlag, Göttingen

Busse D (1987) Historische Semantik. Analyse eines Programms. Klett-Cotta, Stuttgart

Busse D, Niehr T, Wengeler M (eds) (2005) Brisante Semantik. Neue Konzepte und Forschungsergebnisse einer kulturwissenschaftlichen Linguistik. Max Niemeyer Verlag, Tübingen

Canguilhem G (1979) Wissenschaftsgeschichte und Epistemologie. Gesammelte Aufsätze (trans by Bischof M, Seutter W), Wolf Lepenies (ed). Suhrkamp, Frankfurt/M

Debatin B (1990) Der metaphorische Code der Wissenschaft. Zur Bedeutung der Metapher in der Erkenntnis- und Theoriebildung. S Eur J Semiotic Stud 2: 793–820

Dutt C (2008) Funktionen der Begriffsgeschichte. In: Müller E, Schmieder F (eds) Begriffsgeschichte der Naturwissenschaften. Zur historischen und kulturellen Dimension naturwissenschaftlicher Konzepte. Walter de Gruyter, Berlin, pp 241–252

[9]有关科学隐喻和文学隐喻之间的区别, 以及把解释概念看作隐喻性重述的更深入的讨论, 请参见 Schwarz 2003, 第 265 页及其后。

Eggebrecht H-H (1970) Das Handwörterbuch der musikalischen Terminologie. Archiv für Begriffsgeschichte 14: 114–125

Gumbrecht HU (2006) Dimensionen und Grenzen der Begriffsgeschichte. Wilhelm Fink Velag, München

Haefner JW (1980) Two metaphors of the niche. Synthese 43: 123–153

Hesse M (1980) Revolutions and reconstructions in the philosophy of science. Harvester Press, Brighton

Horder TJ (1998) Why do scientists need to be historians? Q Rev Biol 73: 175–187

Knobloch C (1992) Überlegungen zur Theorie der Begriffsgeschichte aus sprach- und kommunikationswissenschaftlicher Sicht. Archiv für Begriffsgeschichte 35: 7–24

Kohler R (2002) Labscape and landscape. The University of Chicago Press, Chicago

Koselleck R (1995) Vergangene Zukunft: Zur Semantik geschichtlicher Zeiten (1st edn 1979). Suhrkamp, Frankfurt/M

Koselleck R (1998) Social history and Begriffsgeschichte. In: Hampsher-Monk I, Tilmanns K, van Vree F (eds) History of concepts: comparative perspectives. Amsterdam University Press, Amsterdam, pp 23–36

Lovejoy AO (1948) Essays in the history of ideas. The John Hopkins Press, Baltimore

Lübbe H (2000) Begriffsgeschichte und Begriffsnormierung. In: Scholtz G (ed) Die Interdisziplinarität der Begriffsgeschichte. Meiner, Hamburg, pp 31–41

Maienschein J (2000) Why study history for science? Biol Philos 15: 339–348

Mayer H (2007) Nomadisch unscharf. Vorschläge zur Begriffsgeschichte der Naturwissenschaften. Frankfurter Allgemeine Zeitung 14.02.2007

McIntosh RP (1991) Concept and terminology of homogeneity and heterogeneity in ecology. In: Kolasa J, Pickett STA (eds) Ecological heterogeneity. Springer, New York, pp 24–46

[28]

Müller E (2005) Einleitung. Bemerkungen zu einer Begriffsgeschichte aus kulturwissenschaftlicher Perspektive. In: Ernst Müller (ed) Begriffsgeschichte im Umbruch. Archiv für Begriffsgeschichte, Sonderheft Jg. 2004, pp 9–20

Müller E, Schmieder F (2008) Einleitung. In: Müller E, Schmieder F (eds) Begriffsgeschichte der Naturwissenschaften. Zur historischen und kulturellen Dimension naturwissenschaftlicher Konzepte. Walter de Gruyter, Berlin, pp 11–23

Müller E, Schmieder F (2007) Begriffsgeschichte in den Naturwissenschaften—die historische Dimension naturwissenschaftlicher Konzepte. Archiv für Begriffsgeschichte 49: 210–214

Pörksen U (2002) Die Umdeutung der Geschichte in Natur. Gegenworte 9: 12–17

Scholz BF (1998) Conceptual history in context: reconstructing the terminology of an academic discipline. In: Hampsher-Monk I, Tilmanns K, van Vree F (eds) History of concepts: comparative perspectives. Amsterdam University Press, Amsterdam, pp 87–102

Schwarz AE (2003) Wasserwüste—Mikrokosmos—Ökosystem. Eine Geschichte der Eroberung des Wasserraumes. Rombach, Freiburg/Br, pp 273–281

Teichert D (2008) Haben naturwissenschaftliche Begriffe eine Geschichte? Anmerkungen zum Zusammenhang von Metaphorologie und Begriffsgeschichte bei Hans Blumenberg. In: Müller

E, Schmieder F (eds) Begriffsgeschichte der Naturwissenschaften. Zur historischen und kulturellen Dimension naturwissenschaftlicher Konzepte. Walter de Gruyter, Berlin, pp 97–116

Toepfer G (forthcoming). Historisches Wörterbuch der Biologie. Geschichte und Theorie der biologischen Grundbegriffe, Vol 1 (preprint version June 1, 2009). Verlag J.B. Metzler, Stuttgart

第二部分　生态学的基础: 哲学和历史视角

第 4 章 多面生态学——论有机体论、突现论和还原论之异同

Donato Bergandi

　　传统的整体论与还原论之争是认识论之争, 这一争论对生态学的理论和方法论的发展起到了至关重要的作用。在任何时候, 二者之争都有误入 "巴别塔" ——逻辑和秩序混乱境地的风险。然而哲学与科学一样, 对词语和与其相关概念的使用要求严格清晰。日常普遍使用的语言表达在整体论与还原论之争中会因其基本的清晰性和连贯性让人产生错误印象。在现实中, 二者之争所涉及的概念范畴还有待准确界定和一致使用。由此而言, 有必要制定一个清晰的概念、逻辑和认识论框架。

　　我们因此提出一个极简主义的认识论基础。首先, 整体论一般代表的是突现论的本体论背景, 但并不完全与其重合, 认识到这点会有助于我们更好地理解问题。因此, 即便用突现论与还原论这两个词语来描述这场争论更准确, 我们仍要用宽泛的术语讨论 "整体论与还原论" 之争。这些相互对立的范式需要在多层语义和运用层面上展开讨论。从定义来讲, 突现论和还原论并不仅仅只有一种, 而是存在多种。事实上, 阿亚拉 (Ayala 1974; 也可见 Ruse 1988; Mayr 1988; Beckermann et al. 1992; Jones 2000) 提出了经典的三部论之说, 即三个不同的语义域: 本体论、方法论和认识论。三部论之说可以被视为认识论的一种反映, 来解读还原论领域。同样, 将其用于突现论领域也非常有价值和意义。通过揭示二者各自的基本假设, 我们不光可以更好地理解它们相似与共通的部分, 也可以厘清不共通的部分。

　　突现论与还原论之争第一个问题其实也是科学所一直在探寻的。当前的科学, 无论是物理学还是人文学科, 它们的本体论和认识论基础在本质上都是自然主义和唯物主义的, 也就是说所有的自然 (或社会) 客体、事件和过程都无须通过自然之外或超自然的 (生机论的或神学的) 实体、原因、目的或解释来理解。构成

D.Bergandi (✉)

Muséum National d'Histoire Naturelle, Paris, France

e-mail: bergandi@mnhn.fr

自然实在的秩序和规律都是可被理解的，原则上，自然主义的解释并不受限制。每当"突现论"和"还原论"这些关键词出现时，都应该考虑到这一哲学基底的存在，即科学和自然主义认识论的存在。

无论在生态学还是其他自然科学或人文科学中，无一例外地，突现论和还原论经典之辩都起了非常重要的和结构性的作用。我们有必要意识到，它们的基本假设涉及不同的、通常带有信仰色彩的本体论 (世界观，实在的 "真实" 结构，或者说，我们关于实在结构的 "赌注") 、方法论 (研究策略) 和认识论[1]。每当我们遇到这一争论时，都要充分考虑到这些特定语义域的存在。

4.1　整体论与还原论——认识论的对立？

现今还原论的宇宙本体论观点可以追溯到多个世纪前的机械论世界观。从留基伯 (Leucippus) 、德谟克利特 (Democritus) 到道尔顿 (Dalton), 乃至玻尔 (Bohr), 都认为现实世界是由原子论定义的：实在由不同的、独立而不可分的原子构成，它们的时空幅度是固定的。而与还原论不同的是，突现论的整体论本体观是连续的、关系性的：实在由本质上互相关联和相互依存的事件和过程的**连续体**构成。乍一看，还原论和突现论当下都基于共同的科学哲学，即所有的生物现象本质上是物理和化学现象，物理和化学的规律对生物现象都可适用。然而，突现论认为不同组织层级 (物理、生物和心理社会学) 的特点在于获得了新颖和特定的性质 (突现性质)。与组成它的其他层级 (层级组织) 相比，这些性质增加了给定层级的复杂性。因此，即使物理和化学规律通常情况下适用于生态现象，但每个组织层级都需要相应的规律和理论支撑，这样便于理解特定层级的特定性质。与此相对，还原论否认了突现性质的存在，换言之，还原论认为突现性质是严格依赖于我们知识现状的副现象，今天的突现性质在明天就会失去突现特征 (Hempel and Oppenheim 1948, 第 149–151 页)。

这些本体论假定显然会对方法论和认识论范畴产生重大影响。就方法论来说，上述两种观点对分析方法的看法差异很大。

[33]　　　还原论认为，在给定的组织层级上，对组成部分和它们之间的关系进行分析研究，能够充分且必要地推断或至少也能解释给定层级的所有性质。本质上，还原论采取的是 "自下而上" 的策略。还原论不仅要考虑有待解释的事件所在的层级 (如生态学现象)，还要考虑提供这个解释的较低层级 (如遗传学、化学或物理学)。因

---

[1]在这个背景下，"认识论" 一词暗含着研究领域更有限、更特定，涉及属于不同组织层级的理论和规律之间的关系。换句话说，它的特点就在于 "异质还原" 或者 "理论还原论" 的认识论挑战 (Ruse 1988)。

此, 分析的和加成的方法是对实体进行解剖, 对过程加以分解, 以审视视角深入组成部分或阶段, 尝试对它们之间的关系进行解释。对个体组成部分的性质或者相互作用的性质进行连续累加, 就能推断出实体的整体性质。在某些情况下, 我们通过分解和合成过程应该可以表述更普遍的理论或规律。

从方法论来看, 突现论进路虽然认识到分析的必要, 但认为其解释力仍然有限。事实上, 按照突现论和层级观点, 连接不同组织层级的反馈回路在决定和产生突现性质上起到了极其重要的作用。方法论层面的突现论和还原论对主要研究对象的上下相邻层级的考虑是不同的。方法论层面的突现论并不局限于对某一特定组织层级的组成部分或部分之间关系的分析。换言之, 它是采取了 "自上而下" 的进路, 上一层级 (下行因果) 和下一层级都决定了中间层级的性质。所以多层级的三元进路, 即至少同时考虑组织的三个层级, 是突现论方法论中必要的, 也是其方法论的主要特点 (Feibleman 1954; Campbell 1974; Salthe 1985; Bergandi 1995; El-Hani and Pereira 2000)。

从认识论来看, 还原论用的是单向的 "自下而上" 的解释策略。这种方法直接源于 19 世纪的实证主义和 1920 年代和 1930 年代的新实证主义。在科学与形而上学的对抗中, 新实证主义追求的是基于语言、规律和物理理论的科学统一。认识论层面的还原论认为, 特定组织层级的理论和规律可以 (有时也必须) "还原" 为更 "基础" 的科学领域的理论和规律 (Woodger 1952; Nagel 1961; Levins and Lewontin 1980; Bunge 1991; Jones 2000)。因此, 从长远来说, 理想的科学发展会包含对非基础科学的 "去实质化"。以生态学 (二级科学) 和物理学 (一级科学) 之间的关系为例, 如果生态学规律和理论可以还原成物理学规律和理论 (异质还原), 那么在物理学背景下, 生态学现象的整合、合并和同化过程就会为原本作为生态学研究对象的所有现象提供更广阔清晰的理解。这一假设的还原会使生物学 "稀释" 为物理学, 萌发更有意义的新的物理科学。然而正如波普尔 (Popper) 所指出的, 这种成功还原基本上不可能达到, 因为它意味着要采用物理学术语对生命进行 "完备" 的理论解释 (1972)。

认识论层面的整体论不但假定了不同组织层级的规律与理论之间存在更辩证的关系, 而且还断定并不存在可以使其他科学还原的科学领域。从本体论的角度来说, 突现论认为, 每个组织层级都有一个或者多个突现性质, 与特定的规律和理论相关联, 而这些规律和理论又被认为本质上是不可还原的。奎因 (Quine 1961, 第 42 页) 还提出, "科学是作为一个整体来面对经验裁决的"[2]。也就是说, 对于无

[34]

---

[2]这里值得指出的是, 迪昂 (Duhem) 论文中对整体论的引用与奎因论文不同, 它指整个物理学。按照有机体论观点的描述, 它作用于物理学, 就像在有机体中一样, 所有理论都一起发挥作用, 即使它们并不在同一干预层级起作用 (Duhem 1977, 第 187–188 页)。

法用现有知识解释的反常现象，科学整体都需要做出相应调整。换言之，任何科学领域的转变，而不仅仅是"基础"科学的转变，都能决定性地影响任何其他科学领域的改变。这种观点反对将物理解释作为其他科学必须还原的基本和首选解释形式。

总的来说，通过下述对应于不同语义范畴的标准，可以对所有唯物主义突现论实在观的基础和哲学核心加以区分：

4.1.1　本体论

1. **整体论**：并非所有的整体论立场都是突现论，但所有的突现论观点肯定都基于整体论。**整体论从根本上意味着现象之间内在的、结构性的、时空上的关联**[3]。它构成了突现论最主要的、不可回避的本体论预设。

2. **组织层级**：**实在是一个层级化的、多层次、多等级的过程**。按照这种对实在的诠释，组织（或整体）的每个层级都是由特定的突现属性、性质或者行为刻画的。这种本体论的观点可以从实在论的角度进行解释，即层级及其突现性质确定表征了实在，也可以从建构主义的角度来解释，即组织层级就是对实在的"**描述层级**"：根据研究的目的，我们识别层级，并且将具体的性质赋予它们。

3. **新颖性**：**每个组织层级，较之其所依赖的并从中突现而来的层级，其突现性质都具有新颖性，体现了新的现象秩序。**

[35]

4.1.2　方法论

4. **要避免"误置具体性"的谬论**（Whitehead 1925; Dewey and Bentley 1949）。对任何一种突现论的建构主义方法论来说，这都是一个基本的预设。这是一个最基本的启发式假设，即对"整体""部分"和"关系"的所有分析性区分只是纯粹的理论"思想建构"，它只是相对具体的探讨目标而言才有意义。因此，整体、部分和关系不一定具有内在的本体性实在，可以只具有认识论上的意义（见 Bergandi 2007)[4]。

5. **多层级进路**：为解释组织或系统的特定层级的突现性质，必须同时考虑主要研究对象所在的层级及其相邻的上下层级，它们同等重要。这种三元进路不是苛求，而是所有突现论研究的必要条件。实际上，只考虑研究对象与较低层级的关系也就等同于还原论的方法论。

---

[3]为了避免所有误解产生的风险，用术语"整体论"特指实在的关系观点更为合适，按照关系观点来说，自然（或社会）实在是由时空关联的实体所组成的。它的逻辑对立面是本体论层面的原子论观点。

[4]要注意，建构论不否定实在（自然的、社会的，等等）的存在。更准确地说，这个观点强调在这个实在范围内我们依靠认识论层面的建构观点来识别或者辨别某些特点、层面和过程，而这些特点、层面和过程对我们的目的和目标（科学的、社会的，等等）具有一定的功能。

6. **突现性质的错误归属**: 对于组织层级突现性质的归属, 需要时刻谨记建构论背景 (见上文 4)。同时要仔细驳斥关于这些性质在现实中无法有效归属于组成部分、子系统或者较高层级的假设。事实上, 任何突现性质的错误归属都可能是源于对整个层级结构的不完整或错误的分析。

4.1.3　认识论

7. **不可预测性**: 组织层级的突现性质不可预测, 即使是在原则上, 就算拥有组成部分、性质和组成部分之间关系的完整知识, 也是不可预测的[5]。换言之, 事物的特定组织 (层级) 与其独有的性质相互关联。要想去解释它们, 就必须形成新颖的或者重组的科学学科, 这些学科会使用新的假设、理论和规律, 就会引入新的术语和模式, 来适应新的突现现象和性质[6]。

[36]

4.2　生态系统生态学: 从有机体论到看似矛盾的 "还原论的整体论"

生态学从一开始就建立在整体论的本体论框架中。生态学这门科学, 最广为人知的特点是其对有机体和环境之间关系的探究, 它是关注有机体生存所需所有条件的科学 (Haeckel 1866)。它的早期整体论框架采取了有机体论世界观的形式。代表性的有斯蒂芬·福布斯 (Stephan A. Forbes)、弗雷德里克·克莱门茨 (Frederic E. Clements) 和约翰·菲利普斯 (John Phillips) 的著作。

恩斯特·海克尔 (Ernst Haeckel) 对生态学做出具有深远意义的定义多年后, 福布斯也著有两篇文章, 生动描述了有机体与环境之间的复杂错综的关系。福布斯在《论有机体的相互作用》(*On Some Interactions of Organisms*, 1880) 和《湖泊是一个微宇宙》(*The Lake as a Microcosm*, 1887; "微宇宙" 的概念在生态学中是一个主要隐喻, 见 Schwarz 2003) 中首次提出自然系统中存在着平衡状态, 因此必须将其 "作为一个整体" 来研究的理念。他还描绘出自然选择和动植物物种波动规律之间的严格联系。他提出, 有机体之间的功能联系类似于动物体内器官的联系。一个特定植物或动物种群的任何变化 (数量、习性或者分布) 都会 "在很大范围内" (Forbes 1880, 第 3 页) 对其他种群产生影响。在自然选择的影响下, 捕食者和猎物种群一般在生存竞争中会找到一个平衡, 然后在一定程度上相应调整各自的繁殖率。它们享有着共同利益: 捕食者种群的过度增长显然会使其食物供应物种个体减少, 从而导致自身物种个体数量的减少。但是, 福布斯也提出, 在有机体之间和

---

[5]这是省略后的系统阐述; 正确阐述应为: 一个组织层级的突现性质的规律不可预测, 即使在原则上, 也不能通过组成部分之间的较低层级关系的规律来对其预测。

[6]例如, 即使最激进的还原论者也不能仅仅通过引用所有物理和化学的理论来解释生物进化; 根据威廉姆斯 (Williams) 的观点: "至少需要一个额外的自然选择假设及其结果, 即适应" (Williams 1966, 第 5 页; 另可见 1985, 第 1 页)。

有机体与环境之间的复杂关系网中，能真正限制一个物种过度增长的是无机环境因素 (同上，第 16 页)。

福布斯的范例"湖泊"被他描述为一个相对孤立系统的典型范例，在这个系统里，只有考虑了不同物种 (捕食者/猎物、竞争、互利共生，等等) 与周围陆地系统 (Forbes 1887，第 537 页) 之间的所有关系形式后，才能对"复杂有机体"，即物种集群进行研究。换言之，福布斯在埃尔顿 (Elton 1927) 和林德曼 (Lindeman 1942) 提出营养生态学之前就有这样的考虑，即在研究湖泊食肉性鱼类时，也要考虑它们生存所依赖的物种、这些物种所依赖的有机和无机条件、其他竞争物种，以及影响植物和动物物种生存、使得特定的关联物种组合得以存在的整个环境系统 (见 Forbes 1914)。

其他生态学家包括克莱门茨、菲利普斯、亨利·格里森 (Henry A. Gleason) 和阿瑟·坦斯利 (Arthur G. Tansley) 的著作也在我们如今明确称为"整体论–还原论之争"中显露出影响。在这场决定生态学认识论的争辩中，个体论的拥护者 (格里森)、反有机体论的和反突现论的拥护者 (坦斯利) 与有机体论的整体论支持者 (克莱门茨、菲利普斯; Bergandi 1999; 也见第 5 章) 相持不下。

[37]

植物生态学在探求自然基本单元的过程中发挥了至关重要的作用。各种各样的单元先后出现，像生物群系、顶极群落、植物群丛和生物群落。克莱门茨 (Clements 1916) 认为，顶极群落是一个有机整体。群系像有机体一样生长、发展并死亡。随后，菲利普斯也坚定站在有机体论的立场 (Phillips 1931, 1934, 1935a, 1935b)，认为生物群落是一个有机整体。克莱门茨和菲利普斯通过有机体和植被单元、群系或者生物群落之间的类比，将前者的某些特征外推到后者，这就面临着把相对的相似性转变成绝对的同一性关系的风险，照这样下去，总会走进死胡同。尽管我们从没见过任何有机体越来越年轻，但环境的改变 (如土壤退化) 会导致生态退化，也就是物种贫瘠。然而，生态学有机体论的现象学解读中隐藏着一个更基本层面的解释。这些作者其实都想指出生态学实体的整体论的本体论维度。也就是说，他们想要强调生物实体内固有的"有机组织化"观念。从这个角度来看，哲学层面的有机体论产生的影响还没有被完全排除。有趣的是，赫伯特·斯宾塞 (Herbert Spencer)、阿尔弗雷德·怀特黑德 (Alfred N. Whitehead)、塞缪尔·亚历山大 (Samuel Alexander)、康维·摩根 (Conwy L. Morgan) 和扬·史末资 (Jan Smuts) 关于有机体论和突现论的哲学著作都被菲利普斯和克莱门茨援引过，即使是在他们后期的文章中也有援引 (Phillips 1931, 1935b; Clements 1935: 见 Bergandi 1999)。

此外，要注意福布斯与克莱门茨和菲利普斯支持的是不同形式的有机体论。福布斯支持生物群落的观念，虽然肯定属于整体论，并以有机体论术语来表达，但实质上是早期突现论。他在分析中强调有机体之间以及有机体和环境之间的相互作用维度,而克莱门茨和菲利普斯支持的有机体论观点中,明显引入了突现的观点。比如,克莱门茨不仅仅强调:(1) 植物群系自身是一个有机整体;(2) 顶极群落是群系的成熟阶段;而且也认为 (3) "一个群落的响应通常大于组成群落的物种和个体的响应之和",使得群落会自然地产生一个渐趋完善的生境,而这些只有群体中的个体植物做出联动反应才有可能实现 (Clements 1916, 第 3, 79, 106 页)。

对比之下,坦斯利走的是一条极其自我矛盾的路径,他从克莱门茨和菲利普斯的有机体论角度脱离出来,提出 "生态系统" 的概念,这个系统自身就是一个更具综合性的整体论实体——由有机体和物理因素构成的物理系统。但是这一命题既不牵涉其他生态单元的消失,而且在拒绝有机体论的同时也未能超越其认识论框架 (关于生态单元的概念,见 Jax et al. 1998; Jax 2006)。坦斯利实际上将生态系统定位为 **"准有机体"** (Tansley 1935)。这里不仅仅存在误用 "有机体" 一词的可能性,而且更重要的是他可能否定了克莱门茨和菲利普斯有机体论群落世界观蕴涵的原则上的不可预测性 (Tansley 1935, 第 297–298 页)。在坦斯利看来,即使群落由相互联系着的有机体组成,但对这个实体的审视必须采取分析式的反突现论视角。坦斯利跟随着格里森的脚步,反对克莱门茨的世界观。格里森 (Gleason 1917, 1926) 坚持用原子论和个体论分析植物群丛。推动他将这些生态学实体看成由随机迁徙和环境变异的结果的根本原因是,群丛缺乏明确的边界和结构。植物非定向的、随机的排布从结构上决定了群丛的不同形式,因此方法论上就是对于分析方法的完全接受。对不同的有机体和种群是分开进行研究的,它们的群丛可以还原为各种孤立的植物功能。

[38]

坦斯利提出的生态系统概念对生态学发展的后续阶段产生了决定性的影响。由于受到林德曼的能量热力学研究 (Lindeman 1942) 影响,即用分析和加成方法,从生物群落不同组分之间以及群落与物理环境之间的能量交换角度,对生态系统做出了解释,坦斯利对 "自然基本单元" 的分类在后期被赋予动力学色彩。在 1950 和 1960 年代,奥德姆兄弟提出了一个生态学范式,把能量生态系统框架和整体论、突现论的本体论结合起来 (Odum 1953, 1959, 1971; 也见 1983, 1993)。

下述引文清晰总结了尤金·普莱曾茨·奥德姆 (Eugene Pleasants Odum) 从本体论、方法论和认识论角度做出的假设。

> 如果我们只了解氢原子和氧原子的性质,我们并不能推断出水的性质;同样,也不能通过孤立的种群来推断出生态系统的特征。我们必须要同时研究森林 (即整体) 和树木 (即部分) 才能掌握性质。费布尔

曼 (Feibleman 1954) 将这个重要的归纳称为 "整合层级理论" (theory of integrative levels) (Odum 1971, 第 5–6 页)。

换句话说, 生态系统是拥有突现性质的复杂实体, 而这些性质并不能通过严格使用分析方法预测出来。同时, 奥德姆认为他提出的生态学才真正体现了整体论观点: "生态学的实践已经追上了理论的脚步。在本书前两个版本中也同样在强调整体论观点和生态系统理论, 现在全世界都关注这件事" (Odum 1971, 第 VII 页)。那么问题就出现了: 奥德姆的整体论观点认为 "生态系统是一个整体"; 但是准确来说, 什么是 "整体"? 这是生态学的问题、物理学问题还是其他科学学科的问题?

另外, 值得关注的是, 奥德姆认为 "在任何一个层级的发现都会辅助另一层级的研究, 但永远也不能完全解释那个层级发生的现象" (Odum 1959, 第 7 页; 1971, 第 5 页)。奥德姆在这一说法后, 似乎否决了在认识论层面的还原论的所有价值, 他认为生态系统生态学不可还原为物理学。同时, 尤金·奥德姆和他的弟弟霍华德·托马斯·奥德姆 (Howard Thomas Odum) 合作, 将系统生态学的理论核心确立在能量分析中:

[39]

> 在生态学中, 我们本质上考虑的是光照与生态系统的联系方式, 以及能量在系统中进行转化的方式。因此, 不管是植物生产者和动物消费者的关系, 捕食者和猎物的关系, 还是特定环境中有机体的数量和种类, 都受相同的基本规律限制和支配, 这些基本规律也支配着非生命系统, 比如电动机或汽车 (Odum 1971, 第 37 页; 也见第 18 章)。

奥德姆兄弟的认识论宣言非常有效, 此后, 生态学无论从认知还是形式上都代表了最典型的整体论科学[7]。参照科学哲学家杰罗姆·费布尔曼 (Jerome K. Feibleman) 的说法, 奥德姆兄弟概括出一个层级世界观, 组织的每一个层级都有特定的复杂度和性质, 它们并不能仅仅通过研究较低层级来推断或者解释 (认识论的整体论)。突现概念和突现论的本体论是奥德姆兄弟生态系统范式的基石, 在他们早期著作隐含着这些观点, 后期著作中有明确论述 (Odum 1993)。但是, 他们的方法论没有保持一致, 动摇了整个理论体系。这存在三方面原因。首先, 在奥德姆兄弟早期著作中并没有划分出集体性质和突现性质的区别。一些种群和群落性质 (密度、年龄分布、出生率、死亡率、物种多样性等) 即使是以统计函数形式表现的, 也被认为是群体的独特特征。在所有这些情况中, 即使性质必须被视为群体的统计函数, 也是通过使用经典的分析和加成法对组成物种进行研究来确定的 (Salt 1979)。其

---

[7]虽然关于整体论的相应世界观已经在之前的著作中有所概述, 但术语 "整体论" 是从第三版 (1971) 才出现的。

次, 奥德姆兄弟的系统生态学以物理主义为背景, 与突现论的本体论假设相矛盾。比如, 他们认为埃尼威托克岛的能量特征 (Odum and Odum 1955; Odum 1977) 是一种突现性质。因此, 他们是把生态系统看成有结构的物理实体, 而忘记了它们的特异性不能还原到物理学领域。最后, 真正的突现论进路一定是多层级的三元进路, 除了要考虑研究对象所在的层级, 至少同时还得考虑相邻的上下两个层级。而在奥德姆兄弟的著作中, 生态系统突现性质毋庸置疑的重要性并没有伴随着相对应的突现论的方法论, 直到晚近奥德姆和巴雷特 (Odum and Barret 2005, 第 8 页) 才开始清楚地认识到突现论的三元方法论的必要性。不过, 奥德姆兄弟前期的研究完全是合理的 (见第 15 章内容)。它确实是一种隐晦还原论的系统论, 或者用一个看似矛盾的术语表达, 是一种还原论的整体论, 最多只能算 "**整体的**" (Hutchinson 1943), 并不是对整体论的突现论之方法论和认识论的真正表达。哈钦森建议对整体研究进路和部分研究进路做出区分。在系统中 "(······) 对物质和能量的跨越系统边界的变化进行研究", 要用整体研究进路, 而在 "研究作为整体组分的较低层级个体系统的行为" 时, 要用部分研究进路 (Hutchinson 1943, 第 152 页)。但是, 值得注意的是, 整体进路是一种物理主义角度的系统论表达, 而部分进路从方法论上看是分析加成法在还原论角度的严格表达。麦金托什 (McIntosh 1985, 第 199-213 页)、泰勒和布卢姆 (Taylor and Blum 1991, 第 284 页; 也见 Taylor 2005) 最先分析了以尤金·奥德姆为代表的生态系统生态学的两面神 (Janus) 特征: 他们将其视为 "**功能整体论**" 的新生态学, 本质上却是通过生态系统物理性质的系统建模来表现的。

[40]

4.3　结论

生态学中的整体论与还原论之争毫无疑问是一个不断变化的问题。在生态学研究中, 首先, 争论会表现出多种形式: 强调有机体之间以及有机体和环境之间存在整体和系统关系的有机体论世界观 (福布斯); 植物群落的有机体论观点和突现论观点 (克莱门茨, 菲利普斯); 把植物群丛看作个体论的、原子论的、随机生成的实体的观点 (格里森); 以及坦斯利的综合 "生态系统" 概念, 其从认识论上反对克莱门茨的有机体论和突现论。

其次, 争论表现为对物理主义的接受或拒斥。如果我们开始探究生态学的认识论本质, 并得出结论说生态学从根本上是一门整体论科学, 我们可能会错误认为, 生态学在方法论层面上必然具备突现论的进路。实际上, "突现论的整体论" 进路既不是无谓的重复, 也不是同义反复。这一区分至关重要。它能使我们避免奥德姆范式和其他范式中的所有内在不一致问题, 所有这些范式都以整体论为本体论但实际应用了整套还原论的方法论。实际上，在科学史中，整体论、突现论的本体论与突现论的方法论和认识论也不总是保持一致。我们如果不再死守着生态系统生态学是"整体论"的立场，相反，把它放到"整体"框架中，即一种看似矛盾的"还原论的整体论"中，我们就不会再被误导，而是回归到正确轨道。这样，一个真正一致的整体论和突现论的本体论、方法论和认识论框架才能自由地构建起来。

[41]   最后，从严格的认识论角度进行总结，整体论和还原论之争的主要含义是两种哲学之间的对立，两种哲学乍看起来都认同自然实在的层级世界观。然而存在着一个重要的不同之处。从还原论视角来看，理想的局面是所有科学学科迟早都会经过表述、解释、还原成为更基础的科学，尤其是物理学。而从整体论来看，或者更准确地说，从突现论来看，本体层面的自然层级并不涉及科学学科之间的层级关系，而是一种系统性关系。各个学科的专门性和特殊性能让我们把握实在的不同侧面，它们之间不能互相还原，但我们可以将其结合起来，得到一个不断进展、不断变化的实在图像。

突现论者认为宇宙是演进着的实体，会产生新的现象、事件和性质，它们既不能预测，也不能从之前的现象、事件和性质推断出来。但我们必须记住，先验的不可预测性并不必然意味着要拒绝（理想的）后验的解释。相反，反突现论者会认为"太阳底下无新事"，所谓的新颖性是可预测的、可解释的。同一个宇宙，竟有两种对立的、不可通约的世界观。哪一个更接近实在？还原论者所主张的突现是副现象是正确的吗？还是说突现论者将本体论地位赋予突现现象，并断言存在不证自明的先天不可预测性，这是错误的？这些都是开放的问题，不能一次性给出答案，只能具体情况具体分析。

如果想抓住所谓突现的逻辑结构，我们必须先扪心自问：何为突现之物，是性质、关系、实体还是规律？拥有突现性质的组织是什么层级？另外，组织层级——特别是某些重要的生态层级如生态系统或者景观——必须理解为描述的层级，即"方法论的抽象"。这些认识论构想有时可能发展出模型，有助于我们逼近实在。不然我们就会陷入认识论的谬误：抽象的实体化会使我们将假设和理论投射到实在，而忘记这些只是探索实在的认识工具。打个比方，就像我们跟狗玩游戏一样，玩到高兴处，我们就会忘记狗会气急败坏地反咬我们。换句话说，建构主义认识论可以防止我们被朴素的实在论所反噬。我们的科学构造会让我们接近实在，但不能完全捕获它。这些构造的科学理论以非定论的方式使我们理解了实在的某些方面。它们的价值保留到新理论的出现，这时我们离实在又更近了一步。这才是科学知识进步的真实过程，"结束"一语永远不会被书写。

参考文献

Ayala FJ (1974) Introduction. In: Ayala FJ, Dobzhansky T (eds) Studies in the philosophy of biology. Reduction and related problems. MacMillan, London, pp vii–xvi

Beckermann A, Flor H, Kim J (1992) Emergence or reduction? De Gruyter, Berlin

Bergandi D (1995) 'Reductionist holism': an oxymoron or a philosophical chimaera of E. P. Odum's systems ecology. Ludus Vitalis, 3, 5, pp 145–180; reprinted in Keller DR, Golley FB (eds) (2000) The philosophy of ecology: from science to synthesis. University of Georgia, Athens (abridged version), pp 204–217

Bergandi D (1999) Les métamorphoses de l'organicisme en écologie: de la communauté végétale aux ecosystems. Revue d'histoire des sciences 52 (1) : 5–31

Bergandi D (2007) Niveaux d'organisation: évolution, écologie et transaction. In: Martin T (ed) Le tout et les parties dans les systèmes naturels. Vuibert, Paris

Bunge M (1991) The power and limits of reduction. In: Agazzi E (ed) The problem of reductionism in science. Kluwer, Dordrecht, pp 31–49

Campbell DT (1974) 'Downward causation' in hierarchically organized biological systems. In: Ayala FJ, Dobzhansky T (eds) Studies in the philosophy of biology. MacMillan, London, pp 179–186

Clements FE (1916) Plant succession: an analysis of the development of vegetation. Carnegie Institution, Washington, DC, p 242

Clements FE (1935) Experimental ecology in the public service. Ecology 16: 342–363

Dewey J, Bentley AF (1949) Knowing and the known. Beacon, Boston

Duhem P (1977) The aim and structure of physical theory. Atheneum, New York

Elton CS (1927) Animal ecology. Sidgwick & Jackson, London

El-Hani CN, Pereira AM (2000) Higher-level descriptions: why should we preserve them? In: Andersen PB, Emmeche C, Finnemann NO, Christiansen PV (eds) Downward causation: minds, bodies and matter. Aarhus University Press, Aarhus, pp 118–142

Feibleman JK (1954) Theory of integrative levels. Br J Philos Sci 5: 59–66

Forbes SA (1880) On some interactions of organisms. Ill Nat Hist Surv Bull 1 (3) : 3–17

Forbes SA (1887) The lake as a microcosm. Ill Nat Hist Surv Bull 15 (9) : 537–550

Forbes SA (1914) Fresh water fishes and their ecology. Illinois State Laboratory of Natural History, Urbana (read at the University of Chicago, August 20, 1913)

Gleason HA (1917) The structure and development of the plant association. Bull Torrey Bot Club 44: 411–462

Gleason HA (1926) The individualistic concept of the plant association. Bull Torrey Bot Club 53: 7–26

Haeckel E (1866) Generelle Morphologie der Organismen. Allgemeine Grundzüge der organischen Formen-Wissenschaft, mechanisch begründet durch die von Charles Darwin reformirte Descendenz-Theorie. Reimer, Berlin

Hempel CG, Oppenheim P (1948) Studies in the logic of explanation. Philos Sci 15: 135–157

[42]

Hutchinson GE (1943) Food, time, and culture. N Y Acad Sci 15: 152–154

Jax K (2006) Ecological units: definitions and application. Q Rev Biol 81 (3) : 237–258

Jax K, Jones CG, Pickett STA (1998) The self-identity of ecological units. Oikos 82 (2): 253–264

Jones R (2000) Reductionism: analysis and the fullness of reality. Bucknell University, Lewisburg

Levins R, Lewontin R (1980) Dialetics and reductionism in ecology. In: Saarinen E (ed) Conceptual issues in ecology. D. Reidel, Dordrecht, pp 107–138

Lindeman RL (1942) The trophic-dynamic aspect of ecology. Ecology 23: 399–418

McIntosh RP (1985) The background of ecology. Concept and theory. Cambridge University Press, Cambridge

Mayr E (1988) Toward a new philosophy of biology. Belknap/Harvard University Press, Cambridge

Nagel E (1961) The structure of science: problems in the logic of scientific explanation. Brace and World, New York, Harcourt

Odum EP (1953) Fundamentals of ecology. W.B. Saunders, Philadelphia

Odum EP (1959) Fundamentals of ecology, 2nd. W.B. Saunders, Philadelphia

Odum EP (1971) Fundamentals of ecology, 3rd. W.B. Saunders, Philadelphia

Odum EP (1977) The emergence of ecology as a new integrative discipline. Science 195: 1289–1293

Odum EP (1983) Basic ecology. W.B. Saunders, Philadelphia

Odum EP (1993) Ecology and our endangered life-support systems. Sinauer, Sunderland

Odum EP, Barrett GW (2005) Fundamentals of ecology, 5th edn. Thomson brooks, Belmont

Odum HT, Odum EP (1955) Trophic structure and productivity of a windward coral reef community on Eniwetok Atoll. Ecol Monogr 25: 291–320

Phillips J (1931) The biotic community. J Ecol 19: 1–24

Phillips J (1934) Succession, development, the climax and the complex organism: an analysis of concept. J Ecol 22 (1): 554–571

Phillips J (1935a) Succession, development, the climax and the complex organism: an analysis of concept. J Ecol 23 (2): 210–246

Phillips J (1935b) Succession, development, the climax and the complex organism: an analysis of concept. J Ecol 23 (3): 488–508

Popper KR (1972) Objective knowledge: an evolutionary approach. Clarendon, Oxford

Quine VOW (1961) From a logical point of view. Harvard University Press, Cambridge

Ruse M (1988) Philosophy of biology today. State University of New York, Albany

Salt GW (1979) A comment on the use of the term emergent properties. Am Nat 113: 145–149

Salthe SN (1985) Evolving hierarchical systems: Their structure and representation. Columbia University Press, New York

Schwarz AE (2003) Wasserwüste—Mikrokosmos—Ökosystem. Eine Geschichte der Eroberung des Wasserraumes. Rombach-Verlag, Freiburg

Tansley AG (1935) The use and abuse of vegetational concepts and termes. Ecology 16 (3) : 284–307

[43]

Taylor PJ (2005) Unruly complexity: ecology, interpretation, engagement. The University of Chicago, Chicago

Taylor PJ, Blum AS (1991) Ecosystem as circuits: diagrams and the limits of physical analogies. Biol Philos 6: 275–294

Whitehead AN (1925) Science in the modern world. MacMillan, New York

Williams GC (1966) Adaptation and natural selection: a critique of some current evolutionary thought. Princeton University Press, Princeton, New Jersey

Williams GC (1985) A defense of reductionism in evolutionary biology. In: Dawkins R, Ridley M (eds) Oxford surveys in evolutionary biology, vol 2. Oxford University Press, Oxford, pp 1–27

Woodger JH (1952) Biology and language. Cambridge University Press, Cambridge

第 5 章　生态学中经典的整体论-还原论之争

Ludwig Trepl and Annette Voigt

5.1　导言

除生态学外, 整体论与还原论之争在许多研究领域中也很常见。尽管 "整体论" 和 "还原论" 这两个术语[1]很少直接出现, 但关于二者的争论长期以来在科学、哲学和政治意识形态中发挥了重要作用, 并将持续下去, 事实上, 我们甚至可以说二者之争一直存在。例如, 它在 19 和 20 世纪形成保守主义和自由主义之间的意识形态冲突方面扮演了重要角色。整体论的观点尤其存在于 "生命哲学" (philosophy of life, Lebensphilosophie) 和其他批评科学的哲学中, 如历史决定论。这些哲学观在生态学出现时已经形成了时代思潮。在 20 世纪末, 整体论成为 "政治生态学" (political ecology) 中一股重要的力量, 不仅存在于那些明确致力于 "更新" (renewing) 所在时代的世界观的政治生态学和相关领域, 如 "深层生态学" (deep ecology) (Naess 1973; Drengson and Inoue 1995) 和 "新时代运动" (New Age Movement) (Capra 1982), 更确切点说, 整个政治生态学的自然观本质上都是整体论的自然观。然而, 整体论的系列概念图式在许多早期哲学中已经出现, 例如, 大宇宙-小宇宙类比可以追溯至柏拉图思想 (参见 Schwarz 2003), 并作为莱布尼茨理性主义之基础的世界观在当代发挥着影响 (参见 Eisel 1991; Langthaler 1992)。如今, 绝大多数自然科学的研究纲领都受还原论观念支配, 其背后主要哲学思想是新实证主义, 并可追溯至早期的经验主义哲学, 以及笛卡尔的理性主义。

只有在这种非科学的背景下, 我们才能恰当地理解整体论-还原论之争, 因为生态学所面对的, 不仅仅是特定类别的科学理论能否正确解释某种特定自然现象。 [46]

---

[1] "还原论" 一词直到 20 世纪中期才开始普遍使用, 尽管还原论的思想涵盖了以往被划归到 "唯物主义" 或 "机械主义" 范畴的一些较早的哲学问题, 以及某些科学的方法论 (参见 Stöckler 1992)。

A. Voigt (✉)

Urban and Landscape Ecology Group, University of Salzburg, Hellbrunnerstraße 34, 5020 Salzburg, Austria

e-mail: annette.voigt@sbg.ac.at

这些哲学和政治意识形态层面的争论首先表明, 生态学的问题与超越学科本身范围之外的领域密切相关。因此, 我们有理由在整体论–还原论对立体的基础之上分析各种生态学争论, 包括那些没有明确提及整体论–还原论的争论[2]。这一对概念不仅对生态学本身而且对理解生态学有重大影响。

生态学中的整体论–还原论之争, 就是探讨整体与部分关系的问题。这个问题存在于许多科学之中, 包括生理学 (有机体) 、地理学 (景观) 、心理学 (灵魂) 和社会学 (社会) 以及物理学、语言学和认识论。然而, 当涉及在政治意识形态争论背景下用整体论和还原论观点去理解自然和社会如何运作的时候, 生态学的争论就显得特别有趣。生态学的争论有一个与其他科学 (尤其是自然科学, 社会学除外) 相比显著的差异, 这个差异使其与意识形态之争紧密关联, 即: 生态学的研究对象中, 其部分常常是个体, 而整体是群落。生态学中的还原论与整体论的对立, 往往表现为个体论与有机体论的对立。反过来, 个体论作为还原论的一种形式, 在某种意义上又是整体的, 因为个体被认为是一个整体 (作为有机体), 而群落不是一个整体。根据个体论, "群落" 仅仅是一些由科学家或多或少随机地组合到一起的一些个体的名称, 个体被认为是 "自主的", 单个个体被视为是真实的。与此相反, 在有机体论中, "群落" 被理解为有机社群或超有机体, 换句话说, 部分与整体的关系就像器官与有机体的关系一样。当生态学中提到有机体论或 "有机体概念" (organismic concept) 时, 指代的是与生物学术语中常见的 "有机体论进路" (organismic approach) 或 "有机体生物学" (organismic biology) 不同的事物: 前者强调的是 "生物群落" (biotic community, Lebensgemeinschaft) 与个体有机体具有相同的特征; 而后者强调的是不应仅关注分子层面, 也应关注**生物个体** (individual organism)。

接下来, 我们会论述生态学整体论–还原论之争诸多变体中的一小部分, 以及转变的特定阶段。我们会把重点放在重构争论的**逻辑**, 确定争论所依据的**概念结构**。鉴于所采取的立场要解决的问题不仅局限于科学, 而且首先是一个基本的哲学性质的问题, 我们可以对这种立场的实际出现及其在生态学中的转变做如下解释。部分和整体之间的关系, 或个体和群落之间的关系, 都有确定的概念化方式, 而且这些概念化方式的变体不是无穷的。我们感兴趣的是在什么条件下, 它们的要素的某些组合和结构中的某些转变是可能的; 最重要的是, 我们希望探究这些概念图式的实践意义和意识形态意义。我们不打算把生态学历史上出现过的所有 "重要" 理论都一一列举出来, 相反, 我们的目标是构造理想类型。这些理想类型使我们能够呈现历史上实际采用的立场, 并以系统的方式加以比较。我们选取例子

[47]

---

[2]参见 Trepl (1994) 及 Levins and Lewontin (1994) 的批判回应。

的标准并不仅看其在生态学中是否——不论出于何种原因——重要，比如是否有足够的影响力，我们更看重的因素是能否更适合于解释理想类型的构造。

整体论和还原论存在多种潜在变体，在生物学中普遍可见。我们在一开始也简要地提到了这点。这里要强调的是潜在变体的范围不仅局限于有机体论和个体论。然后，我们以经典形式重构了 20 世纪最初几十年出现的各种理想类型，并用实例说明。由于整体论–还原论之争不能通过经验解决，我们探究能否在方法论层面上解决。事实证明，在方法论层面上也是困难的。我们选择一种基于构成论 (theory of constitution)[3] 的进路，这样就可以把整体论和还原论都视为某些特定世界观 "启发" 的产物。在此基础上，我们更容易理解为何整体论生态学理论和还原论生态学理论会带来截然不同的实践后果。最后，我们通过举例来说明两种进路 (通常是互相响应) 的变化动态。

5.2　整体论和还原论的变体

文献以多种不同的形式探讨整体论和还原论[4]，接下来我们会基于这些变体的共同点举一些例子，并简要地解释它们在概念上是如何运作的。我们的例子仅限于适用于生物学的变体，所以它们是关于解释 "生命" 的。

也许可以这样说，把所有这些被称为整体论的理论联系在一起的原则就是 "整体" 优先于 "部分"——不管 "优先" 的意义到底是什么——以及对任何形式的 "简化" 持保留意见。而在还原论方面，不同立场之间最基本的共性大概在于都强调了关于复杂现象的陈述应能从关于更简单现象的陈述中推导出来，同时强调了科学在本质上与这种 "还原论" 相符。

将上述原则应用于研究对象 (或科学家与研究对象的关系) 的不同方面，也会产生不同形式的整体论和还原论，换句话说，不仅某些方法和研究纲领可被称为整体论的或还原论的，对研究对象之 "本质" 的某些看法也可以是整体论的或还原

[48]

---

[3] 这里的 "构成" 不同于哲学中常见的含义，如康德的定义。相反，它指这样一种观点：科学理论并不是根据具体经验主义观察得出的一种概括叙述，它们的存在主要归功于已经存在的非科学的概念结构。因此，我们这里指的是 "先验的历史性" (historical apriori, l'a priorí historique) (Foucault 1969)、"已有的文化模式解读" (cultural patterns of interpretation that are already available, bereitliegenden kulturellen Deutungsmustern) 或者 "构成观点" (ideas of constitution, Konstitutionsideen) (Eisel 2002, 第 130 页)，通过文化的方式，使科学概念和对应客观经验成为可能。的确，有了这些条件，才能保证新的事实不会整体上击垮旧的概念，而是将理论 (或称范式) 一以贯之 (Eisel 2002; 参见 Kuhn 1962)。

[4] 一些深度解释这个问题的文献如：(科学通论) Nagel 1949, 1961; Bueno 1990; Agazzi 1991; (生物学) Ayala 1974; Ayala and Dobzhansky 1974; Ruse 1973; Hull and Ruse 1998; Bock and Goode 1998; Looijen 2000; (生态学) Saarinen 1982; Bergandi 1995; Bergandi and Blandin 1998; Keller and Golley 2000; Kirchhoff 2007; Voigt 2009。

论的。这意味着，一个特定立场是否被看作整体论取决于所采取的视角。在这里，我们只讨论多种可能出现的诸多变体中的几种: "整体性" 可以指各种非常不同的东西; "简化" 也可以指非常不同的东西; 关于某个东西是还原论的或整体论的断言，可以指向实在之本质，或是指向为发现实在之本质所该采取的进路[5]。

5.2.1 "整体性" 概念的若干侧面

被称为整体论的方法和理论，由于强调整体性 (wholeness) 概念的侧面不同，彼此间存在显著的差异。在生物学中，这些侧面包括总体性 (totality)、格式塔 (gestalt)、独特性 (uniqueness)、系统特征 (system character) 和 "生命性" (aliveness, Lebendigkeit)，而这其中的很多侧面通常难以彼此分离。

对于 "生命性" 而言，选择侧重于哪个侧面有着深远的方法论后果。例如，整体可以被定义为 "内在本质" (如 "灵魂"); 接近这种整体性的途径之一是内与外的关系，外在是可感知的，内在是隐藏的，通过外在表达内在的本质。一些人文科学旨在通过内在本质在外部世界的表征来 "理解" 内在 (尤其是狄尔泰 (Dilthey) 在 20 世纪初的 "表达之理解" (Ausdrucksverstehen)，参见 Dilthey 1883)，我们可以从这些人文科学中借鉴方法。外部形式主要通过格式塔来理解。尽管不是所有将整体视为格式塔的观点都反映了这种表征关系，但情况通常如此。比如波特曼 (如 Portmann 1948) 和特罗尔 (如 Wolf and Troll 1940; Troll 1941) 都提到了有机体个体的形态学。但即使是在植被等对象的关系中，也存在与该模式相对应的 "外貌学" (physiognomic)。从历史上讲，格里泽巴赫 (Grisebach 1838) 的群系概念具有特殊意义，这个群系概念与洪堡 (Humboldt) 的 "植物外貌学" (physiognomics of plant life) (Humboldt 1806) 之间的关系明确表明，该概念起源于 "表达之理解" 的进路 (参见 Trepl 1987，第 103 页及其后)。**格式塔**视角通常与整体概念的其他侧面相关联，如强调部分间的有机互动。这种整体论的立场拒绝 (有时是公然拒绝) 顺应科学要求，甚至会用 "生动而清晰的观点"[6]、一种整体论的 "自然观" (Naturschau, Thienemann 1954，第 322 页)，或用 "对自然的沉思观照"[7]反驳科学要求，并宣称这些才是生物学的目标[8]。

[49]

---

[5]除本体论和方法论层面外，还有认识论层面 (Erkenntnistheorie) 和狭义的科学理论层面 (Wissenschaftstheorie im engeren Sinne)，前者关注知识的有效性，后者关注科学经验现象的性质。我们还可以增加一个建构理论层面，在这一层面，本体论和认识论层面的独立性消失了。例如，我们可以把托马斯·库恩的理论描述为狭义的科学整体论。真理的一致性理论 (如迪昂-奎因理论 (Duhem-Quine theory)) 可以被称为认识论的整体论 (参见如 Oppenheim and Putnam 1958; Ayala 1974; Putnam 1987)。

[6]"bildhafte, anschauliche Vorstellung" (Friederichs 1957，第 120 页，也参见 Friederichs 1937)。

[7]"anschauende Naturbetrachtung morphologischer Art" (Thienemann 1954，第 317 页)。

[8]参见 on biology as a whole: Köchy 1997, 2003; 参见 on ecology: Trepl 1987; Jax 1998, 2002。

另外有一些人, 尽管他们原则上主张用内在本质来刻画整体, 却声称不要偏离科学方法论的理想。例如, 在新活力论 (neovitalism) 中, 生命的特殊性在于其具备 "生命力" (life force) (德: entelechy, 隐德来希) 这一特征。生命力不被视为一种物理力量, 当然不可被科学测量; 相反, 它被视为一种活的、类似于灵魂的力, 用格式塔的方式产生 (gestalt-forming), 因此是整体论的。尽管如此, 隐德来希 (被称为 "E 因子") 被认为是 "经验上真的" (empirically real) [9]。生物学史上的整体论者 (例如贝塔朗菲 (Bertalanffy)、霍尔丹 (Haldane)) 指责活力论是二元论的, 他们认为, 活力论把一个有机体仅仅视为很多部分的总和, 由一种扮演工程师角色的灵魂来补充和监控, 而不是在整体的互动结构中看到生命的本质 (Bertalanffy 1949, 第 30 页)。正是各部分之间的有机互动, 构成了生命的整体性要素。在这种观点下, 生命的关键要素不被看作科学方法所不能达到的内在力, 这就是**生物学**的整体论, 即在生物学史和生物学哲学中 (如霍尔丹、史末资和迈尔–阿比希 (A. Meyer-Abich) 的观点) 以及承袭贝塔朗菲思想的整体论取向的系统论中 (另见第 15 章) 明确所称的整体论。生物学整体论则包括这样一种观点: 生命的特征只能被赋予作为整体的一个对象, 且这个整体与其部分之间存在着非生命体所**没有**的特殊关系。按照这种理论, 这些整体需要一种自身的、有别于物理学的研究进路。整体论理论将实在划分为不同层级或自治区域, 分别应用不同的科学方法, 就此而言, 整体论理论可以说是多元论的。

[50]

5.2.2　不同种类的还原论

还原论是指在一门科学的发展过程中, 要求其所有理论都应建立在某个基础科学的理论之上。例如, 在生物学中, 还原论观点主要是通过特定代谢过程的物理化学解释, 将有生命的追溯到非生命的来解释生命。还原论本质上与通常所称的 "机械论" (mechanicism 或 mechanism) 或 "物理主义" (physicalism)[10]是重合的。

这里有两种形式需要特别加以区分:

1. 有人认为, 需要通过获取其各个**部分**的知识来解释整体 ("自下而上" 的进路)。然而, 只有将这些部分还原为某些特定 "事物", 即 "基本单元" (原子还原论), 还原才被认为是成功的。这些基本单元是**非生命的**, 换句话说, 这种还原论的假设是, 即使整体是一个有机体, 在层级结构中总是会存在下一个层级 (在 "嵌套层级系统" (nested hierarchy) 的意义上), 在该层级上的部分 (亚细胞水平、分子水平) 不再是有生命的。而通过对它们进行研究, 有可能获得整体, 即有机体的全面知识。

---

[9] "empirisch wirklich" (Driesch 1935, 第 75 页, 也参见 Mocek 1974, 1998)。
[10]对还原论的批判指对要解释的对象 (如生物) 一味地简化, 甚至简化到了不能解释或错误解释的程度。

无须赘述举例, 因为这种进路构成了生物学的主流。实际上, 正是这种还原论被称为 "机械论" (如 Roux 1895; Loeb 1916), 在生态学兴起的时期, 生物学家对机械论进行了相当多的讨论: 在有机体中观察到的现象, 最终都可以在分子水平上给出因果解释。达尔文主义和新达尔文主义也都曾被称为机械论的还原论, 但在达尔文主义和新达尔文主义中, 单个有机体并非被还原到分子水平; 相反, 达尔文主义在对进化论机制的解释中始终以整个有机体为预设。分子水平上的事件仅在被视为与有机体相关时才考虑与进化生物学相关 (例如, 对生物的适合度的贡献)。进化机制的解释是基于有机体之间的相互作用[11]以及有机体与非生物环境之间的相互作用。

[51] 　　2. 完全独立于 "嵌套层级系统" 的层级序列开展物理–化学的还原也是可能的。这种还原论的一个例子是有机体的 "物理主义化", 例如通过将血液循环视为一种水力系统 (17 世纪的哈维 (Harvey))。与分子水平的还原不同, 这里的整体主要不是被还原成各个部分, 而是还原成其**所有**部分的过程或特性 (例如流速), 再通过测量它们来理解整体。系统的各个部分是从一个通用的**功能**视角来看待的, 该功能通常有助于维持特定过程。因此, 从另外一个角度来看, 极端形式的还原论甚至有可能表现为整体论[12], 例如关于一个客体的一切都以能量学术语来表达。

5.2.3　方法论和本体论的整体论/还原论

　　根据方法论的还原论, 传统 (或典型) 的生物学解释应被物理–化学解释所取代, 即功能解释一般应由因果解释所取代。这使得以严格的科学方式解释生物学现象成为可能[13]。但是, 此方法论并没有说明所探讨对象的存在方式 (Seinsweise), 因为争论的内容只是基于方法论的理由 (例如, 要求尽可能地简化整个理论体系), 采取这样的还原论似乎是可取的。这里的方法论的还原论与方法论的整体论截然相反[14], 后者主张应保留特定的生物学解释模式。假设我们**仅**探讨**方法论**的整体论, 我们主张的并非是特定的生物学术语 (如成熟、刺激、交配本能) 描述了无法用物理–化学术语来捕捉的客观事实, 而是这些术语仅仅在方法论上有用或必要。从这个意义上说, 即使是明确的目的论解释, 即最终总是根据现象在整体背景中的

---

[11]在达尔文主义的背景下, 其他层级 (个体基因或种群) 转移到了中心舞台这一事实并没有改变达尔文主义这种以有机体为中心的结构。即使研究对象是个体的基因, 它们作为 "自私" 基因, 仍然 "想要" 某些东西 (Dawkins 1976), 这不仅仅是物理化学现象。

[12]"热力学方法特别适合作为从整体角度描述生态系统的工具, 因为它基于能量和质量的宏观流动" (Jørgensen 2000, 第 113 页)。

[13]关于功能解释是否也是目的论的, 以及在何种程度上是目的论的, 参见如 Nagel 1979; Rosenberg 1985; Mayr 1988; McLaughlin 2001。

[14]"方法论的整体论" 通常也用于描述一种社会科学观点, 根据该观点, 社会关系只能根据社会整体 (例如阶级, 尤其是整个社会) 来说明和解释 (Mittelstraß 1995, 第 123 页)。

意义来解释该现象, 也是可允许的, 因为如果没有目的论的解释, 我们将很难 (实际上不可能) 提出与生物学所关切的特定现象相关的问题[15]。因此, 目的论的解释具有启发性价值, 实际上就这一点而言, 它们是必不可少的。这种方法论的整体论与本体论的还原论是相容的, 就像方法论的还原论与本体论的整体论是相容的一样 (也参见 Mayr 1982)。

[52]

　　根据本体论的还原论, 一切事物都由 "基本" 要素组成: "有机体本质上**只是**原子和分子的**集合**" (Crick 1966)[16]。这种关于存在的假设意味着, 对于有机体的高级组织形式, 其特征通常可以 (完全) 用基本要素的相互作用 (微观决定论, micro-determination) 来解释因果。这也为限制科学中所允许的术语类型提供了依据。生物学可以用物理学和化学来表达。与这一立场相反, 有一种本体论的整体论形式, 其核心主张 (就生物学而言) 是: 有机体的实际情况并非是还原论的物理化学解释所表达出来的样子。通常认为, 处于较高组织层级的单元只是由处于较低层级的单元构成 (例如, 有机体由器官构成, 器官由细胞构成, 细胞由分子构成); 这里并没有暗示还有一种活力发挥了作用。然而, 较高层级的单元所具有的复杂性和组织结构让人无法说它们 "只不过是" "基本" 单元的集合。可以说, 有机体拥有复杂度渐增的组织层级结构 (参见熟知的生命 "分层结构": 原子、分子、细胞器、细胞、组织、器官、有机体、群落等)。在每一个更高层级的组织中, 都会**突现**新的或**不可还原**的特征, 因此, 生物学保留了其自主地位。但就方法论而言, 在这种情况下完全有可能坚持认为物理–化学还原是有用的, 甚至是必要的, 即作为一个起连接作用的研究主题 (方法论的还原论)[17]。只不过这并不等于说更高层级的单元可以由此得到完整解释, 生物学最终将以物理学和化学的术语解释: 生命的本质是物理学和化学所能企及的对象之外的东西。这样, 这种本体论的整体论就可以与方法论的还原论相兼容 (见 Putnam 1987)。不过, 在本体论的整体论的背景下也可以持上述方法论的整体论的观点, 即如果希望获得对自然界**生命**对象的洞见, 那么还原**根本不是一个选项**。

　　如同生物学的其他学科, 生态学中的整体论–还原论之争全都围绕 "对作为组成部分的群体进行解释和说明的特殊条件" 这一中心[18], 尤其是关于不可还原的整

---

[15]特别参见卡西雷尔 (Cassirer, 1921), 以及整个生物学基于康德的元理论 (meta-theory) 传统; 它通常可以看作方法论的整体论的一种形式。

[16]上面被称为 "原子还原论" 的可能是这样一种本体论的还原论, 但也可能仅有方法论规则的意义。

[17]如果我们强调这一点而不是目的论在启发意义上必不可少的作用, 那么上述的康德传统应被描述为方法论的还原论。

[18]德语原文 "besonderen Deutungs- und Erklärungsbedingungen partieller Gegenstandsbereiche" (Mittelstraß 1995, 第 123 页)。

[53]
体是否存在的问题。然而, 这种争论在生态学上有一种特别之处: 把一个由许多互相作用的有机体构成的单元还原至部分, 而又没有继续还原到非生命的部分这一层级, 这样, 整体与部分之间的关系就成了群落和个体之间的关系 (广义上的群落和个体)。在群落与个体的关系上, 可以根据几种不同的模型将群落概念化, 我们首先来看其中两种:

1. 群落可以是一种 "有机群落" (organic community, organische Gemeinschaft), 或更确切地说, 作为一个更高层级的有机体, 部分 (即个体) 成为整体的器官 (或器官的组成部分);

2. 群落可以是狭义上的群落 (德语中的 "Gesellschaft", 而不是 "Gemeinschaft"), 即原则上独立的个体与其他个体产生因果联系时形成的互动网络 (或在边缘情况下, 当因果关系不再存在时, 群落成为无关联个体的聚集体)。

上文 1 中的整体论形式在生态学中占主导地位。每当生态学家提到有机体论时, 指的就是生物群落本身类似于有机体这一观点。在生物学中, 这是生态学特有的整体论形式, 因为在生物学内部, 生物群落是生态学研究的对象。上文 2 是生态学中典型的还原论形式, 即个体论。机器模型介于群落的这两种模型之间。机器是一个整体, 只不过它不是有机地运作, 而是机械地运作, 它的各个部分 (应该) 共同完成一种功能。然而, 这种功能并不在于生成或维护自身, 整体也不是生长出来的, 而是构造出来的。在个体论和有机体论进路相遇且面对不同种类的外部条件时, 动力学问题就会浮现出来, 此时机器模型就显得重要。不过, 我们在这里仅关注前面两种模型。

5.3 经典生态学中的整体论和还原论

整体论在生物学中的发展主要归因于霍尔丹、贝塔朗菲和李约瑟[19]这些生物学家, 以及某些非生物学的影响[20], 在生态学中亦然。然而, 这些生物学家的作用不该被高估, 尽管事实上他们被生态学家群体所认同, 并且也可能因此在科学史上被
[54]
认为特别具有影响力。几乎可以肯定的是, 某些间接的影响实际上具有更大的意义。在生态学刚刚出现的 19 世纪末乃至 20 世纪的最初几十年, 时代精神 (zeitgeist)

---

[19]例如 Haldane 1931; Needham 1932; Bertalanffy 1932, 1949。

[20]例如 Smuts 1926; 他在生态学中的影响参见 Phillips 1934, 1935, Bews 1935; 关于这点, 参见例如 McIntosh 1985; Trepl 1987; Hagen 1992; Anker 2001。

受到了整体论观点的强烈影响[21]，这是当时保守哲学和意识形态的一个重要方面，具有批判文明和反机械论的色彩 (参见 Harrington 1996; Müller 1996)。更早期的哲学思想也发挥了不小的作用 (例如, 赫尔德的思想, 以及莱布尼茨的思想; 参见如 Eisel 1980, 另见第 25 章), 因为它们对新地理学具有范式意义, 而生态学早期的发展与自然地理学息息相关。地理学的范式核心是文化和有形的自然所组成的单元，被称为 "土地" (德语 Land、英语 land) 或 "景观" (德语 Landschaft、英语 landscape) (参见 Eisel 1980), 这一单元被设想为有机体。

常被看作早期整体论流派代表的生态学家包括弗里德里希斯 (Friederichs 1927, 1934, 1937), 蒂内曼 (Thienemann 1941, 1944), 基弗 (如 Thienemann and Kieffer 1916), 克莱门茨 (Clements 1916, 1936), 谢尔福德 (尤见 Clements and Shelford 1939), 菲利普斯 (Phillips 1934, 1935), 布劳恩–布兰奎特 (Braun-Blanquet 1928) 和苏卡乔夫 (Sukachev 1958)[22]。尽管他们对于群落生态学 (synecological) 对象 (如 biocoenose、community、holocoen) 之本质的看法有细微差别, 但总体上这些生态学家都可以依据以上原则被归类为有机体论者。

与科学在不同的整体性概念基础上进行的 "革新" 形成鲜明对比的一个重要立场是实证主义, 以及后来 20 世纪出现的新实证主义 (逻辑实证主义)。新实证主义认为关于整体性的陈述是形而上学的。这种基本态度也反映在了生态学中, 尽管该思想的存在绝非只受到 (新) 实证主义的影响, (新) 实证主义仅仅是当时讨论精确科学的几种哲学流派之一。这一潮流的代表包括福布斯 (Forbes 1887)、格里森 (Gleason 1917, 1926, 1927)、拉门斯基 (Ramensky 1926)、勒诺布勒 (Lenoble 1926)、加姆斯 (Gams 1918) 和波伊斯 (Peus 1954)[23]。

在下文中, 我们将整体论的有机体论和还原论的个体论经典立场重构为理想类型。理想类型并不声称是一种完全真实的立场, 尽管我们的重构一方面特别借鉴了克莱门茨 (Clements 1916, 1936) 的表述, 另一方面借鉴了格里森 (Gleason 1926) [55]

---

[21]这些观点并没有构成一个统一的立场, 却形成了非常不同的立场, 其中只有少数是 (公开) 保守主义并批判文明 (当然不是神经学中的格式塔理论, Ehrenfels 1890, 1916; Wertheimer 1912; Köhler 1920; 或整体论进路, 例如 Goldstein 1934)。某些生命哲学的拥护者(例如克拉格斯 (Klages)、斯宾格勒 (Spengler)、柏格森 (Bergson)) 和其他哲学家 (例如胡塞尔 (Husserl)、海德格尔 (Heidegger)、怀特黑德 (Whitehead)) 发挥了最大的影响。史末资 (Smuts, 1926) 和迈尔–阿比希 (Meyer-Abich, 1934, 1948) 在公共知识领域的影响虽然很小, 但在生物学上却得到高度评价。这里还应该提及生物学家的哲学和社会科学著作, 例如于克斯屈尔 (Uexküll) 的《国家生物学》(德语 *Staatsbiologie*、英语 *State Biology*) (Uexküll 1920)。

[22]也参见 McIntosh 1985; Trepl 1987; Botkin 1990; Jax 2002; Kirchhoff 2007; Voigt 2009。

[23]关于这点, 也见 McIntosh 1975, 1985, 1995; Trepl 1987; Jax 2002; Schwarz 2003; Kirchhoff 2007; Voigt 2009。

和波伊斯 (Peus 1954) 的表述, 他们的理论 (至少在某种特定诠释下)[24]非常清晰地表达了整体论的有机体论和还原论的个体论的核心观点。理想类型毕竟 "不是对实在的**描述**, 而是旨在为这种描述提供不带有歧义的表达方式"[25]。它 "得自对**一种或多种观点**的片面强调以及对大量弥散的、分立的、或多或少存在偶尔并不存在的**具体的个别现象**的综合, 这些现象按照那些片面强调的观点排列成一个统一的**分析**结构"[26]。我们的想法是, 一方面使经典的整体论的有机体论和还原论的个体论易于理解, 另一方面为描述和系统地比较不同的具体理论形成一个基础[27], 这一想法只能通过建构理想类型这种方法来实现。

5.3.1　经典有机体论的整体论立场

根据整体论的有机体论, 超有机体单元如 "生物群落" (biocoenosis)、"群落" (communitiys) 或 "群丛" (association), 指的是主要由有机体间依存关系而决定的群落[28]。这种依存关系也指发展: 克莱门茨使用 "响应" (reaction) 一词来描述演替后续阶段对之前阶段的依赖性。发展中的整体 (见下文) 也强烈依赖于各部分的竞争活动 (Clements 1936, 第 143 页)。但是, 在稳定的终极状态下 (顶极群落), 部分与整体之间的关系主要在于每个部分都依赖于其余所有部分, 部分和整体也因此这样相互依存。因此, 单个有机体甚至由多个有机体组成的单元, 例如生产者、消费者和分解者之类的功能组[29], 都在作为整体的群落中发挥着特定的功能, 就如同一个有机体的器官一样。这些功能之实现, 不仅是为了维持整体, 也是为了维持发挥

[56]

---

[24]与克莱门茨有关的这种解释方式的详细讨论, 参见 Wolf 1996: 另参见 Eisel 1991。

[25]德语原文 "ist nicht die Darstellung des Wirklichen, aber er will der Darstellung eindeutige Ausdrucksmittel verleihen" (Weber 1904, 第 234 页)。

[26]德语原文 "wird gewonnen durch einseitige *Steigerung eines* oder *einiger* Gesichtspunkte und durch Zusammenschluß einer Fülle von diffus und diskret, hier mehr, dort weniger, stellenweise gar nicht, vorhandenen Einzelerscheinungen, die sich jenen einseitig herausgehobenen Gesichtspunkten fügen, zu einem in sich einheitlichen Gedankenbilde" (Weber 1904, 第 235 页)。

[27]关于 20 世纪初生态学中的整体论–还原论之争, 参见 McIntosh 1980; Tobey 1981; Worster 1985; Trepl 1987; Hagen 1992; Golley 1993 和 Anker 2001。

[28]生物群落及其生境也可以一起被看作一个生物单元。"Jede Lebensgemeinschaft bildet mit dem Lebensraum, den sie erfüllt, eine Einheit, und zwar eine in sich oft so geschlossene Einheit, daß man sie gleichsam als einen Organismus höherer Ordnung bezeichnen kann" (每个群落都与其充满的生境形成一个单元; 该单元本身通常是统一的, 可以或多或少地被描述为高阶的有机体) (Thienemann and Kieffer 1916, 第 485 页)。

[29]德语原文 "Nur die Pflanze kann, indem sie das Sonnenlicht als Energiequelle benutzt, aus anorganischen Stoffen organische aufbauen und da das Tier sich nur von Organischem ernähren kann, so ist die Tierwelt direkt oder indirekt fest mit der Vegetation verbunden. Wenn das Tier als Raubtier von anderen tierischen Wesen lebt, so müssen die Beutetiere zur Lebensgemeinschaft des Raubtieres gehören usw" (只有植物能够以太阳光为能源, 从无机物形成有机物, 由于动物只能以有机物为食, 所以动物世界直接或间接地与植物牢牢地联系在一起。如果一个动物作为捕食者依靠其他生物生活, 那么猎物一定是捕食者所处群落的一部分, 等等) (Thienemann 1944, 第 7 页)。

这些功能的器官本身。这种群落是一个整体,就像单个有机体一样客观存在,并且是 "自然地" 在时空上隔离开来并具备个体化特性,只不过和个体有机体相比没有那么明确而已[30]。而且,群落被赋予了有机体的本质特征,"超有机体理论" 就是一个突出的例子。这种观点对方法论的影响是个体有机体的特征和行为需要根据它们对整个群落的运转 (适应) 所做的贡献来考察。

5.3.2 群落发育是一个目标导向的适应和超脱过程

有机体论的整体论是一种强调发育的理论 (a theory of development)。通常人们会忽略这一点,这意味着每当提到 (据称已经过时的) (allegedly outmoded) "生态平衡" (如 Pickett et al. 1992) 时,整体论生态学中的自然的图像会被错误地视为一种静态的形象。依此,自然的静态图像被认为是自然保护中存在令人费解的静态概念的原因之一 (如 Reichholf 1993; Scherzinger 1996)。

[57]

如同个体有机体一样,群落根据内在的发育规律,通过不同 "阶段" (stage) 的发育,达到成熟状态 (顶极群落)。它要么保持这种状态,要么重新开始发育过程:"群系像一个有机体一样出生、生长、成熟、死亡" (Clements 1916, 第 3 页,我们的重点)。这种内部引导的发育并不意味着群落是自治的,因为群落要根据外部环境加以变化,同时改变某些外部环境。在演替的早期阶段,适应该地点的物种得以定殖,即该立地条件决定了物种能否定殖。然而,由这些物种组成的群落又改变了该立地。也就是说,它们创造了对自身不利、但对演替后期物种有利的条件。由于在竞争中失利,这些物种被后者取代 (如 Clements 1916, 1936; Thienemann 1944)。与达尔文主义不同的是,竞争并不是从 "生存斗争" (struggle for survival) 中证明自己个体价值的角度来看待的,"进展" (progress) 不是为了适应特定环境条件的进化,而

---

[30]德语原文 "All diese Tiere und Pflanzen aber stehen nicht unvermittelt nebeneinander, sondern sind durch die mannigfachsten Beziehungen aneinander gebunden; jede Stätte im Lebensraum hat so ihre Lebensgemeinschaft oder Biocoenose" (然而所有这些动物和植物并不是以一种无中介的方式并存的,相反,它们通过许多不同的关系相互联系在一起。因此,生境中的每个地点都有自己的生物群落) (Thienemann 1944, 第 7 页)。"So ist die Natur aufgegliedert in eine ganze Stufenfolge, eine Hierarchie ineinander geschachtelter lebenserfüllter Räume, die nicht nur räumlich miteinander verbunden, sondern auch voneinander durch den Kreislauf der Stoffe [···] abhängig sind. Jede Lebensstätte ist wie derum Glied einer größeren, bis hinauf zur ganzen Erde" (因此,自然界被细分为一个完整的分层序列,即一个充满生命的相互联系的层级结构,它们不仅在空间上相互联系,而且由于物质循环而相互依赖 ······ 每个生命场所又是一个更大场所的一部分,直至整个地球) (Thienemann 1944, 第 8 页)。"Die Natur [···] ist, vom kleinsten Wiesenfleck angefangen bis zum ganzen Weltall, überall ein geschlossener lebender Organismus, in dem jedes einzelne kleinste Glied auf jedes andere abgestimmt ist; jede Veränderung eines Teils wirkt'sich aus auf alle übrigen" (小到草地上的一点,大到整个宇宙,自然界 ······ 到处都是一个统一的有机体,其中每一个微小的要素都互相联系;任何一部分的变化都会对所有其他部分产生影响) (Thienemann 1944, 第 35 页)。

是从它对整个发育单元所发挥的功能来看待的。不同物种在某一立地的演替被视为先锋物种为了群落进入更高阶段, 并最终达到顶极状态的一种自我牺牲[31]行为。

从群落的角度来看, 这种更替的过程意味着群落作为一个整体适应环境条件 ("响应" (response))。这首先是通过由竞争驱动的物种组成变化, 以及通过内部分化, 特别是物种数量和相互作用次数的增加来实现的。同时, 群落还改变局域生境以适应**自身** ("反应" (reaction))。"演替的每个阶段都在某种程度上改善了演替初期的极端条件" (Clements 1916, 第 98 页)。由于设法实现这一成就的各 "阶段" (stage) 在这一过程中被取代, 我们可以说, 群落使局部生境适应自己**未来**的构成。通过这种方式, 群落越来越不受特定环境因素的影响, 演替早期存在的因素后来已不再存在、演替后期存在的因素只能通过群落间接地影响有机体。因此, 发育是一个适应和超脱同时发生的过程。整体对外部因素的依赖随整体内各部分对彼此依赖和适应的增加而减少。与前面的阶段相比, 顶极群落阶段不再为群落内的各个物种改变外部和内部条件。相反, 每个个体有机体通过相互作用来 "处理" (process) 外部因素的影响, 使整体的状态保持不变。分化 (即多样性的增加)、内部功能依赖和相互调整、不受外部因素影响的独立性 (相当于单个有机体的内稳态) 三者一起出现在一个必然的共同环境中。发育可以被定性为**内驱**的这一事实, 意味着群落实现了从一开始就 "内置" (embedded) 其中的东西。

[58]

在立地因素适应群落发育的过程中, 这些因素受到群落的影响而发生改变, 使该立地原有的多样性消失 (通过生物气候的出现、腐殖质的形成等)。这就意味着, 在受特定气候控制的每个地区, 不论该立地 (最初的) 小尺度上的差异如何, 都将只存在一种单一的顶极群落 (克莱门茨称之为 "单顶极群落" (monoclimax), 布劳恩–布兰奎特和苏卡乔夫等人也使用了类似的术语)。与此同时, 在这一发育中, 群落优化了自己对该区域气候所呈现条件的适应: 在顶极状态下, 群落达到与该气候条件处于平衡的状态[32]。

因此, 发育的这一理论意味着环境被分为两个截然不同的概念: (1) 群落所处的多种小尺度的、时间上不同的**立地因素** (特别是土壤和小气候因素), 在演替过程中放弃了对群落发育的影响, 同时被群落改变; (2) **区域气候**, 群落对其没有任何影响, 只能在自身发育的过程中去适应, 在达到顶极群落的状态下完全适应。

因此, 在有机体论的整体论中, 演替被认为是**目标导向**的。即使我们不以明确

---

[31]德语原文 "Erhaltung des Ganzen wird, wenn nötig, auch das größte Teilglied geopfert" (必要时, 即使是最大的一部分也会为了保护整体而牺牲) (Thienemann 1944, 第 9 页)。

[32]"只有一种顶极状态, 即受气候控制的顶极状态" (Clements 1936, 第 128 页)。"这种状态是永久性的, 因为它与稳定的生境完全和谐。只要气候不变, 它就会持续存在" (Clements 1916, 第 99 页)。

的目的论术语来解释它, 因为区域气候与立地因素不同, 不被群落改变, 但演替朝着从一开始就被认为是固定的最终状态前进, 从这个角度来看, 演替是目的论的。尽管有不同的起始条件 (土壤和小气候的差异, 随机的迁移模式), 但最终达到的状态都是一样的。这种理论可以接受的群落单元并不符合高度整合的整体形象或 "预期的" (intended) 顶极状态。但是, 作为一个**发育理论**, 它设法将这些群落单元概念化为发育不完全的阶段, 或视为群落 "个体发生" 上的偏差, 群落通常是一个整体, 即一个超有机体[33]。

[59]

5.3.3　经典个体论的还原论立场

在个体论中, 个体有机体是唯一被赋予 "实在" 地位的基本单元。因果原则不仅是允许的, 而且足以解释个体之间以及个体与非生物环境之间的联系。因此, 相对于一个包含如此众多个体的整体而言, 功能的概念并不是这种解释的依据。在这方面, 个体论体现了一种生物学的机械论, 尽管上面强调的 "基本单元" 是有生命的有机体。这里, 我们再次提出对这一立场理想的典型重构。

我们可以把以下内容作为个体论立场的出发点。"每个物种的存在和成功完全取决于其自身环境的实现和质量; 物种只能在这个环境中自生自灭。从生态学的角度来说, 除此以外没有任何因素能影响动物及其生命"[34]。群落并不是为有机体而存在的[35]。其他有机体就是环境因素, 如同非生物因素那样; 对一只动物而言, 其他生物看起来和非生物没有区别 (Peus 1954, 第 300 页)。例如, 从有机体的角度来看, 水是以水坑的形式 ("非生物因素") 出现, 还是以其猎物 ("生物") 的构成部分出现, 只要对它同样有用, 都是无关紧要的[36]。

这种激进的个体论立场把生态学家所称的 "生物群落" (biocoenosis)、"群丛" (association) 等单元视为 "人类想象的产物"[37] (Peus 1954, 第 300 页)。因为它们是

---

[33]克莱门茨认为, 没有导致单顶极群落的演替是一种偏差, 或者叫 "演替的次终阶段" (Clements 1936, 第 130 页)。例如, 有一些非常稳定的前顶极阶段 (proclimax)、次顶极阶段 (subclimax) 或亚顶极阶段 (disclimax), 在这些阶段中, 外部自然因素或人为影响阻碍了顶极群落的实现 (Clements 1916, 1936)。

[34]德语原文 "Jede Spezies ist in ihrer Existenz und in ihrem Gedeihen allein von der Verwirklichung und Qualität ihrer eigenen Umwelt abhängig; sie ist darin auf sich allein gestellt. Darüber hinaus gibt es nichts, was das Tier und sein Leben ökologisch gesehen beeinflußt." (Peus 1954, 第 307 页)。

[35]这并不等于说与其他生物的关系必须非常密切, 甚至是强制性的 (强制性捕食和共生关系)。然而, 没有出现的是群落, 即与之相关的更高层级的单元, 例如说有机体为群落履行某些功能是有意义的。在个体论观点中, 只有在与个体有机体的关系中说某种功能正在为某物履行才有 (启发式的) 意义。

[36]这就是为什么个体论的立场常常与 "以有机体为中心的方法" 联系在一起, 这种方法试图严格地采用有关有机体的观点来描述环境因素 (参见 Peus 1954; MacMahon et al. 1981; Jax 2002)。

[37]德语原文 "Gebilde des menschlichen Vorstellungsvermögens" (Peus 1954, 第 300 页)。

虚构的, 就不能成为科学探究的对象。按照波伊斯的观点, 生态学应该仅限于个体生态学: "群落学作为一门科学在实在中没有基础"[38]。然而, 个体论进路的逻辑给群落的概念赋予了一定**启发式的价值**。一方面, 不能像整体论–有机论的观点那样, 将群落视为真实的实体: 它们不仅不是超有机体, 也不是包含有机体的 "自然" 单元, 这些有机体只以相当特定的组合出现, 而且可以通过适当的研究方式来发现和描述, 就像有机体的单个物种一样。虽然个体有机体在特定区域与其他生物形成组群, 但这些组群的组成会因环境因素和迁移模式的随机性而改变。然而另一方面, 为了在众多不同的组合中建立一些参考点, 给其中的一些组合 (例如在当前环境条件和迁移条件下出现频率较高的组合) 命名 (例如取自植物社会学的名称) 也是有意义的。我们只需意识到, 完全不同的物种组合也可能出现, 而被确认为 "群<u>丛</u>" 等的物种组群之所以频繁出现, 只是由于这些群丛所需的外部环境频繁出现的巧合, 而不是由于发育的任何内部规律所致。即使在开始时给予非常不同的条件, 也会一次又一次地产生特定的组合 (如 "成熟" (mature) 状态的组合)。在这种观点下, "植被的结构均一性 (uniformity)" 并不存在, 原因很简单, 任何给定的区域都会发生年际变化 (Gleason 1926, 第 10 页)。此外, 一个植被区域是被视为一个单一的群<u>丛</u>, 还是几个群丛的混合, 这个问题取决于相关科学家所采取的视角以及如何划定时间和空间的边界 (Gleason 1926, 第 10 页)。当群落被科学家从众多可能的和真实的物种组合中划分出来时, 其他的边界和随之而来的其他的单元 (如群丛) 就会出现, 这取决于研究的焦点。一个关系网络会在不同的点上结束, 这取决于选取的研究对象是共生关系还是捕食关系, 结果可能是不同的群落。从这个角度来看, 群落是科学家**构建**出来的[39]。

[60]

5.3.4 环境条件变化和物种随机迁移造成的群落改变

关于 "群落" (可能只不过是占据相邻空间的有机体组群) 如何随时间而变化的观点, 个体论的还原论进路与有机体论的整体论进路 (如上所述, 有机体论的整体论进路将变化视为字面意义上的**发育**) 之间存在若干方面的根本差异:

[61]

1. "(植物) 能够而且确实在它们所处的环境中承受相当大的变化" (Gleason

---

[38] 德语原文 "Die Biozönologie als Wissenschaft hat keinen realen Grund" (Peus 1954, 第 300 页)。
[39] 不同的个体论立场可以根据出发点假设加以区分。可能是 (1) 群落似乎是 "自然" 划分的, 换句话说, 个体根据对共生生物的需求, 把自己安排到特定的群体中。群落的**客观**边界在 (必要的) 互相作用完成时形成。或者 (2) 边界似乎是由科学家**根据自己研究兴趣**划定的。在这里面, 又有可能进一步细分为实在论和唯名论两种变体。实在论的变体认为, 存在一个独立于观察者而存在的 (真实的) 关系网络; 这个网络有一个特定的结构, 然而, 它是如此复杂, 以至于我们 (还) 无法认识到它, 并且出于实用主义的原因, 不得不制造 "人为的" 界线。唯名论的变体认为, 群落从根本上说是由观察者构建的 (另见第 27 章)。

1926, 第 18 页)。在拓殖的早期阶段, 物种的出现是由繁殖体扩散的随机性和它们发育所需的环境条件是否存在所共同决定的。植物所处环境的变化 (立地因素) 主要不是有机体活动的结果[40], 而是偶然发生的 (例如, 气候波动, Gleason 1926, 第 18 页)。因此, 不同物种组合在任何一个立地的演替都是由迁移的随机性和对单个物种而言环境条件变化的随机性决定的。"下一批植被将完全取决于在环境变化达到关键阶段这个特定时期所发生的迁移的性质" (Gleason 1926, 第 21 页)。因此, 演替不会朝着一个特定的终极状态进行 (也就是实现从一开始就 "内在地" 设置好的结果); 相反, 演替是随机的, 群落是在变化中而**不是在发育中**。如果物种迁移和环境的选择不变, 那么群落就会实现稳定, 其中一种或两种因素的变化会导致物种组成的变化。顶极——在某种程度上, 这个词在个体论语境中也有意义——只能指在一定时期内没有变化的一个阶段 (Gleason 1926, 第 26 页)。在未来, 群落的状态随着时间推移, 可预测性越来越低, 因为人们无法对决定群落的环境因素和物种迁移事件有足够了解。这与有机体论的整体论观点相反, 后者强调**初始条件**的随机性和不可预测性, 但终极状态总是相同的: 遥望未来, 我们能够预测哪种状态将成为终极状态, 或者说哪种状态在通常情况下应该成为终极状态, 即群落顶极状态。

2. 在有机体论看来, **发育**的是一**单个**群落, 但在个体论看来, 纠结于所观察到的现象究竟是**一个**群落的变化还是**几个**群落的演替是没有意义的, 或者说, 由于划界的选择是完全随机的, 因此从哪个角度来回答这个问题都可以; 简单地说, 这只是不同的物种组合以或多或少连续轮换的方式相继出现。

3. 单个有机体的适应性是一个群落生成的**起点**。在演替的每个阶段, 适应该地现有条件的有机体总是会定殖。说群落在 (越来越成功地) 适应是没有意义的。在这里, 适应所起的作用与有机体论进路中的截然不同。在有机体论中, (群落对区域气候的) 适应是朝向顶极群落发育的**结果**, 因为该群落聚集了更多对维持自身有机平衡的内稳态有益的物种。

[62]

4. 在个体论进路中, "规律" (law) 的概念具有通常理解的自然规律的含义, 换句话说, 就是一个包含 "只要……, 那么……" 等字样的句子, 每当人们希望解释或预测某事时, 总是必须清楚规律以及相关的边界条件。边界条件和 (自然) 规律使人们有可能解释为什么某地的物种组合发生了特定变化。与此相反的是, 在有机体论进路中, "规律" 一词的使用意义完全不同, 这里, 生物群落的变化被描述为 "遵循既定模式的发育" (gesetzmäßige Entwicklungen), 其含义与将这一概念应用

---

[40] "植物个体 …… 被限制在特定的复杂环境条件下, 这种环境条件可能与地点有关, 或由植被控制、改变或提供" (Gleason 1926, 第 17 页)。

于单个有机体时相同, 即在 "正常" 或 "典型" 的情况下 (在规范而非统计学的意义上), 某些状况相继发生。这些变化被理解为在 "未发育" 状态下已经 "内置" 的事物的发展。

5.4　争议能否解决?

我们将首先讨论这一假设, 即在生态学中, 没有办法从经验上解决整体论-还原论之争, 而只支持其中一种立场。然后我们将讨论是否有可能在方法论层面上解决这个问题, 也许其中一种进路使用了不可接受的或不适用于具体研究对象的方法。在这一讨论中, 我们还将涉及用目的论解释自然现象的可接受性问题。这个讨论结果也表明, 关于这一问题难以达成一个明确的结论。因此, 我们可从第三个角度来看待这个争议: 也许这两种进路的存在都要归因于外部影响—— "世界观", 或至少都受到世界观的 "启发", 这就意味着可能无法通过科学手段在二者之间做出选择。

5.4.1　争议无法通过经验解决

所有证据都表明, 有机体论的整体论和个体论的还原论之争不能靠经验来解决, 也就是说, 没法找到只支持其中一种观点、反驳另一种观点的事实。每种立场提出的主张, 通常从对立方的角度也解释得通。例如, 整体论者认为, 稳定状态在演替末期建立起来, 而且他们确实也能提供一定数量的经验证据来支持这个论断。然而, 个体论中也有一些理论, 能够同等有力地将这些经验结果解释为演替过程可能结局之一 (如 Horn 1976) [41]。

[63]

第二个例子是, 个体论的观点认为, 经验性的研究结果即便存在, 也不能支持整体论的论断, 即演替遵循某些规律, 就像有机体发育遵循一定的规律一样 (如 Drury and Ian Nisbet 1973)。然而, 这种论点站不住脚, 因为整体论并未宣称按照规律应该产生的事件——比如随着演替的进展, 群落参数增加, 多样性提高——在任何特定的事例中总是可以被观察到; 相反, 整体论主张这些事件 "符合" (accord with) 超有机体健康发育的规律。这种**发育规律**和自然规律, 比如落体定律有着不同的性质, 自然规律没有例外。事实上对于多样性增加遵循设定模式的主张, 允许相对于规则有一定数量的 "例外" (exception)。"规则" (rule) 一词描述的并不是 (在给定的具体参数下) 总是或通常发生的情况, 而是规定了**理当**发生的情况。

这样, 从经验上解决这一争论似乎是不可能的。因此, 争论往往在不同层面上进行也毫不奇怪: 对另一方的指控与其说是未能提供充分的经验证据来支持, 不

---

[41]关于一般在个体论背景下对有机体论的整体论论点的重新表述, 参见 Gnädinger 2002。

如说是使用了一种**不可接受的方法**。

5.4.2　有机体论的整体论、个体论的还原论以及目的论的问题

有机体论进路尤其受到很多指责,称其采用了不恰当的方法论。这种进路虽然在经验层面很难反驳,但在方法论层面确实相当薄弱。事实上,这是针对整体论所有变体的主要反对意见。然而,这种反对意见之所以有效,只是因为 (或者说,只要) 它的支持者完全接受了现代自然科学的方法论理想。然而,他们却很难避免这样[42]: 审视自然的三种方式——即美学的 (aesthetic)、规范的 (normative-evaluative) 和科学的 (scientific)——彼此独立有效,这可以被视为构成现代思维的基本要素。这意味着,科学视角不应该包含刻画规范视角的陈述 (事实成分不包含价值成分)。自然科学的基本作用是提供因果解释,避免目的论解释。价值观以及目的只能由我们 "赋予" (attributed) 自然。因此,从科学的视角看,一切事物似乎都是价值中立 (value-free) 的理论知识对象[43]。

[64]

然而,在生物学这门涉及生命的科学中,人们往往以一种似乎与科学方法截然相反的方式来讨论自然。生物有机体的概念似乎包含了这一事实,即利害 (benefit and harm)、最优化 (optimum)、发展目标 (developmental goal) 等术语可以在科学的语境中有意义地应用,而非生命的自然物体则不然。有机体 (至少在现代社会中) 是以这样的方式被设想的,即它每个部分的存在都依赖于所有其他部分的作用,并且是为了其他部分和整体而存在的 (参见 Kant 1970, 第 64–65 节)。各部分是整体的**器官**。当人们说到器官的功能是维持有机体时,就是在做一个目的论的判断。当 "自我维持" (self-maintenance) 一词用于有机体时,前提假设就是生命的**状态**是有机体的目的和欲求目标。这样,看起来有可能给自然现象赋予一种客观的、与人类价值体系无关的价值,即有机体的维持。

然而,在科学中,我们无法断言自然中的事物是按照某种目的发生的。目的导向预设了目的先于原因这一观念,即行动是基于意向的; 然而我们不能说自然是有意向的。如果这样做了就不是在科学地看待自然。因此,从激进机械论的角度看,生态学中的有机体论的整体论,以及只把单个有机体作为有机整体的整体论变体——原则上包括上面所讨论的个体论立场——都容易受到批评。用目的论来解释自然现象的主张 (以及把自然现象设想为有机体的统一体) 意味着要抛弃一

---

[42]例如,弗里德里希斯 (Friederichs) 就曾做过这种明确的尝试。

[43]然而,无价值并不意味着现代自然科学普遍不受到兴趣和价值观的指导,科学理论是在 "以潜在有益的方式保证和扩展工具行动 (instrumental action) 的兴趣指引下提供理解现实的途径" ("Wirklichkeit unter dem leitenden Interesse an der möglichen informativen Sicherung und Erweiterung erfolgskon-trollierten Handelns") (Habermas 1968, 第 157 页)。

切科学赖以存在的基础[44]。

对于这种激进机械论观点, 一种可能的反对意见是, 如果目的论的解释仅是启发式的, 而并非客观的解释, 那对它的批评就是无依据的 (参见 Kant 1970, 第 69–78 节, 也参见上文关于方法论的整体论部分)。有必要把有机体看作一个整体, 把它的各部分看作维持有机体功能的要素, 以便为生物学研究提供一个参照点, 即使生物学研究后来还是不得不用因果关系来解释其研究对象。的确, 这样的解释对 [65] 于使生命现象 "可见" (visible) 是不可或缺的 (Cassirer 1921)。因此, 如果生物学要成为一门**自然**科学, 就必须使用因果解释。然而, 为了证明把生物学看成是**一种特殊的**自然科学的必要性, 人们要依赖启发式的目的论判断, 并因此依赖方法论的整体论。这反过来又可以用来反对机械论的还原论: 如果有机体整体的维持不被概念化为其内部过程的目的——即便只是启发式的——那么人们就无法找到用物理化学解释生物学的出发点, 换句话说: 物理化学解释将是无关的, 只有当它们有助于解释人们称之为 "生命" 的现象时, 才能成为相关的。

然而, **生态学**的整体论进路不仅将单个有机体视为一个整体, 还将**群落**乃至 "自然" 视为一个整体。这个整体, 就其本身而言, 由不同层级相互连锁的个体性整体组成。部分的功能[45]是为整体服务的 (相应地部分也依赖于整体), 如此运作使得各部分相互支持, 就像器官和有机体之间的关系一样。然而, 继续按照康德的论证, 在 (单个) 有机体的情况下我们**不得不**使用功用的概念, 哪怕只是启发式的, 因为有机体在我们看来具有 "仅根据机械法则" (即因果的) 是 "未被充分决定的" (即随机的), 但**有机体群落**或一般自然界并非如此 (参见 Weil 2005)。比如, 为解释心脏为什么以一种特定的方式构成, 我们需要知道它在有机体中履行什么功能 (什么目的)。但是为了解释某些植物为什么在一个群落中生长, 我们不需要知道它们相对于其他有机体的功能, 如作为动物的食物, 最多需要知道其他有机体相对于它们的功能。若想解释它们相对于整个群落所具有的功能, 这种要求更加难以理解: 器官不能生活在有机体之外, 但有机体至少在原则上来说可以生活在相应的群落之外, 即生活在其他群落中, 或者完全独自生存。因此, 有关群落整体的目的论判断是否有意义, 即便只是用来启发的, 也非常值得怀疑。相比生理学的整体论, 生态学的整体论在证明其进路的合理性方面存在更大的问题。生态学整体论为何从过去到现在一直如此普遍地存在, 似乎需要从另一个层面加以解

---

[44]在关于这一问题的复杂辩论中, 一些立场声称, 由于进化理论为功能性特征的出现提供了因果解释, 目的论的问题已经被解决了 (如 Mayr 1982), 而另一些立场则断言, 目的论的解释可以被看作是演绎–律则说明 (deductive-nomological explanations) (在内格尔的意义上), 因此它们应该被完全接受为科学的解释 (参见 Looijen 2000)。

[45]Wright (1973) 提到的病因学功能, 参见 McLaughlin 2001。

释。这就是我们下面要讨论的问题。然而, 我们试图阐明的, 不仅是有机体论的整体论的存在, 甚至是偶尔扮演的主导地位; 更主要的是, 当我们考虑到整体论和个体论进路都部分受到外部因素影响的事实, 就更容易理解在两种进路之间的选择困境 (甚至是不可能性)——个体论进路, 正如我们所见, 更易受到方法论层面的批评。

[66]

5.4.3　部分由意识形态构成的生态学范式

从理论上解释这种外部因素影响的一种方式是, 假设生态学的整体论受保守意识形态的影响 (参见如 Eisel 1991)。这种意识形态的主要信条是, "群落" 意味着 "有机的" 社群或更高层级的有机体 (Greiffenhagen 1971)。保守的社会理论和有机体论的生态学理论在结构上惊人地相似, 并得到了广泛的讨论 (如 Eisel 1991, 2002; Trepl 1993, 1997; Körner 2000; Anker 2001; Schwarz 2003; Voigt 2009)。生态学家反对有机体论的整体论的论证似乎多是基于保持科学纯洁性不受意识形态污染的愿望 (如 Scherzinger 1995; 参见 Körner 2000)。

从构成理论的角度看, 生态学中之所以存在有机体论的整体论和个体论的还原论这两种立场, 一个重要的原因是, 由于社会关系的存在而产生了不同的文化观念, 使自然界看起来是这样或那样。在经验科学中, 起源于文化的观念互相对立并如科学理论一样分化, 这一动向通常不为人知。

当生态学中第一批关于生态单元的理论出现时, 哲学、社会科学和政治理论中存在两种相互竞争的图景, 两者构成了个体与社会关系的概念框架。根据构成现代性的两种对立世界观可以将其分为两类, 一类是进步取向的 (尤其是自由主义), 另一类是保守取向的。即使这两类基本图景随着时间的推移发生了很大的变化, 更加现代化, 其成分也以不同的方式重新组合, 两者仍然具有影响力。

自由主义的观点 (参见 Kühnl 1982; Arneson 1992) 强调群体由**自主的个体**构成。其观念基础是个体已从封建社会和宗教等的束缚中解放出来, 只对自己负责, 通过普遍理性和普遍技术知识来追求自己的利益 (advantage)。社会发展不是依据传统与自然, 而是朝向个体解放, 因此是**进步的**。自由主义的基础是, 世界是由个体之间的竞争形成的 (霍布斯), 个体之所以聚集为社群是因为长期来看聚集对个体有益。在自由主义理论中, 社会被看作是单个个体的 "总和", 实在仅仅由个体构成。社会没有 "内在统一性" (inner unity), 只是表面的、机械的个体集合。社会是个体之间的互动系统, 而互动的方向趋向于对个体有益; 社会是一个以 "生存竞争" 为前提、以功利主义的方式协调利益的系统。

这种自由主义的观点等价于生物学中的个体论进路, 特别是达尔文主义和个体论的生态学理论。这些理论之间的结构关联, 以及在某种程度上它们的兴起之间的因果联系常被探讨[46]。这种结构关联的一个方面是, 它们都把**个体的需要**看作是迫使个体聚集在群体中 (与其他个体建立关系) 的因素。此外, 它们都认为社会**变革没有终极目标**: 变革的方向取决于偶然因素, 即使出现了向更高层级发展的情况, 也不能说明群体是向既定目标发展的, 而是因为在生存竞争中获胜的个体改善了社会。它们相应的本体论和认识论观点也相互吻合: 社会并非真正实在, 只是人类理性有序活动的结果, 这是个体论生态学和自由主义及其相关的经验主义认识论的基本信条。

与之相反, 保守主义的观点[47]强调个体与一个更高层级的**有机群体** (Gemeinschaft), 而不是与一个简单的群体或社会 (Gesellschaft) 联系在一起[48]。个人必须接受他/她与宗教、民族、传统、家庭等的既定纽带, 因为只有在这些总体的关系中, 个人才能发展自己的 "特质" (Eigenart)。个人的目标就是为了维护上帝赋予的整体秩序 (或自然或历史赋予的秩序) 做出自己的贡献, 为整体的发展做出贡献, 这个整体总是有机的, 是不断 "进化的" (evolved), 而不是构造的结果。每个人都通过承认和接受在给定秩序中分配给他/她的任务而自由行动。这样, 自由是以这些关联为基础的。历史并非一个由自主个体塑造的、由偶然力量决定的开放过程, 相反, 历史是 "民族" (Völker) 内在品质或 "品格" 的完善, 以及民族对自身所处 "生存空间" (Lebensraum) 的自然内在性质的完善。这是分派给民族以及个人的任务。"文化" 是在各民族适应其 "生存空间" 中的自然制约过程中发展起来的, 这同时也是一个摆脱自然约束的过程 (参见 Kirchhoff 2005)。

反启蒙主义的、保守的群体图景与有机体论的整体论的生态学群落图景在结构上显示出非常精确的对应关系。正如在政治理论中一样, 群落的发育是实现超验层面上被规定好的状态 (被克莱门茨自然化为区域气候)。这是通过创造性的个体作用, 在分化和特质 (Eigenart) 发展的过程中发生的。同样在有机体论的生态学理论中, 群落的发育是通过适应自然 (非生物环境条件) 来摆脱自然制约的过程。在这里, 个体也被概念化为不仅在物理上依赖于整体本身 (并非依赖于从可利用的 "资源" 中为自己获得的东西), 更重要的是只有在整体的背景下才能使自身的存在 "有意义"。这是因为每个生命的意义在于完成整体 (向所能达到的完美状态发展这一背景下) 赋予自身的任务; 个体的存在依凭于整体。同样, 个体有机体的

---

[46]达尔文主义内容可参见如 Engels 1886; Nordenskiöld 1928; Desmond and Moore 1991; 生态学中个体论进路可参见如 Trepl 1994; Eisel 2002; Voigt 2009。

[47]指在反启蒙运动过程中产生的保守主义的基本概念 (参见 Eisel 1982)。后期被归入保守主义下的政治运动 (如 "技术官僚保守主义") 往往与此有很大的偏差 (参见 Greiffenhagen 1971)。

[48]参见 "Gesellschaft" 与 "Gemeinschaft" 的区别 (Tönnies 1887)。

"目的" (purpose) 也在于为有机群落精确地实现那些有益于整个群落自我维持并向顶极群落发展的功能。

因此, 生态学范式可以被理解为用政治意识形态来解读自然运作模式。不过, 反过来说, 特定的生态学范式也会带来特定的政治态度。一组特定政策的意义或必要性, 往往取决于在基本层面上如何最佳地刻画生态学的对象。这不仅适用于有关个体与社会关系的政治态度, 而且也如我们所见, 适用于社会与自然关系的政治态度。但是, 尽管如此, 如果断言生态学中有机体论进路的支持者一定持保守的政治观点, 那就太草率了[49]。

5.5　整体论和还原论的蕴意

无论以整体论和还原论两种立场中的哪一种作为行动基础, 都会产生深远的实践后果。实践意义可能体现在技术方面 (如农、林、渔业和自然保护措施), 也可能体现在 "价值导向的知识" (knowledge for orientation) 方面, 即 "自然" 是在价值的语境下被看待的, 要么是被评价的对象, 要么是设定价值的权威。

5.5.1　自然保护中有机体论的整体论者的进路

有机体论的整体论的立场是一种目的论的立场。至少其经验论断, 如演替是一个最终导向顶极群落的分化过程等, 是明显的目的论论断。特别是, 一个关于群落单元的本质和发育的理论很难在一般目的论的概念结构之外产生, 即便对科学严谨性的追求可能会促使人们努力用因果关系重新表达[50]。演替的目的论解释并不是简单地认为群落实际上朝向平衡状态改变, 而是认为演替是向着一个目标发展[51]。顶极状态不仅是在一般情况下群落能够达到的正常状态, 而且是超有机体**应该**达到的状态。偏离的情况就是**发育不良**, 与个体有机体中出现的发育不良没有什么区别。与发育相关的属性, 即内部分化和随之而来的多样性增加、功能整合、在不受环境干扰影响的内稳态意义上的稳定性, 在这种观点中不仅仅是事实, 而是必要的属性, 是有机体群落向**更高**阶段发展的**标准**; 顶极状态是**完美**的状态 (相对而言, 取决于群落的内在 "固有倾向" 所提供的可能性)。因此, 价值判断在这里得到了隐性表达。最初, 这些只是从群落角度来看才是 "价值" (群落的目的)。然

[69]

---

[49] 这至少预示着, 对这类人来说, 一个理想的社会是类似自然的理想形象的。情况通常如此, 但不一定必须。

[50] 演替最终的平衡状态在原则上可以用与非生物领域中的流动平衡状态完全相同的方式来理解, 也就是用纯粹的因果关系来理解。然而, 在有机体论中, 这被理解为一种有机平衡 (关于这个术语, 见 Weil 1999), 如同在有机体中一样。对于演替最终阶段的解释是被看作是启发式资源 (见上文), 还是被看作是自然界中客观作用的原因, 这个问题是关于超有机体理论 (或关于有机体的一般理论) 在科学上可否被接受的决定性因素; 而正确与否又是另一回事。

[51] 参见早期的自然保护, 如 Schoenichen 1942 和 Thienemann 1944。

而，如果将 "自然" 概念化为一个类似于群落的有机整体，同时将 "人" 视为 "自然的一部分"，正如与生态学整体论相关的世界观所建议的那样，那么这些价值就具有了伦理的性质，因为它们规定了人类的行为规范[52]。

如果一个有机群落中的多种有机体都是相互依存的，那么如果去掉其中一个物种，所有的物种都会受到影响，显而易见的结论就是群落整体受到了**损害**。然而，每个物种 (每个有机体) 都根据其对群落维持所发挥的功能来评判；反过来，整体之所以重要，是因为它对于所有物种都是不可或缺的。因此，从群落是有机体这一前提出发，得出的循环但严谨的结论是：为了物种要保护 "生态系统"，为了生态系统要保护物种 (关于这一点，特别参见 Leopold 1949; Meyer-Abich 1984; Callicott 1989 等学者的生物中心论–整体论进路的自然保护观)。

[70]　如果群落的变化实际上是一种类似于有机体发育的发展，那么由此可以推断出合适于群落的技术。有机体的概念本身蕴含其不能被**构造**，只能生长和发育。有机体是可以**培育**的，如果想 "可持续" 地利用有机体，最好的办法是培育。发育应该得到支持，偏离预定状态则需要**治疗**。这种整体性的自然对象也可以是由自然和人类 (文化景观) 组成的整体[53] (另参见 Eisel 1980)。

这种论证在自然保护和生态学中都很普遍，比如就存在于在当前围绕 "生态系统健康" 概念的理论中[54]。的确，在自然保护和环境运动中很难找到超出 "常识" 的例外。但在这里必须提醒一点，人们越是不承认环境敏感、越接近行政行为，就越能发现来自对立 (还原论) 方向的因素：这往往会导致 "奇怪的和自相矛盾的修辞组合" (bizarre and paradoxical rhetorical combinations)[55] (Hard 1994, 第 126 页)。

5.5.2　自然保护中的个体论的还原论进路

由于对 "群落" (community, 在 "Gesellschaft" 的意义上) 构成的实在性存在不同理解，个体论进路蕴含着完全不同的含义。什么可以算作一个群落，这取决于科学家提出的理论、定义和问题。只有当科学家首先定义了什么算群落，关于群落受到伤害或破坏的说法才能是有意义的。同样，发育不良现象也只有相对于这些定义才有意义。不能基于群落本身的需求将某些状态定义为参照点，并以该参照点来判断变化是积极还是消极的。群落不能保证**自身**不受外界干扰，环境条件变化会影响个别物种，使物种重新组合成一个新的群体。没有理由将某些组合描述

---

[52]关于围绕生态学和自然保护的 "价值" 和 "判断" 的不同含义，参见如 Brenner 1996; Eser and Potthast 1997。

[53]也不应有它物加入有机群落中。这会导致对外来种的排斥 (例如, Disko 1996; 关于外来种在自然保护中的作用的辩论, 见 Eser and Potthast 1999, Körner 2000)。

[54]参见如 Rapport 1989, 1995; Costanza et al. 1992; Ferguson 1994; Rapport et al. 1998。

[55]德语原文 "bizarre und paradoxe rhetorische Mischungen"。

为 "完整的" 群落, 而将其他组合描述为不完整的群落。由于这种进路不把一群物种看作类似于有机体模型一样的群落, 认为一群有机体有 "视角" 自然没有意义, 更不用说某个视角对群体本身可能是 "有利的" 或 "有价值的"。相反, 如果说 "视角" 存在的话, 指代的必然是外部对所探讨系统的期望, 系统可能对特定的目的有用, 但目的不可能在系统之内[56]。从 "群落" 的角度来看, 要求群落不应被改变而该得到保护是不可能的[57]。这是因为群落并不是作为生命实体而存在的: 所以称某事对群落有益或有害没有意义。

从个体论的角度来看, 就群落的进一步发展而言, 物种组合是任意的; 与有机体论相反, 物种组合不是群落向顶极状态发展的必要生命阶段[58]。然而, 物种组合是任意的这一情况**并不**等于说没有因果规律在支配群落中的有机体构成, 因为非生物环境对生物进行选择, 同时生物个体之间以因果方式相互作用 (竞争、捕食者–猎物关系等)。如果我们知道因果规律和起作用的参数, 就可以创造出特定的物种组合, 包括全新的组合。因此, 适用于个体论诠释的群落的技术是基于**构造**, 而不是基于培育和治疗[59]。

5.6 超越整体论和还原论的二元对立?

即便整体论和还原论这两个经典立场在关于什么是正确的生态学理论和研究实践的争论中很少明确提及, 但两者往往可被重构为争论的轴心。曾有许多采用中间立场的尝试 (如 Levins and Lewontin, 1980)。有机体论的整体论常在以 "生态系统健康" (ecosystem health) 或 "盖娅假说" (the Gaia hypothesis) 为标题的研究中出现 (如 Lovelock 1979)。除了盖娅假说, 当今生态学界已经没有人再称群落是超有机体。超有机体这一术语在使用时, 一般情况下并不指称群落的本质, 而只是指被假定为选择单元的某些特定群落 (如 Wilson and Sober 1989; Sober and Wilson 1994)。20 世纪头几十年常见的那种极端的有机体论的整体论立场在现在已经很罕见。变化在逐渐发生, 包括经典理论的各种现代化。例如, 当克莱门茨的理论在美国影响深远的时代, 该理论被批判之处并不是整体性的立场, 而是在一个气候区域内即便存在不同的环境组合, 也只能存在一个 "单顶极群落" (monoclimax) 这一观点。所谓的多顶极理论认为, 局域气候条件在植被发展中起更大的作用, 因此, 在一个单顶极区域中可能会出现多个顶极群落, 比如因受到小尺度上不同土壤因素的影响 (如 Tansley 1935; Whittaker 1953)。在 20 世纪下半叶, 经典整体论进路

[71]

[72]

---

[56]关于推动德国环境规划的理论发展出现这种思潮的运动, 参见 Eckebrecht 2002 等。

[57]当然, 我们为群落确定的目的也可以是为了保护某个物种。

[58]这也是为什么在相应的自然保护概念中不排斥外来种的原因 (如 Reichholf 1993)。

[59]此处呈现出的自然图像并非是个体论的 "自治个体组成的群落", 而是机器, 后文会提及。

的结构多多少少还是有所体现, 如奥德姆 (Odum 1953, 1969) 、马加莱夫 (Margalef 1958) 、帕滕 (Patten 1978) 、特罗扬 (Torjan 1984)、乌拉诺维茨 (Ulanowicz 1997) 和乔根森 (Jørgensen 2000), 尽管在通向系统理论的研究中, 有机体论观点通常让位于更**技术性的**观点 (见第 27 章以及第 15 章)。

　　个体论理论最初很少受到关注[60], 直到 1950 年代, 当一些特定的进路, 有时被称为 “种群导向” 的进路, 得到发展并开始用于群落生态学时, 个体论才发挥了更突出的作用 (如 Curtis and McIntosh 1950; Egler 1951; Whittaker 1953)。从那时起, 生态学中开始出现更多个体论的理论[61]。与个体论概念的经典表述非常类似的一些当代理论也确实存在 (如 Hubbell 2001), 然而在这里不会展开讨论这些进路的发展历史, 我们打算在下文中探讨对整体论进路造成影响的一个重要变化。

　　对生态学中整体论的进一步发展起决定性作用的一个因素是生态系统概念的提出 (Tansley 1935)。另一个同等重要、甚至也许更加重要的因素是在生物学的其他分支 (尤其是生理学) 中, 在有机体的系统论概念框架内以及后来在一般系统论 (General Systems Theory) (Bertalanffy 1932, 1949, 1968)[62]中来调和还原论和整体论的极端观点——在这里主要表现为机械论和活力论 (vitalism) 之间的对立——所做的一些尝试。这两个因素为 1940 和 1950 年代被称为生态系统进路的一系列研究的发展奠定了基础 (另见第 15 章)。需要注意的是, 生态系统理论牵涉关于系统的各种不同的观念, 或者说, 在生态系统概念中存在着明显的模糊性, 这种模糊性在一般系统论中关于整体论-还原论的问题上也存在 (参见 Müller 1996)。

　　现在, 生态系统理论的变体层出不穷。生态系统一般被定义为开放的、自我调节的处于动态平衡状态的系统, 其主要特征是物质、能量 (如 Lindeman 1942) 以及信息的输入和输出 (如 Margalef 1958)。

[73]

　　即使这些生态系统理论明确地将自己定义为整体论的 (如 Odum 1953; Jørgensen 2000; Jørgensen and Müller 2000), 并且从将系统的整体视为既定的、将部分视为为整体服务的这一角度上看, 这些理论的确是整体论的, 但由于它们需要相当程度的抽象并且是绝对科学主义的, 故在这个意义上又是还原论的。这些理论的研究对象不是被描述为特定物种组合的群落 (“Gesellschaften”), 而是被理解为 “分室” (compartment) 的有机体或有机体组群, 它们与生态系统其他组成成分 (包括非生物组

---

[60]关于英美生态学的研究, 参见 McIntosh (1975, 1985, 1995) ; Simberloff (1980); 关于欧洲的生态学的研究, 参见 Schwerdtfeger et al. (1960/1961) 中围绕 Peus (1954) 文章的精彩辩论。
[61]另见 Saarinen (1982) 所叙述的辩论。
[62]贝塔朗菲的早期系统论见 Müller (1996); Schwarz (1996); Voigt (2001)。

成成分) 并无二致, 在生态系统中发挥相同的功能[63]。

20 世纪下半叶的那些被认为是整体论的生态学理论, 一般都具有这种系统论的科学主义特征 (如 Patten 1978; Jørgensen and Müller 2000), 正是这一点使它们从根本上区别于旧的有机体论的整体论[64]。的确, 有很多生态学家使用生态系统的概念, 并将其与旧的有机体论的整体论所描述的群落的某些特征联系起来, 例如生态系统是和有机体一样的真实单元, 自我封闭且相对于环境而存在, 和一个单元一样朝向个体性发育, 所以原则上可以像我们谈论有机体的损坏一样谈论生态系统的破坏, 等等。还有一种观点认为, 生态系统的内生发育会导致生物量、多样性和稳定性在演替过程中可预见地增加 (特别有影响的是 Odum 1969)。在一定程度上, 这类理论涉及在系统思维的框架内重新阐述有机整体论中的整体性概念 (参见 McIntosh 1980)。系统概念作为一般系统论的出发点, 因将整体性概念化而显得别具吸引力 (参见 Müller 1996)。然而, 从有机体论到生态系统理论的转变势必带来一个科学化的过程, 背后的逻辑带来的趋势是研究重点以及随之而来的研究对象的彻底改变 (见第 27 章)。

旧的有机体论的整体论试图将出现在特定空间的全部有机体描述为一个更高层级的有机体, 或至少在个体有机体或强或弱的联系中确认 "超有机体"。换句话说, 它在群落生态学的层面上寻找那些功能模式旨在自我维持的自然对象。相比之下, 生态系统理论对某些系统进行划分主要是出于工具的原因。这些原因可能是技术性的、实用性的, 也可能是理论性的。然而, 即便是理论性原因, 其目的也是为了潜在的技术掌握: 生态系统理论从系统可以为外部实现特定功能的角度看待生态系统, 例如产生生物量、净化液体废物、稳定气候等 ("生态系统服务" (ecosystem service))[65]。理论上, 生态系统可以实现的功能数量是没有限制的, 从可实现的功能角度来看, 可以定义的生态系统数量也是无限的。因此, 我们无法说有一定数量或种类的可以被发现和描述的生态系统 (其功能在于自我维持) 只能说根据特定的利益可以在理论或现实中构造任意数量或种类的生态系统, 就像个体论进路中的群落 ("Gesellschaften") 概念一样。因此, 生态系统是**人工产物**[66], 而 (超) 有机体不是。从超有机体的概念到生态系统的概念, 为部分和整体的某些状态赋予价值的目的稍有不同: 生态系统组成部分的特征和行为对于生态系统而言是 "好的", 在于能够实现由我们和我们的利益所界定的功能。(超) 有机体的结构

[74]

---

[63]关于制定的法则常常有一点不清楚, 即如同一般的系统理论一样, 它们究竟是自然法则, 即与经验世界的某一特定领域有关的法则 (通常是物理法则), 还是数学法则 (参见 Müller 1996)。

[64]参见 Detering and Schwabe (1978) 对 "生态系统研究" 的坚决反对。

[65]参见 Costanza et al. (1997); Daily (1997); de Groot et al. (2002); Farber et al. (2002) 的文章。

[66]关于这个概念与有机体功能概念的关系, 见 McLaughlin (2001)。

是反身性的: 部分是自我生成的, 这是一个通过整体来协调的过程, 也是部分和整体的功能, 超有机体自身决定什么是对自己 "好" 的。然而, 对于生态系统, 我们为原则上功能效用的无穷循环设定了一个终点, 而且是一个对我们而言有益的点。相比之下, 有机体中的功能链会重新连接到自身, 这就是为什么有机体本身就是目的 (参见 McLaughlin 2001)。尽管旧的有机体论的术语在生态系统理论中还在继续使用 (例如在 Odum 1969 中仍存在自我调节和自我保护这样的术语), 术语的含义已经发生了变化 (尽管术语使用的目的往往是为了表达旧的含义)。这些术语指的是各种自足的维持某个状态的过程, 而这个状态是基于我们的功利目标来界定的。

这些生态系统理论可以被理解或批评为既是还原论的又是整体论的。生态系统理论一方面将生态系统看为一个整体, 却将其非常多样的特征还原为易于进行因果机械分析的极少几个特征。整体论–还原论之争中的关于部分与整体或个体与群落之间关系的老问题, 这些生态系统理论没有讨论, 因为它们的焦点主要集中在系统中相互作用的物质、能量和可能的信息方面, 在系统中, 非生物成分和生物成分之间的区别是无关紧要的: 实际参与相互作用的有机体并不是关注的焦点 (参见 Bergandi 1995; Voigt 2009)。由此抽象出来的观点是, 系统的要素 (或系统要素中的生物部分) 是不同物种的个体有机体, 人们考虑的只是它们的功能 (例如, 为系统的能量和物质循环发挥的功能), 而这些功能是按照功利目标来界定的。这暗示了用一个不同的基本模型, 即机器模型来取代了 "有机群落" (参见 Voigt 2009)。

[75]

5.7 小结

长期以来, 整体论–还原论之争在各门科学中都发挥了重要作用, 但在哲学和政治意识形态中表现特别突出。只有在这样的背景下, 才能理解生态学中的整体论–还原论之争, 因为这里不仅仅是某类科学理论是否正确描述了某些自然现象的问题, 而是关乎什么是个体与群体、人类与自然、进步与传统之间正确关系的观念冲突。以此为出发点, 我们重构了这场争论在生态学中所呈现的形式, 以及所依据的**概念结构**; 这些形式的范围不是任意的, 对部分与整体关系进行概念化在结构上可行的可能性是受限的。

在整体论和还原论的标题下涉及很多不同的内容。例如, 有可能在整体论或还原论的原则下系统地建构研究对象或科学家与研究对象之间的关系的那些方面。

在生态学中, 整体是**群落**, 而部分是**个体**。还原论与整体论的对立表现为**个体论**与**有机体论**的对立。这里我们首先以个体论和有机体论作为理想的典型结构,对两者在 20 世纪初的经典形式进行了介绍, 并通过实例加以说明。

在有机体论的整体论中, "群落" 被特定地设想为一个**有机**社群, 或者说是一个超有机体, 即部分与整体的关系被类比为器官与有机体的关系。关键点在于, 有机体论的整体论是一个有关发育的理论。用目的论的术语来描述, 群落的发育是一个适应环境条件的过程; 同时, 群落的发育也是一个摆脱某些限制的过程。这与保守主义政治哲学的结构紧密对应: 对后者来说, 社会也是一个有机的群体, 或者说是一个更高层级的有机体, 社会的发展在于积极地完善 "民族" (Völker) 的内在品质 (品格) 和存在于自己 "生存空间" (Lebensraum) 的自然环境的内在性质。正是在各民族适应其 "生存空间" 中自然环境制约的过程, 同时也在摆脱自然的约束中, 文化才得以发展起来。人们很少注意到整体论也是一种有关发展的理论; 其后果是, 整体论生态学中自然的图像会被错误地视为一种静态的形象, 就像保守的政治哲学中的社会形象一样。

对于个体论的生态学理论, 基本单元是有机体个体, 只有个体才具有 "实在性" (reality), 而群落没有。有机体个体与他者建立关系是出于个体的需要, 而不是群落功能的需要。社会变革是没有目标的, 其方向取决于偶然因素, 如果发展到了更高层级, 这也不是指群体更接近预定目标, 而只是从那些在竞争中胜出的个体角度看的一种改善。相应地, 自由主义政治哲学认为, 社会是个体之间的互动系统, 而互动取决于其对个体的有用程度; 社会也是一个以 "生存竞争" 为前提、以功利的方式协调利益的系统。历史是一个由自主主体塑造的、由偶然力量决定的开放式的过程。

[76]

从构成理论的进路出发, 我们能够理解这两类生态学理论受到了政治世界观的 "启发" (inspired), 从而有可能更好地理解这两类理论之间的差异及其内在逻辑, 以及以整体论生态学理论为一方和以还原论为另一方所带来的完全不同的实践后果。"实践" (practice) 可以指技术, 如 "生态系统管理" (ecosystem management), 也可以是将自然界置于价值观念框架内的 "价值导向的知识" (knowledge for orientation)。

最后, 本文以经典整体论立场的转变为例, 描述了这两种进路产生并改变的动力。旧的有机体论的整体论在群落生态学的层面上寻找那些功能模式旨在自我维持的自然对象。相比之下, 生态系统理论 (即使明确地自称为整体论) 是按照工具的目标来划分系统的。生态系统不是自然界中存在的超有机体, 而是人工产物。通过这种转变, 为部分和整体的特定状态赋予价值的目的也就变了。机器这一完全不同的基本模型已经取代了 "有机群落"。

参考文献

Agazzi E (ed) (1991) The problem of reductionism in science. (Colloquium of the Swiss Society of Logic and Philosophy of Science, Zürich, May 1-8-19, 1990. Zürich, Schweiz: Schweizerische Gesellschaft für Logik und Philosophie der Wissenschaften). Kluwer Academic, Dordrecht

Anker P (2001) Imperial ecology: environmental order in the British empire, 1895–1945. Harvard University Press, Cambridge

Arneson RJ (ed) (1992) Liberalism 3 Vol. Schools of thought in politics 2 An Elgar reference collection. -Hants: Edward Elgar, Aldershot (UK)

Ayala FJ (1974) Introduction. In: Ayala FJ, Dobzhansky T (eds) Studies in the philosophy of biology: reductionism and related problems. Macmillan, London, pp 7–16

Ayala FJ, Dobzhansky T (eds) (1974) Studies in the philosophy of biology: reductionism and related problems. Macmillan, London

[77]   Bertalanffy von L (1932) Theoretische Biologie, vol I, Allgemeine Theorie, Physikochemie, Aufbau und Entwicklung des Organismus. Verlag Gebrüder Bornträger, Berlin, p 349

Bertalanffy von L (1949) Das biologische Weltbild, vol I, Die Stellung des Lebens in Natur und Wissenschaft. Francke, Bern

Bertalanffy von L (1968) General system theory: foundations, development, applications. Braziller, New York

Bergandi D (1995) "Reductionist holism": an oxymoron or a philosophical chimaera of E. P. Odum's systems ecology? Ludus vitalis 3 (5): 145–180

Bergandi D, Blandin P (1998) Holism vs. reductionism: do ecosystem ecology and landscape ecology clarify the debate? Acta Biotheor 46 (3): 185–206

Bews JW (1935) Human ecology. Oxford University Press, London

Bock GR, Goode JA (eds) (1998) The limits of reductionism in biology (Novartis Foundation symposium 213, held at the Novartis Foundation, London, May 13–15, 1997). Wiley, Chichester

Botkin DB (1990) Discordant harmonies: a new ecology for the twenty-first century. Oxford University Press, New York

Braun-Blanquet J (1928) Pflanzensoziologie: Grundzüge der Vegetationskunde. J. Springer, Berlin

Brenner A (1996) Ökologie-Ethik. Reclam, Leipzig

Bueno G (1990) Holismus. In: Sandkühler HJ (ed) Europäische Enzyklopädie zu Philosophie und Wissenschaften. Felix Meiner Verlag, Hamburg, pp 552–559

Callicott JB (1989) In defense of the land ethic: essays in environmental philosophy. State University of New York Press, Albany

Capra F (1982) The turning point: science, society, and the rising culture. Simon & Schuster, New York

Cassirer E (1921) Kants Leben und Lehre. Verlag Bruno Cassirer, Berlin

Clements FE (1916) Plant succession: an analysis of the development of vegetation. Carnegie Institution of Washington, Washington

Clements FE (1936) Nature and structure of the climax. In: The Journal of Ecology 24: pp 252–284 (-reprinted in: Allred B W & Edith S Clements (eds.) (1945) Dynamics of Vegetation: selections from the writings of Frederic E. Clements. -New York: The H. W. Wilson Company, pp. 1–21)

Clements FE, Shelford VE (1939) Bio-ecology. Wiley, New York

Costanza R, Norton BG, Haskell BD (eds) (1992) Ecosystem health: new goals for environmental management. Island Press, Washington D.C.

Costanza R, d'Arge R, de Groot R, Farber S, Grasso M, Hannon B, Limburg K, Naeem S, O'Neill RV, Paruelo J, Raskin RG, Sutton P, van den Belt M (1997) The value of the world's ecosystem services and natural capital. Nature 387 (6230) : 253–260

Crick F (1966) Of molecules and men. (The John Danz lectures). University of Washington Press, Seattle

Curtis JT, McIntosh RP (1950) The interrelations of certain analytic and synthetic phytosociological characters. Ecology 31: 434–455

Daily GC (ed) (1997) Nature's services: societal dependence on natural ecosystems. Island Press, Washington D.C.

Dawkins R (1976) The selfish gene. Oxford University Press, Oxford

de Groot RS, Wilson MA, Boumans RMJ (2002) A typology for the classification, description and valuation of ecosystem functions, goods and services. Ecol Econ 41: 393–408

Desmond A, Moore J (1991) Darwin. Michael Joseph, London, pp 21–807

Detering K, Schwabe GH (1978) System, Natur und Sprache. Scheidewege 8 (1) : 104–132

Dilthey W (1883) Einleitung in die Geisteswissenschaften: Versuch einer Grundlegung für das Studium der Gesellschaft und der Geschichte (1). Duncker & Humblot, Leipzig

Disko R (1996) Mehr Intoleranz gegen fremde Arten. Nationalpark 93 (4) : 38–42

Drengson A, Inoue Y (eds) (1995) The deep ecology movement: an introductory anthology. North Atlantic Books, Berkeley

Driesch H (1935) Die Maschine und der Organismus. In: Meyer-Abich A (ed) Bios 4. Barth, Leipzig

Drury WH, Ian Nisbet CT (1973) Succession. J Arnold Arboretum 54 (3) : 331–368

Eckebrecht B (2002) Das Naturraumpotential. Zur Rekonstruktion einer geographischen Fachprogrammatik in der Landschaftsplanung Beiträge zur Kulturgeschichte der Natur 4. In: Eisel U, Trepl L (eds) Freising: TU München, Lehrstuhl für Landschaftsökologie [78]

Egler FE (1951) A commentary on American plant ecology based on the textbooks of 1947—1949. Ecology 32: 673-695

Ehrenfels von C (1890) Über Gestaltqualitäten. Vierteljahrsschrift für wissenschaftliche Philosophie 14: 249–292

Ehrenfels von C (1916) Kosmogonie. Eugen Diederichs, Jena

Eisel U (1980) Die Entwicklung der Anthropogeographie von einer "Raumwissenschaft" zur Gesellschaftswissenschaft, vol 17, Urbs et Regio. Kasseler Schriften zur Geographie und Planung, Kassel

Eisel U (1982) Die schöne Landschaft als kritische Utopie oder als konservatives Relikt. Soziale Welt 38 (2): 157–168

Eisel U (1991) Warnung vor dem Leben. Gesellschaftstheorie als "Kritik der Politischen Biologie". In: Hassenpflug D (ed) Industrialismus und Ökoromantik: Geschichte und Perspektiven der Ökologisierung. Deutscher Universitäts. -Verlag, Wiesbaden, pp 159–192

Eisel U (2002) Das Leben ist nicht einfach wegzudenken. In: Lotz A, Gnädinger J (eds) Wie kommt die Ökologie zu ihren Gegenständen? Gegenstandskonstitution und Modellierung in den ökologischen Wissenschaften. (Beiträge zur Jahrestagung des AK Theorie in der Ökologie. Theorie in der Ökologie 7). Peter Lang, Frankfurt a. M, pp 129–151

Engels, F (1886) Dialektik der Natur. In: Marx Karl and Friedrich Engels (1962) Werke, vol 20. Dietz Verlag, Berlin, pp 305–570

Eser U, Potthast T (1997) Bewertungsproblem und Normbegriff in Ökologie und Naturschutz aus wissenschaftsethischer Perspektive. Zeitschrift für Ökologie und Naturschutz 6: 181–189

Eser U, Potthast T (1999) Naturschutzethik— Eine Einführung für die Praxis. Nomos-Verlagsgesellschaft, Baden-Baden

Farber SC, Costanza R, Wilson MA (2002) Economic and ecological concepts for valuing ecosystem services. Ecol Econ 4 (3) : 375–392

Ferguson BK (1994) The concept of landscape health. J Environ Manage 40: 129–137

Forbes SA (1887) In: The lake as a microcosm. Bulletin of the Scientific Association, Peoria, pp. 77-87 (reprinted in 1925: Illinois Nat Hist Survey Bull. 15, 9: pp 537–550)

Foucault M (1969) L' archéologie du savoir. Gallimard, Paris

Friederichs K (1927) Grundsätzliches über die Lebenseinheiten höherer Ordnung und den ökologischen Einheitsfaktor. Naturwissenschaften 15 (7): 153–157, 182–186

Friederichs K (1934) Vom Wesen der Ökologie. Sudhoffs Arch Gesch Med Naturwiss 27 (3) : 277–285

Friederichs K (1937) Ökologie als Wissenschaft von der Natur oder biologische Raumforschung. In: Bios 7. J. A. Barth, Leipzig

Friederichs K (1957) Der Gegenstand der Ökologie. Stud Gen 10 (2) : 112–124, 10 (3): 125-144

Gams H (1918) Prinzipienfragen der Vegetationsforschung Ein Beitrag zur Begriffsklärung und Methodik der Biocoenologie. Vierteljahresschrift Naturforschende Gesellschaft Zürich 63: 293–493

Gleason HA (1917) The structure and development of the plant association. Bull Torrey Botanical Club 44: 463–481

Gleason HA (1926) The individualistic concept of the plant association. Bull Torrey Botanical Club 53: 7–26

Gleason HA (1927) Further views on the succession-concept. Ecology 8 (3) : 299–326

Gnädinger J (2002) Organismenzentrierte Rekonstruktion funktionaler Grenzen von synökologischen

Einheiten. In: Lotz A and Gnädinger J (eds) Wie kommt die Ökologie zu ihren Gegenständen? Gegenstandskonstitution und Modellierung in den ökologischen Wissenschaften. (Beiträge zur Jahrestagung des AK Theorie in der Ökologie. —Theorie in der Ökologie 7). Peter Lang Verlag, Frankfurt a.M, pp 195–209

Goldstein K (1934) Der Aufbau des Organismus: Einführung in die Biologie unter besonderer Berücksichtigung der Erfahrungen am kranken Menschen. M. Nijhoff, Haag

Golley FB (1993) A history of the ecosystem concept in ecology: more than the sum of the parts. [79] Yale University Press, New Haven

Greiffenhagen M (1971) Das Dilemma des Konservatismus in Deutschland. Piper, München

Grisebach A (1838) Über den Einfluß des Klimas auf die Begrenzung der natürlichen Floren. Linnaea 12: 159-200

Habermas J (1968) Erkenntnis und Interesse. In: Habermas, Jürgen: Technik und Wissenschaft als "Ideologie" . Suhrkamp, Frankfurt a.M, pp 146–168

Hagen JB (1992) An entangled bank: the origins of ecosystem ecology. Rutgers University Press, New Brunswick

Haldane JS (1931) The philosophical basis of biology (Donnellan lectures, University of Dublin 1930). Hodder and Stoughton, London

Hard G (1994) Die Natur, die Stadt und die Ökologie. Reflexionen über "Stadtnatur" und "Stadtökologie". In: Ernste H (ed) Pathways to human ecology. Lang, Bern, pp 161–180

Harrington A (1996) Reenchanted science: holism in German culture from Wilhelm II to Hitler. Princeton University Press, Princeton

Horn HS (1976) Succession. In: May RM (ed) Theoretical ecology: principles and applications. Blackwell Scientific Pub. Ltd., Oxford, pp 187–204

Hubbell SP (2001) The unified neutral theory of biodiversity and biogeography. Princeton University Press, Princeton

Hull DL, Ruse M (eds) (1998) The philosophy of biology. Oxford University Press, Oxford

Humboldt von A (1806) Ideen zu einer Physiognomik der Gewächse. Cotta, Tübingen

Jax K (1998) Holocoen and ecosystem on the origin and historical consequences of two concepts. J Hist Biol 31: 113–142

Jax K (2002) Die Einheiten der Ökologie: Analyse, Methodenentwicklung und Anwendung in Ökologie und Naturschutz. Theorie in der Ökologie, 5th edn. Peter Lang, Frankfurt/M

Jørgensen SE (2000) A general outline of thermodynamic approaches to ecosystem theory. In: Jørgensen SE, Felix M (eds) Handbook of ecosystem theories and management. Lewis Publishers, London, pp 113–135

Jørgensen SE, Müller F (2000) Ecosystems as complex systems. In: Jørgensen SE, Felix M (eds) Handbook of ecosystem theories and management. Lewis Publishers, London, pp 5–21

Kant I (1970) Kritik der Urteilskraft, edition 1995. Suhrkamp, Frankfurt/M

Keller DR, Golley FB (eds) (2000) The philosophy of ecology: from science to synthesis. University of Georgia Press, Athens

Kirchhoff T (2005) Kultur als individuelles Mensch-Natur-Verhältnis. Herders Theorie kultureller Eigenart und Vielfalt. In: Weingarten M (ed) Strukturierung von Raum und Landschaft. Konzepte in Ökologie und der Theorie gesellschaftlicher Naturverhältnisse. Westfälisches Dampfboot, Münster, pp 63–106

Kirchhoff T (2007) Systemauffassungen und biologische Theorien. Zur Herkunft von Individualitätskonzeptionen und ihrer Bedeutung für die Theorie ökologischer Einheiten. (=Beiträge zur Kulturgeschichte der Natur, Band 16). Freising

Köchy K (1997) Ganzheit und Wissenschaft: das historische Fallbeispiel der romantischen Naturforschung, vol 180, Epistemata, Reihe Philosophie. Königshausen & Neumann, Würzburg

Köchy K (2003) Perspektiven des Organischen: Biophilosophie zwischen Natur- und Wissenschaftsphilosophie. Schöningh, Paderborn

Köhler W (1920) Die physischen Gestalten in Ruhe und im stationären Zustand: eine naturphilosophische Untersuchung. Vieweg, Braunschweig

Körner S (2000) Das Heimische und das Fremde: Die Werte Vielfalt, Eigenart und Schönheit in der konservativen und in der Liberal-progressiven Naturschutzauffassung. (Fremde Nähe Beiträge zur interkulturellen Diskussion 14). LIT, Münster

Kuhn TS (1962) The structure of scientific revolutions. University of Chicago Press, Chicago

Kühnl R (1982) Das liberale Modell politischer Herrschaft. In: Abendroth W (ed) Einführung in die politische Wissenschaft, 6th edn. Francke, München, pp 57–85

Langthaler R (1992) Organismus und Umwelt: die biologische Umweltlehre im Spiegel traditioneller Naturphilosophie, vol 34, Studien und Materialien zur Geschichte der Philosophie. Georg Olms Verlag, Zürich

[80] Lenoble F (1926) À propos des associations végétales. Bulletin de la Société Botanique de France 73: 873–893

Leopold A (1949) A Sand County almanac: and Sketches here and there. Oxford University Press, New York

Levins R, Lewontin RC (1980) Dialectics and reductionism in ecology. Synthese 43: 47–78

Levins R, Lewontin RC (1994) Holism and reductionism in ecology. CNS 5 (4): 33–40

Lindeman RL (1942) The trophic-dynamic aspect of ecology. Ecology 23 (4) : 399–418

Loeb J (1916) The organism as a whole: from a physicochemical viewpoint. Putnam's Sons, New York

Looijen RC (2000) Holism and reductionism in biology and ecology: the mutual dependence of higher and lower level research programmes, vol 23, Episteme. Kluwer Academic Publisher, Dordrecht

Lovelock JE (1979) Gaia: a new look at life on earth. Oxford University Press, Oxford

MacMahon JA, Schimpf DJ, Andersen DC, Smith KG, Bayn RLJ (1981) An organism-centered approach to some community and ecosystem concepts. J Theor Biol 88 (2): 287–307

Margalef R (1958) Information theory in ecology. Gen Syst 3: 36–71

Mayr E (1982) The growth of biological thought: diversity, evolution and inheritance. Belknap, Cambridge

Mayr E (1988) The multiple meanings of teleological. In: Toward a new philosophy of biology: observations of an evolutionist. Belknap Press of Harvard University Press, Cambridge, pp 38–66

McIntosh RP (1975) H. A. Gleason. "Individualistic Ecologist" 1882–1975: his contributions to ecological theory. Bull Torrey Botanical Club 102 (5) : 253–273

McIntosh RP (1980) The background and some current problems of theoretical ecology. Synthese 43: 195–255

McIntosh RP (1985) The background of ecology: concept and theory. Cambridge University Press, Cambridge

McIntosh RP (1995) H. A. Gleason's "individualistic concept" and theory of animal communties: a continuing controversy. Biol Rev Camb Philos Soc 70: 317–357

McLaughlin P (2001) What functions explain: functional explanation and self-reproducing systems. Cambridge University Press, Cambridge

Meyer-Abich A (1934) Ideen und Ideale der biologischen Erkenntnis. Beiträge zur Theorie und Geschichte der biologischen Ideologien, vol 1, Bios. Barth, Leipzig

Meyer-Abich A (1948) Naturphilosophie auf neuen Wegen. Hippokrates, Stuttgart

Meyer-Abich KM (1984) Wege zum Frieden mit der Natur: praktische Naturphilosophie für die Umweltpolitik. Hanser, München

Mittelstraß J (1995) Holismus. In: Mittelstraß J (ed) Enzyklopädie Philosophie und Wissenschaftstheorie. Metzler, Stuttgart, pp 123–124

Mocek R (1974) Wilhelm Roux, Hans Driesch: Zur Geschichte der Entwicklungsphysiologie der Tiere, Entwicklungsmechanik. Fischer, Jenas

Mocek R (1998) Die werdende Form: eine Geschichte der kausalen Morphologie, vol 3, Acta biohistorica. Basilisken-Presse, Marburg

Müller K (1996) Allgemeine Systemtheorie. Geschichte, Methodologie und sozialwissenschaftliche Heuristik eines Wissenschaftsprogramms, vol 164, Studien zur Sozialwissenschaft. Westdeutscher Verlag, Opladen

Naess A (1973) The shallow and the deep, long-range ecology movement: a summary. Inquiry 16: 95–100

Nagel E (1949) The meaning of reduction in the natural sciences. In: Stauffer RC (ed) Science and Civilization. University of Wisconsin Press, Madison

Nagel E (1961) The structure of science: problems in the logic of scientific explanation. Harcourt, Brace & World, New York

Nagel E (1979) Teleology revisited. In: Nagel E (ed) Teleology revisited and other essays in the philosophy and history of science. Columbia University Press, New York, pp 275–316

Needham J (1932) Thoughts on the problem of biological organization. Scientia 52: 84–92

Negri G (1928) Popolamento vegetale ed animale delle alte montagne: relazione illustrativa delle proposte presentate dal Comitato Geografico Nazionale Italiano al Congresso internazionale di Cambridge. Istituto geografico, Florenz militare

[81]

Nordenskiöld E (1928) The history of biology: a survey. (Originally issued as Biologins historia, in three volumes, (1920—1924) Translated from the Swedish). Alfred A Knopf, New York

Odum EP (1953) Fundamentals of ecology. W. B. Saunders, Philadelphia

Odum EP (1969) The strategy of ecosystem development: an understanding of ecological succession provides a basis for resolving man's conflict with nature. Science 164: 262-270

Oppenheim P, Putnam HW (1958) Unity of science as a working hypothesis. In: Feigl H, Scriven M, Grover M (eds) Concepts, theories and the mind-body problem. Minnesota studies in the philosophy of science, 2nd edn. University of Minnesota Press, Minneapolis, pp 3–36

Patten BC (1978) Systems approach to the concept of environment. Ohio J Sci 78: 206–222

Peus F (1954) Auflösung der Begriffe "Biotop" und "Biozönose" . Deutsche Entomologische Zeitschrift 1: 271–308

Phillips J (1934) Succession, development, the climax and the complex organism: an analysis of concepts. Part I. J Ecol 22: 554–571

Phillips J (1935) Succession, development, the climax and the complex organism: an analysis of concepts Part II & III. J Ecol 23: 210-246, 488–508

Pickett STA, Parker VT, Fiedler PL (1992) The new paradigm in ecology: implications for conservation biology above the species level. In: Fiedler PL, Jain SK (eds) Conservation biology. The theory and practice of conservation, preservation and management. Chapman & Hall, New York, pp 65–88

Portmann A (1948) Die Tiergestalt Studien über die Bedeutung der tierischen Erscheinung. Reinhardt, Basel

Putnam H (1987) The many faces of realism. Open Court Publishing, La Salle

Ramensky LG (1926) Die Gesetzmäßigkeiten im Aufbau der Pflanzendecke. Botanisches Centralblatt 7: 453–455

Rapport DJ (1989) What constitutes ecosystem health? Perspect Biol Med 33 (1): 120–132

Rapport DJ (1995) Ecosystem health: more than a metaphor. Environ Values 4: 287–309

Rapport DJ, Costanza R, McMichael AJ (1998) Assesing ecosystem health. Trends Ecol Evol 13 (10): 397–402

Reichholf JH (1993) Comeback der Biber: ökologische Überraschungen. Beck, München

Rosenberg A (1985) The structure of biological science. Cambridge University Press, Cambridge

Roux W (1895) Gesammelte Abhandlungen über Entwickelungsmechanik der Organismen, vol 2. Wilhelm Engelmann, Leipzig

Ruse M (ed) (1973) Philosophy of biology. Hutchinson, London

Saarinen E (ed) (1982) Conceptual issues in ecology. Pallas paperback 23, Reidel

Scherzinger W (1995) Blickfang-Mitesser-Störenfriede. Nationalpark 88 (3) : 52–56

Scherzinger W (1996) Naturschutz im Wald Qualitätsziele einer dynamischen Waldentwicklung. Ulmer, Stuttgart

Schoenichen W (1942) Naturschutz als völkische und internationale Kulturaufgabe. Eine Übersicht über die allgemeinen, die geologischen, botanischen, zoologischen und anthropologischen Probleme des heimatlichen wie des Weltnaturschutzes. Fischer, Jena

Schwarz AE (1996) Aus Gestalten werden Systeme: Frühe Systemtheorie in der Biologie. In: Mathes K, Broder B, Klemens E (eds) Systemtheorie in der Ökologie. Beiträge zu einer Tagung des Arbeitskreises "Theorie" in der Gesellschaft für Ökologie: Zur Entwicklung und aktuellen Bedeutung der Systemtheorie in der Ökologie. ecomed, Landsberg, pp 35–45

Schwarz AE (2003) Wasserwüste Mikrokosmos Ökosystem. Eine Geschichte der 'Eroberung' des Wasserraumes. Rombach, Freiburg im Breisgau

Schwerdtfeger F, Friederichs K, Kühnelt W, Illies JB, Schwenke W (1960/1961) Kolloquium über Biozönose-Fragen. Z Angew Entomol 47: 90–116

Simberloff DS (1980) A succession of paradigms in ecology: essentialism to materialism and probabilism. Synthese 43: 3–39

Smuts JC (1926) Holism and evolution. Macmillan, New York   [82]

Sober E, Wilson DS (1994) A critical review of philosophical work on the units of selection problem. Philos Sci 61: 534–555

Stöckler M (1992) Reduktionismus. In: Ritter J, Gründer K (eds) Historisches Wörterbuch der Philosophie 8. Schwabe, Basel, pp 378–383

Sukachev VN (1958) On the principles of genetic classification in biocenologie. Ecology 39: 364–367

Tansley AG (1935) The use and abuse of vegetational concepts and terms. Ecology 16 (3): 284–307

Thienemann A (1941) Vom Wesen der Ökologie. Biologia Generalis 15: 312–331

Thienemann A (1944) Der Mensch als Glied und Gestalter der Natur. Wilhelm Gronau, Jena

Thienemann A (1954) Ein drittes biozönotisches Grundprinzip. Arch Hydrobiol 49 (3): 421–422

Thienemann A, Kieffer JJ (1916) Schwedische Chironomiden. Arch Hydrobiol 2 (Suppl) : 483-553

Tobey RC (1981) Saving the prairies the life cycle of the founding school of American plant ecology, 1895—1955. University of Carlifonia Press, Berkley

Tönnies F (1887) Gemeinschaft und Gesellschaft: Abhandlung des Communismus und des Socialismus als empirischer Culturformen. Fues, Leipzig

Trepl L (1987) Geschichte der Ökologie. Vom 17. Jahrhundert bis zur Gegenwart. Athenäum, Frankfurt/M

Trepl L (1993) Was sich aus ökologischen Konzepten von "Gesellschaften" über die Gesellschaft lernen läßt. Loccumer Protokolle 75 (92): 51–64

Trepl L (1994) Holism and reductionism in ecology: technical, political, and ideological implications. CNS 5 (4): 13–31

Trepl L (1997) Ökologie als konservative Naturwissenschaft. Von der schönen Landschaft zum funktionierenden Ökosystem. In: Eisel U, Schultz H-D (eds) Eographisches Denken, vol 65, Urbs et Regio, pp 467–492

Trojan P (1984) Ecosystem homeostasis. Dr. W. Junk Publishers, the Hague

Troll W (1941) Gestalt und Urbild: Gesammelte Aufsätze zu Grundfragen der organischen Morphologie. Akademische Verlagsgesellschaft, Leipzig

Ulanowicz RE (1997) Ecology, the ascendent perspective. Columbia University Press, New York

Uexküll von J (1920) Staatsbiologie: Anatomie, Physiologie. Pathologie des Staates. Berlin, Paetel

Voigt A (2001) Ludwig von Bertalanffy: Die Verwissenschaftlichung des Holismus in der Systemtheorie. Verhandlungen zur Geschichte und Theorie der Biologie 7: 33–47

Voigt A (2009) Die Konstruktion der Natur. Ökologische Theorien und politische Philosophien der Vergesellschaftung. Franz Steiner, Stuttgart

Weber M (1904) Die "Objektivität" sozialwissenschaftlicher und sozialpolitischer Erkenntnis. In: Weber M (1988) Gesammelte Aufsätze zur Wissenschaftslehre. 7. (ed) Tübingen: Mohr, Siebeck, pp 146–214

Weil A (1999) Über den Begriff des Gleichgewichts in der Ökologie Ein Typisierungsvorschlag. In: Trepl L (ed) Gleichgewicht—Funktion der Biodiversität. Landschaftsentwicklung und Umweltforschung, vol 112. TU Berlin, Berlin, pp 7–97

Weil A (2005) Das Modell "Organismus" in der Ökologie: Möglichkeiten und Grenzen der Beschreibung synökologischer Einheiten, vol 11, Theorie in der Ökologie. Peter Lang, Frankfurt/M

Wertheimer M (1912) Experimentelle Studien über das Sehen von Bewegung. Barth, Leipzig

Whittaker RH (1953) A consideration of climax theory: the climax as a population and pattern. Ecol Monogr 23: 41–78

Wilson DS, Sober E (1989) Reviving the superorganism. J Theor Biol 136: 337–356

Wolf J (1996) Die Monoklimaxtheorie: Das biologische Konzept vom Superorganismus als Entwicklungstheorie von Individualität und Eigenart durch Expansion. In: Naturalismus. Projektbericht in zwei Bänden. S. 231–308. Bd. I. TU Berlin, Fachbereich 7

[83]   Wolf KL, Troll W (1940) Goethes morphologischer Auftrag. Versuch einer naturwissenschaftlichen Morphologie. Akademische Verlagsgesellschaft, Leipzig

Worster D (1985) Nature's economy: a history of ecological ideas. Cambridge University Press, Cambridge

Wright L (1973) Functions. In: Conceptual issues in evolutionary biology, 2 edn. MIT Press, Cambridge, pp 27–49 (reprinted in: Sober E (ed) (1994))

第三部分　关于生态学的内部结构

第 6 章　生态学的异质性、嵌入性和持续重构及由此形成的"难以控制"的复杂性

Peter Taylor

第 6 章　生态学的异质性、嵌入性和持续重构及由此形成的"难以控制"的复杂性

第 6 章　生态学的异质性、嵌入性和持续重构及由此形成的"难以控制"的复杂性

Peter Taylor

6.1　导言

　　生态学家总在处理难以控制的 (unruly) 复杂性, 虽然难以控制的复杂性并不是一个明确的概念。难以控制的复杂性形成于情境结构 (structure of situation) 的不断变化。环境结构是异质成分持续作用的产物, 同时又嵌入或存在于更大尺度的动态过程中。生态学试图通过模仿物理科学构建——借助物质和概念——边界清晰的系统而抑制这种复杂性, 系统应该具有明确的边界、连贯的内部动态, 以及与外部环境的简单协调关系。生态学家设想自己置身系统之外, 寻找普遍规律或一般原理进行自然的或简约的复杂性还原。如果生态学家意欲在认同复杂性的同时约束难以控制的复杂性, 那么他/她们需要认识到, 控制和概括复杂性十分困难, 并不存在优越的立场; 需要随时投身不断变化的情境之中反复评估复杂性。因此, 生态学的内部结构就建立在难以控制和试图约束两者之间的张力之上。

　　本文基于泰勒和海拉 (Taylor and Haila 2001) 的研究, 回顾生态学理论的近期历史, 强调刻画异质性、嵌入性和持续重构的挑战。文章涉及的主要内容不具明确的边界, 有时远超生态学范畴。HOEK 项目将其阐释的生态学概念植根于它们产生并发展的社会–历史语境, 由此启发我们思考更多的嵌入类型: 嵌于社会–环境过程之中的生态学情境; 嵌于关于社会变化的系统研究之中的自然科学; 嵌于科学实践之中的概念性工作; 以及嵌于科学和社会变迁运动之中的科学诠释。所有这些相关领域全都提出了应对难以控制的复杂性的类似挑战 (Taylor 2005)。尽管进化生物学、流行病学和发展心理学等其他学科均呈现出难以控制和系统化之间的张力, 生态学却为认识这种张力提供了值得深入探索的切入点。 [88]

P. Taylor (✉)
University of Massachusetts Boston, USA
e-mail: peter.taylor@umb.edu

6.2 近期生态学理论简史

首先需要说明, 我所进行的概念描述主要基于美国, 并且需要参考 HOEK 项目的其他部分 (也请参见第 7 章和第 8 章)。1960 和 1970 年代, 许多美国生态学家寻求普遍性的、不依赖于历史特殊性的理论阐释生态学的结构与功能 (Kingsland 1995, 第 176-205 页)。系统生态学家通过拓展热力学和信息理论以揭示生物系统, 试图从整个生态系统内部的营养、能量和信息流角度解释复杂性 (Taylor 2005)。而群落生态学家提出的理论主张通常采用数学模型, 强调通过对有限资源的竞争和其他相互作用来调节种群规模与分布。两个学派大致对应于一系列概念与方法论的对立两极: 功能和过程与结构和组成; 整体性质与从部分到整体; 野外观测与数学模拟 (Hagen 1989; 有关共性与区别更加复杂的图像参见 Taylor 1992)。

建模的意义不甚明朗: 模型是对生态实在的理想化呈现 (例如, 参见 May 1973 中的 "完美结晶" (perfect crystal)), 还是会产生更深理论问题的探索式工具 (Levins 1966)? 此外, 1980 年代早期, 持有特殊主义 (particularistic) 倾向的生态学家开始质疑众多的群落生态学模型, 拒绝这些模型的理由是其与数据的吻合程度并不比其他 "零" 假设或 "随机" 模型更好 (Strong et al. 1984)。一般生态学理论的可靠性受到了广泛质疑。如辛贝洛夫 (Simberloff 1982) 所称: 很多因素在自然之中起着作用, 在任何特定的案例中, 至少会有一些因素作用显著。一个模型不可能既抓住了重要因素同时又能普遍适用。生态学家反而应该深入探究特定情境的自然史, 并通过实验验证有关这些情境的特定假设。类似案例的知识也许对他们有所帮助并因此得到补充, 但是不应期许所获结果可以轻而易举地外推到很多其他情境。

一定程度上, 1980 年代的特殊主义潮流在植物生态学的转向中得到预示, 植物生态学从预测演替阶段转而关注由物种的特定生活史和环境选择共同决定的物种组合 (McIntosh 1985; Taylor 1992——甚至早在达尔文 1859 年的《物种起源》中生态学思想丰富的第 3 章就有所涉及)。然而, 植被生态学长期的描述研究传统对于如何将生态过程理论化的认识有所不同。多元统计技术 (或格局分析) 可以将生态立地归类为不同的群落 (分类) 或定位在连续轴上 (排序)。揭示的格局可以用来生成关于因果要素或潜在环境梯度的假设。但是, 到了 1980 年代, 植被生态学家 (特别是澳大利亚的植被生态学家) 指出, 格局分析的结果对模型所采用的技术和采样点在植被潜在分布区内的空间分布十分敏感。主成分分析和去趋势对应分析等常用技术在模拟数据上测试时, 并未很好地还原模拟的环境梯度。这些技术可以减少对模型的依赖, 同时也会导致简并模式 (Faith et al. 1987; Minchin 1987)。我们需要深入了解数据背后的因果要素, 以便设计出有效且无失真的多元技术用以

[89]

揭示这些因素 (Austin 1987), 这似乎是一个类似第 22 条军规的自我矛盾的困境。后文还会提及如何从格局中推断过程, 在进一步讨论特殊主义与建模和理论构建的之后我将再做说明。

对于理论的怀疑和对于假设验证的片面强调, 虽在 1980 年代受到关注, 但一直受到多方抵制: 观测和实验除了能够验证假设之外, 也可通过多种方式助力理论的产生。实际上, 为检验特定假设而进行的观测, 可能只对认识局部情形 (configuration) 有所帮助。理论的产生需要借助数据的很多其他方面: 从观察、比较、分析性重述中得出最初的类别归纳 (Haila 1988; 生态学概念和理论的分析性描述参见第 7 章)。此外, 构建描述性和数学化模型对于形成新的概念、框架、问题和假说能够起到重要的作用。

建模的一个实例, 涉及难以控制的复杂性, 探讨的是群落的复杂性与其持久性或稳定性的关系。最初, 生态学理论认为, 由于复杂生态系统稳定性的增强, 生态复杂性得以持续。然而, 1970 和 1980 年代的数学分析表明, 复杂性严重有悖于稳定性, 除非复杂体几近可分解, 即由联结松散的子系统所组成。随后出现了"景观"理论, 认为群落可持续存在于由相互连接的斑块构成的景观之中, 即使它在每一个斑块中都只是短暂存在 (DeAngelis and Waterhouse 1987)。集合种群理论作为"景观"理论的活跃变体, 考察景观之中种群 (或载体物种所携带的种群集合) 而非群落本身的持久性 (Hastings and Harrison 1994)。景观理论的另一变体是通过增减种群以构建模型系统。这一理论变体指出, 即使任何特定的系统只短暂存在, 复杂性仍然持续存在, 复杂程度远远大于可分解系统中的复杂性。研究生态复杂性应考虑物种的持续变更, 而不仅仅分析当前配置的稳定性和结构 (Nee 1990; Taylor 2005)。(不过请注意, 研究群落构建法则——参见 Weiher and Keddy (1999)——需要融合格局与过程。在缺乏历史轨迹信息的情况下, 构建法则最好采用共现模式, 而不是从相应的物种库随机抽样而构建的模式, 前者在统计上与后者显著不同; Kelt and Brown 1999。)　　　　　　　　　　　　　　　　　　　[90]

在更大的背景下通过重新引入历史偶然性、瞬态或非平衡态, 以及嵌入性, 对于系统构造与变更的建模, 连同其他因素, 可能会动摇早几十年间寻找系统与群落的普遍原理的努力 (Kingsland 1995, 第 213–251 页)。1980 年代以来, 生态学家普遍日渐意识到: 情境可能因其缘起的历史轨迹而变化; 地点的特殊性及其彼此关联十分重要; 时间与空间是有尺度的, 在共现物种之间有所不同; 个体变异能够从根本上改变生态过程; 这种变异源自特定地点和相互关联的种群内部的持续分化; 而物种之间的相互作用可能是其他"隐性" (hidden) 物种的间接影响的产物。

例如, 斑块动态研究把形成开放"斑块"的扰动尺度与频率和扰动之间的物种互动放到了同样重要的地位 (Pickett and White 1985)。有关生境斑块物种的演替、迁移和灭绝的动态研究聚焦于物种扩散和生境占据细节，以及这些扰动的过程如何决定不同物种的成功定殖 (Gray et al. 1987)。在更大尺度上，这样一种研究焦点的转移，得到了生物地理学比较研究的支持，即大陆动植物区系并不必然地与现存的环境条件保持平衡 (Haila and Järvinen 1990)。从另外一个角度来看，区分个体有机体 (按其特征与空间位置) 的模型能够产生某些可观察到的生态学格局，比如种群中个体大小分布随时间而变化的模式，而大尺度的聚合模型则不会得出这样的结论 (Huston et al. 1988; Lomnicki 1988)。而且，无法直接观察的种群动态效应，或者通过 "隐变量" (hidden variable) 获得的效应，颠覆了观察种群之间直接相互作用的方法，并且削弱了许多在此基础上得出的原理，如竞争排斥原理 (Wootton 1994)。

隐变量和间接效应对于概念化生态学具有潜在的深远影响。根据科学的简化策略，构建模型时仅仅涉及少数种群，即使这些种群处在自然多变且又复杂的生境之中。除非生态学家知道完整群落的所有细节，否则他们的 "简化" 模型，包括 "零模型"，只不过是特定观察的基本再现，不管模型成功拟合与否，都不会为实际的生态关系提供可靠的或普遍的认识。物理科学的进步过程的确在很大程度上依赖于控制实验，在这些实验中系统是与所在环境分离的。然而，这一科学模型对于理解嵌入在动态生态环境中的有机体是不适当的，对于应对在时间与空间上不均衡分布的资源和危害也不适用 (Taylor 2005)。

嵌入性和隐变量的令人困惑的效应要求理论家们审慎对待基于明确边界系统的理论体系的类推与概念借用。同样，在复杂性理论中，简单规则在时空中的迭代展示出类似于现实世界的复杂行为，生态单元的异质性及其活动的截然不同的[91] 时空尺度限制了复杂性理论的适用性 (Waldrop 1992)。存在已久的物理与化学理论通过对大量相似实体统计产生的宏观规则在衔接生态复杂性与相应过程时也不适用。

将热力学扩展到开放的 "人与自然系统" 的确是奥德姆 (H. T. Odum) 对于系统生态学的开创性贡献 (Taylor 2005)。虽然后续的系统生态学 (1960 和 1970 年代，特别是国际生物学计划期间) 对于理论原则的探索不太关注，但它在 1980 年代再度受到重视，用以将生态复杂性解释为系统的层级结构，每一层级或尺度都有互补的过程和格局。层级理论希望可以通过掌握从数据中提取格局的正确方法而自然地还原复杂性 (Allen and Starr 1982)。

某种程度上，从格局推断过程的问题可以通过对重复的多因子田间实验数据进行方差分析和相关的统计技术加以克服 (Underwood 1997)。不过严格地说，这些结果是局地的，需要保持实验中或统计上其他因子组合不变 (Lewontin 1974)。由于局域化生态学研究能够控制条件不变, 将系统从环境中独立出来, 因而出现问题较少。但这些通常只是特例。

6.3　从系统到交叉过程

在一些生态学家看来, 自 1980 年代起对基于情境的、跨尺度的过程的日益重视, 意味着生态学应被重新看作一门 "历史" 科学 (Schluter and Ricklefs 1993)。像流行病学家、古生物学家和历史学家一样, 生态学家需要面对历史解释的挑战。也就是说, 他们必须聚齐足以产生后续结果的而非其他结果的历史条件的组合, 同时, 他们一定不能在面对其他同样可能合理的解释时, 掩盖这些解释的暂时性 (Miller 1991)。所谓 "历史条件的组合" (composite of past condition) 应包括很多历史的和地理的偶然 (比如 2000 年圣海伦斯火山爆发时, 在特定的区域哪些有机体存活了下来, Franklin and MacMahon 2000), 以及物种进化的特殊性或 "个体性" (individuality) (Sterelny and Griffiths 1999, 第 253 页及其后)。但是历史性并不排除关于生态格局与过程的规律性或结构性认识。说生态结构有历史就是说生态结构会发生变化, 并受到偶发的、具体空间中的事件的影响, 同时结构也约束和促进着在其特定空间中构成生态学现象的生命活动。

无论是否使用 "历史" 的标签, 建立生态学的基本概念框架, 一个关键挑战是允许与结构交叉的特殊性和偶然性, 允许结构发生变化和内部分化, 并且允许由于不同物种活动的重叠尺度而产生的存在争议的边界。如果系统具有明确的边界或与外部环境的关系简单, 那么就不能当成简单的情况处理, 而是要当成需要加以解释的特例。 [92]

这里, 将生态情境视作社会–环境交叉过程的特例有助于概念澄清, 这意味着不必关注人类干扰很小或者不变的例子, 也意味着作为自然科学的生态科学可以从社会科学的争论中获得给养。值得一提的是, 人类学和地理学出现了一种 "政治生态学" 的研究潮流, 它关注特定的、跨尺度的社会——环境过程。以经济、社会与生态的交叉过程为研究视角分析环境问题, 这些过程跨越各种时空尺度, 并在结果的产生和各自的不断转化中彼此关联 (Taylor and García-Barrios 1995; Peet and Watts 1996)。例如, 解释土壤侵蚀或鱼类资源枯竭需要结合当地的和区域的生态特征、当地生产机构和相关农业或水产生态机构、给定社区的社会分化及其规范的和相互期待的社会心理以及国内国际政治经济变化 (Little 1987; García-Barrios and García-Barrios 1990; Taylor 2005)。

虽然分析 "交叉过程" (intersecting process) 的研究者并未给出成熟的理论或方法论框架, 但是把原因的异质性和相互联系的复杂性都加以考虑的解释应该得到哲学家和生态学家的更多重视。这一领域的理论工作需要特别注重研究者的实践和对所研究的复杂性的介入 (Haila and Levins 1992; Goldman et al. 2011)。此外，交叉过程揭示了多重的潜在介入点，每个介入点都是片面的，不足以解决焦点问题，因此需要在持续的交叉过程中相互关联起来 (Taylor 2005)。

甚至当研究人员不考虑社会–环境互动，而完全考虑自然生态时，片面性也在所难免。之前提到的各种模型之所以能够获得支持，部分出于一个隐含的原因，即不同研究模型综合起来所带来的对生态学现象的认识，无法通过构建无所不包的系统模型获得。例如，共存物种只会呈现有限相似性的观念，就可以与空间异质性或中度干扰促进多样性的观念结合起来，等等。但是如何结合呢？如何结合或整合片面的或启发式的模型，这个问题尚待阐明。由于一个生态学家不太可能探讨多个启发式模型，因此需要发展新的概念化进路，引导不同类型的生态学家进行持久的沟通交流 (Lee 1993; Walters 1997; Wondolleck and Yaffee 2000; 生态弹性学术联盟 (Resilience Alliance) 的网站)。

[93]
6.4 生态学知识生产中的社会互动

莱文 (Levin 1966) 在提出建模策略时，清楚地意识到知识生产涉及社会互动，这使他的观点与同时期的其他数学生态学家迥然不同。莱文通过不停地改变模型的临时有效条件来关注建模过程的有效性 (Taylor 2000)。他对于可能推翻理论原则的情形的兴趣——那些在科学家看来并不总是显而易见的情形——促使他思考知识生产的社会条件 (Haila and Levins 1992)。例如，在一个以公司盈利为目标的研究与开发系统中，杀虫剂比害虫的生物防控更受青睐 (Levins and Lewontin 1985, 第 238–241 页)。

社会–历史语境化，鉴于逻辑上的一致性，应适用于所有生态学概念的 HOEK 式诠释。实际上，我对难以控制的复杂性的兴趣源自 1970 年代生态学作为科学 (ecology-as-science) 和生态学作为社会运动 (ecology-as-social-action) 的交叉。这一时期，生态学作为社会运动受到了科学团体的严肃批判。这不仅要求研究人员关注环境问题，而且要求他们自觉地塑造科学实践和科学产出，以便改变社会和环境关系的主导结构。这一背景引导我综合考量环境、科学和社会变化的复杂性。这三种变化的交叉促使我在概念上和实践中重视不确定的边界、生态和社会主体的异质性以及持续的过程而非完成的产品 (Taylor 2005)。

作为 HOEK 项目的参与者，我有必要谈及自己的思想变化过程。1980 年代我首次尝试诠释社会–历史语境中的科学，当时我研究了奥德姆将社会与生态关系的复杂性还原成单一货币即能量的做法，该货币的流动可以调整或重设。我把这

与战后 "技术官僚的乐观主义" (technocratic optimism) 氛围联系起来, 并指出奥德姆通过服务社会, 为他自己这样的系统工程师在自然之中找到了特别定位 (Taylor 2005)。虽然我已明确科学的社会嵌入性对科学知识内容所产生的系统影响, 但我这位科学家还是希望这种解释能够卓有成效地影响后续的研究。为了真正实现这一目标, 更为细腻的分析比奥德姆的宽泛的历史解释更为实际, 例如短期的社会 - 环境评估项目往往受控于更为复杂和更有争议的实际环境 (Bocking 1997)。在这项诠释性的工作中, 我作为社会语境下的科学家形象, 从 "社会 - 个人 - 科学的关联体" (social-personal-scientific correlation) 转化为实践中诸多事务的处理者。我开始关注研究者、科学的诠释者和科学家在科学实践中的不同投入, 以及他们试图改变实践结果的不同努力。任何具体的改变是否可行取决于具体研究人员 (包括我自己) 的地位和资源, 因为他们需要与其他相关的社会主体进行磋商。研究人员在实践中生产知识的能力并不集中于头脑之中, 而是分布于个体之外; 它依赖于交叉互动的过程 (Taylor 2005)。

[94]

　　我们如何了解生态复杂性? 答案取决于更多地关注 "我们" 是谁, 关注不同的人在实践和思想上定位自己时, 与复杂的、变化的和通常边界模糊的生态环境之间所建立的关联。生态学的内部结构和过程毫无疑问是一个有关异质性、嵌入性和持续重构的问题。

参考文献

Allen TFH, Starr TB (1982) Hierarchy. Perspectives for ecological complexity. University of Chicago Press, Chicago

Austin MP (1987) Models for the analysis of species' response to environmental gradients. Vegetatio 69: 35–45

Bocking S (1997) Ecologists and environmental politics. A history of contemporary ecology. Yale University Press, New Haven

Darwin C (1964/1859) On the origin of species. Harvard University Press, Cambridge

DeAngelis DL, Waterhouse JC (1987) Equilibrium and non-equilibrium concepts in ecological models. Ecol Monogr 57: 1–21

Faith DP, Minchin PR, Belbin L (1987) Compositional dissimilarity as a robust measure of ecological distance. Vegetatio 69: 57–68

Franklin JF, MacMahon JA (2000) Messages from a mountain. Science 288: 1183–1185

García-Barrios R, García-Barrios L (1990) Environmental and technological degradation in peasant agriculture. A consequence of development in Mexico. World Dev 18 (11): 1569–1585

Goldman MJ, Nadasdy P, Turner MD (eds) (2011) Knowing Nature: Conversations between Political Ecology and Science Studies. University of Chicago Press, Chicago

Gray AJ, Crawley MJ, Edwards PJ (eds) (1987). Colonization, succession and stability. 26th Symposium of the British ecological society. Blackwell, Oxford

Hagen JB (1989) Research perspectives and the anomalous status of modern ecology. Biol Philos 4: 433–455

Haila Y (1988) The multiple faces of ecological theory and data. Oikos 53: 408–411

Haila Y, Järvinen O (1990) Northern conifer forests and their bird species assemblages. In: Keast A (ed) Biogeography and ecology of forest bird communities. SPB Academic, the Hague, pp 61–85

Haila Y, Levins R (1992) Humanity and nature. Ecology, science and society. Pluto, London

Hastings A, Harrison S (1994) Metapopulation dynamics and genetics. Annu Rev Ecol Syst 25: 167–188

Huston M, DeAngelis D, Post W (1988) From individuals to ecosystems. A new approach to ecological theory. Bioscience 38: 682–691

Kelt DA, Brown JH (1999) Community structure and assembly rules. Confronting conceptual and statistical issues with data on desert rodents. In: Weiher E, Keddy P (eds) Ecological assembly rules, perspectives, advances, retreats. Cambridge University Press, Cambridge, pp 75–107

Kingsland S (1995) Modeling nature: Episodes in the history of population biology. University of Chicago Press, Chicago

[95] Lee K (1993) Compass and gyroscope. Integrating science and politics for the environment. Island Press, Washington DC

Levins R (1966) The strategy of model building in population biology. Am Sci 54: 421–431

Levins R, Lewontin R (1985) The dialectical biologist. Harvard University Press, Cambridge

Lewontin RC (1974) The analysis of variance and the analysis of causes. Am J Hum Genet 26: 400–411

Little P (1987) Land use conflicts in the agricultural/pastoral borderlands. The case of Kenya. In: Little P, Horowitz M, Nyerges A (eds) Lands at risk in the third world. Local-level perspectives. Westview Press, Boulder, pp 195–212

Lomnicki A (1988) Population ecology of individuals. Princeton University Press, Princeton

May RM (1973) Stability and complexity in model ecosystems. Princeton University Press, Princeton

McIntosh RP (1985) The background of ecology. Concept and theory. Cambridge University Press, Cambridge

Miller RW (1991) Fact and method in the social sciences. In: Boyd R, Gasper P, Trout JD (eds) The philosophy of science. MIT Press, Cambridge, pp 743–762

Minchin PR (1987) An evaluation of the relative robustness of techniques for ecological ordination. Vegetatio 69: 89–107

Nee S (1990) Community construction. Trends Ecol Evol 2: 337–343

Peet R, Watts M (eds) (1996) Liberation ecologies. Environment, development, social movements. Routledge, London

Pickett STA, White PS (eds) (1985) The ecology of natural disturbance and patch dynamics. Academic, Orlando

Schluter D, Ricklefs R (1993) Species diversity. An introduction to the problem. In: Ricklefs R, Schluter D (eds) Species diversity in ecological communities. University of Chicago Press, Chicago, pp 1–10

Simberloff D (1982) The status of competition theory in ecology. Ann Zool Fenn 19: 241–253

Sterelny K, Griffiths P (1999) Adaptation, ecology, and the environment. Sex and death. An introduction to the philosophy of biology. University of Chicago Press, Chicago

Strong DR, Simberloff D, Abele LG, Thistle AB (eds) (1984) Ecological communities, conceptual issues and the evidence. Princeton University Press, Princeton

Taylor PJ (1992) Community. In: Keller EF, Lloyd E (eds) Keywords in evolutionary biology. Harvard University Press, Cambridge, pp 52–60

Taylor PJ (2000) Socio-ecological webs and sites of sociality. Levins' strategy of model building revisited. Biol Philos 15 (2): 197–210

Taylor PJ (2005) Unruly complexity: Ecology, interpretation, engagement. University of Chicago Press, Chicago

Taylor PJ, García-Barrios R (1995) The social analysis of ecological change. From systems to intersecting processes. Soc Sc Info 34 (1): 5–30

Taylor PJ, Haila Y (2001) Situatedness and problematic boundaries. Conceptualizing life's complex ecological context. Biol Philos 16 (4): 521–532

Underwood AJ (1997) Experiments in ecology. Their logical design and interpretation using analysis of variance. Cambridge University Press, Cambridge

Waldrop MM (1992) Complexity. The emerging science at the edge of order and chaos. Simon and Schuster, New York

Walters C (1997) Challenges in adaptive management of riparian and coastal ecosystems. Conserv Ecol 1 (2): 1, online

Weiher E, Keddy P (eds) (1999) Ecological assembly rules. Perspectives, advances, retreats. Cambridge University Press, Cambridge

Wondolleck JM, Yaffee SL (2000) Making collaboration work. Lessons from innovation in natural resource management. Island Press, Washington DC

Wootton JT (1994) The nature and consequences of indirect effects in ecological communities. Annu Rev Ecol Syst 25: 443–466

第 7 章 关于生态学内部结构的几个论题

Gerhard Wiegleb

7.1 导言

生态学是一门多元的科学 (McIntosh 1985, 1987; Cherrett 1989; Dodson 1998)。对此, 可通过以下三个假说予以解释:

- 离心力模型: 这是近来多元化的结果。在环境科学中的应用导致在一个公认的理论框架内的分化。

- 吸引子模型: 这是长期历史发展的结果。科学分支不断融合的同时, 总是伴随着不完全的理论还原与统一。

- 无序模型: 这是在理论构建方面缺乏融贯性的结果。在目标、方法和公认的理论方面都存在分歧。

在本章中, 我假定第三种假说成立。任何对生态学的概述都需要对非生态学进行界定。这里我根据贝贡等人 (Begon et al. 1986) 以及克雷布斯 (Krebs 1995) 的教科书内容, 来圈定当前生态学中一组公认的事实、理论和规律, 这有助于我们追溯在生态学成为一门具有自我意识的学科之前的那些生态学探索。根据贝贡等人的说法, 我把生态学定义为一门在空间和时间维度上对个体、种群和群落进行描述、解释和预测的科学, 它关注的变量是生物的分布、总量 (生物量)、数量 (多度、多样性) 和组成 (相似度) (Peters 1991; Krebs 1995)。

首先, 我将聚焦生态学的内部结构, 着重考察其历史渊源。我略述了自己对科学史的看法, 之后概述了生态学发展的主要阶段, 包括对 1920 年以后标志性论文和书籍的重要性的考察。在第二部分, 我探讨了当前生态学家工作的领域, 这些是根据分类学群体、生境类型、观察水平层级、空间尺度、研究纲领、学派与传统、核心概念和应用上的不同来确定的。生态学上存在着还原论与整体论的区别 (Wilson 1988)、有机体论与个体论的区别 (Simberloff 1980; Trepl 1987), 以及相互 [98]

G. Wiegleb (✉)

Chair General Ecology, Brandenburg University of Technology, Cottbus, Germany

e-mail: wiegleb@tu-cottbus.de

竞争的方法论 (实验、比较、探究、模拟; Grime 1979) 或目标 (解释、预测、描述; Wiegleb 1989; Peters 1991)，它们可以作为衡量标准，用来对不同的研究纲领、学派或关键概念偏好做出区分。

7.2 生态学简史

7.2.1 概述

生态学史被视为生态学思想史 (May and Seger 1986; Trepl 1987)。库恩理论 (Kuhn 1976) 假设了科学革命及随后范式的改变 (即有效观念的彻底转换)，但这一理论并不适用于生态学。特列普 (Trepl 1987) 认为，生态学从未发展出任何堪与物理学、化学或分子生物学范式对等的范式。辛贝洛夫 (Simberloff 1980) 区分了生态学的两种范式: 有机体论范式和个体论范式，然而它们都不能被看作库恩意义上的范式。否则我们就必须假定同时存在两种不同的、无法沟通的科学。严格说来，里杰和拉波特 (Regier and Rapport 1978) 的 "范式" 也不能被视为库恩意义上的范式。

我倾向于认同拉卡托斯 (Lakatos 1978) 的观点，即设想相互竞争的研究纲领共存，并逐步用更有希望的纲领替代退化的纲领。在生态学中，研究纲领不是刻意制定的，而是作为标志性论文或教科书发表后偶然产生出的结果而发展起来的。因此，它们只能通过追溯的方法被认识到。图尔明 (Toulmin 1978) 认为，科学的连续性可以在理论、内容、社会学和心理学这四个层面上体现出来。像下面这样的问题值得回答: 历史上产生观念的初始形态的创新因素有哪些? 发现的背景是什么? 确定观念的终极形态的选择因素有哪些? 取得共识的背景是什么? 哪些因素阻碍了观念的突破? 此外，迈尔 (Mayr 1984) 的方法对深入了解历史进程贡献颇巨。他描述了个人思想的形成经过，提出如下问题: 哪些科学家特别优秀? 他们想些什么? 研究人员是如何得出他们的研究结果的? 哪些人的工作对他们产生了影响? 他透彻研究了影响人们在理论与事实上达成一致的心理学和社会学障碍。

在这篇简短的历史叙述中，生态学的发展、科学哲学的进步与社会环境之间的相互作用是无法详细分析的。从帕拉塞尔苏斯 (Paraceslsus)、培根 (Bacon) 和笛卡尔 (Descartes) (经验论与唯理论) 到莱布尼茨 (Leibniz)、休谟 (Hume) 和康德 (Kant)，他们之间发生的在认识论和科学哲学上的进展，对于早期生物学从博物学中分离出来 (直到 1790 年) 起到了重要作用。之后则是生物学内在的发展与事实的积累起了更大作用 (直到 1940 年)。近年来，把生态学思想与社会群体、建制、政治和技术的发展联系在一起的外部因素变得越来越重要。迄今为止，生态学历史

[99]

的这些篇章大多没有被写出来 (除了 Küppers et al. 1978; Golley 1993; Anker 2001)。

7.2.2　生态学的发展阶段

这里我将生态学的发展分为七个阶段, 每一阶段都在现代生态学理论和实践中留下了自己的痕迹。除了自身内在的发展, 外部的科学传统最终也融入了进来。

第一阶段: 从古代到中世纪 (公元前 600 年到公元 1300 年)。这一阶段科学是哲学的一部分, 真正的生态学知识积累得并不多, 且仅限于药用植物学 (从狄奥斯科里迪斯 (Dioscorides) 到 1150 年的希尔德加德·冯·宾根 (Hildegard von Bingen)) 和人口研究 (从 1200 年开始 L. Pisano; P. de Crescenzi; Egerton 1973, 1983) 领域。

第二阶段: 近代早期 (15 世纪到 18 世纪中叶)。这一阶段几项传统的发展为林奈的成就铺平了道路, 最突出的是:

• 1520 年前后, 植物学在草药医生手中恢复了生机。1520 年到 1540 年间, 出现了几本插图精美的本草书。一些作者如布伦斯费尔斯 (O. Brunsfels)、博·克 (H. Bock)、富克斯 (L. Fuchs)、马蒂奥利 (A. Mattioli)、多多内乌斯 (R. Dodonaeus)、德·勒克吕泽 (Ch. de L'Écluse)、科尔蒂 (V. Cordus), 在其作品中收录了部分关于土壤观察、植物生长地点描述的内容 (Mägdefrau 1992)。

• 16 世纪开始出现百科全书式的博物志, 其最著名的代表作者是格斯纳 (K. Gesner)、阿尔德罗万迪 (U. Aldrovandi)、贝隆 (P. Belon) 和龙德莱 (G. Rondelet) (Jahn et al. 1985)。

• 在 17 世纪, 早期植物地理学既借鉴了富克斯 (Fuchs) 的本草学, 又借鉴了格斯纳 (Gesner) 的博物志。重要的代表人物是瓦伦纽斯 (B. Varenius) 和德·图内福尔 (J. P. de Tournefort) (Egerton 1977)。

• 和谐的自然观可以追溯到古代, 例如毕达哥拉斯 (pythagoras) (Egerton 1973)。这一观念在 17 世纪末雷 (J. Ray) 那里恢复了生机, 他在《动物志》(*Natural History of Animals*) 一书中明确提出, 要把 "自然平衡" 概念应用到博物学中 (Jansen 1972; Egerton 1973)。雷的学生德勒姆 (W. Derham) 把 "自然神学" (physicotheology) 发展成一套完整的体系。在 1850 年以前, 人们一直将其当作严肃的理论来探讨, 尤其是在英国, 后来人们又用它来试图与达尔文主义对抗。作为一种宗教的、环保主义的思维方式, 它在当前关于环境保护的讨论中仍然清晰可辨。

• 17 世纪和 18 世纪早期, 现实主义的植物与昆虫 (静物) 绘画影响了博物学。基于早期荷兰画家的范本, 梅里安 (A. S. M. Merian) 和勒泽尔·冯·罗森赫夫 (J. Rösel von Rosenhof) 编辑了彩色书籍, 来展示食草动物的形象。林奈 (Linnaeus) 使用了上述这种素材来描述物种 (Jahn et al. 1985)。

• 从 1580 年前后开始, 出现了关于人口发展研究的著作, 作者包括博特罗 (F. Botero)、佩托 (D. Peteau)、布朗 (Th. Browne)、格朗特 (J. Graunt)、黑尔 (M. Hale)、多达尔 (D. Dodart), 其巅峰是 1798 年出版的马尔萨斯 (T. R. Malthus) 论著《人口论》(*Essay on the Principle of Population*)。他提出人口的几何增长会导致饥荒和疾病 ("misery and vice")。数学种群生态学对进化论的起源具有重要意义, 但直到 20 世纪初, 它仍然是一个保持着独立发展轨迹的思想体系 (贝尔 (R. Pearl), 洛特卡 (A. Lotka), 沃尔泰拉 (V. Volterra))。要到 1970 年前后, 它才融入生态学主流之中 (Egerton 1976, 1977)。

[100]

第三阶段: 启蒙时代的科学革命与 1750 年前后现代意义上科学的诞生, 使林奈与其他一些先驱得以在博物学的框架下从事一些具有原初生态学性质的工作。

• 18 世纪早期的重要先驱是从事微生物研究的列文虎克 (A. van Leeuwenhoek)、创立生产生物学的布拉德利 (R. Bradley) 与创立动物生态生理学、植物生态生理学的德·雷奥米尔 (R. A. F. de Reaumur) (Egerton 1969, 1977; Abbot 1983)。

• 林奈对生态学的各个分支学科都有贡献, 例如植物区系学, 植被地理学 (按照高度、区域和环境梯度来描述斯堪的纳维亚地区的植被), 沼泽学 (描述沼泽类型), 湖泊学 (根据植被描述湖泊类型、湖泊营养成分推测), 指示植物 (制定指标原则), 植物群落演替 (在沼泽水域), 食物链 (动物与它们的寄主植物之间的关系、食肉动物作用的观察), 实验生态学 (在瑞典栽培由他的学生从国外引进的植物)、扩散生态学 (推测间断分布物种的起源地) 以及物候学 (Bremekamp 1952; DuRietz 1957)。

• 从林奈对宗教和科学的区分中可以看出他的普遍重要性。他将 "自然平衡" 概念视为一种科学理论, 而非神的智慧的证明 (Egerton 1973; Querner 1980)。林奈的进一步成就是奠定了生物分类学的基础, 并将科学从其他文化事业 (如医药、农业、烹饪) 中分离出来。在工作中, 林奈把观察、理论构建与实验结合了起来。

第四阶段: 在受到科学发展两大主线影响的基础上, 生态学于 19 世纪发展成一门具有自我意识的学科 (Worster 1977; Trepl 1987; 亦见第 4 章)。

• 生物地理学特别是植物地理学的发展, 是建立在亚历山大·冯·洪堡 (Alexander von Humboldt) 开创性著作 (1806) 的基础之上的。随后德·康多勒父子 (De Candolle)、斯豪 (Schouw)、迈恩 (Meyen)、格里泽巴赫 (Grisebach)、克纳·冯·马里劳恩 (Kerner von Marilaun)、德鲁德 (Drude) 和申佩尔 (Schimper) 进一步发展了植物地理学, 拉特雷尔 (Latreille) 和华莱士 (Wallace) 进一步发展了动物地理学 (Nelson 1978; Jahn et al. 1985)。动物地理学的发展一直落后, 到 1920 年前后才达到主流水平 (Shelford 1913)。

• 1800 年到 1860 年间, 拉马克 (J. B. de Lamarck) 和达尔文 (C. Darwin) 发展了进化生物学, 为生态学思想铺平了道路。虽然拉马克的理论以生理学为导向, 但达尔文提出了一个理论, 认为外部因素是造成有机体变化的原因 (Stauffer 1960; Vorzimmer 1965; Egerton 1968; Wuketits 1995)。

• 在 1866 年到 1878 年间海克尔 (E. Haeckel) 的理论思考与默比乌斯 (K. Möbius) (Reise 1980)、亨森 (V. Hensen) (Lussenhop 1974) 的实践贡献的基础上, 瓦尔明 (Warming) 得以于 1895 年发展出第一个生态学研究纲领 (Goodland 1975)。

[101]

第五阶段: 瓦尔明的书出版后不久 (在该书英译本 1909 年第一版至 1925 年第二版之间的这段时间内), 生态学向各个方向分化发展。人们在既有的研究方向上发现他们的工作展示了生态学的特征。植被科学 (Clements 1916; Gleason 1926; Braun-Blanquet 1927; Whittaker 1962)、海洋生态学 (Petersen 1913; Zauke 1926)、湖沼学 (Hagen 1992; Golley 1993) 都是如此, 它们在 1840 年前后就开始被研究了 (更详细的内容参见第 19 章、第 26 章)。理论种群生态学 (Scudo 1971; Simberloff 1980; Kingsland 1985) 则有着更长的研究历史。此后不久, 埃尔顿 (Elton 1927) 和坦斯利 (Tansley 1935) 的工作标志着生态学在概念上取得了重大进展。

第六阶段: 科学进步的第二阶段发生在第二次世界大战后。随着 1953 年奥德姆 (E. P. Odum) 教科书的出版, 以及生态学中系统概念的发展, "新生态学" (New Ecology) 成长了起来 (Worster 1977; Golley 1993)。同时, 麦克阿瑟 (R. MacArthur) 的工作支持着群落生态学的进步。这两条发展路线通过哈钦森 (G. E. Hutchinson) 的贡献而联系起来。他同时是林德曼 (R. L. Lindeman, 他的著作对奥德姆影响甚大) 和麦克阿瑟的导师 (Hagen 1992)。这两条路线在现代生态学关键概念的发展中达到了登峰造极的地步 (Cherrett 1989)。这一阶段的特点是日益数学化、形式化, 从描述性研究转向过程性、因果性研究。

第七阶段: 1980 年代以来, 在一定程度上反传统的生态学评论 (Harper 1982; Peters 1991)、层级理论 (Allen et al. 1984) 或中性学说 (Hubbell 2001) 的基础上, 人们进行了统一生态学的各种尝试。

7.2.3　标志性论文和有影响力的著作

自 1920 年以来, 标志性论文开始为进一步的研究指定了方向 (亦见 Keller and Golley 2000)。当时, 英国生态学会 (BES, 1913) 和美国生态学会 (ESA, 1915) 已经成立, 生态学专业化的迹象变得明显起来 (Lowe 1976; Cittadino 1980)。表 7.1 从一个独特的角度展示了标志性论文的概况。

表 7.1   标志性论文一览表

作者	年份	关键词
阿雷纽斯 (Arrhenius)	1921	种–面积关系 (Species–area relation)
格里森 (Gleason)	1926	个体论概念 (Individualistic concept)
沃尔泰拉 (Volterra)	1926	捕食者–猎物方程 (洛特卡–沃尔泰拉方程, Lotka–Volterra equation)
坦斯利 (Tansley)	1935	生态系统 (Ecosystem)
林德曼 (Lindeman)	1942	营养动力学的进路 (Trophic dynamic approach)
埃格勒 (Egler)	1942	接力植物区系 (Relay floristics)
费希尔、科比特和威廉姆斯 (Fisher, Corbet and Williams)	1944	多样性 (Diversity)
诺维科夫 (Novikoff)	1945	组织水平 (Levels of organisation)
莱斯利 (Leslie)	1945	莱斯利矩阵 (Leslie matrix)
瓦特 (Watt)	1947	镶嵌循环 (Mosaic cycle)
斯凯拉姆 (Skellam)	1951	随机扩散 (Random dispersal)
哈钦森 (Hutchinson)	1957	生态位 (Niche)
布雷和柯蒂斯 (Bray and Curtis)	1957	排序 (Ordination)
赫法克 (Huffaker)	1958	捕食者–猎物系统 (Predator–prey system)
斯洛博金 (Slobodkin)	1960	能量关系 (Energy relation)
康奈尔 (Connell)	1961	竞争 (Competition)
普雷斯顿 (Preston)	1962	种内关系 (Species individual relation)
麦克阿瑟和威尔逊 (MacArthur and Wilson)	1963	岛屿生物地理学 (Island biogeography)
马加莱夫 (Margalef)	1963	生态系统理论 (Ecosystem theory)
与田等 (Yoda et al.)	1963	自疏 (Self-thinning)
佩因 (Paine)	1966	食物网 (Food web)
博尔曼和莱肯斯 (Bormann and Likens)	1967	生物地球化学 (Biogeochemistry)
波特和盖茨 (Porter and Gates)	1969	生物物理生态学 (Biophysical ecology)
辛贝洛夫和威尔逊 (Simberloff and Wilson)	1969	动物地理学 (Zoogeography)
梅 (May)	1974	稳定性 (Stability)
康奈尔和斯拉泰尔 (Connell and Slatyer)	1977	演替模型 (Succession model)
康纳和麦科伊 (Connor and McCoy)	1979	被动采样 (Passive sampling)
哈珀 (Harper)	1982	后描述 (After description)
尤哈斯·纳吉和波达尼 (Juhász-Nagy and Podani)	1983	空间过程 (Spatial process)
艾伦、奥尼尔和胡克斯特拉 (Allen, O'Neill and Hoekstra)	1984	层级理论 (Hierarchy theory)
科拉萨和皮克特 (Kolasa and Pickett)	1989	标度理论 (Scaling theory)
勒让德尔 (Legendre)	1993	空间自相关 (Spatial autocorrelation)

　　标志性论文有着不同的类型。格里森 (Gleason 1926) 的论文是一篇概念性论文, 更确切地说是一篇自我综述。这篇论文没有立即产生影响, 直到布雷和柯蒂斯 (Bray and Curtis 1957) 以及其他一些威斯康星学派的论文发表以后, 格里森的思想才得以复兴。根据坦斯利 (Tansley 1935) 的概念和思想, 1942 年林德曼发表了一篇原创性论文, 随后激发了进一步的研究。沃尔泰拉 (Volterra 1926) 的工作与高斯 (Gause 1934) 的书之间也存在着类似坦斯利论文与林德曼论文间那样的关系。随后, 费希尔等人 (Fisher et al. 1944)、普雷斯顿 (Preston 1962)、康纳和麦科伊 (Connor and McCoy 1979) 的论文仍然是群落生态学的支柱。康奈尔和斯拉泰尔 (Connell and Slatyer 1977) 的文章在演替理论领域依然是无与伦比的。有趣的是, 尽管在层级理论、标度理论以及对异质性和空间自相关的理论讨论上取得了一些进展 (参见 Kolasa and Pickett 1991; Wiegleb 1992; Palmer and White 1994; Jax et al. 1996), 但自 1980 年以来还没有重要的原创性论文问世。

　　许多重要思想是以书籍的形式首次发表的。表 7.2 从另一个独特的角度展示了有重大影响的生态学书籍概况。生态学第一本教科书由瓦尔明编写 (1895 年, 英文版 1909 年), 在 50 多年后被奥德姆 (Odum 1953) 编写的新教科书取代。新一代教科书 (Krebs 1975; Begon et al. 1986) 又取代了奥德姆的教科书 (该书已不再版)。

表 7.2　重要书籍一览表 [103]

作者	年份	关键词
瓦尔明 (Warming)	1895	群落 (Community)
克莱门茨 (Clements)	1916	演替 (Succession)
埃尔顿 (Elton)	1927	动物生态学 (Animal ecology)
高斯 (Gause)	1934	竞争 (Competition)
奥德姆 (Odum)	1953	普通教科书 (General textbook)
安德鲁阿萨和伯奇 (Andrewartha and Birch)	1954	种群生态学 (Population ecology)
麦克阿瑟 (MacArthur)	1972	地生态学 (Geographic ecology)
哈珀 (Harper)	1975	种群生态学 (Population ecology)
克雷布斯 (Krebs)	1975	普通教科书 (General textbook)
格林 (Green)	1979	研究方法 (Research method)
格里姆 (Grime)	1979	植物策略 (Plant strategies)
盖茨 (Gates)	1980	生物物理生态学 (Biophysical ecology)
博克斯 (Box)	1981	生长型与气候 (Growth form and climate)
蒂尔曼 (Tilman)	1982	竞争 (Competition)
贝贡、哈珀和汤森 (Begon, Harper and Townsend)	1986	普通教科书 (General textbook)
艾伦和胡克斯特拉 (Allen and Hoekstra)	1992	统一 (Unification)
哈贝尔 (Hubbell)	2001	中性学说 (Neutral theory)

在动物生态学领域中,埃尔顿的著作 (Elton 1927) 被认为是一本必不可少的奠基之作,地位与植物生态学领域中瓦尔明的著作相当。除此之外,埃尔顿的著作还提出了新颖的概念,并促进了实证研究的开展。一些看似相当专门的薄书,如格里姆 (Grime 1979)、博克斯 (Box 1981)、蒂尔曼 (Tilman 1982) 或哈贝尔 (Hubbell 2001) 的著作,也激发了人们进行实证研究的热情,其影响远远超越了作者的预料。

7.3　当前生态学的结构

7.3.1　有机体 (分类学类群与功能群)

基于分类学类群的生态学在微生物 (微生物生态学、地微生物学)、植物 (地植物学、植物生态学; 主要限于维管植物) 与动物 (动物生态学, 集中于脊椎动物与昆虫) 之间做了区分。人的生态学 (人类生态学) 在这里作为一个特例被排除在外, 因为准确地说, 它是生态学和社会科学的混合。维基百科 (2004) 在讨论分类时则有意将人类生态学包含其中。所有的子类群都有自己的生态学教科书与学术期刊。大学里的科系设置与资助机构的部门设置都是基于分类学的。分类方法的合理性源于主要分类群之间的客观差异, 如营养状态或移动性。多德森 (Dodson 1998) 的“有机体进路”也允许根据生长型 (树木生态学)、移动类型 (浮游动物生态学)、营养关系 (寄生虫生态学) 或者寿命 (长寿生物生态学) 进行功能性分类。生活型分类法 (如 Raunkiaer 1934) 在植物生态学中发挥了重要作用。

[104]

7.3.2　生境类型

关于生境类型的生态学 (Dodson 1998) 是沿着水–陆分界线进行划分的。陆地生态学还可以进一步细分, 比如: 从热带生态学一直到极地生态学, 从沙漠生态学一直到森林生态学, 或农业生态学、森林生态学和城市生态学。土壤常被视为一个单独的生境类型 (土壤生态学)。水生生态学涉及海洋 (如海洋生态学) 或内陆水域 (如湖沼学、水生生物学或淡水生态学)。此外, 后者可分为湖泊生态学与河流生态学, 有时包括有时又刻意排除湿地生态学。在大学生态学院系的名称设置上, 在生态学教科书章节的组织中, 在致力于以生境为中心的生态学研究的专业期刊和学会里, 都可以看到这种细分。生境类型分类法的合理性源于生境类型之间的客观差异, 包括主要限制因子、资源分布的同质性或群落和生态系统组织中的驱动力。

7.3.3　观测层次与观察尺度

观测层次的概念来源于层级理论 (Novikoff 1945)。1959 年, 尤金·奥德姆 (Eugene P. Odum) 在编著一本生态学教科书时引进了这个概念。观测层级起到构建

生态单元的作用 (Jax et al. 1998)。不同的层级都有自己的教科书来予以讨论: 个体 (个体生态学)、种群 (种群生态学)、群落 (群落生态学、生物群落学, 常被称为 "群体生态学")、生态系统 (生态系统生态学、系统生态学) 和景观 (景观生态学)。多德森 (Dodson 1998) 追随艾伦与胡克斯特拉 (Allen and Hoekstra 1992), 采用 "视角" 的说法取代了 "观测层级"。这样, "个体生态学" 被分为生理生态学与行为生态学。生理生态学包括化学生态学、分子生态学或生物物理生态学。另一方面, 外部毒理学不是生态学的分支学科。因为该学科的兴趣中心是化学物质及其命运, 而非任何生物实体, 尽管它讨论的物质与生理生态学或生境生态学一样。

　　生态学涵盖的观测层级范围见表 7.3, 从个体一直到生物群系。只有艾伦与胡克斯特拉 (Allen and Hoekstra 1992) 认为, 所有层级之间从生态学的观点看都是相关的。属于瓦尔明或克洛茨利 (Klotzli 1989, 受到系统思维的强烈影响) 传统的一些作者 (Shelford 1913), 则只把这些层级中的某一个看作属于真正生态学的。有人也许会说, 在生态学适合度观测层级上做出的任何论述都带有范式特征。

表 7.3　生态学观测层次　　　　　　　　　　　　　　　　　　　　　　　　　　[105]

作者	个体	种群	群落	生态系统	景观、生物群系
Begon et al. (1986)	X	X	X	—	—
Southwood (1977)	—	X	X	—	—
Shelford (1913)	—	—	X	—	—
Allen and Hoekstra (1992)	X	X	X	X	X
Rowe (1961)	X	—	—	X	—
Odum (1971a)	—	X	X	X	X
Klötzli (1989)	—	—	—	X	—

　　一些观测层级适用于一个确定的尺度 (如景观生态学通常是大尺度的, Forman and Godron 1996), 而其他的观测层级如种群生态学或群落生态学, 则可以在不同的尺度上进行 (Allen and Hoekstra 1990)。德尔古等人 (Delcourt et al. 1983) 提出根据空间尺度或时空区域区分生态学进路。不同的空间尺度与相同的时间尺度需要不同的研究策略。在植物生态学领域, 这反映在小尺度的 "植被科学" 与大尺度的 "植物地理学" 之间的区别上。近年来, 人们将大尺度生态学与群落生态学联系起来, 称之为 "宏生态学" (macroecology) (Gaston and Blackburn 1999)。

7.3.4 关键概念

　　关键概念对生态学的研究过程有着重要影响 (见第 2 章)。基于英国生态学会成立 75 周年之际对 500 名英国生态学家的采访, 确定了以下生态学的关键概念

(按照组织层级排序)。在括号中给出了它们的排序位置。有些概念可能出现两次或更多 (例如: 多样性概念既出现在 "多样性" 中, 也出现在 "多样性–稳定性关系" 中)。

[106]

- 种群与进化生态学: 生活史与生存策略 [第 9; 以及第 12 (适应)], 种群动态的各个方面 (第 15、17、19), 协同进化 (第 24; 以及第 34), r 选择与 K 选择 (第 33)。

- 群落生态学: 演替 [第 2; 以及第 41 (顶极)], 竞争 [第 5; 以及第 30 (竞争排斥)], 生态位 (第 6), 群落 (第 8), 物种多样性 [第 14; 包括第 35 (多样性–稳定性关系)], 限制因子 (第 16), 捕食 (第 20; 以及第 21、38), 岛屿生物地理学与种–面积关系 (第 22、39), 自然干扰 (第 26), 指示生物 (第 29)。

- 生态系统与景观生态学: 生态系统 (第 1), 能量流动 (第 3), 物质循环 (第 7), 生态系统脆弱性 (第 10), 食物网 (第 11, 以及第 31)、异质性 (第 13) 、最大持续产量 (第 18)。

- 自然保育与环境保护: 资源保护 (第 4), 生物积累 (第 23), 栖息地恢复 (第 27), 自然保护区管理 (第 28)。

关键概念在种群、群落与生态系统层级上几乎是均匀分布的。与群落和生态系统相比, 种群并不被认为是一个真正的生态学概念。生态系统和群落层级上的概念排名最高 (生态系统、演替、能量流动、竞争、生态位、物质循环、群落与多样性)。一些概念与动态过程 (演替、物质循环与能量流动) 有关, 另一些与重要的驱动力 (竞争、干扰) 有关。前十名中唯一的应用概念是资源保护。今天, "资源保护" 肯定会被 "可持续性" 取代。

当今, 生态系统作为生态学研究的总体框架, 其作用仍然很重要。然而, 大多数试图发现生态系统重要性质 (如目标函数等突现性质) 的努力都失败了 (见 Jørgensen 1992; Müller et al. 1996; Gnauck 2002)。能量与物质的流动属于生态系统 "常见的" (还原论的) 性质, 需要对其进行研究以描述生态系统, 但看起来它与不是显而易见的生物参数之间没有任何引人关注的联系。演替是一个可以追溯到前林奈时代的概念 (Clements 1916)。尽管演替是一个突出的概念, 但演替理论至今仍不成熟。这是因为缺乏对大多数群落类型的长期观测, 而且许多科学思想是建立在间接推断 (短期观测、年代序列、空间梯度) 的基础之上的。

竞争是生态学中最具争议的概念之一。在实验环境下竞争很容易产生 (De Wit 1962), 但在自然条件下几乎不可能观察到。再一次, 间接推断占了上风 (如零模型, Harvey et al. 1983; Gotelli and Graves 1996)。生态位概念的重要性明显下降, 生态位理论可以被认为是竞争理论的一部分。在我个人看来, 尽管关于群落的功能观点与关于群落的统计观点之间的争论仍未解决, 但群落本身现在是、将来也会是生态学最重要的概念。

近来,多样性概念被转换为 "生物多样性"。在当前的民意测验中,它极有可能会被选为第一。然而,生物多样性包含的非生物学方面的因素已经造成了一些交流与研究上的问题。生物多样性的生物学方面与其他一些重要的关键概念密切相关,比如种–面积关系。另一个越来越重要的概念是干扰,它是一个较新的概念,尽管有关灾变事件的思想可以追溯到林奈与瓦尔明的时代 (Worster 1977)。干扰理论发展的主要障碍是对分别由格里姆 (Grime 1979) 与皮克特和怀特 (Pickett and White 1985) 定义的干扰的本质存在着根本分歧。

[107]

7.3.5 研究纲领

研究纲领在生态学中扮演了重要角色 (Wiegleb 1996)。表 7.4 区分了 9 个研究纲领。它们一部分以书的形式发表,一部分以概念性论文的形式发表。瓦尔明提出了第一个生态学研究纲领,适用于植物群落层级。群落生态学很快发展到动物学领域 (Petersen 1913; Shelford 1913)。后来,麦克阿瑟 (MacArthur 1972) 对群落生态学研究纲领进行了提炼和推广,几乎涵盖了所有重要的群落生态学概念。正如哈贝尔 (Hubbell 2001) 所说,将关于群落生态学以及种群和进化生态学中相关方面的迥异观点进行整合的过程仍未完成,他的书中也没有一个真正新的研究纲领。

表 7.4 生态学研究纲领 (在 1996 年威格勒布版本的基础上修订)

年份	观测层次		
	个体与种群	群落	生态系统与景观
1895	—	Warming (因果生态学)	—
1942	—	—	Lindeman (营养动力学进路)
1954	Andrewartha and Birch (分布与多度)	—	—
1967	Harper (达尔文主义生态学)	—	Borman and Likens (生物地球化学循环)
1972	—	MacArthur (地理生态学)	—
1984	Allen, O'Neil and Hoekstra (层级理论)	Allen, O'Neil and Hoekstra (层级理论)	Allen, O'Neil and Hoekstra (层级理论)
1988	—	Carpenter and Kitchell (营养级联)	Carpenter and Kitchell (营养级联)
1996	—	Mooney et al. (生物多样性与生态系统功能)	Mooney et al. (生物多样性与生态系统功能)

林德曼 (Lindeman 1942) 创立了一种新的 "营养动力学的进路", 作为 "静态物种分布进路" (包括群落分类、生境生态、生活型与生长型分析) 和 "动态物种分布进路" (包括演替研究) 的对应, 后两者指的是瓦尔明的研究进路和克莱门茨所做的动力学扩展。高雷 (Golley 1993) 描述了营养动力学进路进一步的发展和分化, 其中最具创新性的那个是由博尔曼与莱肯斯 (Bormann and Likens 1967) 提出的, 它本身即可单独被看成一个研究纲领。一些还原论的进路 (如 Odum 1971b) 满足成为一个真正研究纲领的要求, 但在生态学中未必是一个研究纲领。卡彭特与基切尔 (Carpenter and Kitchell 1988) 根据海尔斯顿等人 (Hairston et al. 1960) 的观点, 重新整合了生态系统生态学与群落生态学, 这种整合在僵化的系统生态学时代是缺失的; 穆尼等人 (Mooney et al. 1996) 进行了另外的整合尝试。此外, 他们的整合构想并不新鲜, 在 1980 年代末以来的许多论文中都能找到类似构想。穆尼等人 (Mooney et al. 1996) 的想法得到了普及, 因为多样性–稳定性假说 (一个更为精致的版本) 的复兴时机已经成熟。

长期以来, 种群生态学分为动物种群研究 (Andrewartha and Birch 1954) 和植物种群研究 (Harper 1975) 两部分。然而在海洋生态学中, 种群与以生活史为中心的生态学研究占据着主导地位 (Zauke 1989)。尽管哈贝尔 (Hubbell 2001) 做出了明显的努力, 但 "个体论的" 群落生态学 (Gleason 1926)、达尔文主义生态学 (Harper 1967)、基于个体的建模 (Wissel 1989)、理论种群生态学 (Volterra 1926; Pielou 1969) 和生活史理论 (Stearns 1976) 仍然需要进一步整合。

[108]   乍看上去, 艾伦等人 (Allen et al. 1984) 提出的层级理论与任何一种既往传统都无关。相反, 它试图将生态学所有可能的研究纲领都统一在层级理论这个共同的标题之下 (亦见第 6 章)。但它显然继承了植物生态学领域威斯康星学派的衣钵, 试图将现代科学与系统理论的成果整合进广义的群落生态学。

7.3.6 学派与传统

本文假定, 研究纲领与学派 (或 "传统") 之间的区别在于, 大的研究纲领下存在不同的学派, 甚至在可识别的研究纲领之外也存在不同的学派。学派的特点是科学整合程度较低。高雷 (Golley 1993)、哈贝尔 (Hubbell 2001) 和惠特克 (Whittaker 1962) 分别很好地描述了系统生态学、群落生态学和植被科学领域内学派分化的情况。

生态系统生态学沿着各种各样的方向发展, 如热力学、㶲 (exergy) 分析、网络理论、控制论、自动机理论等。可以区分出马加莱夫 (Margalef) 学派、奥德姆 (H. T. Odum) 学派、乔根森 (Jørgensen) 学派, 等等 (Regier and Rapport 1978; Jørgensen

1992; Golley 1993; Gnauck 2002)。与里杰和拉波特 (Regier and Rapport 1978) 的假设相反, 这些学派都没有发展到范式阶段。乌拉诺维茨 (Ulanowicz 1990) 的论文可以被看成拯救系统生态学的最后尝试, 它使得哈珀 (Harper 1982) 和芬歇尔 (Fenchel 1987) 的批评变得过时。

竞争是构建自然群落的重要驱动力 (过去竞争的幽灵 (the ghost of competition past); 群落构建法则 (assembly rule); Diamond 1975; Connor and Simberloff 1979)。根据方法论偏好 (如 Pielou 1969; Hurlbert 1990; 数学生态学) 以及对竞争的关注度等方面的差异, 群落生态学分化出不同学派。今天, 尽管以零模型 (Strong 1980; Gotelli and Graves 1996) 或中性学说 (Hubbell 2001) 为核心的研究方法使得群落生态学的根基受到动摇, 但群落生态学的发展环境还是更加宽松了。

惠特克 (Whittaker 1962) 分析了植被科学领域内学派分化的情况。根据植物区系学传统 (强调物种组成: 北欧、南欧、俄罗斯、英美传统) 或植被外貌学传统 (强调植被结构; 见于斯堪的纳维亚地区、北美地区的生态学, 亦见于热带生态学) 的不同, 早期植被科学领域内形成了互相冲突的学派。辛贝洛夫 (Simberloff 1980) 提出, 植被科学在范式层面上产生了分化。尽管如此, 像格里森、克莱门茨和坦斯利这样的科学家仍然可以被看作瓦尔明研究纲领的成员, 而中欧的植物社会学则不是 (Braun-Blanquet 1927; 见第 21 章, 亦见第 19 章)。威斯康星学派 (Bray and Curtis 1957) 在一个旧的研究纲领的框架下创立了一个新的传统。计算机技术与程序设计上的重大进展 (Gauch 1982; Ter Braak 1988) 缓和了学派之间的紧张关系, 并最终导致了植被科学研究方法侵入群落生态学核心。

[109]

7.3.7　可应用性

根据应用上的差异, 可以将理论生态学或基础生态学与应用生态学区分开来 (Dodson 1998)。"理论的" 和 "基础的" 这两个措辞有着不同的内涵。理论生态学通常等同于数学生态学 (Pielou 1969; Wissel 1989), 尽管数学模型也可以应用于实际问题。基础生态学是指研究成果可以转化为应用科学的所有科学研究, 如保护生物学、农学、野生生物管理学或恢复生态学 (Simberloff 1999)。生态学是一门纯粹的或基础的自然科学, 生态学知识的实际应用需要额外的规范要素 (见第 26 章)。生态学与其应用科学 (比如自然保护) 之间的关系, 就如同生理学与医学或者物理学与电子工程学之间的关系。许多生态学著作混淆了这一区别, 最近的一个例子发生在维基百科 (2004)。不过, 基础与应用之间的区别是动态的。近年来, 遗传生态学与古生态学已经从理论学科转变为应用学科。

思想的交叉导致了 "生物多样性研究" (《生物多样性公约》, 1992) 的兴起, 它

包括基础部分 (系统学与生态学) 和应用部分 (规划与社会经济; Wiegleb 2003)。这是对大多数国家没有资助基础生态学研究这一事实的反应。在德国, 大部分资金都花在了应用生态学研究上, 用于解释森林的退化、减轻集约农业后果, 以及河流、湖泊、洪泛区或排水区等的修复, 等等。就所研究的案例而言, 许多这样的研究得出了有趣的结果。偶尔, 这些研究还产生了理论上有趣的概念 (如 Müller et al. 1996; Hauhs and Lange 1996)。尝试以不同方式进行的研究 (在坚实的理论基础上研究应用问题, Zauke 1989; Vareschi and Zauke 1993) 从来没有得到过足够的资金, 以至于还没有真正启动就停止了。

7.4 结论

相对于 "具备处理独特的轶事性管理问题 (anecdotal management problems) 的能力, 处于后描述阶段的生态科学 '真的' 还有什么" (Harper 1982)? 上述讨论表明, 生态学中几乎没有通用的定律或法则; 至于目标、方法和理论途径, 生态学也没有统一; 到目前为止, 所有试图将各个独立的生态学分支整合为一个融贯知识整体的努力都失败了。至于戴斯 (Dice 1955) 的问题 "什么是生态学", 到目前为止也没有达成普遍一致的意见。虽然在单一物种或单一生境的描述方面取得了不少进展, 然而在不同的气候条件下, 大多数收集到的知识不能运用到生活型或生境不同的其他物种身上。

[110]   我们面临着不寻常的情况: 生态学尚无法以范式形成来刻画。生态学中所谓的一些 "范式", 如热力学、化学计量学或进化论, 是从其他学科借来的。我们注意到生态学领域内形成了同时存在的学派或传统, 它们表现得像范式。或是不想 (缺乏对其他子学科的尊重) 或是不能 (语言障碍), 学派之间不进行交流。我认为自 1800 年以来, 科学交流已经具备条件, 尽管如今新出版物的数量之多可能会给信息传递设置物理障碍。在 1930 年代的美国, 克莱门茨的信徒们对格里森的论文一篇都不读。"物理主义" 学派的追随者们 (Odum 1971b; Jørgensen 1992) 永远不会去读哈珀 (Harper 1967, 1982)、沃尔特 (Walter 1973)、斯特恩斯 (Stearns 1976) 或克雷布斯与戴维斯 (Krebs and Davies 1993) 的论文。几十年来, 布劳恩–布兰奎特 (Braun-Blanquet) 进路的追随者们有意忽略了英美学者所有的群落生态学研究成果。同样地, 彼得森 (Petersen 1913) 的重要论文也被陆地生态学家们忽视。试图跨越观测层级之间鸿沟的努力, 在专门的科学家群体之外通常不被承认 (例如 Gates 1980; Carpenter and Kitchell 1988; Turner 1989; Ulanowicz 1990; Jones 1995; Bartha et al. 1998)。其他人也许认为卡彭特与基切尔 (Carpenter and Kitchell 1988) 进行的只是 "湖泊" 领域内的研究, 但实际上他们在其中讨论的话题要广泛得多。

即使在其诸传统之内, 生态学知识也远不是累积增长的。在植物生活史方面, 我们真的比索尔兹伯里 (Salisbury 1932) 更明智吗? 古老的智慧已被遗忘 (例如: 粗糙的稳定性–多样性假说的无效性, Goodman 1975; Trepl 1995)。人们仍在花钱来证明这个过时的假说。现在很难分清是真正的研究纲领还是短暂的时尚 (潮流), 生态学研究变得很机会主义。哲学家、经济学家、政界人士和法学家都采用了生态学术语, 或者更确切地说, 就生态学发展了他们自己的 "克里奥尔语" (即洋泾浜法语) 或 "皮钦语" (即洋泾浜英语)。生态学家不得不努力理解这些文本, 比如在阅读资助机构的启事时。造成这种情况的主要原因是: 诸如能够辨别出生态系统的随机性与历史性 (Simberloff 1980; Levins and Lewontin 1980)、承认预测生态学的必要性 (Harper 1982; Peters 1991), 或是承认现象在层级间还原的必要性 (Allen et al. 1984; Kolasa and Pickett 1989; Shrader-Frechette and McCoy 1990) 之类的科学原则, 还没有成为生态学界的共识。

致谢 感谢伯林 (U. Böring) 对各版本的文本的批判性阅读, 并帮助进行手稿的技术准备。

参考文献

Abbot D (1983) The biographical dictionary of scientists. Biologists. Blond Educational, London

Allen TFH, Hoekstra TW (1990) The confusion between scale-defined levels and conventional levels of organisation. J Vegetable Sci 1: 5–12

Allen TFH, Hoekstra TW (1992) Toward a unified ecology. Columbia University Press, Columbia [111]

Allen TFH, O'Neill RV et al (1984) Interlevel relations in ecological research and management: some working principles from hierarchy theory. USDA, Forest Service, General Technical Report RM–110

Andrewartha HG, Birch LC (1954) The distribution and abundance of animals. University of Chicago Press, Chicago

Anker P (2001) Imperial ecology: the environmental order of the British Empire, 1895—1945. Harvard University Press, Cambridge

Arrhenius O (1921) Species and area. J Ecol 9: 95–99

Bartha S, Czaran T et al (1998) Exploring plant community dynamics in abstract coenostate spaces. Abstracta Bot 22: 49–66

Begon M, Harper JL et al (1986) Ecology: individuals, populations and communities. Blackwell, Sunderland

Bormann FH, Likens G (1967) Nutrient cycling. Science 155: 424–429

Box EO (1981) Macroclimate and plant form: an introduction to predictive modelling in phyto-geography. Junk, the Hague

Braun-Blanquet J (1927) Pflanzensoziologie. Bornträger, Berlin

Bray JR, Curtis JT (1957) An ordination of the upland forest communities of southern Wisconsin. Ecol Monogr 27: 325–349

Bremekamp CEB (1952) Linné's significance for the development of phytogeography. Taxon 2: 47–54

Carpenter S, Kitchell JF (1988) Strong manipulations and complex interactions: consumer control of lake productivity. Bioscience 38: 764–769

CBD (1992). 参见生物多样性公约网站

Cherrett JM (1989) Key concepts: the result of a survey of our members' opinions. In: Cherrett JM (ed) Ecological concepts: the contribution of ecology in understanding of the natural world. Blackwell, Oxford, pp 1–16

Cittadino E (1980) Ecology and the professionalization of botany in America, 1890—1905. Stud Hist Biol 4: 171–198

Clements FE (1916) Plant succession. An analysis of the development of vegetation. Carnegie Institution of Washington, Washington, DC

Connell JH (1961) The influence of interspecific competition and other factors on the distribution of the barnacle *Chthamalus stellatus*. Ecology 42: 710–723

Connell JH, Slatyer RO (1977) Mechnisms of succession in natural communities and their role in community stability and organization. Am Nat 111: 1119–1144

Connor EF, McCoy ED (1979) The statistics and biology of the species-area relationship. Am Nat 113: 791–833

Connor EF, Simberloff D (1979) The assembly of species communities: chance or competition? Ecology 60: 1132–1140

De Wit C (1962) On competition. Pudoc, Wageningen

Delcourt HR, Delcourt PA et al (1983) Dynamic plant ecology: the spectrum of vegetational change in space and time. Q Sci Rev 1: 153–175

Diamond JM (1975) Assembly rules of species communities. In: Cody ML, Diamond JM (eds) Ecology and evolution of communities. Harvard University Press, Cambridge, pp 342–444

Dice LR (1955) What is ecology? Sci Monogr 80: 346–351

Dodson S (ed) (1998) Ecology. Oxford University Press, Oxford

DuRietz GE (1957) Linnaeus as a phytogeographer. Vegetatio 6: 161–168

Egerton FN (1968) Studies on animal populations from Lamarck to Darwin. J Hist Biol 3: 225–259

Egerton FN (1969) Ricardo Bradley's understanding of biological productivity: a study of eighteenth-century ecological ideas. J Hist Biol 2: 391–410

Egerton FN (1973) Changing concepts of the balance of nature. Q Rev Biol 48: 322–350

Egerton FN (1976) Ecological studies and observations before 1900. In: Taylor BJ, White TJ (eds) Issues and ideas in America. University of Oklahoma Press, Oklahoma, pp 311–351

Egerton FN (1977) A bibliographical guide to the history of general ecology and population biology. Hist Sci 15: 189–215

Egerton FN (1983) The history of ecology: achievements and opportunities, part one. J Hist

[112]

Biol 16: 259–310

Egler FE (1942) Vegetation as an object of study. Philos Sci 9: 245–260

Elton C (1927) Animal ecology. Methuen, London

Fenchel T (1987) Ecology potentials and limitations. International Ecology Institute, Oldendorf

Fisher RA, Corbet AS et al (1944) The relation between the number of species and the number of individuals in a random sample of an animal population. J Anim Ecol 12: 42–58

Forman RTT, Godron M (1996) Landscape ecology. Wiley, New York

Gaston KJ, Blackburn TM (1999) A critique for macroecology. Oikos 84: 353–368

Gates D (1980) Biophysical ecology. Springer, New York

Gauch HG (1982) Multivariate analysis in community ecology. Cambridge University Press, Cambridge

Gause GF (1934) The struggle for existence. Williams & Wilkins, Baltimore

Gleason HA (1926) The individualistic concept of the plant associations. Bull Torrey Bot Club 53: 7–26

Gnauck A (2002) Automatentheorie in der Ökologie. In: Gnauck A (ed) Systemtheorie und Modellierung von Ökosystemen. Physica, Berlin, pp 32–48

Golley FB (1993) A history of the ecosystem concept in ecology: more than the sum of the parts. Yale University Press, New Haven

Goodland RJ (1975) The tropical origin of ecology: Eugen Warming's Jubilee. Oikos 26: 240–245

Goodman D (1975) The theory of diversity-stability relationships in ecology. Q Rev Biol 50: 237–266

Gotelli NJ, Graves GR (1996) Null models in ecology. Smithsonian Institution Press, Washington, DC

Green RH (1979) Sampling design and statistical methods for environmental biologists. Wiley-Interscience, New York

Grime JP (1979) Plant strategies and vegetation processes. Wiley, Chichester

Hagen JB (1992) An entangled bank: the origins of ecosystem ecology. Rutgers University Press, New Brunswick

Hairston N, Frederick G et al (1960) Community structure, population control, and competition. Am Nat 94: 421–425

Harper JL (1967) A Darwinian approach to plant ecology. J Ecol 55: 247–270

Harper JL (1975) Population ecology of plants. Academic, New York

Harper JL (1982) After Description. In: Newmann EI (ed) The plant community as a working mechanism. Blackwell, London, pp 11–25

Harvey PH, Colwell RK et al (1983) Null models in ecology. Annu Rev Ecol Syst 14: 189–211

Hauhs M, Lange H (1996) Ecosystem dynamics viewed from an endoperspective. Sci Total Environ 183: 125–136

Hubbell SP (2001) The unified neutral theory of biodiversity and biogeography. Princeton University Press, Princeton

Huffaker CB (1958) Experimentals studies on predation: dispersion factors and predator-prey oscillations. Hilgardia 27: 343–383

Hurlbert SH (1990) Spatial distribution of the montane unicorn. Oikos 58: 257–271

Hutchinson GE (1957) Concluding remarks, population studies: animal ecology and demography. Cold Spring Harb Symp Quant Biol 22: 415–427

Jahn I, Löther R et al (eds) (1985) Geschichte der Biologie. Theorien, Methoden, Institutionen und Kurzbiographien. Fischer, Jena

Jansen AJ (1972) An analysis of "Balance of Nature" as an ecological concept. Acta Biotheor 21: 86–114

Jax K, Jones CG et al (1998) The self-identity of ecological units. Oikos 82: 253–264

Jax K, Potthast T et al (1996) Skalierung und Prognoseunsicherheit bei ökologischen Systemen. Verhandlungen der Gesellschaft für Ökologie 26: 527–535

Jones CG (ed) (1995) Linking species and ecosystems. Chapman & Hall, New York

[113]　Jørgensen SE (1992) Integration of ecosystems theories: a pattern. Kluwer, Dordrecht

Juhász-Nagy P, Podani J (1983) Information theory methods for the study of spatial processes and succession. Vegetatio 51: 129–140

Keller DR, Golley FB (eds) (2000) From science to synthesis. Readings in the foundational concepts of the science of ecology. University of Georgia Press, Athens

Kingsland SE (1985) Modelling nature. Episodes in the history of population ecology. University of Chicago Press, Chicago

Klötzli F (1989) Ökosysteme. Fischer, Stuttgart

Kolasa J, Pickett STA (1989) Ecological systems and the concept of biological organisation. Proc Natl Acad Sci USA 86: 8837–8841

Kolasa J, Pickett STA (eds) (1991) Ecological heterogeneity. Springer, New York

Krebs CJ (1975) Ecology. The experimental analysis of distribution and abundance. Harper Collins, New York

Krebs CJ, Davies NB (1993) An introduction to behavioural ecology. Blackwell, London

Krebs CJ (1995) Ecology. The experimental analysis of distribution and abundance. Harper Collins, New York

Kuhn TS (1976) Die Struktur wissenschaftlicher Revolutionen. Suhrkamp, Frankfurt

Küppers G, Lundgreen P et al (1978) Umweltforschung—die gesteuerte Wissenschaft? Eine empirische Studie zum Verhältnis von Wissenschaftsentwicklung und Wissenschaftspolitik. Suhrkamp, Frankfurt

Lakatos I (1978) Die Geschichte der Wissenschaft und ihre rationale Rekonstruktion. In: Diederich W (ed) Theorien der Wissenschaftsgeschichte. Suhrkamp, Frankfurt, pp 55–119

Legendre P (1993) Spatial autocorrelation: trouble or new paradigm? Ecology 74: 1659–1673

Leslie PH (1945) On the use matrices in certain population mathematics. Biometrika 33: 183–212

Levins R, Lewontin R (1980) Dialectics and reductionism in ecology. Synthese 43: 47–78

Lindeman RL (1942) The trophic-dynamic aspect of ecology. Ecology 23: 339–418

Lowe PD (1976) Amateurs and professionals: the institutional emergence of British plant ecology. J Soc Bibliogr Nat Hist 7: 517–535

Lussenhop J (1974) Victor Hensen and the development of sampling methods in ecology. J Hist Biol 7: 319–337

MacArthur RH (1972) Geographical ecology. Harper & Row, New York

MacArthur RH, Wilson EO (1963) An equilibrium theory of insular zoogeography. Evolution 17: 373–387

Mägdefrau K (1992) Geschichte der Botanik. Leben und Leistung großer Forscher. Fischer, Stuttgart

Margalef R (1963) On certain unifying principles in ecology. Am Nat 97: 357–374

May RM (1974) Biological populations with non-overlapping generation: stable cycles, and chaos. Science 186: 645–647

May RM, Seger J (1986) Ideas in ecology. Am Sci 74: 256–267

Mayr E (1984) Die Entwicklung der biologischen Gedankenwelt. Vielfalt, Evolution und Vererbung. Springer, Berlin

McIntosh RP (1985) The background of ecology: concept and theory. Cambridge University Press, Cambridge

McIntosh RP (1987) Pluralism in ecology. Annu Rev Ecol Syst 18: 321–341

Mooney HA, Cushman JH et al (eds) (1996) Functional roles of biodiversity—A global perspective. Wiley, Chichester

Müller F, Fränzle O et al (1996) Modellbildung in der Ökosystemanalyse als Integrationsmittel von Empirie, Theorie und Anwendung—eine Einführung. EcoSys 4: 1–16

Nelson G (1978) From Candolle to Croizat: comments on the history of biogeography. J Hist Biol 11: 269–305

Novikoff AB (1945) The concept of integrative levels and biology. Science 101: 209–215

Odum EP (1953) Fundamentals of ecology. Saunders, Philadelphia

Odum EP (1959) Fundamentals of ecology, 2nd. Saunders, Philadelphia

Odum EP (1971a) Fundamentals of ecology, 3rd. Saunders, Philadelphia

Odum HT (1971b) Environment, power and society. John Wiley & Sons, London

Paine RT (1966) Food web complexity and species diversity. Am Nat 100: 65–75

Palmer MW, White PS (1994) Scale dependence and the species-area relationships. Am Nat 144: 717–740

Peters RH (1991) A critique for ecology. Cambridge University Press, Cambridge

Petersen CGJ (1913) Valuation of the sea II. The animal communities of the sea bottom and their importance for marine zoogeography. Rep Danish Biol Stat 21: 1–44

Pickett STA, White PS (1985) Patch dynamics— a synthesis. In: Pickett STA, White PS (eds) The ecology of natural disturbance and patch dynamics. Academic, San Diego, pp 371–384

Pielou EC (1969) An introduction to mathematical ecology. Wiley Interscience, New York

Porter WP, Gates DM (1969) Thermodynamic equilibria of animals with environment. Ecol Monogr 39: 224–244

[114]

Preston FW (1962) The canonical distribution of commonness and rarity. Ecology 43 (185-215): 431–432

Querner H (1980) Das teleologische Weltbild Linne's—Observationes, Oeconomia, Politia. Veröff Joachim Jungius-Ges Wiss Hamburg 43: 25–49

Raunkiaer C (1934) The life forms of plants and statistical plant geography. Clarendon, Oxford

Regier HA, Rapport DJ (1978) Ecological paradigms, once again. Bull Ecol Soc Am 59: 2–6

Reise K (1980) Hundert Jahre Biozönose. Die Evolution eines ökologischen Begriffes. Naturwissenschaftliche Rundschau 33: 328–335

Rowe JS (1961) The level-of-integration concept and ecology. Ecology 42: 420–427

Salisbury EJ (1932) The East Anglian flora. Trans Norfolk Norwich Natl Soc 13: 191–263

Scudo F (1971) Vito Volterra and theoretical ecology. Theor Popul Biol 2: 1–23

Shelford VE (1913) Animal communities in temperate America as Illustrated in the Chicago region. Bulletin of the Geographical Society of Chicago, Chicago

Shrader-Frechette K, McCoy E (1990) Theory reduction and explanation in ecology. Oikos 58: 109–114

Simberloff D (1980) A succession of paradigms in ecology: from essentialism to materialism and probabilism. Synthese 43: 3–39

Simberloff D (1999) The role of science in the preservation of forest biodiversity. Forest Ecol Manage 115: 101–111

Simberloff D, Wilson EO (1969) Experimental zoogeography of islands: the colonization of empty islands. Ecology 50: 278–296

Skellam JG (1951) Random dispersal in theoretical populations. Biometrika 38: 96–218

Slobodkin LB (1960) Ecological energy relationships at the population level. Am Nat 44: 213–236

Southwood TRE (1977) Ecological methods. Chapman & Hall, London

Stauffer RC (1960) Ecology in the long manuscript version of Darwin's origin of species and Linnaeus' Oeconomy of nature. Proc Am Philos Soc 104: 235-241

Stearns SC (1976) Life history tactics: a review of ideas. Q Rev Biol 51: 3–47

Strong D (1980) Null hypothesis in ecology. Synthese 43: 271–285

Tansley AG (1935) The use and abuse of vegetational concepts and terms. Ecology 16: 284–307

Ter Braak CJF (1988) CANOCO—A FORTRAN program for canonical community ordination by [Partial] [Detrended] [Canonical] correspondence analysis and redundancy analysis (Version 2.1). GLW, Wageningen

Tilman D (1982) Resource competition and community structure. Princeton University Press, Princeton

Toulmin S (1978) Kritik der kollektiven Vernunft. Suhrkamp, Frankfurt

Trepl L (1987) Geschichte der Ökologie. Athenäum, Frankfurt

Trepl L (1995) Die Diversitäts-Stabilitäts-Diskussion in der Ökologie. Berichte ANL, Beiheft 12: 35–49

[115]　Turner MG (1989) Landscape ecology: the effect of pattern on process. Annu Rev Ecol Syst 20: 171–197

Ulanowicz RE (1990) Aristotelian causalities in ecosystem development. Oikos 57: 42–48

Vareschi E, Zauke GP (1993) Entwicklung eines theoretischen Konzepts zur Ökosystemforschung im Wattenmeer. UBA-Texte 47/39: 1–142

Volterra V (1926) Fluctuations in the abundance of a species considered mathematically. Nature 118: 558–560

Vorzimmer P (1965) Darwin's ecology and its influence upon his theory. Isis 56: 148–155

Walter H (1973) Allgemeine geobotanik. Ulmer, Stuttgart

Warming E (1895) Plantesamfund, grundträk af den Ökologiske plantegeografi. Philipsens Forlag, Copenhagen

Watt AS (1947) Pattern and process in the plant community. J Ecol 35: 1–22

Whittaker RH (1962) Classification of natural communities. Bot Rev 28: 1–239

Wiegleb G (1989) Explanation and prediction in vegetation science. Vegetatio 83: 17–34

Wiegleb G (1992) Explorative Datenanalyse und räumliche Skalierung—eine kritische Evaluation. Verhandlungen der Gesellschaft für Ökologie 21: 327–338

Wiegleb G (1996) Konzepte der Hierarchietheorie in der Ökologie. In: Mathes K, Breckling B, Ekschmitt K (eds) Systemtheorie in der Ökologie. Ecomed, Marburg, pp 7–24

Wiegleb G (2003) Was sollten wir über Biodiversität wissen? Aspekte einer angewandten Biodiversitätsforschung. In: Weimann J, Hoffmann A, Hoffmann S (eds) Messung und Bewertung von Biodiversität: mission impossible? Metropolis, Marburg, pp 151–178

Wilson DS (1988) Holism and reductionism in evolutionary ecology. Oikos 53: 269–273

Wissel C (1989) Theoretische Ökologie. Springer, Berlin

Worster D (1977) Nature's economy. The roots of ecology. Sierra Club Books, San Francisco

Wuketits FM (1995) Evolutiontheorie. Historische Vorraussetzungen, Positionen, Kritik. Wiss. Buchgesellschaft, Darmstadt

Yoda K, Kira T et al (1963) Self-thinning in overcrowded pure stands under cultivated and natural conditions. J Biol Osaka City Univ 14: 107-129

Zauke GP (1989) Konzeptionelle Überlegungen für einen Forschungsschwerpunkt "Wattenmeer" aus der Sicht der theoretischen Ökologie. UBA-Texte: 253–264

第 8 章 生态学知识形成中的动力学

Astrid Schwarz

8.1 "生态学" 知识领域

在许多社会中, 人们对生态学知识的重要性日益达成共识: 它通过提供研究和有效的管理方案来帮助我们解决在全球和区域范围内都面临的一些最紧迫的问题, 诸如全球变暖、自然资源减少以及土壤和水资源恶化等。那些关于自然灾害、关于自然事物的纯净性以及关于普遍意义上自然 – 文化关系中可感知到的危机的辩论, 都围绕着生态学知识在社会进程中以及在关于我们希望与什么样的自然相处的商讨中的作用和重要性而展开。因此, 在某种意义上, 从科学哲学的角度更仔细地审视生态学知识的逻辑和学科建设, 不仅有价值而且至关重要。反之, 对于科学哲学而言, 生态学也是一个有趣的领域, 它显示了一种未来的观点, 即以更富有成效的方式将一般科学哲学与特殊科学哲学联系起来是很重要的。当我在下文提出为生态学知识探讨一种独特的认识论进路时, 我心中所想的正是上述框架。

首先, 当 "科学哲学探讨科学的基础和方法" 时, 其注意力往往集中在一门学科的基础和方法上[1]。这就势必带来一种预期, 即科学知识需要在特定的制度化安排中发展, 这种制度安排在某种意义上是一个 "封闭的社会", 有着自己的语言和惯例。对于物理学或天文学等具有悠久的历史传统和哲学反思传统的学科来说, 确实如此。但还有其他认知领域, 其基础和方法不能通过将其框定为一门学科来进行充分描述。相反, 应该将其视为一种跨越不同学科、甚至最终超出学术界的知识领域。因此我提议, 首先, 生态学应该被理解为一个知识领域而不是一门学科。其次, 我们应该用认识论的描述来涵盖这个多元混合领域。该领域的理论在三个基本观念之间来回移动, 我认为正是这种富有成效的移动稳定了生态学知识。

---

[1]这是科学哲学的普遍特征, 例如, 斯蒂芬 · 哈特曼 (Stephan Hartmann) 和保罗 · 戈利费斯 (Paul Griffiths) 于 2010 年在蒂尔堡召集的一次会议上, 就科学哲学的未来进行的征文。

A. Schwarz (✉)
Institute of Philosophy, Technische Universität Darmstadt, Schloss, 64283 Darmstadt, Germany
e-mail: schwarz@phil.tu-darmstadt.de

在本章的最后，我将提出另一个更普遍的观点，即从生态学知识领域的视角讨论自然哲学与科学哲学之间的关系。我会针对两者如何联系以及这如何有助于我们更好地理解该领域的多元性提出一些我的思考。

所有这些考虑的出发点是我发现人们通常会用非常不同的方式来"看待"同一个生态学研究对象，并且可以同时用不同的理论和叙事对其进行描述。例如，湖中的有机体可以是一个群落、一个社群或仅仅是一个组合，这取决于它们之间呈现出的相互联系有多强，以及它们融入环境的必要性有多大。这些有机体可能主要是友好或中立的"近邻"关系，也可能是彼此敌对的关系；另外，有机体可用的资源可能是无限存在的，也可能被描述为持久稀缺的；最后，有机体本身首先可以被视为生产单元、储存单元或选择单元。

最近有关森林的树联网 (wood wide web, 3W) 模型 (Wiemken and Boller 2002) 是从群落角度理解组合的一个很好的例子，该模型描述了森林中植物和真菌的根际系统。树联网主要以合作的方式将所有个体连接起来，从而使群落中的能量、养分甚至遗传信息得以交换。为了从社群角度来解释组合，我选择了一个对湖相系统的最早描述之一的湖泊微宇宙 (microcosm lake) 来进行说明，这是由最初从事昆虫学研究的美国动物学家斯蒂芬·福布斯 (Stephen Forbes) 于 1897 年提出的。福布斯一直在思考一个问题："如果生命系统是这样的，即在每个要素都是彼此敌对或中立的情况下，也能达到彼此冲突的利益之间的和谐平衡，我们就不能像对待人类事务那样，相信自然的自发调节是借助智能活动、共情和自我牺牲而实现的。"他接着描述了湖中某些浮游生物"通常精美透明，在它们的本土环境中几乎是隐形的"，这似乎"可以完美地保护它们免受敌人攻击"。但"讽刺的是，足智多谋的大自然背叛了这些受宠的孩子，并赋予了它们最致命的天敌同样的透明度，因此当拖网网住很多这种透明的枝角目动物时，里面就会有游动的、隐形的强盗和猛兽" (Forbes 1897, 第 545 页)。

[119]　显然，我们现在面临着科学概念精确化的不同阶段。根据鲁道夫·卡纳普 (Rudolf Carnap) 的理论，有人可能会说福布斯的生命系统仍处于分类阶段，而树联网模型已经跨越了比较阶段，现在处于定性阶段。这并不奇怪，因为两者之间大约有 100 年的概念演变过程。但令人惊讶的是，描述动植物个体组合的概念图式却非常稳固，即从生态学思想的初始阶段，就存在着彼此之间更具竞争性和敌对关系的社群，它们通过契约结合在一起；同时，在其他社群中，占主导地位的则是友好关系，并且 (或者) 高级统一性极为重要 (如克莱门茨 (Clements) 的超有机体)。基本观念的核心是通过描述包含某一基本观念的自然哲学与科学哲学中科学概念形成之间的联系来捕捉这些不同的取向，科学哲学特别关注概念在语义、语用和

认知的演化。

8.1.1　为什么要研究基本观念?

预设这种 "取向" 由来已久。可以肯定地说, 伊姆雷·拉卡托斯 (Imre Lakatos) 的 "硬核" 也包含了关于自然的默认看法, 由格诺·伯梅 (Gernot Böhme) 提出的 "自然特性" (Naturcharakter) 这一现象学概念更是如此, 它在赋予自然以意义的认知活动背后运作。因此, 本文主张, 生态学的多元性是以独特的方式形成的, 可以被概括为一个由三个所谓的基本观念组成的结构。这三个观念中的每一个都刻画了一个特定的历史知识领域, 包含有关生态学的实践和理论。随着时间的推移, 基本观念是富有弹性的, 它们显示出 "振荡" 的动态行为。这种三元观念系统体现出生态学知识的动态演化。

基本观念之所以基础, 是因为大多数生态学理论都可以整合到这三个基本观念中的一种。这些基本观念包含了一种关于自然的默认看法, 这些看法也自动进入理论的结构和形成中, 故也存在于知识的结构和形成中。因此, 研究基本观念有利于梳理概念和理论。

8.1.2　为什么是这三个基本观念?

三元体 (triades) 的迷人魅力是众所周知的, 尤其是在黑格尔–马克思主义辩证法方面。它保证了某种逻辑上和历史上的稳定性, 稳定性的另一面则是危险。显然, 辩证法的危险在于威权主义态度, 以及辩证过程的冷酷无情。然而, 正如拉卡托斯所证明的那样, 这些危险似乎是可以摆脱的。拉卡托斯被他的朋友保罗·费耶阿本德 (Paul Feyerabend) 称为 "一个大杂种, 一个以波普尔为父黑格尔为母的波–黑哲学家" (Motterlini 2001, 第 1 页)。 [120]

这里介绍的三元体尽管是基于历史的, 却有资格作为手边的分析工具, 以富有启发的和恰当的方式来描述生态学理论和概念的多样性。这些基本观念并不像辩证发展模式那样相继出现, 这里也没有合题; 相反, 基本观念的动态演进是由推进理论和研究纲领的竞争所驱动的。这些多样的研究纲领不一定相互关联; 因此, 该领域中使用的概念和理论可能是不可通约的。

8.2　基本观念和多元化

生态学是一门以多元性为特征的科学, 这一观点已经是老生常谈了 (Cooper 1996; Kiester 1980; McIntosh 1987; Shrader-Frechette and McCoy 1994; Haila and Taylor 2001)。造成这种多元性有多方面的原因, 生态学涵盖多种认识论观点, 还要努力应对本体论关系的多样性。哲学家——实际上还有生态学家自身——经常假设生态学是一门不成熟、不纯粹的科学，最好将其拆分为不同的知识领域。更有甚者，一些人认为生态学是一门很糟糕的科学，将其描述为一门多元科学的想法经常被认为是错误的。哲学[2]和生态学本身就是如此 (参见 Roughgarden 1984; Peters 1991)。如果我们希望否决这些假设，我们需要承认知识的局部性 (partiality) 是重要且有用的，然后再将其纳入一个欣赏科学多元性的不同框架中。

从哲学的角度来看，这就引出这样一个问题，对于这样一个接受多元论但并不受统一科学甚至一元论约束的框架，我们该如何恰当地概括。"有效解决方法的多样性不能通过比较来选择唯一正确的方法，而应包容每种方法的局部性。[……]这些方法共同构成了一个不可统一的局部知识多元体" (Longino 2006, 第 127 页)。根据这一概括，我们不仅可以允许局部知识的产生，还要承认并接受这些局部知识不能平行发挥作用，就像在一项分工明确的工作中，每个问题都有自己独特的解决方法。

[121] 本研究与隆吉诺 (Longino) 的看法一致，并支持对学科内部不同的知识主张和相互关系 (如概念的 (conceptual)、因果的 (causal)、模型驱动的 (model-driven)、数据驱动的 (data-driven) 等) 给予更多包容的观点。它还呼吁我们要接受科学中不同语言的表达形式，允许对科学方法论的不同哲学解释。因此，本研究采用了鲁道夫·卡纳普提出的实用方法:

> 从历史中吸取教训。让我们给予从事任何特殊研究领域工作的人使用任何对他们有用的表达形式的自由; 该领域的工作迟早会淘汰那些无用的形式。我们在下结论时要保持谨慎，在验证时要具有批判性，但在使用语言表达形式时要包容 (Carnap 1956, 第 40 页)。

8.2.1　生态学多元性

目前的进路认为，由于理论 (或框架) 的多元性允许更大程度的逻辑灵活性和更强的解释力，因此它的存在可以产生积极的影响。在这一点上，南希·卡特赖特 (Nancy Cartwright 1999) 已经表明，要说真有什么的话，追求解释上的统一反而会有损对真理的追求。同样, 施拉德–弗雷切和麦科伊 (Shrader-Frechette and McCoy 1994) 在试图发展足以解释局部知识的哲学词汇的过程中指出，在生态学中，将数据与假设联系起来的主要方法不是经典的演绎法，而是诸如在个案研究中被称为"非形式推理" (informal inference) 的种种逻辑。库珀 (Cooper 1998) 提出了一个三重方案，指出理论原理、唯象模式和因果推演是生态学概括的基本形式。正如库

---

[2]例如, Haila and Taylor (2001, 第 93 页) 所说: "生态学在非生物学家 (包括对生命科学进行解释和评论的哲学家) 中受到的关注相对较少。"

珀所说, 这种方案构成了一种哲学上的分类法, 这种分类法不应被视为一种严格的或绝对的分类, 相反, 它应有助于区分不同的研究模式 (例如, 模型驱动的或数据驱动的生态学), 并承认其各式各样的概括, 同时又不排除生态学中存在规律的可能性。

> 分类学空间中的各个区域 [……] 或多或少都被占据了。在生态学的各种概括中, 其范围和可靠性存在很大差异。[……] 如果规律是科学哲学倾向于认为的那样, 那么生物学中就没有规律了。但这并不意味着生物学中的一切都是同样偶然的 (Cooper 1998, 第 582、584 页)。

因此, 所有这些学者对科学中的任何逻辑或方法上的统一都感到不安。相反, 他们支持那种可以用哲学上合理的方式来描述不同认识论策略的观点。在生态学中, 从实验室研究 (studies in the lab)、现实世界的实验 (real-world experiment)、准实验研究 (quasi-experimental study) 和个案研究 (case study), 到该领域纯粹的观察研究, 都属于认识论策略这一范畴。

在认可生态学中方法和知识的多元性的前提下, 本研究认为生态学的多元性有其独特的塑造方式, 并且可以被概括为一个由三个基本观念组成的结构, 即 "能量" (energy)、"生态位" (niche) 和 "微宇宙" (microcosm)。这三者被认为是处在 [122] 一种彼此对立的关系中, 它们各自代表着一个特定的历史知识领域, 其中包含了关于生命与其环境的实验性实践和理论。随着时间的推移, 这三个基本观念都变得富有弹性: 它们表现出一种动态行为, 下文将其描述为 "振荡" (oscillation)。这种三元结构还被视为具有系统性含义, 因为它起到一种模式的作用。这种模式体现了历史视角的哲学所描述的独特的现代性概念。

依据所面临的政治或社会迫切需要 (尽管也是其内部动态的结果), 一个研究纲领可能会从 "微宇宙" 观念领域迁入 "能量" 领域。因此, 人们认为, 基本观念之间存在竞争和支配关系, 任何一个基本观念都可能将另一个推入幕后, 但永远无法完全消除它。而相反, 观念之间的永久振荡可以使它们处于稳定状态而不达成统一[3]。

目前, 这听上去似乎还很抽象, 但是这个单色调的蓝图将会通过早期生态学的理论构建所提供的例证而变得多姿多彩。不过, 在此之前, 将会有一节来介绍科学哲学中有关科学的统一性与多元性的辩论所涉及的几个方面。我们期望这些辩论能帮助我们更好地将这些基本观念概念化; 反之, 多元主义的辩论也可以通过科学哲学中一个相对模糊的研究领域而获得新的视角。

---

[3]本文稍后将以拉卡托斯式 (Lakatosian) 研究纲领的语言对此进行详细说明。

8.2.2 关于生态学和生物学中多元性 (plurality) 和类律性 (lawlikeness) 的补充说明

在科学哲学中, 用 "科学" 的统一性来衡量科学优劣已不复存在。从理论和实践上以多元视角来思考科学的能力不仅有用而且必要, 目前在该领域中被大力提倡。在过去的 20 年中, 涌现出了越来越多的与科学多元性有关的构想, 而这些构想本身就是多元性的。他们中的先驱者包括帕特里克·苏佩斯 (Patrick Suppes)、阿尔弗雷德·诺斯·怀特黑德 (Alfred North Whitehead) 和威廉·惠威尔 (William Whewell), 但最著名的代表人物有南希·卡特赖特 (Nancy Cartwright)、伊恩·哈金 (Ian Hacking)、海伦·隆吉诺 (Helen Longino) 及艾伦·理查森 (Alan Richardson)。甚至连卡尔·波普尔 (Karl Popper) 和保罗·费耶阿本德 (Paul Feyerabend) 也赞同 "理论多元化" 胜于 "理论一元论" 这一观点 (Lakatos 1972, 第 135 页)。

[123]   在生物科学 (包括生态学) 哲学中, 人们会特别关注研究对象及其相互关系间的差异和多样性。正是这一点使生物学研究极具吸引力。这首先适用于那些不太关注一般性知识而更关心特殊知识的生物学科, 即那些不是关于一般理论或物理定律 (如分子生物学或进化生物学中)、而是关于为案例研究提供适当的 (按科学哲学术语) 描述的知识领域。因此, 问题就是理解真实世界的实验和准实验、基于模型或基于数据的方法, 以及表征的模式。

自从生物科学成为一个知识领域以来, 努力为研究对象及其相互关系间的差异和多样性做出恰当的描述一直是生物科学的一部分。万有引力定律与有机物质循环规律有何不同? 与生物群落的基本规律或孟德尔定律又如何区分? 这个关于如何区分生态学或生物学中的规则性与物理或化学中的规则性的问题, 在于如何确定和看待例外与限度、单一和个体。但这个问题也关系到主张普遍性和自然规律的自然哲学。随着生态学和生物学在科学和社会中的发展, 特别是 20 世纪下半叶以来, 科学哲学也开始应用于生物学领域, 关于生物学 (或生态学) 规律是否存在及其地位也引发了争议。

由于 (物理或自然) 规律的概念是按传统科学哲学来理解的, 而传统科学哲学又以物理学作为理想科学, 这就排除了生物学规律的可能性。按此理解, 自然规律必须满足三个条件: (1) 必须适用于任何时间和地点; (2) 不得提及任何具体名称; (3) 不得有任何例外。斯马特 (Smart 1963, 第 52 页) 提出了第四个条件来反对生物学中的理论概括具有规律特征, 即偶然性的作用。他断言, 偶然性在生物学中是不可能完全消除的, 这就是为什么他认为 "生物学是物理学和化学加上博物学"[4]。

---

[4]斯马特还强调, 生物学的概括应该以与技术领域类似的方式来理解: 两者都受到历史偶然性的影响 (Schweitzer 2000, 第 369 页)。

　　约翰·贝蒂 (John Beatty 1995) 也提出了类似的论点, 他认为, 由于进化的偶然性, 生物学中无规律可言。只要有可能被认定是生物学中的规律, 这些规律就不是"生物学"规律, 而归根结底是物理或化学规律。进化过程中产生的"高度偶然性"(high-level contingency) 使得某一物种呈现出完全相同行为的可能性为零, 即使在相同的实验条件下, 也无法重复实验结果。

　　有人则认为生物学中肯定存在规律, 或者至少是类律 (law-like) 结构。例如, 马丁·卡里尔 (Martin Carrier) 认为, 规律在多大程度上构成事实的基础, 这与其说是原则问题, 不如说是程度上的问题。例如, 适合度的概念使我们能够解释进化过程中的某些问题, 而生态学中的所谓捕食者–猎物模型 (Lotka-Volterra 模型) 使我们 [124] 可以在确定的范围内预测种群的发展。关键是要承认这些规律:

> 适用于各种不同的环境, 它们表达了通过完全不同的物理途径而实现的特征。因此, 随附于这些规律的概念易于捕捉那些在纯物理层面上无法获得的一般特性 [……]。我认为, 生物学和物理科学处在同一个竞技场, 它们都有规律 (Carrier 1995, 第 92、97 页)。

现在几乎没有争议的是, 这场关于规律概念的辩论与科学中关于知识的层级结构和效力范围的争论密不可分。同样, 大多数人都同意, 关于实在论的辩论伴随着一种将描述与所描述的东西混为一谈, 从而使规律的概念"自然化"的趋势。但是, 从哲学上讲, 这是不合理的。在这个问题上, 科学哲学家迈克尔·汉佩 (Michael Hampe) 指出:

> 为类律的规则性寻找句法、语义或"建筑"上的标准始终是在描述工具的范围内进行搜索的, 而不是在所描述的自然方面。[……] 可以说, 如今已经没有人在哲学上认真尝试在某种"高于"科学的理解自然的基础上来建立自然的规则性——毕竟, 科学总是假设存在特定的自然规律[5]。

这一关于本质主义推理之天真与无知的评论, 得到了生物理论家蒂姆·艾伦 (Tim Allen) 及同事的响应, 他们以简洁的表达呼吁生态学家的叙述要适应我们所生活的后现代主义世界:"物质世界不会告诉你作为科学家必须做出什么决定 …… 科

---

[5]汉佩 (Hampe 2000, 第 250–251 页)。他还提请注意以下事实: 在"通过普遍定律使定律合理化的策略中, 消除偶然性不是不可能的。任何自然法则的合理化都必须诉诸定律以外的东西。"但是, 正如汉佩指出的那样, 为什么自然规律可以适用在根本上取决于合法性的问题。迄今为止, 人们不承认上帝是立法者, 而分析的科学哲学也没有通用的标准使得定律可以区分"合法的"定律和那些与"对定律的职责提出非法主张"的普遍表述 (另见吉雷 (Giere 1995) 从对自然规律怀疑的角度进行的拓展讨论)。如非另有说明, 引文的翻译由凯瑟琳·克罗斯 (Kathleen Cross) 完成。

学家不应倒退到朴素的客观主义，而应意识到他们叙述的意义以适应后现代时代"(Allen et al. 2001，第 484 页)[6]。

在自然本身的基础上寻求建立自然规律，这在哲学上是不可能的。由此，规律丧失了作为统一且必要的描述工具，以资证明一门学科具有科学性质的规范能力。这为其他概念和 "叙事"，尤其是不同的自然哲学开辟了空间。

[125] 1970 年代，生物学哲学家迈克尔·鲁塞 (Michael Ruse) 反对用物理学来确定规律的概念，因为他认为，这等于从一开始就将生物学降为了二级科学。他还指出，物理定律本身包含例外和专有名词，孟德尔定律肯定可以接受独立的检验 (Ruse 1973)。肯尼斯·沃特斯 (Kenneth Waters 1998) 也对定律概念持谨慎态度。他探讨了生物学概括的概念模型，区分了两种类型的概括：第一种是指性状在种群或群体等生物实体中的分布，而第二种描述了因果规则性的倾向特征[7]。根据这一区分，进化的偶然假说仅适用于某些生物学概括，主要是第一种即对分布的概括。然而针对时间和空间中独立的不同系统类别，也能得到描述生物学规则性的概括[8]。

格雷戈里·库珀 (Gregory Cooper) 也强调了偶然性并不总是在生态学中起作用这一事实。他的关注点是找到一种机制来识别生态学概括中的偶然性程度。最后，他建议 "放弃尝试将概括分为定律和非定律两大类，而应采用律则效力 (nomic force) 的观念，[……] 这种观念承认生物学中的律则性是有程度之分的，并且只影响有限的领域" (Cooper 1996，第 33–34 页)。同样，桑德拉·米切尔 (Sandra Mitchell) 认为，"定律与意外" 和 "必然性与偶然性" 的二元对立，要说有什么的话，反而是会阻碍概念框架的发展。她说，这种方法掩盖了 "科学所研究性弱一些的因果结构类型和科学家所使用的表征类型的诸多有趣变化" (Mitchell 2000，第 243 页)。她支持科学知识的 "多维解释"，提出了一个由抽象、稳定性和强度构成的多维概念空间。该方案使 "规律" 这一概念更为宽泛，质量守恒定律和孟德尔定律都可以表示在同一概念空间中，后者仅仅是稳定性差一些。因此，该模型的优势在于，"确定性的强度也按照从低概率的关系到完全的决定论，从唯一结果到多重结果而有所不同" (Mitchell 2000，第 263 页)。

一旦认识到科学知识的多维性，人们可能进而承认科学知识不仅是概念和理论的问题，还是实践的问题。这是施拉德－弗雷切 (Shreder-Frechette) 和麦科伊

---

[6]艾伦 (Allen) 等不仅因为其所谓的朴素实在论而批评生态学家，他们还引导人们关注不完全决定 (underdetermination) 的问题。

[7]沃特斯经常被引用的类律因果规律的例子如下："弹性蛋白含量高的血管会随着内部流体压力的增加而膨胀，并随着压力的降低而收缩" (Waters 1998，第 19 页)。

[8]更多详细信息，请参见韦伯 (Weber 1999) 和施魏策尔 (Schweitzer 2000)。根据分析，沃特斯最终得出了一个并不惊人的结论，即 "生态学概括描述了一种进化中的不变性，既类似定律又独具生物特性" (1999，第 71 页)。

(McCoy) 提出的, 他们认为案例研究的 "逻辑" 在于某种实用程序, 最终可以使它们成为比较和概括的可靠依据。这是因为实践的逻辑取决于规则和与个体所在的群体的相关性, 就像科学概念本身一样。"因此, 如果我们按照方法和公正的实践, 而非仅按照一组推论和客观的命题来看待科学的正当性和客观性, 那么案例研究的 '逻辑' 就可能适合于科学" (Shrader-Frechette and McCoy 1994, 第 243 页)。因此, 案例研究的独特性不仅在于其制定的纯主观的规则和不可证的原理。相反, 生态学案例研究应该从认识论的角度被理解和领会, 因为它是一种容纳了实践以及概念分析和方法论分析的特定形式的知识。这种认知形式可能更接近于生态学中理想的认知模型。

[126]

　　因此, 科学哲学中存在一系列大有潜力的进路可以从研究方法、实践、理论和对象的角度来充分描述科学的生态学中产生的多元知识。以上讨论的进路[9], 无论是库珀的律则效力概念、卡里尔的随附性 (supervenience) 概念或米切尔 (Mitchell) 的多维空间 (multidimensional space) 理论, 还是施拉德–弗雷切和麦科伊基于实用性程序提出的案例研究的 "逻辑", 都为将生态学描述为一门强有力的科学学科提供了正确的工具。

8.3　生态学的理性重构

　　现在的问题是, 如何将基于自然哲学的概念三元体与理论发展的动力学联系起来。基本观念和生态学理论是如何相继更替的? 每个基本观念的自然哲学内容, 即其 "特性", 与基于每个观念发展出来的理论之间有何关联? 哪一种科学哲学能够——借鉴拉卡托斯的科学规范元历史作为评价标准——最大限度地整合 "科学史", 即最大限度地以理性的方式重构概念和理论? 拉卡托斯提出的理性重构的科学哲学方法似乎最适合恰当地描述生态学理论的动态发展。首先, 是因为该方法并未根据某些外部权威设定的标准来规定其方法论的建构, 而是基于科学共同体自身对于某一理论的进步或退化程度所做判断来定向的。这很好地描述了生态学的关系, 因为正是在这里我们遇到了诸研究纲领的潜在同时性。其次, 他提出了方法论策略, 以便将理论建构的动力学与自然的哲学实体或 "自然特性" 联系起来。最后, 拉卡托斯认为 "科学史是研究纲领的历史, 而不是理论的历史, 这进而可以部分证明科学史是概念框架或科学语言的历史" (Lakatos 1972, 第 132 页)。

[127]

　　研究纲领包括一个即使与实验冲突也要坚守的 "硬核" (hard core) 和一个通过添加辅助假设并做出调整以保护硬核的 "保护带" (protection belt)。调整是以正面启发法为指导的, 这种启发法能够界定问题并提供可行的方法。正是 "由辅助

---

　　[9]在这一点上需要排除可能的误解, 所提及的进路均未要求完整性。

假设构成的保护带, 必须承受检验的冲击, 并一再调整, 甚至完全被替换, 以保护硬核" (同上, 第 133 页)。研究纲领的启发力在于其在发展过程中预测新事实的能力。因此, 如果一个研究纲领可以持续进行进步的问题转换, 它就是成功的。"如果探索有足够的动力, 那么即使对于最 '荒谬' 的纲领, 创造性想象力也有可能找到确凿的新证据" (同上, 第 187 页)。拉卡托斯甚至承认, 内容的增加只需要偶尔在回顾中证明其价值, 以便留出足够的空间为固守一个研究纲领 (即便面对反驳时) 做出合理的解释, 比如它产生了多少新事实? 研究纲领 "在其发展过程中应对反驳" 的能力有多大 (同上, 第 137 页)。

这种说法让我们可以认为, 反驳对硬核不会产生任何影响, 因此, 研究纲领是一种可以基于进步的和退化的问题转换来评价的科学成就。进步或退化的基本单元不是单个理论[10], 而是理论系列, 即研究纲领。研究纲领的功能在于通过其正确的解释力来预测反常, 并通过说服力将这些反常整合。起决定性作用的是研究纲领的滞缓特征, 它保证了研究纲领的连续性。这种连续性不可能简单地被一个 "判决性实验" 或单个理论所中断。拉卡托斯指出, 从这个意义上讲, 任何实验都不能被认为是判决性的, 无论是在实验完成之时还是之前。

拉卡托斯通过转述波普尔 (Popper) 提出, 一个研究纲领之所以被另一个所取代是因为它 "失去了 (解释) 经验的能力" (同上, 第 154 页)。新纲领是旧纲领存活期内初步发展起来的, 当它与旧纲领发生竞争时, 最终以其更强的问题解决能力而超越了对手。"在旧的纲领面对不能解释的实验数据需要不断地进行理论调整 (退化的问题转换) 时, 新纲领中的理论发展便占据了上风 (进步的问题转换): 经验解释不是新纲领的任务, 而是对其成功的检验" (Diederich 1974, 第 14 页)。只要能够在一定程度上成功预测新事实, 这个研究纲领就会不断发展, 而如果它的理论发展受阻, 即如果它只能提供事后解释, 那么这个研究纲领就会停滞不前。当一个新的研究纲领能够显示出比前一个具有更大的解释力时, 旧的纲领就会被完全废弃。

[128]

但是, 这里的关键是拉卡托斯承认两个研究纲领之间的竞争是 "一个长期的过程, 在此期间, 人们总能合理地选择其中之一进行研究 (**或者, 如有可能, 两个都研究**)" (Lakatos 1974, 第 282 页)。确定一个研究纲领何时最终可被视为已被取代是非常困难的, 若是考虑到两个研究纲领之间的长期竞争过程原则上无法划界, 这一困难就变得更加尖锐。"即使一个研究纲领被其前任所扫除, 它也不是被某些 '判决性' 实验扫除的; 并且, 即使某些判决性实验后来受到质疑, 如果旧纲领没有

---

[10]迪德里希 (Diederich 1974) 和其他学者, 如沃尔夫冈·施特格米勒 (Wolfgang Stegmüller) 抱怨说, 拉卡托斯对 "理论" 一词的使用并不像理论对研究纲领的强大权重所暗示的那样明确。

爆发出强劲的进步转换, 新纲领的发展就不会停止" (Lakatos 1972, 第 163 页)。因此, 研究纲领将永久存在, 并且会竞相 "打倒竞争者" (rival to one side); 而被打倒的竞争者会蛰伏并等待时机重新崛起。(这种竞争性共存) 一方面取决于内部的退化的问题转换, 另一方面取决于外部社会的发展。但是, 拉卡托斯指出, 推测性猜想和经验证性反驳之间的交替并非必然。相反, "研究纲领的辩证法" 模式更为多样: "哪种模式得以实现仅取决于历史偶然性" (同上, 第 151 页)。

这种 "辩证法" (dialectic)、纲领发展与实证检验之间的互动的多样性以及研究纲领的同时共存性, 似乎是对生态学中多元化情形的恰当描述。这就是下面将要讨论的 "微宇宙" "能量" 和 "生态位" 这三个基本的生态学观念的意义。在拉卡托斯式研究纲领的描述模式下, 这些基本观念的自然哲学内涵 (或自然特性) 融入并成为硬核的一部分。

8.4　生态学的三个基本观念

"基本观念" 一词的目的是描述三种自然观念的可能性, 并通过提供一种规范模式, 使它们可以用来让生态学科变得可以理解。这种模式既打开又限制了概念形成和理论构建的可能性空间。生态学中部分知识领域和叙事就是按照这些思路来构建的。例如, 微宇宙的基本观念通常包含浪漫主义叙事, 而 "生态位" 的基本观念更多地是以基于驱动经济的叙事为特征的。这种基本观念的模式被证明是相当有力的。从某种意义上说, 它甚至可以被称为过时的, 因为它与生态学作为一门科学学科的最初状态联系在一起, 从那时起接二连三地被复制, 并是该学科相当直观的元叙事。尽管这种三元模式具有系统的稳定性, 但它在历史上很灵活, 因为这些基本观念的表征能力彼此之间可以相互切换、重新定位, 这取决于自然界中的哪个特性最适合相关的叙事或启发法, 并最终有助于让一项研究纲领被人们所接受。这三个自然概念中的哪一个能够在特定的历史环境中被确立下来, 不仅取决于科学本身的条件, 而且还受到社会对生态学概念或模型的认识和期望的影响。从历史上看, 为了获得对某个基本观念成功的印象, 并评估这三个基本观念在较长时间内的联合振荡, 不仅要注意自然的三个特性与概念和假说形成的特性之间的动态关系, 也要考虑关于自然的生态学描述所指向并基于的社会政治期望和普遍环境[11] (反之, 则要考虑它影响哪些社会政治期望和普遍环境)。

[129]

---

[11]特别是路德维希·特列普 (Ludwig Trepl) 与合作者强调了社会政治对生态学理论的影响。除了这个相当笼统的主张之外, 他们还看到了独特的政治群体与生态社群或群落概念之间的紧密联系 (见 Trepl 1987, 1994; 另见 Trepl and Voigt, 本书第 5 章)。

8.4.1　"生态位" 的基本观念

在早期生态学中，"生态位" 基本观念中的有机体被设想成 "自主的" 个体。美国动物学家斯蒂芬·阿尔弗雷德·福布斯在 1887 年发表的一篇在生态学历史发展上举足轻重的论文《湖泊是一个微宇宙》中，将有机体描述为 "非常孤立的" 和彼此中立甚至怀有敌意的。在福布斯的文章中，有多处明确提到了自然的经济驱动特性，因此也提到了 "生态位"，这一点通过在概念层面上更深入的分析得到了证实[12]。捕食者与猎物之间的关系也包含在内。它们似乎无处不在，竞争个体之间的关系受到每个动物都有天敌这一原则的影响，而且 "仁慈和福利是完全未知的"（Forbes 1887）。这些有机体汇集在一个社群中，角色的分配完全根据联合的目的来确定，即这些有机体基于所谓的 "社会契约" 建立了一个社群。有机体的环境（无论是生物的还是非生物的）充其量是中立的，但更常见的是敌对的，由这些关系来调节干预个体的生活。

[130]

达尔文的自然选择原理在这里无处不在，因此，生态位的进化生物学模型变得相当成熟。其中一个最成功的生态学理论就是 "竞争排斥原理"（competitive exclusion principle, CEP）。该原理指出，在同一空间中共存的两个物种争夺有限的资源，而生态位被认为是竞争物种努力争取的空间组织结构单元。生态位的结构在一定程度上位于社群底层，其稳定性是物种之间竞争而产生的调节的结果。竞争排斥原理被认为是一个发展良好的数学模型，以至于被认为能够做出预测。它被认为是解释动植物社群组成的关键，使得 "生态位" 这一基本观念在生态学理论构建中占据了主导地位（Gause 1934）。

当查尔斯·埃尔顿（Charles Elton 1927）引入生态位的功能概念时，竞争排斥原理一度陷入困境。埃尔顿用生态位观念想要实现的是描述动物在食物链中的位置及其经济意义。这种基于功能的新型生态位观念并没有完全取代旧有的基于空间的生态位观念。生态位作为生境而非食物链中的位置这一旧有含义多次出现（Kingsland 1991，第 6 页）。因此，竞争排斥原理在埃尔顿的观念中尽管并不是主导性的，但也发挥了一定作用。竞争和选择的原则在埃尔顿的著作中逐渐淡化。最终，生态位的空间观念这一认知被削弱了。在埃尔顿的著作中，生态位的概念发生了变化：空间生态位变成了功能生态位，同时 "从进化生物学背景转变为生态学背

---

[12] 第一次将湖泊视为微宇宙的论文并未被列入 "微宇宙" 的基本观念中，这乍一看似乎令人困惑。尽管在这里，微宇宙首先指的是系统本身的观念，即各个部分的组合视图，当时还无法在概念上对这些部分进行整合，但是从某种意义上说，这种新观点是生态系统的观点，并且可以适用于所有三个基本观念中。因此，"湖泊是一个微宇宙" 这一表达本身不足以确定应将其归为哪个基本观念中。

景" (Trepl 1987, 第 170 页)。这种 "生态学背景" 正好适合三元体观念中的 "能量" 基本观念,那里关系条件和系统性视角起着至关重要的作用。

但是,这绝不是进化生物学的生态位概念的终结:它在 1950 年代,特别是植物生态学领域,经历了复兴,随后又与所谓的顶极理论 (基本观念 "微宇宙") 分庭抗礼。最终,生态位的功能和空间概念被整合到一个单一的理论中: 生态位被概念化为一个几何的 "n 维超空间" (Hutchinson 1957),从而有可能描述所有生态因素,即一个物种的生存条件总和。基于这一观念,"能量" 基本观念之下的理论得以成功构建。

8.4.2 "微宇宙" 的基本观念

"微宇宙" 和浪漫的自然观有关。对于自然哲学而言,这是一个或多或少经过深思熟虑的观点,这种自然观目前不仅可以在诸如自然保护生态学等学科中见到其踪迹,在理论生态学中也被广为叙述。这对于 19 世纪末期的早期生态学尤其适用。湖泊常常被描述为 "生命的竞技场" (arena of life)[13]或 "自我封闭的、界限分明的整体" (Forel 1901),或 "更大的整体中的过程的镜像" (Zacharias 1905),这个更大的整体含有 "极其复杂的生命喧嚣"。作为 "生态位" 基本观念中心的选择原则,即从外部控制有机体个体的原则,在 "微宇宙" 的基本观念中,被互惠和 (通常) 高度等级化的控制原则所取代。因此,生物群落不是以个体之间的竞争为前提,而是以融入或适应群落为前提,并强调所有个体或物种之间的相互作用和相互依赖。在这里,当地的条件并不是无情的自然规律的表现,而根据这种规律,某地的动植物或多或少的偶然出现是由外部控制的。相反,群落积极适应当地的条件,在适应的过程中,这些当地条件被 "内在化" 了。

例如,在植物生态学中,这一立场已被 "超有机体" 理论所代表,在该理论中,植物群落被概念化为超有机体个体,其中的个体有机体存在于 (植物) 社会内部有组织的功能相互关系中。超有机体通过有机体在某个特定地点与一般当地条件的相互关系,不断发展出自己的个体性。在这个适应过程中,植物群落越来越脱离自然的直接和特定约束,同时适应地域和气候。整个有机体 "植物群落" 发展了该地的独特之处,使之有别于其他所有地方和适应它们的有机体。然而,由于植物群落也在塑造其周围的空间,因此它与这个空间的关系不仅仅是一种依赖关系,而是突显了有组织个体的特殊性。

[131]

---

[13]见 Forbes 1887; Forel 1891, 1901; Zacharias 1904, 1905, 1907, 1909。

8.4.3 "能量"的基本观念

[132] 物理学中能量观念的引入统一了物理学的不同子学科[14]。不同性质的自然现象不仅可以"还原为能量观念上的共同现象"；而且"在某种意义上，能量被视为自然界所有变化的起源，以及所有影响的衡量标准"(Breger 1982，第 41 页)。在物理学中引入能量的观念后，通过给出能量分布来描述所有自然现象很快就成了惯例，这似乎是一个自洽性问题。

在 1850 年代的生理学中，这种利用能量观念将自然力标准化的想法被认为是一种庸俗的唯物主义变体。实际上，"物质构成的生命的永恒循环"，即生命本身，被宣称"不过是物质而已"(nothing but material)，而物质又被认为是力或能量[15]。以这种方式刻画的物质可以是有生命的，也可以是无生命的，现在可以通过循环在物质系统中进行转运。

这种观念在早期的水生生态学中被采用，例如在湖泊中循环的"有机物质"的看法。这种有机物质的特征不是按某一特定物质或化学元素的性质来刻画的，而是依其功能，即将湖泊中的有机体及其环境相互联系起来的功能来刻画的。有机物质是可以对有机体做功的物质，即有助于维持有机体或由有机体产生的物质。关键在于，有机物质的这些功能总是与"湖泊系统"有关，有机物质的循环就是在这个系统中发生的。通过类比于物理学的能量观念，这里所指的也是一个自然图景，在这个图景中，平衡和统一的观念至关重要，即我们看到的是一个控制的自然。

8.5 暂时结论

1. 共存的研究纲领似乎可以恰当地描述生态学的多元性。这是讨论"微宇宙""能量"和"生态位"这三个生态学基本观念的意义。

2. 这三个基本观念提供了一种规范模式，为概念形成和理论构建打开了各种可能性，同时也限制了这些可能性的空间。生态学中存在的概念和叙事是按照这些思路来组织的。

3. 这些基本观念的模式被证明是相当稳固的；因为自从生态学知识的科学领域存在以来，它就被不断复制，并且似乎成了这门学科的元叙事。

---

[14] "也许在不经意间，亥姆霍兹 (Helmholtz) 成为资产阶级第一位伟大的劳动力哲学家，完全是因为在他有关力量 (Kraft) 的论文中，他没有区分自然的、机械的或人力的劳动力。对他来说，所有的能量消耗都会产生功，相反，所有的功都会消耗能量。在他看来没有任何一种自驱力或者劳动力不是自然力。亥姆霍兹把功简化为一种可用数学等价系统定量描述的现象"(Rabinbach 1990，第 61 页)。

[15] 在物理学中，"能量"的概念直到 1850 年代才形成。然而，一种远远超出牛顿力学概念的统一力，很早就被讨论过了，如谢林 (Schelling) (Breger 1882，第 98–99 页)。

4. 随着时间的推移, 这种三元模式是灵活的, 因为这些基本观念的表征能力 [133]
可以相互切换、重新定位, 这取决于自然的哪个特征最适合相关的叙事或启发法,
并最终帮助一个研究纲领被人们所接受。

5. 这三个基本观念中, 哪一个能够在特定的历史条件下得以确立, 不仅取决
于科学本身的条件, 而且还受到社会对生态学概念或模型的认识和期待的影响。

8.6　交替出现的基本观念

这里所描述的理论发展的动力学的一个关键部分是基本观念能够共存。哪一
个基本观念能够凌驾于其他观念之上, 似乎不是内部理论发展的动力学问题, 而
是基本观念的结构核心或特征与社会政治背景之间的契合程度问题。

在早期生态学中, "生态位" 的基本观念受到重视[16]。到 19 世纪末, 植物生态
学家尤金纽斯·瓦尔明 (Eugenius Warming, 1841—1924) 强调, 竞争应被视为植物群
落成员之间最重要的关系, 因此他与当时盛行的 "达尔文范式" 观点一致。"群落"
(community) 被认为是为了争夺稀缺资源而以中立或敌对的方式相互对抗的个体
组合。从这个角度来看, 某地的个体和物种虽然生活在一个生物群落中, 但在很大
程度上取决于其个体的生物学能力。在自由主义的社会科学理论中, 这种模式中
的积极成分 (为生存而战的积极个体) 与消极成分 (外部环境的压力) 之间的矛盾
是在无止境、无方向的进化过程中解决的。达尔文理论以及后来的格里森演替理
论 (Gleason 1926) 对无止境和进步的强调成为生态学界广泛批评的焦点, 正如生态
史学家和理论生态学家路德维希·特列普 (Ludwig Trepl) 认为的, 这是一个保守的
阶段。从保守的角度来看, 生物群落并非以个体间的竞争为前提, 而是以适应为前
提, 并强调所有个体或物种之间的相互作用和相互依存关系。类似于保守的社会
哲学, 这种结构与 "超有机体" 的概念相对应: 即整体先于部分, 以功能主义的、目
的论的方式来完成任务。"超有机体" 包含了各种协作元素并将其组合成一个更高
阶的和谐结构 (Clements 1936, 但在 1916 年已提出)。保守主义的国家观念的特征 [134]
还在于努力消除或至少削弱自由主义对国家与社会所做的区分, 使得社群 (它最
终意味着一个不可分的国家与社会的统一体) 获得了比自由主义立场所赋予的更
重要的角色:

> 被公认为较高层级的社会有机体, 不仅要赋予个体公民或社会团体
> 更大范围的政治自由, 而且要使高度集中的国家权力拥有最大的独立性、
> 自主性和行动自由 (Lilienfeld 1873, 第 84 页)。

---

[16]施瓦茨和特列普 (Schwarz and Trepl 1998, 第 305–306 页) 对此进行了更详细的讨论。

在浪漫主义的–整体论的生态学理论中, 可以发现大致同时出现的类似结构:

> 从某种意义上说, 每一个牡蛎床都是一个生物群落, 是物种的选集和个体的总和, 它们在这个地方找到了它们涌现和维持的所有条件, 即合适的土壤、充足的食物、适当的盐含量和有利于发育的合适的温度。……一个有生命的群落中所有的成员都保持着 [……] 与其生物群落的物理条件的平衡, 因为它们在面对外界刺激的所有影响和对其个体持续生存的所有攻击时, 都能自我维持和繁殖 (Möbius 1986 (1877), 第 74–75 页)。

在 1920 和 1930 年代, 超级个体单元的概念在水生生态学中也占主导地位。理查德·沃尔特雷克 (Richard Woltereck, 1877—1944) 广泛关注 "生物系统的空间结构" (第 8 章标题; Woltereck 1940 (1932), 第 208 页), 并发展了一个复杂的术语, 其中个体被认为是 "多部分系统 (集体结构) 的组成部分"。所谓的 "多人员系统" 能够成为 "物理上统一的大厦", "只在空间上连接在一起"。大厦是用来描述 "有序多样性" 的结构, 其 "组件之间的相互作用是通过上级关系合并成一个整体的。这首先适用于作为自我或个体大厦的个体有机体 [……], 第二适用于环境中的有机体 [……], 第三适用于多部分但自我封闭的有机体系统" (同上)。这 "三种系统" 都应被视为 "关系大厦"。

沃尔特雷克极力远离 "生态位概念", 因此也同时远离了政治自由主义: 根据沃尔特雷克的说法, "机会是一个烂词, 不称其为一个概念, 是胡言乱语 (……), 尽管 '选择' 一词给 '机会' 注入了假设的创造力" (同上, 第 230 页)。

在 1930 年以后的几年里, 这种整体论的自然图像, 作为 "浪漫的自然观" (romantic nature), 逐渐被 "能量" 这一基本观念所取代, 从而被所谓的还原论和有机体论 (或活力论) 的综合立场所取代。然而, 路德维希·冯·贝塔朗菲 (Ludwig von Bertalanffy) 早在 1929 年就写道 (第 95 页):

> 我们根据整体维系来理解有机体在新陈代谢中是如何自我维持的……我们的观点是系统论, 系统的条件保持不变, 它既克服了机械论的不足, 又摆脱了科学上不可能的活力论。

[135] 这一观点在生态学上获得了极大的成功; 早期的生态系统理论是从 "能量" 的基本观念发展而来的 (Schwarz 1996)。生态系统的整体性保证了自然的可控性和技术重建。

8.7 是什么支撑着生态学?

然而, 问题仍然存在: 即使学科边缘变得模糊, 为什么多元生态学没有解体,而仍是一个约束研究纲领和概念框架并与特定的知识库相关联的参照系统? 为什么一个系统——无论是一个实验系统[17]，一门学科，还是一个研究纲领——会逐渐消亡 (或不消亡)?

各种认识论主张已被提出，每一个都涉及不同的系统层次: 当有太多不可调和的、相互冲突的答案时，实验系统就会崩溃; 当一个研究纲领不再能解释所观察到的现象时，其启发价值为负; 而当一门学科的工具和方法日趋多样，同时其他的认知对象或 "问题机器" (Rheinberger 1992, 第 72 页) 又浮现出来之时，一门学科就会分崩离析。

下文提出的进路首先是基于对概念的分析，概念是生态学作为知识系统的组成要素。因此，该进路主张，保证学科和逻辑稳定性的，主要是概念架构，而不是理论、方法或工具。当然，这并不意味着在能量、生态位和微宇宙基本观念的三元体设计中，理论或叙事不能发挥 (与概念) 同等的作用。毕竟，只有当概念在不同的理论或叙事中被适当地语境化时，它们才会发挥作用。因此，例如，微宇宙的基本观念通常包含一种浪漫的叙事。基本观念 "生态位" 易于受到驱动力经济的影响，而 "能量" 观念依赖于功能关系和系统关系发挥突出作用的叙事。基于三元体进路，生态学在时间和认知维度的稳定性可以解释如下:

它是 (1) 由概念所嵌入的相互关系语境所产生的，由不同的理论和叙事来表示; (2) 由连接它们的动力学所产生; 最后 (3) 通过与三元体观念的历史起源的联系而产生的。

为了强化后一种主张，这里采取了一种以多元自然观为目标的历史进路的哲学。正是在此，基本观念的三元体结构找到了其哲学基础。

[136]

8.7.1　从哲学史看生态学多元论的历史成因

在上述基础上，三个 "自然特征" 可以被归结为三个生态学基本观念。基于马夸德 (Marquard) 思想，这些自然特征在术语体系中的地位是很重要的。"生态位" 的基本观念是由驱动力自然观支持的，"微宇宙" 的观念是由浪漫主义自然观所支撑的，而 "能量" 的基本观念最接近于控制自然的观念。

生态学三元体的历史起源出现在 19 世纪初。首先，这并不特别令人惊讶，因为这与当时人们普遍认为的历史转折是一致的，尤其是对于生物学和化学而言。在这方面，已经发表了大量研究来探讨各种问题; 不过，大多数研究都认同如下说法: 自然和文化之间的关系或多或少地发生了根本性的变化，这无论是在哲学、科学和文学的概念框架的重组中，在本体论的境遇上，还是在叙事形式上，都是显而易

---

[17]根据哈格纳等提出的概念，实验室科学中的 "实验系统" 是产生差异的来源 (Hagner, Rheinberger and Wahrig-Schmidt 1994, 第 10 页)。

见的。这些变化同等地渗透到所有科学学科、社会话语和实践中。自然秩序的世俗化进程加快，这反映在对自然特征的认知变化上，即物体外部特征逐渐转向物体内部特征，从具体可见的符号到抽象、不可见符号。一个数学上可描述的、类律的自然从此向等级化的存在之链的自然发起了挑战，而存在之链是上帝之手（比喻的说法）的可见标志。在"博物学（自然史）的终结"（Lepenies 1976; Latour 2005）之时，留给我们的是一个与万物分离的自然，这被认为是受文化制约的——这种分裂也反映在自然史和人类史[18]两个历史概念之间的区别上。历史学家和哲学家对这一历史转折施加上了时间和空间上的限制，令其持续时间或长或短，并认为其在修辞上比实际上更有效，或是相反。然而，它通常与现代性的开端和科学知识生产中客观性的建构一致，而这种建构依赖于费耶阿本德（Feyerabend）所称的"可分离性命题"（separability thesis）。

在环境哲学中，关于当时自然观念的转变，以及这些观念在当代知觉和表征自然的理论和实践中的痕迹，争论颇多。将这些哲学观念联系在一起，以充实生态学的认识论的尝试，相比之下要少见得多，下文将述及。

[137]　哲学家奥多·马夸德（Odo Marquard）将这一历史转折概括为：在这一转折中，理性、人性和自然之间迄今为止的固定关系必须重新表述为一个过渡时期。作为"理性的对立面"（das Andere der vernuft）（Böhme and Böhme 1983）的现代自然观在这一历史阶段还没有在概念上得到巩固，表现为一种"三元化"的自然观。概念上的三元体是那些仍然模糊不清关系的快照，新的关系正是从中涌现出来的。

因此，本文的论点是：这三种自然观及其相互关系和相互参照，有助于稳定生态学概念和理论的多元的局部和短期发展。拉图尔（Latour）"我们从未进入现代"的说法适用于生态学，因为后者从未遵循"净化工作"（work of purification）这一现代性的主导叙事，无论是从历史角度还是从系统性角度。取而代之的，是自然观的三元化结构内部的持久振荡模式。

8.7.2　作为哲学上非定域的自然观的三元体概念化

马夸德赞成这样一种共同解读模式，即当历史转折[19]发生时，该模式将自然视为疏离与分裂的对应物，是理性的对立面。在那一刻，自然的概念不再是形而上学概念化世界的一部分，而是通过以控制为导向的科学经验来构建的，并将自然想象为一个可以控制和再造的主体（"machbare Natur"）。因此，关于自然本质的陈述变

---

[18]在谢林（Schelling）看来，后者仅仅是"不真实的"不断自我复制的历史，而且，它不如自然的真实历史，那才是一部自然的整体历史（自然）。这种自然过程性的概念是环境哲学中经常使用的思维方式。（请参阅维尔克（Wilke）2008年从文学批评的视角对谢林在生态批评领域的贡献，特别是关于荒野的评论。）

[19]关于"合理"构建划时代突破的问题，见诺德曼（Nordmann 2006）。

得 "可有可无, 甚至是不可能的" [20]。这种叙事造成了一个两难局面, 会导致自然概念沿分化过程发生转变。马夸德认为, 自然概念的这一哲学重构由于一个 "开始动摇" 的原因而受到了挑战。理性有脱离人性的危险——但这是不可能发生的事情, 因为人性的实现本身就被视同于理性 [21]。他认为, 从哲学上讲, 这种情形下的自然不能再在先验语境中被概念化, 也不能通过历史哲学来概念化。马夸德通过参照控制型自然 (Kontrollnatur)、浪漫型自然 (Romatiknatur) 和驱力型自然 (Triebnatur) 这三个自然概念之间的相互作用来解释这种非定域化的自然之情形。 [138]

驱力型自然是指缺乏控制, 是指个人欲望的满足, 以及一般感官的领域。在这种情况下, 霍布斯 (Hobbes) 被称为权威见证人, 他的名言是: "由此可见, 当人们生活在没有公共权力来震慑大家的时候, 人们便处在所谓的战争状态之下; 这样的战争是每个人对每个人的战争" (Hobbes 1651, 第 62 页)。霍布斯说, 当没有一套共同的、有约束力的规则来引导热情时, 结果就是一场内战, 在这场战争中, 每个人都与其他人作战。只有在面对至高无上的力量时的恐惧才能让人类避免一头栽进暴力和缺乏约束的境地。人类的即人性本身的这种自然状态是永远存在的, 即使它并不总是同样强大。它赋予了一个社会 (尽管不是一个群体) 一种与国家对立的特征: "内驱力主导的自然 (以一种温和的形式) 体现为社会" (Marquard 1987, 第 55 页)。

浪漫型自然将自然视为一个有机体; 它可以很高贵, 也可以很美丽。无论是表现为风景还是肥沃的荒野, "纯洁和天真的状态" (Marquard 1987, 第 57 页) 始终存在其中。浪漫型自然中包含着和谐宇宙的概念, 小宇宙和大宇宙之间的对称关系, 以及完整的原始状态。浪漫型自然也指灵性和气质、感觉和渴望, 以及一般的想象领域, 尤其是文学小说的领域。"诗人比科学家更了解自然" (Novalis, 引用于 Marquard 1987, 第 57 页)。只有当着诗人的面, 它才会展现自己, 并显露自身的秘密。这就是为什么——按诺瓦利斯 (Novalis) 有趣的颠覆性说法——真正的 "物理学无非是对想象的研究", 即 "越有诗意, 越真实"。浪漫型自然首先是对自然的审美感知和解读。

最后, 马夸德认为控制型自然是精密科学的对象。它可以通过观察、实验和

---

[20]Mittelstraß 1981, 第 64 页。在哲学上, 历史的断裂表现为从先验哲学到历史哲学的转变。在 "人类学对自然的重新定位" 的语境中, 关于 "本质问题" 这一困境在历史哲学语境中只能是一个错误的问题: 因为先验哲学框架已经被消解。

[21]用马夸德的话来说, 人性是 "与理性捆绑在一起的, 并使理性成为理性, 使其大放异彩" (Marquard 1987, 第 54 页)。借鉴亚里士多德的自然观, 马夸德将人性描述为 "真实的" 本质。如果我们试图从人性中去掉理性, 它 "本质上" 还是会继续为实现理性而努力, 但找不到它, 这是一种 "潜在自然" 的状态, 与实际的自然是对立的。断言这种潜在自然是完全从理性中解放出来的, 就是承认它是一种 "纯粹的可能性"。

数学而被记录、操纵、预测和控制。然而，最重要的是，这种自然不是"单纯感官的"自然，而是理性规则和理性思维的自然。它不仅来源于经验许可的定律：它就是规律本身。对马夸德来说，康德 (Kant) 是控制型自然的源头，他著名的论断是自然的一般规律必须独立地加以设定 (即先于一切经验)。马夸德认为，控制型自然是科学技术的本质，表现为"设计、方法、结果和应用" (Marquard 1987, 第 56 页)。

因此，只有这三个自然概念中的最后一个，即控制型自然，才是与自然科学相关的概念。与生态学的基本观念相比，这构成了一个显著区别：在生态学中，这三个概念都旨在提供一个进入科学的入口。然而，马夸德的框架确实能为自然概念的多元化提供历史依据，并为三元化 (triadisation) 提供哲学依据。这两者都很有用，以便为生态学的三元体概念图式提供一个系统完善的基础。从这个意义上说，非定域的自然——即自然观念的三元化——被视为植根于自然哲学的方案，它是基本概念的基础，从科学哲学的角度来看，是无法规避的基本框架。与假设不同的是，这种框架免受批判性的检视，而是用来指导假设形成的活动和方向。

[139]

接受经验检验的假说与免受经验检验的框架之间的这种相互联系，在科学哲学的各种进路中都有描述。例如，已经讨论过的伊姆雷·拉卡托斯 (Imre Lakatos) 研究纲领中的"形而上学核心" [22]，和杰拉尔德·霍尔顿 (Gerald Holton) 所描述的科学思想中的"主旨"。同样，格诺特·伯赫姆 (Gernot Böhme) 提出了从外表可推知的"特征"概念，即"自然的特征" (Naturcharaktere)，它在赋予自然以意义的认知操作的后台运作。自然的特征是：

> 赋予自然以某些品质特征的表述，[它们] 是高度凝聚的经验的表达。它们命名了一个对自然的总体印象，这种印象是凭直观把握的，并以类似外貌描述的方式加以表述：当自然表现出某些基本特征时，它似乎就被赋予了一种品质；人们如何称呼它即表示人们对它的期望。关于自然的品质特征的陈述并不仅仅是基于科学经验。对于科学来说，它们起着启发的作用，也就是说，指导着人们在自然中应该寻找什么和期望得到什么。因此，关于自然品质的陈述仍然与科学及其转变有关，但它们本身不是科学的陈述。它们可以被理解为真正的自然哲学陈述，因为后者致力于对自然整体和自然本身的理解 (Böhme 1992, 第 211 页)。

在这个意义上，这三个基本观念为基于自然哲学的生态学提供了理论基础，即它们昭示了三种自然观念，这三种自然观念在历史上被视同于现代性的开端，并

---

[22] 这里需要注意的是，"除了作为该方案驱动力的不一致性的逻辑水平"以外，拉卡托斯在"形而上学"核心的研究纲领的方法论和"具有'可反驳' (refutable) 核心的研究纲领的方法论"之间未做区别 (Lakatos 1972, 第 127 页)。

且能够系统地稳定这一科学的多元表达。

参考文献

Allen TFA, Tainter JA, Chris Pires J, Hoekstra T (2001) Dragnet ecology "Just the facts Ma'm": The privilege of science in a postmodern world. Bioscience 51: 475–484

Beatty J (1995) The evolutionary contingency thesis. In: Wolters G, Lennox JG, McLaughlin P (eds) Concepts, theories, and rationality in biological sciences. The Second Pittsburgh Konstanz Colloquium in the Philosophy of Science. University of Pittsburgh Press, Pittsburgh, pp 45–81

Böhme G (1992) Wissenschaft-Technik-Gesellschaft. 10 Semester interdisziplinäres Kolloquium an der THD. TH Darmstadt, Darmstadt

Böhme H, Böhme G (1983) Das Andere der Vernunft: zur Entwicklung von Rationalitätsstrukturen am Beispiel Kants. Suhrkamp, Frankfurt/M

Breger H (1982) Die Natur als arbeitende Maschine. Zur Entstehung des Energiebegriffs in der Physik 1840—1850. Campus, Frankfurt/M

Carnap R (1956) Meaning and necessity: a study in semantics and modal logic. (Reprinted of Revue Internationale de Philosophie 4 (1950): 20–40). University of Chicago Press, Chicago

Carrier M (1995) Evolutionary change and lawlikeness. Beatty on biological generalizations. In: Wolters G, Lennox JG (eds) Concepts, theories, and rationality in the biological sciences. Universitätsverlag Konstanz/University of Pittsburgh Press, Konstanz/Pittsburgh

Cartwright N (1999) The dappled world. A study of the boundaries of science. Cambridge University Press, Cambridge

Clements FE (1936) Nature and structure of climax. J Ecol 24: 252–284

Cooper GJ (1996) Theoretical modeling and biological laws. Philos Sci 63: 28–35

Cooper GJ (1998) Generalizations in ecology: a philosophical taxonomy. Biol Philos 13: 555–586

Diederich W (ed) (1974) Theorien der Wissenschaftsgeschichte. Beiträge zur diachronischen Wissenschaftstheorie. Suhrkamp, Frankfurt/M

Elton C (1927) Animal ecology. Sidgwick & Jackson, London

Forbes SA (1887) The lake as a microcosm. Bull Peoria Sci Assoc 111: 77-87. (Reprinted Bull Nat Hist Surv 15: 537–550, Nov 1925)

Forel F-A (1891) Allgemeine Biologie eines Süßwassersees. In: Zacharias O (ed) Die Tier- und Pflanzenwelt des Süßwassers. Weber, Leipzig, pp 1–26

Forel F-A (1901) Handbuch der Seenkunde. Allgemeine Limnologie. Engelhorn, Stuttgart

Gause GF (1934) The struggle for existence. Williams and Wilkins, Baltimore

Giere R (1995) The skeptical perspective: science without laws of nature. In: Weinert F (ed) Laws of nature. Essays on the philosophical, scientific and historical dimension. de Gruyter, Berlin/New York

Gleason HA (1926) The individualistic concept of the plant associations. Bull Torrey Bot Club 53: 7–26

[140]

Haila Y, Taylor P (2001) The philosophical dullness of classical ecology, and a Levinsian alternative. Biology and Philosophy 16: 93–102

Hagner M, Rheinberger H-J, Wahrig-Schmidt B (1994) Objekte, Differenzen, Konjunkturen. In: Hagner M, Rheinberger H-J, Wahrig-Schmidt B (eds) Objekte-Differenzen-Konjunkturen: Experimentalsysteme im historischen Kontext. Akademie Verlag, Berlin, pp 7–22

Hampe M (2000) Gesetz, Natur, Geltung. Historische Anmerkungen. Philos Nat 37: 241–254

Hobbes T (1651) Leviathan, or, The matter, forme, and power of a common wealth, ecclesiasticall and civil. Printed for Andrew Crooke, London

Hutchinson GE (1957) Concluding remarks. Population studies: Animal ecology and Demography. Cold Spring Harbor Symposia on Quantitative Biology. T. b. L. C. S. Harbor. New York, Long Island Biological Association. 22: 415–422

Kiester RA (1980) Natural kinds, natural history and ecology. Synthese 43: 331–342

Kingsland SE (1991) Defining ecology as a science. In: Real L, Brown JH (eds) Foundations of Ecology. The University of Chicago Press, Chicago/London, pp 1–13

Lakatos I (1972) Falsification and the methodology of scientific research programmes. In: Lakatos I, Musgrave A (eds) Criticism and the growth of knowledge. Cambridge University Press, Cambridge

Lakatos I (1974) Die Geschichte der Wissenschaft und ihre rationalen Rekonstruktionen. In: Lakatos I, Musgrave A (eds) Kritik und Erkenntnisfortschritt. Vieweg, Braunschweig, pp 271–312

Latour B (2005) From Realpolitik to Dingpolitik or how to make things public. In: Latour B, Weibel P (eds) Making things public. Atmospheres of democracy. MIT Press, Cambridge, pp 14–43

Lepenies W (1976) Das Ende der Naturgeschichte. Wandel kultureller Selbstverständlichkeiten in den Wissenschaften des 18. und 19. Jahrhunderts. Hanser, München

[141]   Lilienfeld Pv (1873) Gedanken über die Socialwissenschaft der Zukunft. Behre, Mitau

Longino HE (2006) Theoretical pluralism and the scientific study of behaviour. In: Kellert SH, Longino HE, Kenneth C (eds) Scientific pluralism. Minnesota studies in the philosophy of Science. University of Minnesota Press, Minneapolis/London, pp 102–131

Marquard O (1987) Transzendentaler Idealismus, Romantische Naturphilosophie, Psychoanalyse. Verlag Jürgen Dinter, Köln

McIntosh RP (1987) Pluralism in ecology. Annu Rev Ecol Syst 18: 321–341

Mitchell S (2000) Dimensions of scientific law. Philos Sci 67: 242–265

Mittelstraß J (1981) Das Wirken der Natur. In: Rapp F (ed) Naturverständnis und Naturbeherrschung: philosophiegeschichtliche Entwicklung und gegenwärtiger Kontext. Wilhelm Fink, München, pp 36–69

Möbius KA (2006) Zum Biozönose-Begriff. Die Auster und die Austernwirtschaft 1877 (2nd ed. by T Potthast; 1st edition and comment by G Leps 1986). Harri Deutsch, Frankfurt/M

Motterlini M (2001) Reconstructing Lakatos. A reassessment of Lakatos' philosophical project and debates with Feyerabend in light of the Lakatos archive. London school of economics and political science. Centre for philosophy of natural and social science. Discussion paper series LSE (DP 56/01), pp 1–48

Nordmann A (2006) Collapse of distance: epistemic strategies of science and technoscience. Dan Yearb Philos 41: 7–34

Peters RH (1991) A critique for ecology. Cambridge University Press, Cambridge

Rabinbach A (1990) The human motor. Energy, fatigue, and the origins of modernity. University of California Press, Berkeley

Rheinberger H-J (1992) Experiment, Differenz, Schrift: zur Geschichte epistemischer Dinge. Basilisken-Presse, Marburg/L

Roughgarden J (1984) Competition and theory in community ecology. In: Salt G (ed) Ecology and evolutionary biology: a round table on research. University of Chicago Press, Chicago

Ruse M (1973) Philosophy of biology. Hutchinson, London

Schwarz AE (1996) Gestalten werden Systeme: Frühe Systemtheorie in der Ökologie. In: Mathes K, Breckling B, Ekschmidt K (eds) Systemtheorie in der Ökologie. Ecomed, Landsberg, pp 35–45

Schwarz AE, Trepl L (1998) The relativity of orientors: interdependence of potential goal functions and political and social developments. In: Leupelt M, Müller F (eds) Eco targets, goal functions, and orientors. Springer, Berlin, pp 298–311

Schweitzer B (2000) Naturgesetze in der Biologie. Philos Nat 37: 367–374

Shrader-Frechette K, McCoy ED (1994) Applied ecology and the logic of case studies. Philos Sci 61: 228–249

Smart JJC (1963) Philosophy and scientific realism. Routledge and Kegan Paul, London

Trepl L (1994) Holism and reductionism in ecology: technical, political, and ideological implications. CNS 5: 13–40

Trepl L (1987) Geschichte der Ökologie. Athenäum, Frankfurt/M

Waters CK (1998) Causal regularities in the biological world of contingent distributions. Biology and Philosophy 13: 5–36

Weber M (1999) The aim and structure of ecological theory. Philosophy of Science 66: 71–93

Wiemken V, Boller T (2002) Ectomycorrhiza: gene expression, metabolism and the wood-wide web. Curr Opin Plant Biol 5: 355–361

Wilke S (2008) From 'natura naturata' to 'natura naturans': 'Naturphilosophie' and the concept of a performing nature. Interculture 4: 1–23

Woltereck R (1940) Ontologie des Lebendigen. Stuttgart, Ferdinand Enke

Zacharias O (1904) Skizze eines Spezial-Programms für Fischereiwissenschaftliche Forschungen. Fischerei-Zeitung 7: 112–115

Zacharias O (1905) Über die systematische Durchforschung der Binnengewässer und ihre Beziehung zu den Aufgaben der allgemeinen Wissenschaft vom Leben. Forschungsberichte aus der biologischen Station Plön 12: 1–39

Zacharias O (1907) Das Süsswasserplankton. Teubner, Leipzig

Zacharias O (1909) Das Plankton als Lebensgemeinschaft. Unsere Welt 1: 5–14

第四部分 "生态学"概念史发展的主要阶段

第 9 章 "生态学"一词的词源和来源

Astrid Schwarz and Kurt Jax

德语直译: **Ökologie**; 法语直译: **Écologie**

1866 年, 德国动物学家恩斯特·海克尔 (Ernst Haeckel) 在其著作《普通生物形态学》(*Generelle Morphologie der Organismen*) 中创造了 "Oecologie" 一词[1]。它源于希腊文 "οικοσ" (oikos; 房屋、住所, 亦称处所、家庭) 和 "λογοσ" (logos; 文字、语言、理性的语言)。"Oecologie" (1890 年前后开始以 "Ökologie" 的形式出现)[2], 被用来指 "关于有机体与其周围外部世界关系的全部科学"[3], 或者换句话说, 是关于自然处所或有机体经济的科学[4]。这个术语相当快地被一些作者 (如 Semper 1868, 第 229 页) 接受了, 但是直到 20 多年后它才被广泛使用。直到 1885 年, 它才第一次在一本书的书名中被使用, 即赖特尔 (Reiter) 的《群落外貌的塑造: 作为植物生态学的一种尝试》(*Die Consolidation der Physiognomik als Versuch einer Oecologie der*

---

[1]海克尔 (Haeckel 1866), 第 1 卷, 第 8 页 (脚注), 第 237 页, 第 238 页 (表格); 第 2 卷, 第 286 页。有一个流传已久的说法, 认为梭罗 (Thoreau) 在海克尔之前使用过这个词 [参见 2006 年出版的《重看自然契约》(*Revisiting the Natural Contract*) 一书中米歇尔·塞雷斯 (Michel Serres) 的观点]。根据《亨利·大卫·梭罗通信集》(*The Correspondence of Henry David Thoreau*) 一书编辑沃尔特·哈丁 (Walter Harding) 的看法, 这种解释是一种误读, 混淆了地质学 (geology) 和生态学 (ecology)。"我必须设想, 既然在上下文中 '**地质学**' 与 '**生态学**' 一样讲得通, 那么 '**地质学**' 就一定是梭罗要写的词" (Harding 1965, 第 707 页; 亦见 Egerton 1977 或 Acot 1982)。

[2]瓦尔明 (Warming) 在其《植物地理生态学》一书的德文版 (1896 年) 中写作 **Ökologie**, 而达尔 (Dahl 1898) 仍然使用 **Oekologie** 的拼写。

[3]德语原文 "Gesammte *Wissenschaft von den Beziehungen des Organismus zur umgebenden Aussenwelt*", 海克尔 (Haeckel 1866), 第 286 页。

[4]海克尔 (Haeckel 1870), 第 365 页, 最初仅指动物: "动物处所 (Haushalt der thierischen Organismen)"。这篇论文是他担任耶拿大学教授时就职演讲的书面版本。

A. Schwarz (✉)
Institute of Philosophy, Technische Universität Darmstadt, Schloss, 64283 Darmstadt, Germany
e-mail: schwarz@phil.tu-darmstadt.de

K. Jax
Department of Conservation Biology, Helmholtz Centre for Environmental Research (UFZ), Permoserstr. 15, 04318 Leipzig, Germany
e-mail: kurt.jax@ufz.de

Gewaechse)。

"Oecologie" 这个术语在英语中最初被译为 "œcology"。它的第一次使用看来是在 1876 年出版的海克尔的《创生史》(*Natürliche Schöpfungsgeschichte, The History of Creation*)[5]一书的英译本中 (参见 Bather 1902[6], 第 748 页; Benson 2000, 第 60 页)。在 1890 年代前期, 尤其是根据 1893 年召开的麦迪逊植物学大会的建议 (Madison Botanical Congress, 1894, 第 35–38 页), 双字母被去掉, 改为最终的英文形式 "ecology"。之后, "生态学的" (ecological) 一词在出版物中被广泛使用[7]。芝加哥大学的《植物学公报》(*Botanical Gazette*) 自 1904 年起, 开辟了一个名为 "生态学评注" (Ecological notes) 的专栏。

尽管如此, 在许多作者的作品中, 甚至在字典中, 旧的拼写形式仍然持续了好些年 (Bessey et al. 1902; Bather 1902)。例如, 1895 年瓦尔明发表了划时代著作《地植物学》(*Plantesamfund*), 其英译本在 1909 年出版时书名为《植物生态学》(*Oecology of Plants*)。

1874 年, 通过海克尔《创生史》的法译本 (*Histoire de la création des êtres organisés*), 生态学一词也以 "oecologie" 的形式被引入法国。法国科学家首次使用它 (现在写作 "écologie") 的时间, 可以确切追溯到 1900 年的一项植物生态学相关研究中。与蒙彼利埃学派有着松散联系的植物学家查尔斯·弗拉奥 (Charles Flahault), 在他的《植物地理学命名法草案》(*projet de nomenclature phytogéographique*) 中使用了该词的形容词形式[8]。然而, 尽管该词是由著名动物学家和达尔文主义的信徒 (指海克尔——译者注) 采用的, 但它并没有怎么被法国生物学界接受, 这可能是因为法国对达尔文思想的抵制要比英语国家强烈得多[9]。

1869 年, 通过海克尔《普通生物形态学》的俄文节译本, 生态学这一术语以 "ekologia" 的形式首次被引入俄罗斯帝国。从促进生态学研究纲领确立、生态学研究机构建立的意义上说, 与它在法语和英语世界产生的影响类似, 在俄罗斯帝国, 该术语也没有起到什么作用。在 1890 年代后期, 随着尤金纽斯·瓦尔明 (Eugenius

---

[5]海克尔 (Haeckel 1876), 第 2 卷, 第 354 页。

[6]巴瑟 (Bather) 错误地认为, 海克尔在《创生史》一书中也**创造**了 "Oecologie" 这个词。事实上, 最早使用这个词的是 1866 年出版的海克尔的《普通生物形态学》, 该书从未被译成英文出版。

[7]例如希契科克 (A. S. Hitchcock) 的《堪萨斯地区生态植物地理学》(*Ecological Plant Geography of Kansas*, 1898), 再如考尔斯 (H. C. Cowles) 的《密歇根湖沙丘植被的生态关系》(*The Ecological Relations of the Vegetation on the Sand Dunes of Lake Michigan*, 1899)。

[8]弗拉奥, 植物地理学命名法草案, 第一届国际植物学大会 (1900 年世界博览会之际在巴黎召开) 议事录, 隆斯勒索涅 (Lons-le-Saunier, 法国东部城市), 1900 年, 第 440、445 页 (参见 Matagne 1999, 第 107 页)。

[9]马塔涅 (Matagne 1999), 第 109 页; 亦见阿科特 (Acot 1982), 第 106 页及其后。

Warming) 的《地植物学》被译成极具影响力的《植物地理生态学》(*Oikologicheskaya Geografia Rastenii*, 1901), 以及格里泽巴赫著作 (Grisebach 1874, 1877) 的翻译, 这种情况发生了改变: 研究人员从此开始关注生物群体, 并发展出一种群落生态学的研究方法。

9.1　第四至第七部分简述

[147]

术语 "Oecologie" 是在 19 世纪下半叶创造的, 然而从现代科学的意义上说, 与博物学相反, **生态学思想的前身**在其被称为 "生态学" 之前就已经存在了。例如, 在亚历山大·冯·洪堡 (Alexander von Humboldt) 的 "植物形态的外貌系统" (physiognomic system of plant forms)、阿尔弗雷德·华莱士 (Alfred R. Wallace) 的关于动物种的 "地理学" ("geography" of animal species)、查尔斯·达尔文 (Charles Darwin) 的 "纠缠体" (entangled bank) 中, 都能找到这样的 (现代科学意义上的) 生态学思想, 它们也存在于路易斯·阿加西 (Louis Agassiz) 关于湖泊和海洋的研究中。1866 年, 德国动物学家恩斯特·海克尔提出了 "Oekologie" 一词。从一开始, 他就把希腊文 "οικος" 的意思理解为 "住所", 表明 "生态学" 是关于生物的处所的科学, 也就是它们与身处的生物与非生物环境之间的关系。在他给出的几个版本的定义中, 没有一个可以用来表示既有的研究纲领, 他的目的也不是发展出这样的一个纲领。他创造这个术语主要是为了填补其动物学学科体系中的一个空白, 即 "外部生理学"。这种对生物研究中秩序的探求, 与当代构建生物学一般体系的努力是一致的。然而, "Oekologie" 这个新名称还是让给了生态学这样一门具有自我意识的学科, 尽管早期的生态学因民族国家和语言文化的不同而带有鲜明的地域特征。

当时存在许多与 "生态学" **竞争的术语**。"生态学" 被广泛用于不同领域的对象和现象。19 世纪末 20 世纪初, 今天所说的 "生态学" 也被称为 "动物行为学" 或狭义的 "生物学"。同样, 人们从不同的研究进路将术语 "生态学的" 界定为 "生理学的" 和 (或) "社会学的"。

20 世纪上半叶, "生态学" 这一**概念**的地位得到了**巩固**。与此同时, 生态学领域的**科学团体**、学术机构和出版机构加速形成, 之后**生态学分支学科**也逐渐涌现。随着 1940 年代**系统论的兴起**和 1960 年代**环境保护运动的到来**, "生态学" 这一概念的影响大为拓展, 被称为 "超级科学"。在这个意义上, "生态学" 有助于跨越科学、哲学和政治学知识之间的界限, 同时在方法论层面上促进了事实与价值、认知维度与社会维度之间的融合。**科学生态学与其他学科领域之间的交界地带**成了充满争论的话题领域。从此, "生态学" 可以适用于各种各样的意识形态和政治立场。

因此，定义生态学及其子学科的努力，一直以来，既是"生物界和非生物界相互依存关系"这一复杂主题构建和评估的一部分，同时也是一场学术界内外关于学科建制划界的辩论。这一过程仍在进行中，它对于在 21 世纪环境科学的背景下定位生态学具有核心重要性，对于生态学的研究领域是否是由其方法、对象或者建制决定的这一问题也很重要。

第 10 章 术语和概念形成的早期阶段

Kurt Jax and Astrid Schwarz

"生态学" (Oecologie) 这一新词是由德国动物学家恩斯特·海克尔 (Ernst Haeckel) 于 1866 年提出的。然而, 他这样做的目的并不是要建立 "生态学" 学科以及相关概念、理论和实践。海克尔本人从未从事过 "生态学" 研究, 发明这个词是用来标记他的动物学系统中到那时尚未命名的一个学科分支[1]。直到 1890 年代左右, 生态学才成为一个 "自我意识"[2]的学科。在此之前, 该术语主要针对诸如动物学、植物学、生理学、地理学和海洋学等学科中进行的某些研究活动, 而这些活动又构成了后来被称为 "生态学" 的多元起源。

海克尔在多部著作中都提出了 "生态学" (Oekologie) 一词, 并为其下了多个定义[3]。这些定义中所包含的要素, 以及他对生态学在生物学中位置的描述, 在当今有关生态学的辩论中仍然被提及。

在海克尔的动物学系统中, 生态学是指有机体的外部生理学 (external physiology):

> 我们还将生理学分为两个学科: I. 保护或自我保存的生理学 (a. 营养, b. 繁殖), II. 关系的生理学 (a. 有机体各个部分之间相互关系的生理学 (对动物而言, 指神经和肌肉生理学); b. 生物体的生态学和地理学或

---

[1]海克尔首先在图解表示中使用了 "Oecologie" 一词, 然后才用文字来加以说明, 这一事实突出了正文中所述的他发明该词的目的 (Haeckel 1866, 第 1 卷, 第 238 页)。

[2]Allee et al. 1949, 第 19、42 页。

[3]Haeckel 1866, 1868, 1870。

K. Jax
Department of Conservation Biology, Helmholtz Centre for Environmental Research (UFZ), Permoserstr. 15, 04318 Leipzig, Germany
e-mail: kurt.jax@ufz.de

A. Schwarz (✉)
Institute of Philosophy, Technische Universität Darmstadt, Schloss, 64283 Darmstadt, Germany
e-mail: schwarz@phil.tu-darmstadt.de

[150]   与外界相关的生理学)[4]。

其中一个观点关注有机体与其周围自然环境之间的相互关系，包括与其他生物体之间的相互作用：

> 我们所说的**生态学**，是指**有机体与其周围外部世界之间关系的整体科学**，它在广义上可以指所有"**存在条件**"(conditions of existence)。这些条件部分是有机的，部分是无机的[5]。

另一种观点将生态学视为"自然经济"(economy of nature)，这至少在海克尔看来，与达尔文所倡导的自由经济理论有着渊源：

> **生物生态学** (ecology of the organism)，是研究**生物与周围外部世界整体关系**的科学，指有机和无机的存在条件；所谓的"**自然经济**"(economy of nature)，是指生活在同一地方的所有生物之间的相互关系，它们对环境的适应 (adaptation)，和它们为生存而做出的改变[6]。

> 我们所说的**生态学**，是指研究动物有机体处所的经济的一门科学。我们必须研究动物与其无机和有机环境之间的整体关系，特别是和与之直接接触的动植物的良性和敌对关系[7]。或者简言之，是达尔文所谓的为生存而斗争的那些错综复杂的联系。

海克尔的定义明确排除了空间 (即地形和地理) 维度，而将其纳入他所谓的"生物

---

[4] "Die Physiologie theilen wir ebenfalls in zwei Disciplinen: I. Die Physiologie der Conservation oder Selbsterhaltung (a. Ernährung, b. Fortpflanzung), II. die Physiologie der Relationen oder Beziehungen (a. Physiologie der Beziehungen der einzelnen Theile des Organismus zu einander (beim Thiere Physiologie der Nerven und Muskeln); b. Oecologie und Geographie des Organismus oder Physiologie der Beziehungen zur Aussenwelt)." (Haeckel 1866, 第 1 卷, 第 237 页, 原文强调)。

[5] "Unter *Oecologie* verstehen wir die gesammte *Wissenschaft von den Beziehungen des Organismus zur umgebenden Aussenwelt*, wohin wir im weiteren Sinne alle, *Existenz-Bedingungen*' rechnen können. Diese sind theils organischer, theils anorganischer Natur." (Haeckel 1866, 第 2 卷, 第 286 页, 原文强调)。

[6] "*Die Oecologie der Organismen*, die Wissenschaft von den *gesammten Beziehungen der Organismen zur umgebenden Außenwelt*, zu den organischen und anorganischen Existenzbedingungen; die sogenannte, *Oekonomie der Natur*', die Wechselbeziehungen aller Organismen, welche an einem und demselben Orte mit einander leben, ihre Anpassung an die Umgebung, ihre Umbildung durch den Kampf um's Dasein." (Haeckel 1868, 第 539 页, 原文强调)。

[7] "Unter *Oecologie* verstehen wir die Lehre von der Oeconomie, von dem Haushalt der thierischen Organismen. Diese hat die gesammten Beziehungen des Thieres sowohl zu seiner anorganischen, als zu seiner organischen Umgebung zu untersuchen, vor allem die freundlichen und feindlichen Beziehungen zu denjenigen Pflanzen und Thieren, mit denen es in directe oder indirecte Berührung kommt; oder mit einem Worte alle diejenigen ver-wickelten Wechselbeziehungen, welche Darwin als die Bedingungen des Kampfes um's Dasein bezeichnet." (Haeckel 1870, 第 365 页, 原文强调)。

地理学" (chorology, Arealkunde) 的概念中[8]。然而, 这种空间维度已成为生态学概念 [151]
的根本支柱之一。

　　由于海克尔寻求与达尔文进化论相关的生物学结构, 因此他将生态学定位
为生理学的一部分, 并得出了关于那些被他称为 "生态学的" 生物之间关系的重
要性[9]。

　　图 10.1a 是动物学主要分支的示意图。海克尔在 1866 年将生态学和生物地理
学纳入其中, 置于 "生物与外界关系的生理学" 之内。它们是 "动物关系生理学"
("Relations-Physiologie der Thiere", physiology of relations of animals) 的一部分, 另一
部分则用来说明 (动物) 身体各部分之间的关系。这种关系生理学与 "维持生理学"
("Conservations-Physiologie", physiology of conservation, 指生物体保持生命和繁殖的
生理学) 形成对比。特鲁洛克 (Tschulok 1910, 第 141 页及其后) 曾尖锐地指出, 生
态学, 尤其是生物地理学 (包含了地理学和地形学的生理学) 的具体位置并没有遵
循任何明确的逻辑或标准。例如, 我们尚不清楚, 相比于内部代谢或繁殖生理学,
为什么生物体与其周围环境关系的生理学更接近于肌肉和神经的生理学 (用来说
明 "动物身体各个部分之间的关系" 的例子)。海克尔设计该框架的主要动机是希
望找到一个一致的、明确的二元框架 (dichotomies) , 可以将生物学的不同部分 (特
别是动物学) 进行排序。这也解释了为什么海克尔能随意地重新安排该框架内的
各个部分。图 10.1b 是海克尔在 1902 年发表的对动物学分支的重新排序[10]。在该
图中, 以前的 "关系生理学" (Relations-Physiologie), 特别是有关 "动物身体各个部
分之间关系" 的部分, 被移到了生理学的另一部分——功能生理学 (Physiologie der
Arbeitsleistungen), 但海克尔没有给出明确的解释来说明为什么将它们移出或移至
哪个特定类别之下。在保持动物学的分支总数恒定 (最底层为 8 个) 的同时, 生
态学和生物地理学作为关系生理学的仅有的组成部分, 日渐独立 (现在, 生物地理 [152]
学还包括物种的迁徙)。显然, 在这两种表述中, "生态学" (Oecologie) 都遵循了海
克尔系统的内部逻辑, 并且从未将其作为一种新的研究纲领来发展一致的生态学
概念。

---

　　[8]"我们所说的生物地理学, 指的是有关**生物空间分布**和生物在地球表面地理上的和地形中
扩展的整体科学。" "Unter *Chorologie* verstehen wir die gesammte *Wissenschaft von der räumlichen
Verbreitung der Organismen*, von ihrer geographischen und topographischen Ausdehnung über die Er-
doberfläche." (Haeckel 1866, 第 2 卷, 第 287 页, 原文强调)。

　　[9]参见施陶费尔 (Stauffer 1957)。在 19 世纪和 20 世纪上半叶, 一些出版物试图以一致的方式
将生物学的不同分支联系起来。除了海克尔 (Haeckel 1866) 的著作外, 还包括 Burdon-Sanderson
1893, Wasmann 1901, Tschulok 1910, Gams 1918, 和 Du Rietz 1921。

　　[10]尽管该图选自 1870 年再版的海克尔的通俗作品集中, 但它并未包含在原始论文中。而且,
在 1870 年著作中使用的术语和排序介于图 10.1 中显示的两种方案之间。

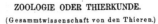
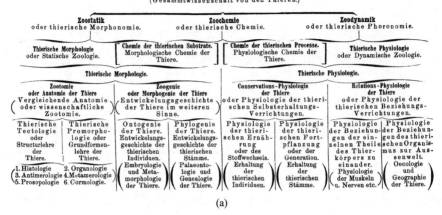

(a)

(b)

图 10.1   恩斯特·海克尔关于动物学子学科的想法。(a) 摘自海克尔 (Haeckel 1866, 第 1 卷, 第 238 页), (b) 摘自海克尔 (Haeckel 1902, 第 29 页)。解释见正文。

[153]   然而，生态学作为有机体"外部生理学"的概念在早前便被采纳[11]，最迟在 20 世纪初，诸如卡尔·森佩尔 (Carl Semper)、威廉·申佩尔 (A. F. Wilhelm Schimper) 和尤金纽斯·瓦尔明 (Eugenius Warming) 等生态学的主要人物，以及弗雷德里克·克莱门茨 (Frederic Clements) 和亨利·钱德勒·考尔斯 (Henry Chandler Cowles)，成功地将其发展为研究纲领。这些研究纲领和其他研究纲领都部分强调了有机体之间的生物联系以及对整个"自然经济"的考虑。确定生态学概念的范围及其各种

---

[11]在讲德语的地区尤其如此，在这里生理学传统比在盎格鲁–撒克逊人的世界中更为重要 (如 Trepl 1987, 第 26 页)。在这种意义上创建研究范式的首批科学家之一是卡尔·奥古斯特·默比乌斯 (Karl August Möbius)，他对牡蛎养殖场的经济进行了案例研究 (Möbius 1877)。

变化是生态学家在该学科形成初期的主要关注点之一[12]。

参考文献

Allee WC, Emerson AE, Park O, Park T, Schmidt KP (1949) Principles of animal ecology. Saunders, Philadelphia

Burdon-Sanderson JS (1893) Inaugural address. Nature 48: 464–472

Du Rietz GE (1921) Zur methodologischen Grundlage der modernen Pflanzensoziologie. Adolf Holzhausen, Wien

Gams H (1918) Prinzipienfragen der Vegetationsforschung. Ein Beitrag zur Begriffsklärung und Methodik der Biocoenologie. Vierteljahresschr. Naturf Gesellsch Zürich 63: 293–493

Haeckel E (1866) Generelle Morphologie der Organismen. Georg Reimer, Berlin

Haeckel E (1868) Natürliche Schöpfungsgeschichte: gemeinverständliche wissenschaftliche Vorträge über die Entwickelungslehre im Allgemeinen und diejenige von Darwin, Goethe und Lamarck im Besonderen, über die Anwendung derselben auf den Ursprung des Menschen und andere damit zusammenhängende Grundfragen der Naturwissenschaft. Reimer, Berlin

Haeckel E (1870) Über Entwicklungsgang und Aufgabe der Zoologie. Jenaische Z Med Naturwiss 5: 353–370

Haeckel E (1902) Gemeinverständliche Vorträge und Abhandlungen aus dem Gebiete der Entwickelungslehre. Emil Strauß, Bonn

Möbius KA (1877) Die Auster und die Austernwirtschaft. Wiegandt, Hempel & Parey, Berlin

Stauffer RC (1957) Haeckel, Darwin, and ecology. Q Rev Biol 32: 138–144

Tschulok S (1910) Das System der Biologie in Forschung und Lehre. Eine historisch-kritische Studie. Gustav Fischer, Jena

Wasmann ESJ (1901) Biologie oder Ethologie? Biols Zentralbl 21: 391–400

---

[12]参见 Jax, 本书第 12 章。

第 11 章 术语之间的竞争

Kurt Jax and Astrid Schwarz

直到 20 世纪早期, 与生态学竞争的术语有 "博物学" (natural history)、"生物学" (biology)、"个体生态学" (bionomics) 和 "动物行为学" (ethology)。

"博物学" 是生态学的根本, 它在生态学产生的过程中起着重要的作用。海克尔 (Haeckel) 在 1870 年就指出 (第 365 页): "迄今为止, 生态学 (经常被不合适地称为狭义上的生物学) 是博物学的主要组成部分"[1]。

尽管海克尔把生态学放到了生物学的现代系统中 (作为 "外部生理学")[2], 但是他仍然承认博物学是生态学的基本根源。"构造可见自然" (structuring visible nature)[3]的博物学痕迹从未在生态学中消失。在 19 世纪末 20 世纪初, 博物学被认为是在用无差别的 "非科学的" 方法收集自然现象数据。这一看法是基于实验的生物科学稳步发展所带来的结果。事实上, 19 世纪的博物学不只是偶然的采样和描述, 相反, 它具有非常明确的方法论和科学 (理论) 问题[4]。这些问题包括揭示自

---

[1] Oecologie (oft unpassend auch als Biologie im engeren Sinne bezeichnet) bildete bisher den Hauptbestandtheil der sogenannten, Naturgeschichte' in dem gewöhnlichen Sinne des Wortes."

[2] 在他的著作中, 海克尔总是将其定义为动物学。

[3] 翻译自 Foucault 1974, 第 177 页。

[4]《博物学文化》(*Cultures of Natural History*, 1996) 一书详细讨论了博物学在几个世纪中不断变化的合理性, 该书由贾丁 (N. Jardine), 斯普雷 (E. C. Spary) 和西科德 (J. A. Secord) 主编; 科勒 (R. Kohler 2006) 对 19 世纪至 1950 年代博物学中的具体科学实践进行了详细的研究, 而塔克斯 (D. Takacs) 在《生物多样性理念: 天堂哲学》(*The Idea of Biodiversity: Philosophies of Paradise*, 1996) 中认为博物学是现代生物科学特别的存在。

K. Jax
Department of Conservation Biology, Helmholtz Centre for Environmental Research (UFZ), Permoserstr. 15, 04318 Leipzig, Germany
e-mail: kurt.jax@ufz.de

A. Schwarz (✉)
Institute of Philosophy, Technische Universität Darmstadt, Schloss, 64283 Darmstadt, Germany
e-mail: schwarz@phil.tu-darmstadt.de

然多样性的分布和起源以及其秩序形成的机制[5]。

　　由于博物学覆盖的范围太广，大多数早期的生态学家都反对将生态学等同于"古典"博物学 (如 Wheeler 1902)。但查尔斯·埃尔顿 (Charles Elton) 认为生态学过分强调实验生物学而牺牲了野外动物观测，因此，他在 1927 年的书中定义生态学为"科学的博物学" (Elton 1927，第 1 页)。谢尔福德 (Shelford 1937，第 32 页，脚注 1) 也指出："科学博物学这一术语适用于博物学和生理学中那些能够被组织成科学的部分，但不包括博物学中所有无法组织的部分。"

[157]　　在 19 世纪下半叶和 20 世纪初期，特别是在德国，"生物学" 一词的广义和狭义含义被广泛使用，其狭义概念与海克尔对生态学的定义非常相近[6]。该术语的双重使用及它在 "生态学" (有时也指 "动物行为学") 中的应用遭受了诸多批判，不仅仅是因为它导致生态学概念不清 (Haeckel 1866, 1870; Wasmann 1901[7]; Dahl 1898[8])。沃斯曼 (Wasmann) 一方面批评了该概念的双重使用，同时又试图保存和完善其狭义 "生物学" 的概念。他认为其狭义概念包括 "有机个体的外部活动，同时调节它们与其他有机体和无机生存条件的关系"[9]。因此，它包含了有机体的外部习性 (如取食和繁殖)、它们之间的相互作用以及它们的生存条件。在他看来，这个概念比"动物行为学" 概念更广，甚至比海克尔的 "生态学" 概念更广。

　　在学术共同体的著作中一直使用 "生物学" 而不是 "生态学"，这一事实受到西奈·特鲁洛克 (Sinai Tschulok) 等人的注意和批评 (Tschulok 1910，第 211–212 页)：

　　　　"非常令人遗憾的是，即使是在科学著作中，生态学仍然经常被称为生物学。因为生物学既是有关生物的全部科学，而同时又是关于它的一部

---

[5]这里提出的问题也是 "为什么"，而不仅仅是 "如何"。博物学的方法论，正如这个术语所表示的，是一个重历史的方法论，以一种系统的方式解释在自然中发现的具体模式和过程 (Trepl 1987，第 46 页)。法伯 (Farber 1982，第 150–151 页) 将博物学和 "科学" 生理学视为 19 世纪的平行传统，博物学以理论问题 (如分类、形态学和历史之间的关系) 为指导，到 19 世纪中叶，进化论达到高潮。

[6]海克尔把生态学看作 "狭义生物学" 的替代品。

[7]尽管沃斯曼本人也对这个问题提出了批评，但他主张保留狭义的 "生物学" 一词，拒绝 "动物行为学" 和 "生态学"。

[8]达尔 (Dahl 1898，第 121–122 页) 认为，"到目前为止，该领域甚至还没有找到一个可能符合普遍共识的名称。它以前叫生物学。但是由于这个名称现在已经在最广泛的意义上应用于指对所有生物的研究，特别是细胞学研究自称为生物学，我们这些不太出名和受人尊敬的人，不得不放弃这个名字"。"Hat man doch bisher nicht einmal einen Namen fur dieses Gebiet gefunden, der allgemein anerkannt wurde. Man nannte es fruher Biologie. Nachdem aber diese Bezeichnung im weitesten Sinne auf die Erforschung aller Lebewesen in Anwendung gekommen ist und die Zellforschung im Speziellen sich Biologie nennt, müssen wir als die minder Bekannten und Geachteten das Feld räumen."

[9]"作为个体有机体的外部活动，同时调节有机体与其他有机体的关系和与无机存在条件的关系" (Wasmann 1901，第 397 页)。

分的, 即某种视角。更糟糕的是, 生物学欲表示某些生态学以外的东西,
而不是对生物体的整体研究"[10]。

在 19 世纪下半叶, 特别是在法国和比利时, 生物学在 "细胞学" 意义上的更
为狭义的含义出现 (后来与 "有机体的微观知识" 有关) (Dahl 1898; Wasmann 1901;
Wheeler 1926)。这进而为 "动植物生存之道的科学" (Wasmann 1901, 第 394 页) 创
造了一个新的术语, 即 "动物行为学" [11]。动物行为学是动物学家特别喜欢的一个
术语 (如 Dahl 1898; Wheeler 1902)。达尔 (Dahl) 将生态学及他所称的 "营养学" (与
动物的食物有关) 视为动物行为学的一部分。达尔和维勒 (Wheeler) 都认为 "生
态学" 这个概念过于狭隘, 认为它 (至少 "oikos" 一词的直接含义) 主要指 "居住"
("Aufenthalt", Dahl 1898, 第 122 页) 或 "栖息地" (Wheeler 1902, 第 973 页)。维勒也
认为 "动物行为学" 更能描述动物生命的整体复杂性, 包括 (不同于植物) 动物之
间的社会和心理现象, 但这并不是达尔所看重和感兴趣的。和达尔一样, 维勒也将
生态学视为动物行为学的**一部分**。然而, 试图用 "生态学" 代替 "动物行为学" 的
尝试并没有取得很大成功。到 1920 年代, 或者更早, "生态" 一词也已经成为动物
学中的主要术语, 而动物行为学一词就仅被用于描述动物行为即动物的个体社会
互动。卡彭特 (Carpenter 1938) 出版的《生态学词汇》(*Ecological Glossary*) 一书中
甚至没有提到 "动物行为学"。然而, 在同一时期, 德国生物学家雅各布·冯·于克
斯屈尔 (Jakob von Uexküll) 提出了一种 "环境理论" (Umweltlehre), 并试图略去 "生
态学" 和 "行为学" 两个标签[12]。

"个体生态学" (bionomics) 是另一个与生态学 "竞争" 的不常用的概念[13], 直到
今天, 它仍是这些竞争概念中定义最不明确的。1910 年, 达尔认为动物行为学**与生**

[158]

---

[10] "Es ist sehr zu bedauern, daß selbst in wissenschaftlichen Werken die Ökologie noch sehr häufig
als Biologie bezeichnet wird. Denn einmal ist Biologie die Gesamtwissenschaft von den Lebewesen, ein
anderes Mal ein Teil davon, d.h. eine bestimmte Betrachtungsweise [···]. Noch schlimmer ist es, wenn
unter Biologie etwas mehr als Ökologie verstanden werden will und damit doch nicht die gesamte Lehre
von den Organismen gemeint ist."

[11] 在这个意义上使用 "动物行为学" 的第一位作者是 1854 年的伊西多尔·德·杰弗里·圣·希
莱尔 (Isidore de Geoffrey St. Hilaire) (Wheeler 1926; van der Klauuw 1936a; Jahn and Sucker 2000)。参
见 van der Klauuw 1936a, 第 140 页, 第一次描述 "动物行为学" 的准确措辞。

[12] "环境理论包括两个要点。除了承认基于规划的环境外, 它还要求承认所有环境之间的相
互关系是一种包罗万象的秩序" (Uexküll 1929, 第 45 页)。于克斯屈尔关于 "Umwelt" 的具体概念
(在今天的口语术语 "环境" (environment) 中并没有真正被捕捉到) 在依赖于特定个体 (生物学对
象) 的意义上, 是一种既抽象又具体的概念。

[13] 维勒 (Wheeler 1926) 提到雷·兰基斯特 (E. Ray Lankester) 是 1889 年使用这个词的人, 而雅
恩和苏克 (Jahn and Sucker 2000) 提到威廉姆·哈克 (J. Wilhelm Haake) 是第一个使用这个词的
人, 兰基斯特和哈克是海克尔的学生。描述动物 (自然) 历史的 "动物学" 在 19 世纪早期就已经
存在 (见 van der Klauuw 1936a, 第 137 页)。

态学应该处于同等地位，并与心理学一起构成了动物生物学，这些观点不同于他早期著作中提及的观点，同时他也认为植物生物学与植物生态学是相同的 (Dahl 1910, 第 3 页)。在弗里德里希斯 (Friederichs 1930) 看来，个体生态学是一门研究物种的具体 "生命规律" (Lebensgesetzlichkeit, 第 11 页) 的科学，尽管这些规律是外显的，但仍然与生态学密切相关。卡彭特 (Carpenter 1938) 将个体生物学定义为 "个体生态学" (autecology) (使用更宽松) (第 44 页)；对谢弗 (Schaefer 2003) 来说，它是 "物种生活方式的科学，也被称为 '狭义生物学'" [14]；林肯等 (Lincol et al. 1998, 第 41 页) 认为它是生态学的同义词："生态学；是一门研究有机体与其环境关系的科学"。因此，尽管现在的生态学已经充分建制化了，但是其概念之间的竞争似乎仍在继续。

参考文献

Carpenter RJ (1938) An ecological glossary. Kegan Paul, Trench, Trubner & Co., London

Dahl F (1898) Experimentell-statistische Ethologie. Verhandlungen der Deutschen Zoologischen Gesellschaft, Jahresversammlung 1898 in Heidelberg: 121–131

Dahl F (1910) Anleitung zu zoologischen Beobachtungen. Quelle & Meyer, Leipzig

Elton C (1927) Animal ecology. Sidgwick & Jackson, London

Farber PA (1982) The transformation of natural history in the nineteenth century. J. Hist. Biol. 15: 145–152

Foucault M (1974) Die Ordnung der Dinge. Suhrkamp, Frankfurt/Main

Friederichs K (1930) Die Grundfragen und Gesetzmäßigkeiten der land- und forstwirtschaftlichen Zoologie, insbesondere der Entomologie. Erster Band: Ökologischer Teil. Paul Parey, Berlin

Haeckel E (1866) Generelle Morphologie der Organismen. Georg Reimer, Berlin

Haeckel E (1870) Über Entwicklungsgang und Aufgabe der Zoologie. Jenaische Zeitschrift für Medizin und Naturwissenschaften 5: 353–370

Jahn I, Sucker U (2000) Die Herausbildung der Verhaltensbiologie. In: Jahn I (ed) Geschichte der Biologie, 3 edn. Spektrum, Akademischer Verlag, Jena, pp 580–600

Jardine N, Secord JA, Spary EC (eds) (1996) Cultures of natural history. Cambridge University Press, Cambridge

Klaauw C, J. van der (1936) Zur Geschichte der Definitionen der Ökologie, insbesonders aufgrund der Systeme der zoologischen Disziplinen. Sudhoffs Archiv für Geschichte der Medzin und der Naturwissenschaften 29: 136–177

Kohler RE (2006) All Creatures: Naturalists, Collectors and Biodiversity 1850—1950. Princeton University Press, Princeton, New Jersey

Lincoln R, Boxshall G, Clark P (1998) A dictionary of ecology, evolution and systematics. Cambridge University Press, Cambridge

---

[14] 关于一个物种生活方式的学说也被称为 "狭义生物学" (Schaefer 2003, 第 50 页)。

Schaefer M (2003) Wörterbuch der Ökologie, 4 edn. Spektrum Akademischer Verlag, Heidelberg [159]

Shelford VE (1937) Animal communities in temperate America, 2 edn. University of Chicago Press, Chicago

Takacs D (1996) The idea of biodiversity: philosophies of paradise. John Hopkins University Press, Baltimore & London

Trepl L (1987) Geschichte der Ökologie. Vom 17. Jahrhundert bis zur Gegenwart. Athenäum, Frankfurt/Main

Tschulok S (1910) Das System der Biologie in Forschung und Lehre. Eine historisch-kritische Studie. Gustav Fischer, Jena

Uexküll Jv (1929) Welt und Umwelt. Aus deutscher Geistesarbeit 5: 20–26, 36–46

Wasmann ESJ (1901) Biologie oder Ethologie? Biologisches Zentralblatt 21: 391–400

Wheeler WM (1902) 'Natural history', 'oecology' or 'ethology'? Science 15: 971–976

Wheeler WM (1926) A new word for an old thing. Q. Rev. Biol. 1: 439–443

第 12 章 概念的确立

Kurt Jax

在 19 世纪海克尔创造生态学这一名词之前, 生态学的概念就出现了, 当时主要是从逻辑的可行性上探索了动植物分布格局是动植物与环境直接互动的结果。然而, 生态学成为一门具有自我意识的学科 (a self-conscious descipline)[1], 即从事 "生态学" 工作的研究者参与的系统性学科, 却是海克尔给出生态学定义之后 20 年左右的事了。在此期间, 人们不断试图确定生态学概念的边界, 稳定生态学概念的进程延续至 20 世纪前 10 年。

例如, 亨利·钱德勒·考尔斯 (Henry Chandler Cowles) 受邀向美国科学促进会 (American Association for the Advancement of Science, AAAS) 汇报 "1903 年的生态学研究"。报告开头指出: "对于生态学来说, 完成这样一项任务完全不可能, 因为生态学领域一片混乱。即使是基本的原理或动机, 生态学家也无法达成共识。事实上, 现在至少在座的各位中没有打算定义或界定生态学" (Cowles 1904, 第 879 页)。20 世纪初的生态学仍然在其基本根源和构成要素, 即一方面是博物学和生物地理学, 另一方面是现代生物学 (特别是生理学) 之间苦苦寻找自己的位置[2]。

在整个生态学史上, 更具描述性的、高度背景依赖的博物学进路和基于控制实验的生理学方法之间的张力始终存在。这种张力既有成效又有问题。它将生态学转化为一种进路, 把人们看待自然界的不同方式统一起来, 同时还产生了强大的离心力, 试图 "净化" 这一新兴学科, 使其摆脱传统的印记, 特别是博物学的印记[3]。

---

[1]阿利 (Allee) 等人在 1949 年使用了这个表达, 随后麦金托什 (McIntosh) 在 1985 年使用了这个表达。

[2]海洋学和湖沼学也对生态学的形成做出了贡献, 即使通常是通过某种不同的论述。参见 Schwarz 2003。

[3]参见 Simberloff (1980) 关于这些尝试的讨论。

K. Jax (✉)

Department of Conservation Biology, Helmholtz Centre for Environmental Research (UFZ), Permoserstr. 15, 04318 Leipzig, Germany

e-mail: kurt.jax@ufz.de

　　许多早期生态学家对生理学的高度重视, 使其专业化, 并成为实验室生物学的主流, 在 19 世纪末和 20 世纪初占主导地位。许多科学家认为当时即将出现的生态学领域会昙花一现。把生理学从实验室带到野外, 不仅采用了精密的生物学方法, 同时也能将 "专业生态学家" 从 "纯粹的博物学家" 中分离出来 (Hagen 1986; Cittadino 1980)。生态学这个年轻学科的主要支持者 (如卡尔·森佩尔 (Carl Semper)、安德烈亚斯·申佩尔 (Andreas Schimper)、亨利·考尔斯、弗雷德里克·克莱门茨 (Frederic Clements)、维克多·谢尔福德 (Victor Shelford)、理查德·黑塞 (Richard Hesse)) 都赞同这一观点[4]。

　　生态学曾一度被称作 "植物生理学" (plant physiology) 或 "植被生理学" (vegetable physiology)。在此背景下麦迪逊植物学大会为确定 "生态学" 的合理定义 (及正确拼写) 做出了努力[5]。克莱门茨 (Clements 1905, 第 2 页) 说: "关于生理学和生态学的内在同一性, 几乎没有疑问。[······] 生态学主要是对植被的描述性研究, 生理学更多关注的是植被自身的功能", 他呼吁将两者结合起来, "将两者的优点结合起来, 同时消除表面和极端的倾向" (同上, 第 3 页)。

　　许多早期的动物生态学家也是这样看待生态学的。德国生物学家卡尔·森佩尔认为生态学是通过调查 "温度、光、热、湿度、营养等对活体动物的影响" 来验证达尔文进化论的研究纲领的一部分 (Semper 1868, 第 228–229 页)[6]。1913 年维克多·谢尔福德引用了森佩尔的《动物生态学》一书 (Semper 1880, 第一本关于动物生态学的书)[7]写道: "目前**生态学是普通生理学的一部分, 主要研究有机体整体、生活史及其生存环境, 有别于研究专门化器官的生理学**"[8]。1927 年, 理查德·黑塞写道: "生态学仅仅是生理解剖学的延续和补充······; 环境条件被整合到各个过程的理论联系环节中"[9]。

[163]　　德国植物生理学派, 包括西蒙·施文德纳 (Simon Schwendener)、戈特利布·哈伯兰特 (Gottlieb Haberlandt) 和恩斯特·斯塔尔 (Ernst Stah) 等人奠定了生态学的生理学传统 (特别是后来被称为 "个体生态学") 的基础。他们运用进化论的视角, 力图将形态学与植物生理解剖学 (Physologische Pflanzenanatomie) 联系起来[10]。

---

[4]参见科勒 (Kohler 2002) 对生物学中实验室–野外领域变化的历史描述。

[5]Madison Botanical Congress (1894, 第 35 页及其后)。

[6]参见第 19 章; 关于森佩尔和早期德国生态学生理传统的讨论。

[7]森佩尔这本书的英文版出版于 1881 年, 在英国和美国出版时的书名略有不同。

[8]Shelford 1913, 第 1 页, 原文强调。

[9]"[···] Die Ökologie [ist] nur eine Fortführung und Ergänzung der physiolo-gischen Anatomie [···]; es werden die Bedingungen der Umwelt mit einbezogen in die gedankliche Verknüpfung der Einzelvorgänge." (Hesse 1927, 第 944 页)。

[10]这也是哈伯兰特 (Haberlandt 1884) 关于新进路的开创性著作的书名。

这一进路研究了植物的形态特征及其功能 (适应性) 意义, 将实验室科学带到了野外[11]。然而, 对生态学概念的稳定具有决定性影响的一步是将生态学中的生理学视角与生物地理学视角相融合。同时, 这需要将研究的内容从单物种或两物种相互作用 (如寄生和共生) 与环境之间的关系 (和适应性) 转变为研究群落与环境之间的关系。丹麦尤金纽斯·瓦尔明 (Eugenius Warming) 和德国安德烈亚斯·申佩尔 (Warming 1896; Schimper 1898) 系统性地迈出这一步。他们完成了亚历山大·冯·洪堡 (Alexander von Humboldt) 的植物外貌地理学 (1807) 从半美学的、半科学的视角到全科学的视角的转变, 这一转变早在几十年前奥古斯特·格里泽巴赫 (August Grisebach, 1838) 的工作中就有预示。瓦尔明和申佩尔使生理学成为**生态学的**植物 (和动物) 地理学的基础 (与纯粹的分类学或博物学相对应), 因此成为早期生态学主要的研究目标。瓦尔明 (Warming 1896) 写道: "一个纯粹描述群落外貌的体系没有科学意义; 只有从生理和生态学角度解释群落外貌学的时候, 它才具有科学意义"[12]。在之前的几页中他还写道: "**为什么**植物会形成群落, **为什么**它们拥有它们所拥有的外貌?"[13]

与海克尔相比, 瓦尔明更有资格被称为生态学的奠基人。他的著作《生态植物地理学教科书》(*Lehrbuch der ökologischen Pflanzengeographie*) 广受欢迎。在书中, 他区分了 "生态植物地理学" 与 "区系植物地理学":

> 生态植物地理学告诉我们, 植物和植物群落是如何根据影响它们的
> 因子 (如热量、光照、养分和水等的供应量) 来塑造和储存它们的[14]。

[164]

申佩尔、克莱门茨、谢尔福德和黑塞把 "外部生理学" 的概念从有机体生理学扩展到群落生理学这一纲领, 是生态学关键的一步 (Schimper 1898; Clements 1905; Shelford 1913; Hesse 1924)。

然而, 严格来说, "纯粹的" 生理生态学和实验生态学的纲领从来没有完全实现陆地生态学的要求, 尤其是在强调实验方法方面 (Hagen 1988)。描述、比较和分类是博物学的基本工具, 对于生态学工作和理论构建仍然是必不可少的。事实上,

---

[11]特别是参见西塔迪诺 (Cittadino 1990) 对这些学派的描述。

[12]瓦尔明 (Warming 1896, 第 5 页)。"Ein rein physiognomisches System hat keine wissenschaftliche Bedeutung: erst wenn die Physiognomie physiologisch und ökologisch begründet wird, erhält sie eine solche".

[13]出处同前, 第 3 页。"*Weshalb* schließen sich Arten zu bestimmten Gesellschaften zusammen und *weshalb* haben diese die Physiognomie, die sie besitzen?" 关于洪堡的植物外貌向生态学的转变见特赖普 (Trepl 1877, 第 104 页及其后) 及施瓦茨 (Schwarz 2003, 第 28 页及其后)。

[14]出处同前, 第 2 页。"Die *ökologische Pflanzengeographie* [···] belehrt uns darüber, wie die Pflanze und die Pflanzenvereine ihre Gestalt und ihre Haushaltung nach den auf sie einwirkenden Faktoren, z.B. nach der ihnen zur Verfügung stehenden Menge von Wärme, Licht, Nahrung und Wasser u.a. einrichten."

瓦尔明的著作 (以及克莱门茨的许多经验主义著作) 不仅涉及非生物因子和研究植物与这些因子之间相关的实验进路, 还涉及研究有机体之间的相互作用以及整个植物群落的动态和分类关系[15]。瓦尔明在生态学概念中整合了外貌学和生理学视角 (源自早期的植物地理学), 把植物 (和植物群落) "住所" 与非生物的环境因子联系起来, 并强调作为群落构成元素的有机体之间的相互作用。

因此, 在 1900 年左右, 生态概念的主要 "要素" 全部就位——不仅仅是定义, 而且是**实践**[16]:

- 有机体的外部生理学是生态学无可争议的核心要素, 包括
- 有机体与非生物因子的相互作用及有机体之间的相互作用
- 外部生理学与有机体的局域和全球 (或至少是区域) 分布之间的一系列关系
- 将生态学的基本研究对象从个体扩展到整个群落[17]
- 博物学仍然是生态学不可或缺的一部分[18]

[165]

尽管生态学已有明确的定义和实践, 但是 "生态学" 概念的确切边界仍存有争议, 且 "游移不定"[19]; 时至今日, 亦是如此。人们对生态学概念的众多不同 "要素" 的重视程度差异很大。这一点在讨论何种语境下使用 "生态学" 和 "生态学的" 这两个词, 以及争论如何在生态学与其他科学领域之间划清界限中体现得尤为明显[20]。本章后文内容将简要概述这些争论。

英国植物生态学家阿瑟·坦斯利 (Arthur Tansley) 赞同一种类似于瓦尔明的生态学观点, 因此他在 1914 年作为新成立的英国生态学会 (British Ecological Society) 的第一任主席发表演讲时表示, "我们主张, 生态学首先是一种看待植物世界的方式, 于生态学而言, 研究植物的生存之道, 研究植物之间关系及与环境之间的关系,

---

[15]瓦尔明的著作 1895 年出版时, 最初的丹麦语书名是 "*Plantesamfund*", 意思是 "植物社会" 或 "植物群落"; 关于瓦尔明的生态学概念, 详见第 23 章。

[16]就他对生态学的纯口头**定义**而言, 瓦尔明只是把海克尔对生态学的描述称为有机体与外部世界关系的科学 ("Wissenschaft von den Beziehungen der Organismen zur Aussenwelt") (Warming 1896, 第 2 页, 脚注 1)。然而, 正如上文所述, 他的生态学**概念**要复杂得多。

[17]关于作为生态学对象的 "整体" (或单元) 的性质产生了不同的概念, 部分基于外貌学和 "统计" 概念, 部分基于更相关的甚至是功能的概念 (参见 Jax 2006, 第 4 章)。例如, 瓦尔明的立场接近于格里森后来提出的 "植物群落的个体概念" (Gleason 1917, 1926)。"种群" 和 "生态系统" 是后来作为生态学的研究单元出现的 (参见第 14 章)。

[18]尽管生态学只是博物学中 "系统性的那部分", 正如维克多·谢尔福德所强调的那样: 生态学一词适用于博物学和生理学中那些能够被组织成科学的部分, 但不包括博物学中所有无法组织的部分 (Shelford 1913, 第 32 页, 脚注 1)。同样地, 十多年后, 查尔斯·埃尔顿将生态学定义为 "科学的博物学" (Elton 1927, 第 1 页)。

[19]施瓦茨 (Schwarz 2003, 第 254 页及其后) 主要关注水生生态学, 她将生态学描述为在三个基本观念之间的摇摆, 即 "微宇宙" "生态位" 和 "能量", 它们分别代表了外貌、生理和功能三种研究方法。

[20]参见本书第七部分的章节, 其中更详细地讨论了生态学和其他科学领域之间的界限。

研究植物个体生活和社会性生活三个方面同等重要" (Tansley 1914, 第 195 页)。然而, 另一些学者, 如植物学家保罗·贾卡德 (Paul Jaccard), 则试图明确区分生态学、植物分布学 (chorology) 和植物社会学 (the sociology of plants), 并限定 "生态学" 的含义。他建议 "……仅将生态学一词用于描述土壤、地文和气候因子" (Jaccard in Flahault and Schröter 1910, 第 21 页), 并建议将 "分布学" 用于植物的地理关系, 将 "社会学" 用于植物之间的相互作用研究。但他的定义比海克尔等人提出的 "生态学" 使用范围更窄, 并没有被广泛接受。

与此同时, 贾卡德试图将仅限于生物相互关系的 "植物**社会学**" 经常作为生态学, 特别是**群落生态学**的同义词 (如 Nichols 1923[21]; Tansley 1920), 或更宽泛地理解, 包括分布学[22]。乔赛亚斯·布劳恩–布兰奎特 (Josias Braun-Blanquet) 在他的植物社会学教科书的导言中写道: "植物社会学, 即群落学或最广义的植被知识, 包括各社会单元中的植物的所有生命现象" [23]。他认为 "社会单元中植物的生命现象" [166] 是: "群落的组织或结构 (……), 群落生态学: 研究植物群落对彼此和对环境的依赖性、协同性 (群落发育) (……); 群落分布学 (群落的地理分布); 社会学分类 (系统学) (……)[24]。然而, 后来的作者将 "植物社会学" (plant sociology) 一词 (更常见的是 "phytosociology") 仅仅用于植物组合的分类 (见 Friederichs 1963)。因此,《英国生态学词典》将 "植物社会学" 定义为: "基于植物区系而非生活型或其他因素的植物群落分类" [25]。

"社会学的" 一词在动物生态学中的使用受到了更严格的限制, 通常 (尽管并不总是) 用于表示动物之间的相互作用, 而不是动物与非生物环境之间的相互作用 (另见 Friederichs 1963)。因此, 这一观点更接近于奥古斯特·孔德 (Auguste Comte) 在 19 世纪创造的 "社会学" 一词的原意, 即该词用来描述人类个体与社会之间的关系。因此, 与布劳恩–布兰奎特所描述的植物社会学相对等的并不是动物社会

---

[21] "植物群落与环境关系的研究包括可以被称为**生态植物社会学** (ecological plant sociology) 的领域, 更常见的说法是**群落生态学** (synecology)"。尼科尔斯 (Nichols 1923, 第 11 页, 原文强调)。

[22] 事实上, 这也包含在瓦尔明的生态学概念中。

[23] 布劳恩–布兰奎特 (Braun-Blanquet 1932, 第 1 页): "Die Pflanzensoziologie, die Lehre von den Pflanzengesellschaften, auch Vegetationskunde im weitesten Sinn, umfaßt alle das soziale Zusammenleben der Pflanzen berührenden Erscheinungen" (Braun-Blanquet 1928, 第 1 页)。在这里, 我没有采用布劳恩–布兰奎特 1928 年文本的翻译, 而是使用了他 1932 年著作的英文译本。

[24] 布劳恩–布兰奎特 (Braun-Blanquet 1932, 第 1–2 页): "··· das Gesellschaftsgefüge (Organisation oder Struktur)(···), der Gesellschaftshaushalt (Synökologie)(···), die Gesellschaftsentwicklung (Syngenetik)(···), die Gesellschaftsverbreitung (Synchorologie) (···) und die Klassifikation oder Systematik der Pflanzengesellschaften" (Braun-Blanquet 1928, 第 2 页), 植物社会学的这一定义后来被 1954 年在巴黎召开的国际植物学大会所采纳 (根据 Braun-Blanquet 1964, 第 22 页)。

[25] 阿拉贝 (Allaby 1994, 第 302 页); 在卡洛 (Calow 1998) 中可以找到类似的定义。

学, 而是更广意义上的 "动物生态学" [26]。

生态学是一门研究 "整体" 的科学, 主要由从事水生生态学研究的科学家, 如奥古斯特·蒂内曼 (August Thienemann) 和理查德·沃尔特雷克 (Richard Woltereck) 发展起来的 (见 Thienemann 1939), 它超越了生物群落 (整个 "生境")。科学家们对 "整体" 的认识与所使用的隐喻一样千差万别 (见 Jax 1998; Schwarz 2003 和本书第 4 章), 在系统理论出现之后仍是如此。随着 20 世纪中叶生态学系统论的兴起 (见第 15 章), 一些学者认为有必要对传统的以有机体为中心的生态学定义进行修改, 突出系统论和生态系统作为生态学基本对象的重要性。相互关系网和整个生态系统 (包括非生物因子) 的突现应被置于优先地位。因此尤金·奥德姆 (Eugene Odum) 评论: "正如你所知, 生态学通常被定义为: 研究有机体与环境之间的相互关系的科学。我觉得这个传统定义是不合适的, 它太模糊, 太宽泛了。我个人更喜欢把生态学定义为: 研究生态系统的结构和功能的科学。或者我们可以用一种不太专业的方式去定义: 研究自然的结构和功能的科学" (Odum 1962, 第 108 页)。类似地, 西班牙生态学家拉蒙·马加莱夫也将生态学定义为 "生态系统生物学" (Margalef 1968, 第 4 页)。

[167]

更近期的观点是试图将上述观点整合, 吉恩·莱肯斯 (Gene Likens) 将生态学定义为: "生态学是对影响有机体分布和丰度的过程, 有机体之间的相互作用, 以及有机体与能量和物质的转化和流动的相互作用的科学研究" (Likens 1992, 第 8 页)。这个定义代表了 20 世纪生态学发展的连续性: 即仍视有机体作为生态学的核心 (转述 Andrewartha and Birch 1961; Krebs 1985[27]), 同时它还强调 "能量和物质的转化和流动", 从而也将那些最常见方面视为构成生态系统生态学的核心。

关于生态学概念的界定还有一个争议点需要再次提及, 即生态学和生物地理学之间的关系, 科学家从不同的角度反复讨论了它们的关系 (如 McMillan 1956; Major 1958; Müller 1980; Browne 2000), 这不仅是一个概念问题, 而且还是划定 (并占据) 专业活动领域的问题。海克尔认为, 生态学和生物地理学 ("生物分布学") 都是生物学的 (生理学的) 具有并列地位的二级学科 (见第 10 章)。如前文所引, 瓦尔明 (Warming 1896, 第 2 页) 将 "生态植物地理学" (即他所指的生态学) 与传统的 "植物区系 (和同时期) 植物地理学" 区分开来" [28]。区分之后, 他和许多研究学

---

[26]事实上, 植物生态学和动物生态学的概念发展, 就像水生生态学和陆地生态学一样, 只是部分重叠, 而不是发生在相当独立的圈子里, 特别是在生态学的早期 (另见 McIntosh 1985)。

[27]Krebs 1985, 第 4 页: "生态学是研究决定生物分布和丰度的相互作用的科学。"

[28]这种进路类似于克雷布斯 (Krebs 1985, 第 41 页) 的进路。许多作者都强调生物地理学解释的历史维度, 包括辛贝洛夫 (Simberloff 1983) 和里克莱夫斯 (Ricklefs 2004)。

者 (如考尔斯[29]) 将植物生物地理学的一些问题纳入生态学领域。因此, 生物地理学常常被认为是一种 "交叉科学", 一方面属于生物学, 另一方面属于地理学 (Hesse 1924; Major 1958; Illies 1971; Leser et al. 1993)。相比之下, 另外一些研究者认为生物地理学是一门研究范围更广的科学, 远远超出了生态学的范畴。他们认为生态学是生物地理学的一个分支[30]。但同时, 也有学者认为生物地理学是生态学的一个分支 (在我看来, 其中包括沃尔特和布雷克 (Walter and Breckle 1983), 尽管他们没有明确使用生物地理学一词), 否则这两个学科就被认为是无法区分的。麦克阿瑟 (MacArthur) 和威尔逊 (Wilson) 在他们的《岛屿生物地理学》(*Island Biogeography*) 一书中评论道: "现在我们都称自己为生物地理学家, 无法看到生物地理学和生态学之间的真正区别" (MacArthur and Wilson 1967, 第 v 页)。 [168]

尽管并不是很成功, 但最近的趋势是试图在 "生物生态学"[31] (作为生物学的一部分) 和 "地理生态学" (作为地理学的一部分) 的概念和研究方法之间建立一种术语上的区别, 这二者都被认为是更广意义上的生态学的组成部分。这一趋势主要是由瑞士学者哈特穆特·莱泽 (Hartmut Leser) 推动[32]。但这一区分是否有效, 仍有争议。尽管地理学在生态学中很重要, 但生态学核心是关注生命本身, 因而生态学本质上仍旧是一门生物学学科。正如沃尔特和布雷克 (Walter and Breckle 1983, 第 1 页) 所指出的, 可能存在月球地理学, 但是从来没有月球生态学。

最近, "生态学" 的含义因其在环保运动和 "政治生态学" 领域的使用而变得更加复杂 (参见第 16 章)。在这里, 生态学已经成为一个流行语, 它几乎扩展到了所有领域 (如 McIntosh 1985, 第 6 页及其后)。在某些领域, 它代表一种世界观, 而在另一些领域, 它仅仅代表 "系统的" 或 "与相互作用和联系相关的"。尤其当生态学一词被生态学科学共同体之外使用时, 上述情况普遍存在。

在科学中, "生态学的" 的含义和 "生态学" 的明确定义在不同生态学家之间仍存在差异。有学者强调有机体与环境的关系, 有学者强调有机体之间的相互作用、

---

[29]考尔斯 (Cowles 1901, 第 74 页) 进一步区分了与群落有关的生态学中涉及生物区域分布的部分, 他称之为 "生物地理生态学", 涉及地方分布或地方群落的部分, 他称之为 "地文生态学" (physiographic ecology)。

[30]例如, 丹瑟罗 (Dansereau) 在他的《生物地理学》(*Biogeography*) 一书的序言中写道: "本书的范围横跨植物生态学、动物生态学和地理学, 与遗传学、人文地理学、人类学和社会科学有许多重叠之处。所有这些共同构成了生物地理学的领域" (Dansereau 1957, 第 v 页)。

[31]沃尔特·泰勒 (Walter Taylor) 早在 1927 年就使用了 "生物生态学" (bio-ecology) 一词。1939 年的一本美国教科书 (Clements and Shelford 1939) 也用这个书名。然而, 在这两种情况下, 这个术语都没有被用作与地球科学的区分。取而代之的是强调植物生态学和动物生态学这两个分支学科的整合, 以创造一个所有生物的生态学, 在此之前它们通常在单独的教科书中讨论。"生物生态学" 一词在生态学中尚未被广泛接受。

[32]Leser 1984, 1991; 另见《Diercke 生态与环境词典》(Leser et al. 1993); 及 Rowe and Barnes 1994。

分布格局和丰度, 有学者强调超出个体的生态整体 (单元) "功能性"。因此, 围绕生态学及其子学科的定义进行的争论, 既涉及构建和评估生命与非生命相互依存的复杂关系, 也涉及其学术团体和社会团体界限的争论。这种争论仍在进行中。

[169] **参考文献**

Allaby M (ed) (1994) The concise Oxford dictionary of ecology. Oxford University Press, Oxford

Allee WC, Emerson AE, Park O, Park T, Schmidt KP (1949) Principles of animal ecology. Saunders, Philadelphia

Andrewartha HG, Birch LC (1961) The distribution and abundance of animals. University of Chicago Press, Chicago

Braun-Blanquet J (1928) Pflanzensoziologie. Springer, Berlin

Braun-Blanquet J (1932) Plant sociology: the study of plant communities. McGraw-Hill, New York

Braun-Blanquet J (1964) Pflanzensoziologie. Grundzüge der Vegetationskunde, 3 edn. Springer, Berlin, Wien, New York

Browne J (2000). History of biogeography. Encyclopedia of Life Sciences [online]. Wiley & Blackwell

Calow P (ed) (1998) The encyclopedia of ecology and environmental management. Blackwell, Oxford

Cittadino E (1980) Ecology and the professionalization of botany in America, 1890—1905. Stud Hist Biol 4: 171–198

Cittadino E (1990) Nature as the laboratory: Darwinian plant ecology in the German Empire, 1880—1900. Cambridge University Press, Cambridge

Clements FE (1905) Research methods in ecology. The University Publishing Company, Lincoln

Clements FE, Shelford VE (1939) Bio-ecology. Wiley, New York

Cowles HC (1901) The physiographic ecology of Chicago and vicinity: a study of the origin, development, and classification of plant societies. Bot Gaz 31: 73–108, 145–182

Cowles HC (1904) The work of the year 1903 in ecology. Science 19: 879-885

Dansereau P (1957) Biogeography: an ecological perspective. Ronald Press, New York

Elton C (1927) Animal ecology. Sidgwick & Jackson, London

Flahault C, Schröter C (eds) (1910) Phytogeographische Nomenklatur. III. Internationaler Botanischer Kongress, Brüssel 1910. Zürcher & Furrer, Zürich

Friederichs K (1963) Über den Gebrauch der Worte und Begriffe "Gesellschaft" und "Soziologie" in verschiedenen Sparten der Wissenschaft. KZfSS 15: 449–461

Gleason HA (1917) The structure and development of the plant association. Bull Torrey Bot Club 44: 463–481

Gleason HA (1926) The individualistic concept of the plant association. Bull Torrey Bot Club 53: 7–26

Grisebach (1838) Über den Einfluß des Klimas auf die Begrenzung der natürlichen Floren. In: Grisebach A (ed) Gesammelte Abhandlungen und kleinere Schriften zur Pflanzengeographie. Verlag von Wilhelm Engelmann, Leipzig, pp 1–29

Haberlandt G (1884) Physiologische Pflanzenanatomie. Engelmann, Leipzig

Hagen JB (1988) Organism and environment: Frederic Clements's vision of a unified physiological ecology. In: Ronald R, Benson KR, Maienschein J (eds) The American development of biology. University of Pennsylvania Press, Philadelphia, pp 257–280

Hagen JB, (1986) Ecologists and taxonomists: divergent traditions in twentieth-century plant geography. J Hist Biol 19: 197–214

Hesse R (1924) Tiergeographie auf ökologischer Grundlage. Gustav Fischer, Jena

Hesse R (1927) Die Ökologie der Tiere, ihre Wege und Ziele. Naturwissenschaften 15: 942–946

Illies J (1971) Einführung in die Tiergeographie. Gustav Fischer, Stuttgart

Jax K (1998) Holocoen and ecosystem: on the origin and historical consequences of two concepts. J Hist Biol 31: 113–142

Jax K (2006) The units of ecology: definitions and application. Q Rev Biol 81: 237–258

Kohler RE (2002) Landscapes and labscapes: exploring the lab-field border in biology. University of Chicago Press, Chicago/London

Krebs CJ (1985) Ecology: the experimental analysis of distribution and abundance. Harper & Row, New York

Leser H (1984) Zum Ökologie-, Ökosystem- und Ökotopbegriff. Nat Land 59: 351–357

Leser H (1991) Ökologie wozu? Der graue Regenbogen oder Ökologie ohne Natur. Springer, Berlin

Leser H, Streit B, Haas H-D, Huber-Fröhli J, Mosimann T, Paesler R (1993) Diercke Wörterbuch Ökologie und Umwelt. Band 2 N-Z. dtv/Westermann, München, Braunschweig

Likens GE (1992) The ecosystem approach: its use and abuse. Ecology Institute, Oldendorf/Luhe

MacArthur RH, Wilson EO (1967) The theory of island biogeography. Princeton University Press, Princeton

Madison Botanical Congress (1894) Proceedings of the Madison Botanical Congress, Madison, 23–24 Aug 1893

Major J (1958) Plant ecology as a branch of botany. Ecology 38: 352-363

Margalef R (1968) Perspectives in ecological theory. The University of Chicago Press, Chicago/London

McIntosh RP (1985) The background of ecology: concept and theory. Cambridge University Press, Cambridge

McMillan C (1956) The status of plant ecology and plant geography. Ecology 37: 600–602

Müller P (1980) Biogeographie. Eugen Ulmer, Stuttgart

Nichols GE (1923) A working basis for the ecological classification of plant communities. Ecology 4: 11-23, 154–179

Odum EP (1962) Relationship between structure and function in the ecosystem. Jpn J Ecol 12: 108-118

[170]

Ricklefs RE (2004) A comprehensive framework for global patterns in biodiversity. Ecol Lett 7: 1–15

Rowe JS, Barnes BV (1994) Geo-ecosystems and bio-ecosystems. Bull Ecol Soc Am 75: 40–41

Schimper AFW (1898) Pflanzengeographie auf physiologischer Grundlage. Gustav Fischer, Jena

Schwarz AE (2003) Wasserwüste—Mikrokosmos—Ökosystem. Eine Geschichte der "Eroberung" des Wasserraums. Rombach-Verlag, Freiburg

Semper K (1868) Reisen im Archipel der Phillipinen. Zweiter Teil: Wissenschaftliche Resultate. Erster Band: Holothurien. Verlag von Wilhelm Engelmann, Leipzig

Semper K (1880) Die natürlichen Existenzbedingungen der Thiere. Brockhaus, Leipzig

Semper K (1881) Animal life as affected by the natural conditions of existence. D. Appleton, New York

Shelford VE (1913) Animal communities in temperate America. University of Chicago Press, Chicago

Simberloff DS (1980) A succession of paradigms in ecology: essentialism to materialism and probabilism. Synthese 43: 3–39

Simberloff DS (1983) Biogeography: the unification and maturation of a science. In: Brush AH, Jr Clark GA (eds) Perspectives in ornithology. Cambridge University Press, Cambridge, pp 411–455

Tansley AG (1914) Presidential address to the first annual general meeting of the British ecological society. J Ecol 2: 194–202

Tansley AG (1920) The classification of vegetation and the concept of development. J Ecol 8: 118–149

Taylor WP (1927) Ecology or bio-ecology. Ecology 8: 280–281

Thienemann (1939) Grundzüge einer allgemeinen Ökologie. Arch Hydrobiol 35: 267–285

Trepl L (1987) Geschichte der Ökologie. Vom 17. Jahrhundert bis zur Gegenwart. Athenäum, Frankfurt/M

von Humboldt A (1807) Ideen zu einer Geographie der Pflanzen. In: Dittrich M (1957) (ed) Ideen zu einer Geographie der Pflanzen, Akademische Verlagsgesellschaft Geest & Portig, Leipzig, pp 29–50

Walter H, Breckle SW (1983) Ökologie der Erde. Ökologische Grundlagen in globaler Sicht, vol 1. Gustav Fischer, Stuttgart

Warming E (1895) Plantesamfund. Grundtræk af den økologiske plantegeografi. Philipsen, Kjobenhavn

Warming E (1896) Lehrbuch der ökologischen Pflanzengeographie: Eine Einführung in die Kenntnis der Pflanzenvereine. Gebrüder Bornträger, Berlin

第 13 章　科学学会的形成

Kurt Jax

确定生态学作为一门 "自我意识" 科学的重要步骤是建立明确致力于生态学或其特定分支的科学学会。

英国和美国最早的生态学会分别成立于 1913 年和 1915 年。一开始, 这些学会计划同时吸纳植物学家和动物学家, 尽管这并不意味着这两个领域在实践中存在普遍的密切合作。英国生态学会 (British Ecological Society, BES) 的前身是阿瑟·坦斯利 (Arthur Tansley) 于 1904 年发起的英国植被委员会, 该委员会成立的主要目的是对英国的植被进行调查和测绘[1]。BES 还出版了《生态学杂志》(*Journal of Ecology*), 就像整个学会一样, 该杂志最初也是由植物生态学家主导的。20 年后 (1932 年), 该学会在查尔斯·埃尔顿 (Charles Elton) 的倡议下创办了第二本杂志——《动物生态学杂志》(*Journal of Animal Ecology*), 致力于动物学和生态学的研究。BES 成立两年后, 美国生态学会 (Ecological Society of America, ESA) 及其新创办的《生态学》(*Ecology*) 期刊应运而生[2]。(美国生态学会的更多详细信息, 请参见本书第六部分[3]。)

与生态学及其相关研究领域的专业分支相比, 创办涵盖整个生态学内容的国际学会不太成功且起步比较晚。国际生态学会 (International Association for Ecology, INTECOL) 成立于 1967 年, 是国际生物科学联盟 (International Union of Biological Sciences, IUBS) 环境部的一个分支, 其成立至今举行了几次重要会议 (自 1975 年以来每 3 年召开一次)。但是, 它从未获得类似于某些国家学会或更专业的国际组

---

[1] 关于该委员会的特殊作用, 见菲舍迪克 (Fischedick 2000)。

[2] 本刊创刊于 1920 年, 即学会成立后的第 5 年。

[3] 英国生态学会的历史, 见索尔兹伯里 (Salisbury 1964) 和谢艾 (Sheail 1987), 美国生态学会的历史, 见伯吉斯 (Burgess 1977)。

K. Jax (✉)

Department of Conservation Biology, Helmholtz Centre for Environmental Research (UFZ), Permoserstr. 15, 04318 Leipzig, Germany

e-mail: kurt.jax@ufz.de

织那样的声誉。在欧洲层面仅有一个生态学会联盟 (欧洲生态联合会, European Ecological Feoleration, EEF), 甚至没有成为一个真正意义上的学会。

在专业性更强的生态学分支中, 水生生态学和植被科学已成功创建了相关的国际学会。水生生态学在生态学中的特殊地位通过其形成了独立的学会得到证明。在国际层面, 国际湖沼学会 (International Society of Limnology, SIL) 由奥古斯特·蒂内曼 (August Thienemann) 和埃纳尔·瑙曼 (Einar Naumann) 于 1922 年创立 (详见 Elster 1974; Rodhe 1974; Stelleanu 1989; Schwarz 2003), 成为淡水生态学研究的引领者。在诸如美国等一些国家[4], 国家湖沼学会和/或海洋生态学会 (甚至更广泛地来讲, 海洋学) 也逐渐发展起来, 当然其中大多数是直到 20 世纪下半叶才出现的。湖沼学和海洋生态学之所以能够较早在大学院系及其他机构中确立地位, 主要是因为这些领域通常与渔业和水处理行业密切相关[5]。水体研究, 尤其是在海洋研究学会和机构中, 其范围在过去和现在都比 "单纯的" 海洋生态学或淡水生态学更为广泛, 即它还涉及许多水文学方面的研究[6]。但是, 像美国湖沼与海洋学会那样, 同时重视甚至研究两个领域 (海洋和淡水生态学) 的科学学会还是非常罕见的。

国际植被学协会 (International Association for Vegetation Science, IAVS) 于 1947 年在荷兰希尔弗萨姆成立, 致力于植被的理论和实践研究。它的前身是成立于 1939 年的国际植物社会学学会 (International Phytosociological Society, IPS), 总部位于法国蒙彼利埃 (由于第二次世界大战仅短暂存在)。实际上, IPS 并不认为自己是 "仅" 致力于生态学研究的。1939 年发表在《生态学》期刊 (Anonymous 1939, 第 110 页) 上的学会成立声明中指出, 学会的首要目标是: "通过植物社会学家和生态学家之间更紧密的合作来发展植物社会学 (和地植物学)", 因此将植物社会学和 (植物) 生态学确认为重叠但不完全相同的两个科学领域。

[173]　　　而动物生态学方面却没有类似的机构。与水生生态学相比, 建立陆地生态学的学术机构要困难得多[7]。从 1960 年代开始, 随着人们对环境问题认识的不断提

---

[4]美国湖沼学会成立于 1936 年, 1948 年与太平洋海洋学会合并, 成立了美国湖沼与海洋学会 (American Society of Limnology and Oceanography, ASLO)。

[5]正是由于这个原因, 海洋生物站和一些国家海洋研究委员会和协会, 如英国海洋生物协会, 早在 19 世纪后期就发展起来了 (Hedgpeth 1957)。

[6]SIL 的创始人强调, 湖沼学是 "淡水的整体科学, 包括与淡水 (……), 淡水水文学和淡水生物学有关的一切"。("die Wissenschaft vom Süßwasser im ganzen umfaßt alles, was das Süßwasser betrifft (···), limnische Hydrographie und limnische Biologie") (Naumann and Thienemann 1922, 第 585 页)。

[7]20 世纪上半叶两位最杰出的英国生态学家查尔斯·埃尔顿和阿瑟·坦斯利的命运就是这些问题的一个很好的例子: 埃尔顿努力并成功在牛津大学建立了一种半私人的机构——动物种群室, 然而, 在他退休后, 这个机构就不存在了 (Crowcroft 1991)。坦斯利是 BES 的创始人之一, 也是国际知名的植物生态学家和英国皇家学会会员, 他在 56 岁时才获得牛津大学的教授职位 (在 1927 年; 见 Godwin 1977)。

高, 这种状况发生急剧转变, 新设立了许多生态学的职位和生态学的机构。

参考文献

Anonymous (1939) The international society of phytosociology. Ecology 20: 110

Burgess RL (1977) The ecological society of America. Historical data and some preliminary analyses. In: Egerton FN (ed) History of American ecology. Arno Press, New York, pp 1–24

Crowcroft P (1991) Elton's ecologists. A history of the bureau of animal population. Chicago University Press, Chicago

Elster H-J (1974) History of limnology. Mitteilungen. Internationale Vereinigung für Limnologie 20: 7–30

Fischedick KS (2000) From survey to ecology: the role of the British Vegetation Committee, 1904–1913. J Hist Biol 33: 291–314

Godwin H (1977) Sir Arthur Tansley: the man and the Subject. J Ecol 65: 1–26

Hedgpeth JW (1957) Introduction. Treatise on marine ecology and paleoecology. Geol Soc Am Mem 67: 1–16

Naumann E, Thienemann A (1922) Vorschlag zur Gründung einer internationalen Vereinigung für theoretische und angewandte Limnologie. Arch Hydrobiol 13: 585–605

Rodhe W (1974) The International Association of Limnology: creation and functions. Mitteilungen. Internationale Vereinigung für Limnologie 20: 44–70

Salisbury E (1964) The origin and early years of the British Ecological Society. J Ecol 52 (Suppl): 13–18, Appendix p. 244

Schwarz AE (2003) Wasserwüste—Mikrokosmos—Ökosystem. Eine Geschichte der "Eroberung" des Wasserraums. Rombach-Verlag, Freiburg

Sheail J (1987) Seventy-five years in ecology. The British Ecological Society. Blackwell, Oxford

Steleanu A (1989) Geschichte der Limnologie und ihrer Grundlagen. Haag & Herchen, Frankfurt/Main

第 14 章 生态学的主要分支

[175]

Kurt Jax and Astrid Schwarz

生态学的概念基础是在不同的生物学领域中独立发展起来的 (McIntosh 1985; Jax 2000; Schwarz 2003), 导致在早期的新兴学科中形成了一系列分支。这些分支学科部分源于可以追溯到生态学作为一门科学形成过程之外的研究传统, 部分源于生态学专业化中产生的新方向及新突现的话题。在将生态学的性质概念化时, 一个特别重要的区别在于, 生态学中涉及个体生物和群体生物的科学领域之间产生的区别, 特别是个体生态学和群落生态学以及后来的种群生态学之间的区别。

上面提到的第一类分支是指划分为涉及特定分类群的领域, 即动物、植物生态学 (最近也出现了微生物生态学), 以及侧重于不同环境类型 (陆地、淡水、海洋) 的领域。

起初, 动物生态学、植物生态学以及水生生态学、陆地生态学彼此之间独立发展。尤其是古生态学和寄生生物学这两个领域更是如此[1]。这些独立的生态学分支的存在, 一方面是由于生物学的传统学术划分, 例如动物学和植物学, 另一方面是由于其研究对象的特性和研究方法的差异性。

[176]

植物学 (和植物地理学)、动物学和水生生物学 (海洋及淡水) 是生态学最先发展的传统领域。植物生态学是生态学形成与发展的先驱, 并对其形成一门具有

---

[1]寄生虫学通常是在人类医学和兽医或植物病理学的疾病研究中考虑的。"古生态学" (paleo-ecology 或 paleoecology) 一词是由弗雷德里克·克莱门茨 (Frederic Clements 1916, 第 279 页) 创造的, 而爱德华·福布斯 (Edward Forbes) 等人至少在 1840 年就已经开始研究化石生物与其环境之间的关系 (见 Cloud 1959, 第 927–928 页; Hecker 1965, 第 1 页及其后; McIntosh 1985, 第 98 页及其后)。古生态学与地质学的关系往往与生物学和生态学的关系相同, 甚至更为密切。

K. Jax (✉)
Department of Conservation Biology, Helmholtz Centre for Environmental Research (UFZ), Permoserstr. 15, 04318 Leipzig, Germany
e-mail: kurt.jax@ufz.de

A.Schwarz
Institute of Philosophy, Technische Universität Darmstadt, Schloss, 64283 Darmstadt, Germany
e-mail: schwarz@phil.tu-darmstadt.de

自我意识的学科做出了至关重要的贡献, 这一观点也得到了动物学家的认可 (如 Shelford 1915, 第 1 页; Hesse 1927)。作为具有特定概念的独立研究领域, 生态学确立的最重要一步是将关于植物尤其是关于植物群落的地理学和生理学视角融合, 这发生在 1890 年代 (见第 12 章)。相形之下, 至少在再过 20 年的时间里, 动物生态学仍然是一门没有强大概念内核或没有凭借自身的力量建立起科学共同体共识的学科 (Trepl 1987, 第 160–161 页)。

就其所受训练及研究对象而言, 水生生态学家主要是动物学家。与植物生态学一样, 湖沼学和海洋学起源于对海洋和淡水水体 (特别是湖泊) 进行长期地理研究的传统, 直到 19 世纪末才与生物学研究系统地联系在一起。与陆地生态学家相比, 水生生态学家更倾向于强调并研究特定地点 (如湖泊) 的整个相互关系网, 从而将包括所研究生境的物理和化学性质在内的更大的整体视为生态学研究的基本对象[2]。

除了哪些种类的生物体构成了研究对象的问题之外, 另一个重要的分支是通过界定生物学中 (因而也包括生态学中) 涉及个体与群体的科学分支之间的界限来创建的。卡尔·施勒特尔 (Carl Schröter) 和奥斯卡·基希纳 (Oskar Kirchner) 于 1902 年将个体生物的生态学 (或称个体生态学 (德语: Autökologie)) 与物种组合的生态学 (或称群落生态学 (德语: Synökologie)) 区分开来。术语 Synökologie 就是这么产生的: "我建议将这门重要的学科 (植物群落科学) 命名为群系科学 (formation science) 或群落生态学 (synecology), 其中 from =with, οικοσ=house, 即这是一门研究共同生活植物的科学, 同时也是研究寻找类似生态条件的植物的科学"[3]。亨利·钱德勒·考尔斯 (Henry Chandler Cowles) 也将生态学发展分为相似的两个阶段, 尽管他没有为这些子学科提供具体的名称: "无论生态学的范围如何, 其本质是对起源和生活史的研究, 其中有两个标记明确的阶段; 一个阶段与植物结构的起源和发展有关, 另一阶段与植物群落或群系的起源和发展有关" (Cowles 1901, 第 73 页)。其他作者用生物群落学 (Biocoenotik) (Gams 1918)[4]或生物社会学 (Biosoziologie) (Du Rietz 1921) 代替了群落生态学一词。加姆斯 (Gams 1918) 和施文克 (Schwenke 1953) 特别强调了个体有机体和群体有机体之间在生物学和生态学方面的区别, 并认为

[177]

---

[2]水生生态学的发展史见 Schwarz 2003。

[3] "Ich schlage vor, für diese wichtige Disziplin [die Lehre von den Pflanzengesellschaften] den Namen, Formationslehre 'oder, Synökologie' einzuführen, von συν=mit, zusammen wohnen und οικοσ=Haus, also die Lehre von den Pflanzen, welche zusammen wohnen, und zugleich die Lehre von den Pflanzen, welche analoge ökologische Bedingungen aufsuchen" (Schröter and Kirchner 1902, 第 63 页)。

[4]对于加姆斯 (Gams 1918, 第 297 页) 来说, 这种区分是整个生物学领域的一个基本细分, 他将整个生物学领域分为两个主要分支——个体生物学 (个体有机体的科学) 和种群生物学 (群体有机体的科学)。

这种区别比生态学与分布学、生理学与形态学之间的区别更有意义[5]。

生态学分为个体生态学、种群生态学 (德语: Demökologie) 以及群落生态学, 这种划分目前很普遍, 但是最近才出现的[6]。种群生态学有时被归为群落生态学, 有时则被认为是一门独立的 (子) 学科。

种群生态学尽管也有深远的根源, 尤其是在人口统计学中 (见 Hutchinson 1978, 第 5 页及其后), 其作为生态学的一个分支学科却出现较晚。它的发展虽然迅速, 但只是在 1920 年代和 1930 年代才开始出现。虽然种群生态学出现的时间较晚, 却是生态学中最早进入数学建模阶段的分支学科 (Kingsland 1985, 1995)。在生态学中除个体生态学之外, 种群生态学是严格遵循硬科学标准的生态学分支。尽管有人认为种群生态学在其研究范围内没有注意到生境和分类学的界限 (如 Park 1946), 但实际上它几乎是一种动物学范畴。克莱门茨 (Clements) 和坦斯利 (Tansley) 也致力于植物种群的实验研究, 但在 20 世纪上半叶, **植物种群生态学**实际上是不存在的, 直到 1960 年代到 1970 年代约翰·哈珀 (John Harper) 才在英国系统地发展了植物种群生态学[7]。

通常生态系统的研究归在群落生态学。在英语国家, 种群生态学、群落生态学和生态系统生态学的区分还是很常见的, 尤其是在尤金·奥德姆 (Eugene Odum) 和他那本极具影响力的教科书[8]之后, 生态学基于 "个体、种群和群落" 的划分见于当代最流行的英语生态教科书中 (Begon et al. 1990, 1996, 2005)[9], 这种划分接近德语生态圈中长期使用的方法。根据作者和观点的不同, 其中一个层次有时在某本教科书中会被省略。这里不存在统一的方案。最近, 其他作者 (如 Jones and Lawton 1995) 强调了种群和群落生态学 (侧重于特定物种之间的相互作用) 与生态系统生态学之间的区别, 认为后者主要涉及能量和物质的流动及循环。

[178]

1980 年代, 景观生态学成为生态学的又一个分支学科, 在很大程度上强调了生态学现象的大尺度整体特征[10]。与上述其他分支学科, 特别是生态系统生态学之间的区别并不是很明确。

---

[5]特别参阅凡·德尔·柯劳尔 (van der Klaauw 1936) 对这一细分的详细讨论。

[6]我们设法在德语文献中找到这种系统的划分, 首次是施韦特费格尔 (Schwerdtfeger) 于 1968 年提出的, 他创造了 Demökologie 这个词来替代种群生态学。施韦特费格尔本人也指出, 在英语文献中, 种群生态学早已被确立为个体生态学和群落生态学之间的一个独立分支 (参考 Park 1946)。

[7]植物种群生物学的开创性教科书是 Harper 1977。

[8]1953 年第一版; 1959 年和 1971 年分别出版了修订版和加长版。

[9]在该书 2005 年第 4 版中, 原先题为 "群落" 的部分改为 "群落和生态系统"。

[10]与盎格鲁–撒克逊传统相反, 自 20 世纪上半叶以来, 景观一直是德国生态学的研究对象。然而, 这些传统源于将人类生活空间的文化和自然方面联系起来的不同背景, 而不是来自纯粹的科学进路 (见 Trepl 1995; Klink et al. 2002, 第 25 章)。

生态学自 1970 年代和 1980 年代成为一门更加成熟和普及的学科以来, 又形成了许多分支, 每一个分支都侧重于具体的方法、观点和对象。它们包括, 例如行为生态学、分子生态学、功能生态学、微生物生态学和进化生态学。在这些分支当中, 其中一些新的生态学专业及其科学群体与更广泛、更传统的分支重叠, 而另一些 (如微生物生态学) 则由截然不同且独立的研究群体所构成。

参考文献

Begon M, Harper JL, Townsend CR (1990) Ecology: individuals, populations and communities, 2nd edn. Blackwell, Oxford

Begon M, Harper JL, Townsend CR (1996) Ecology: individuals, populations and communities, 3rd edn. Blackwell, Oxford

Begon M, Townsend CR, Harper JL (2005) Ecology: from individuals to ecosystems, 4th edn. Blackwell, Oxford

Clements FE (1916) Plant succession: an analysis of the development of vegetation. Carnegie Institution of Washington, Washington, DC, Publication No. 242

Cloud PE Jr (1959) Paleoecology: retrospect and prospect. J Paleontol 33: 926–962

Cowles HC (1901) The physiographic ecology of Chicago and vicinity: a study of the origin, development, and classification of plant societies. Bot Gaz 31: 73-108, 145–182

Du Rietz EG (1921) Zur methodologischen Grundlage der modernen Pflanzensoziologie. Adolf Holzhausen, Wien

Gams H (1918) Prinzipienfragen der Vegetationsforschung. Ein Beitrag zur Begriffsklärung und Methodik der Biocoenologie. Vierteljahresschrift der Naturforschenden Gesellschaft in Zürich 63: 293–493

[179]   Harper JL (1977) Population biology of plants. Academic Press, London

Hesse R (1927) Die Ökologie der Tiere, ihre Wege und Ziele. Naturwissenschaften 15: 942–946

Hecker [Gekker] RF (1965) Introduction to paleoecology, American Elsevier, New York

Hutchinson GE (1978) An introduction to population ecology. Yale University Press, New Haven/London

Jax K (2000) History of ecology. In: Encyclopedia of Life Sciences. [online]. Wiley.

Jones CG, Lawton JH (eds) (1995) Linking species and ecosystems. Chapman & Hall, New York

Kingsland SE (1985/1995) Modeling nature: episodes in the history of population ecology. University of Chicago Press, Chicago

van der Klaauw CJ (1936) Zur Aufteilung der Ökologie in Autökologie und Synökologie, im Lichte der Ideen als Grundlage der Systematik der zoologischen Disziplinen. Acta Biotheor 2: 195–241

Klink H-J, Marion P, Bärbel T, Gunther T, Martin V, Uta S (2002) Landscape and landscape ecology. In: Bastian O, Uta S (eds) Developments and perspectives of landscape ecology. Kluwer, Dordrecht, pp 1–47

McIntosh RP (1985) The background of ecology: concept and theory. Cambridge University Press, Cambridge

Odum EP (1953) Fundamentals of ecology, 1st edn. W.B. Saunders, Philadelphia

Park T (1946) Some observations on the history and scope of population ecology. Ecol Monogr 16: 313–320

Schröter Carl, Oskar Kirchner (1902) Die Vegetation des Bodensees, 2. Teil. Lindau i. B.: Kommissionsverlag der Schriften des Vereins der Geschichte des Bodensees und seiner Umgebung von Joh. Thom. Stettner

Schwarz AE (2003) Wasserwüste—Mikrokosmos—Ökosystem. Eine Geschichte der "Eroberung" des Wasserraums. Rombach-Verlag, Freiburg

Schwenke W 1953. Biozönotik und angewandte Entomologie. Beiträge zur Entomologie 3, Beiheft: 86–162

Schwerdtfeger F (1968) Ökologie der Tiere. Band II: Demökologie: Struktur und Dynamik tierischer Populationen. Paul Parey, Hamburg/Berlin

Shelford VE (1915) Principles and problems of ecology as illustrated by animals. J Ecol 3: 1–23

Trepl L (1987) Geschichte der Ökologie. Vom 17. Jahrhundert bis zur Gegenwart. Athenäum, Frankfurt/Main

Trepl L (1995) Die Landschaft und die Wissenschaft. In: Erdmann K-H, Kastenholz HG (eds) Umwelt- und Naturschutz am Ende des 20, Jahrhunderts. Probleme, Aufgaben und Lösungen. Springer, Berlin/Heidelberg/New York, pp 11–26

第五部分 "生态学"——20 世纪和 21 世纪的 社会与系统观

第 15 章　系统论在生态学中的兴起

Annette Voigt

在 1950 年代和 1960 年代, 随着系统论在生态学中的出现, 生态学有望成为一门具有预测能力的和自洽的理论基础的学科。系统论对生态学的影响主要表现在生态系统理论的形成和发展中。人们普遍认为, 生态系统理论主要关注由各种生物群落及其周围非生物环境所组成的单元。系统的各个组成部分之间存在相互作用。

生态系统理论出现的任何历史重构的主要要素包括一般系统论及其相关理论 (包括控制论、信息论等) 的建立, "生态系统" 术语和早期生态系统理论的引入。

15.1　一般系统论的发展过程

在 1940 年代, 欧洲、美国和苏联的学者提出多种进路, 后来在 "系统论" 框架下统一起来。这些理论和实践大多来自不同学科的科学家之间的碰撞。或许可以说, 他们都有一个相同的动机, 那就是对格式塔 ("gestalt" 音译) 的科学描述感兴趣, 这一术语在 20 世纪前几十年的科学文献中随处可见, 被广泛地应用于各个学科[1]。其他方面这些进路在目标、焦点问题和建制背景方面都有所不同。带有工程、数学或物理背景的进路包括控制论 (Wiener 1948) 和信息论 (Shannon and Weaver 1949); 其他理论更多地强调了心理学、生理学以及哲学方面, 如博弈论 (Neumann and Morgenstern 1944)、运筹学 (Churchman et al. 1957)、行动论 (Parsons 1937) 和一般系统论 (general system theory, GST)。

---

[1]最突出的可能是心理学中的格式塔概念 (Köhler 1920), 但也可参见物理学中的场概念和 "格式塔定律" (gestalt laws) (Bertalanffy 1926, 1929)。后者在生态学方面的作用在 Schwarz (1996) 中进行了讨论。

A. Voigt (✉)

Urban and Landscape Ecology Group, University of Salzburg, Hellbrunnerstraße 34, 5020 Salzburg, Austria

e-mail: annette.voigt@sbg.ac.at

GST 的主要创始人包括经济学家肯尼斯·博尔丁 (Kenneth E. Boulding)、神经生理学家拉尔夫·杰拉德 (Ralph W. Gerard)、生物数学家安纳托尔·拉波波特 (Anatol Rapoport), 尤其是生物学家路德维希·冯·贝塔朗菲 (Ludwig von Berta-lanffy)[2]。贝塔朗菲从如何为生命提供科学解释的问题出发, 把**有机体**看作有组织的、层次分明的开放系统, 其部分目的是解决机械论和活力论在生物学上的争议 (Bertalanffy 1932, 1949)。因此, 应以非还原论的术语将有机体描述为一个有生命的整体, 但仍应在科学框架内。以这种有机体论的系统论为出发点, 观察了不同科学学科中发现的概念和模型之间的某些平行性之后, 贝塔朗菲从 1950 年代开始定义一个**广义的**系统概念, 该概念与所有相互关联的元素集有关[3]: 技术系统、有机体、社会系统等[4]。根据贝塔朗菲的说法, GST 是一门新兴的科学逻辑数学学科: "其主题是制定对一般系统都适用的原理, 不论其组成元素的本质以及它们之间的关系或效力如何" (Bertalanffy 1968, 第 36 页)。

GST 的新特点在于它与当时对科学的普遍理解不同, 其目标是达到一个理论建立的新高度: 发展垂直贯穿各个科学领域的统一原则, 从而更接近科学统一的目标 (Bertalanffy 1968, 第 37 页)。这样一来就忽略了人文科学与自然科学之间的划分, 这种割裂在 19 世纪已制度化, 并将数学方法应用于在此之前似乎只适合诠释学方法的领域 (Lilienfeld 1978; Müller 1996)。然而, 其目的不是通过将其还原为 "基本单元" (分子等) 对现象进行解释, 而是对 "系统作为整体" 进行数学描述, 在这样一个系统中, 要素与要素之间及要素与整体之间的关系应主要从功能角度考虑。在 1950 年代, 信息论和控制论中采用的进路通过添加明确的社会科学维度扩展了系统论, 因为可以将信息的数学概念应用于社会领域, 而不必面对自然主义论的指控。此外, 控制论的概念可以使数学结构和技术问题联系起来。

[185]

因此, "系统论" 涵盖了多种进路, 这些证实了它们在描述、监测和构建复杂系统方面的价值[5]。系统根据其特征进行分类, 而具体的重点或许来自特征与环境之间的关系、它们的复杂性、自我组织模式或反馈能力。系统论的进路如今依然存在于所有那些学科中, 包括但不限于社会学、心理学、地理学、物理学、认知和神经科学以及生态学, 它们的研究对象中都带有 (至少部分带有) 系统特征。

---

[2]Boulding 1941, 1953, 1956; Bertalanffy 1950, 1951, 1955; Gerard 1940, 1953; Rapoport 1947, 1950; 还可参见 Davidson 1983; Müller 1996; Hammond 2003。

[3]"一个系统可以被定义为相互作用的元素 p1, p2 ··· pn 的复合体。相互作用意味着元素处于某种关系 R 中, 因此它们在 R 中的行为不同于它们在另一种关系 R′ 中的行为" (Bertalanffy 1950, 第 143 页)。

[4]Bertalanffy 1950, 1955, 1968; 还可参见 Müller 1996; Schwarz 1996; Voigt 2001。

[5]更现代的系统理论变体包括非平衡热力学 (Prigogine 1955) 和关于自适应、自组织和自参照系统的理论, 如自我生产 (autopoiesis) (Maturana and Varela 1987)。

15.2　早期生态系统理论的历史概述[6]

生态学很早就形成了自己的系统论, 后来又应用了各种不同的系统论进路[7]。

1935 年, 植被生态学家坦斯利 (A. G. Tansley) 提出了 "生态系统" (ecosystem) 一词作为一个 "生态学中的基本概念"。坦斯利的这一新概念代表了对关于生态学中植被单元结构和组织形式的争论的回应[8]。这场争论的一种观点基于整体论–有机体论进路 (如 Clements 1916, 1936; Friederichs 1927, 1934, 1937; Phillips 1934, 1935; Clements and Shelford 1939), 生物群落 (Lebensgemeinschaft) 本质上是由个体有机体之间相互依赖的内部功能关系决定的。作为一个整体, 它具有超有机体的特征, 通常被认为是一个真正的单元。争论的另一种观点基于个体论–还原论进路 (如 Gleason 1917, 1926; Gams 1918; Ramensky 1926), "群丛" (association) 一词与物种的临时组合有关, 这种组合是由相同或互补的需求以及迁移的随机特性决定的。人们普遍认为, "群丛" 这一术语具有启发性; 在有机体的层次上不存在真实的自然单元[9]。坦斯利提出的生态系统既不是一个超有机体, 也不是一个偶然的组合: 它不仅包含有机体, 还包含它们所处的环境[10], 这些组成部分以及它们之间存在的相互作用都是从**物理学**的术语描述来看的。根据坦斯利的表述, "科学上关于整体的研究方法 [······] 是基于研究目的 [······] 从思想上对系统进行分离" (Tansley 1935, 第 299–300 页), 表明科学家正在研究的系统不是一个真实的实体, 而是一个理想化的对象。这里没有主张要研究一种现象的所有变量; 相反, 科学家只对自己感兴趣的问题进行抽象。尽管在坦斯利的系统概念中, 生命体和非生命体之间的区别是次要的, 但他确实明确地提到了生态学的实体, 并没有追求 GST 中存在的高度抽象。坦斯利将自己与贝塔朗菲的系统论划清界限, 虽然坦斯利没有从事今天意义上的生态系统研究 (Golley 1993, 第 34 页), 但他的生态系统概念仍然对物理导向的生态系统理论做出了巨大贡献。

[186]

1935 年之后, 一方面, 以物理学为导向的理论兴起, 描述了生态系统中物质、

---

[6]哈根 (Hagen 1992) 和高雷 (Golley 1993) 详细介绍了生态系统理论的历史。参见 McIntosh (1985)。

[7]论从生态学到系统论的思想转移理论, 第 27 章。

[8]关于这场辩论, 请参考 Tobey 1981, 第 76–109 页; Worster 1985, 第 205–220 页; McIntosh 1985, 第 76–85 页, 1995; Trepl 1987, 第 139–158 页; Hagen 1992, 第 15–32 页; Golley 1993, 第 8–34 页; Botkin 1990; Jax 2002; 第 19 和 20 章。

[9]激进的个体论立场 (Peus 1954) 拒绝将群丛作为科学对象的概念, 因为它认为它们是 "虚构的"。

[10]之前将群落及其环境概念化的方法包括蒂内曼 (Thienemann) 的生物系统概念 (Thienemann and Kieffer 1916) 和弗里德里希斯 (Friederichs) 的全息 (holocoen) 概念 (1927)。然而, 由于它们的整体论的形态和/或整体论的有机体论的取向, 它们不同于生态系统的概念 (第 4 章)。

能量和信息的转移, 另一方面, 更多以生物学为导向, 构成生态系统的种群和个体的特征被看作是理解它的关键 (如 Lamotte and Bourliere 1978)[11]。

　　生态系统的概念最早由雷蒙德·林德曼 (Raymond L. Lindeman) 于 1942 年用于湖沼学研究。他将湖泊描述为一个由生物和非生物组成的开放的生态系统。有机体只有在系统内发挥特定功能时才有意义。它们按营养级排列 (生产者、初级和次级消费者、分解者)。营养动力学的基本过程是能量从生态系统的一部分转移到另一部分 (Lindeman 1942, 第 400 页)。来自太阳的能量通过光合作用在生产者中积累, 其中只有一部分能量通过消费转移到下一层营养级, 其他能量通过呼吸和分解作用损耗。可以量化各个营养级的生产力和能量转移的效率, 以及演替中生产力和能量转移的变化。这种方法使得生态系统能够用热力学的术语来描述。

　　林德曼的导师乔治·伊夫林·哈钦森 (George Evelyn Hutchinson) 是生态学系统论史上的一个关键人物。生态学家哈钦森是组织十次梅西会议 (1946—1953 年) 的核心小组的成员, 该会议旨在探索是否有可能将战争年代出现的科学思想用于 [187] 战后跨学科研究联盟并和平解决战后世界面临的复杂问题[12]。这个 "控制论小组" 的第一次会议主题是 "生物和社会系统中的反馈机制和循环因果系统"。正是在这里, 上述不同类型的系统论最终被应用于生态学领域。哈钦森在《生态学中的循环因果系统 》 (*Circular Causal Systems in Ecology*) 一文中提出了一种理论, 用控制论术语 "反馈和循环因果" 来描述群落 (community) (Hutchinson 1948)。在一定范围内, 生态系统通过循环因果链进行自我修正, 从而实现平衡状态。调节反馈系统的假设构成了他所提出的生物地球化学方法 (遵循维尔纳茨基 (Vernadsky)) 和生物统计学方法的基础, 前者定量描述物质在系统中的转移, 不需求助于任何的生物学术语, 后者参照生态学的数量理论来描述种群 (population) 的发展 (如 Lotka 1925; Volterra 1926)。非生物因子和生物因子都是从它们在多大程度上起到稳定平衡作用的这一角度来看待的。例如, 碳循环是通过海洋和生物循环的调节作用来实现的, 而种群的大小则是由纯粹的物理条件 (如可用面积的大小) 或有机体 (群) 的相互作用 (如竞争) 来调节的。

　　然而, 最重要的是, 霍华德·奥德姆 (Howard T. Odum) 和尤金·奥德姆 (Eugene P. Odum) 弘扬了生态系统进路。尤金·奥德姆把系统概念置于整体论生态学的

---

[11]此外, 生态系统研究的概念与这样一个事实有关, 即考虑在特定地点与生态有关的一切事物。也就是说, 不仅考虑了所有的有机体, 而且考虑了所有的土壤和气候因素。

[12]梅西会议, 其中的人物, 如维纳 (N. Wiener), 冯·诺依曼 (J. von Neumann), 杰拉德 (R. Gerard), 贝特森 (G. Bateson), 罗森布鲁斯 (A. Rosenblueth), 米德 (M. Mead), 冯·福斯特 (J. von Foerster) 和哈钦森 (G.E. Hutchinson) 在 1940 年代和 1950 年代参与并显著推动了控制论方法的传播, 这些方法远远超出其技术应用领域, 进入社会学、心理学、生物学及人类和生命科学等领域 (参见 Taylor 1988; Heims 1993; Pias and Foerster 2003)。

中心, 这个系统概念缺乏清晰性, 这是早期生态系统理论的根本特征: 一方面, 生态系统是一个概念, 描述的是由有生命的成分 (包括, 如细胞) 和它们的环境 (以及人们正在研究的其能量和物质转移) 组成的任何单元; 另一方面, 它也是一个术语, 指的是一个特定的生态单元 (如, 除有机体和种群外), 作为一个具体的实体, 它包含了位于特定区域的**所有**有机体及其非生物环境 (E. P. Odum 1953, 1971; 也可参见 Golley 1993)。奥德姆 (Odum) 假设, 在研究生态系统时, 必须采取整体先于部分的方法, 因为整体具有突现特征。他强调了生态系统的有机体属性, 并将生物群落的演替与个体有机体的发育进行了比拟; 根据他的说法, 两者都是以实现内稳态为目标的 (E. P. Odum 1969; 也参见 Worster 1994; Hagen 1992, 第 128 页)。回顾他们 (H. T. 奥德姆参加了 1953 版的写作——译者注) 颇有影响力的著作《生态学基础》的历个版本 (1953, 1959, 1971), 我们可以看到奥德姆兄弟是如何不断地把这种能量进路发展为生态学基础。尤其是同样身为哈钦森学生的霍华德·奥德姆, 他进一步发展了这一理论。他用能流图和电路图描述了生态系统中的能量流动 (H. T. Odum 1956)。通过将一切转化为能量, 他将这种方法作为研究自然和社会系统的唯一基础。它们的能量平衡既是评估它们的基础, 也是社会系统中技术官僚控制 (生态工程) 等概念的起点 (H. T. Odum 1971; 更多详情参见 Taylor 1988)。这种能够解释一切并行使控制权的主张也见于其他系统论的进路中。 [188]

通过各种大尺度的研究方案, 生态系统理论已成为生态学的主导范式, 包括由美国原子能委员会资助的放射性分布的研究、从 1960 年代开始在美国进行的国际生物学计划 (International Biological Program, IBP) (参见 Kwa 1987; Hagen 1992; Golley 1993) 和后来在欧洲开展的 IBP 项目, 如索尔项目 (Solling Project) (Ellenberg 1971, 1986), 以及哈伯德溪项目 (Hubbard Brook Project) (Bormann and Likens 1967; Likens et al. 1977)。随着 1960 年代和 1970 年代环保运动的兴起, 生态系统研究承担了分析环境问题的任务, 如杀虫剂的影响、湖泊的富营养化等, 评估并应对其后果 (如联合国教科文组织的人与生物圈计划 (Man and Biosphere Programme, MAB) 的任务)。生态系统不仅是研究对象, 还是管理对象。此外, 人们希望生态系统理论能使我们更好理解人类活动对自然的影响; 一方面, 为解决环境危机提供终极的技术官僚解决方案; 另一方面, 提供一种全新的、整体论的人与自然的关系。

许多因素引起了一系列令人困惑的生态系统理论观点和应用的兴起, 这些因素包括对系统论不同变体的接受, 与之相关的现代物理和数学理论向生态学的转移，以及该学科内部的发展。这里仅举几个例子[13]。生态系统通常被描述为以开放的能量流动和物质循环为特征的系统，通常是基于热力学理论来研究的 (如 Jørgensen 2000; Kay 2000)。根据这一观点，有机体吸收能量是为了对抗熵增。系统通常被视为属于控制论范畴：它们可以通过反馈作用 (如 Patten 1959; Patten and Odum 1981) 在一定的范围内对自身进行生理或生物调控[14]。生态群落的演替则可以用信息论的概念来描述[15]。等级理论在生态学中的应用 (Allen and Starr 1982; O'Neill et al. 1986) 意味着生态系统可以被视为一个层级化组织系统，那么无论是控制论模型 (作为最终的机械模型) 还是更具体的数据模型，对这样一个复杂系统看起来都是不合适的。根据这一观点，为了理解层级结构中任何层次上的现象，例如生态系统，有必要研究它与更高层级 (如生物圈) 和更低层级 (如有机体) 的关系。生态系统动力学的不可预测性问题是通过借鉴突变论和混沌理论来考虑的。生态系统很多研究领域涉及生态系统的计算机建模和模拟，例如基于模糊逻辑和人工神经网络的研究 (参见 Hall and Day 1977; Recknagel 2003)。琼斯和劳顿 (Jones and Lawton 1995) 开始了将种群和生态系统生态学结合起来的尝试。

[189]

15.3　通过系统概念使有机体论科学化

不同类型的系统论有助于将早期生态单元的有机体论的观点转变为科学概念，这也是坦斯利创造 "生态系统" 一词的初衷。但是，生态系统概念中明显存在歧义。

群落生态单元作为空间 (超) 有机体的概念 (Clements 1916, 1936; Clements and Shelford 1939; Phillips 1934, 1935) 意味着个体实体的观念向一个更大的有机体实体、一个群落或有机群落的转变。在这样一个群落中，个体有机体的重要性体现在对群落功能和整体维持能力的贡献上；它的存在、特征和外部关系通过它们对群落的功能得以解释。尽管如此，群落似乎是一个更高层级的个体。生态系统的概念使个体的整体性科学化：(1) 系统是整体的，因为除了其各个部分的总和之外，它还包括各个部分 (和过程) 之间的关系，这些关系在原则上可以用因果关系加以解释。生态系统是一个物理对象，类似于**机器**[16]。系统进路由对技术认知的兴趣驱动，以至于它有可能管理复杂的自然系统，对其进行优化并使其可供使用。(2) 在许

---

[13]生态系统理论的最新发展概况见 Frontier and Leprêtre 1998，以及参见 Pomeroy and Alberts 1988; Higashi and Burns 1991; Vogt et al. 1997; Pace and Groffman 1998; Jørgensen and Müller 2000; 另见第 27 章。

[14]相反的立场，参见 Engelberg and Boyarsky 1979。

[15]如 Margalef 1958, 1968; 关于更现代的信息论生态系统方法，见 Ulanowicz 1997; Nielsen 2000; 另见 Hauhs and Lange 2003。

[16]参见 Taylor 1988; Hagen 1992; Golley 1993。

多情况下, 生态系统进路又自称是整体论的 (如 Odum 1953), 但事实上它们不过是把系统整体作为出发点。从某种意义上说它们还是还原论的, 因为它们在很大程度上是基于实际对象来发展抽象概念的 (正是这一点引起了对还原论的指责)。从 (物理) 生态系统的角度来看, 主要关注的是物质–能量 (也可能是信息) 方面的相互作用; 实际涉及的物种只有在其特定特征与物质和能量的转化有关的情况下才有意义。基于集合论的系统概念 (如 Hall and Fagen 1956) [17]更进一步: 它们断言系统的组成部分不是真实的对象, 而是由相似类的特征定义的[18]。(3) 借助这种建构主义的系统概念, "整体" 源自科学创造, 即它们不是有机体论中所说的真正的实体[19]。生态系统不过是模型, 是思想上的理论构建, 用以抽象所观察到的诸多现象。它们是根据**观察者**所定义的生态系统的特定功能 (如生物量生产) 来构建的, 其组分通过实现这些功能而得以体现。因此, 整体可以被认为是实现观察者定义的功能所必需的任何东西。

[190]

即便如此, 可以在反机械论的、有机体论传统的范围内看待生态系统理论, 例如假设系统具有真实的空间边界, 系统是通过其过程来划界的 (空间) 实体; 它们趋向动态平衡的演替, 并且可以被破坏。因此, 可以通过组成部分来描述系统, 也就是说, 这种**实在论**进路假定模型中的抽象与实际关系对应。如果一个生态系统功能模式被概念化, 其目的是自我维系, 即它本身是一个目的 (Selbstzweck), 那么就可以将生态系统的概念类比为有机体, 换句话说, 生态系统的各个部分之间存在着相互依赖的关系; 它产生、发展并维持自身, 它也可以被摧毁。这种生态系统观也广泛存在于自然保护和环境伦理学中。

15.4 结论

综上所述, 系统论观点及其数学表述方式既具有整合功能, 又是问题集, 通常可以用建构论, 也可以用实在论解释[20]。一个自我调节的生态系统既可以看作一台机器, 也可以看作一个有机体。"平衡" 一词可以被视为与物理的机械论术语定义的事物有关, 但也可以应用于主动地、有意地维系的状态[21]。而且, 把系统看作一个有机体的观点与从能量流动角度理解、管理或控制系统的主张并不矛盾。有机体论和技术控制论的观点可以很好地结合在一起。生态系统研究中的理论争论都可以在建构论–实在论、机械论–有机体论和还原论–整体论三对极端之间展开。

---

[17]"系统是一组对象, 以及对象之间的关系和它们的属性之间的关系" (Hall and Fagen 1956, 第 18 页)。

[18]Müller 1996。

[19]参见 Tobey 1981; Jax 1998。

[20]Müller 1996。

[21]参见 Weil 1999。

[191] **参考文献**

Allen TFH, Starr TB (1982) Hierarchy: perspectives in ecological complexity. University of Chicago Press, Chicago

Bertalanffy L (1926) Zur Theorie der organischen 'Gestalt'. Roux' Archiv: 413–416

Bertalanffy L (1929) Vorschlag zweier sehr allgemeiner biologischer Gesetze. Biol. Zentralbl. 49: 83–111

Bertalanffy L (1932) Theoretische Biologie, Bd. I: Allgemeine Theorie, Physikochemie, Aufbau und Entwicklung des Organismus. Borntraeger, Berlin

Bertalanffy L (1949) Das biologische Weltbild. Die Stellung des Lebens in Natur und Wissenschaft. Francke, Bern

Bertalanffy L (1950) An Outline of General System Theory. Brit. J. Philos. Sci. 1: 134–165

Bertalanffy L (1951) General System Theory: A New Approach to Unity of Science. Problems of General System Theory. Human Biology 23/4: 302–312

Bertalanffy L (1955) General System Theory. Main Currents in Modern Thought 11: 75–83

Bertalanffy L (1968) General system theory: foundations, development applications. George Braziller, New York

Botkin DB (1990) Discordant harmonies: a new ecology for the twenty-first century. Oxford Univ. Pr., New York

Bormann FH, Likens GE (1967) Nutrient cycling. Science 155 (3461) : 424–429

Boulding KE (1941) Economic analysis. Harper & Brothers, New York

Boulding KE (1953) Toward a general theory of growth. Canadian J. o. Economics and Political Science 19/3: 326–340

Boulding KE (1956) Generals systems theory. The skeleton of science. Management Science 2: 197–208

Churchman CW, Ackoff RL, Arnoff EL (1957) Introduction to operations research. Wiley, New York

Clements FE (1916) Plant succession: an analysis of the development of vegetation. Carnegie Institution of Washington, Washington, DC

Clements FE (1936) Nature and structure of the climax. J. of Ecology 24: 252–284

Clements FE, Shelford VE (1939) Bio-ecology. Wiley, New York

Davidson M (1983) Uncommon sense: the life and thought of Ludwig von Bertalanffy, father of general system theory. JP Tarcher, Los Angeles

Ellenberg H (ed) (1971) Integrated experimental ecology: methods and results of ecosystem research in the German Solling Project. Springer, Berlin

Ellenberg H (ed) (1986) Ökosystemforschung. Ergebnisse des Sollingprojektes, 1966–1986. Ulmer, Stuttgart

Engelberg J, Boyarsky LL (1979) The noncybernetic nature of ecosystems. Am Nat 114 (3): 317–324

Friederichs K (1927) Grundsätzliches über die Lebenseinheiten höherer Ordnung und den ökolog-ischen Einheitsfaktor. Naturwissenschaften 8: 153–157, 182–186

Friederichs K (1934) Vom Wesen der Ökologie. —Sudhoffs Arch. Gesch. d. Medizin u. Natur-wissens 27 (3): 277–285

Friederichs K (1937) Ökologie als Wissenschaft von der Natur oder biologische Raumforschung. Barth, Leipzig

Frontier S, Leprêtre A (1998) Développements récents en théorie des écosystèmes. Ann. Inst. océanogr. Paris 74 (1): 43–87

Gams H (1918) Prinzipienfragen der Vegetationsforschung. Ein Beitrag zur Begriffsklärung und Methodik der Biocoenologie. Naturf. Gesellschaft Zürich. Vierteljahresschr, 63: 293–493

Gerard RW (1940) Unresting Cells. Harper & Brothers, New York

Gerard RW (1953) The Organismic view of society. Chicago Behavioral Science Publications 1: 12–18

Gleason HA (1917) The structure and development of the plant association. Bull Torrey Bot Club 44: 463–481

Gleason HA (1926) The individualistic concept of the plant association. Bull Torrey Bot Club 53: 7–26

Golley FB (1993) A history of the ecosystem concept in ecology: more than the sum of the parts. Yale University Press, New Haven/London

Hagen JB (1992) An entangled bank: the origins of ecosystems. Chapman & Hall, New York

Hall CAS, Day J (eds) (1977) Ecosystem modeling in theory and practice. Wiley, New York

Hall AD, Fagen RE (1956) Definition of System. General System, 118–128

Hammond D (2003) The science of synthesis: exploring the social implications of General Systems Theory. University Press of Colorado, Colorado

Hauhs M, Lange H (2003) Informationstheorie und Ökosysteme. Handbuch der Umweltwissensc-haften. Ecomed, München: 1–22

Heims SJ (1993) Constructing a social science for postwar America: the cybernetics group, 1946–1953. MIT Press, Cambridge

Higashi M, Burns TP (eds) (1991) Theoretical studies of ecosystems. Cambridge University Press, Cambridge

Hutchinson GE (1948) Circular causal systems in ecology. Annals of the New York Academy of Sciences 50: 221–246

Jax K (1998) Holocoen and ecosystem: on the origin and historical consequences of two concepts. J. Hist. Biology, 31: 113–142

Jax K (2002) Die Einheiten der Ökologie. Analyse, Methodenentwicklung und Anwendung in Ökologie und Naturschutz. Lang, Frankfurt/M

Jones CG, Lawton JH (1995) Linking species and ecosystems. Chapman & Hall, New York

Jørgensen SE (2000) A general outline of thermodynamic approaches to ecosystem theory. In: Jørgensen S, Müller F (eds) Handbook of ecosystem theories and management. Lewis, Lon-don/New York/Washington, DC

[192]

Jørgensen SE, Müller F (2000) Handbook of ecosystem theories and management. Lewis, London/New York/Washington, DC

Kay JJ (2000) Ecosystems as self-organising holarchic open systems: narratives and the second law of thermodynamics. In: Jørgensen S, Müller F (eds) Handbook of ecosystem theories and management. Lewis, London/New York/Washington, DC

Köhler W (1920) Die physischen Gestalten in Ruhe und im stationären Zustand: eine naturphilosophische Untersuchung. Vieweg, Braunschweig

Kwa C (1987) Representations of nature mediating between ecology and science policy: the case of the International Biological Programme. Social Studies of Science 17, 3, 413–442

Lamotte M, Bourliere F (1978) Problemes d'écologie, structure et fonctionnement des écosystèmes terrestres. Masson, Paris

Lindeman RL (1942) The trophic-dynamic aspect of ecology. Ecology 23: 339–418

Likens GE, Bormann FH, Pierce RS, Eaton JS, Johnson NM (1977) Biogeochemistry of a forested ecosystem. Springer, New York

Lilienfeld R (1978) The rise of systems theory. Wiley, New York

Lotka AJ (1925) The elements of physical biology. Williams & Wilkins, Baltimore

Margalef R (1958) Information theory in ecology. Gen Syst 3: 36–71

Margalef R (1968) Perspectives in ecological theory. University of Chicago Press, Chicago, pp 1–25

Maturana HR & Varela FJ (1987) Der Baum der Erkenntnis: die biologischen Wurzeln des menschlichen Erkennens. Scherz Verlag, Bern

McIntosh RP (1985) The background of ecology: concept and theory. Cambridge University Press, Cambridge

McIntosh RP (1995) H. A. Gleason's 'Individualistic concept' and theory of animal communities: a continuing controversy. Biol Rev, 70: 317–357

Müller K (1996) Allgemeine Systemtheorie. Studien zur Sozialwissenschaft 164. Opladen

[193]   Neumann J, Morgenstern O (1944) Theory of games and economic behavior. Princeton University. Press, Princeton

Nielsen SN (2000) Ecosystems as information systems. In: Jørgensen S, Müller F (eds) Handbook of ecosystem theories and management. Lewis, London/New York/Washington, DC

Odum E (1953, 1959, 1971) Fundamentals of ecology. Saunders, Philadelphia

Odum HT (1956) Primary production in flowing waters. Limnology and Oceanography 1: 102–117

Odum EP (1969) The strategy of ecosystem development: an understanding of ecological succession provides a basis for resolving man's conflict with nature. Science 164: 262–270

Odum HT (1971) Environment, power and society. Wiley, London

O'Neill RV, DeAngelis DL, Waide JB, Allen TFH (1986): A hierarchical concept of ecosystems. Princeton University Press, Princeton

Parsons T (1937) The structure of social action. McGraw-Hill, New York

Pace ML, Groffman PM (eds) (1998) Successes, limitations, and frontiersn in ecosystem science. Springer, New York

Patten BC (1959) An introduction to the cybernetics of the ecosystem: the trophic dynamic aspect. Ecology 40: 221–231

Patten BC, Odum EP (1981) The cybernetic nature of ecosystems. Am Nat 118: 886–895

Peus F (1954) Auflösung der Begriffe "Biotop" und "Biozönose". Deutsche Entomologische Zeitschrift N F 1: 271–308

Phillips J (1934, 1935) Succession, development, the climax, and the complex organism: an analysis of concepts. Part 1–3. J Ecol 22: 554–571, 23: 210–246, 3: 488–508

Pias C, Foerster H (eds) (2003) Cybernetics: the Macy-Conferences 1946–1953. Diaphanes, Zürich

Pomeroy LR, Alberts JJ (eds) (1988) Concepts of ecosystem ecology. Springer New York

Prigogine I (1955) Introduction to thermodynamics of irreversible processes. Thomas, Springfield

Ramensky LG (1926) Die Gesetzmäßigkeiten im Aufbau der Pflanzendecke. Botanisches Centralblatt N F 7: 453–455

Rapoport A (1947) Mathematical theory of motivation of interactions of two individuals. Bulletin of Mathematical Biophysics 9, 1: 17–27

Rapoport A (1950) Science and the goals of man: a study in semantic orientation. Harper, New York

Recknagel F (ed) (2003) Ecological informatics: understandig ecology by biologically-inspired computation. Springer, Berlin

Shannon CE, Weaver W (1949) The mathematical theory of communication. University of Illinois Press, Urbana, Illinois

Schwarz AE (1996) Aus Gestalten werden Systeme: Frühe Systemtheorie in der Biologie. In: Mathes K, Breckling B, Eckschmitt K (eds) Systemtheorie in der Ökologie. Landsberg, pp 35–45

Tansley AG (1935) The Use and abuse of vegetational concepts and terms. Ecology 16 (3): 284—307

Taylor P (1988) Technocratic optimism, H.T. Odum, and the partial transformation of ecological metaphor after World War II. J Hist Biol, 21 (2): 213–244

Thienemann A, Kieffer JJ (1916) Schwedische chironomiden. Arch hydrobiol 2 (Suppl): 489

Tobey RC (1981) Saving the prairies. University of Carlifonia, Berkeley

Trepl L (1987) Geschichte der Ökologie. Vom 17. Jahrhundert bis zur Gegenwart. Athenäum, Frankfurt a. M.

Ulanowicz RE (1997) Ecology, the ascendent perspective. Columbia University Press, New York

Vogt KA, Gordon JC, Wargo JP, Vogt DJ, Asbjorsen H, Palmiotto PA, Clark HJ, O'Hara JL, William S-K, Toral P-W, Larson B, Tortoriello D, Perez J, Marsh A, Corbett M, Kaneda K, Meyerson F, Smith D (1997) Ecosystems: balancing science with management. Springer, New York

Voigt A (2001) Ludwig von Bertalanffy: Die Verwissenschaftlichung des Holismus in der Sys-

[194]

temtheorie. Verhandlungen zur Geschichte und Theorie der Biologie 7: 33–47

Volterra V (1926) Variazioni e fluttuazioni del numero d'individui in specie animali conviventi. Mem Accad Lincei series 6, 2 (36): 31–113

Weil A (1999) Über den Begriff des Gleichgewichts in der Ökologie—ein Typisierungsvorschlag. Unversitätsverlag, TU Berlin, Berlin

Wiener N (1948) Cybernetics or control and communication in the animal and the machine. Wiley, New York

Worster D (1994) Nature's economy. A history of ecological ideas. Cambridge University Press, Cambridge

第 16 章 生态学与环保运动

Andrew Jamison

16.1 导言

随着 1960 年代环保运动的兴起, 生态学从生物学一个相对次要的分支领域转变成政治介入和公众关注的对象。在短暂的历史瞬间, 生态学开始变得不仅仅是一门科学, 它已成为我先前描述的新兴生态文化的组成部分 (Jamison 2001)。尽管促成这种文化诞生的许多政治斗争已经淡出历史舞台, 但 1960 年代和 1970 年代的环保运动继续影响着科学思想和个人价值观, 以及更广泛的社会–政治方面的讨论。

生态学成为在环境保护的新使命或环境保护的政治方案中起着至关重要作用的 "超级科学"。从各政治派别的多种多样的观点来看, 人们意识到生态学可以提供一些概念、理论和方法, 以帮助引导社会朝更加可持续、更为环境友好的方向发展。这些趋势肇始于美国, 但在 1970 年代, 随着环保运动在许多国家形成而传播到欧洲。生态学政治化的影响在斯堪的纳维亚国家尤为突出, 那里有可追溯至 18 世纪的生态学和环境政治的本土传统。

然而, 关于生态学必须为更广泛的环境政治提供什么, 人们的看法各不相同。根据挪威哲学家阿恩·奈斯 (Arne Naess) 在 1972 年所做的区分, 生态学既有 "浅" 的版本, 也有 "深" 的版本, 这些都可以在刚刚开始被视为环保运动的领域找到。浅层生态学家主要通过科学来寻找进行政治斗争的操作概念和管理工具, 而深层生态学家则以科学为出发点创建新的世界观或信仰体系, 即一种生态哲学。同样, [196]美国激进主义者默里·布克钦 (Murray Bookchin) 在新兴运动中对他所谓的 "环保主义者" 和 "生态学家" 进行了区分 (如 Bookchin 1982)。布克钦的论点是, 环保主义者对特定的环境破坏事件做出反应, 而生态学家则对特定事件背后的潜在社会

A. Jamison (✉)

Department of Development and Planning, Institut for Samfundsudvikling og Planlægning, Aalborg University, Fibigerstræde 13, 9220 Aalborg, Denmark

e-mail: andy@plan.aau.dk

和政治状况做出反应。其他人则提到, 生态中心主义者和人类中心主义者之间突现的环境意识张力, 在很大程度上是由于生态学在其与环境政治的关系中被赋予了不同的含义。

无论环保运动发展到哪里, 生态学都在运动的激进主义者及其活动的集体认同或认知实践中发挥着重要作用。生态学以各种方式发挥了意识形态的功能, 超越了它在社会中更为传统的科学角色。然而, 将生态学 "用于" 政治目的被证明是有问题的, 而且在 1980 年代, 生态学和环保运动或多或少地分道扬镳。对于环境激进主义者和绿党政治家而言, 可持续发展的论述倾向于取代生态学成为首要的意识形态或政治学说, 而绝大多数生态学家倾向于否认他们的学科与政治有瓜葛, 或至少使自己与学科被赋予的明确政治含义撇清关系。但是, 1970 年代建立起来的联系继续影响着生态学以及更广泛的环境政治。确实, 在诸如自命为怀疑论者的丹麦政治科学家比恩·隆堡 (Bjørn Lomborg) 等人最近对气候变化之科学理解提出的挑战中, 环保科学家和环保活动家的观点合二为一。对于像隆堡这样的怀疑论者来说, 生态学家和其他环境科学家的说法是不可信的, 至少部分上是这样, 因为他们与绿色和平组织 (Greenpeace) 等环境组织有联系 (Lomborg 2001)。

本文旨在探讨生态学与环保运动之间的相互作用, 特别是探讨生态学在 1960 年代和 1970 年代成为一种 "超级科学" 的途径。

16.2 生态学传统

唐纳德·沃斯特 (Donald Worster) 在首次写就于 1970 年代的一部有影响力的著作中指出, 两种主流思想在环保运动中汇聚, 两种对立的对自然的态度经过几个世纪的发展, 导致形成了两种不同的生态学或者生态学传统 (Worster 1979)。他将 "帝国主义" 传统追溯到 17 世纪初弗朗西斯·培根 (Francis Bacon) 的著作和他关于人类控制自然的思想。在 18 世纪, 卡尔·林奈 (Carl Linnaeus) 和乔治·布丰 (Georges Buffon) 为这种帝国主义生态学提供了更加系统和科学的形式。从机械和工具的角度刻画自然, 有助于人类有效开发利用自然资源。在工业化过程中, 这种非人类实在的高度功利主义自然观成为对自然界的主导话语或哲学, 尤其是在自然科学领域, 因为各门科学采取了高度专业化和规范的组织身份。林奈分类系统提供的方法既用于科学研究也用于更技术性的工作。对各种动植物进行命名, 使得人们更容易理解和分析它们的功能和相互关系; 指明各种动植物的结构特征, 被证实对进行诸如植物新品种选育或开发新的自然资源等实践试验有用。帝国主义传统代表了试验性的、系统性的知识生产方法, 在 19 世纪与 20 世纪之交的美国和一些欧洲国家, 当生态学作为生物学的一个分支得到更正式的身份时, 这种

[197]

传统就进入了生态学。

　　与帝国主义者对立的是大自然爱好者,沃斯特给他们贴上了 "阿卡迪亚人" 的标签,以便将他们对生态学的观念与罗马诗人在古希腊阿卡迪亚地区所描绘的自然与社会和谐的古典理想联系起来。据沃斯特称,作为浪漫主义运动的一部分,回归自然的人们在工业时代来临时就开始明确阐明了他们相反的立场。阿卡迪亚人与帝国主义者共享着许多现代化的、科学的追求目标,但对研究和理解自然,他们发展出不同的方式。沃斯特将阿卡迪亚人追溯至英国牧师兼作家吉尔伯特·怀特 (Gilbert White),尤其是他于 1789 年首次出版的著作《塞尔伯恩自然史》(*The Natural History of Selborne*)。沃斯特描述了体验式的或参与式的生态学流派,也许其最有影响力的进一步发展是由亨利·大卫·梭罗 (Henry David Thoreau) 在 19 世纪完成的。在德国和斯堪的纳维亚国家,18 世纪末于学者和艺术家中出现了一种与 "**自然哲学**"("Naturphilosophie" 或 philosophy of nature) 相关联的传统;这种浪漫主义的传统对地质学和地理学、生物学和化学,甚至对物理学都有影响,在这种情况下于自然界中寻找一种内在的 "精神" 导致丹麦科学家汉斯·克里斯蒂安·奥斯特 (Hans Christian Ørsted) 于 1820 年发现了电和磁之间的联系。

　　沃斯特的论点是,这两种生态学传统都对查尔斯·达尔文 (Charles Darwin) 的自然进化论做出了贡献,但随后它们在 20 世纪里产生了两种不同的对生态学进行思考和研究的方式。一种是关注系统的,而另一种则是关注个体的;这两种传统一方面培育了大尺度的、以生态系统为导向的生态学研究,另一方面又促进了较小尺度的、以种群为导向的生态学研究;一种是以物种间存在的系统关系为出发点,另一种则以物种与其环境的动态关系为出发点。对如何研究或拷问自然,这两种传统采取了不同的态度或自然观,以及不同的方法论和理论假设。

　　沃斯特的帝国主义生态学和阿卡迪亚 (田园主义) 生态学的划分,抓住了生态史上的根本矛盾。但它倾向于忽视在 1960 年代和 1970 年代发展起来的环保运动的第三个重要灵感来源,即 19 世纪和 20 世纪初在欧洲和美国兴起的各种 "人类生态学"。其兴起部分是受到生物学家和地理学家前往南美洲和在北美边远地区探险之旅的推动,部分是基础设施建设项目和城市规划的产物,部分是公共医学和公共卫生的子领域。在社会学和人类学、经济学和政治学以及地理学和规划学于 20 世纪发展成重要领域的过程中,人类生态学进入了这些新兴的社会科学之中。 [198]

　　为使故事更加完整,在沃斯特的两个传统基础上增加第三个传统,并区分在环保运动形成中被动员起来的三种理想的–典型的生态学传统,这可能是有用的。每种传统——帝国主义生态学、阿卡迪亚生态学和人类生态学——都有自己独特的自然观和偏爱的研究方法,以及适合生态实践或政治信仰的不同的看法 (表 16.1)。

表 16.1　生态学的传统

	帝国主义生态学	阿卡迪亚生态学	人类生态学
对形成具有深远影响的人物	弗朗西斯·培根 卡尔·林奈	吉尔伯特·怀特 亨利·大卫·梭罗	乔治·马什 (George Marsh) 刘易斯·芒福德 (Lewis Mumford)
关键的鼓动者	奥德姆兄弟 古若·H. 布伦特兰 (Gro H. Brundtland)	蕾切尔·卡森 (Rachel Carson) 阿恩·内斯	保罗·埃利希 (Paul Ehrlich) 巴里·康芒纳 (Barry Commoner)
科学研究类型	系统模型试验	博物学厚重的描述	测绘制图
与自然的关系	开发管理	参与协调	规划共建
自然观	以生态系统资源为基础	生活地区的地域性	区域景观
意识形态	人类为中心/现代主义	生态为中心/深层生态学	实用主义/后现代主义

16.3　诸传统的动员

正是这三种传统及其各分支在 1960 年代被动员起来, 促成了一场新的社会运动。一方面, 帝国主义传统在生态系统生态学和能量系统分析的控制论表述 (见第 15 章) 中得到重塑。由尤金·奥德姆 (Eugene Odum) 和霍华德·奥德姆 (Howard Odum) 发展起来的系统生态学在自然科学家中变得极具影响力, 特别是在国际生物学计划 (International Biological Program, IBP) 期间, 它作为一种新的生态学方法, 在 1960 年代环保意识的产生中发挥了重要作用 (Worster 1979, 第 291 页及其后)。

奥德姆兄弟还显示了知名科学家在阐明新环境主义的集体认同或认知实践方面的重要性 (Cramer et al. 1987)。环保运动从一开始就涉及科学的普及, 以及理解从非人类的自然过程中发展起来的概念和术语在运用到人类社会时的转换。尤金·奥德姆和霍华德·奥德姆的通俗读物为这一新运动提供了科学的合理性和权威性, 也提供了强有力的术语和概念框架, 同时该运动则为生态学家提供了新的研究机会, 以及一项新的政治使命: 社会生态化 (Söderqvist 1986)。

[199]

在成立于 1961 年的世界自然基金会 (World Wildlife Fund) 和 1960 年代中期成立的更侧重科学研究的国际生物学计划中, 帝国主义传统呈现出更为现代或当代的表现形式。随着科学家和其他自然资源保护主义者开始参与跨国研发网络, 尤其是在 IBP 项目中, 其国际化态势变得更加明确 (Kwa 1989)。以尤金·奥德姆和霍华德·奥德姆为首的新一代生态系统生态学家, 开创了新控制论和基于计算机的研究方法, 这也使帝国主义传统在技术方面与时俱进。特别是在霍华德·奥德姆的能流示意图中, 自然和社会的数学模型以一种雄心勃勃而又复杂的方式呈现出来, 这对初露端倪的环保意识具有重要意义。

那是生物学家出身的科学作家蕾切尔·卡森，其雄辩的文风最能赋予阿卡迪亚传统以当代共鸣。"在美国越来越大的地区，"她写道，"春天已来临，却没有归来的鸟儿的预告，清晨出奇地寂静，那里曾经充满了鸟儿歌唱的美妙"(Carson 1962, 第 97 页)。她的《寂静的春天》(*Silent Spring*) 一书将工业化的世界从战后的沉睡中唤醒，随后不久其他作家也纷纷效仿，这些作家以科学的见解和更为严肃的语调，对公众意识产生了某种不同的影响。

卡森在 1950 年代撰写了两本有关自然的畅销书后，开始关注新型化学杀虫剂对她如此钟爱的森林和动物的影响。她对其中一种杀虫剂造成的环境影响进行了为期 4 年的调查，结果形成了一面新型的政治大旗——一本科学诗作，它将梭罗的阿卡迪亚式科学带入了 20 世纪，而卡森非常欣赏梭罗的作品。无论如何，《寂静的春天》对新兴环保运动的认知实践产生了重大影响 (Jamison and Eyerman 1994, 第 92 页)。但这也激发起新一代的阿卡迪亚式的生态学家重新梳理他们的信息，挑战系统生态学家更为 "技术专家治理" 的方法。1960 年代末和 1970 年代初发展起来的羽翼未丰的各种环保运动组织，在其总体目标和倾向的紧张关系中，在很大程度上重演了帝国主义者和阿卡迪亚人的历史二分法。

人类生态学的兴起来自许多不同的方向。一些人，比如 1930 年代曾是劳工维权人士的默里·布克钦，将社会主义的情感带入了环保运动。他 1963 年出版的《我们的人造环境》(*Our Synthetic Environment*) 一书，是最先提出一系列广泛新环境问题的书籍之一，职业健康、化学污染、处所风险、废物处置这些问题在未来的几年里将引起公众越来越多的关注。其他人，如生物化学家巴里·康芒纳，把环保运动的重点放在了技术上；康芒纳在他的第一本书——《科学与生存》(*Science and Survival*, 1966) 中描述了科学在社会和生产中扮演的服务功能，并建议科学家在新兴环保运动中承担一些公共服务或从事批判性的活动。生物学家保罗·埃利希在他的著作《人口爆炸》(*The Population Bomb*, 1968) 中再现了马尔萨斯关于人口压力和资源限制的观点，随后康芒纳和埃利希的不同观点都被新的激进组织和环境研究部门所采纳。还有一些人，像刘易斯·芒福德，会提供历史和哲学的视角来帮助理解新的环境问题。因此，人类生态学的传统也在 1960 年代被重新创造或利用起来。[200]

然而，随后分化的种子那时已经埋下。对诸传统的发展并没有导致协调一致的运动，而是导致了不同类型的混合环保身份，为了简单起见，我们可以把这种身份视作实用的、文化的和政治的。实用的或者说技术环保主义者，以先进技术的注入重塑了人类生态学的传统，当然同时也受到其他生态学传统的影响。尽管文化的和政治的环保主义者都强烈认同某一种早期的传统，但他们也将旧的思想和观点与新的要素结合起来。对于文化环保主义者来说，嬉皮士的影响以及对技术专家治理社会及其 "单向度" 思想更为普遍的批判具有根本重要性; 而对于政治环保主义者而言，资本主义的 "全球化" 趋势以及电信和媒体技术的发展都是其职业化进程中极其重要的因素。

16.4   生态学时代

到 1960 年代末，生态学既激发了新的激进团体，诸如地球之友 (Friends of the Earth) 的出现，也推动了政策改革和体制建设的进程。1970 年代初，大多数工业化国家建立了新的国家机构来处理环境保护问题，私营和政府资助的企事业新设置和组织的环境研究和技术开发通常以生态学的名义进行。许多国家的议会颁布了更全面的环境立法，在 1972 年于斯德哥尔摩举行的联合国人类环境大会上，保护环境被认为是国际关注的一个新领域。

1969 年的载人登月为这次大会提供了一个象征，从太空看这颗小小的蓝色星球: 脆弱，形状和颜色都异常美丽。生物学家勒内·杜博斯 (René Dubos) 和经济学家芭芭拉·沃德 (Barbara Ward) 合作撰写了一本书，该书为会议设定了议程。他们的书叫作《只有一个地球》(*Only One Earth*, 1972)，在书中他们提出了一种新型的环境保护主义，将对资源的有效管理和共情理解相结合: "既然人类正在完成对地球的殖民，" 他们写道，"学会明智地管理它是当务之急，人类必须承担起守护地球的责任" (Ward and Dubos 1972, 第 25 页)。最后，他们指出，书中提出的改革和政策建议不会轻易实现: "地球对全人类来说尚不是一个理智型忠诚的焦点。但是，也许正是向这种忠诚的转变，才能唤醒我们对共享且相互依存的生物圈产生日益深刻的认知" (Ward and Dubos 1972, 第 298 页)。

[201]

接下来的几年里，在新的环境政治中，生态学被几乎所有的政治派别所利用。在刚刚起步的环保运动中，也出现了一系列 "草根" 工程动议，这属于生态技术。在美国，一群自称 "新炼金术士" 的人搬出大学来到乡下，试验生态农业和可再生能源 (Todd 1977)。在许多欧洲国家，尤其可能是英国、丹麦和荷兰，建立了许多替代技术或者说生态技术的研究中心和项目。同样在瑞士和德国，1920 年代已开始的鲁道夫·施泰纳 (Rudolf Steiner) 所谓的人智学运动，由于其具有生物动力的农业和园艺而得到了复兴，正如瑞士的汉斯·米勒 (Hans Müller) 在 1950 年代发明的有机生物方法重新焕发了活力。在当时发展起来的一些 "嬉皮士" 公社和生产合作社中，人们往往对能源和农业感兴趣，而且在建筑师和规划师中，也有人试图开发更为环境友好或更关注生态的方法和技术 (Dickson 1974)。

随着对生态学研究的资助大大增加，以及在许多大学建立了环境教育项目，对生态科学和技术的兴趣在一些国家发展成环保运动必不可少的组成部分。回顾过去,在涉及能源、农业、住房和交通方面,我们可以看到环保运动试图以科学和工程相结合来开辟公共试验空间,或者伊万·伊利奇 (Ivan Illich) 在当时所称的 "共享工具包" (tools for conviviality) (Illich 1973)。特定的技术兴趣已在社会中广泛扩散,我们在园艺、装饰我们的家和出行方式上不是都更 "生态" 一点了吗? 而科学和工程结合起来的创造性活动在很大程度上丧失。这场运动最终催生出了新的科学机构,但 1970 年代初,人们直接 "运用" 生态学服务于环境决策目的的大多数尝试均告失败。然而从长远来看,更为重要的是石油危机的来临以及 1970 年代后半期生态学在欧洲和北美围绕核能展开的斗争中所发挥的核心作用。

各种新学科或子学科在许多国家得到发展。能源系统分析已成为研究不同能源供应和分配选择之成本和收益的公认领域。人类生态学成为公认的学术领域,并基于熵和能流的概念发展了自己的理论。在生态学内部,生态系统生态学家与种群或进化生态学家之间发生了分歧,前者经常被吸引到更大的、跨学科的项目中,后者则把注意力集中到特定的物种或生态群落上。进一步的分化来自在现有的学科中出现了一系列处理新的环境和能源问题的进路。 [202]

16.5　运动的政治化

1973—1974 年的第一次石油危机导致了环境意识的重大转变,能源问题,尤其是与核能有关的问题,成为许多国家政治议程的首要议题。在许多国家,1970 年代后期是一个政治辩论和社会运动激烈的时期,人们对核能或通常是 "硬能源路线" (硬能源路线指以利用煤、石油和核能为主要的能源策略。软能源路线是以节约及合理利用现有能源为基础的能源策略。——译者注) 的利弊发生了争论 (Lovins 1977)。在某些国家,比如丹麦,可再生能源试验成为一项独立的社会运动,还催生了新的产业和政府项目。回溯此事,1970 年代的能源争论的一个重要结果是使环境问题专业化,并使原先在一定程度上被割裂的政治问题纳入既定的政治体系。其结果是,知识生产既有专业化的一面,也有建制化的一面。

回想起来,1970 年代环保运动最具特色的是其广泛性、统一性和关联性。作为反对核能的人民阵线或运动,生态学的不同传统被结合成一个综合性的**认知实践**,由高瞻远瞩的生态学哲学或世界观指导着一系列替代技术设置的实践试验,这些试验在很大程度上是自发的,游离于大社会的正规化的规则体系和组织框架之外。在非正式的地方团体、以运动为基础的讲习班和研究圈子中,"专家" 和业余爱好者都参与开展了技术项目和教育活动。关键是这场运动可以在短时间内提供一种有组织的学习体验,在追求共同目标的集体斗争中,理论与实践相结合。这些状况很难长时间维持，因为从许多方面来说，它们对于任何形式的永久性制度化来说都太不稳定了，而且当激发这一运动的问题得到解决，并从政治议程上去除时，不同的组成部分就会分裂和支离破碎 (Cramer et al. 1987)。在斗争中实现的统一性根本不可能持久。

这场运动的关联性所面临的不同环境问题的挑战，在很大程度上也是 1970 年代后期环境保护主义范围扩大化和多样化的结果。欧洲的大多数激进主义者都关注核能，这在一些国家已成为具有重大政治意义的问题，但其他问题也很重要，还在世界其他地区激发了新的运动形式。在美国，埋在纽约布法罗拉夫运河附近有毒废物的发现，激发了以当地工薪阶层为主的反对环境污染的新思潮 (Szasz 1994)。也是在美国，新基因工程技术也因其对实验室所在社区的风险和危险而受到环保人士的批判性审查。在反对基因工程的时候，环保主义者，如杰里米·里夫金 (Jeremy Rifkin) 等指出了一种新型的未来挑战，这种挑战让解决许多实际的环境污染问题变得无足轻重。"两种未来在召唤着我们，"里夫金写道，"我们可以选择设计这个星球的生命，创造我们想象中的第二个自然，或者我们可以选择与其他生命世界一起和平共处。两种未来，两个选择。一种是工程进路，一种是生态进路" (Rifkin 1983，第 252 页)。

[203]

这些新形式的环保主义很难被包含在统一的运动框架中；相反，实际上在它们所利用的知识分子和更广泛的政治传统中，以及在它们所结成的联盟中，有时是与相当保守和具有宗教原教旨的团体一起，这样一来，它们经常表述的利益和战略与"现代主义"反核激进主义者相对立，也与智库和"主流组织"中的许多专业环保主义者的立场截然相反。因此，在环保运动不断成长、扩展和多样化的同时，在 1980 年代已经为更明确的分裂进程埋下了种子。

从那时起，将环境危机视为根本问题的人与那些将其视为现代社会面临的众多挑战之一的人，这两类人士之间的紧张关系就一直成为环保运动的一个决定性特征，它对生态学的使用或利用方式产生了强烈的影响。"原教旨主义者"或深层生态学家倾向于将生态学视为一种统领全局的哲学或宇宙论，而实用主义者或现实主义者则常常将生态学视为一个更有限的科学工具箱，为环境管理者和其他科学家提供方法和概念。也许未来环保主义者应该遵循的最适合方法是尝试打造一种新的混合身份，将深层生态学家的热情、投入和整体论思维与环境管理者的实践技能和专业严谨性结合起来。

事实上，也许正是在知识创造活动的混杂化中，环保运动或环保激进主义对生态学的发展持续产生影响，更笼统地说对"绿色知识"的创造产生影响 (Jamison 2001)。近年来，在寻求可持续发展的过程中，出现了许多新的认知组合或跨学科的知识生产形式, 它们将自然科学、社会科学和人文科学联系起来 (Jamison 2005)。如此一来, 无论是在环境政治和环境管理中 (诸如工业生态学和生态经济学的杂化实践), 还是在更广泛的文化中 (诸如生态公民和生态素养的混合 "话语"), 生态学都在社会中再次发挥更广泛的作用。

参考文献

Bookchin M (1982) The ecology of freedom. Cheshire Books, Palo Alto

Carson R (1962) Silent spring. Houghton Mifflin, Boston

Cramer J, Eyerman R, Jamison A (1987) The knowledge interests of the environmental movement and its potential or influencing the development of science. In: Blume S, Bunders J, Leydesdorff L, Whitley RP (eds) The social direction of the public sciences. Reidel, Dordrecht

Dickson D (1974) Alternative technology and the politics of technical change. Fontana, Glasgow

Illich I (1973) Tools for conviviality. Harper & Row, New York [204]

Jamison A (2001) The making of green knowledge. Environmental politics and cultural transformation. Cambridge University Press, Cambridge

Jamison A (2005) Hybrid identities in the european quest for sustainable development. In: Paehlke R, Torgerson D (eds) Managing leviathan. Broadview Press, Peterborough

Jamison A, Eyerman R (1994) Seeds of the sixties. University of California Press, Berkeley

Kwa Chunglin (1989) Mimicking nature. The Development of Systems Ecology in the United States, 1950–1975. Dissertation, University of Amsterdam, Amsterdam

Lomborg B (2001) The skeptical environmentalist. Cambridge University Press, Cambridge

Lovins A (1977) Soft energy paths. Penguin, Harmondswoth

Rifkin J (1983) Algeny. Penguin, Harmondsworth

Szasz A (1994) Ecopopulism: toxic waste and the movement for environmental justice. University of Minnesota Press, Minneapolis

Söderqvist T (1986) The ecologists. From merry naturalists to saviours of the nation. Almqvist and Wiksell, Stockholm

Todd NJ (ed) (1977) The book of the new alchemists. E. P. Dutton, New York

Ward B, Dubos R (1972) Only one earth. The care and maintenance of a small planet. Andre Deutsch, London W

Worster D (1979) Nature's economy. The roots of ecology. Anchor Books, Garden City

第 17 章　21 世纪初的生态学与生物多样性: 走向新的范式?

Patrick Blandin

17.1　导言

自 1960 年代以来, 人们的环境危机意识增强, 生态学备受关注。实际上, 早在 1948 年底成立世界自然保护联盟 (International Union for the Protection of Nature, 简称 IUPN, 现为 IUCN, "C" 是 "conservation" 的缩写) 之际, 生态学就已作为一门科学学科被正式提及。此次会议的一个议题是 "在自然保护领域开展科学研究的国际合作, 特别是在精密科学和自然科学各领域中合作开展生态学研究" (IUPN 1948, 第 15 页)。世界自然保护联盟的首个举措是与联合国教科文组织携手, 于 1949 年 8 月在美国成功湖举办了一场技术大会。法国生物学家乔治·珀蒂 (Georges Petit) 负责介绍大会中的生态学内容。珀蒂强调, 自然保护与生态学之间的关系被广泛忽略, 长期以来, 自然保护仅被看作 "审美或道德思虑的结果" (Petit 1950, 第 304 页)。

当环保主义运动与生态学相遇, 掌握概念情境尤为重要。世界自然保护联盟首任秘书长的观点 (Harroy 1949, 第 10 页) 阐释了环保主义者的期望: "若想有效地保护有用的自然群丛, 人类必须事先对其进行仔细研究。然而, 若要在最佳条件下, 即 '在纯净有机体的状态' 下研究这些群丛, 人类必须首先对其进行保护, 也就是说, 在适当的、足够大的区域范围内, 保护它们免受人类活动的干扰。这些干扰会掩盖及歪曲研究人员试图观察并归纳成规律的基本过程。" 这代表着一种意识形态, 即把人类视为外部因素, 其行为扰乱了自然均衡, 即所谓的 "自然平衡"。这一意识形态源于培根 (Bacon) 和笛卡尔 (Descartes) 的二元论哲学, 很快便与奥德姆生态系统范式下发展起来的生态学系统论和控制论进路相结合 (Bergandi 1995)。

P. Blandin (✉)

Muséum National d'Histoire Naturelle, Départment Hommes-Natures-Sociétés, 57, rue Cuvier, 75005 Paris, France

e-mail: patrick.blandin@yahoo.fr

20 世纪初, 环境危机 (其标志是生物多样性锐减和气候变化) 对人们乐于接受的西方二元论思想提出了根本性的质疑: 要开创与自然共处的新方式。在这一背景下, 为应对生物多样性的挑战, 需要更新生态学内容, 寻找适应 21 世纪的范式。本文将简要分析生态学的这一演变, 重点分析生物多样性问题。

17.2 自然平衡意识形态与生态系统稳定性

在成功湖举办的世界自然保护联盟会议上并未使用 "生态系统" 一词 (Tansley 1935): 人们普遍关注的是不同的人类活动对 "自然平衡" 的影响; 奥德姆 (Odum) 的《生态学基础》(*Foundamentals of Ecology*) (1953) 一书出版后, 生态系统这一概念才开始被普遍使用。事实上, 生态系统生态学的发展独立于自然保护问题, 但与自然保护界共享 "自然平衡意识形态", 认为平衡是自然的 "正常" 状态。

在美国, 得益于首批数字计算机的出现, 生态系统分析和控制论模型的应用迅速成为生态学研究的核心。这一状况持续了几十年之久 (Golley 1991)。对于许多生态学家而言, 生态系统是一个有序的、"控制论" 的实体, 其生物群落并非是物种的随机组合, 而是呈现出一种 "结构", 该结构由共存物种之间的相互作用所决定 (物种数量可能会根据竞争物种共享的可用资源而得以生态调节), 并表现为生态系统层面的全球属性。奥德姆生态系统范式意味着在内外限制条件的制约下, 任何自然生态系统组成部分之间的相互作用都会形成成熟稳定的 "顶极" 生态系统。有关物种多样性、结构和功能复杂性以及生态系统稳定性之间关系的直觉想法也逐渐萌发。因此, 在 1960 和 1970 年代, 研究主要聚焦生态群落的结构, 大量论文探讨物种多样性与生态系统特征和稳定性之间的关系 (如 Leigh 1965; Paine 1966; Margalef 1969; Loucks 1970 或 Smith 1972)。

1973 年, 阿米安·麦克法迪恩 (Amian Macfadyen) 在向英国生态学会做的主席演讲中强调, 物种多样性与生态系统稳定性之间的关系存在争议, 生态学的发展仍处于初级阶段, 缺乏公认的范式 (Macfadyen 1975)。丹尼尔·古德曼 (Daniel Goodman 1975) 针对该问题评论道: "发生相互作用的物种越多, 自然界越容易达到平衡。这一表述乍看之下似乎是合理的。这一功能关系也许可以通过备件、更多连接、更多的反馈回路而得以构想" (第 238 页)。但是古德曼得出的结论是: "多样性–稳定性假说既没有通过实验和观察, 也没有通过建模加以证实" (第 261 页)。事实上, 1970 年代末, 人们对于作为群落整体特征的物种多样性的兴趣正在减少。这也许是因为无法针对假定的物种多样性的生态功能开展 "波普尔式" (Popperian) 研究。

[207]

17.3　生物多样性走上台前

多样性这一主题在 1986 年举办的美国国家生物多样性论坛上焕发生机, 并迅速对公众和媒体产生了影响。爱德华·威尔逊 (Edward O. Wilson) 在其著作《生物多样性》(*BioDiversity*) (1988a, 第 v 页) 一书的序言中指出, 生物多样性保护这一主题引起了科学家和部分公众的日益关注, 这主要归因于以下两方面的发展: (1) "在森林采伐、物种灭绝和热带生物学方面积累了**足够的**数据"; (2) "对生物多样性保护与经济发展之间紧密联系的意识不断提高"。意识到物种丰富度 (若干年前这是无法想象的) 可能在几十年之内遭受广泛破坏, 一场巨变发生了。特里·欧文 (Terry L. Erwin 1988, 第 127 页) 对此表达了自己独到的见解: "[……] 我们应该站在地球上三千多万种, 或者也许是五千多万种或更多种昆虫的角度来思考 [……] 一半甚至更多的动植物区系的破坏意味着我们这一代人将参与两三千万物种的灭绝过程。我们谈论的并非是红色名录中列出的一些濒危物种 [……] 无论我们谈论的数目是多少, 无论是一百万还是两千万, 都会极大地破坏地球生物的丰富度。"

爱德华·威尔逊 (1988b, 第 3 页) 并未对 "生物多样性" 给出精确的科学定义, 而只是简单地指出: "必须将生物多样性作为一种全球资源加以认真对待, 对其进行编目、利用, 最重要的是要对其加以保护。" 把生物多样性看作全球物种和基因的集合, 这是典型的环保主义者和分类学家的看法。该观点的支持者们错过了为生物多样性概念进行真正的科学定义的机会。1988 年以后, 即便是环保主义者也开始努力对这一概念进行科学定义。例如, 杰弗里·麦克尼利等人 (Jeffrey A. McNeely et al 1990, 第 17 页) 认为: "生物多样性涵盖了植物、动物和微生物的所有物种, 涵盖这些物种所组成的生态系统和生态过程。它是一个描述自然多样性程度的统括性术语, 包括给定集群中的生态系统、物种或基因的数量和频度。通常会从三个不同的层级来考虑: 遗传多样性、物种多样性和生态系统多样性。"

1994 年, 国际生物科学联合会 (International Union for Biological Sciences, IUBS) 在巴黎举办了一个主题为 "生物多样性、科学与发展" 的国际论坛。弗朗西斯科·迪·卡斯特里和塔拉勒·尤涅斯 (Francesco di Castri and Talal Younès 1996) 在介绍中试图对生物多样性进行严格的定义。关于 "三个层级" 的处理方式他们指出, 先前对生物多样性的定义 "很少关注 (如果有的话) 不同层级的生物多样性内部及相互间的作用" (第 1 页)。考虑到 "相互作用是塑造生物多样性特征和功能的主要内在机制" (第 2 页)。鉴于生物多样性的三个层级之间的相互作用具有等级属性, 形成了 "独特的生物多样性三部曲" (第 3 页), 两位学者呼吁构建一般理论

[208]

并发展跨学科科学研究。他们提出了一个层级的定义："关于生物多样性更精细的
定义可能是：基因、物种和生态系统三个不同层级的集合及各层级间的相互作用"
(第 4 页)。此外，他们认为："从实践的角度看，只有从相互作用的角度看待层级时
才能澄清系统的结构和功能属性，包括稳定性、生产力、可持续性和生态系统功
能 [……]" (第 5 页)。他们总结道："真正的挑战在于要考虑到三级多样性之间的
相互作用所产生的突现性质" (第 9 页)。

迪·卡斯特里和尤涅斯采取了坚定的整体论方法进路。他们认为，生物系统
的等级构成会产生突现性质。例如，他们认为要想理解生态系统的主要属性 (稳定
性、生产力和可持续性)，必须要考虑生态系统不同层级间的相互作用。因此，从认
识论的角度来看，这一功能主义进路提出了一个科学挑战，比分类学家主张的编
目所有生命形式更具挑战性。

然而，功能主义进路支持自然平衡这一静态观点的风险尚存。约翰·威恩斯
(John A. Wiens 1984, 第 440 页) 认为我们必须了解一个 "**非平衡世界**"，他指出："生
态学长期以来一直假设自然系统是有序且平衡的 ("自然平衡" 的概念；[……])，把
演化思想融入生态学的做法强化了这一观点，提供了可能产生最优结构化群落的
机制 (自然选择)。" 演化论思维赞同 "平衡" 的观点似乎是个悖论，然而事实是，自
然平衡意识形态支持 "顶极" 生态系统的观点，认为该生态系统是有序的、稳定的、
由特定的相互适应的物种组合构成的，在给定的边界条件下具有同样的结构化特
征 (因此具有同质性)。因此长期以来，时空异质性对生态学研究而言是一个障碍
而非研究主题。

17.4   平衡世界的衰落

全球 "自然平衡" "平衡世界" 的想法可能既有哲学根源又有心理学根源，可
以解释稳定性-多样性假设的成功之处。正如古德曼 (Goodman 1975, 第 261 页)
所言，"这一假设可能受到了非专业环保主义者的喜爱。并非是受其科学内涵所吸
引，而是喜爱其所具有的隐喻内涵。人们喜欢并愿意相信这类事物。" 在这种意识
形态背景下，干扰通常被认为是灾难性事件。

[209]

景观生态学支持重要的概念转变，引入了一种新的方式来研究生态系统的空
间组织和动态。异质性被看作这些系统的属性，干扰被认为是产生镶嵌景观的驱动
力 (Blondel 1995)。此外，显而易见任何区域都具有特定的干扰机制。这些想法逐渐
成形，相关论文及著作陆续得以发表。例如劳克斯 (Loucks 1970)，怀特 (White 1979)
或苏泽 (Sousa 1984) 以及专著《自然扰动和斑块动力学的生态学》(*The Ecology
of Natural Disturbance and Patch Dynamics*) (Pickett and White 1985)。干扰、斑块形

成、群落结构和物种多样性之间的关系也同样引发了学者的探讨, 例如莱文和佩因 (Levin and Paine 1974) 或苏泽 (Sousa 1979)。

在景观水平上, 反复出现的干扰会导致结构呈现斑块化, 结构内部不同演替阶段的生态单元共存。因此, 与景观相关的生态多样性和整个物种的多样性都被认为是由干扰机制来维持。因此, 镶嵌景观代替了气候生态系统。它是有效的平衡系统, 是 "元顶极" (metaclimax), 其在区域干扰模式驱动下的动态被认为是区域生物多样性的维持过程 (Blondel 1986)。从 "生态系统平衡" 到 "景观平衡" 的转变非常重要, 它使得时空异质性获得了概念地位。但是, 正如 "元顶极" 概念所暗示的那样, 自然平衡意识形态仍然处于幕后。这就是为什么贝克 (Baker 1995, 第 157 页) 在模拟研究基础上发表的一番言论会引起人们的关注: "长周期的景观可能会随着其干扰机制长期处于不平衡状态, 因为在景观完全适应旧机制之前, 气候变化会产生新的干扰机制。" 因此, 遵循不同轨迹的不同景观应该处于不同的情境中, 沿着不同的进路演化且可以沿着从非平衡到平衡的状态梯度排列。

在这样一个新的背景下, 对生态系统物种多样性的解释要做出改变。1960—1980 年代, 在 "平衡竞争群落范式" 大框架下 (Wiens 1984, 第 456 页), 许多生态学家认为局域群落多样性或多或少地固定在一个饱和点上, 迁入物种的增加会通过现有物种的灭绝而达到平衡。正如罗伯特·里克莱夫斯 (Robert E. Ricklefs 1987) 所言: "当今生态学研究主要是基于这样的前提, 即局域多样性指生活在一个小范围的、生态同质地区的物种数量, 是由生物群落内部的局域过程的结果所决定的" (第 167 页)。里克莱夫斯还说道: "生态学家开始意识到, 局域多样性具有全球性的特征, 例如扩散和物种产生, 也具有独特的历史环境的印记。这些过程对群落生态学家提出了挑战, 促使其把相关概念和调查研究置于更广的地理范围和更大的历史范畴" (167 页)。里克莱夫斯强调必须考虑局域和区域过程之间的平衡, 以及短期事件和长期过程之间的平衡, 从而了解局域规模的物种多样性: "物种的存在与消失取决于导致其数量增加或减少的生态过程的净结果, 后者通常具有局域性质 [……] 物种之间大多数的相互作用是对抗的, 自然选择有利于增加竞争能力和捕食效率。因此, 演化在促进共存物种之间更大适应性的同时, 最终趋向于降低物种的丰富度。平衡这些负面因素的途径是 [……] 个体从其他地区的迁入。特定区域迁入者的多样性取决于区域性过程, 如新物种的形成和扩散 (物种形成), 还取决于与扩散限制和扩散廊道上气候历史和地理位置相关的历史事件和环境。相对于影响种群规模调整和个体适应的局域因素而言, 成种和扩散越强, 历史和地理因素对局域群落的影响就越深" (第 169 页)。此外, 里克莱夫斯强调了这样一个事实, 即任何生态系统的历史维度都会导致局域环境的多样性。

[210]

因此在任何地方, 生物多样性都是 "独特的演化舞台" (Ghilarov 2000, 第 411 页)。从这个角度看, 局域的物种多样性不应仅仅被看作过去演化过程的结果, 它还具有进一步演化的潜力。早在 1959 年, 哈钦森便提出, 生物多样化的群落比拥有较少物种的群落具有更高的演化能力: 为此, 他提出了这样一个观点, 认为生态系统的稳定性及其适应性取决于物种的多样性。布兰丁等人 (Blandin et al. 1976) 进一步发展了类似的观点。他们提议从理论上考虑两种不同的生态系统适应策略。一方面, 物种多样性低的生态系统的适应能力取决于少数几个具有关键作用的物种的遗传多样性。另一方面, 物种多样性高的生态系统的适应性取决于功能上冗余的物种。共存物种越多, 每个物种的个体数量就越少: 在一个生态系统中, 每个物种种群的遗传多样性以及适应性与其共享空间和 (或) 营养资源密切相关。显然, 这两种生态系统策略不是排他的, 可能存在中间情况, 这取决于共存物种的实际数量、遗传多样性和物种多样性之间存在的特定等级相互作用 (Blandin 1980)。

近些年, 一些学者提出了类似的观点。例如, 蒂斯德尔 (Tisdell 1995) 对比了热带生态系统和温带生态系统。热带生态系统的生物多样性丰富, 然而易于遭受环境变化带来的危害, 因为许多物种的生物耐受性和移动性很弱; 温带生态系统的生物多样性较低, 然而物种的耐受性和移动性更强。他得出结论: 这样的生物多样性既非确保生态系统可持续性的必要条件, 也非充分条件。迪·卡斯特里和尤涅斯 (di Castri and Younès 1996, 第 5 页) 更加精确地强调了冗余物种可能发挥的作用, 以及物种多样性和遗传多样性之间的平衡: "在衡量系统的物种多样性时, 并非所有物种都是平等的。少数物种可以在系统功能中发挥关键作用, 而其他物种则可能是冗余的。有些物种占据优势, 拥有大量个体, 降低了系统的平等性。而其他物种 (稀有种) 则可能仅有少数个体。此外, 在某种程度上, 数量少的物种可以通过某些种群中非常高的遗传多样性来弥补, 以解释稀有种的重要性。"

[211]

毫无疑问, 物种多样性和遗传多样性相互依赖的问题应有助于解决关于物种多样性与生态系统稳定性之间存在直接关系的争议性假说。此外, 它帮助我们解决群落演化能力的问题, 虽然 "生命悖论" (life paradox) (生命连续性是生命变化的结果) 的问题仍然难以攻克。实际上, 在关于自然保护策略的争论中, 将演化作为背景和界限并非是因其 "有用", 而是因为确有必要。

17.5 生物多样性动态: 走向新范式

弗朗西斯科·迪·卡斯特里和塔拉勒·尤涅斯 (Francesco di Castri and Talal Younès 1996, 第 3 页) 呼吁 "构建一个一般性理论, 整合生物多样性的不同层级, 解释它们如何形成及相互作用"。从历史角度考虑全球、区域和局域过程的相对作用, 强调不同时空维度上的异质性, 表明物种多样性和遗传多样性之间相互依存关系的各种模式——源自历史和当下的生态环境——为这一理论提供了可能的框架, 可以概括如下 (Blandin 2004)。

生态圈的轨迹是混乱的。任何时候未来都是不可预测的, 至少在相当长的一段时期情况如此。然而过去是可以通过确定过程加以解释的。全球和局域过程的互动网不断产生新物种, 并触发其他物种的灭绝。在地球尺度上, 物种起源和物种灭绝过程之间的平衡导致了生物多样性的整体动力学。

一方面, 区域内物种的数量来自区域外物种的起源和随后发生的迁入, 以及区域内物种的起源。另一方面, 这些过程被区域内物种的灭绝和区域内物种的迁出 (例如与气候变化相关) 所抵消。

在区域异质景观中, 局域物种聚集的丰富度首先取决于区域能够共存的物种储备。其次, 取决于景观结构。而景观结构决定着生态单元之间的迁移流动。不同物种的实际共存取决于环境的物理和化学限制, 取决于能够满足这些物种需求的资源的局域流动, 还取决于受干扰的种类和机制。最后, 灾难性事件可能会造成巨大的变化。

考虑到这些新见解, 自然群落一方面可以看作受随机事件历史的影响, 沿环境梯度呈现; 另一方面是受到长期的稳定环境的影响, 但中间夹杂着或长或短的有规律的干扰。根据这些不同的历史, 自然选择、环境特征、能量流动和种间相互作用的相对作用模式上也许会发生大的变化: 允许共同选择的生物耦合在随机变化的条件下不太可能发生; 但是在经常重复的情况下, 有可能会增加共适应的物种。 [212]

根据通过演化达到的共适应程度, 每个物种都以特定方式通过景观镶嵌进行分布, 并以或严格或宽松的方式参与各种物种的集合。每个物种的遗传多样性都有特定的模式。这取决于种群的数量和大小、物种个体的局域流动以及迁出数量与迁入数量之间的平衡。物种的局域可持续性取决于遗传多样性。每个物种的数量规模部分地取决于与其共享空间和资源的其他物种的种群数量和大小: 在局域生态多样性的框架内, 物种的遗传多样性与集合的物种多样性之间存在必然的相互作用。因此, 生物群落的适应能力 (其是否具有可持续性便取决于此) 受三级生物多样性当前的互动模式所支配。

任何时候, 任何空间尺度上, 全球生物多样性都是过往进化的独特遗产, 也是未来进化独特且有限的潜力。任何时候都可能会有不同的轨迹, 但是只有一条轨迹可以遵循。随着局域、区域和整体过程不断发生相互作用, 生态系统的演化可以被视为 "相互依存的轨迹网": 我们所说的 "交互轨迹范式" (transactional trajectories paradigm) 取代了根植于自然平衡论的奥德姆生态系统范式, "交互" (Dewey and

Bentley 1949) 一词采用杜威认识论中的含义。

17.6 生态圈的可持续适应性

演化不应仅被狭义地看作物种起源和灭绝: 这是生态变化、共同演化相互作用和生物多样性转化的整体过程。以色列生态学家泽夫·纳韦 (Zev Naveh 2000) 拓宽了生态圈层面的观点, 提出 "应将整个人类生态系统视为地球上最高级的协同演化生态实体"。他主张 "这种概念性方法使我们能够以崭新、全面、跨学科的视角把人类生态系统景观的演变看作自然界和人类社会自组织和协同进化的动态过程" (第 358 页)。生命悖论的说法遭到摒弃。取而代之的观点认为协同进化使生命的可持续性成为可能, 新物种替代了其他物种发挥持续的生态功能。这意味着意识形态的转变, "可持续性" 取代 "自然保护" 成为主要目标。

[213]

这种演化的观点促生了新的见解。作为过去进化的独特记忆, 古生物多样性留有零星遗迹, 当代生物多样性为理解进化过程提供了钥匙, 也提供了探索奇迹的机会。正如俄罗斯生态学家阿列克谢·吉拉罗夫 (Alexei M. Ghilarov 2000) 所言, "演化遗产像我们的文化遗产一样值得保护" (第 411 页)。此外, 作为未来演化独有的潜力, 当前生物多样性是人类唯一可能获得的独有的伴随物。长期以来, 满足人类的需求意味着能够提供与人类文化多样性相匹配的自然资源。今天, 人类的目标是多种多样的; 明天又会有不同的目标。无人能预测在新的生态和文化环境中我们的后代需要什么和渴望什么。因此, 主要问题是要世代相传 "四级多样性", 实现 "人与自然系统" 的可持续性。这不仅意味着功能上的连续性, 还意味着保有演化的能力。这取决于人与自然系统中气候、物种、遗传和文化多样性的四级综合。显然, 需要进一步研究所有空间尺度的四级多样性之间的相互作用。因此, 生态学不再仅仅是一门 "生物学" 或 "自然" 科学: 生态学必须逐步发展, 把自然和社会文化综合起来, 为跨学科领域建设做出贡献。有必要提供人类所需的科学基础以确保 "整体人类生态系统的可持续适应性"。

参考文献

Baker WL (1995) Longterm response of disturbance landscapes to human intervention and global change. Landscape Ecol 10 (3): 143–159

Bergandi D (1995) 'Reductionist holism': an oxymoron or a philosophical chimaera of E. P. Odum's systems ecology. Ludus Vitalis 3 (5): 145–180, reprinted in Keller, D.R. & FB Golley (eds.) 2000. The philosophy of ecology: from science to synthesis (abridged version), University of Georgia Press, Athens, pp 204–217

Blandin P (1980) Evolution des écosystèmes et stratégies cénotiques. In: Barbault R, Blandin P,

Meyer JA (eds) Recherches d'écologie théorique. Les stratégies adaptatives. Maloine, Paris, pp 221–235

Blandin P (2004) Biodiversity, between science and ethics. In: Hanna S, Mikhail WZA (eds) Soil zoology for sustainable development in the 21st century. Egypte, Cairo, pp 3–35

Blandin P, Lecordier C, Barbault R (1976) Réflexions sur la notion d'écosystème: Le concept de stratégie cénotique. Ecol Bull 7: 391–410

Blondel J (1986) Biogéographie évolutive. Masson, Paris

Blondel J (1995) Biogéographie. Approche écologique et évolutive. Masson, Paris

Dewey J, Bentley AF (1949) Knowing and the known. Beacon, Boston

di Castri F, Younès T (1996) Introduction: Biodiversity, the Emergence of a New Scientific [214] Field—Its Perspectives and Constraints. In: di Castri F, Younès T (eds) Biodiversity, science and development. Towards a new partnership. CAB International and IUBS, Paris, pp 1–11

Erwin TL (1988) The tropical forest canopy. The heart of biotic diversity. In: Wilson EO, Peter FM (eds) Biodiversity. National Academy Press, Washington, DC, pp 123–129

Ghilarov AM (2000) Ecosystem functioning and intrinsic value of biodiversity. Oikos 90: 408–412

Golley FB (1991) The ecosystem concept: a search for order. Ecol Res 6: 129–138

Goodman D (1975) The theory of diversity-stability relationships in ecology. Q Rev Biol 50 (3): 237–266

Harroy JP (1949) Définition de la protection de la nature. In: UIPN (ed) Documents préparatoires à la conférence technique internationale pour la protection de la nature. UNESCO, Paris, Bruxelles, pp 9–14

Hutchinson GE (1959) Homage to Santa Rosalia, or why are there so many kinds of animals? Am Nat 93: 145–159

Leigh EG (1965) On the relationship between productivity, biomass, diversity, and stability of a community. Proc Natl Acad Sci USA 53: 777–783

Levin SA, Paine RT (1974) Disturbance, patch formation, and community structure. Proc Natl Acad Sci USA 71: 2744–2747

Loucks OL (1970) Evolution of diversity, efficiency and community stability. Am Zool 10: 17–25

Macfadyen A (1975) Some thoughts on the behaviour of ecologists. J Anim Ecol 44: 351–363

Margalef R (1969) Diversity and stability: a practical proposal and a model of interdependence. Brookhaven Symp Biol 22: 25–37

McNeely JF et al (1990) Conserving the world's biological diversity. IUCN/WRI, CI, WWF-US, The World Bank, Gland, Switzerland, Washington, DC

Naveh Z (2000) The total human ecosystem: integrating ecology and economics. Bioscience 50 (4): 357–361

Odum EP (1953) Fundamentals of ecology. W.B. Saunders, Philadelphia

Paine RT (1966) Food web complexity and species diversity. Am Nat 100: 65–75

Petit G (1950) Protection de la nature et écologie. In: IUPN (ed) International technical conference on the protection of nature, Lake Success, 22-29-VIII-1949, proceedings and papers. UNESCO, Paris, Bruxelles, pp 304–314

Pickett STA, White PS (eds) (1985) The ecology of natural disturbance and patch dynamics. Academic, New York

Ricklefs RE (1987) Community diversity: relative roles of local and regional processes. Science 235: 167–171

Smith FE (1972) Spatial heterogeneity, stability and diversity in ecosystems. Trans Conn Acad Arts Sci 44: 309–335

Sousa WP (1979) Disturbance in marine intertidal boulder fields: the nonequilibrium maintenance of species diversity. Ecology 60: 1225–1239

Sousa WP (1984) The role of disturbance in natural communities. Annu Rev Ecol Syst 15: 353–391

Tansley AG (1935) The use and abuse of vegetational concepts and terms. Ecology 16: 284–307

Tisdell CA (1995) Issues in biodiversity conservation including the role of local communities. Environ Conserv 22 (3): 216–222

UIPN (1948) Union internationale pour la protection de la nature, créée à Fontainebleau le 5 octobre 1948. UIPN, Bruxelles

White PS (1979) Pattern, process and natural disturbance in vegetation. Bot Rev 45: 229–299

Wiens JA (1984) On understanding a non-equilibrium world: myth and reality in community patterns and processes. In: Strong DR Jr, Simberloff D, Abele LG, Thistle AB (eds) Ecological communities: conceptual issues and the evidence. Princeton University Press Princeton, New York, pp 439–457

Wilson EO (1988a) Biodiversity. National Academy Press, Washington, DC, pp v–vii

Wilson EO (1988b) Biodiversity. National Academy Press, Washington, DC, pp 3–18

第 18 章 进入 21 世纪的生态系统观

Wolfgang Haber

18.1 导言: 介于认可与争议之间的生态系统

阿瑟·坦斯利 (Arthur G. Tansley) 在其 1935 年发表的具有划时代意义的文章中引入了 "生态系统" (ecosystem) 这一术语[1], 为我们提供了一个实用且富有前景的概念, 可用于理解和解决 21 世纪日益增多的环境问题。对于肩负可持续发展责任的机构和个人而言, "生态系统管理" (ecosystem management) 和 "生态系统服务" (ecosystem services) 已成为他们沟通和交流的共同语言。联合国在世纪之交发起的 "千年生态系统评估" (Millennium Ecosystem Assessment) (MA 2003) 将进一步增加对这一抽象术语的普遍关注, 使其成为 21 世纪的日常宣传中不言自明的表述。

然而, 在环境科学家之间, 尤其是在生态学、生物学和地理学理论家和实践者中, "生态系统" 这一术语曾经或多或少地受到争议。如今的情况依然如此。术语需要具有科学的严谨性和清晰度。然而, 该词汇经常会被跨学科地应用于公共事务之中。为了弥合此间的差异, 避免出现更多的误解和误用, 有必要对该术语的历史及其在理论与实践中的不同含义做一简要回顾 (参见 Allen et al. 2005; Peterson 2005; de Laplante 2005; Blandin 2006)。

在 1988 年英国生态学会成立 75 周年之际, 会员们被问及哪些概念是生态学领域中最重要的概念。排名第一的是 "生态系统"。远远高于排名第二的 "演替" (succession) (Cherrett 1989)。"生态系统生态学" 已经成为生态学的一个特殊分支 (Pomeroy and Alberts 1988)。"生态系统" 一词, 无论是作为术语还是概念, 其受欢

---

[1] 威利斯 (Willis) 于 1997 年指出, 生态系统这一术语最初是由克拉珀姆 (Clapham) 创造的。坦斯利曾问克拉珀姆 "能否想出一个合适的词用以表示环境的物理和生物组成部分彼此互相影响"。克拉珀姆建议使用 "生态系统" 一词。经过深思熟虑, 坦斯利表示完全赞同 (Willis 1997, 第 268 页)。然而, 在 1935 年的文章中坦斯利并未提及克拉珀姆。

W. Haber (✉)

Technische Universität München, WZW, Lehrstuhl fur Landschaftsökologie, Emil-Ramann-Strasse 6, D-85354 Freising, Germany

e-mail: WETHABER@aol.com

迎程度均达到了顶峰。威尔逊 (E. O. Wilson 1996) 甚至将生态系统列入 "形而上构造" 之内，比普通的科学理论更强大，更持久。1998 年，催生了一本名为《生态系统》(*Ecosystems*) 的科学期刊。

坦斯利于约 50 年前 (原文有误，至本书出版时为 76 年。——译者注) 发表了 "生态系统" 这一术语。虽然未能精确定义，但已是巨大的成功。这一成功体现在林德曼 (Lindeman 1942) 关于湖泊所做的开创性研究，以及尤金·奥德姆 (Eugene P. Odum) 出版的具有突破性意义的教科书《生态学基础》(1953) 中，该书以生态系统作为其核心概念，贝尔甘迪 (Bergandi 1995) 称其为为数不多的真正形成范式的科学著作。生态系统成为自 1960 年代以来首批重大国际方案的核心概念，其中包括 "国际生物学计划" (IBP) 及其后来的 "人与生物圈计划" (MAB)。这些项目在世界范围内取得的成功以及赢得的声誉极大强化和普及了 "生态系统" 概念的应用。如果没有这一概念，它们的成功和声誉或将无从谈起。

与成功的案例相反，自 1980 年代以来，越来越多的生态学家开始质疑生态系统概念的首要地位，并就其含义及重要性展开了争论 (参见 Reiners 1986; Likens 1992)。进化生物学家和种群生物学家尤其反感生态系统研究，批评其研究单方面考虑能量及物质转移或营养级，忽略或无视生物多样性及种群和群落生态学的其他方面。在霍林 (Holling 1992, 1996) 看来，种群和群落生态学似乎自成体系，而生态系统生态学则存在于另一体系之中。奥尼尔等人 (O'Neill et al. 1986) 反对上述学者观点，认为综合地看待生态系统需要结合这两种思路。如果不考虑各种生物之间的相互作用，就无法理解生态系统的众多功能。

事实上，生态系统生态学之父尤金·奥德姆确实考虑到了种群和群落生态学。相关内容在上文提到的教科书的三个版本中，及其他各种流行版本中均占据了重要章节。尽管如此，贝尔甘迪 (Bergandi 1995) 仍然认为奥德姆式生态系统进路是完全的还原论。然而，对于尤金·奥德姆的弟弟霍华德·奥德姆 (Howard T. Odum) 而言，这一说法所言不虚。他把所有生态系统过程还原为能量转化。尤金·奥德姆认可并支持自己弟弟的观点，并将其纳入自己的著作之中。但他始终坚持认为自己的方法才是真正的 "整体论"。

18.2　生态系统管理与生态系统服务

1992 年美国政府根据当时的副总统戈尔 (Gore) 的提议，决定把国家自然资源管理方式由单一资源 (森林、牧场、野生生物等) 管理模式转为综合的、"整体的" 管理模式，即 "生态系统管理"。由此，生态系统概念在美国重焕生机。尽管是否应把生态系统看作科学主题在生态学家之间引起了争议，然而，这一概念被轻松

[217]

地用作了环境管理主题。20 余家美国联邦机构组成了 "机构间生态系统管理课题组"，于 1995 年完成了一份共计三卷的综合报告，题为《健康的生态系统和可持续的经济——联邦机构间生态系统管理倡议》(*Healthy Ecosystems and Sustainable Economies—the Federal Interagency Ecosystem Management Initiative*, 简称 EMI)。其目标是采取积极主动的方法，通过生态系统管理来确保经济和环境的可持续发展 (Malone 1995)。尽管该倡议是国家层面的倡议，但其重要性堪比 1992 年推崇生态系统多样性的《生物多样性公约》(*Biodiversity Convention*)。

　　然而，EMI 加剧了生态系统概念的混淆 (Carpenter 1995)。以下引自斯坦和盖尔伯德 (Stein and Gelburd 1998, 第 74 页; 黑体部分由本章作者所加):

　　　　生态系统方法是维持或恢复**自然**系统及其功能和**价值**的方法。它基于人们对渴望中的未来条件**协作**发展的愿景，融合了生态、**经济**和**社会**因素，应用于主要由**生态**边界定义的**地理**框架中。通过完全融合社会和经济目标的**自然资源**管理方法，选择生态系统方法来恢复和维持 [优先级倒置! 本章作者注] 生态系统**健康**、生产力和生物多样性以及生命的整体质量。

　　这种说法有些奇怪，让人不禁困惑: 生态系统方法是否仅限于自然资源或自然系统。出现这一困惑也是合乎情理的，因为生态系统管理本身并不包括经济和社会因素，或者应该包括这些方面。关于 "联邦机构间生态系统管理倡议"，萨罗 (Szaro) 等拓宽了生态系统概念的模糊性，指出: "从实践角度上说，通常意义上 '生态系统管理' 与 '可持续发展' '可持续管理' 以及通过生态学方法进行土地和资源管理的术语是同义词" (Szaro et al. 1998, 第 5 页)。

　　这些作者用了几段话的篇幅进一步指出 "生态系统方法强调基于地点或者区域的目标"，因为生态系统数据是 "内在空间性的" (Brussard et al. 1998)。"生态系统规划必须考虑到景观尺度格局的动态" (Szaro et al. 1998, 第 2–3 页)。EMI 报告提及的七个案例研究其中包括大型流域即五大湖盆地，整个南佛罗里达州以及阿拉斯加的威廉王子湾 (该地受到 "埃克森·瓦尔迪兹" 号油轮残骸的破坏)。看来，"生态系统" 在这里被用作各种管理目标和管理措施的总称，与德国术语 "Naturhaushalt" 相当。在一篇对 EMI 的评论中，谢弗 (Sheifer 1996) 始终使用 "生态系统/生态区域" 这个双重术语，突出了生态系统的区域景观维度 (参见 Blandin and Lamotte 1988)。

　　然而，EMI 所提出的目标并没有实现。这并非由于人们对生态系统概念心存困惑，而是出于政治原因。1996 年美国大选后组成的国会中，大多数共和党议员拒绝该倡议并削减了其经费。尽管如此，《景观与城市规划》(*Landscape and Urban*

Planning) 期刊专门出版了以 EMI 为主题的 234 页的专刊 (1998 年第 40 卷)，为生态
系统相关话题的讨论提供了趣味性阅读材料。美国作者萨姆森和克诺夫 (Samson
and Knopf 1996) 主编的《生态系统管理》(*Ecosystem Management*) 一书在其最终
的报告中虽未提及该倡议，却在序言中写道："没人知道生态系统管理的含义，但
是这并未削减人们对该概念所抱有的热情" (Wilcove and Samson 1987, 第 322 页)。
这使得人们对于生态系统这一概念更为困惑。1995 年美国生态学会发布了一份题
为《生态系统管理的科学基础》(*The Scientific Basis for Ecosystem Management*) 的
文件，同样没有提及该倡议。泽德 (Zeide 1996) 批评其不够科学。许多在 EMI 中
合作的生态学家和其他专家将研究结果编写成三卷册的《生态管护：生态系统管
理指南》(*Ecological Stewardship: A Common Reference for Ecosystem Management*)
(Johnson et al. 1999)。重点从管理转向管护，偏向于保护生物学和生态系统的生物
学特征，反映了人们对生物多样性日益浓厚的兴趣。

[218]

　　20 世纪末，特别是受戴利 (Daily 1997) 著作的影响，"生态系统服务" 概念引发
了公众和社会的极大关注。这些服务将生态系统与生态经济学家后来展开的有关
"可持续发展" 辩论中所提出的 "自然资本" (natural capital) 联系了起来。正是这
些生态系统服务成为 "千年生态系统评估" 这一最新的、全面的全球环境计划的
起点。正如上文所言，该计划由联合国于 2001 年 6 月启动 (MA 2003)。这项科学工
作专注于研究生态系统服务发生的变化如何影响和正在影响人类；生态系统的变
化如何在未来几十年影响人类福祉，以及可以在局域、国家或全球范围内采取何
种应对措施来改善生态系统管理，进而增加人类福祉和减少贫困。然而，生态系统
服务不是基于有明确边界的环境对象，而是基于不同大小和构成的功能单元。在
生态系统管理或管护方面，我们面临着一个如何实施的大问题。这需要花费大量
脑力劳动深化生态系统概念，既赋予巨大的期望和蕴意，又赋予生态科学巨大的
责任，要为该概念在理论和实践上提供可靠的依据。综合报告《生态系统与人类
福祉》(*Ecosystems and Human Well-Being*) (MA 2005) 对其做了清晰的说明。

18.3 生态系统在层级和尺度中的位置

　　生态学家是否已做好准备为 21 世纪这一艰巨的任务提供科学建议和解决之
道？在经历了 20 世纪最后几十年的所有争议之后，迈尔 (Mayr 1997) 认为，生态系
统概念在 1960 和 1970 年代因奥德姆而流行起来，此后便失去了主导范式的作用。
生态系统生态学的主要人物之一奥尼尔 (O'Neill 2001) 甚至问道："现在该埋葬生
态系统概念了吗？(当然，是用军葬礼!)" 然而他本人又回答道："可能不该。" 与沙
伊纳等 (Scheiner et al. 1993) 的观点不同，这个一度被思想家们视作认识论噩梦的

[219]

术语, 显然已经变得不可或缺。应该如何把握它? 简要地回顾历史可能会有助于找到答案。

1930 年代初期, 当克拉珀姆向坦斯利提议 "生态系统" 一词时 (Willis 1997), 他从当时的系统研究中借用了 "系统" 一词。当然, "系统" 意味着整体论观点, 但同时又强调了物理特征和机械或类似机器的进路。顺便提一下, 这一类比出现在坦斯利更早期的著作中 (Tansley 1922)。根据高雷 (Golley 1993) 和贾克斯 (Jax 2002), 坦斯利的主要动机——埃文斯 (Evans 1976) 和近期的谢艾 (Sheail 2005) 认为其特点是持续专注于哲学和思辨过程——是加强人们把生态学视作严肃科学的认知, 使其免受当时滥用的整体论理论的误导。

坦斯利的文章中有两个重要方面需要强调。第一, 他明确地将生态系统称为 "思想上的独立存在", 即威尔逊所说的 "形而上的构造"。第二, 坦斯利设想了一系列自然界的组织层次, 将其称为 "宇宙的物理系统", "范围从整个宇宙到原子" (Tansley 1935, 第 299 页), 并在等级序列中为生态系统分配到了特定的等级。令人惊讶的是, 第二点虽然同样重要, 舒尔茨 (Schultz 1967) 甚至认为其 "更加重要", 然而时至今日收获的认可很少。埃格勒 (Egler 1942) 将这个想法用于他的植被系统, 并制定了第一个 (虽然并不完整) 生物组织等级序列。之后诺维科夫 (Novikoff 1945) 对其进行了补充。费布尔曼 (Feibleman 1954) 甚至提出了基于十二条 "法则" 的 "综合等级理论", 舒尔茨 (Schultz 1967) 在生态系统语境中对此进行了讨论。(顺便一提, 在更近期出版的有关生态系统等级的著作中这三位作者均未被引用。)

坦斯利将生态系统视为一种思想上的构造。这意味着生态系统在现实中并不存在, 而仅存在于研究者的头脑中。研究者在头脑中对其进行定义, 阐述其内容, 划定其边界。然后将这种心灵图像投射到自然界的真实情景中, 将思想上的边界与现实的边界进行适配, 例如河岸和湖岸、森林边界、流域边界或源自基质或土壤差异的边界, 所有这些都可以用来划界生态系统。然而, 在当今的景观中, 大多数边界源自人类对于土地的使用, 尽管这些边界可能与自然边界重合。显然, 如果生态系统只是一种心灵构造, 其边界应当是由观察者或研究者设定。因此, 将生态系统比作克莱门茨 (超) 有机体这一做法从根本上是错误的, 会产生误导作用。因为有机体具有自身产生并被研究者接受的外界边界 (皮肤、表皮、细胞壁等)。

在坦斯利最初的自然界物理系统等级概念中 (实际上只是一个想法), 物理系统从最小维度到最大维度进行了排列。对他而言, 生态系统只是其中之一, 显然属于中等大小 (Weinberg 1975 使用 "中等规模系统" 这一表述)。但是, 这个维度不能与空间尺度相混淆。不能因为生态系统在等级系统中的位置, 就认定其空间尺度要大于群落或种群, 并予以相应对待。这缺乏逻辑基础。甚至还可以说, 许多生物

[220]

过程 (如演替或迁徙) 发生在比生态系统过程 (如养分循环) 更大的时空尺度上。

18.4 混乱的根源

在这一背景下, 我们触及了造成生态系统概念误解、语义混乱和矛盾性表述的一个根源。林德曼曾针对小湖泊 (表面积有 1 公顷, 深 1 米) 做了开创性生态系统研究。他按照坦斯利的概念明确了湖泊的空间维度和清晰的边界 (湖岸线), 因此符合他的等级顺序。然而, 尤金·奥德姆在其 1953 年的著作中提出应把生态系统看作从种群到生物圈的各个空间维度的生态学的基本单元。埃文斯 (Evans 1956) 接受了这一定义并加以证实。但是在其著作的第二版 (1959) 中, 奥德姆遵循了坦斯利的观点, 将生态系统限制在等级结构中的特定级别上, 然而依旧在更宽泛意义上使用该词汇, 似乎没有谁受到这些矛盾的过度干扰 (Golley 1993, 第 72 页)。

这就是为什么一直以来人们对坦斯利 (及其追随者) 等级概念中各层次, 即尺度 (空间) 层次和组织层次之间特征深感困惑的原因。这促使艾伦和胡克斯特拉 (Allen and Hoekstra 1990) 以及之后的学者维格勒布 (Wiegleb 1996) 和贾克斯 (Jax 2002) 建议用 “观察层级” 代替 “组织层级”。为避免这一混淆, 人们提出了大量的 “分支” 层级或 “破缺” 层级 (参见 Wiegleb 1996 第 3 章 3.4 小节的讨论)。霍尔特 (Hölter 2002) 的著作可能有助于阐明这一点。无论如何, 在有机体层级之上的等级理论的有效性 (所有的层级都是 “心理构造”) 相比处在明显更低的组织层级上的有效性存在更多争议 (Fränzle 2001, 第 75 页)。因此, 传统的等级理论中的生态系统概念与把生态系统看作融合了不同尺度活动的整体的概念是有冲突的 (Vogt et al. 1996)。

对于这一与尺度相关的困境, 埃伦贝格 (Ellenberg 1973; 另见 Mueller-Dombois and Ellenberg 2002, 第 168–171 页) 提出了解决方案。原则上他遵循埃文斯的生态系统定义, 建立了相应的 “生态系统序列”。他按空间维度等级结构排列, 划分了五类生态系统, 即巨生态系统 (mega-ecosystem)、宏生态系统 (macro-ecosystem)、中生态系统 (meso-ecosystem)、微生态系统 (micro-ecosystem) 和超微生态系统 (nano-ecosystem)。他称中生态系统为 “最严格意义上的生态系统” (Ökosysteme im engeren Sinn, 第 237 页), 是生态系统分类的基本类型, 因此再一次接近坦斯利 (及后来的奥德姆) 等级理论中的生态系统概念。中生态系统的一个例子是夏绿阔叶林, 被细分为植物社会学家所熟悉的不同群系和群丛。但是, 埃伦贝格的分类并没有引起太多关注。

埃伦贝格对生态系统的理解体现在了他在德国索灵山指导的 IBP 项目中 (Ellenberg et al. 1986)。该项目被视为 “生态系统研究发展的里程碑” (Fränzle 1998, 第

[221]

11 页)。该项目深受研究植物群丛的苏黎世－蒙彼利埃学派的植物社会学方法的影响, 这些植物群丛因其植物区系组成和特征种而被识别。具有或多或少明确边界的植物群落可以被划定, 并且很容易被作为 (微) 生态系统来看待。在欧洲大陆的生态系统研究中, 尤其是当应用于自然保护或景观规划时, 把植物群丛或群系等同于生态系统 (在埃伦贝格的术语中被称为中生态系统和微生态系统) 是相当普遍的, 被认为是生态系统研究中一个有效的方法。自然保护主义者和环保主义者很快都采用了 "生态系统" 一词, 对其加以灵活运用, 为其进入人们的日常语言开辟了道路。

正是在 IBP 计划期间, "生态系统" 几乎未被察觉地从坦斯利的 "思想上的独立体" 变成了自然界中的真实客体, 或者如舒尔茨 (Schultz 1967) 所言, 变成了 "可感知客体"。因此, 生态系统生态学最重要的成功之处在于 "从实在论甚至是本体论视角来看待生态系统, 将其视为真实世界中的实体" (Potthast 2002, 第 139 页)。

18.5　生态系统概念与理论生态学

直到 1990 年代, 理论生态学家才开始认真对待生态系统概念的认识论背景。本书既是这一努力过程的证明, 也是其首要的成果。起初, 生态学家似乎陷入了 "整体论陷阱"。使用该概念的学者经常因支持 "有机体论的思维" 或坚持克莱门茨的 "超有机体信念" (参见 Trepl 1988; de Laplante 2005) 而受到非议, 话语中经常隐含有贬义语气。然而, 这些批评是片面的, 会使人误入歧途。任何有机体不能离开与其他有机体的相互作用而存在, 无论它们之间是共生关系还是拮抗关系。这些构成了一个真正的网络——尤其当出现经常性的行为时, 网络的结构可以通过分析得知, 无须脑中具备有机体论观点。当然, 这个网络可以被称为系统。这一推理得到了特列普 (Trepl 1988) 的认可, 却未能阻止人们将系统生态学家或持有综合思想的生态学家归入 "有机体论者" 或 "整体论者" 范畴的趋势。

因此, 生态学家 (以及众多生物学家) 在还原论与整体论问题上存在严重分歧, 没有同时处理好部分和整体的关系 (Blandin 2006)。在研究高度复杂的现象时, 必须要采用还原论方法。因为只有将其分解为 (假想中的) 主要组成部分时才能了解其复杂性。然而, 此分析进路必须通过重新合成组件方能完成。唯有此才能理解复杂整体的功能或复杂性存在的原因。还原论与整体论相结合 (通常是反复进行的) 的方法对于研究生态系统是必不可少的, 却被回避 "整体论陷阱" 的研究者所忽视。舒尔茨 (Schultz 1967) 认为, 这种态度可以追溯至 17 世纪和 18 世纪科学的起源和物理学的历史优先地位。物理学家进行科学探究的对象是无生命的、永恒的物质和能量, 他们能够通过纯粹的还原论方法来解释宇宙, 并且较为容易找

[222]

到通则和定律。这一方法成为"唯一合理的"科学方法[2]被强加给生命科学等后来学科。生命学科涉及的每个生物实体都是独特的、典型的"事件"或"时空组合"，无法用纯粹的物理术语来解释。因此，生物学本质上是一门"事件科学"。在生物学层面上，只有规律而没有定律。理论在本质上是无法验证的，而且生命现象不确定性极强，无法探究因果及进行预测。此外，生物学的一个根本问题——对生态学而言也是本质性问题——是对环境因素进行评估，看其是否适合和促进有机体的自我维持。最终，这是一个目的论问题（参见 Weil 2005），远远超出了"通常的"科学规律。物理学家对其是抗拒的，甚至是憎恶的。但是通过放弃因果性解释，诉诸直觉必要性可以证实其合理性。如果获得优先地位的不是物理学而是生物学，那么现代科学的发展将会如何？发展进程可能会大大延迟，因为那些痴迷还原论的早期科学家会疲于应对生命和生活现象巨大的多样性。

　　施瓦茨（Schwarz 2003）提出了一个考虑周密且具有发展前景的模式来弥合这些分歧。她把生态学视作一种具有调解能力的"第三种力量"，置于生物学的两大主流之间：一方是**生理学**，以探寻解释为目标的还原论分析研究，以物理学家的推理及寻求一般规律或概括性法则为基础；另一方是**外貌描述**（Physiognomy），以对"格式塔"特征的独特现象进行全面或综合的理解（而非解释）为基础。施瓦茨还充分认识到隐喻（威尔逊所说的"形而上构建"）以及启发法不可或缺的作用。然而，生态学的这一调解作用从来都不是统一的，而是根据人们对生态学核心基本观念，即"能量""生态位"和"微宇宙"的不同偏好而发生变化或波动。在狭义的定义中，后者可能被理解为"生态系统"，因此很契合施瓦茨的观点。这有助于打破还原论者的傲慢，以及因其科学态度无可置疑（多数情况下是无意识地）而产生的毫无道理的优越感。

[223]　　生态系统概念的力量或其普遍的影响力似乎是基于生态学家对"核心概念"的深切渴望。自 1960 年以来这一渴望不断被清晰地表达。这也是 1974 年在海牙召开的第一次国际生态学大会的主题。福特和石井（Ford and Ishii 2001）反复呼吁在生态学中运用综合法。他们认为"综合性概念"是生态学的重要组成部分。随着科学的发展，这些概念可以使科学家组织和重组生态学知识。谁会质疑生态系统概念的综合性呢？实际上，两位作者建议，作为实现综合的可行方法，可以构建或发展生态系统内部组织的综合性概念。弗伦茨勒认为"目前生态系统研究的理论背景尚未达到全面统一的理论水平"，但他也认为"许多有关生态系统研究的统

---

　　[2]然而弗伦茨勒（Fränzle）指出，大约在 1800 年，科学界的主要代表人物，如布丰（Buffon）、詹姆斯·赫顿（James Hutton）、乔治·福斯特（George Forster）、林奈（Linnaeus）、米拉班德（Miraband）、康德（Kant）已经对定义相互关系产生了浓厚的兴趣，对"详细的类型分析或揭示特定的微观因果关系"则兴趣索然（Fränzle 2001，第 60 页）。

一概念和综合进路是值得称道的" (Fränzle 2001, 第 83 页)。在他看来, 所有这些概念都源自系统理论 (或与其相关), 尤其是自组织生态系统理论。后者综合了热力学、耗散过程、信息论和网络理论、博弈论、突变论和等级理论的内容, 再次显示出 "物理学家" 的思维方式, 诸如弗伦茨勒这样的自然地理学家倾向于这种思维方式。不过他认为, 只能用数学模型来表达生态系统复杂性的观点会遭到质疑, 因为忽略了生物体难以量化的行为。这使得建模者对自己所寻求理解的系统缺乏完整的认识。正如谢弗 (Schaffer 1985) 所言, 生态学家将永远无法写出对任何自然系统都适用的控制方程。

　　的确, 社会对于科学的观点仍然由理论、假设和规律三部曲组成, 用以解释观察到的事实并对事件进行预测。但是在生态学中, 面对环境的巨大复杂性, 还原论进路这一量化科学问题的进路已不再有效。环境的复杂性远大于地球气候系统的复杂性, 而后者, 正如我们所知, 也只能做概率预报。在许多国家, 针对项目开展环境影响评估 (environmental impact assessment, EIA) 是强制性的, 需要以预测为基础, 却得不到可靠性的保障, 这是立法中不负责任的一个例子。

18.6　展望: 呼吁实在论和跨学科性

　　对于是否摒弃生态系统概念这一问题, 奥尼尔 (O'Neill 2001) 给出的答案很谨慎: "可能不该。" 所有从根本上质疑它 (更不用说是废除它) 的尝试都以失败告终, 这证明了该概念的生命力及实用性。即使作为科学家, 我们似乎也无法在不借助启发式原理的情况下, 仅仅借助库恩原理和逻辑理论的科学推理就能够处理复杂性 (生物圈或自然环境的主导属性)。因此, 要克制住对未来环境状态做出可靠预测的想法, 我们必须要理解环境的复杂动态, 以便找到合适且实用的管理策略。为此, 生态系统概念开辟了正确的道路, 为助力甚至实现基本社会目标 (如可持续发展、环境健康、安全与保障、生物多样性管理以及一般福利) 提供了机会。因此, 新的科学生态学学科, 如保护生物学、生态经济学、生态规划和管理都依赖且受到生态系统生态学的支持, 以增加对于不确定世界的可控性 (de Laplante 2005)。在这些应用性更强的研究领域中, 生态系统生态学正在成为具有影响力的、多元化的生态科学分支, 受到了越来越多公众的关注和支持。此外, 它超越了传统的学科界限, 跨越了其与人文社会科学之间的鸿沟 (Cantlon 2002; Haber 2004)。在社会和环境快速变化的时代, 跨学科性——尤金·奥德姆曾经着力追求的愿景——已变得不可或缺。

[224]

　　然而即使在生态学领域, 正统科学界仍然不赞同这种 "软" 科学, 质疑其负载的价值性及其由问题驱动的研究方法。尽管事实证明, 基于定量数学模型还原论

式的 "硬" 科学无法设计出解决复杂环境问题的可行方法, 然而其在认识论上的谨慎态度不应被一并摒弃。福特和石井 (Ford and Ishii 2001) 强烈支持生态学中的 "综合性概念", 不过他们也提醒人们形成综合性思想的障碍以及公认的综合程序的缺乏。泰勒和海拉 (Taylor and Haila 2001) 认为, 这些概念具有不稳定性且难以捉摸, 我们不应想当然地接受, 而是必须不时地重新对其概念化。即使已经证明生态系统概念对于理解环境和管理环境必不可少, 我们也应该意识到这种顾虑 (尤其是上文提到的理论上的弱点和 "与生俱来的缺陷"), 并坚持将其理解为 "形而上的构造" 或隐喻 (metaphor) (Schwarz 2003)。尽管生态学术语仍缺乏严谨性, 在将这一构造应用于根据生态研究的目的自行界定的真实自然界中时, 我们仍需谨慎精确地定义其应用 (Breckling and Müller 1997)。一直以来都存在这样一种倾向, 即把形而上的构造看作可感知的实在。不过, 这仍然是有益且富有成效的。

　　对于生态学尤其是生态系统生态学, 一定不要再用还原论和整体论二分法去评判, 更不要暗示后者在科学上是受到非难的。这种二分法是黑格尔辩证法的一种应用, 可能起到了启发性的作用, 然而偏离了人们对生态学研究主要目标的关注: 解释组织中的生命, 生命的普遍性及变化的多样性, 以及所有这一切对非生命的物理化学环境的依赖、适应和有限的改变能力。上文施瓦茨 (Schwarz 2003) 提出的 "第三种方式" 通过叙事和 "好的隐喻" 能够引领正确方向, 因为恰当运用隐喻有助于辨认相似性 (亚里士多德《诗学》1459a: 第 6–7 页)。由此, 我们可以使亚历山大·冯·洪堡对科学和艺术的远见卓识和宝贵遗产重新焕发生机。"我们现在谈及的生态系统, 其复杂性中蕴含的一致性, 洪堡在当时就已经感知到了" (Fränzle 2001, 第 63 页)。

[225]　　乔治·皮希特 (Georg Picht 1979) 对生态学的定义也同样适用: "这是关于环境特异性的科学, 建立在自然规律的普遍性之上"[3]。皮希特的推理源于其把生命 (他有时将其认同为 "oikos") 理解为 "沉思的自然观, 以规范的方式加以解释", 并坚持这种沉思关系既优于科学 (生态) 与自然的关系, 也优于经济技术与自然的关系。在支持者的眼中, 科学的一般趋势是朝着综合方向发展的, 还原论只是朝着这个方向迈出的一步 (无论这一步多么重要和必不可少)。生态系统的概念能够综合其通过分析揭示的主要属性: 动态联系、瞬时性、尺度依赖观、不可逆性、短期可预测性和长期不可预测性。因此, 该概念将成为 21 世纪人类可持续发展不可或缺的工具。

---

[3]die Lehre von der in der Allgemeinheit der Gesetze fundierten Einmaligkeit von Situationen (Picht 1979, 第 25 页)。

参考文献

Allen TFH, Hoekstra TW (1990) The confusion between scale-defined levels and conventional levels of organization in ecology. J Veg Sci 1: 5–12

Allen TFH, Zellmer AJ, Wuennenberg CJ (2005) The loss of narrative. In: Cuddington K, Beisner BE (eds) Ecological paradigms lost. Routes of theory change. Elsevier Academic Press, Burlington, pp 333–370

Aristotle (1995) Poetics, ed. and transl. by S Halliwell. Harvard University Press, Cambridge Mass

Bergandi D (1995) "Reductionist holism": An oxymoron or a philosophical chimera of E. P. Odum's systems ecology? -Ludus Vitalis, Revista de filosofia de las ciencias de la vida. J Philos Life Sci 3 (5): 145–180, Mexico /Barcelona

Blandin P (2006) L'écosystème existe-t-il? Le tout et la partie en écologie. In: Gayon J, Martin T (eds) Le tout et la partie. CNRS Editions, Paris

Blandin P, Lamotte M (1988) Recherche d'une entité écologique correspondant à l'étude des paysages: la notion d' écocomplexe. Bulletin d' écologie 19: 547–555

Breckling B, Müller F (1997) Der Ökosystembegriff aus heutiger Sicht—Grundstrukturen und Grundfunktionen von Ökosystemen. In: Fränzle O, Müller F, Schröder W (eds) Handbuch der Umweltwissenschaften. Ecomed Verlagsgesellschaft, Landsberg, chapter II–2.2

Brussard PF, Michael Reed J, Richard Tracy C (1998) Ecosystem management: what is it really? Landsc Urban Plann 40: 9–20

Cantlon JE (2002) Ecological bridges revisited. Bull Ecol Soc Am 83: 271–272

Carpenter RA (1995) A consensus among ecologists for ecosystem management. Bull Ecol Soc Am 76: 161–162

Cherrett JM (1989) Key concepts: the result of a survey of our members' opinions. In: Cherrett JM (ed) Ecological concepts. The contribution of ecology to an understanding of the natural world. Blackwell, Oxford, pp 1–16

Daily GC (1997) Nature's services: Societal dependence on natural ecosystems. Island Press, Washington, DC

De Laplante K (2005) Is ecosystem science a postmodern science? In: Cuddington K, Beisner BE (eds) Ecological paradigms lost. Routes of theory change. Elsevier Academic Press, Burlington, pp 397–416

Egler FE (1942) Vegetation as an object of study. Philos Sci 9: 245–260

Ellenberg H (1973) Versuch einer Klassifikation der Ökosysteme nach funktionellen Gesichtspunkten. In: Ellenberg H (ed) Ökosystemforschung. Teil VII, Die Ökosysteme der Erde. Springer, Berlin, pp 235–265

Ellenberg H, Mayer R, Schauermann J (eds) (1986) Ökosystemforschung. Ergebnisse des Solling-Projektes 1966–1986. Ulmer, Stuttgart

Evans FC (1956) Ecosystem as the basic unit in ecology. Science 123: 1127–1128

[226]

Evans GC (1976) A sack of uncut diamonds: the study of ecosystems and the future resources of mankind. J Ecol 64: 1–39

Feibleman JK (1954) Theory of integrative levels. Br J Philos Sci 5: 59–66

Ford ED, Ishii H (2001) The method of synthesis in ecology. Oikos 93: 153–160

Fränzle O (1998) Grundlagen und Entwicklung der Ökosystemforschung. In: Fränzle O, Müller F, Schröder W (eds) Handbuch der Umweltwissenschaften, Part 3–2.1. Ecomed, Landsberg, pp 1–24

Fränzle O (2001) Alexander von Humboldt's holistic world view and modern inter- and transdis ciplinary ecological research. Northeast Nat 1: 57–90, Special Issue

Golley FB (1993) A history of the ecosystem concept in ecology. More than the sum of the parts. Yale University Press, New Haven

Haber W (2004) Landscape ecology as a bridge from ecosystems to human ecology. Ecol Res 19: 99-106

Hölter F (ed) (2002) Scales, hierarchies and emergent properties in ecological models. Peter Lang, Berlin

Holling CS (1992, 1996) Cross-scale morphology, geometry, and dynamics of ecosystems. Ecol Monogr 62: 447–502, and In: Samson, F. B. and F. L. Knopf 1996. Ecosystem management. Selected readings. Springer, New York, pp. 351–423

Jax K (2002) Die Einheiten der Ökologie. Peter Lang, Frankfurt/M

Johnson NC, Malk AJ, Sexton WJ, Szaro RC (1999) Ecological stewardship. A common reference for ecosystem management. Elsevier, New York

Likens GE (1992) The ecosystem approach: its use and abuse. Ecology Institute, Oldendorff/Luhe

Lindeman RL (1942) The trophic-dynamic aspect of ecology. Ecology 23: 399–418

Malone CR (1995) Ecosystem management: Status of the federal initiative. Bull Ecol Soc Am 76: 158–161

Mayr E (1997) This is biology. The science of the living world. Belknap Press of Harvard University Press, Cambridge

MA (Millennium Ecosystem Assessment) (2003) Ecosystems and human well-being. Island Press, Washington, DC

MA (Millennium Ecosystem Assessment) (2005) Ecosystems and human well-being: Synthesis. Island Press, Washington, DC

Mueller-Dombois D, Ellenberg H (2002) (Reprint 1974): Aims and methods of vegetation ecology. Blackburn Press, Caldwell

Novikoff AB (1945) The concept of integrative levels and biology. Science 101: 209–215

Odum EP (1953) Fundamentals of ecology. First edition. 1959: Second edition. 1972: Third edition. Saunders, Philadelphia

O'Neill RV (2001) Is it time to bury the ecosystem concept? (With full military honors, of course!). Ecology 82: 3275–3284

O'Neill RV, DeAngelis DL, Waide JB, Allen TFH (1986) A hierarchical concept of ecosystems. Princeton University Press, Princeton

Peterson GD (2005) Ecological management: Control, uncertainty, and understanding. In: Cuddington K, Beisner B (eds) Ecological paradigms lost. Routes of theory change. Elsevier Academic Press, Burlington, pp 371–395   [227]

Picht G (1979) Ist Humanökologie möglich? In: Eisenbart C, Eisenbart C (eds) Humanökologie und Frieden. Klett-Cotta, Stuttgart, pp 14–123

Pomeroy LR, Alberts JJ (eds) (1988) Concepts of ecosystem ecology. A comparative view. Springer, New York

Potthast T (2002) From "mental isolates" to "self-regulation" and back: justifying and discovering the nature of ecosystems. In: Schickore J, Steinle F (eds) Revisiting discovery and justification. Preprint 211. Max Planck Institute for the History of Science, Berlin, pp 129–142

Reiners WH (1986) Complementary models for ecosystems. Am Nat 127: 59–73

Samson FB, Knopf FL (1996) Ecosystem management. Selected readings. Springer, New York

Schaffer WM (1985) Order and chaos in ecological systems. Ecology 66: 93–106

Scheiner SM, Hudson AJ, van der Meulen MA (1993) An epistemology for ecology. Bull Ecol Soc of Am 74: 17–21

Schultz AM (1967) The ecosystem as a conceptual tool in the management of natural resources. In: Ciriacy-Wantrup SV, Parsons JJ (eds) Natural resources, quality and quantity. The University of California Press, Berkeley, pp 139–161

Schwarz AE (2003) Wasserwüste, Mikrokosmos, Ökosystem. Rombach, Freiburg

Sheail J (2005) Tansley and British ecology: The formative years. Bull Br Ecol Soc 36: 23–25

Sheifer IC (1996) Integrating the human dimension in ecosystem/ecoregion studies—a view from the ecosystem management national assessment effort. Bull Ecol Soc Am 77: 177–180

Stein SM, Gelburd D (1998) Healthy ecosystems and sustainable economies: the federal interagency ecosystem management initiative. Landsc Urban Plann 40: 73–80

Szaro RC, Sexton WT, Malone CM (1998) The emergence of ecosystem management as a tool for meeting people's needs and sustaining ecosystems. Landsc Urban Plann 40: 1–7

Tansley AG (1922) Elements of plant biology. George Allen & Unwin, London

Tansley AG (1935) The use and abuse of vegetational concepts and terms. Ecology 16: 284–307

Taylor P, Haila Y (2001) Situatedness and problematic boundaries: conceptualizing life's complex ecological context. Biol Philos 16: 521–532

Trepl L (1988) Gibt es Ökosysteme? Landschaft Stadt 20: 176–185

Vogt KA, Gordon JC, Wargo JP, Vogt DJ, Asbjornsen H, Palmiotto PA, Clark HJ, O'Hara JL, Keaton WS, Patel-Weynard T, Witten E (1996) Ecosystems. Balancing science with management. Springer, New York

Weil A (2005) Das Modell "Organismus" in der Ökologie: Möglichkeiten und Grenzen der Beschreibung synökologischer Einheiten, vol 11, Theorie in der Ökologie. Peter Lang, Frankfurt/M

Weinberg GM (1975) Introduction to general systems thinking. Wiley, New York

Wiegleb G (1996) Konzepte der Hierarchie-Theorie in der Ökologie. In: Mathes K, Breckling B, Ekschmitt K (eds) Systemtheorie in der Ökologie. Ecomed, Landsberg, pp 7–25

Wilcove DS and Samson FB (1987) Innovative wildlife management: listening to Leopold. Trans North Am Wild Nat Resour Conf 52: 321–329

Willis AJ (1997) Ecology of dunes, salt marsh, and shingle. Chapman & Hall, London and New York

Wilson EO (1996) In search of nature. Island Press, Washington, DC

Zeide B (1996) Is "The scientific basis" of ecosystem management indeed scientific? Bull Ecol Soc of Am 77: 123–124

第六部分　各国的早期生态学

第 19 章 第二次世界大战之前德语世界的早期生态学

Astrid Schwarz and Kurt Jax

德语世界生态学的实践和理论独立发源于不同的地方, 因应不同的论题, 但几乎是同时并起的。这门新学科的视角虽然也涉及热带和寒带地区的动植物, 但主要发生于湖泊、鱼塘、天然森林、灌丛和山地景观。这里所言的 "德语世界" 主要由语言边界所定义, 并不限于政治和自然边界。在这个世界里, 出版物、实验材料和人员的交流非常活跃, 隶属不同政治势力范围的不少城市和地域均是该语种圈 (sprachraum) 的成分, 其中包括苏黎世、维也纳、布拉格、布达佩斯和柏林, 还有波希米亚、西里西亚、普鲁士、莱茵兰和瓦莱。西蒙·施文德纳 (Simon Schwendener) 和戈特利布·哈伯兰特 (Gottlieb Haberlandt) 两位植物学家, 催生植物生理生态学的关键人物, 就是我们所言 "德语世界" 日常交流的完美案例。施文德纳在瑞士出生和求学, 但大部分职业生涯在德国 (蒂宾根和柏林, 之前在瑞士巴塞尔) 度过; 哈伯兰特在匈牙利出生, 在奥地利求学, 后来大部分岁月也都在奥地利 (维也纳和格拉茨) 工作。所以, 为简洁起见, 在这一章我们谈及 "德语" 生态学的地方, 实际指涉的是一个以德语作为通用交流工具的地域[1]。

事实上, 直到 20 世纪的前二三十年, 德语仍然是包括自然科学在内的学术研究的主流语种。2000 年 1 月, 美因茨科学与艺术学院主办国际研讨会 "作为 20 世纪学术语言的德语", 在闭会总结中说道: "上起 19 世纪中叶下迄 1920 年代, 德语是

---

[1] 即使现在, 操德语的生态学家们仍然共享一个联合的学会, 即 Gesellschaft für Ökologie (GfÖ), 创立于 1978 年, 其中的科学家成员主要来自德国、奥地利、瑞士和列支敦士登。

A. Schwarz (✉)
Institute of Philosophy, Technische Universität Darmstadt, Schloss, 64283 Darmstadt, Germany
e-mail: schwarz@phil.tu-darmstadt.de

K. Jax (✉)
Department of Conservation Biology, Helmholtz Centre for Environmental Research (UFZ), Permoserst.15, 04318 Leipzig, Germany
e-mail: kurt.jax@ufz.de

科学界长期通用的世界语言; 此后, 由于 1930 年代纳粹的排外政策和 1950 年代国际形势的演变, 德语如同法语和俄语一样沦为边缘语种"[2]。因此, 直到第二次世界大战前夕, 仍有大量科学刊物主要发表德语论文, 包括部分来自德语世界之外的稿件。不过, 在这些期刊中也能见到一些法语和英语的论文, 表明这些期刊为国际科学界广泛认可的公共论坛。其中较有影响力的, 比如,《生物学专刊》(*Biologisches Centralblatt*) (1881 年创刊), 1997 年更名为《生物科学理论》(*Theory in Biosciences*),《恩格勒生物学年报》(*Engler's Botanische Jahrbücher*) (1880 年创刊),《动物学公报》(*Zoologische Anzeiger*) (1878 年创刊), 还有恩斯特·海克尔 (Ernst Haeckel) 创办于 1877 年、用以传播达尔文世界观的科普刊物《宇宙》(*Kosmos*)。这些期刊构成博物学杂志风行的 "第二次浪潮"[3], 为德语生态学的发展提供了重要平台。与此同时, 各种科学社团异彩纷呈的出版物也被用于传播生态学思想和研究纲领[4]。

紧随其后, 第一批专门讨论生态学话题的期刊也应运而生, 涉及的主题也迅速多样化, 同时涵盖陆地和水生生态学, 表明这个新领域正日益巩固成形。20 世纪初创刊的又一批期刊则大力促进了该领域的稳定化, 更明确地界定了生态学研究的问题。《普伦生物学实验站研究报告》(*Forschungsberichte der Biologischen Station zu Plön*) 就是这些领风气之先的期刊之一, 持续发行到 1906 年更名为《浮游植物档案》

[233]   (*Archiv für Hydrobiologie und Planktonkunde*), 1920 年再次更名为《水生生物学档案》(*Archiv für Hydrobiologie*)[5];《综合水生生物学和水文学国际评论》(*Internationale Revue der gesamten Hydrobiologie und Hydrographie*) 第 1 卷则发行于 1908 年; 国际理论与应用湖沼学会 (IVL) 自 1923 年起开始发行《国际理论与应用湖沼学会会刊》(*Zeitschrift der Internationalen Vereinigung für theoretische und angewandte Limnologie*); 苏黎世地植物学研究所自 1924 年起也有了旗下期刊, 赫尔戈兰生物学研究所也是如此, 自 1937 年发行了《赫尔戈兰海洋科学研究》(*Helgoländer wissenschaftliche*

---

[2]Pörksen 2001, 第 29 页。

[3]即安德烈亚斯·道姆 (Andreas W. Daum) 所谓 19 世纪博物学期刊风行的 "第二次浪潮" (zweite Gründungswelle), 尤其是科普领域的期刊极为引人瞩目 (Daum 1998, 第 359 页)。

[4]1880 年代和 1890 年代有许多突出的例子, 但是目前尚无各种期刊出版策略与其出版人群体人员构成关系的系统研究, 尤其是关于业余爱好者、独立学者和有职位的科学家之间的关系不甚了了。苏黎世、卢塞恩和洛桑的不少科学社团, 以及普鲁士莱茵兰和威斯特伐利亚博物学会 (位于波恩) 在出版界均比较活跃。关于这个时期的科普概况可参见 Daum (1998), 其书还包括 18 世纪自然学会的章节。

[5]逐步更名或可视为一种维持编辑人员连续性的手段: 1915 年的前 10 卷是由奥托·扎哈里亚斯 (Otto Zacharias) 独立编辑; 1917 年的第 11 卷以扎哈里亚斯讣告开头, 由新任编辑之一的奥古斯特·蒂内曼 (August Thienemann) 执笔; 1920 年更名为《水生生物学档案》之际的第 12 卷, 由两人共同署名编辑。直到 1922 年第 13 卷面世, 蒂内曼方始独自署名编辑, 当年也是国际理论与应用湖沼学会在基尔宣布成立之年。蒂内曼是该学会发起人之一, 另一发起人为艾纳·瑙曼 (Einar Naumann) (人称 "小搭档")。

Meeresuntersuchungen)。

19.1　领域的定型

即上可见, 德语世界科学生态学的起步阶段可以回溯到 19 世纪下半叶。这一事业由植物学家、动物学家、微生物学家、生理学家、水文学家、地理学家和化学家共同发起。自 1870 年代起, 研究项目日益增多, 科学交流网络日渐形成, 大体以基尔大学动物学家卡尔·默比乌斯 (Karl Möbius, 1825—1908)、生理学家维克多·亨森 (Victor Hensen, 1835—1924)、布拉格大学研究所安东·弗里奇 (Anton Frič, 1832—1913)、苏黎世大学植物学家卡尔·施勒特尔 (Carl Schröter, 1855—1939)、巴塞尔动物研究所的弗里德里希·乔克 (Friedrich Zschokke, 1860—1936) 和柏林西蒙·施文德纳 (Simon Schwendener, 1829—1919) 植物学团队为关键节点。一些专家委员会的组建, 不论是出于科学学会和社会组织的自发行动, 还是因为政治上的干预, 也都进一步推动了该网络的形成。

比如, 1870 年, 普鲁士政府委任了一个日耳曼海域科学考察委员会, 不仅亨森和默比乌斯得膺其任, 植物地理学家阿道夫·恩格勒 (Adolf Engler)、解剖学家卡尔·冯·库普费尔 (Carl von Kupffer)、物理学家古斯塔夫·卡斯滕 (Gustav Karsten) 和其他一众名家也厕身其中。1887 年, 瑞士科学协会在弗劳恩费尔德举办的一次会议上组建一个湖沼学委员会, 旨在推动、协调和组织科研项目, 编撰、保存和优化出版物[6]。1901 年, 在布雷斯劳召开的第 13 届日耳曼地理学家大会上, 威廉·哈尔布法斯 (Wilhelm Halbfass, 1856—1938) 以 "区域湖沼研究机构的科学和经济价值" 为题做报告, 以一份呈交普鲁士政府的 "解决方案" 收尾, 呼吁组建区域湖沼研究机构。1902 年, 这个呼吁发布于《彼得曼通讯》(*Petermanns Mitteilungen*) 的一个论坛上, 不过政治色彩大为淡化, 限于倡议收集欧洲全域湖泊数据[7]。 [234]

与此相呼应, 奥匈帝国也设立了一批委员会 (总部位于维也纳和布拉格) 致力于区域科学研究, 其目的在于测绘制图和国家资源勘探, 并不限于地质构造, "湖泊、池沼与河流的水生动物" 也在关注之列。波希米亚计划的秘书、布拉格博物

---

[6] 弗朗索瓦·奥古斯特·福雷尔 (François Alphonse Forel) 是发起人。1890 年该委员会仅有三个正式会员, 到 1892 年人数翻了一番。福雷尔之外的人员有波恩的林务监察官科阿兹 (Coaz, 1887 年起)、巴塞尔的乔克 (F. Zschokke) 教授、日内瓦的萨拉赞 (E. Sarasin) 博士和迪帕克 (L. Duparc) 教授、卢塞恩语法学校的阿尔内特 (X. Arnet) 教授。该委员会的人员组成突出反映了早期生态学研究的两个特征: 其一, 多重学科交叉汇流; 其二, 学院人员和非专业人员平分秋色 (Proceedings of the Swiss Scientific Society, 74th Annual Meeting in Freiburg, Annual Report 1890–1891, Freiburg: Gebr. Fragnière 1892, 第 100–103、112–115、142 页)。

[7] 哈尔布法斯与日耳曼地理学家与会代表的磋商以及其报告文本改头换面以政治正确的方式得以发表的详情, 可参见叙尔温·米勒–纳瓦拉 (Sylvin Müller-Navarra) 所撰《湖泊研究历史上被遗忘的一页》(2005, 第 188 页及其后)。

馆圈子成长起来的安东·弗里奇[8], 曾不无遗憾地说道: "出于科学爱好和爱国主义
热情的人们只能依赖他们自己慷慨解囊而工作, 而在德国这种事业有大笔资金可
随意支配" [9], 具体所指就是 "普伦动物学研究站" 的情况[10]。其实该站的正式名称
是普伦学生物研究站, 始建于 1892 年, 在早期生态学建制化发展过程中发挥了枢
纽性的作用。柏林–弗里德里希斯哈根的米格尔生物和渔业试验站 (1893)、奥地
利伦茨的生物试验站 (1906) 也都属于这类早期创举。所有这些委员会和试验站对
于生态学研究的建制化都有所贡献。

[235]

19.2 "湖沼学" —— 新领域的吸引子?

生态学家聚首于国际理论与应用湖沼学会 (IVL), 进一步推动了水生生态学
成为一门学科[11], 在更为广泛的社会意识里树立了生态学的观念。1922 年, 国际理
论与应用湖沼学会第一届大会在基尔召开, 会议报告和记录均使用德语 —— 大会
秘书弗里德里希·伦茨 (Friedrich Lenz, 1889—1972) 在会议记录的前言里写道, "一
如国际会议的惯例, 使用会议地点所在国的语言", 该前言也作为序言和先锋提纲
出版。首届会议的与会人员有来自 13 个国家的 67 位正式会员和 15 位特邀嘉宾。
但是, 等次年会议论文集发行时, 从其中第一卷的会员指南上可以看到, 已有来自
26 个国家超过 350 位正式会员注册[12], 还有 31 个研究机构成为 "特别会员"。会
议的论题涵盖开放和近岸水域即所谓远洋带和海滨带的代谢率, 以及相关过程中
细菌和真菌的作用。浮游生物的代谢特性 (或者说生理节律) 和起源的探讨同渔

---

[8]关于德语世界自然博物馆的作用, 卡斯滕·克雷奇曼 (Carsten Kretschmann 2006) 的一项比
较研究中进行了极富洞见的探讨, 参见《开放空间》。

[9]德语原文 "Die aus Liebe zur Wissenschaft und aus Patriotismus arbeitenden Kräfte auf einen
kargen Ersatz der Barauslagen angewiesen. [···] in Deutschland (stehen) dem Unternehmen Tausende
zur Disposition." 非常有趣的是, 弗里奇还说道: "鼓动大产业主为公共利益支持这种事业的屡屡
尝试毫无成果" (参见 Frič and Václav Vávra 1894, 第 7 页)。不过, 例外似乎也有, 如弗里奇所言,
冯·德尔切尼男爵 (Freiherr von Dercsényi) 有一栋 "坚实、美观的小屋, 被用作动物学研究的试验
站"。

[10]这些研究成果后来发表于《波希米亚国家科学研究档案》, 包括弗里奇的《波希米亚水域
动物区系研究》(1894), 其中尤其关注两个人工水域即 Unterpocernitz 湖和 Gatterschlag 湖。然
而, 早在 1872 年, 关于波希米亚森林湖泊和其他人工水域的研究就已启动 (Frič and Václav Vávra
1894, 第 5–7 页)。

[11]这里所谓的水生生态学主要是指内陆水体的研究, 尽管海洋生物学家也参与了国际理论与
应用湖沼学会的组建 (基尔海洋研究所的奥古斯特·布特 (August Pütter)、恩斯特·亨切尔
(Ernst Hentschel) 和卡尔·勃兰特 (Karl Brandt) 出席了 1922 年的基尔首届会议)。海洋生物学的
诞生早于湖沼学, 后者与前者分道扬镳的最初原因主要在于研究经费和社会荣誉的竞争; 当然,
湖沼学也宣称它拥有更进步的研究纲领: "··· la limnologie peut appliquer l'expérimentation là où
l'océanographie en est le plus souvent réduit à la seule observation." (Forel 1896, 第 596 页)。

[12]蒂内曼在开幕致辞中提及, 在发出的 1000 份会议邀请函之外, 另有 187 位人员有所回应 ——
这是对瑙曼和蒂内曼所发起的活动相当正面的回应 (Thienemann 1923, 第 1 页)。

业、水利工程、水质管理、湖泊河流保护等问题联系在一起。新成立的学会可以指望公众认知在一定程度上的认可,尤其在涉及水域保护时,当时的乡土安全 (Heimatschutz) 和乡土自然保护 (Naturschutzvereine) 已有某种程度的制度化。不过,地方的供水公司和废水处理公司也被水污染和水配置的问题所困扰,正如所有国家政府层面水资源管理的责任方一样。19 世纪,饮用水生产和水力发电攸关国家利益已是常态,因此成为引发冲突的潜在源头。事实上,关于乡土保护、国家权威和产业的争议并不罕见。1914 年,在莱茵河上劳芬堡使用炸药修建拦河闸的计划一再受阻,尽管最后还是得以施行。但是,1942 年的另一争议项目,即后莱茵河上的所谓莱茵瓦尔德三级工程,以及相关水电站的计划,在经过长期的博弈后终于作罢。河道沿线工业化产生的后果不单是肉眼可见的,甚至嗅得出来。1901 年,莱茵河成为 "粪池" 的问题就在德意志帝国议会引发争议。涉及饮用水质量与供给的冲突很快催生相应的政府职能机构。当年,皇家水供应和废水处理实验和检测所即在柏林成立。

　　国际理论与应用湖沼学会的发起人之一,奥古斯特·蒂内曼 (1882—1960),很快在生态学研究的场域里意识到政治与科学、产业与政府之间的纠葛;他不但在概念上对此加以利用,还试图以此作为制度建设的工具。蒂内曼期望湖沼学被视为一门 "桥梁科学" (Brückenwissenschaft),用他的原话说,"为我们的时代提供巨大的文化意义" (1935, 第 20 页)。"桥梁科学" 这个术语源自哲学家威廉·伯尔坎普 (Wilhelm Burkamp) 的著作《整体的结构》(*Die Struktur der Ganzheiten*) (1929),蒂内曼经常引用其书 (如 Thienemann 1933, 1935)。伯尔坎普将未来的新科学界定为解决问题的学问,视为 "方法论意义和事实意义上的结构整体",这似乎尤其吸引蒂内曼,因为此论点支持他自己的设想——湖沼学的独特性在于其同时立足于研究对象和研究方法 (Thienemann 1935, 第 19 页)。

　　借此断言,蒂内曼有效地将湖沼学推举到一个显眼的中介位置,介于各门自然科学尤其是水文学、生物学、地质学和海洋学之间,同时介于基础研究和应用研究之间。他声言: "理论永远是实践的基础!" 尽管同时不忘附带忠告,"废水 (化学问题的一个极端场域) 研究起初确实是出于实用目的,但是非常有助于我们在

[236]

[237]

理论上理解化学成分正常的自然水体中的种群” (Thienemann 1923, 第 3 页)[13]。引人瞩目的是, 他的论断与其说是支持从理论到实践, 或者从自然科学到工程学这种流俗的知识转化观念, 不如说是强调相反的认知流程, 承认逆向过程也是洞察力的来源和有效的致知门径。

因此, 蒂内曼不仅仅为湖沼学的中介性功能提出了方法论上的论证, 还通过引用特定的研究对象证明其合理性, 他还主张说这门新科学的概念框架可发挥 “桥梁” 的作用。这样, 他就把自然哲学的概念牵扯进来, 重新拾起了浪漫主义自然观; 尽管他也同时不忘强调湖沼学的现代性、进步性和实验科学特征, 据他所言, 湖沼学与纯粹描述性的博物学迥然不同。

蒂内曼后来也将 “桥梁科学” 这一术语用于界定生态学, 视之为关于 “自然的处所” 的研究, 其目的则在于绾合所有自然研究的分支[14]。同年, 他也使用了一个隐喻性的说法——界壤湖沼学 (Grenzland Limnologie), 介于生物学和自然地理学 “母邦” 之间的界壤地带。正如所谓 “桥梁科学” “界壤” (borderland) 的概念, 或者说界壤地带 (border zone), 甚或 “边界科学” (Grenzwissenschaft) 都是术语积淀的一部分, 用以勾画生态学至于今日[15]。

在蒂内曼从概念上勾画生态学的尝试中, 湖沼学被反复提及。比如, 他心目中生态学三阶段的概念图式, 就是这种情形。这一图式首次发表似乎见于 1942 年的

---

[13]德语原文为 “···das Studium der Abwässer, eines in chemischer Hinsicht ganz extrem gestalteten Milieus, das ursprünglich doch ausschließlich unter praktischen Gesichtspunkten vorgenommen wurde, uns das theoretische Verständnis der Besiedelung chemisch-normaler natürlicher Gewässer ganz wesentlich erleichtert hat”; 蒂内曼的研究工作起初同时涉及理论和应用方面。后来, 无疑是在他决意为威廉皇帝学会普伦研究所 (即以前的普伦生物学研究站) 工作后, 而不是他接替了布鲁诺·霍弗尔 (Bruno Hofer) 在巴伐利亚皇家渔业生物检测站 (慕尼黑) 的位置之后, 他的研究主要转向了概念性的理论问题。不过, 他仍然积极投身渔业生物学, 参与各种委员会和组织的活动; 关于废水生物学的研究成果也时常被人引用。1956 年, 洪堡大学 (柏林) 农艺和园艺系授予他农学博士荣誉学位。

[14]Thienemann 1942, 第 324 页。施瓦贝 (G.H. Schwabe) 执笔的蒂内曼讣词中着重指出, 蒂内曼的遗产在于明鉴生态学的核心任务是涵育种种关联, 不妨说, 不只是各专门学科之间, 也是自然科学与人文科学的桥梁科学, 范围不一的交叉学科的桥梁。施瓦贝自己也紧随蒂内曼的脚步, 置身于整体论世界观的传统中, 着眼建设创造意义的生态学, 谓之有能 “在无公度的世界中靠岸定锚使现代文明免于飘摇”。他还说道: “生态学是自然科学与人文科学之间逻辑上必然的衔接处, 所以也无可避免受限于与其本质俱生的紧张和冲突” ([D]ie Ökologie[ist] einlogischnotwendiges Bindegliedzwischen Natur- und Geisteswissenschaften und als solches unvermeidlich den Spannungen und Konflikten ausgesetzt, die seinem Wesen entsprechen; Schwabe 1961, 第 316 页)。

[15]Thienemann 1927, 第 33 页。历史学家罗伯特·科勒 (Robert Kohler) 进一步推进了 “界壤地带” 生态学的概念, 其中的对象、概念和人员频繁往返于实验室和田野之间 (Kohler 2002)。桥梁的比喻也一再被用于勾画生态学。关于 “桥接” 之语义学, 其传统与合理性, 可参见汉斯·维尔纳·英格西普 (Hans Werner Ingensiep) 和托马斯·波特哈斯特 (Thomas Potthast) 所撰《筑桥: 论生态学之语言》《生态学作为知识与道德的桥梁?》(Busch (ed.) 2007)。

《论生态学的本质》(*Vom Wesen der Ökologie*)一文。由于生态学此时还是一个实践尚浅的领域，这一图式实际上也是一种为生态学树立概念框架的尝试，将湖沼学作为整合性科学的典范；因为湖沼学已经建制化，研究纲领之间具备清晰可辨的分际 (图 19.1)。

　　蒂内曼有意识地将其心目中的 "湖沼学" 纲领成分锚定在市民阶级的教育标准之中，其中事实上包括源自歌德的自然哲学和一系列基督教准则[16]。于是宇宙论与浪漫主义甚至神秘主义的成分不期而遇，发生别具一格的融合。比如，他将湖泊视为 "生命的竞技场" (Bühne des Lebens) 或者 "缩微世界" (eine Welt im Kleinen)，不惜笔墨大谈特谈 "兼总条贯，揽其精微"，"整体先于局部而在"，"局部自成一体，犹互相啮合以调谐"。再比如，他一再用心与歌德发生关联，当然这也不脱出几十年来的政治与思想变局中绵延不绝的传统：1939 年，他通过引述歌德诗句 "万汇交织而成一体，此一在彼一中鼓动生息" (Wie alles sich zum Ganzen webt, Eins in dem andern wirkt und webt; Thienemann 1939, 第 12 页) (此处诗句引自绿原译本《浮士德》——译者注) 来 "证实" 所谓 "整体论世界观的第一公理" (出自 1938 年迈尔–阿比希 (Meyer-Abich) 为史末资《整体论的世界》(*holistische Welt*) 一书所作序言)。1951 年，这一诗句又被引述，还是涉及 "整体论的公理"；甚至，"根据现代科学家的权威判断，在今日自然科学之中歌德的思想世界仍然生机勃勃"[17] (Thienemann 1951, 第 580 页)。最后一例，他的书中还可见到以下字句："我们对于自然的态度不应当完全沉浸于发现自然规律作为唯物主义文化之基础；我们应当转而采纳另一种自然观念，犹如歌德创制的那种观念，将活生生的自然界及其所有部分视为整体，在所有彼此龃龉的单独现象中寻见大全的和谐，那是一个秩序井然的整体，即宇宙" (Thienemann 1954, 第 49 页)[18]。

[240]

---

[16]强调研究者的个性作为一个关键成分提升了生态学知识的价值，断然有别于汲汲宣称科学的客观性，这也是市民阶级自我形象的一部分："任何出类拔萃的科学研究都有其个性化，也即是主观性的特征；正是这种个性化使得一项研究更为有趣。这也就是为什么我认为只有与同侪有私人交往才能允当评估其工作" (Jede wissenschaftliche Arbeit, die sich über das Durchschnittsniveau erhebt, hat eine starke persönliche, also subjektive Note, und diese ist es oft, die eine solche Arbeit besonders interessant macht. Deshalb meine ich, können wir die Arbeiten unserer Fachgenossen erst voll werten, wenn wir unsere Fachgenossen persönlich kennen; Thienemann 1923, 第 4–5 页)。

[17]德语原文 "[die] geistige Welt Goethe's [lebt] nach dem berufenen Urteil moderner Naturforscher auch fort in der heutigen Naturwissenschaft"。

[18]德语原文 "Unsere geistige Haltung zur Natur darf sich nicht erschöpfen in dem Bestreben, ihre Gesetze zu erkennen als Grundlage unserer materiellen Kultur; sie muß vielmehr darüber hinaus sich emporringen zu einer Naturanschauung, wie sie Goethe beseelte, der in der lebenden Natur und in jedem ihrer Teile stets das Ganze sah, die große Harmonie bei allen disharmonischen Einzelerscheinungen, dem sie ein wohlgeordnetes Ganzes, ein Kosmos war"。

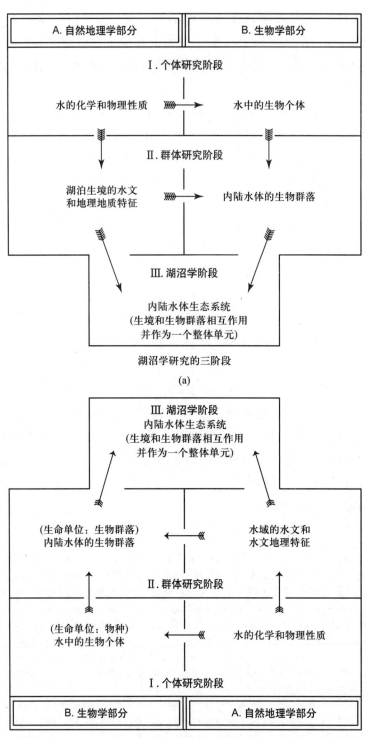

湖沼学研究的三阶段

(a)

(b)

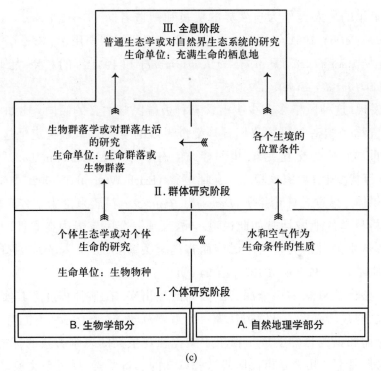

[239]

(c)

图 19.1　(a) 早期版本的"湖沼学研究的三阶段"(Thienemann 1925, 第 680 页); (b) 修订版"湖沼学研究的三阶段"(Thienemann 1935, 第 18 页), 相对早期版本 (a) 底部和顶部的位置颠倒过来, 左右的位置也相互替换: 即在湖沼学研究中, 生物学部分相对自然地理学部分具有优先权; (c) "生态学的三阶段"(Thienemann 1942, 第 325 页), 在其文本中, 个体生态学与殊相分析阶段是同一的, 群落生态学与共相综合阶段是同一的, 尽管蒂内曼也认可弗里德希斯 (K. Friederichs) 的观点, "个体生态学是群落生态学的子概念", 从中发现对其三层次整合图式的确证 (Thienemann 1942, 第 316 页)。

　　在早期的生态学家共同体中, 即便不是其中大多数人都是如此这般措辞, 至少也非罕见。这是一种长期延续下来的写作风格, 至第二次世界大战前后还不难寻见。从以下一些蒂内曼作品的题目, 或许不难发现这种风格: 1937 年的《生物群落与生存空间》(*Lebensgemeinschaft und Lebensraum*); 1939 年的《普世生态学原理》(*Grundzüge einer allgemeinen Ökologie*), 其附有题词"群落即自然界的生活方式"[19]; 1944 年的《人类作为自然界的成员和塑造者》(*Der Mensch als Glied und Gestalter der Natur*); 1951 年的《论农耕地淡水的利用和误用》(*Vom Gebrauch und vom Mißbrauch der Gewässer in einem Kulturlande*) 和 1954 年的《水: 大地的血液》(*Wasser: das Blut der Erde*)。

[241]   不难发现, 这种风格多多少少潜含某种极端民族主义的倾向。比如, 蒂内曼曾在其文中宣称: "塑造与巩固我们日耳曼世界观的生物学基础肯定是这样的科学, 探讨生机世界壮丽的交互关系, 也即普通生态学"[20] (Thienemann 1942, 第 326 页)。早在 1920 年代, 湖沼学家埃里希·瓦斯蒙德 (Erich Wasmund, 1902—1945) 就曾在保守主义媒体《德意志评论报》(*Deutsche Rundschau*) (后来沦为纳粹政权的工具) 上撰文分析科学的地域性时如此说道: "语言是一个民族最内在本性的风格的一部分, 所以特别的科学类型对于民族而言是至关紧要的, 人与土地创造了其科学类型的物质基础" (Wasmund 1926, 第 245 页)[21]。

在此, 整体论概念的一个深层次面向凸显出来, 在某种程度上其实有助于消泯自然概念的政治维度。自然被视为一个道德范畴, 被授予一种不能背叛的权威。首先, 大全而和谐的自然变成了植根于文化悲观主义的思维方式的标志。在魏玛时期, 文化悲观主义几乎是市民阶级自我认知的必备要素, 反过来又被诸如奥斯瓦尔德·斯宾格勒 (Oswald Spengler) 的著作《西方的衰落》(*The Decline of the West*) 和马克斯·舍勒 (Max Scheler) 的哲学人类学思想尤其是《人在宇宙中的位置》(*Die Stellung des Menschen im Kosmos*) (1928) 进一步助燃升温。

在此社会里, 人类首先被认为是自然的破坏者; 充其量他们不过是一个仁慈

---

[19]最初是发表于《水生生物学档案》的一篇文章 (1939, 35, 第 267–285 页), Schweizerbart 科学出版社也发行了一个同名的小册子。尤其有意思的是, 这篇文章除了总结部分外, 被编为 60 个条目, 类似一个宣言书。生物学史家和哲学家托马斯·波特哈斯特着重强调, 这本名为 "生存" 的小册子在 1941 年显得异常 "详备", 充斥大量纳粹党的宣传, 但是 1956 年和 1958 年的更新版 "删除了大约 10 个段落", 从而清理了纳粹的语言风格 (Potthast 2003, 252)。这一情形首先表明了整体论修辞的历史连续性及其在政治解释上的弹性。其次, 这意味着对生态学的 "要员" 蒂内曼的批评, 在其书的另外一处表现得更为清楚: "巴结权势、对某种政治行为保持沉默和片面的批评绝非必然是互不相容的" (Anbiederung, Schweigen zu bestimmten politischen Praktiken und partielle Kritik müssen sich [···] keinesfalls ausschließen [sic!]; 2003, 238)。《生命与环境: 自然之全部生境》是作为罗尔沃特德意志百科全书的一部分出版的, 一概印有 "20 世纪知识平装本" 的题词以此吸引广大范围的读者。对于 1950 年代的德国读者群体而言, 平装本尚属新颖的媒体形式, 因此有意如此设计以招徕读者。

[20]德语原文 "daß für die Gestaltung und Festigung unserer deutschen Weltauffassung [···] [die] biologische Grundlage [···] die Wissenschaft sein muß, die die großen Zusammenhänge in der lebenden Natur ergründet: die allgemeine Ökologie"。

[21]德语原文 "Die Sprache ist aber Teil des Stils, Teil des Wesens eines Volkes, und so wird sein spezifischer Wissenschaftstypus ihm wesentlich. [···] Volk und Boden schaffen eine Materialbedingtheit ihrer Wissenschaftstypen"。

管家的角色, 但是自然绝非一个无的放矢的政治术语。这种立场对文明持批判态度, 循其逻辑也常是技术恐惧症 (technophobic) 的立场, 在早期生态学领域俯拾可见, 在其中, 对于整体论自然图景或隐或明的信奉, 发挥了至关重要的整合作用, 并且多多少少构成该学科的哲学内核。尽管如此, 怀疑文明的价值绝不是整体论科学的必要条件, 在概念上或者从政治上均不是[22]。有鉴于此, 如何理解生态学知识的整体论在实际中可以伸发出截然不同的路径: 可如规划科学和自然保护所设想的那样着重实用知识, 或如 1950 年代美国新生态学那样从系统理论角度进行精细化, 或如大尺度实验 "生物圈 2 号" (Biosphere 2) 那样展现出极端的技术至上主义。

[242]

19.3　领域的规范化: 教科书的作用

生态学新领域的早期尝试并不仅仅发生在学术圈内部, 如前所言, 同时也发生在大学和研究机构的外部[23]: 包括高级中学、博物馆、林业、农业和渔业机构、饮用水供应和医疗保健部门, 还有业余爱好者与职业科学家频繁交流的自然研究社团[24]。所有这些地方, 后来被认为 "属于生态学" 的问题都在被探讨。自然科学的课程尚未固定下来, 所以不少后来知名的生态学家是以业余人员身份开启他们的研究生涯的; 比如, 乔赛亚斯·布劳恩-布兰奎特 (Josias Braun-Blanquet) 和威廉·哈尔布法斯, 成学之后才进入大学继续其科学生涯或者始终以蜚声国际的独立学者身份从事研究。

恩斯特·海克尔正是为已经展开的研究命名为 "生态学" 而成就了自己, 尽管他本人并不曾在这个领域真正开展经验研究 (参见第 16 章) (应为第 10 章, 第 16 章不涉及此内容。——译者注)。德语圈对早期生态学的发生与成熟所做的贡献主要来自海克尔以外的生态学家, 在 1866 年海克尔发表 "生态学" 一词之前或者之后均班班可考。动物学家卡尔·奥古斯特·默比乌斯 (Carl August Möbius) 施行的波罗的海和北海研究项目, 就是其中的范例[25]; 同时也是理论和应用生态学、科学生态学和生态技术相互交织的一个范例。

---

[22]约阿希姆·拉德考 (Joachim Radkau) 留意到, 1930 年代和 1940 年代, 自然与环境保护圈子里, 关于 "自然" 的看法千差万别, 诉诸波利克拉底多头政治模式而不是极权主义理论才能更贴切地予以勾画 (Radkau 2003, 第 43 页)。

[23]地理学家和历史学家舒尔茨 (H.-G. Schultz) 曾断言, 地理学起初主要是在科学机构之外的地方起步的。就生态学而言, 这一论断仅在某些地域成立, 主要是那些为博物学所启发的人群, 集中用力于观察和描述独立的事物或者事件。

[24]遗憾的是, 这里无法就学院和专业学会的关系烦言过多, 即使这是早期生态学史上一个重要的问题 (可参见脚注 4)。本书由帕特里克·马塔涅 (Patrick Matagne) 执笔的章节提供了上述关系的梗概, 不过没有适当突出其重要性。

[25]默比乌斯的《基尔湾动物志》发表于 1865 年, 早在 1920 年代就被生物史学家认为是一本赋予生态学现代研究纲领和方法论的杰作。

[243]　　　默比乌斯以相对传统的观察体系开始他的野外研究, 包括针对某个特定类群的经典动物学研究, 不过他明确提出了一些概念性问题。这一工作的成果发表于 1865 年, 题为《基尔湾动物志》(*Fauna der Kieler Bucht*)[26]。此后不久, 即 1869 年, 他被普鲁士政府委派调查石勒苏益格-赫尔斯泰因的牡蛎滩; 因为当时已有初步证据显示出存在过度捕捞的迹象, 牡蛎养殖正陷入危机。他设计了一个研究纲领, 最终落实为一篇报告《牡蛎与牡蛎养殖》(*Die Auster und die Austernwirtschaft*), 发表于 1877 年[27]。正是在这部著作中, 他提出了 "生物群落" 的术语——不是作为一个推测性的空洞概念而出现, 而是他的生态学研究经验之结晶和构建生态学理论性工作的手段。与此呼应, 在第 10 章 "牡蛎滩实为生物群落" 中, 默比乌斯写道:

> 每一个牡蛎床在某种意义上都是一个群落, 一个适得其所的有选择的物种及其个体集合, 所有的条件适合其存活与繁衍, 也即是, 合适的土壤、充足的食物、恰当的盐分与可耐受的温度, 从而有利于其发育[28]。

因此这个 "牡蛎项目" 其实是早期生态学项目涉及实际经验研究的范例之一, 同时影响了所谓的应用科学, 诸如渔业本身及其政治与经济处境。再者, 生物群落代表一个新颖的概念和方法, 为学院之外的广大公共领域尤其是高中和初中教育界所接纳。介于教材和专著之间、科普常识与专家知识之间的书籍大量出版。一些与默比乌斯有过私人交往的作者直接参考他的研究。弗里德里希·容格 (Friedrich Junge) 发表于 1885 年的《作为生物群落的池塘》(*Dorfteich als Lebensgemeinschaft*) 在某种意义上就是默比乌斯在师范学校任教的一个衍生品; 这本书在传播与普及默比乌斯看待研究对象的方式上发挥了重大作用, 毫无疑问, 也为一门叫作湖沼学的新科学问世准备了场域。所以,《作为生物群落的池塘》不仅仅是一本教材或者课本[29]。大体而言, 教科书可视为一种通过限定领域、确立规范意识、落实被公 [244]认的知识和排除开放性问题来确立专属事实、理论和方法的手段。然而, 从普及的角度着眼, 容格其书额外开辟了科学文化的一个新领域, 即他当时所呼吁的 "自然

---

[26]接踵第一卷之后, 第二卷出版于 1872 年, 同样也是基于 1860 年以来默比乌斯与其朋友、赞助人同时也是其书编辑人之一的阿道夫·迈耶-弗斯戴克 (Adolf Meyer-Forsteck) 在基尔湾的研究, 重点还是观测性研究。1869 年, 默比乌斯被聘为教授, 时年 43 岁。

[27]1883 年, 经授权的英文译本出版, 译者莱斯 (H.J. Rice)。

[28]德语原文 "Jede Austernbank ist gewissermaßen eine Gemeinde lebender Wesen, eine Auswahl von Arten und eine Summe von Individuen, welche gerade an dieser Stelle alle Bedingungen für ihre Entstehung und Erhaltung finden, also den passenden Boden, hinreichende Nahrung, gehörigen Salzgehalt und erträgliche und entwicklungsgünstige Temperaturen." Möbius 2006 (1877), 第 75 页; 同时可参考 Reise 1980; Jax 2002, 第 3 页及其后。

[29]容格自己曾明确说道:《作为生物群落的池塘》的立意绝非是一本教科书而已" (der Dorfteich absolut nicht ein Buch sein soll, aus dem man unterrichten kann) (Junge 1885, 第 VIII 页)。

界生命的深度研究" (tieferes Studium des Lebens in der Natur; Junge 1885, 第 IX 页), 提倡乡村池塘作为一种理想对象来展现我们能够从其种种形态中了解何种 "客观存在" 的自然规律。就此而言, 默比乌斯的 "生命共同体" (Lebensgemeinschaft) 概念在容格眼里是异常突出的, 因为此概念指涉一个可供检视的具体空间, 同时有助于求索关于整个地球作为生物群落的更多知识[30]: 既然每一个角落本身都可视为一个世界, 这就有可能根据这类缩微整体的镜像, 检视最大的生物群落——地球 (Junge 1885, 第 IX 页)[31]。

　　探讨生态学问题的其他教科书很快相继面世, 或者科普风格更为突出, 或者更为注重面向专业读者, 但没有一部像容格此书一样如此特别地融合了教育学、科学、人文地理学和博物学的叙述。

　　弗朗索瓦–阿方索·福雷尔 (François-Alphonse Forel, 1841—1912) 1901 年发表的《湖泊科学手册: 普通湖沼学》(*Handbuch der Seenkunde. Allgemeine Limnologie*) 或可视为水生生态学领域第一批面向专业读者的教科书之一。同时期内大批出现的教科书, 似乎其规模有过于此后的三十年, 表明生态学作为一个学科的日益落实和巩固, 就水生生态学而言尤其如此。正如弗里德里希·伦茨在其《淡水湖泊生物学导论》(*Einführung in die Biologie der Süsswasserseen*) (1928) 一书中所强调:

> 既然水文学的初步发展看起来已至某种瓶颈阶段, 现在就是将其结果和论题予以整理以满足不同期望的时候了, 为自学者和专业生物学者、教师和学生们提供材料便于开展工作。这类材料在淡水研究的广阔领域中提出具体的话题, 尤其适于就该领域的科学问题给出引导性介绍。湖泊可谓对水生生物学研究的全部领域具有典范意义[32]。

尽管伦茨心目中面向的读者仍然很广泛, 包括自学者和专业生物学者、教师和学生们, 但他的教科书与容格的风格迥然不同。历史回顾缩略在一个非常简短的导　　[245]

---

[30] "整个地球作为一个生物群落" 的说法是相当引人入胜的, 因为几乎在同一时期 "生物圈" 的概念也问世了。地理学家爱德华·休斯 (Eduard Suess, 1883—1909) 在其备受欢迎的教材《地表》一书中率先使用了该术语。尽管休斯并未构想出明确的研究纲领 (直到 1926 年始由维尔纳茨基 (Vernadsky) 实现), 生物圈最终还是成为描述 "整个地球作为一个有机体" 的概念。

[31] 德语原文 "Nun konnte jeder kleine Winkel als eine Welt für sich betrachtet, und später von solchen Spiegelbildern des Ganzen aus ein Blick auf die Erde als größte Lebensgemeinschaft geworfen werden"。

[32] 德语原文 "Da nunmehr die Hydrobiologie einen gewissen Abschluß ihrer ersten Entwicklung erreicht zu haben scheint, dürfte der Zeitpunkt gekommen sein, ihre Forschungsergebnisse und Problemstellungen in einer Form zur Darstellung zu bringen, die den verschiedenen Ansprüchen gerecht wird, die also sowohl dem Autodidakten wie dem forschenden Biologen, dem Lehrer wie dem Schüler etwas gibt. [···] Dieser [der Stoff] stellt zwar ein spezielles Thema aus dem Gesamtgebiet der Süßwasserforschung dar, ist aber in ganz besonderem Maße geeignet zur Einführung in die Problemstellung dieses Gebietes. Der See ist geradezu das Paradigma für die ganze hydrobiologische Forschung" (Lenz 1928, 第 III 页)。

论之中, 集中提领一下同领域最重要的学者。"这些参考文献使学生和专业人员感到他们厕身于一个屹立已久的传统。然而, 教科书中塑造的这种使科学家有参与感的传统, 事实上从未存在过" (Kuhn 1988, 第 149 页)。这是哲学家托马斯·库恩对教科书作用的看法。《淡水湖泊生物学导论》一书似乎支持他的看法。

除了伦茨的《淡水湖泊生物学导论》之外, 类似的教科书还有蒂内曼的《湖沼学: 淡水研究的生物学问题导论》(*Limnologie. Eine Einführung in die biologischen Probleme der Süßwasserforschung*) (1926)、文森·布雷姆 (Vincenz Brehm) 所撰、最早如此冠名的《湖沼学导论》(*Einführung in die Limnologie*) (1930), 以及早至 1909 年恩斯特·亨切尔所撰《淡水生物》(*Das Leben des Süßwassers*) 和 1923 年涵盖海洋与湖泊研究对象的《水生生物学原理》(*Grundzüge der Hydrobiologie*)。卡尔内 (H.H. Karny)《水生昆虫生物学: 水生昆虫学要点教程与参考》(*Biologie der Wasserinsekten. Ein Lehr- und Nachschlagewerk über die wichtigsten Ergebnisse der Hydro-Entomologie*) (1934) 则明确以动物学内容为主。1930 年代, "生存空间与国家"的 (纳粹) 元素也日益常见于生态学文献, 其中显例有卡尔·弗里德里希斯 (Karl Friederichs) 的《生态学: 关于自然的科学或者关于生存空间的生物学》(*Ökologie als Wissenschaft von der Natur oder Biologische Raumforschung*); 弗利茨·施泰内克 (Fritz Steinecke) 发表于 1940 年的《淡水湖泊》(*Der Süßwassersee*) 也在此列, 尽管影响力显然远远不及前书。

因此, 1920 年代中期, 朝着水生生态学的学科整合迈出了第一步, 主要表现在相关期刊、实验室、研究队伍和专业学会的成功运行, 并获得科学界和政界当权者的认可。

大约与此同时, 植物生态学也开始更加清晰地形成。奥斯卡·德鲁德 (Oscar Drude) 的《植物地理学手册》(*Handbuch der Pflanzengeographie*) (1890) 和安德烈亚斯·申佩尔 (Andreas Schimper) 的《基于生理学的植物地理学》(*Pflanzengeographie auf physiologischer Grundlage*) (1898) 是最为重要的两本著作, 堪为奠基性的作品[33]。1920 年代, 乔赛亚斯·布劳恩–布兰奎特的《植物社会学: 植被科学基础》(*Pflanzensoziologie. Grundzüge der Vegetationskunde*) (1928) 和海因里希·沃尔特 (Heinrich Walter) 的《德国普通植物地理导论》(*Einführung in die allgemeine Pflanzengeographie Deutschlands*) (1927), 则对植物生态学产生了决定性的影响。在动物生态学领域, 1920 年代也有重要著作见诸发表, 其中显例包括弗里德里希·达尔 (Friedrich Dahl) 的《动物生态地理学原理》(*Grundlagen einer ökologischen Tier-*

[246]

---

[33]两书在德语圈以外亦广为风行。姑举一例, 根据托比 (Tobey 1981) 的分析, 弗雷德里克·克莱门茨 (Frederic Clements) 的生态学思想主要在德鲁德其书影响之下发展而来。

geographie) (1921) 和理查德·黑塞 (Richard Hesse) 的开创性大作《基于生态学的动物地理学》(*Tiergeographie auf ökologischer Grundlage*) (1924)。

在诸如农学、林学和害虫防控等应用科学领域, 生态学思想也有推广, 卡尔·弗里德里希斯 (Karl Friederichs) 的两卷本《农业与林业动物学基本问题与规律》(*Die Grundfragen und Gesetzmäßigkeiten der land- und forstwirtschaftlichen Zoologie*) (1930) 尤其助力不小。尽管冠以 "以昆虫学为重点" 的副标题, 弗里德里希斯其书对于生态学方法和概念的普及化和标准化却具有深远广泛的贡献。第一卷被推为 "生态学卷", 主要处理理论和概念问题, 探讨生态学的概念和规律、种群动态和个体生态因子、有机体和环境的相互关系, 其中特别考虑了土壤动物的问题。第二卷则是 "经济学卷", 介绍诸如害虫防控、传染病、家养动物、育种和商业管制等林业和农业面临的主要问题。这样看来, 此两卷整合了面向技术的[34]和科学的生态学。弗里德里希斯写道: "近来所有的应用生物学科已然被归结为 '技术生物学', 这一归结意在强调, 我们应当对发明创造精神、技术思维和技术方法采取比以前更为开放的态度" (1930, 第 1 卷, 第 15 页)[35]。

19.4　研究纲领与网络

通过调查德语世界早期生态学的布局, 我们可以坐实以下假说: 根据研究对象在陆地 (或说 "在空中") 或者水体的不同, 陆地生态学和水生生态学之间产生了深刻差异。这一差异同时也意味着自然地理条件是生态学的核心问题之一。并且, 我们还可证实水生生态学共同体的组织性和建制化发展比陆地生态学略胜一筹, 这一优势在当时已被公认[36]。不过, 早期水生生态学共同基础之奠定并不仅仅反映在期刊的创办、参考书和教科书的编撰和流通上。陆地生态学家在制度上和意识 [247]

---

[34]宽泛说来, 生态技术主要推进特定的理论和实践, 一般被认为属于应用型研究, 或者 "用途导向的基础研究"。近年来生态技术的显例包括恢复生态学、景观生态学和产业生态学。与此相反, 生态科学的要谛在于开发更一般的概念和理论, 比如竞争排斥原理、捕食者–猎物关系模型和生态系统模型。

[35]德语原文 "Neuerdings wird von einigen die Gesamtheit der anwendenden biologischen Disziplinen als 'Technische Biologie' zusammengefasst. Durch diese Bezeichnung soll betont werden, daß mehr als bisher Erfindergeist, technisches Denken und technische Methoden bei uns Eingang finden sollten"。

[36]蒂内曼在回顾中记录到 (Thienemann 1939, 第 13 页): "在三门子学科中 (似指湖沼学、植物学和动物学——译者注), 湖沼学最先意识到生态学的普遍目标并且朝其目标展开周密的行动 (在植物生态学循此方向略有进展之后)。" (德语原文 "Die Limnologie hat sich als erste der drei Teilwissenschaften–nachdem sich die Pflanzenökologie zum Teil wenigstens in der gleichen Richtung entwickelt hatte-auf ihre allgemeine ökologische Zielsetzung besonnen und verfolgt sie bewußt.") 蒂内曼显然也不否认植物社会学有其更深远的传统, 甚于湖沼学。但是, 要实现真正的生态学, 也就是 "biocoenotics", 陆地动物学家和植物学家还需更紧密地合作, 一如他心目中水生生态学的情形那样 (Thienemann 1925, 第 75–76 页)。

上结成共同体均远远滞后。相比诸如英国或美国的情形，植物学家们填补这一差距的动作还不算迟缓，而动物学家建构动物生态学或者种群生态学的步伐就远为滞后。我们或可就此局面给出解释说，德语世界的经典动物学和植物学研究和教学实践追求的是其他宗旨和纲领，这些宗旨和纲领的优势地位转而限定了生态学研究活动的自治性。相反，湖沼学研究领域相对年轻，其体制尚未稳固，这样动物学家和植物学家不难将他们的探寻标的导向生态学主题。

德语世界早期生态学的不同传统完美凸显了生态学诞生的主要源头。我们发现，**生理学**或者个体生态学的研究传统，大约在 19 世纪与 20 世纪之交与所谓的**分类学**或者说博物学传统部分融合，产生所谓 "动植物生态 (生物) 地理学"。同时，我们发现**整体论**的或者说系统性的传统，以种种方式拓展至自然界的有机成分之上，囊括生物与非生物两方面以勾画整全的实体 (Jax 1998)。

这些传统也被吸纳进一种认识论的进路，根据下面三个概念母版，或基本观念——"微宇宙" "生态位" 和 "能量" (固然侧重有所差异)，以界定生态学。这些概念母版为统摄说明林林总总的生态学理论和叙述提供了便利。比如，种群、适应和适合度的概念、营养和有机物质流动的思想、模拟系统生产力或者捕食关系的模型，均可统摄进来。"微宇宙" 的观念大体出于浪漫主义的自然哲学，近于外貌描述的传统; "能量" 更接近整体论的传统，从根本上说其物理学性质最为浓厚: 正如能量在物理学中的情形，有机物质构成生态学中特征与作用的基本维度，从而一个系统的生物与非生物成分得以整合，即生态系统。最后，"生态位" 构想专注于进化生态学框架发展起来的概念，勾画个体有机体、物种和环境的关系; 在此意义上，它与生理学传统类似[37]。这三个基本观念对于生态学作为一门学科的创建和稳定是决定性的。根据施瓦茨 (A. Schwarz) 的看法，生态学起初就是多元化的事业，而这些基本观念总在潜移默化地引导假说和概念的建构 (参见第 8 章)。按照哲学家伊姆雷·拉卡托斯 (Imre Lakatos) 的术语，这些基本观念构成一个研究纲领的 "硬核"，在其中，这类关于自然的不言而喻的思想作为不可化约的原点深刻影响理论建构。另一位哲学家吉诺·伯梅 (Gernot Borem) 则基于现象学的视角认为，我们论及自然特征的方式类似我们论及人类特点/性格的方式。这两位哲人的概念有助于把握上述基本观念，用于勾画生态学知识的领域，包括涉及水生和陆地生物的

[248]

---

[37] 上述三种 "传统" 与三种 "基本观念" 的关系当然并非总是 (同等) 吻合的，只不过是一个粗略的类比，尚待进一步的研究。不过，这种分析模式使得德语世界早期生态学中陆生/水生的差异更加明显。姑且只说一个重要的差别，"有机体" 一词在不同传统下的用法就不尽一致。在 "生理学传统" 下，它与个体生态学密切相关，专注于单个有机体; 而 "能量" 概念涵盖了有机体的模型和隐喻，指涉的是某个湖泊或者海域的生理学。

种种实践、叙述和理论[38]。在下文中, 我们将交替运用上述两种概念化过程, 以便勾画德语世界早期生态学的轮廓。

19.5 生态水务

18 世纪以来, 关于河流、特定海域和湖泊的地形志和水文志已经问世[39]。然而, 这些水体仅仅被视为 "生命的沙漠", 直到 1870 年代人们才普遍认可其为供养大量生物与微生物的环境。动物学家、植物学家和微生物学家突然意识到这些水体充满了生命和诱人的对象, 有待他们调查研究, 种种概念被引介过来。"湖泊是一个微宇宙" 就是最早风行于生物学家群体中的概念之一; 几乎同时, 其他概念诸如 "有机体" "岛屿" 和 "地理单元" (geographic individual) 被用以勾画湖泊[40]。瑞士博物学家弗朗索瓦–阿方索·福雷尔将湖泊视为一个系统, 这一关键的概念化方式不仅在塑造湖沼学成为一门科学 (1886) 中发挥了作用, 还为系统理解湖泊提供了最早的蓝图, 尽管仍然有些模糊。福雷尔将湖泊设想为一种实验室模型, 用于研究大尺度现象, 包括那些同样发生在 "无垠大海" 之中一时无从予以科学分析的现象, 因此总结说: "研究湖泊相对研究海洋更为容易" (Forel 1896)。福雷尔开创性地将湖泊作为一个实验体系考虑, 着眼有机体交互作用、有机体功能运行、物质交换和循环流动的系统。湖泊构成一个由非生物和生物成分紧密联系的系统, 在其中, "有机物质" 处于持续的 "转化和迁移" 之中, "化身" 为有生命的有机体然后又被释放。"有机物质以各种形式一再回归到其来源之处, 也就是湖泊, 或者通过动物的分泌产物, 比如二氧化碳、尿素或者其他代谢过程的产物, 或者在有机体死亡以后作为腐解的产物 [⋯⋯] 这些被释放出来的有机物质为动植物更新其机体提供了用之不竭、持续更新的原料 [⋯⋯] 这个 '微宇宙', 借用福布斯 (S. A. Forbes) 教授的术语, 将长期持续存在, 即使与周围介质完全隔离" (Forel 1901, 第 237、239

[249]

---

[38]参见本书第 8 章, 施瓦茨执笔。借助上述概念检视水生微生物学的例子可参见 Psenner et al. 2008。

[39]有条有理的水文志最早可回溯至 1779 年瑞士著名博物学家奥拉斯–贝内迪克特·德·索绪尔 (Horace-Bénedict de Saussure 1740—1799) 的日内瓦湖水文描述, 和 1783 年大卫·休姆林 (David Hümlin) 的康斯坦茨湖描述。当时, 河流的地形和水文测量也在开展 (Schwarz 2003a, 第 116 页及其后)。

[40]参见 Forel 1901; Otto Zacharias, Skizze eines Spezial-Programms für Fischereiwissenschaftliche Forschungen (Sketch of a special programme for scientific fisheries research) in: Fischerei-Zeitung 7 (1904), 第 112–115 页; Über die systematische Durchforschung der Binnengewässer und ihre Beziehung zu den Aufgaben der allgemeinen Wissenschaft vom Leben (On the systematic exploration of the inland waterways and their relationship to the tasks of the general study of life) in: Forschungsberichte der biololgischen Station Plön 12 (1905), 第 1–39 页; Das Süßwasserplankton (Freshwater plankton). Leipzig: Teubner 1907; 美国昆虫学家福布斯的经典论文《湖泊是一个微宇宙》发表于 1887 年。

页)[41]。

在其湖沼学手册的末尾, 福雷尔拟议了一份 "湖泊研究纲领", 其中, 湖泊动植物区系的研究只是九个要目之一, 最后一个要目主要为物理–化学和地学视角下的一系列问题。这一纲领代表一种新的进路, 聚焦元素循环、有机体和有机质在动态循环过程中的功能以及水生系统的能量流动。根据前文提及的概念图式, 福雷尔的纲领就是 "能量" 母版的代表, 通过与下述论题相关的概念来表述: 湖泊的生产力 (瓦尔德马尔·奥勒 (Waldemar Ohle) 与众多其他学者)、将湖泊视为循环因果体系的理论、主要为控制论所启发、以生物能量转化为核心问题的系统生态学; 系统生态学研究纲领主要是在美国开展, 至少是发端于美国 (经乔治·哈钦森、雷蒙德·林德曼、霍华德·奥德姆和尤金·奥德姆之手)。相比之下, 德语世界的生态学着重生产力的进路, 在某种意义上即所谓 "外部生理学" 的理论思想, 着眼于 "湖泊 (或者海洋) 机体" 的生理学, 同时涉及较少理论方法的农业和渔业研究。

[250]

福雷尔的 "湖沼学纲领" 在 1886 年以法文版首度问世, 随即被众多博物学家接纳。这些研究当然有其制度背景, 即瑞士博物学会的湖沼学委员会。尽管起初只是一个由业余人员和专业科学家合作、针对瑞士湖泊冻结问题的简单观测计划, 最终却发展成长期而系统的定位观测计划, 以苏黎世湖 (及其邻近的瓦伦湖)、康斯坦茨湖, 特别是卢塞恩湖为其对象。在当时, 卢塞恩湖的研究因其数据收集的时间跨度和频密的间隔非同凡响: 始于 1896 年, 持续了大约 5 年, 这一记录可能在同类研究中史无先例[42]。计划启动之初, 每年的取样数量即已事先规划, 执行期间取样位点的精确信息和详细的监测方法均记录在案。尽管参与人员是来自不同的学科和机构的博物学家, 他们设法统一了抽样设计、方法和设备。自 1900 年开始发

---

[41]德语原文 "Die organische Substanz kehrt immer wieder in die große Vorratskammer, den See, zurück, sei es in Form von tierischen Sekretionen, wie Kohlensäure, Harnstoff und anderen Produkten der tierischen Verbrennungsvorgänge, oder nach dem Tode der Organismen als Produkte der Verwesung. [⋯] Die gelöste organische Substanz stellt einen unerschöpflichen, stets erneuerten Vorrat dar, aus dem Tiere und Pflanzen das Material zu erneuertem Aufbau entnehmen [⋯] Dieser Mikrokosmos, um den von Prof. S. A. Forbes eingeführten Ausdruck zu gebrauchen, würde sich selbst auf lange Zeit genügen können, auch wenn er gegen die umgebenden Medien völlig isoliert würde"。

[42]研究方案的详情由卢塞恩的一位初中教师哈维·阿尔内特 (Xaver Arnet) 留诸纸墨, 1895 年发表于卢塞恩博物学会通讯; 文中呼吁所有学会成员参与数据收集, 再次证明湖沼学领域在制度上的开放性 ("Programm zur limnologischen Untersuchung des Vierwaldstätter Sees. Programm für den physikalisch-chemischen Teil". In: Mitteilungen der Naturforschenden Gesellschaft Luzern 1, 第 1–16 页)。

表直到 1917 年, 一系列论文由此产出[43]。

　　亦属首开先例的是, 在湖泊生态学尚不算悠久的历史上, 化学、物理学和生物学数据相互关联, 从而推进了整合性的观点, 着眼多重因素诸如温度、浮游植物质量、有机物质和碳酸钙形式的碳储量之间的依赖关系。最后, 卢塞恩湖计划执行期间, 不限于研究实践 (湖水中和湖面上的操作流程) 本身, 研究结果的展示风格也发生了深刻变化。福雷尔实际上发明了 "深度坐标" (Tiefenordinate) 的表征方式, 即横坐标置于顶部, 在下方以纵坐标为标尺标定实测数据, 从而呈现水深梯度的变化趋势[44]。这种图解法在卢塞恩湖研究中被采纳, 并且广泛用于涉及时间尺度、多位点采样和多目标参数的实验 (图 19.2)。 [251]

　　所有上述活动都堪称湖沼学领域领风气之先的研究, 引得德国浮游生物专家 [252]
奥托·扎哈里亚斯 (Otto Zacharias) 盛赞道: "瑞士不但以湖泊之国享有盛誉, 也以湖泊研究著称于世" (Zacharias 1888, 第 214 页)[45], 甚至在大约十年之后他仍然坚持这一说法。

　　扎哈里亚斯并不仅仅是仰慕瑞士水生研究, 尤其仰慕福雷尔其人, 他本人也是一位著名的浮游生物专家。他的研究兴趣在于采集浮游生物、描述其种种形态和聚落 (Vergesellschaftung)。具体而言, 他吸纳了福雷尔的主要研究旨趣, 即深度发掘死的和活的有机质的问题。不过, 他认为这是湖沼学研究的诸多进路之一。他坚信, 最首要的还是探索未知的物种, 同时充分掌握已知物种的情况。因而, 他的著作有很大部分致力于描述不同湖泊、季节和群落的浮游生物种类和行为, 尽管他未尝过多措意于定量调查[46]。在扎哈里亚斯生机勃勃的世界里, 生物被限定在一张相互联系的高阶网络之中。他心目中的自然处于稳定的平衡之中, 这种平衡为

---

[43]姑举其中少数例子: Bachmann, Hans (1904). Das Phytoplankton des Süsswassers (淡水浮游植物), in: Botanische Zeitung 62, 82–103; Burckhardt, Gottlieb (1900). Quantitative Studien über das Zooplankton des Vierwaldstättersees (卢塞恩湖浮游动物定量研究), in: Mitteilungen der Naturforschenden Gesellschaft Luzern 3, 第 129–411、414–434、686–707 页; B. Amberg, (1904). Limnologische Untersuchungen des Vierwaldstättersees (卢塞恩湖湖沼学研究), in: Mitteilungen der naturforschenden Gesellschaft Luzern 4, 第 1–142 页; W. Nufer (1905). Die Fische des Vierwaldstättersees und ihre Parasiten (卢塞恩湖的鱼类及其寄生虫), in: Mitt. naturf. Ges. Luzern 5, 第 1–232 页。

[44]关于可视化语言在水生湖沼学领域的影响, 可参见 Schwarz (2003b) 的详细讨论。

[45]德语原文 "Die Schweiz [···] darf den Ruhm für sich in Anspruch nehmen, das classische Land nicht bloß der Seen, sondern auch der Seendurchforschung zu sein"。

[46]毫无疑问, 扎哈里亚斯属于劳特伯恩 (R. Lauterborn) 贬称为 "登山员" 的那一类自然研究者, 美国湖沼学家亨利·沃德 (Henry B. Ward) 曾在《科学》上一篇评论中引用这一说法: "劳特伯恩五年前的说法从今日更丰富的经验看来尤显真切, 对于生物分布的问题, 不厌其烦在尽可能多的湖泊中采集样本 (在诸多方面令人想起现代登山员对高山雄峰的追逐) 的方法, 尽管被奉为圭臬至于当前, 实际上难说有什么科学价值, 因为通过这种方法我们只不过得到一幅极度不完全的流域动物区系图景" (Ward 1899, 第 499 页)。

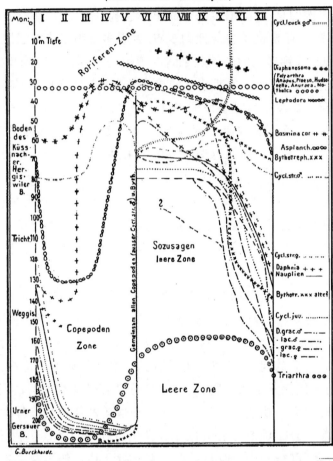

图 19.2　布尔克哈特 (Burckhardt) 绘制的深度坐标图, 用于展示浮游动物分布的时间变异。令习惯于当代图解法的人迷惑不解的是, 他在统一坐标空间中展示多个位点却并未分别予以明确标注 (Burckhardt 1900, 第 424 页)。

每种生物赋予了特定的功能。这样的观点并不妨碍他相信有机质代谢律之存在, 据他所言, 代谢律可见于动物和植物群落, 一如著名的奥古斯特·魏斯曼 (August Weisman) 在关于康斯坦茨湖水生动物的论文中 "巧妙" 证实的那样 (Weisman 1905, 第 31 页)。不过, 他对代谢运作方式即何种元素应当如何起作用的描述, 较 30 年前魏斯曼的说法高明不了多少[47]。

---

[47] 魏斯曼本人未曾将其成果写成一份研究报告, 甚至未尝向科学专业受众公布, 相反, 只是在 "弗莱堡大学的礼堂里面对以女士为主的听众" 有过 "一次即兴的漫谈"。尽管如此, 一位知名科学权威的演讲还是一再提到了这次漫谈, 表明世纪之交水生生态学的地位仍是如何的不明朗。魏斯曼认定物种演变来自外部环境影响, 支持拉马克而不是达尔文进化论。直到后来他完成著名的 "遗传" 研究才开始接受达尔文的观点。

扎哈里亚斯的观点最终被证明切中肯綮的地方, 充其量不过是为含混 "整体" [253]
之说提供了一些实质内容, 为湖泊 "自然之居所" 之说代而兴起准备了空间。这种
"自然之经济" (Naturökonomie) 能够以最大的确定性被衡量, 并且其生产力可通过
定量指标确定, 扎哈里亚斯在一项成功研究纲领的基础上进行了努力。

　　正如早期生态学的众多同侪一样, 扎哈里亚斯从根本上还是精擅博物学的那
种作风, 也即是, 专心致志于采集、组织、整理, 最终确立一种外貌描述的方法。这
种方法常见于地植物学、植物社会学和植物地理学, 水生植物也不例外; 但是也被
用于设计湖泊和地理景观的分类体系, 主要根据完全形态或者典型动植物。重新
回到前文所言的概念图式, 上述方法正是 "微宇宙" 这一基本观念之典型。下面的
引文或可证明, 扎哈里亚斯和许多同时代的科学家, 执着于一种浪漫主义的自然
观: "一种生物学意义上的乐观主义认为, 自然若从其自身角度看来绝非某种永在
吞噬、永在反刍的怪物, 而是一个不断从死亡和腐败中召唤无穷新生的女神; 当
我们通过严肃研究与之日益熟稔, 就不免对其主权日益敬畏" (Zacharias 1907, 第 9
页)[48]; 这里, 扎哈里亚斯激烈反对视自然为机器或者阴森恐怖之物的立场。

19.6　文献体裁与数据表征

　　直到 1920 年代, 分类和数据收集还是水生生物学领域大多数研究最主要的
部分。在某种意义上, 库尔特·兰伯特 (Kurt Lampert) 在《内陆河道的生物》
(*Das Leben der Binnengewässer*) 一书 (一部从 1899 年至 1925 年连续三版扩容的
手册) 的概述[49], 代表了水生生态学第一阶段收集成果的高峰。卡尔·施勒特尔
(Carl Schröter)、奥斯卡·冯·基希纳 (Oskar von Kirchner) 和勒夫 (E. Loew) 主
编的《中欧显花植物生活史——德意志、奥地利和瑞士显花植物生态学》(*Die* [254]
Lebensgeschichte der Blütenpflanzen in Mitteleuropa-spezielle Ökologie der Blütenpflanzen
Deutschlands, Österreichs und der Schweiz) 是一项更为浩繁的工程, 这部植物生态学
手册第一卷于 1908 年问世, 最后一卷则在 1942 年完成。在动物生态学领域, 从生
态学的高度进行分类的工作再次严重滞后了, 并且最初不是通过手册和丛书方式

---

[48]德语原文 "Es gibt auch einen biologischen Optimismus, mit dessen Augen angesehen die Natur dur-
chaus kein ewig verschlingendes, ewig wiederkäuendes Ungeheuer ist, sondern vielmehr eine aus Tod und
Verwesung immer neues unerschöpfliches Leben hervorzaubernde Göttin, deren Walten unsere Bewun-
derung um so mehr herausfordert, je genauer wir uns mit ihm durch ernste Studien bekannt machen"。

[49]《内陆河道的生物》首版由库尔特·兰伯特编撰, 出版于 1899 年 (Leipzig: Tauchnitz); 第二
版出版于 1910 年, 篇幅已由 591 页增至 856 页; 第三版由劳特伯恩 (R. Lauterborn)、布雷姆 (V.
Brehm) 和维勒 (A. Willer) 编撰, 出版于 1925 年, 增加至 892 页。最近的项目《中欧淡水动物志》
由布劳尔 (A. Brauer) 发起, 施沃贝尔 (J. Schwoerbel) 和兹维克 (P. Zwick) 在 1985—2000 年陆续编
集, 长达 21 卷, 再次显示这种百科类书对生态学研究至关重要。

面世[50]，而是主要通过期刊，比如《动物系统学、生态学和地理学系动物学年鉴》(*Zoologische Jahrbücher. Abteilung für Systematik, Ökologie und Geographie der Tiere*) (1926—1994) 和《动物生态学与形态学报》(*Zeitschrift für Ökologie und Morphologie der Tiere*) (1924—1967)；另外，这一时期，理查德·黑塞发表了其专著《基于生态学的动物地理学》(*Tiergeographie auf ökologischer Grundlage*) (1924)。

同一类型的分类工作还有《生物学研究方法手册》(*Handbuch der biologischen Arbeitsmethoden*)。该书正如其副标题所示，是一部"科学领域调查与研究方法的纲目大全"，由埃米尔·阿布德哈登 (Emil Abderhalden) 担任编辑，自 1920 年起开始发行，涵盖从地质学和古生物学到生理学和医学一系列完整学科，提供物理学和化学方法、仪器和材料的详细说明。瑙曼、蒂内曼、伦茨和其他学者撰写了"淡水生物学方法"作为"动物机体功能研究方法"章节的一部分 (1926)。

另一基本的文献体裁就是关于湖泊和河流的专著。在某种意义上，这些专著非常切合考虑对象之个体性 (individuality) 的生态学观点；其思想是将湖泊视为地理意义上的个体或者生死轮替的有机体。"地理单元"和"有机体"的概念相当流行，并且在湖泊分类系统中得以固化，引导水生生态学家们进而将湖泊——包括其生物与非生物成分——视为进化的单元。福雷尔的三卷本《莱芒湖：湖沼学专题》(*Le Léman: Monographie limnologique*) (1892—1904) 大概是这方面最有影响力的著作，发挥了蓝图一般的作用。虽然此书以法语发表，但是在德语学界广为流传。几无疑问，这是因为福雷尔也以德语写作，且与德语同行之间有着密切的通信往来。其他值得一提的湖沼学专著有威利·乌勒 (Willi Ule) 的《维尔姆湖》(*Würmsee*) (1901) 和《阿默湖》(*Ammersee*) (1906)，在一定程度上施勒特尔和基希纳的《康斯坦茨湖植被》(*Vegetation des Bodensees*) (1896, 1902) 也可归入其类，尽管其焦点明确落在植物学对象——浮游植物和大型水生植物之上。静水之外，流水也是专题研究的主题，其中最突出的例子是罗伯特·劳特伯恩 (Robert Lauterborn) 对莱茵河的详细描述，其先声为 1916 年至 1918 年根据莱茵河上游和康斯坦茨湖研究经验发表的莱茵河地理学和生物学方面的论著，1930 年，《莱茵河：一条德意志河流的博物志》(*Der Rhein: Naturgeschichte eines deutschen Stroms*) 第一部问世，第二部和第三部相继发表于 1934 年和 1938 年[51]。

[255]

---

[50]弗利茨·施韦特费格尔 (Fritz Schwerdtfeger) 的三卷本《动物生态学》，出版于 1963 年至 1975 年，或可视为动物生态学领域迟来的第一套丛书，在某种意义上堪与兰伯特《内陆河道的生物》比肩。

[51]此专著的故事本身饶有趣味，不过超出了本章的范围，具体可参见 RegioWasser eV (ed) (2009). 50 Jahre Rheinforschung. Lebensgang und Schaffen eines deutschen Naturforschers Robert Lauterborn (1869–1952). Freiburg: Lavori Verlag.

19.7　湖泊与河流分类——衔接类型和过程

创制湖泊类型的体系是分类问题的题中应有之义。最初,其依据很大程度上是地理学标准和/或者单纯的植物学或动物学标准: 白鲑湖和梭鲈湖 (Coregonenseen und Zanderseen), 或者锥囊藻湖和绿藻湖 (Dinobryonseen und Chlorophyceenseen), 诸如此类, 就是早期提议的类目。随着湖泊外貌特征研究的精细化, 博物学家意识到湖泊生物的分布和种类组成密切依赖湖水的化学和物理特征。一个影响巨大的研究纲领由此发端, 旨在整合外貌特征和因果关系。湖泊类型的研究吸引了众多德国和斯堪的纳维亚的研究人员, 构成一个整体的概念框架, 大量经验研究以此为背景。蒂内曼和美国湖沼学家爱德华·伯奇 (Edward A. Birge, 1851—1950)、昌西·朱代 (Chancey Juday, 1871—1944) 的研究是相似的, 但是从结果中得出的结论大为不同。他们都关注湖泊理化条件与动植物多度的关系, 不过伯奇和朱代专注于单个湖泊的季节和昼夜动态, 从生理学的角度检视湖泊系统; 而蒂内曼试图建构湖泊概念体系的大全方案, 以具体的发现为之填料。蒂内曼的分类进路结合了地理分布区、指示动物和理化特性诸如温跃层或者碳浓度, 生成极为复杂的分类体系, 结果反增混淆而不是启人清明, 正如以下评论无意中揭露: "如此一来, 摇蚊湖获得'波罗的湖'的名号, 因为摇蚊属常见于波罗的海周边湖泊, 而长附摇蚊湖却落在'亚高山湖'名目之下"; 任一名目均非作为地理学术语而设计的"[52]。

大约同一时期, 瑞典湖沼学家艾纳·瑙曼 (1891—1934) 创立了 "区域湖沼学" (regionale Limnologie), 其目标同样在于 "地球水体一般类型的分布及其特定生物世界的因果研究" (1923, 第 75 页)。瑙曼最初是钻研湖泊生产力的问题, 早在 1918 年, 他就提出了一个有趣但是至今仍少人知的分类体系, 当然, 其中倡导的概念不及其使用的方法有趣。首要一端, 也是最引人注目之处, 在于其体系并非单纯基于阿涅伯达渔业试验站不同池沼类型的经验研究, 而是出于实验室之外的实验场域。这一进路在当时是非同寻常的, 正如蒂内曼的评论所显示: "要解决我们的问题 (确立湖泊的类型), 方法端在比较观察自然界; 各个因子的实验调查, 一如不少研究尤其是艾纳·瑙曼的研究所展现, 或可澄清其中的条理并提供更丰富的细节" [256]

---

[52]德语原文 "Der Chironomussee hatte nunmehr die Bezeichnung, baltischer See' erhalten, da er in diesem Gebiet vorherrschte, während der Tanytarsussee, subalpiner See' genannt wurde; beide sollten keine geographischen Begriffe sein." 这是 1933 年 9 月, 蒂内曼曾经的助手弗里德里希·伦茨在列宁格勒召开的第四届波罗的海国家水生生物学大会上的评论, 其报告题目为《湖泊类型的问题及其对湖沼学的意义》。当时, 湖泊分类学的术语已然转向富营养、贫营养和中营养之分际。即使蒂内曼也放弃了地理学/动物学术语。早在 1921 年, 他就承认波罗的海类型属于富营养类型: "在波罗的海平原最为常见, 阿尔卑斯山区也有分布, 北美地区多见" (Thienemann 1921, 第 345 页)。

(Thienemann 1921, 第 344 页)[53]。

瑙曼在其实验系统中区分了**自然类型** (Naturtypus) 和**文化类型** (Kulturtypus),要机在于标识人类干预的程度: "没有添加饲料也没有用于养殖" 的池沼属于自然类型, "或有添加饲料或有用于养殖" 的池沼属于文化类型[54]。他提出了四种不同的类型并且得出如下结论: 浮游植物的产量, 不论从定性还是定量的角度, 均可作为迄今为止最准确的环境指示物 (Naumann 1918b, 第 II 页)。不过, 他还是明确地提醒读者, 不要轻易将这一 "藻类学认证的方法" 用于渔业生物学的目的, 因为他认为鱼肉产量与浮游植物产量的关联过于复杂。次年, 他构想出来富营养湖和贫营养湖的概念[55]; 两年以后, 他又评说道: "当科尔克维茨 (Kolkwitz) 和马森 (Marsson) 率先以现代方式系统分析了有机肥对水的作用 (1908, 1909), 腐生生物系统在此基础上确立起来。根据水污染的程度, 可将其划分为重污腐生层、中污腐生层和寡污腐生层。[……] 如此一来, 我们倒要追问, 我提出的系统究竟在何种程度上有用。要回答此问题, 我们必须分析这些生态分类体系的相互关系, 当然这不妨碍彼此无涉地使用其中任何一个。[……] (1) 我的生理学系统旨在**对决定生产量的各个因子精心进行分析**; (2) 与之相反, 腐生生物系统水质的**标准分析**" (Naumann 1921, 第 19-20 页)[56]。总而言之, 瑙曼所谓 "特殊因子" 的 "纯粹分析" 是为了运用 "营养标准" 科学地分析生态系统, 而所谓服务于腐生指标的 "标准分析" 适用于应用性的目的。他预期, 各个特殊因子的 "环境谱" (milieu-spectra), 比如说氮和磷

[257]

---

[53]德语原文 "Die Methode, die bei der Bearbeitung unseres Problems [der Aufstellung von Seetypen] anzuwenden ist, ist die vergleichende Beobachtung in der Natur; experimentelles Studium einzelner Faktoren kann, wie vor allem Einar Naumanns Untersuchungen zeigen, Klärung und Vertiefung bringen"。

[54]Naumann 1918b, 第 II 页。引文出自一篇以瑞典语发表的论文, 德语版只有其摘要, 仅见于一份出版人抽印本。瑙曼利用阿涅伯达生物实验室开展了大量田野实验, 我们今日所称的 "围隔生态系实验" (mesocosm experiment) 大约始于 1916 年。

[55]瑙曼指出, 1907 年, 韦伯 (C.A. Weber) 关于德国北部沼泽的一项研究已经使用了 "富营养" 和 "贫营养" 的术语 (Steleanu 1989, 第 391 页)。

[56]德语原文 "Als Kolkwitz und Marsson zuerst (1908, 1909) die Einwirkung von organischen Dungstoffen auf das Wasser systematisch in moderner Weise analysierten, wurde auf diesem Grund das System der *Saprobien* begründet. Je nach dem Verschmutzungsgrad des Wassers wurden dieselben in den Zonen der Poly-, Meso- und Oligosaprobien eingereiht. [···] Die Frage dürfte indessen gestellt werden können, inwieweit das von mir vorgeschlagene System wirklich weiter führt. Zur Erledigung dieser Frage ist eine Analyse der gegenseitigen Verhältnisse dieser ökologischen Systeme-die selbstverständlich ganz unabhängig voneinander gebraucht werden können-erforderlich. [···] 1. Das von mir vorgeschlagene physiologische System bezweckt eine *Reinanalyse der produktionsbestimmenden Faktoren* jeder für sich. 2. Das System der Saprobien arbeitet im Gegensatz hierzu mit dem *Durchschnittstandard* des Wassers"。

的收支[57], 必定有助于实现 "区域内种种局部环境谱的测绘" 和评估 "水体的生物学全景" (Naumann 1921, 第 20 页)。

19.8　水生生态学领域的 "生理学"

1920 年代, 瑙曼的营养系统很快被学界采纳, "环境谱" 也是如此。蒂内曼在其 "水体中的营养循环" 综述 (Thienemann 1927, 第 43 页) 中如此评论: "毋庸置疑, 瑙曼 '环境谱' 的设想对湖沼学具有充分的启发性, 催生了不俗的成果"[58]。

瑙曼运用他的方法将 "湖泊" (不论在技术上如何调整其定义) 处理为一个能够而且应当通过生理功能并参照其理化条件来描述的生态系统。然而, 这一方法也可用于表示单个物种的环境标准 (或者说环境需求)。水生生态学领域所谓的 "生理学" 可以指整个湖泊的生理学也可指单个有机体的生理学 (图 19.3)。

"环境谱" 的概念也为生态学其他领域所采纳。动物学家理查德·黑塞, 在其关于动物生态学的书中谈及物种可能的最佳数量出现时的 "最优生境条件" (Hesse 1924, 第 18 页)。"环境标准" 和其近属 "局部生境谱" 的概念最终也融汇于今日所言的物种环境需求, 或者生理最优点和生态最优点的差异。　　[258]

对于许多湖沼学家来说, 单个物种的生理与形态分析以及各个种群的生态调查这类研究并未充分开展。理查德·沃尔特雷克强烈反对湖沼学家的兴趣仅仅落在 "'生物产量'、区域湖沼学、水体类型和 '环境谱' 之类宽泛的问题上。[……] 个中原因, 部分在于, 无力以生理学方式思考的水生生物学家所完成的 '实验工作' 备受蔑视, 同时也由于这类工作艰难笨拙, 但如若水生生物学要实现成为一门科学的目标, 它是不可或缺的" (Woltereck 1928, 第 543 页)[59]。　　[259]

沃尔特雷克的矛头明确指向卡尔·韦森贝格-伦德 (Carl Wesenberg-Lund, 1867—1955), 同时也含蓄地指向了蒂内曼。至少, 他另辟蹊径的做法看来像是针对 "环境谱" 含义的论战策略, 如前所述, "环境谱" 毫无疑义地反映生理学的视角, 适用于生物个体, 并且立足于实际的实验调查。

---

[57]特殊因子是指空气、温度或者矿质营养, 诸如碳酸钙、磷酸、硝酸盐和腐殖质。温度 (热量)、每种气体或者矿质营养有其特定范围内的收支平衡, 基于范围的宽狭程度可划分为三类: 富营养、中营养和贫营养 (Naumann 1921, 第 5–6 页)。每个湖泊可基于每一种重要理化因子的收支变幅来评估。

[58]德语原文 "Naumanns Gedanke der, Milieuspektren' hat sich in der Limnologie als überaus anregend und befruchtend erwiesen"。

[59]德语原文 "die allgemeinen Fragen der 'Produktionsbiologie', der 'regionalen Limnologie', der 'Gewässertypen', 'Milieuspektren' usw. [···] Die Ursache dieser Erscheinung liegt zum Teil in der Geringschätzung der 'Laboratoriumsarbeit' seitens solcher Hydrobiologen, die nicht physiolo-gisch denken können, teilweise wohl auch in der Unbequemlichkeit solcher Arbeiten, deren Inangriffnahme gleichwohl unentbehrlich ist, wenn die Hydrobiologie ihr Ziel als Wissenschaft erreichen will"。

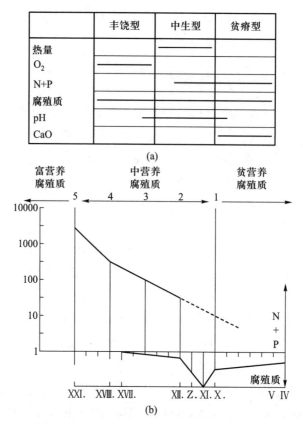

图 19.3　(a) 一种常见的浮游动物——单肢蚤 (*Holopedium gibberum*) 的 "环境需求" 图示, 蒂内曼在 1926 年的《动物形态学》(*Zoomorphology*) 期刊中详细描述过该物种 (Thienemann 1927, 第 43 页)。(b) 谈及 "局部环境谱" (ökologisches Teilspektrum), 汉斯·乌特默尔 (Hans Utermöhl) 提供了一份更精确的展示, 以一种硅藻 (*Cyclotella comta*) 为对象, 他说物种并不一定在每条线或每一层上栖息, "然而, 它们也有可能出现", 参见其书《湖沼浮游植物研究》(*Limnologische Phytoplankton-Studien*) (Utermöhl, 1925)。

　　显而易见, 沃尔特雷克在其生态学研究中采取了实验科学进路: 他在伦茨生物学试验站设有实验室[60], 稍后又在塞翁创立了一家私人实验室, 以水蚤为实验材料研究形态学、生理学和个体生态学问题。此外, 他对野外实验也有兴趣: 他曾将僧帽蚤 (*Daphnia cucullata*) 作为一种外来物种 (原产丹麦) 投放于意大利内米湖观察其反应, 并在内米湖彻底干涸后组织调查其生物种群恢复过程[61]。他在伦茨湖的

[60]沃尔特雷克尽管担任伦茨生物学试验站的首任站长, 却从未实际主政, 因为他在莱比锡大学且稍晚在安卡拉大学掌有教职。弗朗茨·鲁特纳 (Franz Ruttner) 起初是他的副手, 自 1908 年起开始承担常务站长的职务, 直到 1957 年。

[61]值得一提的是, 内米湖排水见底的目的出于一个国家级考古项目, 试图复原据说是古代卡里古拉皇帝所造的帆船。

实地研究最终产生了所谓的 "**食物消耗系统**" (Nahrungs-Zehrungs-System) 模型, 用以描述 (1) 微型浮游生物、(2) 水蚤种群和 (3) 夏季白鲑鱼群三者组成的生态系统 (Woltereck 1928, 第 544 页)。在报道研究结果之前, 他特意指出, 整个研究设计只是一个框架, 其主体性工作尚待开展, 因此目下展示的经验证据事实上还相当单薄。即便如此, 他还是相信, 他的结果证明了 "种群规模的生态平衡" (ökologische Gleichgewicht der Volkszahlen, Woltereck 1928, 第 548 页) 之存在, 也证明系统平衡的条件反映了某种准定律的行为, 可通过如下模型予以概括: $N : Z = K_Z : P_N$, 即水蚤数量与鱼群规模的比例等于一尾鱼的单日水蚤消费量与水蚤的单日繁殖量。沃尔特雷克寻求的是某种立足于定律或者准定律关系的生态学, 以此解释种群行为、湖泊类型之差异和广义上任何发育良好的系统的内禀和谐。然而, 在他着重强调生态学解释和定律之时, 他完全承认有机体 "自治性法则" 和 "内在独特活动" 之存在——执此观念, 他从路德维希·冯·贝塔朗菲 (Ludwig von Bertalanffy) 的生物学整体论 (Woltereck 1940, 第 476 页) 中发现了知音。生物个体自治性的信条或许还证实了他的立场, 即反对生物学中超个体统一性或者高阶动力的解释, 比如, 蒂内曼密码般费解的说法, 作为 "代表环境和群落统一体" 的湖泊 (Thienemann 1925, 第 595 页) 就在被否定之列。

[260]

19.9　陆地生态学的生理学纲领

就陆生动植物而言, 早期生态学的生理学 (或者个体生态学) 取径, 就基本上是达尔文主义的, 或者至少是适应论的。在生态学史中, 这一传统在至今仍为人所忽略[62], 尽管它对欧洲和美国的生态学诞生产生了深远影响。植物学家和动物学家们接纳了进化理论, 特别是在达尔文的《物种起源》(*Origin of Species*) (1859) 之后, 竭力从环境适应性角度来解释生物及其形态。在早期阶段, 这一取径不过是生物学研究的潜流, 主流的焦点则落在实验室内的形态学和生理学 (作为严格分立的领域) 之上。19 世纪下半叶, 进化理论所催生的主流领域是系统发育形态学, 主要致力于分类与发育问题的分析。不过, 有一群年轻的学者逆潮流而行, 走出实验室, 反向 (研究) 自然生境之中的生物。作为早期陆地生态学的通例, 这一回归独立发生于植物学和动物学领域, 成就高低, 历程长短, 也自有差别。

在植物学领域, 西蒙·施文德纳 (Simon Schwendener, 1829—1919) 和戈特利布·哈伯兰特 (Gottlieb Haberlandt 1854—1945) 为从生态学视角检视植物形态学与生理学铺平了道路。不满于 19 世纪早期的耽于思辨的浪漫主义生物学, 当时的实验室科学单方面强调 "精准" 的描述, 完全回避推测特定组织和形态结构对有机

---

[62] 仅有的少量研究可参见 Höxtermann (2001) 和 Cittadino (1990), 后者尤其精细入微。

体生活的功能。施文德纳和哈伯兰特与这种实验室科学针锋相对, 创立了他们所谓的 "生理解剖学"。这一研究纲领最重要的标志是 1884 年哈伯兰特的《植物生理解剖学》(*Physiologische Pflanzenanatomie*) (Haberlandt 1884) [63]的出版, 尽管其初衷并非源于今日所谓的 "生态学问题", 其基本目的是识别植物结构在适应上的意义[64]——以不亚于当时实验生物学的严密性, 甚至直接采用其实验方法, 但是要求走出实验室进入自然环境检视植物。他们认为, 在自然环境里, 形态研究对生理学的潜在用处才能得以阐明 (Schimper 1898, 第 IV 页; Cittadino 1990)。为了更切实地观察自然环境条件下形态适应的潜在差异 (当然也为德意志扩张殖民地的野心所支持), 众多生物学家利用机会加入远征考察队伍前往他们心目中的殊方绝域 (至少从欧洲视角看来如此), 热带居其尤者, 北非沙漠亦不在外。在进化论尤其是达尔文的观点指引之下, 起初针对植物结构的功能重要性的比较研究, 渐渐演变成广义植物生态学的支柱。1881 年, 施文德纳在柏林大学的第一批弟子中的一员, 亚历山大·策希利什 (Alexander Tschirsch, 1856—1939) 以奥古斯特·格里泽巴赫 (August Grisebach, 1814—1879) 划分的植被区和其中植物特定解剖结构[65], 尤其是叶片气孔结构的关系为题完成了其博士论文。这是对截至当时尚属分立的生理学和植物地理学进行结合的重要创举。

这一思想为其他植物学家 (比如, 格奥尔格·沃尔肯斯 (Georg Volkens, 1855—1917), 亦为施文德纳指导的博士生) 所吸纳, 在安德烈亚斯·弗朗茨·威廉·申佩尔 (Andreas Franz Wilhelm Schimper, 1856—1901) 的《基于生理学的植物地理学》(*Pflanzengeographie auf physiologischer Grundlage*) (发表于 1898 年) 中集其大成。申佩尔与施文德纳的圈子并无直接关系, 相反, 他早年师从斯特拉斯堡大学的狄·培理 (de Bary), 一位对施文德纳及其合作者的思想持反对立场的教授。直到 1882 年, 他受聘于波恩大学, 从热带旅行获得的经验之中, 才渐渐生出对生态学和生物地理学的兴趣 (Schenk 1901)。他影响深远的著作部分是出于自己的研究成果, 但主体部分其实是当时关于植物分布和适应的已有生态学知识的汇编。申佩尔青睐进化论和自然选择的观点 (Cittadino 1990, 第 113 页), 强调检视同一区系不同物种的发生诱因作为植物地理学新目标的必要性 (Schimper 1898, 第 III 页), 并主张生态学必须紧密结合实验植物生理学来实现这一目标 (同上, 第 IV 页), 从而推进所

[261]

---

[63]参见 Haberlandt 1884。1924 年之前, 该书再版不下于 5 次, 包括扩展版和修订版。1919 年, 第 4 版的英译本出版。

[64]这一学派的科学家在求索植物结构的进化意义上有着统一的目标, 但是其中一部分人 (包括施文德纳, 参见 Höxtermann 2001, 第 183 页) 并不赞同达尔文的自然选择理论而是更笃信拉马克意义上的进化与适应机制。

[65]这些植被分区基于植物的外貌, 参见下文。

谓 "生态植物地理学" (ökologische Pflanzengeographie) [66]。在著作出版三年后, 申佩
尔就死于一次旅行中感染的热带疾病。

生理学 (或者说生态学) 的植物地理学的传统影响广泛, 不仅限于德意志, 也
包括世界其他地方[67], 而且被动物学家们 (比如理查德·黑塞, 详见下文) 所接纳。
不过, 这一传统并未取得显赫地位, 相反, 新生的植物生态学为源自洪堡、格里泽
巴赫和德鲁德的植被分类研究纲领所主导, 门户林立的植物社会学学派将之发扬
至精 (详见下文)。海因里希·沃尔特是植物地理生理学一脉最突出的追随者[68], 不
过他始终是德国植物生态学的一个例外。

出于验证达尔文进化理论的目的而产生的生理学纲领在动物学家之中亦不
乏追随者, 只是情形与植物学类似, 处于当时动物学的主流之外。维尔茨堡大学的
动物形态学家卡尔·森佩尔 (Carl Semper, 1832—1893) [69]是对待海克尔的生态学思
想即所谓 "外部生理学" 最为认真的一位动物学家, 一心将之发展为一个研究纲
领。他坚信有必要搜集更多经验证据以验证达尔文理论, 声言 "达尔文主义者哲学
性的论证已经臻于完善, 我们当下的任务就是通过精准的调查来检验哲学性论证
所引出的假说" (Semper 1881, 第 v 页)[70]。这一评论自然也是对海克尔思辨性思维
的侧面批评。他试图在胚胎学领域, 一定程度上也考虑生态学, 将进化论与形态学
的历史叙事和比较方法同当时生物学的因果关系甚至实验研究结合起来 (Nyhart
1995, 第 177 页及其后)。早在 1868 年, 他就认定有必要调查 "温度、光照、热量、湿
度和营养等因素对动物活体的影响", 借此发现 "生态学定律" (oecologische Gesetze)
(Semper 1868, 第 229 页)。1877 年, 他在波士顿近郊洛厄尔研究所的系列演讲见证
了他在这一领域达到的高峰, 这些演讲随后以书面形式刊行 (1880 年德语版, 1881
年英语版), 题为《动物生存的自然条件》(Die natürlichen Existenzbedingungen der
Thiere)[71]。此书是第一部关于动物生态学的出版物。在 1868 年的著作中, 森佩尔
还在使用海克尔的术语, 而《动物生存的自然条件》一书没有提及 "生态学" 这一

[262]

---

[66]申佩尔几乎没有参考尤金纽斯·瓦尔明发表于 1895 年的《植物群落》(原文为丹麦语, 德
译本出版于 1896 年, 英译本出版于 1909 年), 但是瓦尔明参考了申佩尔关于生理解剖学的工作。
不幸的是, 在其著作面世仅仅三年以后, 申佩尔就死于此前热带旅行途中所感染的疾疫。

[67]从弗雷德里克·克莱门茨和亨利·钱德勒·考尔斯的著作可见一斑。参见 Cittadino 1990, 第
149 页及其后; Hagen 1988。

[68]第二次世界大战之后, 沃尔特的学生, 尤其是海因策·埃伦贝格 (Heinz Ellenberg) 和沃尔夫
冈·哈贝尔 (Wolfgang Haber), 终得荣显于德国生态学界。

[69]在其早期著作中, 森佩尔的教名拼作 "Carl", 后期则作 "Karl"。

[70]1880 年的德文本中, 其原文为 "···es sei von den Darwinisten doch schon genug philosophirt,
und die Aufgabe träte nun in ihr Recht, die auf diesem Wege gewonnenen Hypothesen durch exacte
Untersuchungen zu prüfen" (Semper 1880, 第 1 卷, 第 v 页)。

[71]美国版的标题为《自然生存条件影响下的动物生活》; 英国版则为《影响动物生活的自然
生存条件》。

[263] 术语，在以后的书中也没有引用海克尔的措辞[72]。类似海克尔的划分方案，森佩尔将生理学区别为 "器官生理学" (Physiologie der Organe, 即传统意义上的生理学) 和 "机体生理学" (Physiologie der Organismen), 将后者视为 "动物生物学分支之一，以动物种类为实体，研究调控物种生存与 (最广泛意义上的) 外部自然条件之平衡的互动关系"[73]。他的研究纲领在《动物生存的自然条件》一书的导论中明确地展现出来：

> 由于我们将动物身体的各个部分视为真实的器官，并认为物种的生存能力取决于器官功能之总和，我们认识到，动物学家的任务即研究生活条件如何确然作用于各个动物及其器官，从而有能力推断种种动物形态起源的生理学诱因[74]。

森佩尔的要旨，即解释动物形态对环境的适应，这本身是为进化的因果机制举证的一个途径，所以其著作从根本上来说属于个体生态学 (容以现代生态学术语称之) 一脉也就无足为奇：以个体有机体或者其代表的物种为对象，力求将成熟的实验室方法应用于自然环境中的有机体。尽管该书无愧于率先指证了食物链和营养金字塔 (后来由维克多·谢尔福德 (Victor Shelford) 和查尔斯·埃尔顿 (Charles Elton) 予以规范化的概念), 但仅仅点到为止而已，即食物来源被视为 "无机" (森佩尔原文如此) 环境的影响之一。事实上，对森佩尔而言，生态学只不过是解释形态和进化的工具。如果我们换一个视角，关注于生态学本身，那就不妨说，达尔文进化论是组织生态学研究的思想架构。

虽然不乏影响力，但森佩尔未能在德国生态学领域催生任何意义上的持续性传统或者学派，甚至他自己也未能忠实执行其基于生理学的动物地理学纲领。德

---

[72]在第 9 章的一个脚注中，森佩尔提及海克尔，认为他是极端教条主义的达尔文主义支持者 (Semper 1880, 第 2 卷，第 268 页; 1881, 第 461 页)。正如《动物学的海克尔主义》演讲 (Semper 1876) 的内容所透露，当时他已经明确开始疏远海克尔及其著作，认为后者过于思辨因而不足取信，这一看法不限于森佩尔一人。

[73]Semper 1881, 第 33 页。德语原文 "jenen Theil der Biologie der Thiere [⋯], welcher die Species der Thiere als Wirklichkeit ansieht und die Beziehungen untersucht, welche zwischen der Existenz einer Art und ihren natürlichen äusseren Existenzbedingungen obwalten (wobei dieser letztere Ausdruck natürlich in seinem weitesten Sinne zu nehmen sein wird)" (Semper 1880, 第 1 卷，第 39 页)。

[74]Semper 1880, 第 28 页。英语原文 "For since we consider all the parts of the animal body as true organs, and see that the sum total of their functional activity determines the vital fitness of the species, we perceive that it is the task of the zoologist to enquire how the conditions of life must act upon individual animals and their organs, in order to be able to deduce our inferences as to the physiological causes of the origin of different animal forms." (Semper 1881, 第 23 页)。英文版是这样写的："既然我们认为动物身体的所有部分都是真实的器官，并且看到它们的功能活动的总和决定了物种的生命力，我们认为动物学家的任务是探究生命条件必须如何作用于个体动物及其器官，以便能够推断出不同动物形态起源的生理原因。"

国动物生态学正如生态学家自己所承认的那样, 落后于植物生态学[75], 尤其重视物种相互作用和群落研究。森佩尔开创性的著作之后, 直到 1920 年代, 动物生态学知识才开始有了系统的总结。承袭生理生态学传统、衔接生理学和生物地理学最透彻的一位是理查德·黑塞 (1868—1944)[76]。他的著作《基于生态学的动物地理学》(1924) 接续了森佩尔和申佩尔的传统。正如他在导论中言明, 申佩尔的著作对他而言是一个光辉的榜样, 当他有意要完成一个与之等量齐观的动物学姊妹篇, 可以依赖现成的基础 (Hesse 1924, 第 V 页)。跟森佩尔和申佩尔一样, 黑塞也是一位公开的达尔文主义者, 以适应和选择的进化论纲领来看待生物地理学:“动物生态地理学考量动物对栖息地环境的依赖性, 即它们对环境条件的适应, 无论栖息地的地理位置如何”[77];“动物生态地理学最紧要的任务之一就是调查动物的环境'适应性'”[78]。

[264]

　　如同生理解剖学家一般, 黑塞强调实验的重要性和将生物地理学扩展到纯粹描述方法之外的必要性:“任何被称为过程的都可进行实验验证和生理分析”[79]。

　　在此, 黑塞明确地置身于生理学传统来看待生态学:“这些特别的例子表明生态学不过是生理解剖学的延续和补充; 在联系种种生理学过程的思想中, 环境条件的作用也会考虑进来”[80]。他并不否认历史事件对解释生物地理格局的作用, 然而他乐观地相信生态学能够通过物理和化学定律解释不少现象:“动物生态学所观察到的事件, 可以分解为一系列过程; 假以时日, 这些过程有望还原为物理和化学定律”[81]。

[265]

---

[75]比如, 黑塞曾说:“实验生态学目前尚处于起步阶段, 尤其是动物学家在这方面远远落后于植物学家”(Hesse 1924, 第 8 页);“直到最近生理解剖学和生态学还不为人重视, 至少是被动物学家所轻忽的”(Hesse 1927, 第 942 页)。

[76]黑塞对达尔文主义的态度也可参见 Hartmann 1950。

[77]德语原文 “Die ökologische Tiergeographie betrachtet die Tiere in ihrer Abhängigkeit von den Bedingungen ihres Lebensgebietes, in ihrem 'Angepaßtsein' an ihre Umwelt, ohne Rücksicht auf die geographische Lage ihres Lebengebietes” (Hesse 1924, 第 6 页)。

[78]德语原文 “So ist es auch eine der wichtigsten Aufgaben der ökologischen Tiergeographie die, Anpassungen' der Tiere an ihre Umwelt zu untersuchen” (同上, 第 7 页)。

[79]德语原文 “Alles, was hier als Vorgang bezeichnet wurde, ist einer experimentellen Bestätigung und physi-ologischen Analyse zugänglich” (同上, 第 8 页)。

[80]德语原文 “Gerade diese Beispiele zeigen, wie die Ökologie nur eine Fortführung und Ergänzung der physiologischen Anatomie ist; es werden die Bedingungen der Umwelt mit einbezogen in die gedankliche Verknüpfung der Einzelvorgänge” (Hesse 1927, 第 944 页)。

[81]德语原文 “So begegnen uns in der Ökologie der Tiere vielerlei Geschehnisse, die wir in eine Reihe von Vorgängen auflösen können. Es wird voraussichtlich einmal gelingen, diese Vorgänge auf physikalisch-chemische Gesetzmäßigkeiten zurückzuführen” (Hesse 1927, 第 946 页)。

他的著作最终在德语世界之外获得认可, 其英文译本于 1937 年出版[82]。

在 20 世纪上半叶的德语生态学界, 生理学和达尔文主义的进路从未形成主导性的传统, 比植物生态学的植被分类学纲领 (即植物社会学)、动物生态学的群落学纲领和水生生态学的湖泊分类系统的重要性都要低。这背后有不少可能的原因。首先, 生理学纲领的主要源动力来自达尔文, 而达尔文主义在这一时期深处困境, 朱利安·赫胥黎 (Julian Huxley) 称之为 "达尔文主义之蚀" (eclipse of Darwinism) (Bowler 1984), 尤其自然选择作为首要进化机制之说备受质疑。不少德国生态学家是在生物学界批判达尔文的呼声达到顶峰的时代, 即 1880 年代至 1930 年代, 接受教育的, 他们完全无法接受心目中的 "自然平衡" 是 "纯粹机会事件" [83]的结果, 或者至少是忽略进化问题的。特别是在动物生态学领域, 由于大多数动物相对固着生长的植物有更强大的移动能力, 群落 (德语生态学称之为 biocoenosis) 内物种相互作用的重要性, 或者出于功能视角, 动物在群落内的角色比动物与非生物环境的关系更为显然, 意义更宏大。德国动物生态学这一传统最为扼要地体现在前文所讨论的默比乌斯、蒂内曼和弗里德里希斯的著作中。

19.10 陆地植物生态学的植被分类学纲领: 植物社会学

这里所谓的分类学纲领主要起源于植物地理学。如前文所述, 生物地理学结合生理学的进路对于生态学的诞生发挥了重大作用, 生物地理学的另一分支着重的却是物种**群组**的分布及其与环境的关系, 而不是个体有机体或者单个物种的问题。这一分支所遵循的路线后来被施勒特尔和基希纳 (Schröter and Kirchner 1902) 称为 "群落生态学", 即 "以共同生活的植物为对象的科学, 同时也是以需要类似生态条件的植物为对象的科学" [84]。

植被分类学的进路植根于 19 世纪早期的洪堡植物地理学。亚历山大·冯·洪堡是系统描述规律性再现的不同植物集群的第一人。作为其南美旅行的成果之一, 他的植被分类系统 (Humboldt 1969) 是基于外貌描述的标准, 即根据植物**形态**而不是分类学。不过, 对于洪堡而言, 外貌描述的进路并非纯粹是科学性的, 而是明确牵涉审美与情感的维度 (参见 Hard 1969; Kwa 2005)。后续的历史证明, 洪堡的思想极具影响力。众多植物地理学学派在其影响下诞生, 经漫长的过程最终发展

[82]米特曼 (Mitman) 如此评述黑塞其书的英译本: "该书的重大意义在于, 除了谢尔福德的《温带美洲动物群落》, 英语世界自此有了一部基于生理学而不是基于历史事件的世界动物地理分布汇编" (Mitman 1992, 第 81 页)。

[83]比如, 弗里德里希斯曾评论道: "自然的统一性是个再明白不过的事实, 有此认识, 我们还会被达尔文理论否认统一性的咒语蛊惑吗?" (Friederichs 1927, 第 156 页)。

[84]德语原文 "Lehre von den Pflanzen, welche zusammen wohnen, und zugleich die Lehre von den Pflanzen, welche analoge ökologische Bedingungen aufsuchen." 亦可参见本书第 14 章。

成**生态**植物地理学, 这是生态学 (赖以成立的) 主要支柱之一[85]。在此一过程中, 洪堡植物地理学逐渐 "清理" 了审美的维度, 我们今日称为 "生态学的" 概念日渐富集。植物群系, 作为第一个描述生物 (此处是指植物) 集群单元的关键概念, 其发展历程鲜明地体现这一点。在早期的洪堡植被分类基础上, 格里泽巴赫 (Grisebach 1838) 将 "群系" 定义为具有特定 "外观特征" (即根据植物形态) 的植物集群[86]。

格里泽巴赫仍旧提及外貌描述视角的审美–情感维度, 但是他的主要目的已不在彼, 而是要将植物形态解释为植被–气候关系的表达[87]。后来的学者, 尤其是格里泽巴赫的学生、执教于德累斯顿的奥斯卡·德鲁德 (Oscar Drude) 和丹麦植物学家尤金纽斯·瓦尔明 (Eugenius Warming), 就完全摒弃了洪堡的审美维度。德鲁德写道: "在我看来, 似乎有必要尽可能从植被群系的特征中排除风景外观的成分, 代之以生物学成分"[88]。他还补充道: "森林、灌丛和草甸是不同的生物群落, 这种群聚为相似的或者有赖于此的植物种提供了自然生境; 它们唤起某种风景的印象, 乃是一种令人非常愉悦的额外报偿, 由此, 该植物学方向对于自然爱好者来说倍感亲切, 对于描述性地理学家来说富有价值"[89]。

[267]

在此, 引入 "生物学成分" 也意味着德鲁德将具体的**物种** (而不仅仅是生活型) 视为植物群落的关键成分, 从而为植物群丛的概念疏通了道路, 加之安德烈亚斯·申佩尔关联植物形态与物理环境的系统性努力 (Schimper 1898)、瓦尔明对植物群落内生物相互作用的强调 (Warming 1895, 1896), 真正意义上的植物生态地理学 (因而也包括植物生态学) 诞生了; 与此一道, 现代意义上的群落生态学也应运而生[90]。德鲁德、申佩尔和瓦尔明甚至经常被推尊为生态学学科名副其实的奠基人 (如 Worster 1985; Trepl 1987), 因为他们三人弥合了纷繁的生物学和地理学研

---

[85]关于这一嬗变的详细叙述可参见 Trepl 1987 和 Nicolson 1996 。

[86]"我将具有特定外观特征的一组植物称为植物地理学群系, 比如说草甸、森林等等。群系或者是由单一的群居生物种组成, 或者是由同科的系列优势种组合而成, 或者由分类学地位迥异、然而具有共同特点的物种组合而成, 比如高山草甸几乎完全由多年生草本植物构成" (Grisebach 1838/1880, 第 2 页)。

[87]也可参见 Trepl 1987, 第 103–113 页和 Du Rietz 1931。

[88]德语原文 "Es schien mir nämlich nötig, soweit als thunlich das landschaftlich-physiognomische aus den Merkmalen der Vegetationsformationen zu entfernen und dafür das biologische Element hineinzubringen" (Drude 1890, 第 23 页)。

[89]德语原文 "Wälder, Gebüsche und Wiesen sind verschiedene biologische Gemeinden, welche durch ihren Zusammenschluss ähnlich beanlagten oder auf sie angewiesenen Gewächsen die natürlichen Standorte bereiten; dass sie einen bestimmten landschaftlichen Eindruck hervorrufen, ist eine höchst angenehme Zugabe, durch welche diese Richtung der Botanik dem Naturfreunde lieb, dem beschreibenden Geographen wertvoll wird" (Drude 1890, 第 23 页)。

[90]申佩尔的工作, 尤其是 1898 年《基于生理学的植物地理学》介于生理学与群落生态学进路之间。

究分歧, 就生物分布贡献了新颖的观点, 推动了阿利所谓的 "自我意识的" 生态学 (Allee et al. 1949)。总之, 他们三者的著作 (均以德语发表) 产生了巨大影响, 远及于德语国家之外。年轻的弗雷德里克·克莱门茨受到德鲁德著作的强烈影响 (Tobey 1981), 阿瑟·坦斯利 (Arthur Tansley) 则以瓦尔明和申佩尔的著作为他工作的主要灵感之源[91]。

[268]　　　从一开始, 植物生态地理学和随后的植物群落生态学就是高度国际化的事业。然而, 从德鲁德、瓦尔明和申佩尔的开创性工作出发, 根据三人进路侧重点的不同, 植物生态学的不同学派迅速发展[92]。其主要进路即后来人们所知的植物社会学, 下文我们特别就德语世界展开论述。

　　　年轻的植物群落生态学 (或者说植被生态学) 从早期就陷入激烈争论, 涉及植被基本单元 (特别是植物群系和植物群丛) 的定义和 "本质", 也涉及描述和区分这些单元及其动态的合宜方法。鉴于围绕核心术语的意义和相关的概念的具体指涉歧见百出, 弗拉奥 (Flahault) 和施勒特尔精心准备了一份报告, 内含植物地理学命名法的提案, 在布鲁塞尔第三届国际植物学大会交付讨论 (Flahault and Schröter 1910)。这一提案的目的是就 "群系" "群丛" 和其他词语的用法促成统一意见。这一尝试起初并不成功。除此之外, 在 20 世纪初, 大家对植物群落的观点分歧反而益形明确, 导致欧洲大陆和盎格鲁–撒克逊国家的植被生态学分道扬镳, 各立传统, 遗响不绝至于今日。在欧洲大陆方面, 在施勒特尔、瑟南德 (R. Sernander) 以及稍晚的布劳恩–布兰奎特、杜里兹 (Du Rietz) 和蒂克森 (R. Tüxen) 引领之下, 注重描述和分类的植物社会学传统占主导地位; 在盎格鲁–撒克逊方面, 主流则是自克莱门茨、坦斯利和格里森在共同的理论基础上发展起来的面向动态的植被生态学, 以 "发育" 和演替的概念为旨归, 尽管这些人物之间也各有差异, 斑斑可指[93]。

　　　这里所说的欧陆植物社会学主要是指卡尔·施勒特尔和查理·弗拉奥 (Charles Flahault) 所创立的 "苏黎世–蒙彼利埃学派" 和鲁特格尔·瑟南德 (Rutger Sernander) 所创立的 "乌普萨拉学派", 分别活跃于中欧和斯堪的纳维亚。这些名目并不严格遵循地理位置, 比如奥地利植物学家赫尔穆特·加姆斯 (Helmut Gams) 就属于

[91]瓦尔明的《植物群落》最初以丹麦文发表于 1895 年。但是丹麦之外的大多数读者使用的是次年发表的德语译本 (可参见 Tansley 1947)。英文译本的问世稍显拖延, 至 1909 年才在大幅改动后出版。关于瓦尔明及其开创性工作, 参见本书第 23 章。

[92]关于纷繁歧出的植被科学学派的概述可参见 Whittaker 1962; Mueller-Dombois and Ellenberg 1974; Shimwell 1971; Dierschke 1994; 具体到俄罗斯学派及其自 1930 年代中期在政治裹挟之下的衰退, 参见 Weiner 1984, 1988。植被科学及其理论的早期历史, 植被分类单元的定性问题为其中要目, 参见 Clements 1916; Rübel 1917, 1920; Gams 1918; Du Rietz 1921。

[93]英国生态学家 (以英国植被委员会即英国生态学会的前身为代表) 将一整个演替序列纳入植物群系的定义和分类, 不过多数中欧生态学家并不认可, 斥为满盘假说 (参见 Flahault and Schröter 1910)。

乌普萨拉学派, 当然这是一个例外。再者, 俄罗斯在植物社会学领域也有其独特的研究传统, 从理论和经验角度而言均有其重要性, 尤其在 1930 年代之前。这些相互竞争的植物社会学学派在诸多理论和方法上大异其趣, 你来我往, 激辩不休; 正如惠特克所言, "猛烈交锋, 仿佛一场内战" (Whittaker 1962, 第 27 页)。争议主要涉及以下一些问题: 主要分类单元也就是群丛的合宜空间维度、鉴别群丛的定性/定量方法、或者恒有种 (在群落样本中出现频率不低于 90% 的物种) 还是**特征种** (生态幅狭窄因此有限发生于特定群落的物种) 应当作为界定群丛的参考标准。更为根本性的争议则涉及群丛究竟是自然界必然 "可辨识" 的客观存在, 或者不过是人类思想构造的产物。那么, 群丛是有形具象的事物还是抽象的类之概念? 比如说, 杜里兹就笃信群丛的 "实在性": "群丛如物种一样, 并非科学实验或者教科书的产物; 它们是客观存在于自然界的物种集合, 并且自然本身多多少少为之划定了清晰的轮廓"[94]。与之针锋相对, 布劳恩-布兰奎特在同一年着重指出: "目前已有一般性的共识, 群丛同物种一样是一种抽象, 在自然界我们所见到只是一个个群落或者局域性的集合"[95]。植物群丛的 "实在性" 问题, 引发了大量论著介入争议; 杜里兹称之为 "当下植物社会学最紧要和最迫切的问题之一" (Du Rietz 1928, 第 20页)[96]。

[269]

　　尽管以各种母语出版的作品源源不断 (特别是法语、丹麦语、瑞典语、挪威语和俄语), 欧陆植物社会学的主流工作语言却是德语。植物社会学作为一套清晰的研究纲领, 成为德语世界长时期内植物生态学的优势研究传统。

　　乔赛亚斯·布劳恩-布兰奎特, 作为弗拉奥和施勒特尔的学生, 随即成为苏黎世-蒙彼利埃学派的领军人物, 发展出最详尽也是最具影响力的植物社会学研究纲领, 这在 1928 年出版的《植物社会学》(*Pflanzensoziologie*)[97]一书中一览无余。布劳恩-布兰奎特开篇首先对植物社会学的现状和总体目标进行了介绍。首要一点, 他将 "植物社会学" 视为 "植被科学" 的同义语, 与众多其他学者的设想 (如 Du Rietz 1921) 一致, 后者是一门独立的学科, 而不仅仅是生态学或者地理学的分支 (Braun-Blanquet 1928, 第 III 页)。这门学科的研究对象是 "作为社会单元的植物群

---

[94]德语原文 "Die Assoziationen ebenso wie die Arten werden nicht in wissenschaftlichen Abhandlungen und Lehrbüchern fabriziert. *Sie sind in der Natur existierende, durch die Natur selbst mehr oder minder scharf und deutlich abgegrenzte Artenkombinationen*" (Du Rietz 1921, 第 15 页); 斜体强调为原文所加。

[95]德语原文 "Man ist heute im grossen ganzen darüber einig, dass die Assoziation so gut wie die Art eine Abstraktion darstellt, während uns in der Natur einzelne Assoziationsindividuen oder Lokalbestände entgegentreten" (Braun-Blanquet 1921, 第 311 页)。

[96]关于 "实在性" 争议的详细分析参见 Jax 2002, 第 110 页及其后。

[97]英译本发表于 1932 年。

落" [98], 而 "鉴定和描述这些社会单元、寻求其因果解释、研究其发育和分布、形成清晰而系统的分类系统" [99] 则是该学科 "清晰然而有待于将来的目标" [100]。由此, 这一研究领域可由 5 个 "主要问题" 来界定, 分别关涉植物社会的 (1) 组织和结构、(2) 生态关系、(3) 演替性发育、(4) 空间分布、(5) 分类体系和系统学。

[270]   稍早几年, 瑟南德的学生、乌普萨拉学派的主要代表杜里兹解释了他心目中植物社会学的终极目标 (Endziel), 与布劳恩–布兰奎特颇为相似, 即:

> "实存于自然界的植物社会的普遍知识, 涉及其外观、物种组成、内部结构、起源和变迁、地理分布、环境条件和演替, 而不是专注于上述多重研究任务的任一方面, 漠然冷对剩余其他方面" [101]。

尽管两派在诸多理论和方法上不无差异, 总体性的研究纲领还是非常接近的, 在视野和抱负上也不相上下。但是, 在接下来的数十年间, 两派的研究方向和具体实践日益局促, 这一点早已被布劳恩–布兰奎特和杜里兹所预见。两人均将**描述和评价植物社会**视为植物社会学短期但优先的任务[102], 直到第二次世界大战结束前, 描述和区分事实上成为德语世界植物社会学所开展的主体工作[103]。从德鲁德和申佩尔的角度看, 植物社会学有其生态学意义, 因为它格外注重阐明植物群落与其非生物环境的关系。不过, 严重**缺位**的是对瓦尔明所强调的群落内种间关系的调查。陆地植物生态学得以兑现的**植被分类**纲领实际上是累积了大量有价值的经验数据和空间实测数据, 记录植物群落分布及其与诸如气候和土壤等环境因子的关系, 并提供了一些新方法。在解释植物群落及其动态方面, 植被分类纲领并未取得多少理论上的进步。

19.11   小结

让我们简要概述一下在回顾德语世界生态学过程中所浮现的议题, 以此作结。

---

[98]德语原文 "Pflanzengesellschaft als soziale Einheit"; 同上。

[99]德语原文 "klares aber fernes Ziel" ; 同上。

[100]德语原文 "die Fassung und Beschreibung der Gesellschaftseinheiten, ihre kausale Erklärung, das Studium ihrer Entwicklung und Verbreitung und ihre übersichtliche systematische Anordnung" ; 同上。

[101]德语原文 "eine[r] allseitige[n] Kenntnis von den in der Natur existierenden Pflanzengesellschaften, ihrem Aussehen, ihrer Zusammensetzung und ihrem inneren Bau, ihrer Entstehung und ihren Veränderungen, ihrer Verbreitung und Verteilung auf der Erde, ihren Lebensverhältnissen und ihrer Sukzession, nicht aber darin, daß man einzelne von diesen vielseitigen Forschungsaufgaben auf ein Piedestal über alle übrigen erhebt" (Du Rietz 1921, 第 248 页)。该段落出现在杜里兹博士论文的收尾部分, 其论文的主题是现代植物社会学的方法论基础。

[102]针对上述引文, 杜里兹曾说, 如果非得举出其中某一方面给予一定优先权的, 那必然是 "判定自然界实存的植物社会及其天然边界" ——作为其他所有工作的必要前提 (同上)。

[103]可参见 Dierschke 1994, 第 20 页。

德语生态学从一开始即分循两条路径展开, 分别是水生生态学和陆地生态学, 进展速度并不一致。从建制论、认知论和认识论背景看来, 差异更加明显。水生生态学的建制化过程发生在 1890 年代至 1920 年代: 实验室、野外台站、职位、专业学会和期刊都已建立。陆地生态学, 特别是植物生态学和植物地理学, 也开始建立这类机构, 但直到 1920 年代仍是一个相当纷乱芜杂的领域, 动物生态学尤其如此。我们尝试追索这些差异, 通过两种概念图式来解释各个知识领域的不同结构和变形。当然, 我们深知这只是初步的历史重构, 史实细节的遗漏和认知的不完善在所难免。尽管如此, 我们坚信重写德语世界生态学史的时机已经到来, 至少其中部分叙事需要梳理, 同时基于此前尚未被人注意的分歧和关联 (其中大部分缘于水生生态学和陆地生态学的差异) 而转换视角。基于上述考虑, 我们有望就德语世界生态学知识的构造开启新颖而富有成效的视野。

[271]

参考文献

Allee WC, Emerson AE, Park O, Park T, Schmidt KP (1949) Principles of animal ecology. Saunders, Philadelphia

Bowler PJ (1984) Evolution. The history of an idea. University of California Press, Berkeley

Braun-Blanquet J (1921) Prinzipien einer Systematik der Pflanzengesellschaften auf floristischer Grundlage. Jahrbuch Sankt Gallener Naturwissenschaftlichen Ges 57: 305–351

Braun-Blanquet J (1928) Pflanzensoziologie. Springer, Berlin

Brehm V (1930) Einführung in die Limnologie. Springer, Berlin

Burckhardt G (1900) Quantitative Studien über das Zooplankton des Vierwaldstättersees. Mitt Naturforschenden Ges Luzern 3: 129–411, 686–707, 414–434

Burkamp W (1929) Die Struktur der Ganzheiten. Junker und Dünnhaupt, Berlin

Busch B (ed) (2007) Jetzt ist die Landschaft ein Katalog voller Wörter. Beiträge zur Sprache der Ökologie. Valerio 5, Die Heftreihe der Deutschen Akademie für Sprache und Dichtung. Göttingen, Wallstein

Cittadino E (1990) Nature as the laboratory. Darwinian plant ecology in the German Empire, 1880–1900. Cambridge University Press, Cambridge

Clements FE (1916) Plant succession. An analysis of the development of vegetation. Carnegie Institution of Washington, Washington, DC, Publication No. 242

Dahl F (1921) Grundlagen einer ökologischen Tiergeographie. Gustav Fischer, Jena

Daum AW (1998) Wissenschaftspopularisierung im 19. Jahrhundert. Bürgerliche Kultur, natur-wissenschaftliche Bildung und die deutsche Öffentlichkeit, 1848–1914. Oldenbourg Verlag, München

Dierschke H (1994) Pflanzensoziologie. Ulmer, Stuttgart

Drude O (1890) Handbuch der Pflanzengeographie. Verlag von J. Engelhorn, Stuttgart

Du Rietz GE (1921) Zur methodologischen Grundlage der modernen Pflanzensoziologie. Adolf Holzhausen, Wien

Du Rietz GE (1928) Kritik an pflanzensoziologischen Kritikern. Botaniska Notiser 1–30

Du Rietz GE (1931) Life-forms of terrestrial flowering plants. Acta Phytogeographica Suecica III: 1–95

Flahault C, Schröter C (eds) (1910) Phytogeographische Nomenklatur. III. Internationaler Botanischer Kongress, Brüssel 1910. Zürcher & Furrer, Zürich

Forel F-A (1886) Programme d'études limnologiques pour les lacs subalpins. Arch Sci Phys Nat 3: 548–550

Forel F-A (1892–1904) Le Léman. Monographie limnologique, vol 1-3. F. Rouge, Lausanne

[272] Forel F-A (1901) Handbuch der Seenkunde. Allgemeine Limnologie. Engelhorn, Stuttgart

Forel FA (1896) La limnologie, branche de la géographie. Rep. Sixth Int. Geogr. Congress held in London 1895, 593–602

Frič A, Václav V (1894) Untersuchungen über die Fauna der Gewässer Böhmens IV. Die Thierwelt des Unterpočernitzer und Gatterschlager Teiches. Archiv für die naturwissenschaftliche Landesdurchforschung von Böhmen 9, Prag

Friederichs K (1927) Grundsätzliches über die Lebenseinheiten höherer Ordnung und den ökologischen Einheitsfaktor. Naturwissenschaften 8: 153–157, 182–186

Friederichs K (1930) Die Grundfragen und Gesetzmäßigkeiten der land- und forstwirtschaftlichen Zoologie (insbesondere der Entomologie), vol 1, 2. Verlagsbuchhandlung Paul Parey, Berlin

Gams H (1918) Prinzipienfragen der Vegetationsforschung. Ein Beitrag zur Begriffsklärung und Methodik der Biocoenologie. Vierteljahresschridft der Naturforschenden Gesellschaft Zürich 63: 293–493

Grisebach A (1838) Über den Einfluß des Klimas auf die Begrenzung der natürlichen Floren. In: Grisebach A (ed) Gesammelte Abhandlungen und kleinere Schriften zur Pflanzengeographie. Verlag von Wilhelm Engelmann, Leipzig, pp 1–29

Haberlandt G (1884) Physiologische Pflanzenanatomie. Engelmann, Leipzig

Hagen JB (1988) Organism and environment. Frederic Clements's vision of a unified physiological ecology. In: Rainger R, Benson KR, Maienschein J (eds) The American development of biology. University of Pennsylvania Press, Philadelphia, pp 257–280

Hard G (1969) "Kosmos" und "Landschaft". Kosmologische und landschaftsphysiognomische Denkmotive bei Alexander von Humboldt und in der geographischen Humboldt-Auslegung des 20. Jahrhunderts. In: Pfeiffer H (ed) Alexander von Humboldt. Werk und Weltgeltung. Piper-Verlag, München, pp 133–177

Hartmann M (1950) Nachruf auf Richard Hesse. —Jahrbuch der Deutschen Akademie der Wissenschaften zu Berlin, 1946-1949, pp 160–170

Hentschel E (1909) Das Leben des Süßwassers. Eine gemeinverständliche Biologie. Ernst Reinhardt, München

Hentschel E (1923) Grundzüge der Hydrobiologie. Gustav Fischer, Jena

Hesse R (1924) Tiergeographie auf ökologischer Grundlage. Gustav Fischer, Jena

Hesse R (1927) Die Ökologie der Tiere, ihre Wege und Ziele. Naturwissenschaften 15: 942–946

Höxtermann E (2001) Die Schwendener-Schule der Physiologischen Anatomie—ein "Grundpfeiler" der Pflanzenökologie. Verhandlungen zur Geschichte und Theorie der Biologie 7: 165–189

Jax K (1998) Holocoen and ecosystem. On the origin and historical consequences of two concepts. J Hist Biol 31: 113–142

Jax K (2002) Die Einheiten der Ökologie. Analyse, Methodenentwicklung und Anwendung in Ökologie und Naturschutz. Peter Lang, Frankfurt

Junge F (1885) Der Dorfteich als Lebensgemeinschaft. Lipsius & Tischer, Kiel

Karny HH (1934) Biologie der Wasserinsekten. Ein Lehr- und Nachschlagewerk über die wichtigsten Ergebnisse der Hydro-Entomologie. Fritz Walter, Wien

Kluge T, Schramm E (1986) Wassernöte. Sozial- und Umweltgeschichte des Trinkwassers. Alano-Verlag, Aachen

Kohler RE (2002) Landscapes and labscapes: Exploring the lab-field frontier in biology. The University of Chicago Press, Chicago

Kretschmann C (2006) Räume öffnen sich. Naturhistorische Museen im Deutschland des 19. Jahrhunderts. Akademie-Verlag, Berlin

Kuhn TS (1988) Die Struktur wissenschaftlicher Revolutionen. Suhrkamp, Frankfurt am Main

Kwa C (2005) Alexander von Humboldt's invention of the natural landscape. Eur Legacy 10: 149–162

Lenz F (1928) Einführung in die Biologie der Süsswasserseen. Biologische Studienbücher, vol IX. Berlin, Julius Springer

Mitman G (1992) The state of nature. Ecology, community, and American social thought, 1900—1950. University of Chicago Press, Chicago

Möbius KA (1883) The oyster and oyster culture. Report of the comissioner for 1880. United States Comission of Fish and Fisheries. Government Printing Office, Washington, DC, pp 683-751　[273]

Möbius KA (2006) Zum Biozönose-Begriff. Die Auster und die Austernwirtschaft 1877 (2nd ed. by Thomas Potthast; 1st edition and comment by Günther Leps 1986). –Frankfurt am Main: Harri Deutsch

Mueller-Dombois D, Ellenberg H (1974) Aims and methods of vegetation ecology. Wiley, New York

Müller-Navarra S (2005) Ein vergessenes Kapitel der Seenforschung. Martin Meidenbauer Verlagsbuchhandlung, München

Naumann E (1918a) Försök angående vissa avfallsprodukters och gödselämnens inverkan på vattnets biologi. Särtryck Ur Skrifter, Utgivna Av Södra Sveriges Fiskeriförening 1917 (3–4): 10–44

Naumann E (1918b) Undersökningar över fytoplanktonproduktionen i dammar vid aneboda 1917. Sartryck Ur Skrifter, Utgivna Av Södra Sveriges Fiskeriförening 1: 62–75

Naumann E (1921) Einige Grundlinien der regionalen Limnologie. Lunds Univesitets Årsskrift NF 17: 1–22

Nicolson M (1996) Humboldtian plant geography after Humboldt: the link to ecology. Br J Hist Sci 29: 289–310

Nyhart LK (1995) Biology takes form. Animal morphology and the German universities, 1800—1900. University of Chicago Press, Chicago

Pörksen U (2001) Was spricht dafür das Deutsche als Naturwissenschaftssprache zu erhalten? Abhandlungen der Deutschen Akademie der Naturforscher Leopoldina NF 87: 5–31

Potthast T (2003) Wissenschaftliche Ökologie und Naturschutz: Szenen einer Annäherung. In: Radkau J, Uekötter F (eds) Naturschutz und Nationalsozialismus. Campus, Frankfurt, pp 225–256

Psenner R, Alfreider A, Schwarz AE (2008) Aquatic microbial ecology: water desert, microcosm, ecosystem. What comes next? Int Rev Hydrobiol 93: 606–623

Radkau J (2003) Naturschutz und Nationalsozialismus—wo ist das Problem? In: Radkau J, Uekötter F (eds) Naturschutz und Nationalsozialismus. Campus, Frankfurt, pp 41–55

RegioWasser eV (ed) (2009) 50 Jahre Rheinforschung. Lebensgang und Schaffen eines deutschen Naturforschers Robert Lauterborn (1869–1952). Lavori Verlag, Freiburg

Rübel E (1917) Anfänge und Ziele der Geobotanik. Vierteljahresschrift der Naturforschenden Gesellschaft Zürich 62: 629–650

Rübel E (1920) Die Entwicklung der Pflanzensoziologie. Vierteljahresschrift der Naturforschenden Gesellschaft Zürich 65: 573–604

Schenk H (1901) A. F. Wilhelm Schimper. Berichte der Deutschen Botanischen Gesellschaft 19: 954–970

Schimper AFW (1898) Pflanzengeographie auf physiologischer Grundlage. Gustav Fischer, Jena

Schröter C, Kirchner O (1896) Vegetation des Bodensees. 1. Band. Stettner, Lindau

Schröter C, Kirchner O (1902) Die Vegetation des Bodensees, 2. Teil. -Lindau: Kommissionsverlag der Schriften des Vereins der Geschichte des Bodensees und seiner Umgebung von Joh. Stettner, Thom

Schwabe GH (1961) August Thienemann in memoriam. Oikos 12: 310–316

Schwarz AE (2003a) Wasserwüste—Mikrokosmos—Ökosystem. Eine Geschichte der Eroberung des Wasserraumes. Rombach-Verlag, Freiburg

Schwarz AE (2003b) Die Ökologie des Sees. Diagramme als Theoriebilder. Bildwelten des Wissens Kunsthistorisches Jahrbuch für Bildkritik 1: 64–74

Semper K (1868) Reisen im Archipel der Phillipinen. Zweiter Teil: Wissenschaftliche Resultate. Erster Band: Holothurien. Verlag von Wilhelm Engelmann, Leipzig

Semper K (1876) Der Haeckelismus in der Zoologie. W. Maukes Söhne, Hamburg

Semper K (1880) Die natürlichen Existenzbedingungen der Thiere. Brockhaus, Leipzig

Semper K (1881) Animal life as affected by the n-atural conditions of existence. D. Appleton & Co, New York

Shimwell DW (1971) The description and classification of vegetation. University of Washington Press, Seattle

Steinecke F (1940) Der Süßwassersee. Die Lebensgemeinschaften des nährstoffreichen Binnensees. Quelle und Meyer, Leipzi

Steleanu A (1989) Geschichte der Limnologie und ihrer Grundlagen. Haag und Herchen, Frankfurt am Main   [274]

Tansley AG (1947) The early history of modern plant ecology in Britain. J Ecol 35: 130–137

Thienemann A (1921) Seetypen. Naturwissenschaften 9: 343–346

Thienemann A (1923) Zwecke und Ziele der Internationalen Vereinigung für theoretische und angewandte Limnologie. Verhandlungen der Internationalen Vereinigung für theoretische und angewandte Limnologie 1: 1–5

Thienemann A (1925) Der See als Lebenseinheit. Naturwissenschaften 13: 489–600

Thienemann A (1926) Limnologie. Eine Einführung in die biologischen Probleme der Süßwasserforschung. -Breslau

Thienemann A (1927) Der Nahrungskreislauf im Wasser. 31. Jahresversammlung zu Kiel 1926. Zoologischer Anzeiger (Verhandlungen der Deutschen Zoologischen Gesellschaft 31) 2 (Supplementband): 29–79

Thienemann A (1933) Vom Wesen der Limnologie und ihrer Bedeutung für die Kultur der Gegenwart. Verhandlungen der Internationalen Vereinigung für theoretische und angewandte Limnologie 6: 21–30

Thienemann A (1935) Die Bedeutung der Limnologie für die Kultur der Gegenwart. Schweizerbart'sche Verlagsbuchhandlung, Stuttgart

Thienemann A (1939) Grundzüge einer allgemeinen Ökologie. Schweizerbart'sche Verlagsbuchhandlung, Stuttgart

Thienemann A (1942) Vom Wesen der Ökologie. —Biologia Generalis 3/4 (special edition): 312–331

Thienemann A (1951) Vom Gebrauch und vom Mißbrauch der Gewässer in einem Kulturlande. Arch Hydrobiol 45: 557–583

Thienemann A (1954) Wasser—Das Blut der Erde. In: Uns ruft der Wald. Handbuch der Schutzgemeinschaft Deutscher Wald. Rheinhausen: Verlagsanstalt Rheinhausen, pp 45–49

Tobey RC (1981) Saving the prairies. The life cycles of the founding school of American plant ecology, 1895—1955. University of California Press, Berkeley

Trepl L (1987) Geschichte der Ökologie. Vom 17. Jahrhundert bis zur Gegenwart. Athenäum, Frankfurt am Main

Tümmers HJ (1999) Der Rhein. Ein europäischer Fluss und seine Geschichte. Beck, München

Ule W (1901) Der Würmsee (Starnbergersee) in Oberbayern, eine limnologische Studie. Leipzig

Ule W (1906) Studien am Ammersee in Oberbayern. Riedel, München

Utermöhl H (1925) Limnologische Phytoplanktonstudien: Die Besiedelung ostholsteinischer Seen mit Schwebpflanzen. -Archiv für Hydrobiologie, Suppl. 5

von Humboldt A (1969) In: Meyer-Abich A (ed) Ansichten der Natur. Reclam, Stuttgart

Walter H (1927) Einführung in die allgemeine Pflanzengeographie Deutschlands. Gustav Fischer, Jena

Ward HB (1899) The freshwater biological stations of the world. Science 9: 497–507

Warming E (1895) Plantesamfund. Grundtræk af den økologiske plantegeografi S. Philipsen, Kjobenhavn

Warming E (1896) Lehrbuch der ökologischen Pflanzengeographie. Eine Einführung in die Kenntnis der Pflanzenvereine. Gebrüder Bornträger, Berlin

Warming E (1909) Oecology of plants: An introduction to the study of plant communities. Oxford University Press, Oxford

Wasmund E (1926) Wissenschaftsprovinzen. Deutsche Rundschau 52 (12): 243–253

Weiner DR (1984) Community ecology in Stalin's Russia: "Socialist and bourgeois" science. Isis 75: 684–696

Weiner DR (1988) Ecology, conservation, and cultural revolution in Soviet Russia. Indiana University Press, Bloomington & Indianapolis

Weismann A (1877) Das Thierleben im Bodensee. Schriften des Vereins für Geschichte des Bodensees und seiner Umgebung 7: 132–161

Whittaker RH (1962) Classification of natural communities. Bot Rev 28: 1–239

[275]   Woltereck R (1928) Über die Spezifität des Lebensraumes, der Nahrung und der Körperformen bei pelagischen Cladoceren und über "Ökologische Gestalt-Systeme" . Biologisches Zentralblatt 48: 521–551

Woltereck R (1940) Ontologie des Lebendigen. Ferdinand Enke, Stuttgart

Worster D (1985) Nature's economy. A history of ecological ideas. Cambridge University Press, Cambridge

Zacharias O (1888) Vorschlag zur Gründung von zoologischen Stationen behufs Beobachtung der Süßwasser-Fauna. Zool Anz 11: 18–27

Zacharias O (1904) Skizze eines Spezial-Programms für Fischereiwissenschaftliche Forschungen. Fischerei-Zeitung 7: 112–115

Zacharias O (1905) Über die systematische Durchforschung der Binnengewässer und ihre Beziehung zu den Aufgaben der allgemeinen Wissenschaft vom Leben. Forschungsberichte aus der biologischen Station Plön 12: 1–39

Zacharias O (1907) Das Süßwasserplankton.Teubner, Leipzig

第 20 章 英国和美国的早期生态学史 (截至 1950 年代)

Robert McIntosh

20.1 导言

古典时代博物学观察的漫长历史乃是科学生态学的先声, 最近被冠以 "原初生态学" (protoecology) 之称 (Glacken 1967; Egerton 1976)。生态学 (Oekologie) 一词始见于 1866 年, 由德国生物学家、达尔文的拥趸恩斯特·海克尔 (Ernst Haeckel) 提出 (参见第 10 章)。英国植物学家帕特里克·格迪斯 (Patrick Geddes) 是英语世界最早使用该术语的众人之一。早在 1880 年, 该术语被广泛使用的 20 年之前, 格迪斯就提出了一个科学等级理论, 将生态学置于社会学而不是生物学之下, 预见到后来生态学与社会学的关联 (Mairet 1957)。格迪斯门下的两位学生, 罗伯特·史密斯 (Robert Smith) 和威廉·史密斯 (William Smith) 兄弟, 与阿瑟·坦斯利 (Arthur G. Tansley) 一道, 为推进英国植被研究和植物生态学立下首功。1893 年, 英国科学促进会的主席将 "生态学" 描述为与形态学、生理学地位相侔的生物学分支之一, 并谓之为 "迄今为止魅力最胜" (McIntosh 1985)。

坦斯利在创立英国植被委员会 (1904)、编撰《不列颠植被类型》 (*Types of British Vegetation*) 其中一卷 (1911)、组织生态学家野外考察 (1911) 中发挥了关键作用, 这次联合科考标志着英美早期生态学家和欧陆同行的首次会面。1913 年, 英国生态学会成立, 并开始发行《生态学报》 (*Journal of Ecology*), 坦斯利在 1914 年出任国际上第一家生态学会的首任主席。

在美国, 生态学的成形与英国类似, 晚于生态学这一术语之问世。斯蒂芬·阿尔弗雷德·福布斯 (Stephen Alfred Forbes) 是其早期倡导者之一。在美国内战结束、退役复员之后, 福布斯着手大量博物学研究 (包括昆虫、鱼类和鸟类), 并于 1877 年在伊利诺伊组建了一家博物学实验室。最有洞见的早期生态学著作不少出自福布

R. McIntosh (✉)
Formerly Professor at the Department of Biological Sciences, University of Notre Dame,
Notre Dame, Indiana, USA

斯之手, 其中最引人瞩目的是发表于 1887 年的《湖泊是一个微宇宙》(*The Lake as a Microcosm*); 该论文将湖泊视为平衡态的体系, 强调其整体性。1894 年, 他将生态学视为一门囊括 "经济昆虫学" "全套达尔文学说" 和农学的科学 (Croker 2001)。早期美国生态学主要兴盛于中西部的大学和州立博物学机构。1890 年代, 伯奇 (Birge) 担任着威斯康星州立博物学部的主任, 发起了浮游植物的湖沼学调查, 并与威斯康星大学的昌西·朱代 (Chancey Juday) 一道, 长期投身浮游植物与其他水生生态学问题的研究达三十年之久。同英国的情形一样, 早期美国生态学为植物生态学所主导, 尤其在内布拉斯加大学、明尼苏达大学和芝加哥大学, 植物生态学成绩最为突出。1893 年, 在麦迪逊召开的世界植物学大会正式采纳了 "ecology" 的拼写法, 省略了源自德语的复合元音 "oe"。在早期植物生态学家中最为杰出的是先后执教于内布拉斯加大学和明尼苏达大学的克莱门茨 (F. E. Clements) 和芝加哥大学的考尔斯 (H. C. Cowles)。克莱门茨最终成为植物生态学的集大成者, 其两部著作 (Clements 1905, 1916) 跻身于生态学开山经典之列。他关注的是所谓 "动态生态学", 强调植物群落的演替, 即在气候调控作用下群落趋于稳定状态——顶极群丛。他将群落视为高度整合的有机体, 甚至 "超有机体" (参见第 4 章)。1916 年, 他将这些思想规范化, 提炼为一种 "普遍规律"; 有机体论的概念因而构成 20 世纪早期生态学的重大合题。

[278]

　　自然作为有机体或者超有机体的概念源自神谕设计的自然平衡这一思想传统, 通过比拟隐喻拓展应用于机体集合或者群落集合。福布斯曾经提到, "一个动物或者植物的组合或群丛犹如单个有机体"。克莱门茨与其合作者维克多·谢尔福德 (Victor Shelford) 宣称, 有机体论的概念是生态学 "确保未来发展的大宪章" (Clements and Shelford 1939)。博登海默 (F. S. Bodenheimer) 曾说, "每一部现代生态学教科书都强调群落的高度整合性的超有机体结构", 然而也注意到 "并没有科学证据支持这一说法", 这一慧见不幸被大多数人忽视了 (McIntosh 1998)。

　　考尔斯的作业地域是密歇根湖岸的沙丘, 与克莱门茨一样, 通过研究植被形成了群落演替的思想。与后者不同之处在于, 他认为演替是一个曲折迂回的过程, 并不导向稳定的顶极群落。他有一著名格言, 演替是 "此一变趋彼一变, 非趋于常 (……)", 生态学家们时常不免要正视这一问题。

　　在英美两国, 动物生态学紧随植物生态学而兴起。查尔斯·亚当斯 (Charles C. Adams) 和维克多·谢尔福德是美国动物生态学的推手, 两人早年均曾在伊利诺伊与福布斯有过来往。两人投身于动物群落研究, 发表过重要的早期动物生态学论著 (Adams 1913; Shelford 1913)。亚当斯还是普通生态学和人类生态学之关联的先觉者。1914 年, 两人均参与创立了美国生态学会, 谢尔福德出任首届主席。学会官方刊物《生态学》(*Ecology*) 创刊于 1920 年。

　　英国动物生态学受查尔斯·埃尔顿 (Charles Elton) 的入门读物《动物生态学》(*Animal Ecology*) (1927) 的启发, 其书源自埃尔顿对北极动物群落的大范围长期考察 (1921—1924)。埃尔顿讲述了食物链、营养结构、数量金字塔和生态位等关键概念, 他也像亚当斯一样将生态学视为科学的博物学。他与哈德逊海湾公司保持着长期关系, 利用其皮毛贸易数据率先深入探讨了捕食者–猎物的种群动态。他在牛津郡威萨姆森林建立的观测样地, 成为世界上被研究最透彻的一方土地 (Cox 1979), 后来还被著名悬疑剧《摩斯探长》用作外景地。

[279]

20.2　种群与数学

　　生态学从海洋生物学、湖沼学、动植物生态学的混合发展而来。令人费解的是, 直到 1960 年代, 寄生虫学仍基本上独立于生态学, 尽管寄生虫学从其本质而言属于生态学研究。种群生态学是生态学的关键成分之一, 其研究对象是给定物种的数量规模、数量变化、种间相互作用 (比如本杰明·富兰克林 (Benjamin Franklin) 一度关注的鸟类对昆虫的捕食), 以及种间竞争。托马斯·马尔萨斯 (Thomas Malthus) 的人类种群增长模型 (1798) 构成达尔文进化论的主要来源之一。

　　随着统计学在生态学领域崭露头角, 种群计数, 或者说普查成为早期生态学的常见特征之一。在美国, 奥尔多·利奥波德 (Aldo Leopold) 于 1928 年开始着手猎物种群的研究, 最终产生了一部关于狩猎管理的先锋著作, 并奠定其威斯康星大学生态学生涯的基础。在英国, 埃尔顿于 1932 年创立了动物种群调查局 (Bureau of Animal Populations) 和《动物生态学报》(*Journal of Animal Ecology*), 他的动物生态学大著《田鼠、家鼠和旅鼠》(*Voles, Mice and Lemmings*) (Elton 1942) 赖以成形的研究工作开始启动。

　　理论与数学种群生态学的 "黄金时代" 始于 1920 年代。雷蒙德·珀尔 (Raymond Pearl) 和里德 (L. J. Reed) 重新发现了描述种群增长轨迹的逻辑斯蒂方程, 并将之提升为所谓 "种群增长的定律" (McIntosh 1985; Kingsland 1985)。逻辑斯蒂曲线以 S 形曲线来刻画种群增长的时间动态[1], 其要机在于, 随着种群规模 N 扩大, 趋近环境负荷量 K, 种群增长率下降。物理学家洛特卡 (A. J. Lotka) 和数学家维多·沃尔泰拉 (Vito Volterra) 独立地将逻辑斯蒂方程推广用于分析两个物种的捕食和竞争关系, 随后拓展至更多物种。曾有过美国工作经历的俄国动物学家高斯 (G. F. Gause) 则通过实验来检验这些思想。上述理论和实验研究, 加上其他类似的工作,

---

　　[1]一般表达式为 $\mathrm{d}N/\mathrm{d}t = rN(1 - N/K)$, 其中 r 和 K 为常数, r 表示无限制环境中的最大种群增长率, K 表示种群上限, N 为个体数量, t 为时间。

促成了 "高斯定律" 或称 "竞争排斥原理" 的诞生。竞争排斥原理可谓当时生态学界大批从业者勉力以求的理论抱负。

数学化的种群理论被推广用于任意数量的种群, 但是到底对生态学有何贡献, 论者各执一词, 毁誉并见。1949 年,《动物生态学原理》(*Principles of Animal Ecology*) (Allee et al. 1949)中的一卷则断言 "从施加于生态学思想的影响而言, 理论种群生态学并未取得多大进展"。不过, 在应用于竞争和捕食问题时, 数学生态学盛极一时。就此问题, 罗伯特 · 梅 (Robert May) 曾指出, 经典的决定论逻辑斯蒂方程在特定条件下可能产生看似随机的动态, 并不必然是平滑的 S 曲线 (1981)。澳大利亚的生态学家亚历山大 · 尼科尔森 (Alexander J. Nicholson) 和物理学家维克多 · 贝利 (Victor A. Bailey) 坚信动物种群受控于其密度, 或者说个体数量, 由针对有限资源的竞争所支配 (Nicholson and Bailey 1935)。1930 年代, 为进一步证明自然界的种群平衡, 生态学家们进而诉诸实验手段。关于种群调节的争议一直持续到第二次世界大战以后, 种群调节的种种理论也余绪不断, 汇入战后的生态学理论。

澳大利亚生态学在 1920 年代即已起步, 大体上是从经济价值的角度着眼的动植物研究。澳大利亚–新西兰科学促进会 1939 年的一次会议上, 已有关于生态学的话题。1951 年, 作为澳大利亚的政府机构, 英联邦科学与产业研究会 (CSIRO) 设立了生态学部; 而澳大利亚生态学会创立于 1960 年。

[280]

20.3 创造高阶实体: 群落和生态系统

原初生态学和早期生态学的另一面向是研究植物或者动物的集群, 通常被称为群落或者群丛。英国早期的海洋生物学家被称为 "挖泥工", 因为其研究海洋底栖生物。爱德华 · 福布斯 (Edward Forbes, 1844) 曾识别出分布特定物种的 "地带"。挖泥工们记录挖掘地点的深度、物种和个体数量, 这些创举远远领先于他们的时代。英国生物地理学家沃森 (H. C. Watson) 倡导样方 (1 平方英里) 普查以确定其中现在物种的数量。这一明智意见的要机在于, 限制取样范围而增加样本量。五十年后, 罗斯科 · 庞德 (Roscoe Pound) 和克莱门茨奉行这一忠告, 发明了 "样方" 抽样法, 即大规模的小面积 (1 平方米) 取样, 从而迈出了数量群落生态学的关键一步 (McIntosh 1985)。在小面积地段上, 清点和测量 (植物) 个体具有可行性。植物生态学家的优势在于, 植物固着生长, 易于观察。最后他们达成共识, 将物种出现的样方数定义为频度, 单位面积的个体数定义为密度, 地表被覆盖的面积定义为盖度, 以生物量 (即质量) 作为植物大小的度量指标。探讨样方数量、面积和形状对上述数量指标的影响以及其中牵涉的统计学分析在接下来的数十年里成为植物生态学家研究的重点 (Greig-Smith 1957)。1949 年, 科塔姆 (G. Cottam) 和柯蒂斯 (J.

T. Curtis) 设计了参照给定空间位点的距离抽样法, 始有样方抽样法之外的替代性方法。

　　数据搜集完毕, 统计分析问题就浮现出来。在美国, 格里森 (Henry Allen Gleason, 1922) 接续了欧洲生态学家保罗·贾卡德 (Paul Jaccard) 和阿雷纽斯 (O. Arrhenius) 的努力, 探究物种数量和采样面积二者的关系。格里森也检视了植物个体分布的问题, 运用统计学来检验其分布是否随机, 然而发现多数情况下植物聚集分布于若干斑块, 或者说呈非随机分布状 (Gleason 1920)。群落作为镶嵌体或斑块体, 这一认知被美国的威廉·库珀 (William S. Cooper) 和英国的瓦特 (A. S. Watt) 推进深化 (McIntosh 1985)。瓦特提出一个妥帖的术语 "林窗" (gap-phase) 来对应群落中的小尺度干扰 (Watt 1947)。 [281]

　　动物生态学家也开展群落研究, 不过由于动物的移动习性, 面临抽样上的困难。伯奇和朱代致力于美国中西部湖泊的研究, 其采样方法是清点单位面积或者体积的物种与个体数, 进而与环境因子相关联。他们不无惋惜地发现: "随着我们对湖泊认识的拓展, 许多有趣甚至一度颇有潜力的理论再难自圆其说" (Birge and Juday 1922), 后世的生态学家们一再陷于这类窘境, 几乎习以为常。福布斯采用数量抽样方法, 并在 1907 年尝试性提出了一项反映物种共存的统计学指标; 此外, 他还发起了伊利诺伊州一个地理断面上的鸟类调查。谢尔福德针对密歇根湖岸沙丘的昆虫群落展开研究, 并编撰了《温带美洲的动物群落》(*Animal Communities in Temperate America*) 一书 (Shelford 1913)。

　　英国动物生态学家查尔斯·埃尔顿早年的工作基本上聚焦于动物群落和其中的种间相互作用。他以传统的比拟将生物群落比作钟表, 然而最终发现动物的行为并非总如钟表一样精确整饬, 从而动摇了传统自然平衡概念和钟表隐喻的有效性 (Elton 1930, 第 16–17 页)。他后来参与撰写了一份动物群落生态调查的综述 (Elton and Miller 1954), 尽管他职业生涯的大部分工作是从种群角度切入。

　　1935 年, 坦斯利在英国推出了一个新概念, 名之为 "生态系统"。这一概念导源于克莱门茨的群落超有机体概念所引发的争议, 当时南非的一众生态学家, 甚至首相扬·史末资 (Jan C. Smuts) 都在大力宣扬克莱门茨这一思想。坦斯利将生态系统定义为包括 "有机体集合" (生物部分) 和环境 "物理因子集合" (非生物部分) 两者的 "系统整体"。当然, "生态系统" 有众多的先导, 诸如英语世界福布斯的 "微宇宙", 阿利 (W. C. Allee) 的 "地球生物生态学" 和欧洲其他语种的类似概念, 表明这一概念蓄势已久、呼之欲出。"生态系统" 一说与生态学的整体论传统若合符节。在坦斯利的构想中, 生态系统囊括了 "纷繁百态的系统等级, 无论类型所属和规模大小" (Tansley 1935, 第 299 页)。这一宽泛定义本身衍生为生态系统生态学长期悬而不决的问题。不过，"生态系统"还是渐渐成为涵括生物群落和物理环境集合的主流术语；从中衍生出来的生态系统生态学和系统生态学，对于众多从业者而言不啻为一场生态学的革命。

坦斯利的术语生逢其时，尤其在水生生态学领域。正如时任美国生态学会主席泰勒 (W. P. Taylor, 1935) 所述，"生物生态学所强调的生物与环境之间的高阶统一性问题，是发人深省的。" 年轻的湖沼学家雷蒙德·林德曼 (Raymond Lindeman) 就是备受启发的众人之一，他开展的明尼苏达湖泊研究归结为一篇著名的论文——《生态学的营养动力学》(*The Trophic-Dynamic Aspect of Ecology*) (Lindeman 1942)。缘于两位杰出湖沼学家的负面评审意见，该论文最初被《生态学》杂志拒稿，幸有第三位审稿人起而干预、占得上风，方才得以发表，即此可见，该论文背离了湖沼学的旧传统 (Cook 1977)。在《生态学的营养动力学》一文中，林德曼援用坦斯利的生态系统概念，强调了生态系统的能量流动，他很可能是如此立意的首例。林德曼的贡献在于高扬营养功能的重要性，并予以量化，从而开启了生态学的一个理论方向，将能流确认为群落变化长期过程中基本的过程 (Cook 1977)。尽管文章评审人对林德曼的数据和数学处理不无疑虑，但林德曼的导师、《生态学的营养动力学》一文的支持者，乔治·哈钦森 (George E. Hutchinson) 在文末附录中写道，林德曼的进路 "甚至可能提供线索，发现了以数学手段处理生物群落的新方式" (Lindeman 1942)。尤金·奥德姆 (Eugene Odum) 出版于 1953 年的生态学经典教科书立足于生态系统思想，又进一步助推了 1960 年代生态系统概念及其衍生的系统生态学之勃兴。

正如巴伯所见，生态学领域另有一场革命，发生于 1950 年代 (Barbour 1995)。这场革命意在反击英美生态学界广受推崇的传统，在其中生态群落被认为是一个有机体或者物种集合的超有机体，发育为稳定顶极 (群落) (McIntosh 1998)。1917 年至 1939 年，格里森阐发群落 "个体论概念" 的三篇论文均未引起反响，终在 1940 年代时来运转；迟到的认可掀起了革命。格里森的 "个体论" 概念基于以下思想：各物种有独特的特征；环境条件在时空内是连续变异的；物种聚合于群落之内具有高度随机性，依赖变化万端的物种扩散与适宜环境。1947 年，格里森长期被冷遇的概念由三位杰出的生态学家重新拾起；并在 1950 年代从柯蒂斯、惠特克 (R. H. Whittaker) 以及两人的学生和同仁所开展的动植物研究中获得强有力支持。因而，"个体论" 概念逐渐在植物和动物生态学家之中得到广泛认可 (McIntosh 1975, 1995)。不过，格里森的概念以及柯蒂斯和惠特克所推出的群落连续体和梯度思想，虽然广获认可，并未彻底终结群落平衡的概念乃至有机体论的思想，后者在理论生态学领域仍有一席之地。

[282]

20.4　寻求定律和原理

种群和群落概念方兴未艾之际, 早期生态学寻求定律或者原理的努力也在开展。但是, 生态学家就定律和原理两个术语在生态学领域的用法只取得有限的共识。谢尔福德推出所谓的 "耐性定律", 断言物种只能生存于有限的环境变幅之内, 其最低点、最高点和最优点可由一条钟形分布曲线表达 (Shelford 1913)。这类曲线就是生态位理论的实质。霍普金斯 (Hopkins) 建构的 "生物气候定律" (霍普金斯定律) 确认了北半球春季生物学事件北移的常见现象 (Hopkins 1920)。这一定律可表述为, 纬度每北移 1°, 经度每东移 5°, 或海拔每上升约 122 米, 春天和初夏的生物学事件将延期 4 天, 相应地导致一系列生态学和物候学现象的发生。随着生态学日趋复杂, 新的定律和原理不断出现。普雷斯顿 (Preston) 将物种的多度分布描述为 "对数正态分布律" (Preston 1948)。原理之说就更为频繁, 名目众多难以尽数。高斯曾发表一篇论文专论 "生态学的原理" (Gause 1936); 阿利等人为 25 个原理编列了索引 (Allee et al. 1949); 1971 年, 奥德姆的经典教科书 (Odum 1953) 第三版推出, 其中则有超过 30 个原理记录在案。关于生态学定律和原理的共识迄今难以达成, 阿利等人所展望的生态学原理体系 (Allee et al. 1949) 短期内也没有可能问世。

[283]

20.5　作为资源的自然

在英美两国, 关注自然的思想和自然保育运动在生态学兴起之先已有进展。19 世纪 60—80 年代, 英国已有不少出于上述目的的公共社团和政府机构成立; 1894 年, 国家历史古迹和自然名胜保护信托基金 (National Trust for the Preservation of Places of Historic Interest and Natural Beauty) 宣告成立。1870 年代, 美国也有鱼类学会、渔业委员会和奥杜邦学会等组织机构成立。黄石国家公园始建于 1872 年, 20 年后, 自然保育活动家的领军人物约翰·缪尔 (John Muir) 创立了塞拉俱乐部, 旨在捍卫新生的国家公园, 阻击当时的种种非议。

众多早期的生态学家有涉于土地和野生动物管理的问题及自然保育。新西兰生态学家莱昂纳德·科凯恩 (Leonard Cockayne, 1918) 曾直言, 农学就是应用动植物生态学。奥尔多·利奥波德毕业于林业学校, 后来转向狩猎管理和生态学, 其遗著《沙乡年鉴》(A Sand County Almanac) 发表于 1949 年, 影响后人至深, 成为美国自然保育思想的经典之作。保罗·西尔斯 (Paul Sears) 因其著作《沙漠在推进》(Deserts on the March) (Sears 1935) 和后来在耶鲁大学创办的一项自然保育计划, 成为一流的生态学家和保育运动的倡导者。

英国的埃尔顿和坦斯利曾在政府任命的一个委员会任职, 负责指导全国的土壤和资源调查, 尽管后来因为战时影响而搁置, 但在第二次世界大战的艰难岁月里, 坦斯利和其他一众生态学家一直为一个从事自然保护的委员会工作。1949 年, 英国自然保护协会成立, 首任主席即为坦斯利。截至 1959 年, 英国已有 84 个自然保护区, 占地面积达 56000 公顷。1946 年, 美国的谢尔福德组建了生态学家联合会, 后来演变成自然保护协会, 随之发展成世界上规模最大的自然保育组织。

英美两国的生态学家早在环境危机的迹象明确暴露之前就已意识到问题的紧迫性。威廉·沃格特 (William Vogt) 以其先见之明发出了危机来临的早期警告 (Vogt 1948)。利奥波德将生态学延伸至伦理学, 断言 "大地万物是一个共同体, 这是生态学的基本概念, 然而珍视大地、敬畏大地则是伦理上的拓展"。

早在 1913 年, "人类生态学" 即已见于议论, 次年英国生态学会举办第一次年会曾将之列为议题, 克莱门茨曾援引威尔斯 (H. G. Wells) 的说法 "经济学乃是生态学的分支之一" 和南非首相的说法 "生态学为了人类而存在" (Clements 1935)。不过, 人类生态学长期未获普遍认可, 直到第二次世界大战以后生态学被大多数人接纳为人类文化不可或缺的一分子, 局面才有所改观。

[284] ## 参考文献

Adams CC (1913) Guide to the study of animal ecology. Macmillan, New York

Adams CC (1935) The Relation of general ecology to human ecology. Ecology 16: 316–335

Allee WC, Emerson AE, Park O, Park T, Schmidt KP (1949) Principles of animal ecology. Saunders, Philadelphia

Barbour M (1995) Ecological fragmentation in the fifties. In: Cronon W (ed) Uncommon ground: toward inventing nature. Norton, New York, pp 75–90

Birge EA, Juday C (1922) The inland lakes of Wisconsin, the plankton 1. Its quantity and composition. Wis Geol Nat Hist Surv Bull 64: 1–222

Clements FE (1905) Research methods in ecology. University Publishing Co., Lincoln

Clements FE (1916) Plant succession: an analysis of the development of vegetation. Carnegie Institution of Washington Publ. 242, Washington DC, pp 1–512

Clements FE (1935) Experimental ecology in the public service. Ecology 16: 342–363

Clements FE, Shelford VE (1939) Bio-ecology. Wiley, New York

Cockayne L (1918) The importance of ecology with regard to agriculture. N Z J Sci Tech 1: 70–74

Cook RE (1977) Raymond Lindeman and the trophic-dynamic concept in ecology. Science 198: 22–26

Cottam G, Curtis JT (1949) A method for making rapid surveys of woodlands by means of randomly selected trees. Ecology 30: 101–104

Cox DL (1979) Charles Elton and the emergence of modern ecology. Ph.D. dissertation, Washington University, Washington, DC

Croker RA (2001) Stephen Forbes and the rise of American ecology. Smithsonian Institution Press, Washington, DC

Egerton FN (1976) Ecological studies and observations before 1900. In: Taylor BJ, White TJ (eds) Issues and ideas in America. University of Oklahoma Press, Norman, pp 311–351

Elton C (1927) Animal ecology. Sidgwick and Jackson, London

Elton C (1930) Animal ecology and evolution. Clarendon Press, London

Elton C (1942) Voles, mice and lemmings: problems in population dynamics. Clarendon, Oxford

Elton CS, Miller RS (1954) The ecological survey of animal communities with a practical system of classifying habitats by structural characters. J Ecol 42: 460–496

Forbes E (1844) On the light thrown on geology by submarine researches. New Philos J Edinb 36: 318–327

Forbes SA (1883) The food relations of the Carabidae and Coccindellidae. Bull Ill State Lab Nat Hist 1: 33–64

Forbes SA (1887) The lake as a microcosm. Bull Peoria Sci Assoc 111: 77–87. (Reprinted Bull Nat Hist Surv 15: 537–550, Nov 1925)

Gause GF (1936) The principles of biocoenology. Q Rev Biol 11: 320–336

Glacken CJ (1967) Traces on the Rhodian Shore. University of California Press, Berkeley

Gleason HA (1920) Some applications of the quadrat method. Bull Torrey Bot Club 47: 21–33

Gleason HA (1922) On the relation of species and area. Ecology 3: 158–162

Gleason HA (1939) The individualistic concept of the plant association. Am Midl Nat 21: 92–110

Greig-Smith P (1957) Quantitative plant ecology. Butterworths Scientific, London Hopkins AD (1920) The bioclimatic law. J Wash Acad Sci 10: 34–40

Kingsland SE (1985) Modeling nature. Episodes in the history of population ecology. University of Chicago Press, Chicago

Leopold AS (1949) Sand county almanac. Oxford University Press, New York

Lindeman RL (1942) The trophic-dynamic aspect of ecology. Ecology 23: 399–418

Mairet P (1957) Pioneer of sociology. The life and letters of Patrick Geddes. Humphries, London

Malthus TR (1798) An essay on the principles of population. Johnson, London

May RM (1981) The role of theory in ecology. Am Zool 21: 903–910

McIntosh RP (1975) H.A. Gleason, "individualistic ecologist", 1882–1975: his contributions to ecological theory. Bull Torrey Bot Club 102: 253–273

McIntosh RP (1985) The background of ecology: concept and theory. Cambridge University Press, Cambridge

McIntosh RP (1995) H.A. Gleason's "Individualistic Concept" and theory of animal communities: a continuing controversy. Biol Rev 70: 317–357

McIntosh RP (1998) The myth of community as organism. Perspect Biol Med 41: 427–438

Nicholson AJ, Bailey VA (1935) The balance of animal populations. Proceedings of the Zool Soc Lond, 3: 551–598

Odum EP (1953) Fundamentals of ecology, 1st edn. Saunders, Philadelphia

[285]

Preston FW (1948) The commonness and rarity of species. Parts I and II. Ecology 43: 185–218, 410–432

Sears PB (1935) Deserts on the March. University of Oklahoma, Norman

Shelford VE (1913) Animal communities in temperate America as illustrated in the Chicago region. Bulletin of the Geographical Society of Chicago, Chicago

Tansley AG (ed) (1911) Types of British vegetation. Cambridge University Press, Cambridge

Tansley AG (1935) The use and abuse of vegetational concepts and terms. Ecology 16: 284–307

Taylor WP (1935) Significance of the biological community in ecological studies. Q Rev Biol 10: 291–307

Vogt W (1948) Road to survival. William Sloane Association, New York

Watt AS (1947) Pattern and process in the plant community. J Ecol 35: 1–22

第 21 章　生态学的法国传统: 1820—1950

Patrick Matagne

概念史的研究表明,科学生态学起自 19 世纪一群广义说来属于德语文化背景的学者所完成的工作。不过,法国在这一领域并未缺席,尤其一批推动植物地理学研究的学者在其中发挥了重大作用。生态学史几乎还未发掘法国外省学术社团的文献。原因之一即在于,通常的编史学先验地预设,这些学会及其工作的科学价值平平无奇,尽管法国社会史学家对此兴趣匮浅,但其贡献只有地方史和考古学的意义。

然而,结合生态学史对这些学术社团进行分析,我们的观点就不免与上述传统观点有所矛盾。法国外省的博物学家通常被贬低为科学的边缘人物,但在视角转换之下,或也不失为参与塑造科学生态学的力量。

21.1 导言

自 1960 年代起,普通大众日益发觉人类活动对环境的潜在危害,"生态学" 一词进入人们的意识,当时美国以及稍晚欧洲的生态史学家发现,生态科学的基本概念早在 1866 年 "生态学" 这一术语问世之前即已出现。这些生态史学家概述了生态学得以发展成一门学科的背景,其中要机在于 19 世纪一群广义说来属于德语文化背景的学者所完成的工作 (Acot 1998)。生态学的建制化时期始于 1900 年,其显著特征为相关学术会议的召开和大学院系的设立。在此期间,法国独树一帜,尤以奥古斯丁·彼拉姆斯·德·康多勒 (Augustin Pyramus de Candolle, 1778—1841, [288] 常居蒙彼利埃的瑞士人)、加斯顿·博尼耶 (Gaston Bonnier, 1853—1922) 和查尔斯·弗拉奥 (Charles Flahault, 1852—1935) 诸人的工作为著,生态植物地理学经他们之手得以发展起来。

不过,19 世纪的科学文献之中有一界域整体上乏人问津,那就是众多地方学

P. Matagne (✉)

Université de Poitiers, I.U.F.M., 40 avenue du Recteur Pineau, F-86000 Poitiers, France

e-mail: patrick.matagne@univ-poitiers.fr

术社团的大量出版物。究其因由, 源出多端。第一, 外省学术社团被贬低为以业余身份从事科学的业余爱好者协会, 这一观点由来已久。这种业余爱好者和职业学者的区分究竟有无意义, 本身就是一个问题。在美国, 主流科学领域的职业化在 20 世纪上半叶已告完成; 相形之下, 此一事业在法国却长期没有落实。如何界定业余和职业博物学家这一问题贯穿整个 19 世纪。是根据训练的水平和领域、科学风格和方法、体制内外的隶属关系 (学术社团、博物馆、图书馆和大学, 等等), 还是不论何种形式的薪酬之来源? 职业区别于业余是由于不同的理论参考体系、工作环境、社会地位、交流与传播科学的方式, 甚或是由于距离巴黎的远近不同?

阿兰·科尔班 (Alain Corbin) 发现, 首都实际上 "标识着事业成功的巅峰"。"在每个层面上, 巴黎都汲取了外省的活力, 人才集中于巴黎, 对于外省而言巴黎成为至高无上的文化、财富和权力中心, 以至于外省给人的印象即是粗鄙、偏僻和虚度生命" [1]。第二, 19 世纪下半叶学术社团的博物学文献之中往往充斥非原创的作品、奇闻轶事或者陈规陋习、过时实践方案的结果, 乃至整卷整编不得要领、令人生厌。这就是生理学家克劳德·伯纳德 (Claude Bernard, 1813—1878) 所持的观点; 1867 年的万国博览会, 法国这种不孚人望的境况大白于世, 伯纳德借机表达了将自然科学引入实验室和大学的心愿。在 1870 年普法战争后的困境之中, 复仇精神刺激了科学职业化的愿望, 加剧了业余从业者的出局。众多地方学会因此沦落至科学的边缘 (可对比同一时期西班牙的情形, 参见第 22 章)。

[289] 在主流话语裹挟之下, 传统的编史学仅仅从地方史和考古学的角度来关注这些学术社团的贡献。直到 1970 年代, 始有研究免于先验预设来评估它们对自然科学的贡献。正是在这种精神主导之下, 这些学术社团的历史和生态学史的平行对比分析得以出现 (Laissus 1976, 第 41-68 页; Dupuis 1979, 第 69-106 页; Bange 1988, 第 157-172 页)。我们从中发现, 生态学的进展并不仅仅发生于通常的科学机构之内, 并且研究者也远非全然属于一般意义上的职业学者。再者, 博物学家们在当地的自然环境、植物园、实验室、大学、博物馆、图书馆和生物监测站等的日常活动以及他们作为社团成员参与形成的网络, 有助于为法国生态学第一拨学派的组织奠定基础, 在时间上甚至早于为人熟知的苏黎世–蒙彼利埃植物社会学学派。奥弗涅学派 (École d'Auvergne)、西部学派 (École de l'Ouest) 和地中海学派 (École méditerranéenne) 即是其中的例子。这些学派均是因应植物地理学范式而生, 然而各有不同的问题导向。

---

[1] 法语原文 "À tous les échelons, Paris se nourrit de la substance de la province, assimile ses hommes et tend à devenir pour elle le centre primordial de culture, de richesse, de puissance, au point que la prov-ince évoque la disgrâce, l'éloignement du centre et la moisissure de l'existence" (Alain Corbin 1992, 第 793–794 页)。

21.2　外省学术社团的博物学家

　　1808 年至 1904 年外省成立的 1000 家社团 (Fox and Weisz 1980) 之中, 约有 350 家以博物学作为其计划的一部分 (图 21.1)。这些社团的出版物主要是地方性的植物志和动物志、动植物名录、旅行手册和简报。其中, 植物学的工作覆盖了法国全境 (图 21.2)。笔者详细调研了 28 个社团 (124 位作者), 发现植物学 (70%) 相对动物学 (30%) 蔚为主流 (图 21.3)。

　　从这些文献之中, 我们发现上述学术社团的社会动态的某些特点 (Matagne 1997b, 1999a)。即使一篇文稿由唯一的作者署名, 大量偶尔投稿的人却被引用或者致谢。比如, 德塞夫勒省植物学会的主席巴普蒂斯特·苏切 (Baptiste Souché, 1846—1915) 执笔的《上普瓦图植物志》(Flore du Haut-Poitou) (1901), 将该学会自 1889 年起的植物学家投稿熔冶一炉, 连 1870 年起他们师辈提交德塞夫勒省统计学会的文稿也囊括进来。南特的英裔植物学家詹姆斯·劳埃德 (James Lloyd, 1810—

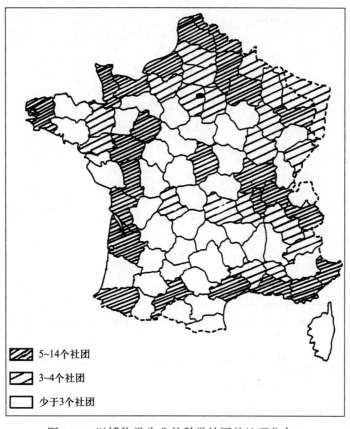

图 21.1　以博物学为业的科学社团的地理分布。

[290]

社团性质	作者	植物学	动物学	古生物学	昆虫学
多学科综合：13	53*	30	13	0	0
自然科学：8	39	24	14	1	0
农学：3	21	8	5	0	0
地理学：2	5	4	0	0	1
植物学：2	6	4	0	0	0
总计：28	124	70	32	1	1

*部分文章出自多位作者之手。

图 21.2　植物志和植物名录的作者数量 (1800—1914)。

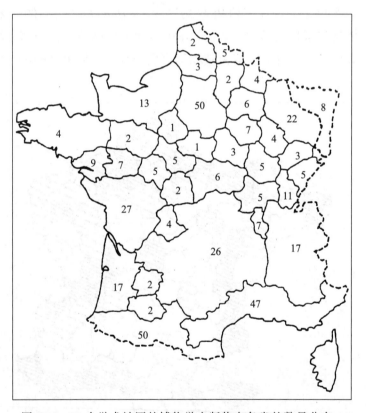

图 21.3　28 个学术社团的博物学出版物在各省的数量分布。

1896) 在其《法国西部植物志》(Flore de l'Ouest de la France) 中援引了 97 位撰稿人
(1854)。草药学家、昂热植物园主任亚历山大·博罗 (Alexandre Boreau, 1803—1875)
在其《法国中部植物志》 (Flore du centre de la France) 中则援引了 72 位撰稿人
(1857)。

　　在野外, 大家交流信息、交换标本, 其他场合则通过邮件往来。出于鉴定、交流或馈赠的目的, 林林总总的物种四处流通。大型植物标本和昆虫、岩块、卵石和贝壳的藏品被批量或者零散地供应、出售或者遗赠。

　　社团举办的会议让社团成员报告所发现的物种。各社团鼓励并处置标本交换, 发行可供应物种的名录, 不亚于开办商品交易中心, 甚至还设有团队专司其事, 比如创立于 1890 年的比利牛斯植物交易协会。

　　且以德塞夫勒省植物学会为例。该学会成立于 1888 年 11 月, 次年已有 153 位会员, 及至世纪之交会员人数已超过 350 人。很快, 该学会扩大为跨省的区域性植物学会, 到第一次世界大战前夕已吸纳了 632 位会员。1889 年至 1914 年, 该学会一共组织了 1254 次野外考察。在某次野外考察中, 曾有采集 200 个物种的记录。苏切在他的田野笔记中记道, 1886 年 5 月 17 日, 他为同一物种采集了 160 份标本。一个月后, 他填满了他那著名的植物标本箱 (植物采集箱) (图 21.4)。同年 9 月, 他向拉罗谢尔自然科学协会提供了 12 个物种的标本, 每种 52 份。在好奇心的驱使下, 这些博物学家踏足人迹罕至的地方, 比如阿尔卑斯山和比利牛斯山, 以采集大量稀有物种作为他们的使命 (Matagne 1988, 1997a)——从 21 世纪的观点看来, 他们的姿态不免令人震惊。不过, 他们当时的确自视为植物和动物的猎手。　[291]

　　因为这些博物学家执着于采集、分类与编目, 长期以来他们都被视为过时科学的代表。他们的报告以节庆、旅行和事务为主题, 明显带着他们社会身份的印记, 充斥着野炊、祝酒、辩论和分享奇闻轶事之类的记述, 使得他们的社团活动与其他诸如歌唱社团或者体育社团的活动看来并无明显区别。但是, 突出社交面向具有战略意义, 因为这样可以吸引富有的人入会从而扩充经常陷于短绌的经费。　[292]
当然, 这些学术社团的通讯也发表一些反映其植物地理学兴趣的作品。

[293]

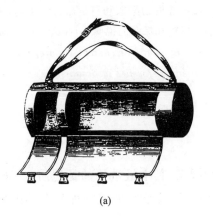

(a)　　　　　　　　　　　　　　(b)

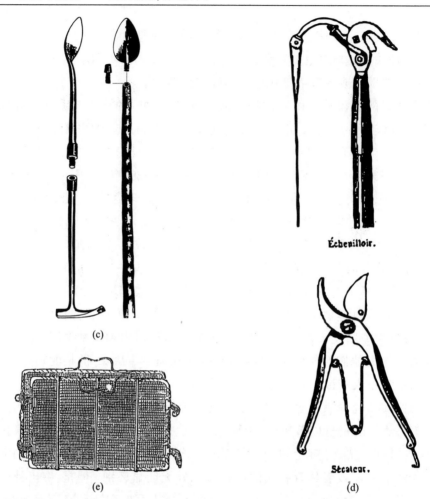

图 21.4　(a-e): 植物类博物学家的必备工具。(a) 植物采集箱, (b) 和 (c) 挖掘和碎解工具, (d) 高枝剪 (échenilloir) 和手剪 (sécateur), (e) 背包。图片来源: 《草药师植物学指南》(*Le Guide du botaniste herborisant*) (Bernard Verlot 1879); 《博物学家和科学旅行者指南, 或动物、植物、矿物、化石和活体生物样本的搜索、制备、运输和保存的说明》(*Guide du naturaliste préparateur et du voyageur scientifique, ou Instructions pour la recherche, la préparation, le transport et la conservation des animaux, végétaux, minéraux, fossiles et organismes vivants*) 第 2 版 (Guillaume Capus 1883)。

[294]

21.3　植物地理学的实践

　　现今的植物地理学研究影响植物分布的因素,其中最重要的是地质、气候和植被本身繁殖体的扩散模式。因此,植物地理学涵盖给定地域物种分布的因果性研究、植物分布制图、植物种类与群丛的编目。

　　一般认为,德国博物学家、探险家亚历山大·冯·洪堡 (Alexander von Humboldt)

男爵 (1769—1859) 是植物地理学的开创者之一。1805 年, 他开启了研究地理景观的新进路, 旨在通过外貌描述比拟法建构植物地理学的分类体系 (Humboldt 1805)。比如, 大布里士山区 (阿尔卑斯山的多菲内地区)、新西兰高海拔地区和克罗地亚海拔 1700 米以下的山毛榉林都具有相似的、由山毛榉决定的特征性外貌, 尽管处于不同纬度和海拔的山毛榉群落在区系组成方面不尽一致。

瑞士植物学家奥古斯丁·彼拉姆斯·德·康多勒开启了植物地理学的区系学传统。在这一传统下, 植物群落之鉴定是基于所有可能的区系目录进行最全面的比较, 从中甄选出代表植物群丛的特征种, 即总是 (至少在统计学上是可测知的) 出现在特定环境的物种。这些典型物种对于植被外貌或许只有微不足道的影响。比如, 比利牛斯风信子 (*Scilla lilio-hyacinthus*) 就是奥弗涅省帕文湖周边常见的低山山毛榉–冷杉群落的特征种。

试图以植物群丛为基本单元发展植被分类学的学者进而推进了洪堡和德·康多勒两派的传统 (Matagne 1998)。这些传统贯穿了整个 19 世纪, 构成了生态植物地理学的部分基础。生态植物地理学的第一部专著出自丹麦植物学家尤金纽斯·瓦尔明 (Eugenius Warming, 1841—1924), 最先以丹麦文发表于 1895 年, 德文版和英文版分别出现于 1896 年和 1909 年 (详见第 23 章)。当时正是欧洲和北美第一代生态学家登场的时代。 [295]

早在 1810 年, 奥尔良自然科学和医学学会的植物学家已开始对巴黎和奥尔良地区之间植物区系分异的气候学和地质学动因发生兴趣。笔者通过调研占当时社团总数的 25% 的法国 18 个外省的学术社团 (图 21.1)[2]发现, 及至 1820 年代, 这些社团提及植物地理学已很普遍。

当时的植物地理学家探究植物与地形、温度、海拔、光照的关系, 有时还考虑人类活动的影响, 以期发现决定植物分布的规律。自 1850 年代起, 即阿方索·德·康多勒 (Alphonse de Candolle, 1806—1893) 的《植物地理学真原》(*Géographie botanique raisonnée*) (de Candolle 1855) 和亨利·勒科克 (Henri Lecoq, 1802—1871) 的《欧洲植物地理学研究》(*Etudes sur la géographie botanique de l'Europe*) (Lecoq 1854) 问世之后, 阿韦龙文学、科学和艺术学会中无意于植物地理学问题的成员将面临被边缘化的命运。

上述实证性的调查表明, 植物地理学的新概念, 无论源自德·康多勒还是洪堡, 有助于厘清此前令人迷惑的种种现象。比如, 石灰岩上生长欧洲蕨 (*Pteris aquilina*), 此前被认为是反常的, 但是诉诸母岩性质、光照和特定的气象因子, 问题就被疏通

---

[2]艾因、埃纳、阿登高地、奥德、阿韦龙、谢尔、杜河、上加龙、吉伦特、安德尔、安德瑞–卢瓦尔、下卢瓦尔 (今大西洋卢瓦尔省)、卢瓦雷、曼恩–卢瓦尔、索恩–卢瓦尔、德塞夫勒、旺代和维埃纳 18 省。

了。植物成为环境因子的指示者,有了一个植物名录即足以辨识石灰质土壤。对于求解区系变化、物种的环境偏好和植物地域分布的成因而言,**植物地理学范式**(phytogeographic paradigm) 无异于一把钥匙。

奥古斯丁·彼拉姆斯·德·康多勒吁请博物学家和农学家们注意植物地理学的潜在应用价值 (de Candolle 1809, 第 335–373 页)。众多农学会的通讯向博物学家和化学家开放。在农作物的产量、选育和驯化问题背后,涉及植物和土壤两者关系的生态学问题浮现出来 (Dagognet 1973, 第 51–52 页)。学者们很少直接引用洪堡和德·康多勒父子。从各种概念的用法即可看出这一点,比如 "小生境" (station) 这一术语对洪堡和德·康多勒而言意义并不相同 (Drouin 1991, 第 74–75 页)。

[296]
植物学家也从事群丛的鉴定和分类工作[3],从而深刻地改变了植物学的实践。植物学家在野外鉴别出总是在同样环境中出现的物种,并试图查明这些物种的伴生种: **在群丛概念的指引之下,判识自然的规则性**,推导并验证假说,鉴别反例并推求原因。比如, 1912 年,时任小学教师后来成为校长的埃米尔·沙托 (Emile Château, 1866—1952) 发表了一篇新颖的作品,题为《论植物群丛》(*Les associations végétales*) (Château 1912, 第 175–192 页),尽管当时并未受到关注,却为 1920 年代苏黎世–蒙彼利埃学派的植物社会学唱响先声。另一批人则采纳哥廷根植物学家奥古斯特·格里泽巴赫 (August Grisebach, 1818—1879) 所构想的 "植物群系之概念" (1838)。在洪堡的传统之中,植物群系被理解为具有特定外貌的植物群体。最后,还有一批人追随奥地利植物学家安东·克尔纳·冯·马里劳恩 (Anton Kerner von Marilaun, 1831—1898) 在 1863 年倡议的外貌–区系进路。马里劳恩同时注重植物群组的区系组成和外貌两方面,开始将之与环境相剥离,依据自身的属性定义植物群组,就像定义分类学中的物种一样 (von Marilaun 1863)。围绕植物地理学范式所产生的共识表明,业余博物学家们并非无能登堂入室的浅薄之辈,他们及时消化了源自洪堡和德·康多勒思想的最新科学进展,将之与植物地理学研究实践整合,并根据地方性的特殊问题予以调整。他们融合外貌描述和区系学传统的抱负,探索取决于环境或者为独立实体的群丛定义的努力,为 1920—1930 年代的植物生态学提供了素材。他们之间的争议也为后来苏黎世–蒙彼利埃学派和植物地理学的分裂埋下了伏笔。总之,外省的学术社团培育了法国生态植物地理学的先驱,他们在已经获得科学声誉的众多领域大显身手。

21.4 生态学的场域

自然环境当然是植物学最得宜的舞台。但是,可供博物学家施展其技能和才

---

[3] "群丛" 的设想最早由洪堡在 1805 年提出。

华的场域不限于此, 地理意义上的场域固然, 建制和社会意义上的场域亦在其中, 比如说植物园、博物馆和生物监测站。

19 世纪, 在大学和学术社团试图自主其政的压力下, 几乎每个大城市都设立了植物园。

传统上, 植物园是根据系统学原理 (基于某种分类学体系) 配置植物, 所以植物园属于 "植物学派" 的说法常宣于口。在植物标牌的长廊内, 约瑟夫·布里顿·德·图内福尔 (Joseph Pitton de Tournefort, 1656—1708)、卡尔·林奈 (Carl Linnaeus, 1707—1778) 的分类体系, 安托万-劳伦·德·朱西厄 (Antoine-Laurent de Jussieu, 1748—1836) 和德·康多勒的方法相继更替或者共存[4]。因此, 植物苗圃的配置展现了植物的地理分布的概括。外省社团推广了这类苗圃的使用, 最先在波尔多 (1847), 随后在贝济耶 (1886) 和尼奥尔 (1890)。至 19 世纪末, **生态植物园** (ecological garden) 的设想开始露头, 塔恩植物园 (1882—1883) 根据其常见的生境来配置植物, 以类似自然受光环境的条件来展示植物。这些生态园的设计尊重植物的生境偏好, 突出植物的生境特征, 比如克莱蒙费朗植物园 (1893) 从植物的各个原生地运回土壤栽培用以展览的植物。

[297]

高山植物园是其中的典范, 比如始建于 1878 年的比利牛斯山日中峰观测站的植物园。埃德瓦·安德烈 (Edouard André), 一位深受洪堡影响的景观设计师, 声言在平原地带有可能重建山地植物群落。这位法国人蹑迹英格兰人、瑞士人和德意志人之后, 或多或少成功地建成了岩生植物园 (André 1894, 第 1228 页; Matagne 1992, 1999b, 第 307-315 页)。基于植物分类体系而建的类属植物园、基于植物与环境的关系而建的生态植物园和基于地理起源而建的地理植物园, 这些构想反映了各地学者诸般理念之歧异。

兴办不论旧式的、新式的还是出于商业目的的博物馆, 通常同时开办图书馆, 这一热潮反映了法国大革命激荡之下看待自然遗产的新思维。地方社团的角色也必不可少, 尤其是来源各异的藏品之中类目纷繁, 鉴定、归类和保管的方法和技术不敷需求。根据博物学的传统, 地方博物馆的目标是综合性的, 而非专题性的。尼姆 (1822), 尼斯 (1828), 鲁昂 (1834), 普瓦捷 (1836), 勒阿弗尔 (1845), 巴约讷 (1856) 和图卢兹 (1865) 等地均设立了自然历史博物馆, 一般由当地社团直接创办或在当地社团支持下得以开馆。

由此, 植物园、博物馆和图书馆反映了负责主事的地方社团具备学术上的品

---

[4]Joseph Pitton de Tournefort,《植物学初阶, 或认识植物的方法》(1694); Carl Linnaeus,《植物属志》(1737); Antoine-Laurent de Jussieu,《植物属志》(1789); A. P. de Candolle,《雷尼植物自然系统》(1818—1821)。

格。19 世纪末的三十多年中，农艺学和生物学试验站遍地开花。借此机会，学术社团参与这些机构及其附属的现代实验室的事务，实现了自身的现代化 (Matagne 1996)。

在法国，**农艺试验站** (agronomic station) 的创设相对晚于德国。这些试验站拥有试验田、畜栏和公共实验室。化学、物理学和生理学的技术方法被用于促进农业。与这些试验站相关的农学会推广了实验分析技术，并参与绘制农艺地图。这些试验站还设立博物学部，向博物学家敞开大门。

同一时期，**海洋试验站** (maritime station) 也纷纷创立，并接纳业余学者参与其事。及至第一次世界大战前夕，法国沿海各地已经出现十余家海洋试验站 (Fischer 1997)。始建于 1867 年的阿卡松海洋试验站就是其中令人瞩目的一家，在成立以后的 30 年间该站一直为阿卡松科学协会所有和负责管理。阿卡松海洋试验站启动了大量新颖的研究项目，涉及海洋生物学、海洋地理学、生理学和电生理学，还有海岸沙丘环境的生态学。

莫罗克试验站则是另一值得留意的例子，该站由普瓦捷大学创建于 1912 年 5 月 30 日。次年，苏切领导的区域植物学会热忱地参与其事，为组织野外考察、创办植物园、图书馆和标本馆建言出力。作为回报，业余爱好者被邀加入实验室。不难发现，地方学术社团具有抱负和能力掌握科学上的新观念，在各个层面上加以运用，并培训其成员熟悉实验室技能。以往的一般观点则见不及此。因此，这些地方社团事实上并未沦落为科学探索的边缘性力量，甚至，通过推动建设生态植物园和催生第一批生态学学派，它们发挥了革新派的作用。

[298]

21.5　生态学的第一批学派

中部学派、西部学派和地中海学派的分立反映了不同治学进路的歧异，各地植物地理、社会环境和地方制度的特色与此不无关联。

根据植物社会学家朱尔斯·帕维拉尔 (Jules Pavillard, 1868—1961) 的说法，奥弗涅是 "法国植物地理学的经典区域" (Pavillard 1926, 第 2 页)。此一说法来自博物学教授、克莱蒙费朗植物园主任亨利·勒科克所著《欧洲植物地理学研究，以法国中部高原植被为尤》(*Etude sur la géographie botanique de l'Europe et en particulier sur la végétation du Plateau central de la France*) (Lecoq 1854)。在勒科克之前，多位著名人物曾在奥弗涅游历考察，其中包括植物学家勒内－路易兹·德斯方特尼斯 (René-Louiche Desfontaines, 1750—1833)、阿德里安·德·朱西厄 (Adrien de Jussieu, 1797—1853)，比利牛斯专家路易斯·雷蒙·德·卡博涅尔 (Louis Ramond de Carbonnières, 1755—1827)、德·康多勒，游历印度和喜马拉雅的探险家维克多·雅克蒙 (Victor

Jacquemont, 1801—1832), 游历巴利阿里群岛的探险家雅克·康贝斯戴斯 (Jacques Cambessedès, 1799—1863), 游历四方的植物学家奥古斯特·普罗文塞勒·德·圣-希莱尔 (Auguste Prouvensal de Saint-Hilaire, 1779—1853), 现代地质学创始人查尔斯·莱尔 (Charles Lyell, 1797—1875), 蒙彼利埃大学教授查尔斯·弗拉奥,《法国植物志》(Flores françaises) 的作者加斯通·博尼耶和伊波利特·科斯特神父 (Father Hippolyte Coste, 1858—1924), 等等。逗留奥弗涅几乎是任何周游法国或者世界的博物学家的必修课目。大量业余学者曾在《科学年鉴》(Annales scientifiques) 上发表作品, 这份刊物由勒科克创办, 后来移交到今日已不甚活跃的克莱蒙费朗学院手上。勒科克有意在他的家乡奥弗涅组建博物学会, 不过直到 1894 年这一设想才在他未竟其志的工作基础上得以实现。

自 1820 年代起, 勒科克这位洪堡的拥趸就开始吁请植物学家们关注植物群丛, "这些自然集群构成植物地理学的主题"[5]。他开拓了一种基于地质学和古生物学的崭新进路。在一份与学生马尔西亚·拉默特 (Martial Lamotte, ?—1883) 共同编撰的目录中, 他向《科学年鉴》的读者阐发了他的方法论指南: "从地质学入手研究不同土壤使得我们更容易解决此前未知的问题, 即地形如何影响植物定殖"[6]。他力主将法国中央高原划分为更为狭小的单元区域, 首先是依据地质学差异, 其次则考虑地形学和植物生理学。

在洪堡思想的启发下, 虑及 "植物的社会性以及相似个体植物和不同物种的植物群丛", 勒科克主张 "一个位点所有物种的聚合即构成一个植物群丛"[7], 并设计了一种优势度的标尺用以评判各植物种的发生率。在这种标尺之下, 植物被区分为优势种、核心种、次优势种和偶见种 4 个等级。后来, 他的学生拉西莫纳 (S.E. Lassimonne) 在《植物地形学原理》(Principes de topographie botanique) (1892) 一书中运用这一方案, 区分孤立种和共生种。勒科克还建立了一个代数方程来描述一个位点的大气和土壤理化因子的关系。这一建立定量关系或者数学关系的尝试在生态学领域实属首次。

来自阿韦龙的植物学家约瑟夫·雷沃尔 (Joseph Revol) 援用勒科克的思想以研究法国西南部的植物区系。克莱蒙费朗医学院的教授查尔斯·布吕扬 (Charles Bruyant) 在研究蒙特-多尔地区湖泊和泥炭沼泽植物群的进化时同样师法勒科克。

[299]

---

[5]法语原文 "ces groupes naturels, dont l'étude constitue la géographie botanique" (Lecoq 1854, 第 X 页)。

[6]法语原文 "l'étude géologique d'un sol aussi varié nous a donné de grandes facilités pour résoudre la question jusqu'ici indécise de l'influence des terrains sur les stations des plantes" (Lecoq and Lamotte 1847, 第 IX 页)。

[7]参见 Lecoq 1854, 第 134 页。

布吕扬还曾尝试将勒科克的方法用于动物地理学。詹姆斯·劳埃德所撰的《下卢瓦尔植物志》(*Flore de la Loire-Inférieure*) (Lloyd 1844) 和《法国西部植物志》(*Flore de l'Ouest de la France*) (Lloyd 1854) 两书曾主导区域植物学和植物地理学研究达半个世纪之久, 乃是植根于法国西部的另一学派的源头。劳埃德自六岁起居留法国, 在洛里昂上完高中, 后来迁居南特, 自 1840 年起定居于图瓦雷 (位于下卢瓦尔省, 今大西洋卢瓦尔省)。

1844 年, 劳埃德提出植物学家们不应当为行政边界所羁绊, 并力主投身研究植被演替, 其显著实例在大西洋海岸线俯拾可见。在海浪飞沫影响的地段, 气候对物种具有高度选择作用, 因而演替现象频频发生。劳埃德发现强风和富含盐分的凛冽空气导致矮小植物才能生存, 这类植物的典型特征为肉质叶片和几乎完全木质化的粗壮根系, 后者深入土壤以便获取淡水。他的植物地理学纲领在于比较海岸和内陆的植被区系, 鉴识过渡带:

> [……] 如果从最南边的海岸看起, 我们首先发现的是布尔讷夫的盐沼 (雷斯地区, 布列塔尼沼地), 适于盐渍粉土的植物的典型环境 [……]";
> "[……] 检视盐沼在何处出现, 从何处开始与耕地、沙地、牧场、淡水溪流混合总是非常有价值的。到了科莱, 潮上带沙地以及偏适其环境的植物开始出现 [……]"; "[……] 在离开潮上带之前, [……] 我推荐植物学家们留意这种海滨环境, 海滨区系和内陆区系的过渡地带恰好在此[8]。

[300]   十年之后, 劳埃德的《法国西部植物志》扩充覆盖了西部 8 个外省, 其边界根据土壤性质、气候、植被外貌和植物生理学因子勘定。他在西部地区树立了自己的声誉, 弟子门生遍布拉罗谢尔、莫尔比昂、菲尼斯泰尔、德塞夫勒、下卢瓦尔各地的学术社团, 尤其是下卢瓦尔学会甚至将他的研究纲领进行官方推介。

杂货商家庭出身的埃米尔·加德索 (Emile Gadeceau, 1845—1928) 在美国生态学的概念框架下从区系和外貌描述两方面综述了演替起因的生态学研究。作为下卢瓦尔学会的会员和后来的主席, 加德索的研究受到劳埃德和弗拉奥的影响。他最有开创性的作品是《大德湖植物地理学专论》(*Le Lac de Grand-Lieu. Monographie phytogéographique*) (Gadeceau 1909)。大德湖位于南特西南 15 km, 自 1980 年起成

---

[8]法语原文 "[···] si nous partons de l'extrémité méridionale de la côte, nous trouvons les marais salants de Bourgneuf (pays de Retz, Marais Breton), première station des plantes propres aux vases salées[···]"; "[···] il est toujours utile d'examiner les points où les marais salants prennent naissance, en se confondant avec les terres cultivées, les sables, les pâtures marécageuses et les ruisseaux d'eau douce. Au Collet commencent les sables maritimes et les plantes qui lui sont particulières[···]", "[···]avant de quitter la région maritime, [···] je recommanderai aux recherches des botanistes cette partie de la côte qui forme la transition de la flore maritime à celle de l'intérieur" (Lloyd 1844, 第 14–24 页)。

为自然保护区。加德索的著作分为三个部分: 湖泊地理学、水生植物学和生物生态学。在书中, 他运用了瓦尔明和斯特拉斯堡植物学家威廉 · 申佩尔 (Wilhelm Schimper) 的植物地理学概念, 后者奠定了植物生态学的生理学基础, 而瓦尔明没有 (Schimper 1898)。

加德索著作的第三部分在法语圈率先引介了美国的生态学观念。从劳埃德针对演替的空间视角出发, 加德索采纳了明尼苏达州官方植物学家康韦 · 麦克米伦 (Conway MacMillan, 1867—1929) 的进路, 后者于 1897 年从动态的角度出发探讨了湖滨植物的分布。其中要机在于, 不限于空间维度, 同时也从时间维度追踪演替。加德索也引用芝加哥大学的亨利 · 钱德勒 · 考尔斯 (Henry Chandler Cowles, 1869—1939), 后者曾发表过密歇根湖岸植被演替的论文 (Cowles, 1899)。麦克米伦和考尔斯两人均为生态学芝加哥学派的先锋人物 (参见第 20 章)。

加德索是美国《植物学公报》(Botanical Gazette) 和萨尔特省勒芒市《植物世界》(Monde des Plantes) (植物学文献目录的富矿之一) 的读者, 熟知其领域的最新思想, 并将之运用于大德湖的案例。因此, 他的认识论立场是非同凡响的: 作为法国外省学术社团的业余植物学家, 远在第一次世界大战之前, 就开始引入了美国生态学的成果。劳埃德所开创的西部学派固然创造了理论条件, 有助于整合这种新式的生态学 (指植被演替——译者注), 但要完成这一事业, 从欧洲植物地理学传统的静态视角转向美国的动态视角势不可免。

地中海地区最早的植物地理学研究出自吉罗 · 苏莱维神父 (Father Giraud Soulavie, 1752—1813), 其工作强调基于气候因子的地域区划的价值 (Soulavie 1780—1784)。普雷神父 (Father Pourret, 1754—1818) 就比利牛斯山东部的植物地理分布收集过素材, 马奎斯 · 加斯顿 · 德 · 萨波塔 (Marquis Gaston de Saporta, 1823—1895) 则留意到区系历史对于解释当下植被的重要性。

1862 年刊行的《论塔恩河谷的植物地理》(Essai d'une géographie botanique du Tarn) 是地中海学派的先声之作, 尽管当时无人响应 (Gazel Larambergues 1862), 然而它提出了崭新的研究纲领, 倡议基于地形和土壤性质而非袭用传统的行政界限 (郡、县、市镇) 进行植物地理区划。

1863 年, 在一次地方性的会议上, 来自邻边塔恩-加龙省的多米尼克 · 克洛 (Dominique Clos, 1821—1908) 的发言为生态植物地理学地中海学派奠定了基础。[301]
他的讲纲次年在图卢兹发表, 7 年后又在卡尔卡松发表 (Clos 1864, 1870)。克洛在卡尔卡松以西、塔恩河以南勘定地中海植被的边界, 其手段是通过追踪某些物种的消失、圈定其分布边界。卡尔卡松文学和科学学会采纳了这一研究纲领, 用于勘定该省的自然分区, 从而划出地中海植物地理区的边界。克洛的两位同代人, 来自埃罗省的植物学家亨利·洛雷 (Henri Loret) 和奥古斯特·巴朗东 (Auguste Barrandon) 在这一纲领指引之下编纂完成《蒙彼利埃植物志》(*Flore de Montpellier*) (Loret and Barrandon 1876)。

即此，克洛、洛雷和巴朗东成为地中海学派的开创者，遵奉康多勒的植物地理学范式并加以修正。他们的出发点是，以省区为单元分解出一个简单、富有意义的栅格架构，借此进一步探求植物分布的原因，并鉴别群丛。他们期望，每一个省的植物地理分布图完成之日，法国拼图之全貌自然就会呈现。《植物世界》(*Le Monde des Plantes*) 的主编赫克托·勒维耶 (Hector Leveillé 1863—1918) 就是洛雷的支持者。

贝济耶自然科学学会和奥德科学学会先后参与了上述研究计划。截至 1909 年，不少直接参考洛雷和巴朗东《阿尔代什省维管植物编目》(*Catalogue des plantes Vasculaires du département de l'Ardèche*) 的出版物相继问世 (Baichère 1891; Gautier 1898; Albert and Jahandiez 1908)。最后，地中海沿岸地区 50 位有影响力的学者 (图 21.3) 之中，有 12 位曾为各家学术社团培养了植物学家。

不过，查尔斯·弗拉奥教授却不赞成上述生态学工作，谓之脱离非溯因的描述性植物地理学 (即生物地理学) 传统实践。他承认地中海植物地理学的方向是正确的，但贬斥以省区边界划境自限的做法。比如说，他认为研究植物区系以喀斯地区的石灰岩高原为对象要比以阿韦龙和洛泽尔两省为对象有更大的意义。他谴责以省界为限的学者，不过是研究"除了在同一批公务员的管辖权之下，并无共同之处的植物"[9]。

事实上，弗拉奥早就拟定地中海地区作为他的宏伟研究计划的根据地。他试图通过当地学术社团传扬他的研究纲领，其要机在于勘定植物自然分布的边界，将行政边界置之度外。换言之，弗拉奥打算汇总区域乃至全国层面的制图概貌，让这些地方学会成为他的纲领的代理人。

[302]   弗拉奥的名望、个性和好战作风影响远不限于地方层面。他参与了 19 世纪与 20 世纪之交的诸多热门辩论和争议。当时，学界就植物地理学命名法和植物群丛的定义迫切需要达成共识，以避免该学科陷于"巴别塔化"(Babelization，圣经典故，诺亚子孙试图修建高可通天的巴别塔以避免洪水之祸，上帝惩罚他们从此语言不通，无法交流与合谋。——译者注) 的窘境 (Bonnier 1900)。最终，苏黎世–蒙彼利埃学派所主张的区系学路线在欧洲大陆赢得了胜利。这一路线定义群丛的方式与植物地理学的进路判然两别：鉴别群丛依据区系组成而不是环境因子。

---

[9]法语原文 "des plantes qui n'ont en commun que d'être sous l'administration d'un même fonctionnaire" (Flahault 1901, 第 3–4 页)。

　　1888 年, 弗拉奥出席法国植物学会在纳博讷举办的一场会议, 终于遇到了可以弘扬其思想的中意人选。次年, 奥德科学学会在他的帮助下宣告成立, 其中的植物学家们公开宣言放弃以行政边界为限的做法。该学会的 250 位成员之中, 有 25 位发表过依据弗拉奥路线开展的研究成果。前文提及的卡尔卡松文学和科学学会, 一向相当中立, 也在 1890 年至 1892 年转向了弗拉奥的进路。郎格多克地理学会, 与弗拉奥在蒙彼利埃创建的植物研究所关系匪浅, 为传布其思想发挥了巨大的作用。

　　大量刊物包括《波旁科学评论》(*Revue scientifique du bourbonnais*)、《植物世界》和《法国植物学会会刊》(*Bulletin de la société botanique de France*) 确保弗拉奥的进路得到了跨地域的推广。远离蒙彼利埃的弗拉奥支持者也活跃不已, 比如德塞夫勒地区的欧仁·西蒙 (Eugène Simon, 1871—1967)。科斯特神父编撰的《法国植物志》(Coste 1901—1906) 以学术著作定位却风行于众, 其导言即出自弗拉奥手笔, 他自然不忘在其中推广自己的纲领 (Flahault 1901)。由于缺乏统一的和标准化的数据, 很难评估弗拉奥之前地中海学派的工作。这些工作覆盖了十分之一至八分之一的法国领土。弗拉奥认为其结果并无利用价值。基于 1920 年至 1930 年出版物的一份综述表明, 另行分析实有必要。

　　弗拉奥学派成立于 1888 年, 具有象征性意义, 在旗下聚拢了大约 30 位学者。1909 年, 他们完成了法国领土十分之一的植被制图。然而, 由于缺乏人力和经费支持, 弗拉奥最终放弃了他的宏伟计划。他无法充分调动地方学会, 因为这些社团不甘就此沦为他人的某种工具, 而是倾向坚守已经尝试并被证明过的调查方法。并且, 20 世纪初年, 植物社会学出现于植物生态学的地盘, 并解决了长期困扰植物地理学的术语和命名法问题。

　　毫无疑义, 在中部 (奥弗涅) 学派、西部学派和地中海学派之外, 还存在其他学派, 尤其是在图卢兹周边和法国东北[10]。本章所论述的三个学派证明了加泰罗尼亚生态学家拉蒙·马加莱夫 (Ramón Margalef) 的认识论。马加莱夫留意到, 生态学打上了某种意义上可谓地方保护神的烙印, 各个学派的动态发展不脱离当地地域景观: 所以, 发源于中欧的植物社会学学派所开创的概念和方法是根据阿尔卑斯山和地中海植被的镶嵌分布创制而来; 北美生态学则吸收了广阔空间、植被演替和先锋物种的逐渐过渡 (Margalef 1968, 第 26 页)。在法国大西洋海岸线, 劳埃德和加德索面对的是与北美同类型的环境, 当然其空间尺度不及北美。着眼奥弗涅的

[303]

---

[10]在图卢兹, 1914 年之前的代表人物是拉维勒 (Lavialle), 之后则是亨利·高森 (Henri Gaussen); 在东北部, 亚历山大·戈德罗恩 (Alexandre Godron, 1807—1880) 和保罗·菲利希 (Paul Fliche, 1836—1908) 为植物地理学、动物地理学和林学做出了贡献。

环境, 地质因素的重要性自然凸显。在地中海沿岸地区, 生态学问题面临着法国大革命所决定的行政边界这种政治问题, 这决定了当地狭小省域的疆土, 而当地学者对他们的 "故土" 分外眷恋。

21.6 结论: 法国生态学的独到之处

法国早期生态学学派的命运系于组织和支持他们的地方学会。众多地方学会的会员死于第一次世界大战之中。劳动力的流动性增加也阻碍了地方性根脉的发展。并且, 通常依赖投资而运营的众多地方学会被法郎贬值所摧毁。那些在 1920 年代改组的学会也未能免于同样的命运, 当然缘由并不相同。因此, 生态学的第一拨学派连同地方学会一起在第一次世界大战之前沦亡。

然而, 这些战前人物仍被援引的情况在 1920 年代并非罕见。巴黎博物馆的隐花植物专家皮埃尔·埃罗吉 (Pierre Allorge, 1891—1944) 在植物社会学著作《法属维克森的植物群丛》(*Associations végétales du Vexin francais*) (1922) 中专辟一章回顾生态学的成就, 他就使用了勒科克的工作成果。有具体针对性的引用勒科克则见于埃梅·吕凯 (Aimé Luquet) 的《奥弗涅植物地理论集》(*Essai sur la géographie botanique de l'Auvergne*) (副标题为《蒙特多尔高原植物群丛》(*Associations végétales du Massif des Monts Dores*)), 该书同时也引用了拉莫特 (Lamotte) 和布吕扬的工作, 两人均为勒科克的拥趸。不过, 在这部题献布劳恩–布兰奎特 (Braun-Blanquet) 和帕维拉尔的 "论集" 之中, 吕凯自身所属的植物社会学学派的贡献才是其重点关注对象。即便如此, 吕凯的另一部著作《中央高原植物地理学研究》(*Recherches sur la géographie botanique du Massif Central*) (1937) 仍然援引了 19 世纪奥弗涅地区的不少作者。

在植物学和植物地理学研究中, 劳埃德和加德索仍属被参考之列。不过, 加德索在 1914 年之前所着手的事业, 即引介美国生态学的概念, 在 1920 年代和 1930 年代经由其他一众学者之手得以延续, 其中包括埃罗吉、伊曼纽尔·德·马东 (Emmanuel de Martonne, 1873—1955) 和亨利·高森 (Acot and Drouin 1997)。

布劳恩–布兰奎特所引领的植物社会学为 1920—1950 年的法国植物生态学打上了深刻印记。当然, 生物群落学和独辟蹊径的人类生态学也是这一时期的特色, 其中, 人类生态学源于比达尔·德·莱·布拉什 (Vidal de la Blache, 1845—1918) 的地理学。

[304]   1950 年 2 月 20 日至 25 日, 法国国家科学研究中心 (Centre nationale de la recherche scientifique, CNRS) 第一次以生态学为主题组织的国际研讨会在巴黎召开, 由于当时植物社会学的主流地位, 关注动物集群研究 (动物群落生态学) 的呼吁对与会者而言倍显珍贵, 因为这方面的进展相对滞后。尽管植物社会学并未被

列入官方议程, 但是其影响无所不在。另一方面, 当时美国势头正盛的生态系统理论 (Odum and Odum 1953) 在这次会议不见任何踪影。根据生态史学家帕斯卡·阿科特 (Pascal Acot, 1994) 的观点, 这反映了 1920—1950 年法国生态学的特别之处。另一特别之处则在于, 法国生态学传统植根于 19 世纪, 诞生并成长于难以胜数的作者手笔之下, 他们的名字在概念史中已经消失不见。但他们致力于发展出一种基于植物地理学范式的法国生态学进路, 该范式是诸方学派根据地方而组织的。

20 世纪之初, 生态学的建制化、第一次世界大战的爆发、植物社会学的兴起和美国生态学的突然涌现导致了这些地方性学派的边缘化。大战之后, 他们风流云散, 只剩下零落四散的遗产和为数不多的几个名字被后来仍在援引他们工作的人浮光掠影般点到为止 (图 21.5)。

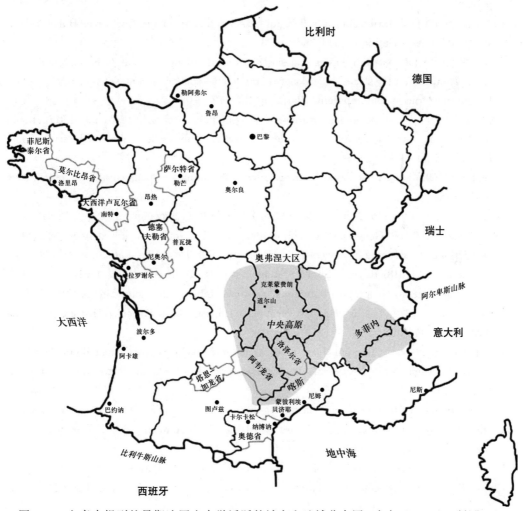

图 21.5　文章中提到的早期法国生态学活跃的城市和地域分布图 (哈克 (C. Haak) 制图)。

[305]
参考文献

Acot P, Drouin J-M (1997) L'introduction en France des idées de l'écologie scientifique américaine dans l'entre-deux guerres. Revue d'histoire des sciences 50: 461–479

Acot P (1994) Le colloque international du CNRS sur l'écologie (Paris, 20–25 février 1950). In: Debru C et al (eds) Les sciences biologique et médicales en France, 1920–1950. CNRS éditions, Paris, pp 233–240

Acot P (ed) (1998) The European origins of scientific ecology. Gordon and Breach Publishers, Amsterdam

Albert A, Jahandiez E (1908) Catalogue des plantes vasculaires qui croissent naturellement dans le département du Var. Paul Kliensieck, Paris

André E (1894) Les Fleurs de pleine terre comprenant la description et la culture des fleurs annuelles, bisannuelles, vivaces et bulbeuses de pleine terre. Vilmorin-Andrieux et Cie, Paris, p 1228

Baichère A (1891) Contributions à la flore du bassin de l'Aude et des Corbières. Bulletin de la société d'études scientifiques de l'Aude, p 73

Bange C (1988) La contribution des ecclésiastiques au développement de la botanique dans la région lyonnaise au 19e siècle. 112e Congrès national des sociétés savantes, Lyon, 1987. Section histoire moderne et contemporaine, Paris, pp 157–172

Bonnier G (1900) Projet de nomenclature phytogéographique. Actes du 1e Congrès International de Botanique tenu à Paris à l'occasion de l'Exposition Universelle de 1900. E. Perrot, Lons-Le-Saunier, pp 427–449

Boulaine J (1992) Histoire de l'agronomie en France. Technique et Documentation, London, New York, Paris

Boreau A (1857) Flore du Centre de la France. Librairie Encyclopédique de Roret, Paris

de Candolle A-P (1809) Géographie agricole et botanique. In: Nouveau cours complet d'agriculture ou Dictionnaire raisonné et universel d'agriculture, vol 6. Déterville, Paris, pp 335–373

de Candolle A-P (1818) Reyni vegetalis Systema naturale. Treuttel & Würz, Paris

de Candolle A (1855) Géographie botanique raisonnée. Libraire de Victor Masson, Paris

Château Emile (1912) Les associations végétales. Bulletin de la Société d'Histoire Naturelle d'Autun, pp 175–192

Clos Dominique (1864) Coup d'oeil sur la végétation de la partie septentrionale du département de l'Aude. Mémoires de l'Académie des sciences, inscriptions et belles-lettres de Toulouse, pp 421–422

Clos Dominique (1870) Mémoires de la société des arts et des sciences de Carcassonne, p 377

Corbin A (1992) Paris-province. In: Pierre N (ed) Les lieux de mémoire 3. Les France. Traditions, vol 2. Gallimard, Paris, pp 793–794

Coste AH (1901–1906) Flore descriptive et illustrée de la France. Paul Klincksieck, Paris

Cowles HC (1899) The ecological relations of the vegetation on the sand dunes of lake Michigan. Chicago

Dagognet François (1973) Des révolutions vertes, histoire et principes de l'agronomie. Paris, pp 51–52

de Jussieu A-L (1789) Genera Plantarum. Herissant, Paris

Drouin J-M (1991) Réinventer la nature. L'écologie et son histoire. Desclée de Brouwer, Paris

Dupuis C (1979) Histoire naturelle et naturalisme dans la France de 1904, année de la fondation des naturaliste parisiens. In: Bulletin des naturalises parisiens (ed) Cahiers des naturalistes 35: 69–106

Fischer J-L (1997) In: Ambrière M (ed) Stations maritimes, Dictionnaire du 19e siècle européen. PUF, Paris, pp 1128–1129

Flahault C (1901) La flore et la végétation de la France. In: Coste Abbé Hippolyte (ed) Flore descriptive et illustrée de la France. Paul Klincksieck, Paris, pp 3–4, 1901–1906

Fox R, Weisz G (1980) The organization of science and technology in France, 1808–1914. Cambridge University Press, Maison des Sciences de l'Homme, Cambridge, Paris

Gadeceau È (1909) Le Lac de Grand-Lieu. Monographie phytogéographique. Nantes

Gautier G (1898) Catalogue raisonné de la flore des Pyrénées-Orientales société agricole, scientifique et littéraire des Pyrénées-Orientales

Gazel Larambergues Dissiton de (1862) Essai d'une géographie botanique du Tarn. Société littéraire et scientifique de Castres, pp 317–327, 403–414

Grisebach AHR (1838) Über den Einfluss des Climas auf die Begrenzung der Natürlichen Floren. Linnaea 12: 159–200

Laissus Y (1976) Les sociétés savantes et l'avancement des sciences naturelles. Les musées [306] d'histoire naturelle, 100e Congrès national des sociétés savantes, Paris, 1975, Section histoire moderne et contemporaine et histoire des sciences. Paris, pp 41–68

Lassimonne SE (1892) Principes de topographie botanique. Durond, Moulins

Linnaeus C (1737) Genera Plantarum. Conrad Wishoff, Leiden

Lecoq H, Lamotte M (1847) Catalogue raisonné des plantes vasculaires du Plateau central de la France. Annales scientifiques, industrielles et statistiques de l'Auvergne 9

Lecoq H (1854) Etude sur la géographie botanique de l'Europe et en particulier sur la végétation du Plateau central de la France.Paris pp X et p 134

Lloyd J (1844) Flore de la Loire-Inférieure. Prosper Sebire, Nantes

Lloyd J (1854) Flore de l'Ouest de la France. (5th edn. 1897) -Nantes: Èmile Gedeceau

Luquet A (1937) Recherches sur la géographie botanique du Massif Central. Revue de géographie alpine 26 (2): 467–470

Loret H, Barrandon A (1876) Flore de Montpellier ou analyse descriptive des plantes vasculaires de l'Hérault. Montpellier

Margalef R (1968) Perspectives in ecological theory. University of Chicago Press, Chicago

Matagne P (1988) Racines et extension d'une curiosité: la Société botanique des Deux-Sèvres, 1888–1915. In: Corbin Alain (ed) Mémoire de mîatrise d'histoire contemporaine, Tours

Matagne P (1990) De la taxinomie à la phytosociologie: Eugène Simon à la Société Botanique des Deux-Sèvres (1898–1915). Mémoire de DEA

Matagne P (1992) La tradition des jardins et la culture régionale: le cas des Deux-Sèvres de la fin du 18e siècle à la première guerre mondiale. Bulletin de la société botanique de France 139. Lettres Botaniques 1: 5–13

Matagne P (1996) Les naturalistes au laboratoire. Bulletin d'histoire et d'épistémologie des sciences de la vie 3: 30–41

Matagne P (1997a) La botanique dans le Centre-Ouest (1800 à 1915). Bulletin de la Société historique et scientifique des Deux-Sèvres, 3e série, Tome 5, 1e semestre: 125–247

Matagne P (1997b) Les mécanismes de diffusion de l'écologie en France, de la Révolution française à la première guerre mondiale. Editions du Septentrion, Villeneuve-d'Ascq

Matagne P (1998) The taxonomy and nomenclature of plant groups. In: Acot P (ed) The European Origins of Scientific Ecology, Editions des archives contemporaines, vol 2. Gorden & Breach, Amsterdam, pp 427–519

Matagne P (1999a) Aux origines de l'écologie. Les naturalistes en France de 1800 à 1914. Paris: Comité des travaux historiques et scientifiques-histoire des sciences et des techniques

Matagne P (1999b) Des jardins écoles aux jardins écologiques. In: Fischer Jean-Louis (ed) Le jardin entre science et représentation. Comité des travaux historiques et scientifiques, pp 307–315

MacMillan C (1897) Observations on the distribution of plants along shore at Lake of the Woods. Minnesota Botanical Studies, Minneapolis

Odum EP, Odum HT (1953) Fundamentals of ecology. W. B. Saunders, Philadelphia

Pavillard J (1926) Etudes phytosociologiques en Auvergne. Clermont-Ferrand

Revol J (1910) Catalogue des plantes vasculaires du département de l'Ardèche. Paul Klincksieck, Paris

Schimper AFW (1898). Pflanzengeographie auf physiologischer Grundlage. Jena

Souché B (1901) Flore du Haut-Poitou. Clouzeau, Niort

Tournefort de JP (1694) Éléments de botanique ou Méthode pour connaître les plantes. Paris

von Humboldt A (1805) Essai sur la géographie des plantes, accompagné d'un tableau physique des régions équinoxiales. Schoell, Paris

von Marilaun Anton Kerner (1863) Das Pflanzenleben der Donauländer. In: The background of plant ecology. The plants of the Danube Basin. (Reprint 1977). Arno Press, New York

Warming E (1895) Plantesamfund, Grundträk af den Ökologiske Pflanzengeografi. Kopenhagen

Warming E (1896) Lehrbuch der ökologischen Pflanzengeographie, Eine Einführung in die Kenntnis der Pflanzenvereine. Berlin

Warming E (1909) Oecology of plants. An introduction to the study of plant-communities (expanded translation). Clarendon Press, Oxford

第 22 章　西班牙生态学的早期历史: 1868—1936

Santos Casado

22.1　导言

西班牙生态学的早期历史乃是新兴的生态学与其前身传统博物学之间紧张关系的精彩例证。在西班牙, 正如在绝大多数其他西方国家的情形一般, 新兴的生态学毋庸置疑是源于博物学已有的知识、实践和制度框架。然而, 在 19 世纪与 20 世纪之交的西班牙, 科学群体规模相对较小也欠发达, 有志于发展水生生态学或植物生态学跻身于崭新、独立和为人认可的学科之列的人们几乎无法取得同侪支持, 也很难吸引官方权威的注意。借用生态学和生物地理学的辞令, 我们不妨说, 在如此狭窄的地域, 生态学家这一物种无法觅得适宜的生态位, 或者说竞争压力导致此物种无法建立具有生存力的种群。

本章将简明扼要地讲述这一段历史。关于生态学传入西班牙及其早期发展的详细、精密记录, 可参见《西班牙生态学之起步》(*Los primeros pasos de la ecología en España*) 一书 (Casado 1997), 彼书涉及的历史时期与本章大体一致, 上溯 1868 年的民主革命, 下迄 1936 年内战爆发。

22.2　年轻的达尔文主义者

备述 19 世纪晚期和 20 世纪初期西班牙科学的制度结构, 本章绝难胜任。不过, 关于这个论题一份简明的撮要 (Sánchez Ron 1999; López-Ocón Cabrera 2003) 即足以突显西班牙科学建制化过程的某些特征, 令进一步的讨论有根有据。

19 世纪对西班牙而言是一个衰落的时代, 期间西班牙丧失了美洲大部分殖民 [308] 地, 在欧洲则沦为一个边缘性的小国。国内政治形势为社会冲突和意识形态冲突左右, 政权几乎完全操于绝对王权主义者和保守主义势力之手, 惯以高压政策回应局面, 少有例外。在这样多少不利的环境下, 若干 "中间代" 的西班牙科学家 (López

S. Casado (✉)

Universidad Autónoma de Madrid, Spain

e-mail: santos.casado@uam.es

Piñero 1992) 只能埋头研究著述, 直到 19 世纪最末 30 余年局势好转, 他们因此发挥了承前启后的作用。

1868 年的民主革命后, 意识形态趋于开放, 进而促进了科学现代化, 其中包括达尔文主义的传播。西班牙科学的建制化时代也始于同一时期。1871 年, 博物学家们引风气之先, 在马德里成立了西班牙博物学会 (可对比同一时期法国的情形, 参见第 21 章)。随后数年, 类似的创举在其他科学领域相继展开, 诸如地理学、人类学和医学, 等等。1875 年, 王权复辟, 意识形态迫害不免时有发生, 导致一些科学家比如劳雷亚诺 · 卡尔德隆 (Laureano Calderón) 和奥古斯托 · 冈萨雷斯 · 德 · 利纳雷斯 (Augusto González de Linares) 暂时失去了圣地亚哥大学的讲席职位 (Cacho Viu 1962); 不过王权复辟稳定了政治和社会形势, 因此, 就长期效果而言, 有利于革命时代已然发端的科学建制化发展。然而, 不论西班牙博物学会还是其他私立协会都无力以任何直接方式支持科学研究活动。当时仅有的两家官方机构是西班牙地质测绘委员会和自然科学博物馆, 均位于马德里。前者的主要任务是勘查矿产资源。后者始建于 1771 年, 到 1845 年完全成为中央大学的附属机构时, 面临着严重的危机。中央大学的所有博物学教授同时担任博物馆馆员, 除此之外, 博物馆没有自身的研究人员 (Barreiro 1992)。在这样的人力和物力资源限制下, 相比其他西欧国家, 西班牙对本国领土博物学基本知识的掌握盲点之多, 实在不足为奇 (Casado 1994)。西班牙人对本国众多生物类群几乎一无所知, 即或有少量数据也散乱不堪。大面积的国土未曾有过地质学、植物学和动物学方面的考察。

事实上, 19 世纪西班牙地质学、植物学和动物学最有价值的著作, 不少出自北欧和中欧的外国博物学家, 比如爱德华多 · 德 · 韦尔讷伊 (Édouard de Verneuil) 、莫里茨 · 维尔科姆 (Moritz Willkomm) 和弗朗茨 · 斯坦因达赫纳 (Franz Steindachner), 他们曾游历伊比利亚半岛, 为当地相对不为人知而高度丰富的自然多样性所吸引。西班牙博物学会的创立者们深知这一缺陷。因此, 他们在学会成立宣言之中呼吁着眼 "本国的自然产物", 开展广泛的分类学、地理学和一般记述性工作, 以期完善本底资料, 达到其他欧洲国家已有的水平 (Sociedad Española de Historia Natural 1872)[1]。

[309]   不多时, 大家开始明白, 完成一部西班牙博物志不是短短几年可以竟功的, 而是要花费数十年的功夫来研究。这个集体工程因此塑造了一个长期的科学传统, 数代博物学家在其中接受教育, 从而决定了他们的进路和目标。如果的确有的话, 生态学思想在这种背景下发挥了什么作用呢? 首先, 有必要指出, 尽管西班牙博物

---

[1]西班牙语原文 "las producciones naturales del país" (Sociedad Española de Historia Natural 1872, 第 VI 页)。

学家在调查国内领土方面落后于时代, 但是他们并非不了解地质学和生物学尤其是达尔文学说的新进展 (Núñez 1977; Glick et al. 2001)。达尔文学说和生态学的历史关系已有种种不同的解读 (Stauffer 1960; Acot 1983; Coleman 1986), 但是在西班牙两者无疑是相互促进的, 至少在理论层面如此。引领树立达尔文主义新观念的那些博物学家, 同时也是最先明显要求将生态学问题纳入西班牙植物学家和动物学家研究日程的一批人。下面的例证就可证实这一论点。

伊格纳西奥·玻利瓦尔 (Ignacio Bolívar, 1850—1944), 是西班牙最杰出的直翅目分类学专家, 也是收集完善西班牙自然地理本底知识的集体工程中一分子。他的第一部重要著作是一部伊比利亚直翅目动物志, 发表之时他只有 25 岁。不过, 他在书中提醒同行们不要沉湎于分类而忘记博物学的终极目的乃是揭示有机体与环境的相互关系这类普遍性问题, 这是受过达尔文理论影响的博物学家标志性的原初生态学问题:

> 终篇之际, 我应当郑重提醒年轻的昆虫学家们, 对他们而言这一告诫尤其重要, 清点和公布全部物种的工作固然有其重要价值, 尤其是在我们这样的国家, 众多博物学家不懈努力、辛勤工作, 长期投身于此, 仍有大量物种不为人知。可是要提出并且尽可能解决关于自然界的重大问题, 是我们魅力科学的终极目的, 设法探究不同物种之间的关系以及他们和外部媒介的关系, 在重要性上不为稍减[2] (Bolívar 1876, 第 86 页)。

玻利瓦尔的学生奥东·德·布恩 (Odón de Buen, 1863—1945) 随后将同样的观点用于其第一篇科学论文之中, 该论文是一份西班牙中部类似草原的地区的植物区系调查, 发表之时布恩刚刚满 20 岁。一反编制植物区系目录的常规做法, 布恩煞费苦心经营一项具有普遍性的植物地理学研究, 基于不同的地形和气候条件来描述几种植物群组。他还明确解释了这一进路的动机:

> 植物地理学研究已然显露出其极度的重要性。洪堡 (Humboldt) 首开风气, 稍后斯豪 (Schouw)、德·康多勒 (A. de Candolle)、瓦伦贝格 (Wahlenberg) 和一众其他学者引领风骚。随着达尔文进化论在自然科学领域出现, 植物地理学研究蓬勃发展起来。出于为进化理论搜罗事实证

[310]

[2]西班牙语原文 "Finalmente, no debo terminar sin recordar á los jóvenes entomólogos, á quienes principalmente van dirigidas estas notas, que si es importante enumerar y dar á conocer las especies, sobre todo en un país como el nuestro, en que tanto hay por conocer, á pesar de la incesante actividad y de los laboriosos esfuerzos de varios naturalistas que á su estudio desde largo tiempo se dedican, no lo es menos tratar de investigar las relaciones que entre sí y con los medios exteriores guardan las diferentes especies, para indagar y dar solucion en lo posible á los grandes problemas de la naturaleza, fin último á que tiende nuestra hermosa ciencia"。

据的初衷, 进而为如此这般获得的成功所激励, 不少学者探讨了植物与其所生长的土壤和气候的关系[3] (de Buen 1883, 第 421 页)。

约在同时, 玻利瓦尔另一位学生兼同事何塞·戈戈尔萨 (José Gogorza), 与一众西班牙博物学家前往著名的那不勒斯动物学试验站访学 (Fantini 2000), 其目的地乃是新生物学皈依者的圣地之一。在那不勒斯, 戈戈尔萨的选题是海洋动物对淡水环境的响应, 一个与适应概念密切相关的生理学和生态学问题 (Gogorza 1891)。

布恩和戈戈尔萨两人均为马德里林奈学会的成员。马德里林奈学会是一个植物学社团, 由托马斯·安德烈·图维利亚 (Tomás Andrés y Tubilla, 1859—1882) 创建于 1878 年, 参与其中的主要是一些年轻的博物学家。该学会的初期目标之一是完成西班牙植物区系的编目。不过, 不久后安德烈·图维利亚就提出了一个新计划, 旨在研究伊比利亚半岛的植物地理。基于两个科植物物种的分布, 安德烈·图维利亚推出了一个伊比利亚半岛植物区划的新方案 (Andrés y Tubilla and Lázaro e Ibiza 1882), 引领西班牙博物学转向生物地理学。

安德烈·图维利亚的生物地理学论文直到死后不久才得以发表, 当时他只有 22 岁。我们无从得知, 如果天假其年, 他是否会继续发展其生态学方面的兴趣。我们所确知的是, 其他活跃的博物学家, 比如玻利瓦尔和戈戈尔萨并未如此。他们似乎丧失了对生物地理学和生态学主题的热忱, 没过多久就重蹈先辈覆辙, 投身各种分类学研究计划, 也就是为伊比利亚植物和动物区系编目而已。因此, 在西班牙博物学家之中, 生态学进路被接受的程度在起初阶段相当有限, 也缺乏连续性。这一阶段几乎恰逢出生于 1850 年代的那一批博物学家成年。大致从 1890 年代起, 他们似乎就失去了或可称为具备生态学心智的科学个性, 他们的工作不知何故泯然散落于完善西班牙博物学本底资料, 以期媲美其他欧洲国家的集体工程。

若干年以后, 伊格纳西奥·玻利瓦尔作为那批青年才俊的核心人物, 以非常动情的措辞回想当时的情形:

> 我们的博物学家将主要精力, 事实上接近全部精力, 用于研究伊比利亚半岛的物种。这是亟待贯彻实施的首位工作, 除却当时我们对其他科学模式不甚了了或者无所措意这一事实, 还因为汇编我们土地上的生

[3]西班牙语原文 "Los estudios geografico-botánicos han adquirido verdadera preponderancia. Iniciados por Hurlbert y secundados por Schouw, A. De Candolle, Wahlenberg y algunos otros, recibieron considerable impulso con la aparicion de la teoría de Darwin en el horizonte de las ciencias naturales. Buscando hechos en apoyo de las tendencias evolucionistas primero, y alentados con el triunfo despues, diferentes sabios estudiaron las relaciones entre la planta, el suelo que habita y el clima en que vive"。

物目录作为将来研究的基础是绝对紧迫的任务[4] (Bolívar 1922, 第 65 页)。

生态学无疑属于所谓 "不甚了了或者无所措意" 的 "其他科学模式", 因为西班牙博物学家几乎心无旁骛地投身于描述性的和分类学的 "物种研究", 并且长期如此。不过, 等到 1910—1930 年, 一小批科学家开始冒险脱出西班牙博物学主流之外, 牢牢立足于生态学领域, 启动了新的研究纲领。

[311]

22.3　塞尔索·阿雷瓦洛和水生生态学

1912 年, 塞尔索·阿雷瓦洛 (Celso Arévalo, 1885—1944) 在巴伦西亚创立了西班牙第一家生态学研究中心, 命名为 "西班牙水生生物学实验室", 以欧洲大陆水生生态学为研究对象。由于这家机构的成功创办和阿雷瓦洛本人的研究成就、备受欢迎的著作, 他应当被视为开创了西班牙湖沼学 (或如他本人所喜爱的名称——水生生物学) 这一水生生态学门类的科学家 (Casado 1997, 第 155-263 页)。

1905 年, 阿雷瓦洛获得自然科学的学位以后, 在桑坦德的海洋生物试验站接受进一步的研究训练。海洋生物试验站始建于 1886 年, 至 20 世纪初仍是西班牙唯一一家致力于海洋生物学研究的机构 (图 22.1)。生态学进路在桑坦德并无苗头, 但是数年之后阿雷瓦洛自己创办西班牙水生生物学实验室时开始采纳此一进路。桑坦德的经历为他提供了一个海洋实验室的制度模板, 他借鉴过来, 用于大陆水体的实验室, 同时改变了水生生物学的研究方向, 仿效中欧和北美新兴的湖沼学学派, 更多偏重生态学。

[312]

用阿雷瓦洛自己的话说, 这是在西班牙开创 "水生生物学" 并使之 "成为一门博物学新方向造就的真正科学"[5], 用被他称为新式的 "生物学规范" (criterio biológico) 替代 "分类学规范" (criterio taxonómico) [6]。所谓 "生物学规范", 即不再着眼物种, 转而着眼通过与特定 "媒介" (medio) 相关联来定义的 "生物群" (Arévalo 1914a)。

1905 至 1915 年, 在桑坦德之外, 沿西班牙海岸线多个地方成立了新的海洋学实验室。阿雷瓦洛提出也应当设立类似机构研究河流与湖泊, 他强调这样有助于

---

[4]西班牙语原文 "Nuestros naturalistas se han ocupado principalmente, casi exclusivamente, en el estudio de las especies que viven en la Península, por el que necesariamente se había de empezar, pues aparte de que en su tiempo otras modalidades de la ciencia eran desconocidas o poco estudiadas, se imponía con toda urgencia hacer, por decirlo así, el inventario de los seres que pueblan nuestro suelo, como base de todo estudio ulterior"。

[5]西班牙语原文 "como una Ciencia creada por las nuevas orientaciones de la Historia Natural" (Arévalo 1914a)。

[6]阿雷瓦洛所谓 "生物学规范", 仅仅意味着他试图研究实际存在的生物群落, 而不是人为定义的分类学群组。当然, 这一进路在 1910 年代已经不算新颖, 但是必须指出在当时的西班牙这类生态学研究几乎闻所未闻。

图 22.1　塞尔索 · 阿雷瓦洛 (右侧) 和一位不知名的研究人员在桑坦德的海洋生物试验站 (Estación de Biología Marítima), 大约摄于 1905 年 (马德里的玛丽亚 · 特蕾莎 · 阿雷瓦洛 (María Téresa Arévalo) 供图)。

促进渔业和其他经济产业, 以其潜在的实用价值吸引政府注意他的计划。他还论争说, 其他欧洲国家已经将海岸实验室的模板移用于内陆水体, 在各个湖泊和河流上设立了湖沼学研究中心。比如说, 德国的普隆生物研究站就属首开先例的典范 (Overbeck 1989)。阿雷瓦洛援引此一案例, 谓之为欧洲和北美众多类似机构最卓著的一家 (Arévalo 1914b)。

　　当然, 阿雷瓦洛的职业立场和制度身份不是没有问题。他在公立教育系统教授博物学, 从 1912 年起, 他担任一家中等职业学校即巴伦西亚普通技术学院的教师 (图 22.2)。该校地处一个名为阿尔武费拉的海岸潟湖附近, 似乎这一方位优势激发了阿雷瓦洛启动他的计划, 仿效国外设立湖沼学研究中心。类似国外那些中心, 阿雷瓦洛的实验室也是专门为了研究单一系统而设立, 即阿尔武费拉潟湖。不过他的实验室并非建在潟湖岸边, 而在几英里之外的巴伦西亚城里。实验室没有固定人员、船只和其他开展正式湖沼学调查所必需的设备。事实上, 早期的西班牙水生生物学实验室不过是阿雷瓦洛的个人创举, 除了他执教的巴伦西亚普通技术学院之外没有任何支持力量。他获得校长的许可, 利用以前用作走廊的空闲场所, 设法配上一些桌子放置显微镜和其他实验仪器, 以及一些便于观察活体有机体的鱼缸。经过数年的工作, 直到 1917 年, 该实验室才成为政府官方认可的研究中心。然而, 这基本上只是给予一个名义上的地位而已, 因为此后该实验室仍是在几乎没有任何地方和国家政府资助的情况下运行。

　　在重重困难之下, 阿雷瓦洛还是在阿尔武费拉潟湖和周边湿地上设法继续非

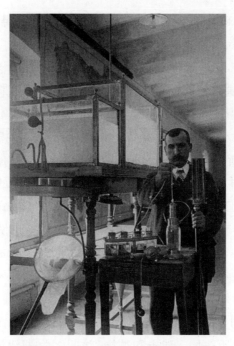

图 22.2　巴伦西亚普通技术学院 (Instituto General y Técnico de Valencia) 的一位雇员展示 "水生生物学实验室" (Laboratorio de Hidrobiología) 的部分湖沼学仪器, 大约摄于 1915 年 (马德里的玛丽亚·特蕾莎·阿雷瓦洛供图)。 [313]

同凡俗的湖沼学研究。不过, 他没过多久就不得不面对一个悖论。他宣称有必要改变主导西班牙博物学的 "分类学规范", 自己却为同样的问题——欠缺的分类学知识——所困扰, 而西班牙博物学家以分类学为重心的传统正是由这方面的欠缺激发而起。就水生生物这一分类学尤其忽视的类群而言, 这一缺陷更形严重。于是, 阿雷瓦洛被迫从水生有机体的分类学调查起头, 因为水生有机体尤其浮游植物是他感兴趣的类群。在两难处境之中, 他无法深入推进生态学研究。然而, 他的进路还是有其明显的特别之处。他无意成为伊比利亚整个半岛某一或者某些类群的专家, 相反, 他全神贯注于阿尔武费拉潟湖, 尽可能识别其中的全部物种。由此, 他成为西班牙第一位发表论文探讨例如枝角目和轮虫纲这些重要类群的科学家 (Arévalo 1916, 1917)。此外, 他还留下许多便签记录, 收集了大量未见发表的数据, 涉及在阿尔武费拉潟湖蕃息的几乎所有水生生物类群, 从藻类到水禽, 应有尽有。他还调查潟湖各种理化条件下有机体的空间分布, 渐而对浮游植物群落的时间动态 (不论定性还是定量) 产生了特别的兴趣。然而, 他似乎无意尝试研究种间 [314]
关系。

　　作为西班牙博物学会的会员, 阿雷瓦洛向会中同仁们介绍过他的新实验室及

其科学目标 (Arévalo 1914b), 不过他的生态学计划并未取得马德里科学权威的多少支持。为了从地方上获得更多支持, 他在巴伦西亚创建了西班牙博物学会的分支机构, 成为巴伦西亚当地非职业博物学家组成的一个小群体的领袖, 正是这个小群体为他的计划提供某些实质性的支持。生物学家路易斯·帕尔多 (Luis Pardo, 1897—1957) 是阿雷瓦洛主要的追随者和合作人。一些外国博物学家曾短暂隶属阿雷瓦洛的实验室, 对他们专长的水生生物类群研究有所裨益。来自德国的软体动物学家弗利茨·哈斯 (Fritz Haas)、水螨专家卡尔·菲茨 (Karl Viets) 和来自瑞士的鱼类学者阿方索·甘多尔菲 (Alfonso Gandolfi), 就是其中的例子。阿雷瓦洛为其学院创办了《巴伦西亚普通技术学院年报》(*Anales del Instituto General y Técnico de Valencia*), 从而为发表自己的著作提供了平台。其中, 一份名为《西班牙水生生物学论文集》(*Trabajos del Laboratorio de Hidrobiología Española*) 的专辑, 包含 33 篇湖沼学论文, 这些论文在 1916 至 1928 年相继面世。《西班牙水生生物学论文集》还曾单独重印, 用于同外国的湖沼学期刊和机构的学术交流。有必要指出, 单就湖沼学而言, 阿雷瓦洛的学术圈大部分源自与国外学者和机构的联系, 尤其是德语国家。1921 年, 他曾游历法国、瑞士和德国, 访问多家湖沼学实验室, 其中包括位于瑞士卢塞恩附近由汉斯·巴赫曼 (Hans Bachmann) 主持的卡斯坦宁堡湖沼学中心。1922 年, 国际理论与应用湖沼学会 (通常以简称 SIL 闻名, 根据第 19 章实为 IVL。—— 译者注) 成立之后不久, 他注册入会, 并出席了 1927 年在罗马举办的 SIL 大会。

简而言之, 阿雷瓦洛不执着于博物学家的官方机构所青睐的分类学进路而另辟蹊径, 为其生态学计划创造了自己的制度框架。

1919 年, 阿雷瓦洛接过马德里西斯内罗斯主教学院的新职位, 仍讲授博物学。随后, 位于马德里的西班牙国家自然科学博物馆开设了水生生物学部, 阿雷瓦洛被委任为负责人。巴伦西亚的西班牙水生生物学实验室被整合进博物馆, 成为其分支机构。这是否意味着博物馆突然对阿雷瓦洛的生态学计划产生了兴趣? 显然不是。事实上, 博物馆方面的兴趣是改组巴伦西亚的实验室, 使之成为海洋站。此前, 在政府掌控下的科学机构重组过程中, 博物馆失去了对众多海岸试验站的主导权。如果博物馆要继续开展海洋生物类群的分类学研究, 让动物学家出身的一众馆员有用武之地, 当务之急就是选择替代性的海岸试验站。不过, 博物馆和阿雷瓦洛达成协议, 使得他仍能掌控巴伦西亚实验室的部分权力, 否则极有可能完全落入他人之手。最重要的是, 阿雷瓦洛借此获得了苦求多年而不得的官方支持。

[315]   博物馆和阿雷瓦洛双方都难以捍卫各自的利益。一段时间之后, 博物馆认定巴伦西亚不是海岸试验站的合适选址, 对阿雷瓦洛的实验室完全丧失了兴趣。同

时, 阿雷瓦洛为他的合作人路易斯·帕尔多在巴伦西亚成功谋得一个官方职位, 即西班牙水生生物学实验室的助理研究员。好些年来, 阿雷瓦洛坚持进行他的湖沼学研究, 聚焦浮游植物的时间动态, 调查了西班牙各种各样的湖泊, 不时与帕尔多相互合作。博物馆的馆长伊格纳西奥·玻利瓦尔和馆内其他有影响力的人员似乎并不看重这类研究, 很快给予阿雷瓦洛的研究支持也降到了最低。正如前文所言, 此时的玻利瓦尔早已失去年轻时代对原初生态学论题的热情。1928 年, 帕尔多前往马德里处理私人事务, 并申请加入博物馆作为阿雷瓦洛的助手继续以前的研究, 然而失望而归。1931 年 12 月, 阿雷瓦洛辞去了博物馆的职务。次年, 马德里和巴伦西亚两地的水生生物学实验室以关门告终。

在博物馆的最后几年之中, 阿雷瓦洛寻求其他渠道的支持。他不再诉诸博物学家掌控的科学机构, 转而向管理有经济价值的自然资源的政府部门求助。他转换身份, 自称是一位应用生物学专家, 吁请注意当时内陆渔业仍被人忽视的状况。这一职业身份的转变并非他心甘情愿, 在 1927 年写给帕尔多的一封信中, 他如此说道: "你了解的, 我所感兴趣的仅仅在纯粹科学的方面, 并不是渔业的实用价值"[7]。无论如何, 这是在西班牙将湖沼学研究建制化已证明行之有效的唯一途径。阿雷瓦洛也在旨在改革渔业法规的各种官方委员会任职, 在这些场合, 他始终坚持生物学研究的重要性, 谓之为提升内陆水体经济产出和社会价值的唯一合理基础。

内陆渔业管理是官方指派给林业工程师群体的任务之一。作为西班牙行政部门的独特职业门类, 林业工程师有他们自己官方的应用研究机构, 即"应用林学研究所"。1931 年, 应用林学研究所新设立了大陆水体生物学部。借助阿雷瓦洛此前几年建立起来的关系, 帕尔多成为新学部的一位技术人员。

阿雷瓦洛自己在水生生态学领域的科学生涯也基本上结束于 1931 年。但是, 即使在 1944 年去世之后, 阿雷瓦洛以著作《淡水生物》(La vida en las aguas dulces) 留下的遗产仍有不灭的生命力, 尽管该书比较通俗, 但就淡水生物学领域给出了非常全面而现代的观点, 被誉为西班牙语的第一部湖沼学专著 (Arévalo 1929)。

阿雷瓦洛计划的一个衍生结果是路易斯·帕尔多加盟应用林学研究所, 继续研究西班牙大陆水体, 尽管帕尔多的大部分注意力都被应用研究尤其是渔业活动所占据。除却阿雷瓦洛的合作人这一身份之外, 帕尔多仍是举足轻重的人物, 因为他是将西班牙境内的河流与湖泊看作自然资源进行全面调查的第一人。即便如此, 基础生态学在应用林学研究所仍有一席之地, 正如路易斯·贝拉斯·德·梅德拉诺 (Luis Vélaz de Medrano) 和赫苏斯·乌加特 (Jesús Ugarte) 两位林业工程师 [316]

---

[7]西班牙语原文 "[Y]a sabes que yo no me intereso por los problemas tecnicos de la pesca y solamente por los puramente cientificos" (Casado 1997, 第 240 页)。

合作的一部以曼萨莱斯河为主题的出色专著所例示, 是为西班牙开展的第一例河流生态系统研究 (Vélaz de Medrano and Ugarte 1934)。不幸的是, 1936 年西班牙内战的爆发断送了所有继续开展水生生态学研究的机会。这也就是为什么战后初出茅庐的博物学家拉蒙·马加莱夫 (Ramon Margalef) 开启其水生生态学生涯之时不得不从零开始。到 1960 和 1970 年代, 他成长为世界上最有影响力的生态学家之一——但那是题外话了。

22.4　埃米利奥·乌格特·戴·比利亚尔和植物生态学

阿雷瓦洛在水生生态学领域发展他的研究计划之际, 另一位西班牙博物学家选择了植物生态学作为其科学事业, 那就是埃米利奥·乌格特·戴·比利亚尔 (Emilio Huguet del Villar, 1871—1951)。不妨说, 比利亚尔是 1936 年之前西班牙从事生态学研究的科学家之中最有影响力的一位 (Casado 1997, 第 265–352 页)。他是唯一一位身边聚集一个核心研究团队的人物, 甚至可能形成了一个真正意义上的生态学派。他的研究纲领也是充满野心的, 试图从生态学角度全面更新伊比利亚半岛的植物地理学。最后, 他的理论阐述, 其中大部分都收录于《地植物学》(*Geobotánica*) (del Villar 1929) 一书, 以其独创性令人刮目相看。然而, 比利亚尔的生态学计划在西班牙博物学家群体之中也是乏人支持, 他无能为之创造稳定的制度结构。

比利亚尔自学成才, 没有大学颁发的学位, 却成为科学家。这极有可能是他的科学思想别具创造性的关键因素之一。他选择植物生态学这一当时在西班牙几乎完全被人无视的领域, 以及别出心裁开展植物生态学研究的方式, 都是他整体性格的典型体现。不过, 缺乏官方认证的学术资历也给他造成了额外的麻烦; 他的职业生涯多少有些不循常轨: 早年从新闻业起步, 一变而为地理学, 再变而为植物学和植物生态学, 最后落脚土壤科学 (Martí 1984)。从思想和制度两方面看来, 比利亚尔都是典型的所谓 "科学局外人", 我在另一项研究中曾将这一标签赋予西班牙早期生态学家 (Casado 1997, 第 442 页)。

[317]　比利亚尔自学植物学和生态学大约始于 1912 年, 但是因为与正规科学机构之间毫无职业性联系, 他撰写了不少面向大众的地理学科普著作, 以此谋生。有一本出版于 1921 年的地理学科普著作, 其中部分章节 (del Villar 1921, 第 176–192 页) 事实上可以认为是他论及伊比利亚植被生态学的最早作品。四年之后, 他发表了一份更为详尽的报告, 题为《西班牙中部草原地植物学初步研究》(*Avance geo-botánico sobre la pretendida estepa central de España*) (del Villar 1925)。他巧妙地选择了一个主题, 证明现代生态学理论和方法可就植被给出焕然一新的解释, 这

份报告随即成为他跻身成熟生态学家之列的公开宣言。比利亚尔采取动态进路，据他自承，这是严格效法了弗雷德里克·克莱门茨 (Frederic E. Clements) 的植物演替生态学，从而证明，迄今西班牙人所熟知的所谓 "中部草原" 其实是长期人为砍伐下森林退化的结果，并且原生林的残迹可用于重建顶极植被的物种组成和群落结构。

在这一时期，比利亚尔在他的家乡加泰罗尼亚获得机会，成为一名职业植物生态学家，这是他一生之中第一次也是唯一一次拥有专职身份。1923 年，植物学家出身的皮乌斯·丰特–克尔 (Pius Font i Quer)，时任巴塞罗那自然科学博物馆馆长，向比利亚尔提供了一个职位，隶属新建的植物地理学部。巴塞罗那自然科学博物馆是 20 世纪早期加泰罗尼亚民族主义运动发起文化革新产生的科学机构之一。由于在马德里郁郁不得志，这些机构对比利亚尔而言意味着中央机构之外的机会。他接受了上述职位，但试图自树研究纲领，很快就与博物馆陷入争执，一年之后即被解雇。此前，他曾是位于马德里的西班牙自然历史学会的会员，自 1915 年起，他的第一批植物学论文就在学会中陆续宣读，但是几乎无人关注。1919 年，他加入新成立的伊比利亚自然科学学会 (位于萨拉戈萨)。次年，他在马德里创立伊比利亚自然科学学会的分会，其目的明显是另寻潜在的科学同道推广他的主张和发现。

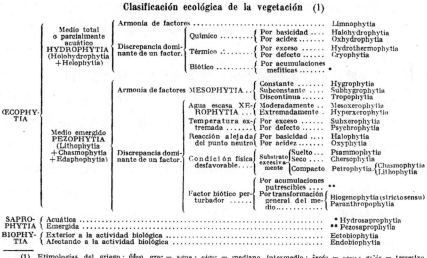

图 22.3　埃米利奥·乌格特·戴·比利亚尔在《地植物学》一书中推出的植被类型划分方案 (Villar 1929)。

西班牙的植物学家之中, 尤其是年轻一代, 其实也有少数人注意到比利亚尔工作的质量和开创性。《地植物学》一书 (Villar 1929) 作为第一部西班牙语植物生态学著作, 以其对地植物学领域简明、与时俱进的撮述进一步提升了他的突出地位 (图 22.3)。再者, 此书推出了大量理论上的创新, 比如说他的植被类型划分方案和他的 "种组" (sinecia) 概念。后者是他特意拟构可用于任何植被单元的中性术语, 与负载了社会学意义的术语 "群落" (community) 和 "群丛" (association) 两者均判然有别 (在多数西方语言中, 两者本意分别为 "社区" 和 "协会", 用于生态学时不脱本意, 不过指涉对象转换为生物而已。——译者注)。这些创新赋予了他的著作民族主义感染力, 因其代表了一种真正意义上由西班牙人对植被科学所做的贡献。随即一些大学教授、研究生和业余植物学家开始追随比利亚尔的思想和方法论。马德里中央大学的植物学教授何塞·夸特雷卡萨斯 (José Cuatrecasas, 1903—1996) 就是其中之一, 作为一名专精热带区系的植物分类学家, 他将同样的敬业热诚投向伊比利亚区域植被生态学研究, 与比利亚尔开展紧密的合作。如果比利亚尔能够进一步贯彻他的生态学兴趣, 这或许就是西班牙植物生态学派的起点。

当然, 这里是在宽泛的意义上使用 "学派" 这一说法, 因为围绕像比利亚尔这样一位不在任何机构任职的科学家形成的是一个非正式的、并无明确边界的团队, 这不满足前人用以定义学派而举出的绝大多数条件 (Morrell 1972; Geison 1981; Servos 1993)。事实上, 比利亚尔追随者的职业身份通常高过他本人。

[318] 这种反常的处境或可部分地解释比利亚尔职业生涯的新转变, 约在 1925 年, 他开始投身于土壤科学。他对土壤的兴趣缘于土壤乃是植物生态学的关键因子之一。鉴于土壤科学在当时的西班牙几乎闻所未闻, 他从国外一流专家那里取经, 并参加了 1924 年在罗马召开的国际土壤科学大会。在罗马大会期间, 国际土壤科学协会宣告成立, 比利亚尔受邀组织西班牙分会。对他而言, 这是一个寻求官方支持的上佳机会。他强调, 土壤科学具有显而易见的实用性和潜在的经济效益, 西班牙政府不能承担继续漠然置之招致的损失。1925 年, 一个官方的委员会即土壤学和地植物学委员会宣告成立, 充任起国际土壤科学协会西班牙分会的角色。比利亚尔被任命为执行秘书, 甚者, 他设法将植物生态学——当时还是他的核心兴趣——纳入了新立委员会拟定发展的众多科目之中。但是土壤学是该委员会的优先科目, 比利亚尔作为所有委员之中唯一一位研究人员, 不得不投入土壤学研究, 基本上放弃了植物生态学调查。与阿雷瓦洛一样, 博物学家无意提供的制度性支 [319] 持最终还是从林业工程师那里获得。1927 年至 1932 年, 比利亚尔一直在应用林学研究所的土壤学部工作。后来他发表了伊比利亚半岛的第一份土壤分布图 (Martí 1984), 今日他通常被誉为西班牙土壤科学的创始人。

随着比利亚尔逐渐退出生态学领域,有志于生态学的西班牙植物学家可谓 "沦为孤儿",于是他们的注意转向了法国的蒙彼利埃,那里的地中海和阿尔卑斯山地植物学国际试验站 (Station International de Géobotanique Méditerranéenne et Alpine),以简称希格玛 (Sigma) 为人熟知 (也可参见第 21 章),也正是乔赛亚斯·布劳恩–布兰奎特 (Josias Braun-Blanquet) 植物社会学派的大本营所在。希格玛由布劳恩–布兰奎特创办于 1930 年,尤其作为一个国际培训中心别具影响力 (Acot 1993)。因此,希格玛对有志于专精植被研究的人而言是一个无须过多斟酌的选择。1934 年,三位年轻的西班牙植物学家赴希格玛接受培训,同年希格玛组织了一支国际科考队,由布劳恩–布兰奎特领队,访问了加泰罗尼亚。何塞·夸特雷卡萨斯帮助组织了这些活动,有意借此机会将所谓的希格玛学派引入西班牙 (图 22.4)。夸特雷卡萨斯本人拥护比利亚尔的思想和方法,但他确知希格玛的框架有助于弥补妨碍西班牙植物生态学进一步发展的制度缺陷。希格玛植物社会学以分类为旨归的静态进路和克莱门茨植物生态学倾向整体论的动态进路,在理论上和实践上均有深刻差异 (Nicolson 1989)。比利亚尔所青睐的正是后者。植物社会学关注的是植物区系编目和植被分类; 然而,比利亚尔的植物生态学关注植物群落和环境因子的关系,目的在于以演替解释植被。当然,在 1930 年代西班牙的特殊背景下,这两路势力的作用应当是互补的,而非相互冲突。比利亚尔的工作激发了西班牙植物学家的生态学兴趣,而希格玛提供了方法论的和制度性的框架。 [320]

图 22.4　何塞·夸特雷卡萨斯 (左侧),当地向导和植物学家丹尼尔·桑斯 (Daniel Sans) (右侧) 在马吉纳山脉 (西班牙哈恩省),1920 年代初,夸特雷卡萨斯在此开始他的生态学调查 (巴塞罗那植物研究所供图)。

1936 年内战的爆发使科学家群体陷入彻底的混乱,也打断了西班牙博物学家之中正在进行的植物生态学本土化进程。弗朗哥将军 (General Franco) 上台以后发起意识形态迫害, 导致大批西班牙人踏上流亡之途, 比利亚尔和夸特雷卡萨斯两人也都身罹其祸。幸亏比利亚尔已然成为享有国际名望的土壤学家, 他先后在阿尔及利亚和摩洛哥成功地安家立业, 继续其土壤学研究直至 1951 年去世。夸特雷卡萨斯在哥伦比亚安家落户, 后来迁往美国, 继续以热带植物区系专家的身份从事分类学研究。1996 年, 他在华盛顿特区辞世。

同时, 新一代植物学家开始填补战后流亡者们遗留在故国的职业缺口。仅仅在开初阶段, 他们之中的一部分人采用比利亚尔的方法论, 未及深入之际, 希格玛学派的植物社会学就被萨尔瓦多·里瓦斯·戈代 (Salvador Rivas Goday) 和奥里奥尔·德·博洛斯 (Oriol de Bolòs) 等植物学家重新引入西班牙 (Izco 1981; Pairolí 2001), 这一次终于取得了压倒性的优势, 深刻影响了西班牙自此以后的植被研究。

22.5 科学局外人和中断的计划

在某种意义上, 阿雷瓦洛和比利亚尔都是 "科学局外人" (Casado 1997, 第 442 页)。他们从未拥有大学讲席, 也不曾在历史悠久的研究部门有过职位。反之, 他们选择自创思想上和职业上的机会, 发现了此前无人占据的生态位, 也即是, 西班牙博物学家不甚留意甚或完全无视的学科, 比如说水生生态学和植物生态学。他们从边缘性城市诸如巴伦西亚和巴塞罗那获得支持, 至少是暂时的支持, 因为这些地方的制度性环境更为活跃和开放。相比之下, 马德里多是传统的中枢科学机构。阿雷瓦洛和比利亚尔的策略有成有败。一方面, 他们在各自的领域成功树立了自己的权威, 并为他们的计划创造了一定的制度基础, 比如说 "西班牙水生生物学实验室" 和 "土壤学与地植物学委员会", 尽管为期短暂。另一方面, 他们的成就到头来却被证明是建在沙滩上的城堡, 不利的个人、社会和政治意外来临之际, 不免毁于一旦。博物学、植物学和动物学界本当是他们的生态学计划寄身所在, 然而缺乏这些领域科学权威的支持, 使得他们事业的连续性难有保障, 最后只能黯然放弃。

所以, 西班牙早期生态学发展极为有限, 在国际生态学界也并无显赫地位。但是这段历史为传统博物学框架内新学科兴起涉及的复杂过程和冲突关系提供了有趣的案例。在西班牙, 与在许多其他国家一样, 博物学家群体是接受新兴生态学进路的自然基础 (Kohler 2002; Kingsland 2005)。不过, 早期岁月里先锋生态学家们所预想的有效统合, 比如查尔斯·亚当斯 (Charles C. Adams) 所谓 "汇集旧博物学和新兴实验生物学两方面的精华" (Ilerbaig 2000, 第 459 页), 不可能在西班牙发生。分类学知识的欠缺无疑对阿雷瓦洛和比利亚尔造成了麻烦, 但这还不是真正的困

[321]

难。民族传统和民族主义塑造了 19 世纪与 20 世纪之交西班牙博物学的分类学导向, 结果这种导向构成了那些早期生态学家的主要障碍, 这从他们无法获得官方认可的制度性地位和职业地位可以看出。阿雷瓦洛和比利亚尔的首要兴趣乃是基础生态学研究, 然而两人都被迫突出他们研究领域的应用潜力以争取操控于林业工程师之手、致力于渔业、林业和农业的官方机构之支持, 舍此别无他途。

　　就笔者所知, 阿雷瓦洛和比利亚尔之间没有私人或职业交往, 他们似乎也没有明确意识到他们的科学兴趣与职业生涯之间的关联。然而, 他们共同的生态学进路毫无疑问与他们计划的历史命运相似, 包括他们和 19 世纪与 20 世纪之交西班牙科学共同体内部思想和社会环境产生关联的方式, 有一定关联 (图 22.5)。

图 22.5　本章涉及的早期西班牙生态学活动方位分布图 (哈克 (C. Haak) 制图)。

参考文献

[322]

Acot P (1983) Darwin et l'écologie. Revue d'Histoire des Sciences 36: 33–48

Acot P (1993) La phytosociologie de Zürich-Montpellier dans l'écologie française de l'entre-deux guerres. Bulletin d' Ecologie 24: 52–56

Andrés y Tubilla T, Lázaro e Ibiza B (1882) Distribución geográfica de las columníferas de la Península Ibérica. In: Resumen de los trabajos verificados por la Sociedad Linneana Matritense durante el año 1881. Sociedad Linneana Matritense, Madrid, pp 25–33

Arévalo C (1914a) La Hidrobiología como Ciencia creada por las nuevas orientaciones de la Historia Natural. Ibérica 2: 317–319

Arévalo C (1914b) El Laboratorio hidrobiológico del Instituto de Valencia. Boletín de la Real Sociedad Española de Historia Natural 14: 338–348

Arévalo C (1916) Introducción al estudio de los Cladóceros del plankton de la Albufera de Valencia. Anales del Instituto General y Técnico de Valencia 1 (1): 1–67

Arévalo C (1917) Algunos rotíferos planktónicos de la Albufera de Valencia. Anales del Instituto General y Técnico de Valencia 2 (8): 1–50

Arévalo C (1929) La vida en las aguas dulces. Labor, Barcelona

Barreiro AJ (1992) El Museo Nacional de Ciencias Naturales (1771—1935). Doce Calles, Aranjuez

Bolívar I (1876) Sinópsis de los ortópteros de España y Portugal. Anales de la Sociedad Española de Historia Naural 5: 79–130

Bolívar I (1922). Contestación. In: García Mercet R.Discurso leido en el acto de su recepción por el Señor D. Ricardo García Mercet. Madrid: Real Academia de Ciencias Exactas, Físicas y Naturales, pp. 49–70.

De Buen O (1883) Apuntes geográfico-botánicos sobre la zona central de la Península Ibérica. Anales de la Sociedad Española de Historia Natural 12: 421–440

Cacho Viu V (1962) La Institución Libre de Enseñanza. Rialp, Madrid

Casado S (1994) La fundación de la Sociedad Española de Historia Natural y la dimensión nacionalista de la historia natural en España. Boletín de la Institución Libre de Enseñanza 19: 45–64

Casado S (1997) Los primeros pasos de la ecología en España. Ministerio de Agricultura, Pescay Alimentación, Madrid

Coleman W (1986) Evolution into ecology? The strategy of warming's ecological plant geography. J Hist Biol 19: 181–196

Fantini B (2000) The history of the Stazione Zoologica Anton Dohrn. An outline. In: Cariello L, Consiglio D (eds) Stazione Zoologica Anton Dohrn. Activity Report 1998/1999. ImPrint, Napoli, pp 71–107

Geison GL (1981) Scientific change, emerging specialties, and research schools. Hist Sci 10: 20–40

Glick TF, Ruiz R, Puig-Samper MA (eds) (2001) The reception of Darwinism in the Iberian world. Kluwer Academic Publishers, Boston

Gogorza J (1891) Influencia del agua dulce en los animales marinos. Anales de la Sociedad Española de Historia Natural 20: 221–271

Ilerbaig J (2000) Allied sciences and fundamental problems: C. C. Adams and the search for method in early American ecology. J Hist Biol 32: 439–463

Izco J (1981) Prof. Salvador Rivas Goday. Lazaroa 3: 5–23

Kingsland SE (2005) The evolution of American ecology. The John Hopkins University Press, Baltimore

Kohler RE (2002) Landscapes and labscapes: exploring the lab-field border in biology. University of Chicago Press, Chicago

López Piñero JM (1992) Introducción. In: López Piñero JM (ed) La ciencia en la España del siglo XIX. Marcial Pons, Madrid, pp 11–18

López-Ocón Cabrera L (2003) Breve historia de la ciencia española. Alianza, Madrid

Martí J (1984) Emilio Huguet del Villar (1871–1951). Cincuenta años de lucha por la ciencia. Universitat de Barcelona, Barcelona

Morrell JB (1972) The chemist breeders: the research schools of Liebig and Thomson. Ambix 19: 1–46

Nicolson M (1989) National styles, divergent classifications: a comparative case study from the history of French and American plant ecology. Knowledge Soc 8: 139–186

Núñez D (1977) El darwinismo en España. Castalia, Madrid

Overbeck J (1989) Plön history of limnology, foundation of SIL and development of a limnological institute. In: Lampert W, Rothhaupt KO (eds) Limnology in the federal republic of Germany. International Association for Applied and Theoretical Limnology, Plön, pp 61–65

Pairolí M (2001) Oriol de Bolòs. Una vida dedicada a la botànica. Fundació Catalana per a la Recerca, Barcelona

Sala Catalá J (1981) El evolucionismo en la práctica científica de los biólogos españoles del siglo XIX (1860–1907). Asclepio 33: 81–125

Sánchez Ron JM (1999) Cincel, martillo y piedra. Historia de la ciencia en España (siglos XIX y XX). Taurus, Madrid

Servos JW (1993) Research schools and their histories. Osiris 8: 3–15

Sociedad Española de Historia Natural (1872) Circular. Anales de la Sociedad Española de Historia Natural 1: 5–7

Stauffer RC (1960) Ecology in the long manuscript version of Darwin's Origin of Species and Linnaeus' Oeconomy of Nature. Proc Am Philos Soc 104: 235–241

Vélaz de Medrano L, Ugarte J (1934) Estudio monográfico del río Manzanares. Instituto Forestal de Investigaciones y Experiencias, Madrid

Del Villar EH (1921) El valor geográfico de España. Ensayo de Ecética. Sucesores de Rivadeneyra, Madrid

Del Villar EH (1925) Avance geobotánico sobre la pretendida estepa central de España. Ibérica 23: 281–283, 297–302, 328–333, 344–350

Del Villar EH (1929) Geobotánica. Labor, Barcelona

[323]

第 23 章 植 物 群 落

Peder Anker

23.1 植物群落概念的最初使用

　　植物群落概念最早由丹麦植物学家约翰内斯·尤金纽斯·比洛·瓦尔明 (Johannes Eugenius Bülow Warming, 1841—1924) 在 "*Plantesamfund*" (1895) 一书中提出, 其书推出了解释植物地理分布的普遍理论。书名 "*Plantesamfund*" 可以译作《植物社会》或者《植物社区 (群落)》, 因为丹麦语 "samfund" 一词同时意指 "社会" 和 "社区" (德语的 "Gesellschaft" 和 "Gemeinschaft" 庶几近之)。为了保留原文标题的宽泛含义, 瓦尔明为德语译本选用《生态植物地理学》(*Ökologischen Pflanzengeographie*, 1896) 为题, 而英语译本则题为《植物生态学》(*Oecology of Plants*, 1909)。该书探讨了制约不同植物地理分布的种种因子。涉及小尺度的植物地理分布, 他用 "群落" (community) 或者 "社区" (Gemeinschaft) 的概念予以指称, 而 "生态学" 则具有更宽泛的地理学意义, 对应整体意义上的 "社会" (society) 或 "共同体" (Gesellschaft)。"*Plantesamfund*" 一书没有法语译本, 尽管瓦尔明的植物群落思想受到法国植物学概念 "共生性" (le commensal, 原意为餐桌同伴) 的启发。再者, 此书曾被翻译成波兰语和俄语, 分别于 1900 年和 1901 年出版。

23.1.1 提要

　　丹麦植物学家瓦尔明在 "*Plantesamfund*" (1895) 一书中创造了植物群落概念。这一概念对植物地理的理解杂糅了新拉马克主义、形态学和宗教信条。丹麦的政治和社会环境也为这一群落概念提供了灵感。丹麦王室野心勃勃, 有志扩张丹麦帝国和开发自然资源, 瓦尔明出于爱国主义立场支持他们的抱负。植物群落的 概念为管理自然提供了工具, 其实是受王室管控人群的手段启发而来。瓦尔明在巴

P. Anker (✉)

Gallatin School of Individualized Study and Environmental Studies Program at New York University, New York, USA

e-mail: pja7@nyu.edu

西的形态学研究和在格陵兰岛的地理学考察也对他拟构植物群落概念具有关键意义。

23.1.2　群落概念的主要历史阶段

植物群落概念最初是以丹麦语表述的。1909 年的英译本完全忠实于丹麦原文的定义：

> "群落" 这一术语意味着多样性，同时也意味着各个单元之间某种有组织的齐一性。这些单元是发生于每一群落内的众多植物个体，不论是一个山毛榉森林、一个草甸，还是一个欧石楠灌丛。当某种大气、陆地或者其他任何本书第一部分探讨的因子 (诸如光照、热量、湿度、空气、养分、土壤、水分等) 发生作用时，齐一性就相应确立；同时，由于某种确定的、清晰可见的经济策略在群落整体之上留下了印记，或者由于不同的生长型聚合形成了一个具有明确稳定外观的集合体，齐一性就显现出来 (Warming 1909，第 91 页)。

1860 年代早期，瓦尔明在巴西圣湖 (Lagoa Santa) 研究当地群落时生发出植物群落概念的构想，其研究成果收录在他的《圣湖》(*Lagoa Santa*) 一书中，出版于 1892年。1884 年的格陵兰岛之旅对于植物群落概念也具有重大意义，正是在这次考察途中，他了解并领会到在分析植物之前首先从管理角度泛览地理景观的重要性。瓦尔明的爱国主义政治观点和他对王室扩张野心的支持也对植物群落概念大有影响。他预设只有一个稳定和谐的人群共同体才是国家的真正资源。通过类比，瓦尔明认为，唯有与自然其他部分处于共生关系之中，植物群落才是一种自然资源。后来，他援引法国植物学家皮埃尔·约瑟夫·范·贝内登 (Pierre Joseph van Beneden，1809—1894) 的共生性定义——"Le commensal est simplement un compagnon de table"(共生性无非是同桌就餐的伙伴关系) ——借此唤起互惠生活方式的意识，在他的观念中，人类和植物都是朝着这种生活方式而努力 (Warming 1909，第 92 页)。这一共生性可用于描述不同植物的共存关系，在其中植物有如同桌就餐，不妨害彼此的生存条件。他对某些植物从与其他植物的共生关系中受益的案例尤其兴趣不浅。

瓦尔明的著作在丹麦和斯堪的纳维亚的生态学家之中广为流传，饱受赞誉 (Prytz 1984; Söderqvist 1986)。德国的植物地理学家，比如说安德烈亚斯·弗朗茨·威廉·申佩尔 (Andreas Franz Wilhelm Schimper，1856—1901)，也受瓦尔明启发，"*Plantesamfund*" 一书先后有三个不同德语译本问世 (Schimper 1898; Goodland 1975)。

英国的阿瑟·乔治·坦斯利 (Arthur George Tansley，1871—1955) 从机械论的角

度解读瓦尔明的植物群落概念, 而坦斯利的对手艾萨克·贝利·鲍尔弗 (Isaac Bayley Balfour, 1853—1922) 则更贴合瓦尔明的本意, 从形态学的角度予以解读。鲍尔弗的 [327] 学生、南非生态学家约翰·菲利普斯 (John Phillips, 1899—1987) 后来参考瓦尔明的 思想和南非政治家扬·克里斯蒂安·史末资 (Jan Christian Smuts, 1870—1955) 的整 体论哲学创造了 "生物群落" 这一用语 (Smuts 1926; Phillips 1931)。

　　瓦尔明对认识论和哲学没有兴趣, 相反他自认为是一个严格的经验主义者。 他对人类社会和植物群落的理解都浸染了宗教意义, 相信上帝的至善和意图是自 然的驱动力, 人类社会也是如此。

23.2　历史背景

　　瓦尔明提出的植物群落概念出自他的爱国主义观念, 同时也来自他深厚的宗 教观念。他在瓦埃勒以西保守的乡村地区诺鲁普一个农场长大。在当地最常见的 景观——兰德尔欧石楠荒原上, 他度过了青少年时代, 培养起对自然的热情。他的 父亲是一位牧师, 在他仅仅三岁的时候就撒手人寰, 因之他的宗教情怀杂糅了对 父亲终生不断的怀念。他的母亲出身于富有的零售商家族, 因此他命定将继承大 笔财富可供他追逐上流社会的植物学兴趣。从十八岁进入哥本哈根大学, 他的人 生就照此轨迹展开了。1859 年至 1862 年, 他在哥本哈根大学学习, 以求通过博物 学和植物学的统考 (Christiansen 1924—1926, 第 617–665、776–806 页)。

　　当时正是丹麦历史上一个政治和社会动荡的时期。在涉及北石勒苏益格、荷 尔斯泰因和劳恩堡三个叛乱公国的控制权问题上, 御前内阁的帝国野心膨胀, 导 致局势异常紧张。1848 年至 1851 年, 为捍卫这一区域发动的残酷战争未能彻底解 决冲突; 1863 年至 1864 年, 冲突再起, 最后普鲁士控制了这些公国。随后, 王室的 官方政策演变成扩张丹麦帝国, 同时试图收复失去的土地。瓦尔明终其一生都在 为这一目标而奋斗。他的传记作者将北石勒苏益格 (今南日德兰) 1920 年重归丹 麦生动描述为 "他人生中最欢欣的事件" (Christiansen 1924—1926, 第 780 页)。

　　瓦尔明的宗教信仰跟他的大多数丹麦同胞一样是路德宗新教。当时在丹麦, 宗教属于政治事务。虽然王室向公民们许诺宗教自由, 教会也宣称独立于政府, 但 御前内阁是教会事实上的首领。在这样的等级结构中, 全社会、各个社区和自然 资源配置的宗教目标和秩序由国王的良好意愿来维系。瓦尔明是虔敬的爱国主 义者, 这意味着支持王权的权威、宗教和社会稳定性以及丹麦帝国的雄心。他从 万物众生的高级意图和至善着眼看待王室的智慧, 而这种高级意图的终极缘由来 自创世者。正是上帝启动创世纪的演化, 而植物学家可在万物众生接连不断趋向 更佳世界的发育过程中揭示上帝的意图。然后, 明智运用植物学知识以指导自然 [328]

资源的使用就交由王室决断了。根据他的新拉马克主义观点，植物如何适应其环境、配合上帝的意图和至善隐藏在这些自然过程背后。尽管瓦尔明在 1870 年代接纳了达尔文的进化论原理，但他并不认同进化纯系偶然或无涉深层次目的的观点 (Coleman 1986)。他所理解的生物进化和人类历史的目的，不脱王室雄心勃勃扩张丹麦帝国、以开发自然资源确保丹麦民族的财富这一参照框架。

1863 年，也就是王室决定以武力争取夺回沦丧的公国、实现领土目标的同年，瓦尔明离开丹麦前往巴西。他应邀担任古生物学家彼得·威廉·伦德 (Peter Wilhelm Lund, 1801—1880) 的秘书，当时伦德在圣湖一个考古发掘地点工作。据瓦尔明说，那是一个"阳光充沛、欢快平和"的地方 (Christiansen 1924—1926，第 624 页)。当然那也是一个孤独的地方。伦德是一个对社交非常冷漠的人，对瓦尔明的唯一要求就是帮他阅读和整理信件。这样，瓦尔明脚步难离他们的住所附近，他自己的研究也只能局限在周边小范围之内。结果，在随后两年半的时间里，瓦尔明几乎熟知了住所附近每一株植物的位置。回国以后，他花了三十年来描述他所收集的 14 箱植物，汇稿成书，最终以《圣湖》为题于 1892 年出版。

瓦尔明崇拜亚历山大·冯·洪堡 (Alexander von Humboldt, 1769—1859)，后者的植物地理学著作同时立足于形态学方法和系统植物学 (Nicolson 1983，第 12–73 页)。但是，瓦尔明的主要灵感之源是新拉马克主义以及植物相互适应同时适应环境的思想。从巴西甫一回国，他就投入了植物的形态–机能研究。最初，他的丹麦同行认为他傲慢自大，不同意他着重以环境因子来理解植物地理分布的想法。在德国多所大学游历访问之后，他最终勉强接受斯德哥尔摩一所学院的教授席位，开始在彼处讲授系统植物学，期间著述也是同一科目。他的讲义产生了一系列教科书，广为斯堪的纳维亚乃至更大范围的大学采用。1879 年的《系统植物学手册》(*A Handbook in Systematic Botany*) 和 1880 年的《普通植物学》(*The Common Botany*) 两书多次重印，分别延至 1891 年和 1895 年最后一版问世才告煞尾。1886 年，他终于取得哥本哈根大学的教授席位，开始定期为医学和药学专业的学生讲授植物学，其讲稿冠以《系统植物学讲义纲要》(*Outlines of Lectures in Systematic Botany*) 之名于 1896 年出版。

瓦尔明得以回到哥本哈根、进入丹麦学界核心圈的原因是王室计划勘察和开发丹麦帝国领土内比如格陵兰岛、法罗群岛甚至冰岛 (丹麦宣称拥有所有这些地方的领土主权。——译者注) 的自然资源。这些勘察活动始于 1884 年冬的一次格陵兰岛植物调查之行。北极地表的稀疏植被，使瓦尔明得以快捷而有效地获取全景印象。空旷的景观也便于获悉植物地理分布的奥秘，从它们与其他植物以及整个生境的关系着眼察判 (Warming 1890)。这种植物群落、生态环境和它们的相互

[329]

关系三者作为一个整体被统览明察的可能性造就了瓦尔明研究履历上一次激动人心的转向,1892 年的《圣湖》一书整理巴西观察资料所凭借的方法论即从此而来。此后,瓦尔明将不少工作精力投入丹麦宣称的领土上的植物学调查,以期掌握当地自然资源,比如《法罗群岛植物》(*Botany of the Færöes*) (1901—1908) 和《冰岛植物》(*Botany of Iceland*) (1912—1918) 就是其成果。这些调查的目的是在这些领土上树立丹麦的霸权,为开发利用植物群落开辟空间。植物学和资源管理之间的瓜葛并非巧合;瓦尔明和他的弟子力图设计一种生态学方法,适用于丹麦对外国地区的社会控制 (Christiansen 1924—1926,第 799—800、806—832 页)。

在格陵兰岛考察之前,瓦尔明的大部分工作都是系统学为纲,形态学为目。在他的同侪之间,这种形式的研究广受推崇,不过对学生没有吸引力,除非为了应付考试。瓦尔明提出和推进的植物群落和其他生态学概念,则激发了年轻人的兴趣。整个 1890 年代,植物群落成为一个特别核心的概念。它被用于解释植物如何在共生关系中生存和演化,无涉查尔斯·达尔文所谓的残酷"生存斗争"。瓦尔明虔诚的新拉马克主义观点本就默认,植物群落处于稳定和谐之中,缓慢趋向更高阶的发育阶段。这反映了丹麦社会的社区观念和进步观念。

1895 年的 "Plantesamfund" 丹麦语原版篇幅不长,本意是向读者提供一个梗概,获得粗略印象即可。但是,每次翻译出版,篇幅都在增加,因为瓦尔明持续不断地补充细节以充实他的论断。然而,在任一更新的版本中,关键术语和概念几乎原封不动。因此,德译本和英译本在概念上大体相近,不过案例数量和精细程度愈晚愈增。丹麦境外大多数学者了解植物群落概念是通过埃米尔·克诺布劳赫 (Emil Knoblauch) 广受欢迎的德语译本,以《生态植物地理学手册》(*Lehrbuch der ökologischen Pflanzengeographie*) 为名出版于 1896 年。比如,英国的坦斯利认为瓦尔明 "开启了一种观察植物世界的新方式" (Tansley 1924,第 54 页),并改编了德语版本用作他在伦敦大学学院植物学课程的教材。英国植被调查委员会 (坦斯利任主席) 自 1911 年起开始发行其著名的系列丛书《英国植被类型》(*Types of British Vegetation*),向 "现代植物生态学之父" 瓦尔明表示敬意。组织安排第一个英译本的是爱丁堡植物学家鲍尔弗。瓦尔明为此将原书彻底修订一遍,在德译版的基础上更新了形态学的部分。1909 年,英译本出版当年,鲍尔弗因此宣称 (推尊瓦尔明为权威,惹恼了坦斯利) 爱丁堡大学是植物群落和生态学研究的中心。

芝加哥大学的亨利·考尔斯 (Henry C. Cowles, 1869—1939) 则表示乐见生态学方法论的形态学转向 (Cowles 1909; Tansley 1909),而坦斯利针对英译本写了一份长篇批判性评论,建议读者还是采用第一个德译版。英国生态学家针对如何解读瓦尔明产生的紧张关系随即演变成一场论战,一边是坦斯利主张的、宗奉机械论的 [330]

生态学, 另一边是鲍尔弗弟子菲利普斯倡议的, 从整体论意义上的 "生物群落" 来解读瓦尔明 (Phillips 1931; Anker 2001)。坦斯利是被瓦尔明根据地理学因子来编排植物所吸引, 对当初德译版中瓦尔明所论的形态学并无意见。他和鲍尔弗之间的紧张关系在 1901 年开始显现, 当时他了解并掌握了遗传学和生物化学。于是, 坦斯利开始尊扬遗传学和植物地理学, 以之作为生态学的正确进路, 而鲍尔弗坚持奉行追溯物种演化历史的形态学研究作为生态学的方法论基础。瓦尔明本人并不认可遗传学的价值, 此后 "*Plantesamfund*" 一书的德译版继续扩充形态学内容, 乃至 1918 年的最后一版增至 600 页之多 (Warming 1909, 第 vi 页; Warming and Graebner 1918; Goodland 1975)。坦斯利因此对丹麦植物学一度失去了兴趣, 直到研习过瓦尔明弟子克里斯滕·劳恩凯尔 (Christen Raunkiaer, 1860—1938) 的论文之后才再度燃起, 劳恩凯尔长年累月依循功能分类的方向, 以他所谓的植物 "生活型系统" 精细阐发瓦尔明的植物群落概念。坦斯利组织翻译了劳恩凯尔的论文集, 1934 年出版 (Raunkiaer 1934)。劳恩凯尔强调运用统计方法研究植物群落, 正是这一点吸引了当时正在拟构 "生态系统" 概念的坦斯利 (Tansley 1935)。

参考文献

Anker P (2001) Imperial ecology: environmental order in the British Empire, 1895–1945. Harvard University Press, Cambridge

Christiansen C (1924–1926) Den Danske botaniks historie. Hagerups Forlag, Kopenhagen

Coleman W (1986) Evolution into ecology? The strategy of Warming's ecological plant geography. J Hist Ecol 19: 181–196

Cowles HC (1909) Ecology of plants. Bota Gaz 48: 149–152, 465–466

Goodland RJ (1975) The tropical origin of ecology: Eugen Warming's Jubilee. Oikos 26: 240–245

McIntosh RP (1985) The background of ecology. Cambridge University Press, Cambridge

Nicolson M (1983) The development of plant ecology 1790–1960. Ph.D. thesis, University of Edinburgh, Edinburgh

Phillips J (1931) The biotic community. J Ecol 19: 1–24

Prytz S (1984) Warming: Botaniker og Rejsende. Bogan, Kopenhagen

Raunkiaer C (1934) The life forms of plants and statistical plant geography. Clarendon, Oxford

Rosenvinge LK, Warming E (eds) (1912–1932) The botany of Iceland, 4–5th edn. J. Frimodt, Kopenhagen

Schimper AFW (1898) Pflanzengeographie auf physiologischer Grundlage. Fischer, Jena

[331]   Smuts JC (1926) Holism and evolution. Macmillan, London

Söderqvist T (1986) The ecologists: from Merry naturalists to Saviours of the Nation. Almquist & Wiksell, Stockholm

Tansley AG (1909) Oecology of plants. New Phytol 8: 218–227

Tansley AG (1911) Types of British vegetation. Cambridge University Press, Cambridge

Tansley AG (1924) Eug. Warming in memorian. Bot Tidsskr 39: 45–56

Tansley AG (1935) The use and the abuse of vegetational concepts and terms. Ecology 16: 284–307

Warming E (1879) Haandbok i den systematiske botanik. Philipsens Forlag, Kopenhagen

Warming E (1880) Den almindelige botanik. Philipsens Forlag, Kopenhagen

Warming E (1890) Botaniske exkursioner. Hovedbiblioteket, Kopenhagen

Warming E (1892) Lagoa Santa: Et bidrag til den biologiske Plantegeografi. Bianco Lunos Kgl. Hof-Bogtrykkeri, Kopenhagen

Warming E (1895a) Plantesamfund: Grundtræk af den økologiske plantegeografi. Philipsens Forlag, Kopenhagen

Warming E (1895b) A handbook of systematic botany. Swan Sonnenschin, London

Warming E (1896a) Lehrbuch der ökologischen Pflanzengeographie. Gebrüder Borntrager, Berlin

Warming E (1896b) Grundtræk af forelesninger over systematisk botanik. Det Nordiske Forlag, Kopenhagen

Warming E (1909) Oecology of plants: an introduction to the study of plant-communities. Oxford University Press, London

Warming E, Graebner P (1918) Eug. Warming's lehrbuch de ökologischen pflanzengeographie. Gebrüder Borntraeger, Berlin

Warming E (1901–1908) Botany of the Færöes, 1st–3rd edn. Det Nordiske Forlag, Kopenhagen

第 24 章 通过生物圈理论透视俄罗斯生态学

Georgy S. Levit

24.1 导言

生物圈理论对所有环境科学包括科学生态学都至关重要。在俄罗斯,这一理论从一开始就是影响生命科学在全球进路和其他整体论进路的有力因素之一。该理论由弗拉基米尔·伊万诺维奇·维尔纳茨基 (Vladimir Ivanovich Vernadsky, 1863—1945) 首创。维尔纳茨基是公认最著名的俄国/苏联博物学家之一, 在俄罗斯科学史上,他被认为是一位 "通才", 一位影响深远的思想家, 在多个渺不相及的领域都有建树, 比如生物地球化学、放射性地质学、晶体学、科学哲学。近些年来, 西方世界也开始关注维尔纳茨基。盖娅理论的开创者詹姆斯·洛夫洛克 (James Lovelock) 如此写道: "我们发现维尔纳茨基是我们最杰出的先行者" (Lovelock 1986)。

因此, 生物圈理论的起源以及各种科学群体比如生态学家、生物化学家或者地理学家对该理论的看法目前并不为人熟知,这一事实不免令人愈加震惊。在不同的民族、语言和制度背景下,上述事实更显真切。目前, 大约有 1000 种出版物以维尔纳茨基为主题,但是他的生物圈理论并未被充分探讨、重建和评估。维尔纳茨基的科学著作数量庞大, 内容复杂: 他以多种语言撰写了大约 200 篇 (本) 与生物圈和生命直接相关的论文和书。

考量维尔纳茨基在科学史上的地位, 不免出现一个极为悖谬的情形。在俄罗斯科学史上, 他是一位自然科学和哲学的超级巨星。他的名望和影响无疑堪比德语国家的恩斯特·海克尔 (Ernst Haeckel)。与此形成鲜明对比的是他在西方科学史上的地位: 一个被严重低估甚或忽略不计的人物 (Ghilarov 1995); 在西方的生物地球化学界, 情况也是如此, 大多数人不知道他们学科的创始人。正如研究维尔纳茨基的专家安德烈·拉波 (Andrei Lapo) 所称: "若将当今维尔纳茨基在全世界范围

G. S. Levit (✉)

History of Science & Technology Program, University of King's College, 6350 Coburg Rd., Halifax, NS, Canada, B3H 2A1

e-mail: Georgy.Levit@ukings.ns.ca

内的普及程度以形象化的语言表述, 可谓宴席早已备好, 而宾客姗姗来迟" (Lapo 2001)。然而, 维尔纳茨基的遗产不仅对地球化学家具有重大意义, 对生态学家也是如此, 既然这样, "我们应当赋予弗拉基米尔·维尔纳茨基'全球生态学之父'的荣衔 [⋯⋯]" (Grinevald 1996, 第 48 页)。

本章意在弥补上述欠缺之处。下文第一部分 (20 世纪上半叶的维尔纳茨基和俄罗斯科学) 深入探讨维尔纳茨基在专业和建制上的影响, 以及俄罗斯特殊的社会–政治形势。第二部分 (维尔纳茨基生物圈理论精要) 则具体阐述生物圈理论本身。最后一部分 (维尔纳茨基对生态学和全球科学的影响) 以例证来呈现生物圈理论在俄语和非俄语科学界被接受的历史。

24.2 20 世纪上半叶的维尔纳茨基和俄罗斯科学

生物圈理论最初的经验性推动力来自地质学过程交互关联、有律可循的思想, 以及有机和无机过程相互作用的思想。前一思想在维尔纳茨基的早期著作中有所展示, 比如说, 矿物共生次序, 矿床之中矿物构造的规律性。早在构想他的理论之初, 维尔纳茨基就创立了一个有别于矿物学和土壤学的新学派。当时, 美国科学家弗兰克·威格尔斯沃思·克拉克 (Frank Wigglesworth Clarke, 1847—1931) 在《地球化学资料》(*Data of Geochemistry*) (Clarke 1908) 一书中发表了类似的观点。与克拉克不同的是, 维尔纳茨基极为关注生命体在地壳和大气圈层演化历史中的作用。早在 1909 年, 维尔纳茨基就向俄国博物学家和医师大会提交了一篇论文, 探讨新兴科学——地球化学的基本原理 (Aksenov 1994, 第 111 页)。

与此同时, 维尔纳茨基开始涉足放射性领域。1908 年, 他参加英国科学促进会[1]主办的一次会议, 遇到了放射性研究的先驱人物之一约翰·乔利 (John Joly)。乔利的报告深深打动了他, 次年他就创建了俄国第一家放射实验室。放射性研究与生物体相互关联的思想两相统合, 最终催生了 (第二次世界大战以后) 苏联和俄罗斯的放射生态学。

[335]

24.2.1 生平事略

弗拉基米尔·伊万诺维奇·维尔纳茨基出身俄国的文化和学术中心[2]。1881 年, 他进入圣彼得堡大学读书, 得缘聆教于一众杰出的科学家, 比如化学家布特列罗夫 (A. Butlerov, 1828—1886) 和门捷列夫 (D. Mendeleev, 1834—1907) 、植物学家别

---

[1]维尔纳茨基自 1889 年起成为其会员。

[2]维尔纳茨基在帝俄时代的首都圣彼得堡出生, 其父伊万·维尔纳茨基 (Ivan Vernadsky, 1821—1884) 是一位经济学和统计学教授, 在亚历山德罗夫斯基高等学校执教; 该校是一所类似精英学院的学校, 师生来自俄国上流社会, 比如说俄国最著名的诗人亚历山大·普希金 (Alexander Pushkin) 就曾在该校就读。

克托夫 (A. Beketov, 1825—1902)、动物学家瓦格纳 (N. Wagner, 1829—1907) 和生理学家谢切诺夫 (I. Sechenov, 1829—1905)。然而, 对他影响最大的人还是土壤学家和矿物学家瓦西里·道库恰耶夫 (Vassilij Dokuchaev, 1846—1903)。道库恰耶夫是现代土壤科学和土壤发生学的创始人, 并开启了作为自然地理学一部分的景观科学, 提出了自然气候带的概念。并且, 现在学界认可, 他率先明确主张有必要创设一门整合性科学, 致力于研究 "存在于生命与非生命体之间的自然动力和实体之间发生学意义上有律可循的永恒相互关联" (Dokuchaev 1898)。因此, 道库恰耶夫也可被视为生命科学之中现代生态系统进路的先驱。

1888 年, 维尔纳茨基通过矿物学和地质学研究生学位资格考试, 离开圣彼得堡前往德国。当时德国被认为是学术最发达的国家, 德语则是国际科学出版物的通用语种。维尔纳茨基决定师从保罗·格罗特 (Paul Groth, 1843—1927) 研习晶体学, 后者是慕尼黑大学晶体学的讲席教授。

1889 年, 维尔纳茨基离开慕尼黑去往巴黎, 同时在化学家亨利·勒·沙特利耶 (Henry Le Chatelier, 1850—1936) 和矿物学家费迪南·富凯 (Ferdinand Fouqué, 1828—1904) 指导下开始工作。勒·沙特利耶帮助他选定了论文主题, 如他后来自承, 这些对他的科学工作影响深刻。勒·沙特利耶关于水晶多态性的工作也间接有功于维尔纳茨基后来的时空理论和生物圈理论。1890 年, 维尔纳茨基返回俄国, 相继完成硕士和博士学位论文以后, 终在 1902 年获得莫斯科大学的矿物学和晶体学教席。

1910 年, 维尔纳茨基拜访了维也纳的爱德华·休斯 (Eduard Suess, 1831—1914)。休斯是第一位使用 "生物圈" 术语的科学家, 其意义已非常接近现代的用法, 然而他没有为这一术语给出清晰的概念界定。及至 1911 年, 尽管没有给出定义, 维尔纳茨基开始在自己的著作中使用这一术语。次年, 他迈出了关键性的一步, 在一篇题为《论地壳的气体交换》(*On Gaseous Exchange of the Earth's Crust*) 的纲领性论文中, 他强调几乎所有地球气体都有生物上的成因, 并且参与循环过程 (Vernadsky 1912)。60 年后, 英国发明家詹姆斯·洛夫洛克以同样的观察为经验基础提出了所谓盖娅假说 (如 Lovelock 1972; Lovelock and Margulis 1974; Levit 2000)。《论地壳的气体交换》一文也是维尔纳茨基转向生物学现象的转折点。与纯粹的生物学进路不同, 他开始从全球地球化学角度来思考生命。1917 年十月革命以后, 维尔纳茨基移居基辅 (今乌克兰首都), 当选为乌克兰科学院首任院长。同年, 他发起了生物地球化学的科学调研。在这一工作的起初阶段, 他为这门新兴科学拟定了基本任务 (Lapo and Smyslov 1989, 第 55 页): (1) 定量化计算不同物种的元素成分构成; (2) 调查硅、铜、锌、铅、银和其他元素的地球化学历史; (3) 测定生物活体的其他

[336]

地球化学特征，诸如平均质量、含水量和机体含碳量。

1921 年，维尔纳茨基收到索邦大学 (巴黎) 校长的来信，邀请他前去讲授一门以地球化学为主题的课程。次年，他抵达巴黎，在那里他迈出了通往生物圈理论的关键步伐。在罗森塔尔 (R. Rosenthal，一位俄裔法籍的水果商，"梨子大王") 基金会的资助下，他拟好了《生物圈》(The Biosphere) (1926) 一书的大纲。1923 年，他率先使用 "生物地球化学" 这一恰切的术语 (Mochalov 1982, 第 242 页)。

24.2.2　生物圈概念的树立和传播

1926 年 3 月，维尔纳茨基回到列宁格勒 (今圣彼得堡)。回到苏联的决定令他的传记作者们疑惑不解。根据哥伦比亚大学所藏巴赫梅捷夫 (Bakhmeteff) 的档案材料，拜莱斯 (Bailes 1990)、科尔钦斯基和科祖林纳 (Kolchinsky and Kozulina 1998) 得出结论，维尔纳茨基曾付出极大努力留在西方。他绝不可能是苏联的支持者，因为两次革命 (1917 年二月革命和十月革命) 期间，他作为立宪民主党人参与了反布尔什维克的运动。不过，他在西方国家无法获得长期充足的经费支持他宏伟浩大的生物地球化学研究计划。他意识到实现其科学使命的唯一之途就是回到苏联，于是他做出了抉择 (如 Vernadsky 1998)。十月革命以后，尽管苏俄国内陷入混乱、经济失序，然而正是这一时期生命科学领域产生了大量创新，新成立了不少研究机构。苏联追求的是一种基于科学的新型世俗化意识形态。生命科学，尤其是达尔文学说被视为树立马克思主义世界观的基础 (Kolchinsky 2006, 第 273 页)。因此，[337] 尼古拉·科尔策佐夫 (Nikolaj Koltzov, 1872—1940) 成功地在莫斯科设立了一家实验生物学机构。在圣彼得堡，尼古拉·瓦维洛夫 (Nikolaj Vavilov, 1887—1943) 创建了植物研究所，现在被称为尼古拉·瓦维洛夫植物繁育研究所。再如，达尔文进化形态学的创始人阿列克塞·斯威托佐夫 (Alexei N. Sewertzoff, 1866—1936) 于 1922 年在莫斯科大学组建了动物学系，1930 年又创建了进化形态学实验室 (作为莫斯科大学比较解剖学研究所下属单位)。1934 年，在原来实验室基础上兼并古生物学研究所之后，斯威托佐夫组建了进化形态学研究所，不过两年之后古生物学研究所又分出自立，剩下的部分后来重组为斯威托佐夫生态与进化研究所。当今，斯威托佐夫生态与进化研究所隶下有超过 700 位成员，为全世界范围内最大的生态学研究机构之一。

维尔纳茨基创办了多家研究机构。比如，1926 年，他组建了知识史委员会 (1926—1932)，后来几经重组，演变成自然科学和技术史研究所 (1946)，今日仍在运营。1928 年，官方主导的苏联科学院维尔纳茨基生物地球化学实验室 (简称 BIO-GEL) 宣告成立。迭经重组之后，BIOGEL 成为维尔纳茨基地球化学和分析化学研

究所的一部分 (1947), 以生态学–生物地球化学研究为其重点领域, 比如生物地理群落的生态学评估。这一时期, 维尔纳茨基开展他自己的研究, 阐述他对生物圈的观点, 1926 年同名著作《生物圈》(*Biosfera*) 在列宁格勒以俄语出版。三年以后, 该书以法语翻译出版 (Vernadsky 1929)。

1929 年的夏天, 维尔纳茨基是在德国和捷克斯洛伐克度过的。1932—1933 年, 他又游历了不少国家, 包括德国、法国、英国、波兰和捷克斯洛伐克。在明斯特, 他向德国本森物理化学学会提交了一篇题为《放射性和地质学新问题》(*Radioactivity and New Problems of Geology*) (1932) 的论文。在英国, 他与开创同位素理论的弗雷德里克·索迪 (Frederick Soddy, 1877—1956) 进行了交流。从此, 生命体中的同位素组分和放射性元素的研究成为他的重要方向之一。1930 年代, 他还继续在国外刊物上发表论文 (如 Vernadsky 1930, 1934, 1935)。这里有必要强调, 维尔纳茨基并不是绝对的例外。前文提及的斯威托佐夫, 其进化论方面的代表作最先是以德文出版 (Sewertzoff 1931), 然后才以俄语在苏联出版。那时的苏联科学家孤立于国际学界之外并非绝对现象。表 1 (原著无——译者注) 显示德国生物学出版物上苏联科学家发表的论文仅仅只有一份, 德语论文还是居大多数。这张表透露, 两国科学家之间并非阵线分明、壁垒森严。直到第二次世界大战爆发, 苏联科学家才停止在境外发表论文。

[338]

1934 年 2 月, 苏联科学院的常务秘书谢尔盖·奥尔登堡 (Sergej Oldenburg, 1863—1934) 去世。奥尔登堡生前是维尔纳茨基的密友, 鼎力支持其工作和计划。他的辞世也代表着科学院彼得堡时代的结束。维尔纳茨基生物地球化学实验室随科学院一道迁往莫斯科。大约同时, 维尔纳茨基立意写一部书, 从科学和哲学角度来阐发他对自然的整体论观点。到 1936 年他意识到在一本书中无法实现这个目标, 于是将之剖分为两部, 一部专论哲学, 另一部则是严格的科学著作。计划既定, 他开始动笔, 这也就是他一生中最重要的著作《地球生物圈及其环境的化学结构》(*The Chemical Structure of the Earth's Biosphere and Its Environment*), 此书奠定了现代生物地球化学和全球生态学的基础, 直至他谢世 20 年后才得以出版 (Vernadsky 1965)。苏德战争爆发 (1941 年 6 月 22 日) 以后, 他被疏散到哈萨克斯坦波罗沃杰疗养院。在波罗沃杰的两年相当高产。他完成了《生物地球化学问题》(*Problems of Biogeochemistry*) 系列丛书的第三卷 (1980), 将这重要一卷视为他的科学遗嘱。同时, 他也投身于通论性大作《地球生物圈及其环境的化学结构》, 修正并进一步推进了最初在《生物圈》一书中提出的基本论断。

许多杰出的科学家出于同样的原因来到波罗沃杰, 平日里一起生活和工作,

比如循规进化论 (定向进化理论) 和地理带理论的创始人里奥·贝格 (Leo (Lew) S. Berg, 1876—1950) (Levit and Hoßfeld 2005), 生物地理群落 (生物圈的基本单元) 理论的创始人弗拉基米尔·苏卡乔夫 (Vladimir Sukachev, 1880—1967) 和俄罗斯进化综合论的缔造者之一伊万·施马尔豪森 (Ivan Schmalhausen, 1884—1963)。从他们各自的科学建树即可看出, 他们都在维尔纳茨基的影响半径之内, 并且所有上述诸人都为俄罗斯生命科学包括生态学的各个分支的发展发挥了关键作用。

24.3 维尔纳茨基生物圈理论精要

在维尔纳茨基的理论体系中, 生物圈的概念为他本人所开创的新学科——**生物地球化学**所必需。生物地球化学研究生命体的地质学表征, 考量生命体的生化过程如何影响地圈 (Vernadsky 1997, 第 156 页):

[339]

> 化学的范围, 一方面由发生于地质演变之中生命体的环境界定, 另一方面由生命体也即地球生命群体的内部生化过程界定。在这两种情形下 (生物地球化学是地球化学的一部分), 人们不仅可确立以下研究对象, 即化学元素也就是天然同位素的组成, 还可以根据同一化学元素各同位素的含量来确立[3]。

因此, 相较经典地球化学而言, 生物地球化学的特殊性在于强调生命体作为化学元素生物源迁移的主要因子。维尔纳茨基认为, 不论生命体本身还是抽离生命体之后的纯粹环境, 都不是生物地球化学的专门对象。生物地球化学家首位的兴趣在于探究生命体与其环境之间的化学元素交换这一循环过程。只有细致研究贯穿地球历史始终的时空之中生命和非生命的物质相互作用, 上述过程才能阐述清楚。如何界定生物地球化学研究的主题呢? 既非纯生物层面, 也非纯环境层面。用维尔纳茨基的话来说, 它聚焦发生在特定地质场域之中由生物控制的原子流动。

为了勘划这一特定地质场域作为生物地球化学研究领域的新创科学, 他引入了**生物圈**这一术语的解释。地球的生物圈就是被生命所占据和组织的一部分地圈, 因此可被视为一个地质圈层。

作为一个地质圈层, 生物圈本身也有其地质结构 (Vernadsky 1991, 第 120 页):

---

[3]维尔纳茨基在 1930 年代晚期开始动笔撰写《科学思想作为一种行星现象》(*Scientific Thought as a Planetary Phenomenon*)一书 (笔者此处所引述的)。此书直到 1991 年才得以出版, 未经任何删改, 其英译版于 1997 年面世。

生物地球化学所谓的生物圈看似一个特别的圈层, 与地球其他圈层判然可别。环绕整个地球的同心连续构造, 我们称之为地圈, 生物圈由其中部分圈层组成。生物圈具备这一完美清晰的结构已历数十亿年。这一结构与生命的活跃参与密不可分, 并在相当大的程度上依赖于生命, 其标志性的特征就是动态流动而在地质时期内绵亘不变的稳定平衡, 有别于在某种时空界限之内定量波动的机械结构。

维尔纳茨基所理解的对流层、水圈、地表和地下生命圈都是参照不同 "地圈" 层次这一框架 (Vernadsky 1965, 第 107–108 页)。但是, 他理解生物圈的进路远远超越了单纯的地层学论述。从生物地球化学角度检视生命体以后, 他得出结论, 不同物种的化学组成并不反映各自环境的化学组成, 恰恰相反, 生命体在改变环境使之有利于己的过程中决定了地壳几乎所有元素的地化历史 (Vernadsky 1994b)。因此, 生命体塑造了生物圈, 使之成为一个自调节系统, 涵括生命体 (有机体) 与环境, 及至于关涉现行的生命过程, 对流层、海洋、地壳上包层也均在此圈层之内, 甚或下延至地幔层。生物圈的结构被视为一种动态平衡: "此系统在地质时间尺度上没有固定的平衡点, 所有点都在某个中点周缘往复摆动" (Vernadsky 1997, 第 225–227 页)。 [340]

上述动态平衡的典型案例之一就是对流层。维尔纳茨基声言: "对流层和更高气体圈层的所有主要气体, 比如说氮气、氧气、二氧化碳、硫化氢和甲烷等, 都是由生命体的整体活动所产生, 并使之趋于数量上的平衡。这些气体的总和在地质时间之内是数量恒定的" (Vernadsky 1965, 第 238 页)。他由此作结道: "生命, 即创造对流层并使之持续维持在一种特定动态平衡的有机体"。顺便指出, 盖娅理论的大气调节原理 (Lovelock and Margulis 1974) 事实上最早是由维尔纳茨基在生物地球化学研究基础上早于洛夫洛克 50 年提出的 (Levit and Krumbein 2000)。

但是, 根据维尔纳茨基的观点, 生物圈不仅是一个自调节系统, 也是一个演化系统: "我们能够并且必须对生物圈本身的进化过程有所阐论" (Vernadsky 1991, 第 20 页)。

根据他的实验工作, 维尔纳茨基在 1920 年代初已经认定, 他的生命体概念将影响进化理论。通过研究化学元素的自然史, 维尔纳茨基得出结论, 生命体改变了环境, 反过来也被无机环境所决定 (Vernadsky 1994a, 第 66–68 页)。

生物圈的重要特征之一是其整体性, 这是通过不同生物地化功能所保障的。所谓的生物地化功能, 就是某个生物类群在生物圈循环中所发挥的作用。根据维尔纳茨基的观点, 主要的生物地化功能可分为以下五组: (1) 气体功能, 调节大气层的气态结构，包括海底和地下环境；(2) 富集功能，即生命体从其环境获取并集中化学元素的能力。第一类富集功能为所有生物具备，所有生物机体毫无例外都是由元素组成，这是生物取之于环境累积所致。第二类富集功能只有某些特定类群可以执行，它们因此在食物链中扮演特殊角色，比如富集重金属的软体动物；(3) 氧化–还原功能；(4) 生物体的元素迁移功能，来自生命体取食、呼吸、繁殖和死亡过程；(5) 人类的生物地化功能 (Vernadsky 1965, 第 237 页)。

维尔纳茨基还阐明了各种生物地化功能如何精确对应特定生物类群。比如，氧化功能由自养细菌执行，分解有机质的功能由化能有机营养细菌和真菌执行。在分析这些结果之后，他得出以下三个结论：

- 所有基本的生物地化功能可由单细胞生物执行；
- 没有任何物种能够执行上述所有功能；
- 在地质历史进程中，可能发生不同物种相互嬗替，但生物地化功能恒兴不废。

[341]　　既然各种生物地化功能必须同时实现，推极而论，这就意味着生命起初必是某种类似生物圈的运行形式。"生物圈内最早出现的生命不可能是分殊独立的有机体，只可能是某种能够执行各种地球化学功能的全能型有机体；生物群落必然也必须自生命诞生之初即告产生" (Vernadsky 1994b, 第 459 页)。

在上述论证基础上，维尔纳茨基否决了生物圈进化原初阶段的多源进化模型。在他晚期的著作中，维尔纳茨基宣称生物圈作为一个自调节系统有其明确可定义的进化 "利益"。生物圈进化的主导性动力之一就是生物有机体，而生物有机体自身的进化过程部分独立于适应的需求。生物圈作为一个整体，其运行方式如同拥有一种特定的进化策略："我们能够并且必须对生物圈本身的进化过程有所阐论" (Vernadsky 1991, 第 20 页; 1997, 第 30 页)。生物圈实现其进化利益的基本途径之一就是增加生物源元素迁移的强度和复杂性。

24.4　维尔纳茨基对生态学和全球科学的影响

维尔纳茨基开创的理论体系影响了环境科学全部领域，其中最明显的影响则在地球化学和生物地球化学领域。他将地球化学理解为陆地化学元素的自然史 (博物学)。然而，重要的是，他的进路能便于科学预测关于化学元素迁移的路径，包括它们在不同岩石类型之中如何匹配。这对应用地质学比如探查矿源也具有重大意义，他的学生亚历山大·费斯曼 (Alexander Fersman, 1883—1945) 是地球化学领域最著名的追随者之一。费斯曼早在 1911 年就开设了普通地球化学课程，是该学科最早的常规课程；在他引领之下产生了一个有影响力的科学学派。维尔纳茨基和费斯曼谢世以后，俄罗斯地球化学学派由亚历山大·维诺格拉多夫 (Alexandr

Vinogradov, 1895—1975) 领导。维诺格拉多夫是维尔纳茨基生物地球化学实验室的副手, 在第二次世界大战之后组建并执掌了维尔纳茨基地球化学和分析化学实验室 (1947—1975)。维诺格拉多夫也被视为生物地球化学领域维尔纳茨基主要的追随者。与地球化学家关注化学元素的迁移以及岩石和矿物的化学组分不同, 生物地球化学涉及生命体活动导致的生物源化学元素循环迁移 (Vinogradov 1953)。遵循维尔纳茨基的思想, 维诺格拉多夫提出生命体的化学组成乃是特定环境之中所发生的生物进化的结果。

　　遵循类似的路径, 在维尔纳茨基和维诺格拉多夫的生物地球化学地带 (biogeochemical province) 概念基础上 (参见上文), 维克多 · 科瓦尔斯基 (Victor Kovalsky, 1899—1984) 提出了**地球化学生态学** (geochemical ecology) 的概念 (Kovalsky 1974)。他的工作从以下预设出发: (1) 生物圈是一生物地球化学意义上的异质实体; (2) 生物有机体的化学组成是其环境适应性的一部分。进而, 他证明了不同物种演化出适应特定环境的不同策略。比如, 在亚美尼亚富集钼元素的土壤上, 伞房匹菊 (*Pyrethrum parthenifolium*) 的适应策略是减少钼累积, 而豆科植物恰恰相反, 是通过富集钼而产生适应性。 [342]

　　维尔纳茨基对现代综合进化论缔造人之一、德籍俄裔生物学家尼古拉 · 蒂莫费耶夫 – 雷索夫斯基 (Nikolai Timoféev-Ressovsky, 1900—1981)[4]的启发是其影响力较重要的一脉。据蒂莫费耶夫 – 雷索夫斯基自述, 他对维尔纳茨基的生物圈理论最感兴趣。他认同生物地理群落作为生物圈结构单元的思想, 曾如此写道: "生物圈整体而言是由或多或少的生物与非生物复合成分 (即生物地理群落) 组成。换言之, 生物地理群落即是任一有机体类群的进化过程发生的精确环境" (Timoféev-Ressovsky et al. 1975, 第 249 页)。他力图开创一个进化理论的新分支, 探讨生物地理群落 (生态系统) 和生物圈的进化。在第二次世界大战结束被强制遣返回国以后, 他特别开创了一个以**放射生物地理群落学**和**放射生物地理化学**为主题的学派 (Tjurjukanov and Fiodorov 1996, 第 97-98 页)。他将生物地理群落定义为 "一个动态系统, 同时在相当长的生物学时间内 (即群落内生物有机体的世代传衍过程中) 处于动态平衡状态" (Timoféev-Ressovsky et al. 1975, 第 309 页)。生物圈则被定义为生物地理群落的总和。他坚称生物地理群落与西方世界的主流术语生态系统判然有别, 因为前者是一个相对独立的系统, 占据显然可识别的地段 (如一片松林或者沼泽), 由此地段上**所有**非生物因子和**所有**生物间的依赖关系构成。他提出使用核标

---

[4]蒂莫费耶夫–雷索夫斯基并非维尔纳茨基亲传弟子, 但是 1920 年代中期两人曾在柏林见过两次面 (Timoféev-Ressovsky 1995)。蒂莫费耶夫–雷索夫斯基曾提出一个略显不伦不类的术语 "维尔纳茨基学"。

记来跟踪这些系统的 (元素) 输入、输出和循环。并且，他率先调查放射性对生物有机体和生态系统的影响，因此开启了**放射生态学**之先河。

维尔纳茨基的生物圈理论和蒂莫费耶夫–雷索夫斯基开创生物地理群落进化这一新科学的愿景也影响了近年的多物种群落进化研究和**古生态学**，这从这一领域的核心人物弗拉基米尔·哲里欣 (Vladimir V. Zherikhin, 1945—2001) 的著作可见一斑。就方法论而言，哲里欣的出发点是俄罗斯不甚流行的有机体论进路，这一进路源自弗雷德里克·克莱门茨 (Frederic E. Clements, 1874—1945) 的思想，后来又由斯坦尼斯拉夫·拉祖莫夫斯基 (Stanislav Razumovsky, 1929—1983) 推进 (Rautian 2003)。哲里欣声言生物群落可从群落的 "个体发育" (endoecogenesis) 和 "系统发育" (phyloecogenesis) 的角度予以分析。循此角度，他和合作者提出了生物类群和群落之间反馈环的 "群落发生学" 模型。在此模型中系统发育的方向在某种程度上为群落 (生物地理群落) 所驱动，因而其内部的种类通过特化相互适应而进化，而它们进一步的特化则为整个系统所 "在先界定"。对此模型而言，维尔纳茨基的重要性主要源自两点。第一，生物圈是终极意义上的生物地理群落，而生物圈是驱动低阶系统进化的自调节系统。第二，哲里欣的模型继承和发扬了维尔纳茨基的论题——生命是地球化学循环的主要推动者 (Zherikhin 2003, 第 348 页)。

[343]

维尔纳茨基意义上的生物圈研究在俄语国家从未中断。在当代最清晰的表述版本中，以笔者眼光看来即格奥尔基·扎瓦尔津 (Georgii Zavarzin) 所表述，生物圈理论主张，系统发生学意义上独立的原核生物是生物圈生物地球化学循环的基础 (Zavarzin 1997, 2003a, b)。这意味着: (1) 维尔纳茨基的进路排除了生物圈进化原初阶段严格意义的单系统 (monophily) 的存在，因为地球上的生命只可能以群落形式存在，这样才能支持闭合的生物地球化学循环过程 (甚至元古代早期就存在功能完整的微生物群落); (2) 进化具有累积的特征 (即 "新" 加 "旧" 而非以 "新" 替 "旧"); (3) 生物圈是由功能互补的生物构成的良好平衡系统来运行的，然而达尔文规律只在这个系统最低层级发挥作用。

尽管以上诸般案例并未穷尽这一主题，但人们从中可以看出维尔纳茨基的影响力几乎覆盖了俄罗斯全球科学的整个领域。

但是，维尔纳茨基的影响力是失衡的。在俄罗斯，他跻身于声名隆崇的科学家之万神殿。甚至，初级教育的课本中也能见到他的名字。他的生物圈–智慧圈理论被纳入大学公共必修课程 "自然科学基础"，任何专业都不例外。不足为奇，哲学、进化论和生态学专业，当然还有生物地球化学专业的学生对他的理论进行了深度研习。在一本现代俄罗斯大学生物地球化学教材的导论部分，我们可见如下字句: "生物地球化学的理论基础由维尔纳茨基开创的有机体和生物圈理论构成"

(Dobrovolsky 1998)。维尔纳茨基的思想也体现在晚近的俄罗斯施政纲领之中。1996年涉及 "俄罗斯转向可持续发展" 的总统令就是一份明确提及维尔纳茨基理论的官方文件 (Oldfield and Schaw 2006)。

相反, 维尔纳茨基在西方世界仍然鲜为人知。当代研究者很少明确提及他的观点。英国科学家詹姆斯·洛夫洛克和美国微生物学家林恩·马古利斯 (Lynn Margulis) 将维尔纳茨基视为他们科学上的 "先辈" (如 Lovelock and Margulis 1974; Lovelock 1986, 1996; Margulis 1996), 但是一再强调他们的生物圈理论 (盖娅假说) 是独立于维尔纳茨基提出的。此外, 唯一一本被英语国家科学家接触到的维尔纳茨基著作是近年翻译的早期著作《生物圈》(Vernadsky 1998)。维尔纳茨基的重量级著作《生物圈的化学结构》(*The Chemical Structure of the Biosphere*) 仍然未见西方欧语系译本。德国的地质微生物学家沃尔夫冈·克伦宾 (Wolfgang E. Krumbein) 是西方不多见的追随者之一, 他明确把维尔纳茨基的理论看作现代地球生理学的基础 (Krumbein and Schellnhuber 1992; Krumbein and Lapo 1996)。直到最近, 一本地质微生物学导论中提到了维尔纳茨基 (Ehrlich 2002)。 [344]

然而, 以英语出版的大多数生物地球化学和全球生态学导论性书籍甚至一笔不提维尔纳茨基 (Degens 1989; Schlesinger 1991, 2004; Libes 1992; Fenchel et al. 2000)。作者们或者有意无意地回避生物圈概念和生物地球化学的起源问题, 或者直接以第二次世界大战之后的进展起头。一如施莱辛格 (Schlesinger) 在最近一篇关于 "全球变化生态学" 的综述性论文中所言: "我把 1970 年《科学美国人》(*Scientific American*) 的 "生物圈" 专辑的出版作为全球变化科学的起点" (Schlesinger 2006)。要想认识这种荒谬状况, 不妨设想一部进化生物学的著作完全不提达尔文, 而直接以恩斯特·迈尔 (Ernst Mayr) 和威廉·普罗文 (William Provine) 的《综合进化论》(*Evolutionary Synthesis*) (1980) 作为开篇。与此同时, 维尔纳茨基的思想实际上渗透了全球变化科学的理论背景, 不过姓名未得彰显而已。正如乔治·哈钦森 (George E. Hutchinson, 1903—1991) 在前文提及的《科学美国人》专辑中所言: "我们今天所用的生物圈概念正是最初休斯所使用的, 50 年之后由维尔纳茨基所发展的" (Hutchinson 1970)。然而, 维尔纳茨基原创性概念只是零散渗入西方理论界, 在这种局面下, 国际科学界要恰当评估他的理论是一项相当困难的任务。

24.5　小结

维尔纳茨基对现代科学最重要的贡献就是关于生物圈和生命体的宏大理论。这一理论诞生于 20 世纪上半叶, 全方位影响了自然科学, 包括新兴的生态学和进化理论。他将地球化学视为陆地化学元素的自然史。生物地球化学较之经典地球化学的专业性反映了他的新思想——生命体乃是生物圈化学元素迁移的主要因素。以维尔纳茨基的术语来说，生物圈既是一个地质圈层，也是一个自调节系统，包括生物与其无机环境。在弗拉基米尔·苏卡乔夫提出的生物地理群落概念的补充之下，生物圈显现为一个自我调节系统，其基本结构单元是生物地理群落，反过来这些单元本身就是自我调节系统。生物地理群落乃是一个相对独立的自然系统，占据显然可辨的地段，比如一片松林或者沼泽，由此地段上**所有**非生物因子和**所有**生物间的依赖关系构成。这一进路有利于做出关于化学元素迁移路径的科学预测，对俄罗斯生态学而言至关重要。大批俄罗斯科学家采纳并拓展了维尔纳茨基的新研究进路，比如，**地球化学生态学**的概念 (维克多·科瓦尔斯基)、由尼古拉·蒂莫费耶夫–雷索夫斯基开创的**放射生态学**和**放射生物地球化学**学派、对于现代古生态学 (苏卡乔夫和蒂莫费耶夫–雷索夫斯基的古生态学亦然) 的重要影响、最近所谓的**自然主义微生物学**的奠基人弗拉基米尔·哲里欣的种种研究进路。总而言之，维尔纳茨基的理论体系是塑造现代全球科学包括生态学的重要因素之一。

　　致谢　笔者的生命科学史研究由德国研究基金会 (DFG) 资助，项目编号 Ho 2143/5-2。谨向阿斯特丽德·施瓦茨 (Astrid Schwarz) 和克里斯蒂安·哈克 (Christian Haak) 致以谢意，缘于他们对本文前期稿本不无裨益的评论。

[345]

参考文献

Aksenov G (1994) On the scientific solitude of Vernadsky. Probl Philos 6: 74–87 [in Russian]

Bailes KE (1990) Science and Russian culture in an age of revolutions: V. I. Vernadsky and his scientific school, 1863—1945. Indiana University Press, Bloomington/Indianapolis

Barrow J, Tipler F (1986) The anthropic cosmoplogical principle. Claderon Press, Oxford

Clarke FW (1908) Data of geochemistry. Government Printing Office, Washington, DC

Dana JD (1852) Crustacea, Reprinted in 1972. Antiquariat Junk, Lochem

Degens ET (1989) Perspectives on biogeochemistry. Springer, Berlin

Dobrovolsky VV (1998) Basics of biogeochemistry. Vyschaja Schkola, Moscow [in Russian]

Dokuchaev VV (1898) The concept of zones in nature, 2nd edn., 1948. Moscow Geografgiz, [in Russian]

Ehrlich HL (2002) Geomicrobiology, 4th edn. Marcel Dekker, New York

Fenchel T, King GM, Blackburn TH (2000) Bacterial biogeochemistry: the ecophysiology of mineral cycling, 2nd edn. Academic, San Diego [u.a.], Reprinted

Fersman AE (1923) Khimitcheskije elementy zemli i kosmosa (Chemical Elements of the Earth and the Cosmos). Khimtekhizdat, Petrograd

Ghilarov AM (1995) Vernadsky's biosphere concept: An historical perspective. Q Rev Biol 70 (2): 193–203

Grinevald J (1996) Sketch for the History of the Idea of the Biosphere. In: Bunyard P (ed) Gaia in Action. Floris Books, Edinburgh, pp 115–135

Hutchinson GE (1970) The biosphere. Sci Am 223 (3): 45–53

Kolchinsky EI (1990) The evolution of the biosphere. Nauka, Leningrad [in Russian]

Kolchinsky E, Kozulina A (1998) The burden of choice: why did V. I. Vernadsky return to the Soviet Russia? Voprosy istorii estestvoznanija i tekhniki 3: 3–25 [in Russian]

Kolchinsky EI (2006) Biology in Germany and Russia-USSR. Nestor-Istorija, St. -Petersburg [in Russian]

Kovalsky VV (1974) Geokhimitcheskaja ekologija [Geochemical ecology]. Nauka, Moscow

Krumbein WE, Schellnhuber H-J (1992) Geophysiology of mineral deposits a model for a biological driving force of global changes through Earth history. Terra Nova 4: 351–362

Krumbein WE, Lapo A (1996) Vernadsky's biosphere as a basis of geophysiology. In: Bunyard P (ed) Gaia in action. Floris Books, Edinburgh, pp 115–135

Lapo AV, Smyslov AA (1989) Biogeochemistry: the foundations laid by V. I. Vernadsky. In: Yanschin AL (ed) Scientific and social significance of Vernadsky's creativity. Nauka, Moscow, pp 54–61 [in Russian]

Lapo AV (2001) V. I. Vernadsky (1863–1945), the founder of the biosphere concept. Int Microbiol [346] 4: 47–49

Levit GS, Krumbein WE (2000) The biosphere theory of V. I. Vernadsky and the Gaia theory of J. Lovelock: a comparative analysis of the two theories and two traditions. Zhurnal Obshchei Biologii (J Gen Biol) 61 (2): 133–144

Levit GS (2001) Biogeochemistry, biosphere, noosphere: the growth of the theoretical system of Vladimir Ivanovich Vernadsky (1863–1945), Series: "Studien zur Theorie der Biologie" (Edited by Olaf Breidbach & Michael Weingarten). VWB-Verlag, Berlin

Levit GS, Hoßfeld U (2005) Die Nomogenese: Eine Evolutionstheorie jenseits des Darwinismus und Lamarckismus. Verhandlungen zur Geschichte und Theorie der Biologie 11: 367–388

Libes SM (1992) An introduction to marine biogeochemistry. Wiley, New York

Lovelock J (1972) Gaia as seen through the Atmosphere. Atmos Envir 6: 579–580

Lovelock J (1986) The biosphere. New Sci 1517: 51

Lovelock J, Margulis L (1974) Atmospheric Homeostasis by and for the biosphere: the Gaia hypothesis. Tellus 26: 2–10

Margulis L, Sagan D (1995) What is life? A Peter N. Nevraumont Book, New York

Margulis L (1996) James Lovelock's Gaia. In: P. Bunyard (ed) Gaia in action. Floris Books, Edinburgh, pp 54–65

Mochalov II (1982) Vladimir Ivanovich Vernadsky. Nauka, Moscow

Oldfield JD, Schaw DJB (2006) V. I. Vernadsky and the noosphere concept: Russian understandings of society-nature interaction. Geoforum 37 (1): 145–154

Por FD (1980) An ecological theory of animal progress—a revival of the philosophical role of zoology. Perspect Biol 23 (3): 389–399

Rautian AS (2003) O nachalakh teorii evoliutzii mnogovidovykh soobstchestv i ee avtore (On the beginnings of the theory of multi-species communities evolution—phylocenogenesis—and its autor). In: Lubarsky G (ed) Zherikhin V. V. Izbrannyje trudy. KMK Press, Moscow, pp 1–42

Schlesinger WH (1991) Biogeochemistry: an analysis of global change. Academic, San Diego [u.a.]

Schlesinger WH (ed) (2004) Treatise on geochemistry-Vol. 8: Biogeochemistry. Elsevier Pergamon, Amsterdam (u.a.)

Schlesinger WH (2006) Global change ecology. TREE 21 (6): 348–351

Sewertzoff AN (1931) Morphologische Gesetzmäßigkeiten der Evolution. Gustav Fischer Verlag, Jena

Sytnik K, Apanovich E, Stoiko S (1988) V. I. Vernadsky. Life and activity in the Ukraine. Naukova Dumka, Kiev [in Russian]

Teilhard de Chardin P (1961) The phenomenon of man. Harper & Row, New York/Evanston

Timoféev-Ressovsky NV (1995) Vospominanija (memoirs). Progress, Moscow

Timoféev-Ressovsky NW, Vononcov NN, Jablokov AN (1975) Kurzer Grundriss der Evolutionstheorie. Gustav Fischer Verlag, Jena

Tjurjukanov AN, Fiodorov VM (1996) N. V. Timoféev-Ressovsky: Biosfernyje razdumja. AEN, Moscow

Vernadsky VI (1902) O nauchnom mirovozzrenii (On the scientific worldview). Vorposy filosofii i psikhologii 1 (65): 1409–1465

Vernadsky VI (1903) Osnovy kristallografii (The Fundamentals of Crystallography). Izdatelstvo Moskovskogo Universiteta, Moscow

Vernadsky VI (1912) O gazovom obmene zemnoj kory (On gaseous exchange of the earth's crust). Izvestija Imp Akad Nauk Serija 66 (2): 141–162

Vernadsky VI (1924) La Géochemie. Alcan, Paris

Vernadsky VI (1926) Biosfera. NHTI, Leningrad

Vernadsky VI (1929) La Biosphère. Alcan, Paris

Vernadsky VI (1930) Geochemie in Ausgewählten Kapiteln. Autorisierte Übersetzung aus dem Russischen von Dr. E. Kordes. Akademische Verlagsgesellschaft, Leipzig

Vernadsky VI (1934) Le Problème du Temps dans la Science Contemporaine. Revue Génerale des Sciences Pures et Appliquees 45 (20): 550–558

Vernadsky VI (1935) Le Problème du Temps dans la Science Contemporaine. Revue Génerale des Sciences Pures et Appliquees 46 (7): 208–213, 47 (10): 308–312

[347]   Vernadsky VI (1944) Problems of biogeochemistry. (Trans: George Vernadsky Ed and condensed: GE Hutchinson) Connecticut Academy of Arts and Sciences, New Haven [u.a.]

Vernadsky VI (1965) The chemical structure of the biosphere of the earth and of its environment. Nauka, Moscow [in Russian]

Vernadsky VI (1980) Problems of biogeochemistry. III, BIOGEL. Nauka, Moscow [in Russian]

Vernadsky VI (1988) Philosophical thoughts of naturalist. Nauka, Moscow, p 520 [in Russian]

Vernadsky VI (1991) Scientific thought as a planetary phenomenon. Nauka, Moscow [in Russian]

Vernadsky VI (1994a) Works on geochemistry. Nauka, Moscow [in Russian]

Vernadsky VI (1994b) Living matter and the biosphere. Nauka, Moscow [in Russian]

Vernadsky VI (1997) Scientific thought as a planetary phenomenon. Nongovernmental Ecological
   . V. I. Vernadsky Foundation, Moscow

Vernadsky VI (1998) The biosphere. A Peter A. Nevraumont Book, New York

Vinogradov AP (1953) The elementary chemical compositions of marine organisms. Memoir
   Sears Foundation for Marine Research II. Yale University Press, New Haven

Vinogradov AP (1993) The geochemistry of isotopes and the problems of biogeochemistry: se-
   lected works. Nauka, Moscow [in Russian]

Zavarzin GA (1997) The rise of the biosphere. Microbiology/Microbiology 6 (66): 603–611

Zavarzin GA (2003a) Evolution of the geosphere-biosphere system. Priroda 1: 27–35 [in Russian]

Zavarzin GA (2003b) Prirodovedcheskaja mikrobiologija (Naturalistic microbiology). Nauka,
   Moscow

Zherikhin VV (2003) Izbrannyje trudy (selected papers). KMK Press, Moscow [in Russian]

第七部分　科学生态学与其他领域的边界地带

第 25 章 作为生态学的地理学

Gerhard Hard

25.1 导言: 地理学的核心范式

经典地理学的主题和核心理论, 即 18 世纪至 20 世纪的主流地理学, 大致可以概括为: 区域生活模式与整个文明之间的相互作用和共生关系, 以及具体的生态环境。这些主题常被一些具有误导性的短语来表达, 如人与自然、人与空间、人与环境等短语[1]。这种具体的生态或物理–生物环境既可以理解为原始环境, 也可以理解为已经被历史改变的环境。这就是自里特尔 (Carl Ritter, 1779—1859) 时代开始的 "Rittersche Wissenschaft" (里特尔科学), 即以里特尔命名的科学, 这一表述将各种 "原材料" 汇集在一起加以凝练, 直到成为一门适合研究和教学的大学学科。里特尔的地理学 (Erdkunde) 对许多国家的地理学都产生了重大影响, 尤其归功于他遍布世界各地的众多学生及再传弟子。

然而, 里特尔和他的追随者们所做的仅仅是制定一个研究纲领, 这一研究纲领早已成为 18 世纪和 19 世纪早期受过教育的人们所共有常识的一部分。此后, "Kulturökologie" (文化生态学) —— 用现代术语来表达的话 —— 这一术语不再仅仅是当时 "受过教育者的常识" 和公众科普知识的一个普遍的主题, 也是大学学科的典范。正如现代生态学家所意识到的, 这一研究纲领并未带来真正的好处。

在地理学的英文文献中, 人与环境的主题常被简称为 "生态学传统"[2]。诚然, 近年来地理学的英文文献中更多涉及地理学过去和现在的几个 (至少四或五个) 不同 "传统" 或 "学派" 或 "主题" 或 "焦点", 而前文所述的 "生态" 或 "人与环境"

---

[1]关于 "Theoriekern" (理论核心) 的理论概念, 近义词包括 "Kerntheorie" (核心理论) 和 "Kernparadigma" (核心范式) 等, 参见施特格米勒 (Stegmüller 1973, 1979, 1980)。

[2]参见诸如哈格特 (Haggett 1965, 第 10 页及其后) 的 1972 年出版的德语版 (第 15 页), 这一术语被译为字面上的 "ökologisch" 和 "Ökologie", 释义为 "研究地球与人之间关系的地理学" (Geographie als die Erforschung der Beziehungen zwischen der Erde und dem Menschen) 这样一个典型的包罗万象的表达。

G. Hard (✉)
Institut für Geographie, Universität Osnabrück, Seminarstraße 19 a/b, D-49069 Osnabrück, Germany

的主题便是其中之一[3]。然而，地理学的历史表明，这一 "生态" 的人地关系主题构成了 18 世纪至 20 世纪所有重要地理学研究纲领的组织核心和合理的基础，至少是潜移默化的[4]。由于 20 世纪下半叶出现的地理学突破，现在生态学传统可能更多成为一种背景，但影响力丝毫未减。

从一开始，地理学的研究和文献便包含了这种基本思想在区域或世界 (相对而言) 范围内的应用。大量科学和通俗文献都涉及人地主题。"生态主题" 不仅决定了区域地理的基础和结构，而且决定了地理学作为一个整体的构成方式。无论是否意识到，即使是自然地理学家，他们对地球本质的描述也是与人地主题联系在一起的[5]。即使在今天，许多地理学家和他们的科学发言人 (在德语世界里，至少在他们登上演讲台的时候) 都相信 "地理学" 的本质和它固有的力量使它成为一门综合生态学——事实上，使地理学成为生态学和环境科学本身。但是，他们口中的 "生态学" 又是什么意思呢? 地理生态学是从何而来? 现在又发展得怎么样了呢?

25.2 作为 "文化生态学" 的地理学

在地理学界之外，例如在文化人类学和民族学中，上述经典地理学的核心范式被描述为 "文化生态学" 或 "文化生态学视角"，并在相当长的一段时间内被大体描述如下: 在截然不同的环境和文化形式中比较分析人类的物理生物环境以及他们的行为模式、社会组织和文化之间的关系和相互作用。这里的 "文化" 不仅

[353]

指人类应对环境的物质文化或 "技术文化"，而且涉及受 "应对环境" 这一过程影响的社会和文化的各个方面[6]。这些和其他对 "文化生态学" 的描述，也是对上述现代地理学核心范式的准确诠释; 现代大学地理学的创始人经常被引用的名言 "地球是人类的居所和各种规约的场所 (place of instruction)"[7]，本质上也具有这种文化生态的意义，即使在里特尔去世后，人们也一直这样理解它。

从那时起，就连地理学本身也不时地按照 "生态学" 来明确定义它的本质，例

---

[3]在德语文献记载中，哈德 (Hard 1973, 第 79 页及其后) 以及巴特尔斯和哈德 (Bartels and Hard 1975, 第 90 页) 更加强调地理的历时性和共时异质性，并详细描述了这一 "发散学科" 中包含的许多研究视角。

[4]参见 Eisel (1980)。这是一本由两部分组成的地理选集，回答了地理是什么的问题，选集也提供了令人印象深刻的证据，证明了从 18 世纪至今地理学家的自我认知 (Schultz 2003)。

[5]参见 Böttcher (1979) 中的地貌 (geomorphology)。

[6]例如，Steward (1955, 第 40 页及其后); 更多参考资料，请参见 Krewer and Eckensberger (1990)。"文化生态学" 一词在英语地理学中也有类似用法 (例如 Johnston 1988)，而在德语地理学中，术语 "人类生态学" 似乎已经确立，参见穆斯伯格和施万最近的文集 (Meusburger and Schwan 2003)。

[7]"Erde als Wohn- und Erziehungshaus des Menschengeschlechts" (Herder 1784–1791, 1966 年版, 第 59–67 页)。

如, 1910 年到 1930 年的美国地理学会与当时的美国植物生态学会建立了明确的联系, 也证明了这一点。一个典型的例子是这样陈述的: "地理学是人类生态学的科学", 即 "人类与其自然环境相互关系的科学" (Barrows 1923, 第 3 页)。然而, 地理学的研究对象并不是 "自然环境", 而是它的 "生境价值"——换句话说, 自然环境是人类感知、判断和利用的对象。因此, 这种 "地理学即人类生态学" 的论述也是 "里特尔科学" 的一个版本[8]。

25.3 地理学作为区域和区域化的文化生态学

地理学首要的关注点是在景观和区域层面。上文所描述的研究纲领就特别适合前工业化时期的 (尤其是农民的) 生活世界, 那时它们尚未被全球市场、工业化和其他类型的现代化和全球化显著改变。当然, 工业化和城市化等主题也越来越需要在地理学上加以研究, 但现在要在这个现代世界和人与自然主题之间建立联系就更加困难了。

另外, 地理学的主要焦点不是针对个人行为, 而是针对整个 (群体) 生命形式或整个文化与其区域分化的 "自然" 或物理生物环境之间的关系。自 19 世纪以来, 每种欧洲语言的地理学文献都提供了取之不尽的原创研究案例和延伸至全球范围的概述研究[9]。比达尔·德·莱·布拉什 (Vidal de la Blache, 1845—1918) 的人文地理学和他的学派 (法国地理学派) 是这一领域的一个重要亮点, 实际上也是整个经典地理学的重要学派。直到 20 世纪中叶, 它在法国的大学和学院中一直占主导地位。甚至在今天, 它仍然定义着地理学的总体形象[10]。

在这一地理文化生态学的概念中, 出现了一种非凡的空间视角。这一视角并未将自然、自然条件和文化作为一个整体来看, 而是特地 (甚至是排他性地) 将空间 "自然布局" 和空间 "文化布局" 放在一起相互联系, 从局部到全球范围比较它们是否重合。换句话说, 这一视角的重点是比较自然 (即物理) 景观和人文景观中的空间分布格局、边界和 "断层线"。毫无例外, 这一视角是建立在规范的前提基础上。在文化和社会层面, 只有那些被认为是仁慈的和永久的 (或者用今天政治生

[354]

---

[8]从科学史的角度来看, 有关这一版本与生物生态学联系的更多详情, 请参见 Fuchs (1966, 1967)。1920 年前后, 芝加哥 (美国地理历史上的一个重要地点) 不仅是植物生态学的一个据点 (见第 20 章), 也是一个从生态类比的角度进行各种社会学城市研究的主要据点。然而, 在芝加哥著名的城市社会学中, "人类生态学" (后来成为 "社会生态学") 与当时的地理学通常意味着不同的东西, 即研究人类的 "社会环境"。关于 1970 年代以来德国城市研究中对社会学 "人类" 或 "社会" 生态学的理解除其他文献外, 请参见 Hamm (1990)。

[9]20 世纪德语地理学的经典文本包括 Waibel (1921)、Troll (1931) 和 Bobek (1959)。只有极少数学者试图将生命形式的概念应用于高度工业化的国家, 这一传统几乎没有什么意义。

[10]参见 Claval (1964)、Buttimer (1971) 和 Berdoulay (1981) 的批判和共情描述。

态学的语言来说 "可持续的") (与 "自然的" 或 "物理的" 领域对应) 才被认为与特定的自然/物质环境的基本特征相呼应。这适用于一系列因素，从文化景观中的土地利用模式，到国家领土和边界，直到大的经济和政治领域。这可以被称为 "规范的自然决定论" 或 "规范的地缘决定论"。这种 "规范的自然空间决定论" 既是 18 世纪自然神论的延续，也是赫德 (Herder) 和里特尔或公开或隐晦的自然神论概念图景的延续[11]。

[355]   两个多世纪以来，上述 "自然区域" 的视角以及对 "正确" (自然) 自然区化的相关探索，一直是地理学的主题[12]。例如，在 20 世纪下半叶，这种对古老区划传统的痴迷近期产出的不太理想的成果包括费力却无用地将德国 "划分" 为 ("自然空间") "物理区域"，或者由德国景观生态学家们 (尤其是施米特许森 (Schmithüsen)、尼夫 (Neef)、帕芬 (Paffen)、莱泽 (Leser)) 设计的区域系统和区域等级。此外，还有 1930 年代开始受到地理学的启发的德国景观规划传统。以现代社会的 "自然基础" 来 "布局" 现代社会经济景观，这些努力反复出现，但徒劳无益。这涉及确认出一些自然 (即物理) 区域，这些区域能提供合理利用模式的蓝图，"以促进自然布局和文化布局的和谐" [13]。

总的来看，这些区划和它们的空间概念都野心勃勃 (虽然几乎总是隐含的) 地试图按照地球的所有基本方面和特征，以放之四海而皆准且有效的方式，将地球表面分成 "自然单元" 甚至分成 "生态系统"。致力于这些工作的人们甚至认为有可能得出 "适于所有目的的区划"，但这一尝试的结果是，很快就发现这一通用区划毫无实际用途。这种 "综合景观单元" (landschaftliche Wirkungsgefüge——后来被称为 "生态系统") 的空间投影实际上从未受到过质疑。然而，作为分类的构造主义逻辑和区化理论也未被真正接受，即使在巴特尔斯 (Bartels 1968, 1970) 将这些理论引入德国地理学之后也是如此。

25.4 文化生态学中人地主题的背景和原型

地理学的文化生态学范式本身比大学地理学更古老。地理学在 19 世纪后期

---

[11]关于自然神学的地理形式和普罗维登提亚理论，参见 Büttner (1975) 和 Hard (1988)。在 19 世纪和 20 世纪的地理学中，这种对地球区域的自然神学转变为对自然 (即物理) 区域或景观的一种基本隐含的目的论：不再是上帝通过他的创造与我们说话，而是具体的生态自然 (以及后来的生态系统) 使我们能够——以其自身的权威，在一定程度上——理解什么是正确的 (或者，当前是可持续的) 处理 "计划性自然" 的方式。这一 "生态伦理" 图景似乎仍然是现代生态运动和政治生态学言论的基础 (另见第 16 章)。

[12]对于自然 (这里的意思是：正确) 区域和边界这一主题的压倒性优势，参见 Schultz (1997, 2002, 2003)。

[13]关于 "将德国划分为自然 (即物理) 区域" 的 "原理和方法"，参见 Schmithüsen (1953)。

才在德语国家和其他工业化国家成为大学的一门重要学科。各地的政治意图都是为国民教育、教师培训和学校课程创建一门学科。然而，这一范式本身早在 18 世纪和 19 世纪早期就已出现；大约在 1800 年，它几乎已经成为所有受过良好教育欧洲人的自然观的一部分，它出现在许多不同类型的文本中，包括哲学、人类学、(通用) 历史、政治学、游记、研究考察文献、科普等作品中，甚至出现在小说中。 [356]

这一范式的起源众说纷纭，其中包括对 "土地和人" 的传统描述，包括在 18 世纪复兴的、关于人与自然关系的古老哲学概念，特别是希波克拉底传统[14]，包括某些来自自然神论的广为流传的、关于地球的智慧和仁慈设计的概念，最后还包括在德语国家中赫德的历史哲学，也被理解为自然哲学和人类学。

在里特尔及后来几位地理学家的解释中，赫德的历史哲学已经包含了完整的地理学核心理论及其完整的基本纲领。用赫德本人使用过的丰富措辞，这就是将 "地球视为人类历史的舞台、住所、规约场所以及作为国家的教育之所和居所"[15]，而地理学则是研究 "整个地球 [……] 为它 (人类) 而演奏，正如弦乐器的和声，尝试或将要尝试每一个音符"[16]的方法。

这些前提为里特尔 (倾向于自然神学) 的地理哲学提供了依据。这一理念是将地球上无论是单独的还是整体的景观都看作 "人类 (或种族) 的居所和规约场所"。通过 "严肃的 (地理) 科学"，地球的地形和景观地貌，以及地球的自然布局，均旨在揭示人地本质的**规范**和**目标**，即地球各地区和民族的 "真正命运" —— 造福于所有民族，造福于全人类。换句话说，地理学使命在身[17]。

因此，从目的论的角度来看，人和自然在地球的各个区域彼此 "和谐"；地球上的国家、文化景观和文化，是区域生命形式创造性地适应具体的生态自然，即创造性地适应自然区域和自然景观，终极的 "成熟的" 结果。通过这种方式，地理学能够为现代国家的理念和合法性做出重要的贡献 (参见 Schultz 2002)。地理学家们的努力表明，每一个民族国家都是以一个自然分布格局为基础，每一个合法的民族国家都是由自然 (或自然区域)、人民 (民族) 和国家组成的 "和谐的三位一体"。如果一个地方显然偏离这种情况的话，政治纠正措施会被提出。 [357]

---

[14]关于这些希波克拉底观念的历史，从古代到 18 世纪，参见 Glacken (1967)；关于赫德对希波克拉底传统的使用，参见 Hard (1988，第 183 页及其后)。

[15]"Erde als Schauplatz der Menschegeschichte, Wohnhaus, Bildungsstätte, Erziehungshaus and Bildunggsplatz der Völker" (Herder 1784–1791, 1966 年版，第 59、67 页)。

[16]"die ganze Erde [···] ihr [der Menschheit] wie ein harmonisches Saitenspiel zutönet, in dem alle Töne versucht sind, oder werden versucht werden" (Herder 1784–1791, 第 201 页) 对赫德计划及其隐喻思维的解释，参见 Hard (1988，第 189 页及其后)。

[17]对于这一哲学的一些特别简洁的强调和精彩的表述，参见 Ritter (1852, 第 9–10 页；1862, 第 1–23 页，特别是第 14–16 页)；对于里特尔文中关键部分的解释和背景分解，参见 Hard (1988, 第 271 页及其后)。

这种文化生态学本身**并非**纯然的地缘决定论。文化不能从自然中 "推断" 出来, 更不用说由自然来决定。恰恰相反, 文化充其量被认为是和谐的 "人–自然" 平衡, 这种对自然的最佳适应被认为是人从自然中解放出来的**正确**方式。然而, 这种平衡是一项独特的成就, 也可能导致失败, 要么是能力不足, 要么是缺乏节制。正如赫德在他的名言中所说: "气候 (意指自然环境), 宇宙–地球环境, 并不强制, 却有所倾向。" 在他的作品中, 例如他提到 "人类可能已经成为地球的主人, 这样人类就可以通过技术改变气候"[18], 由此他反复阐述了源自占星术的这句话: "星星不发光, 但反光 (astra non cogunt sed inclinant)。"

但是, 气候 "像一个鲜活的整体, 渴望被温柔以待, 而不是 …… 暴力般锱铢必较, 无声息的气候早已摧毁、驱散、吹走了那些掠夺和破坏他们国家自然环境的罪人。相比之下, 永久的历史机遇却属于遵循自然法则的、默默的发展"[19]。然而, 一个在实现文化生态平衡和人与自然和谐方面做出了表率的民族, 被视为在其生存的区域以**独特**的方式履行了人类和历史的**天命**。这反过来又成就了一种非凡的卓越。毕竟, 世所共知, 拥有个体美 ("独特性与美") 、多样性与和谐的文化景观展现了这些民族或国家的历史成就。

这种文化生态思维在其原始形态上具有明确的规范性和 (生态) 伦理实质, 后来又被称为 "可能主义"[20]。在试图适应自然科学的 (被误解的) 因果思维时, 这种思维在 19 世纪和 20 世纪常滑入一种粗糙的、常常是漫无边际的自然决定论, 尽管这种决定论更多的是在地理学以外的领域, 而不是在其内部。

[358]   **25.5 应用领域**

在 19 世纪和 20 世纪的地理学中描绘这些思想的理想画布 (也可以说, 描绘这个乌托邦) 是古代的文化景观, 然后是工业化国家中相当边缘的农村地区, 最重要的是那些 "遥远落后的国家"。特别是在海外, 那里的国家和景观似乎就是范式教导人们看待它们的方式: 是他们的文化所占据的居住地和规约场所, 亦或多或少是对每个地方具体的生态自然和谐的适应。在这里, 与古代和欧洲的边缘地区

---

[18] "Das Klima zwinget nicht, sondern es neiget-zum Herrn der Erde gesetzt, dass er es [das Klima] durch Kunst ändere" (Herder 1784–1791, 第 187 页)。

[19] "[Klimata,] die allenthalben ein lebendiges Ganzes sind [...]wollen sanft befolgt und gebessert, nicht [...]gewaltsam beherrscht sein [, denn sie] rächen [jeden] Frevel, den man [ihnen] antut [und] der Stille Hauch des Klimas [ist] verwehet und weggezehrt [... dem] stille[n] Gewächs, das sich den Gesetzen der Natur bequemte." (Herder 1784–1791, 第 195–196 页)。这是一套 (保守的) 概念, 可持续性的理念植根于其中并具有意义; 有关这方面的更多信息, 请参见 Körner and Eisel (2002)。

[20] "可能主义" 地理学家 (L. possibilis, "可能") 总是, 至少含蓄地认为, "调整" 到具体生态自然的可能性范围 (更好或更坏)。因此, 法国学派更倾向于谈论 "天职", 而不是 "自然的地域"。

一样, 工业、全球市场和现代城市化仍然缺席——无论是在现实中还是仅仅是表面上, 否则, 它们仍然可以被解释为外部引发的、对本土和谐与平衡的转变, 甚至是 "破坏"。因此, 地理学家们不仅在撰写他们的区域研究, 而且直到 19 世纪末也在撰写他们的民族志。

地理学家们之所以对遥远国家和周边地区的自然和自然资源感兴趣, 根据他们自己的说法, 常常是因为这些景观中有许多尚未被当地居民充分认识、重视或发展; 换句话说, 这些景观的真正命运仍需被引导。因此, 旅行和地理研究者的景观之眼也可以是 "帝王之眼"。在殖民主义时代, 地理学家用某种理论为他们的社会服务, 而这一理论对现代社会本身已经极不适宜。地理范式的 "不适宜性" 在于社会和文化以及经济和政治原则上在其框架内必须被解释为人与自然的适应系统, 即对自然景观的适应和反应。

事实上, 正如时代思潮随时所显示的, 地理学的文化生态就常常相当于对社会进步、全球市场和工业化的诉求[21]。在很大程度上, 这只不过是对时代思潮的一种机会主义的妥协; 然而, 也完全有可能将进步的信仰与经典范式联系起来——例如使用这样一种观点, 即人类历史作为人与自然冲突的意义和目标最终在于从具体的生态自然中解放出来[22]。当然, 这一观点的内涵是社会进步会相继否定地理学和生态学的世界观——"(地球的) 自然是人类的对手"——并使其变得无关紧要。

这样的地理是如何在探险旅行研究、殖民时期甚至是科学地理学科的蓬勃发展中幸存下来的呢? 尤为重要的是成为学校、高等教育机构和教师培训的教学科目。 [359]

25.5.1 地理 "文化生态学" 作为一门 "基于感知或解释的科学"

在 (人类–自然) 人类–环境范式的背景下, 古典地理学始终以非科学的术语描述自然。古典地理学使用的语言很大程度上是日常用语, 包括普通的、口语化的表达形式。自然就这样出现了, 并被解读为 "具体的生态自然" (concrete ecological nature)。这一概念指的是对自然的描述, 在这种描述中, 情境、事件和物体或多或少以它们在日常生活中被视为有意义的实体的方式出现——而不是如物理的、化学的、(分子) 生物的物体、情境或事件[23]。在这方面, 古典地理学与传统博物学和

---

[21]对于 19 世纪和 20 世纪的德语地理学, 以及它从进步的典范 (尤其是在 19 世纪) 转向对文明的批判 (尤其是在 20 世纪), 参见 Schultz (1997) 等。

[22]这一地理范式的 "进步" 版本在 1845 年已经被卡普 (Kapp) 以简洁的形式表达出来, 他借鉴了里特尔和黑格尔的观点: 根据他所说, 人与自然的终极和谐、和解和统一, 在于通过文化、技术和大规模工业, 在世界范围内 "精神化" 和 "解放" 尘世自然。

[23]与此相反, "抽象自然" (abstract nature) 是指以物理、化学和分子生物学术语描述的各种自然; 它受到使用科学仪器的实验操纵影响, 并倾向于用数学公式表示, 换句话说, 这是所谓精确自然科学和现代技术科学的本质。

现代博物学以及现代生态学的大部分内容相似。

地理学把它的注意力集中在一个由物体组成的物质世界, 即 "地球区域"。然而, 它并**未**以严格的科学术语来看待这些物体——或者实际上是它们的物质资产——而是将其视为 "人类的居住地和规约场所", 也就是说, 这些区域被相对简单的、通常是农耕生活方式和实践占据并成为人类自己的空间。自然区域及其生态则被描述为简单生活方式的资源和结果, 通常是对准人工的、自然的利用。本质上, 它们被描述为人类行为的有意对象, 尤其是人类的感知和影响的世界。

地理文化生态学把物理-物质世界看作一个由与社会相关的意义构成的世界; 换句话说, 它不是狭义上的科学结构, 而是根据感知的诠释学来构建的。地理学更像是一种景观和地球表面的诠释学 (或一种符号和符号系统); 尽管听起来似是而非, 它是一种 "自然科学的理解或诠释学" (Eisel 1987)。

然而, 这种 "以感知为基础的自然科学" 只是对其自身的本质及其存在条件的不恰当的认识。古典地理学的 "性质" 在意义上与 "自然态度的世界" (world of the nature attitude) (Husserl) 是如此相近, 而且总是包含着如此多的常识, 以至于很难提出关于地理学具体对象构成的问题。尽管如此, 地理学家始终对他们 "人与地球" 的科学在现代科学中所起的特殊作用抱有一定的认识。这经常体现在那些奇怪的过高估计上, 如同我们熟悉的现代生态学一样: 地理学家喜欢把地理学——尤其是景观科学或景观生态学和区域地理学——看作自然和人、"自然" 和 "社会系统" 的高级综合。因此, 有人说地理学可以克服科学与社会科学和人文科学之间的鸿沟。

[360]

25.5.2　地理文化生态学中的 "景观"

特别是在德语国家, "Landschaft" (景观) 一词大致从 1900 年便开始成为一个关键术语, 因为它是地理学家们将他们所见和所想概念化的主要图景; 景观成为 "地理学的基本对象"。"景观" 既可以指一个区域的具体生态性质 ("整体自然特性"), 也可以指该区域性质与该区域内的人之间历史 "共生" 的物质产物 ("文化景观")[24]。然而, 最重要的是, "景观" 代表着地域的 "自然" 和 "文化" 形成的单一的、伟大的、统一的、客观的和空间的整体, 一个可以通过 "景观地貌" 理解的 "Wirkungsgefüge" (综合单元)。

对景观地理学家来说, 这个 "景观整体" 由物理物质和智慧 (或社会) 组成, 也就是说具有物理物质和智慧 (或社会) 多方面性质的对象[25]。因此, "景观" 成了 "整

---

[24]今天, 文化景观的地理学和 "形态发生" 已成为历史地理学、区域历史和历史古迹保护中的一个主题。

[25]关于构成这一想法背景的哲学, 见 Hard (1970, 2002 年再版, 第 69 页及其后)。

个地理生态系统" 或 "景观生态系统" 的密码, 包括 "岩石圈、水圈、大气圈、生物圈和人类圈" (这方面有大量的文献, 例如在斯托克鲍姆 (Storkebaum 1967) 和帕芬 (Paffen 1973) 中提到的文献)。这种 "景观" 为特定研究工作提供了一种理论方向, 而且还不止于此, 即由一个贯通式的、包罗万象的上层建筑, 跨越了日益快速分化的领域内研究内容的实际差异。贯穿整个景观地理学, 亚历山大·冯·洪堡 (Alexander von Humboldt) 是伟大的景观地理学家和景观生态学的创始人[26] (见第 19 章)。

　　众所周知, "景观" 的概念, 特别是在德国地理学中, 在激发和合法化某些思想方面发挥了巨大的力量, 尤其从 "Landschaft" 这个词本身的语义和内涵来看[27]。简明扼要地说: 一些研究人员把某些语言结构, 特别是语义结构, 解释为客观结构。 [361]

　　"景观" 是一个在近代欧洲艺术界获得了特定语义学意义的概念。特别是在德语国家 (但不局限于此), "景观" 有很多丰富而积极的内涵, 例如美、亲近自然、统一、完整、多样、普遍联系以及人与自然的和谐。该词与特别的形式、个性和独特性、深深扎根于土壤中的文化观念、积极的传统和成功的历史联系在一起。此外, "景观" 还象征着纽带和义务、稳定、平衡和持久, 或者用现代术语来说是 "可持续性", 以及对自然和文化的全面、直观理解的期望。在德语中, 任何强调 "Landschaft" 的人很快就会受到这些思想的启发; 对许多地理学家来说, 这是一个显而易见的必然事实。这就是最初作为感知的审美形象最终被重新诠释为包罗万象的生态系统的原因。事实上, 鉴于上述的关联, 很容易理解为什么 "景观" 能够在保守的世界观、生态运动和政治生态学中扮演如此重要的角色。

25.5.3　景观生态学, 地理生态学

　　因此, 最初的 "景观" 和最终的 "景观生态系统" ("地理生态系统" 等) 继承了文化生态学人与自然的范式。一种关系 (人–自然) 和一个名词 (景观) 被明确地转化为 "物质" "整体" 和 "地理实在" 本身。自 1960 年代以来, 这种 "景观理念" (Schmithüsen) 一直受到广泛的批判, 被认为是 "一种混乱的整体幻想" (如 Bartels 1968, 1970; Hard 1970, 1973)。对 "景观" 概念的批判和修正也可以在生态学理论文

---

[26]从 "洪堡科学" 的某些风格特征至今仍存在于现代地理学及现代生态学的某些部分来看, 这种提法确实具有一定的合理性。

[27]有关详细信息, 请参见 Hard (1970) 或汇总形式的 Hard (2001)。

献中找到 (如 Trepl 1987, 1996 等; Jax 2002)[28]。

　　从那时起, "Landschaft" 几乎唯一作为 "地理实在" 和 "全面整体性" 而出现的地方是在德国景观生态学家 (或地理生态学家) 的理论和术语中, 例如, 以 "景观生态系统" (landschaftliches Ökosystem、Landschaftsökosystem) 等术语的形式, 被认为是人类系统、生物系统和地球系统的 "功能统一体"。许多地生态学家特别将地球 (生态) 系统, 即 "Funktionseinheit von Klima-, Hydro-, Pedo- und Morphosystem" (气候系统、水文系统、土壤系统和形态系统的功能统一性) 作为他们的研究对象 (如 Leser 1991)。然而, 自从施米特许森的工作问世以来, 尤其是在莱泽的研究中, 德国景观生态学家们一再试图捕捉景观整体 (ganzheitliche Erfassung)、真实的**全部**景观 (realen Landschaftsganzen) 和全部景观的整体生态系统 (Totalität des ganzen Landschaftsökosystems) (参见 Leser 2000)。与此相关的是一种规范观念, 即社会和自然领域中发生或计划的一切最终都应该基于景观生态基础及其空间分布格局 (Leser 1991, 2000)。

　　术语 "Landschaftsokologie" 从 1938 年开始被卡尔·特罗尔 (Carl Troll) 引入地理学, 取得了越来越大的成功。其最初的目的是利用自然地理学和生态地理植物学的资源对地球的航拍图进行多层面的解释。在使用 "生态系统" 这个术语时, 特罗尔指的是坦斯利 (Tansley), 后来也指蒂内曼 (Thienemann)。它与生物生态学的关系仍然很密切: 植被或生物群落 "是整个生态系统的中心"[29]。在 "景观生态学家" 施米特许森、尼夫、莱泽的著作中, 生态系统被视为有或没有生命的空间单元——比在特罗尔的著作中更明显; 生态系统、地球系统、地球生态系统等被认为既是功能统一体, 又是地形统一体 ("地球的一部分")[30]。

　　围绕尼夫和莱泽的景观生态学的两个类似版本或 "流派" 的共同点是, 除了夸大的 "理论" 上层建筑之外, 还有一种相对小规模的研究实践, 其方法论源于邻近学科, 尤其是应用土壤科学。根据其方法论, 这种研究实践更确切地说, 至少含蓄地说, 是以评估潜在的农业生产能力为目标, 因此侧重于非生物领域[31]。在这种农业景观视角中, 感兴趣的重要对象与 "生态景观居所" (Landschaftshaushalt,

---

[28] Jax (2002, 第 213 页及其后) 提出, 基于相关的认识论和本体论观点, "Landschaft"——即使在生态学本身——也不应再被视为生态统一体或生态学的一个对象, 甚至是生态学的对象; 相反, 它应该被认为是基于空间和距离的某种视角。因此, "Landschaft" 被视为一个或多个空间模式, 用于根据其空间模式来观察生物体和生物体社会。"Landschaft" 在日常语言中的使用尤其表明, 只要考虑中等范围、人类中心尺度上的空间模式, 就应该使用该词。Jax 认为, 这与英语术语 "景观生态学" 中 "景观" 的含义大致相同。

[29] "steht im Zentrum des ganzen Ökosystems" (Troll 1966a, 第 38 页)。

[30] 关于生态学文献中对这种观点的批判, 参见 Jax (2002, 第 43 页) 和 Trepl (1988, 1996)。

[31] 这也解释了莱泽奇怪的地理(生态)系统与生物(生态)体系的分离, 即地理生态学与生物生态学的分离。

Standortregelkreis)[32]的复杂图像有关。

　　这就是奇特而特殊的地理生态学如何作为古典地理范式这一最终形式而出现的。 [363]

25.6　逝去的范式

　　在 20 世纪下半叶, 可以观察到范式的逐渐变化——事实上, 这相当于范式的丧失[33]。在我看来, 地理史上的这一事件的意义超出了地理学本身的范围: 它暗示了那些为解决 "自然/环境和社会" 的 "综合" 或 "全系统" 而设立的研究方案可能的未来命运。

　　对人与自然范式或人与空间范式的基本的重新解读之一是地理学家将 "经验的" 和 "感知的空间" 作为研究的对象, 而非真实的空间; 同样地, 也将 "感知的环境" 作为研究的对象, 而非 "真实的环境" (关于这一研究项目的概述, 参见 Hard 1990)。更接近旧范式的是 (为数不多的) 现代地理学中 "民族生态学" 的研究, 这种研究探索传统社会的认知环境, 特别是在有人居住的星球和世界社会的边缘 (如 Müller-Böker 1995); 这部作品典型地借鉴了英语文化人类学的文化生态取向。

　　对经典范式的另一个有影响力的重新解读在于关注地球表面人类活动的 "空间模式"。然后, 用几何、物理和控制论模型来描述这些 "空间模式", 其中一些模型非常复杂, 越来越少被解释为对自然环境的适应, 越来越多被解释为对社会、经济、政治和其他环境的适应。

　　随着空间与历史中人与自然共生的文化或人文、生态主题逐渐淡出人们的视野, "地理学的统一性" 也逐渐淡出人们的视野。如今, 几乎所有的地理学家——至少在实践中是这样, 也取决于他们如何看待自己——要么是社会科学家, 要么是地理科学家, 即自然科学家。即使这两个群体都被所谓的环境问题所占据, 他们也构成了完全不同的认知论的实体。然而, 这种变化往往被传统的、怀旧的或乌托邦式的修辞方式所掩盖, 例如, 景观生态学家所使用的景观概念。

　　因此, 贯穿现代科学体系的分裂现在也贯穿于地理学。这就是为什么除了少数 "景观生态学家" 和 "地理生态学家" 之外, 现在已经很难把从事生态学工作的 [364] 地理学家和其他不同领域的生态学家区别开来了[34]。

---

[32]对于尼夫 "景观生态学" 的批判, 参见 Hard (1973, 第 80 页及其后); 对莱泽景观生态学的批判, 参见 Menting (1987, 2000, 2001) 和 Lethmate (2000)。

[33]Eisel (1980) 描述了这种范式变化的不同阶段和逻辑; 在 Hard (1982, 2002, 第 203 页及其后) 中可以找到总结。

[34]这并不是说, 具有地理背景的生态学家有时不能被他们的兴趣和研究风格的某些特殊性所认可, 这些特殊性源于他们的地理社会化; 关于这个问题, 参见 Hard (2003, 第 117 页及其后)。

　　然而, 不必担心人类–自然共生或景观范式等问题会消失得无影无踪。它们将继续存在, 例如, 在地理学课程和教学领域的其他部分 (部分是出于良好的教学原因); 但它们也将继续作为一种容易接受的诠释世界的方案, 作为常识性的、受过教育的人和政治生态学的民间科学。在时代精神的鼓舞下, 它们无疑也会不时地再次出现在既有学术科学的边缘地带[35]。

　　如今, 每当地理学试图用 "人类生态学" 等各种术语来复兴人与自然共生的旧主题、哲学和伦理学时, 有趣的是, 甚至地理学家也不再参考地理传统及其经典文本 (甚至不再提及景观生态学)。相反, 他们心不在焉地在地理学之外最不相干的 (如后结构主义和后现代主义) 研究项目和哲学中寻找未来的人类生态地理学。此外, 在这样做的同时, 他们明确表示不再寻求可能被贴上地理标签的东西, 而是寻求学科间、跨学科和多学科的东西[36]。在我看来, 这种 "传播" 似乎也是一种单一科学范式走向历史终点的典型征兆。

25.7　范式的重新获取

　　自然而然, 总会有一些活动, 其中的自然和社会科学的 (或自然科学和诠释学)问题和观点相互联系, 实际上必须相互联系——例如, 某种应用生态学和一些可能被称为 "实用科学" 的专业实践[37]。

[365]　　今天, 几乎无论何地, 生物群落和生态系统的状况在很大程度上取决于它们的含义, 即如何被政治生态学和大众生态学看待、解释和判断。这种民间生态学与生态科学、日常生活、政治、道德、审美等方面密不可分。人们不需要旅行到人居地球的边缘 (如旅行到尼泊尔的农民那里) 去寻找这样的民族生态学; 也可以在城市中心找到, 城市中心由不同的群体和机构生产、传播和实践这样的民间生态学和生态传说: 外行人、专业人士、管理部门、公民社会行动组织、社会运动, 等等, 以及整个准科学和伪科学的供应商行业。即使能够简单地评估实验室之外和远离实验场所的现实, 经验主义——最重要的是应用主义——生态学也不能局限于狭义的生态学问题。相反, 它必须在其研究实践中观察:

---

[35]例如, 社会学家在提到 "里约" 和 "可持续发展" 时, 希望将所有先前的社会学思想 "动摇到其基础上", 以便 "提供社会和自然系统背景之间、世界社会和地球的自然系统之间的相互作用的简明表述", 参见 Fischer-Kowalski and Erb (2003, 第 259 页)。通过这种表述, 他们也得出了古老的地理嵌合体, 超级系统 "景观" 和 "景观生态系统" (Leser 2000, 第 108 页)。

[36]参见德国地理学, 例如 Meusburger and Schwan (2003) 的 "人类生态学" (Humanökologie)文集。

[37]关于这样的 "混合生态学" 或 "混合科学", 参见 Hard (1997), 借鉴 Trepl (1992), 当然 Trepl 没有使用时髦的 "混合" 一词。关于这类 "模糊学科", 请参见 Schwarz (2001) 或 Potthast (2001)。其中一些混合学科可以被视为与地理学的人–自然混合范式的重要结构相似。

1. 自然科学中所感知到的 "真实" 生态状况;

2. 人们如何从民族生态学的角度看待和解释生态环境 (以及是谁支撑着这些民族生态学);

3. "真实" 生态学与符号生态学的关系;

4. 人们如何在他们的象征生态的基础上表现和行动;

5. 人们的行为和行动对 "真实" 生态学的影响;

6. 这些通常 "不真实" 的生态学的影响是如何被感知、解释和合法化的。

只有第 1 点和第 5 点可以从严格的生态学角度来回答, 即科学地回答; 其他的几点更倾向于被分配到社会科学和当代科学体系中的类似领域——这是有充分理由的。古典地理学, 即地理文化生态学, 原则上涵盖了所有六个问题, 尽管往往只是隐含的。在这方面, 上述观点也是对古典地理学的一种现代化解释。

参考文献

Barrows HH (1923) Geography as human ecology. Ann Assoc Am Geogr 13: 1–14

Bartels D, Hard G (1975) Lotsenbuch für das Studium der Geographie als Lehrfach. Verein zur Förderung Regionalwissenschaftliche Analysen e. V, Kiel

Bartels D (1968) Zur wissenschaftstheoretischen Grundlegung einer Geographie des Menschen. F. Steiner, Wiesbaden

Bartels D (ed) (1970) Wirtschafts- und Sozialgeographie. Kiepenheuer u. Witsch, Köln

Beck H (1973) Geographie. Europäische Entwicklung in Texten und Erläuterungen. Alber, Freiburg/München

Beck H (1979) Carl Ritter, Genius der Geographie: zu seinem Leben und Werk. Reimer, Berlin

Beck H (1981) Carl Ritter als Geograph. In: Lenz K (ed) Carl Ritter Geltung und Deutung. Reimer, Berlin, pp 13–24

Berdoulay V (1981) La formation de l'école francaise de géographie (1870–1914). Bibliothèque Nationale, Paris

Bobek H (1959) Die Hauptstufen der Gesellschafts- und Wirtschaftshaltung in Geographischer Sicht. Die Erde 90: 259–298   [366]

Böttcher H (1979) Zwischen Naturbeschreibung und Ideologie. Versuch einer Rekonstruktion der Wissenschaftsgeschichte der deutschen Geomorphologie. Oldenburg: gesellschaft zur Förderung Regionalwissenschaftlicher Erkenntnisse e.V

Buttimer A (1971) Society and milieu in the French geographic tradition. Rand McNally, Chicago

Büttner M (1975) Regiert Gott die Welt? Vorsehung Gottes und Geographie. Studien zur Providentialehre bei Zwingli und Melanchthon. Calwer Verlag, Stuttgart

Claval P (1964) Essai sur l'évolution de la géographie humaine. Presses universitaires de Franche-Comté, Paris

Eisel U (1980) Die Entwicklung der Anthropogeographie von einer "Raumwissenschaft" zur Gesellschaftswissenschaft. Urbs et Regio 17: 1–683

Eisel Ulrich (1987) Landschaftskunde als "materialistische Theologie". In: Bahrenberg, Gerhard, Jürgen Deiters, Mafred M, Fischer, Wolfgang Gaebe, Gerhard Hard and Günther Löffler (eds) Geographie des Menschen. Dietrich Bartels zum Gedenken. Universität Bremen, Bremen, pp 89–109

Eisel U (1997) Triumph des Lebens. In: Eisel U, Schultz H-D (eds) Geographisches Denken. Gesamthochschulbibliothek, Kassel, pp 39–160

Fischer-Kowalski M, Erb K-H (2003) Gesellschaftlicher Stoffwechsel im Raum. Auf der Suchenach einem sozialwissenschaftlichen Zugang zur biophysischen Realität. In: Meusburger P, Schwan T (eds) Humanökologie. Ansätze zur Überwindung der Natur-Kultur-Dichotomie. Erdkundliches Wissen 135. Stuttgart: Steiner, pp 257–285

Fuchs G (1966) Der Wandel zum anthropogeographischen Denken in der amerikanischen Geographie: Strukturlinien der geographischen Wissenschaftstheorie; dargestellt an den vorliegenden wissenschaftlichen Veröffentlichungen 1900–1930. Dissertation, Philipps-Universität Marburg, Marburg

Fuchs G (1967) Das Konzept der Ökologie in der amerikanischen Geographie. Erdkunde 21 (2): 81–93

Glacken CJ (1967) Traces on the Rhodian shore. Nature and culture in Western thought from ancient times to the end of the eighteenth century. University of California Press, Berkeley/Los Angeles

Greverus I-M (1978) Kultur und Alltagswelt: Eine Einführung in die Fragen der Kulturanthropologie. Beck, München

Haggett P, Frey AE, Cliff AD (1965) Locational analysis in human geography. Wiley, London/New York

Haggett P (1965) Locational analysis in human geography. Edward Arnold, London

Hamm B (1990) Sozialökologie. In: Kruse L, Graumann C-F, Lautermann E-D (eds) Ökologische Psychologie: Ein Handbuch in Schlüsselbegriffen. Psychologie Verlags Union, München, pp 35–38

Hard G (1970) Die "Landschaft" der Sprache und die "Landschaft" der Geographen: Semantische und forschungslogische Studien zu einigen zentralen Denkfiguren in der deutschen geographischen Literatur. Dümmler, Bonn

Hard G (1973) Die Geographie. Eine wissenschaftstheoretische Einführung. De Gruyter, Berlin/New York

Hard G (1982) Ökologie/Landschaftsökologie/Geoökologie (sowie: Ökologische Probleme im Unterricht). In: Jander L, Schramke W, Wenzel H-J (eds) Metzler-Handbuch für den Geographieunterricht: Ein Leitfaden für Praxis und Ausbildung. Metzler, Stuttgart, pp 232–246

Hard G (1988) Selbstmord und Wetter Selbstmord und Gesellschaft. Studien zur Problemwahrnehmung in der Wissenschaft und zur Geschichte der Geographie. F. Steiner, Stuttgart

Hard G (1990) Humangeographie (bes. Wahrnehmungs-u. Verhaltensgeographie). In: Kruse L,

Graumann C-F, Lautermann E-D (eds) Ökologische Psychologie: ein Handbuch inSchlüsselbegriffen. Psychologie Verlags Union, München, pp 57–65

Hard G (1997) Wasist Stadtökologie? Argumente für eine Erweiterung des Aufmerksamkeitshorizonts ökologischer Forschung. Erdkunde 51: 100–113 [367]

Hard G (2001) Der Begriff Landschaft Mythos, Geschichte, Bedeutung. In: Konold W, Böcker R, Hampicke U (eds) Handbuch Naturschutz und Landschaftspflege. 6. Erg. -Lfg. 10/01. Landsberg: Ecomed, pp 1–15

Hard G (2002) Landschaft und Raum. Aufsätze zur Theorie der Geographie. Bd. 1. Universitätsverlag Rasch, Göttingen

Hard G (2003) Dimensionen geographischen Denkens. Aufsätze zur Theorie der Geographie. Bd. 2. Universitätsverlag Rasch, Göttingen

Hellmann N, Post S (1985) Erarbeitung und Durchführung des Landschaftsplans nach Landschaftsgesetz Nordrhein-Westfalen. Diplomarbeit, Technische Universität Hannover, Hannover

Herder JG (1966) Ideen zur Philosophie der Geschichte der Menschheit. Wissenschaftliche Buchgesellschaft, Darmstadt

Jax K (2002) Die Einheiten der Ökologie: Analyse, Methodenentwicklung und Anwendung in Ökologie und Naturschutz. Lang, Frankfurt a. M

Johnston RJ (1988) On human geography. Basil Blackwell, Oxford

Johnsson RJ, Gregory D, Pratt G, Watts M (1988) The dictionary of human geography. Blackwell, Malden/Oxford/Carlton

Kapp E (1845) Philosophische oder vergleichende allgemeine Erdkunde als wissenschaftliche Darstellung der Erdverhältnisse und des Menschenlebens nach ihrem inneren Zusammenhang. George Westermann, Braunschweig

Kattenstedt H, Büttner M (1993) Grenz-Überschreitung: Wandlungen der Geisteshaltung, dargestellt am Beispielen aus Geographie und Wissenschaftshistorie, Theologie, Religions- und Erziehungswissenschaft, Philosophie, Musikwissenschaft und Liturgie. Festschrift zum 70. Geburtstag von Manfred Büttner. Brockmeyer Universitätsverlag, Bochum

Körner S, Eisel U (2002) Biologische Vielfalt und Nachhaltigkeit: Zwei zentrale Naturschutzideale. Geographische Revue 4 (2): 3–20

Krewer B, Eckensberger LH (1990) Die ökologische Perspektive in der Kulturanthropologie. In: Kruse L, Graumann C-F, Lautermann E-D (eds) Ökologische Psychologie: ein Handbuch in Schlüsselbegriffen. Psychologie Verlags Union, München, pp 49–56

Leser H (1997) Landschaftsökologie: Ansatz, Modelle, Methodik, Anwendung. Ulmer, Stuttgart

Leser H (1991) Ökologie wozu? Der graue Regenbogen oder Ökologie ohne Natur. Springer, Berlin

Leser H (2000) Geoökosysteme Ganzheiten oder Fragment? Gedanken zum Problem einer holistisch ansetzenden Landschaftsökologie. Klagenfurter Geographische Schriften 18: 105–115

Leser H, Schaub DM (1995) Geoecosystems and landscape climate. The approach to biodiversity on landscape scale. Gaia 4: 212–226

Lethmate J (2000) Ökologie gehört zur Erdkunde aber welche? Kritik geographiedidaktischer Ökologien. Die Erde 131 (1): 61–79

Menting G (1987) Analyse einer Theorie der Geographischen Ökosystemforschung. Geogr Z 75 (5): 209–227

Menting G (2000) Warten auf Godot. Die Erde 131: 351–395

Menting G (2001) Geoökosystemforschung aufs Abstellgleis? Geographische Rundschau 52 (6): 34–40

Meusburger P, Schwan T (2003) (eds) Humanökologie. Ansätze zur Überwindung der Natur-Kultur-Dichotomie. Steiner, Stuttgart

Müller-Böker U(1995) Die Tharu in Chitawan: Kenntnis, Bewertung und Nutzung der natürlichen Umwelt im südlichen Nepal. Steiner, Stuttgart

Paffen K (ed) (1973) Das Wesen der Landschaft. Wissenschaftliche Buchgesellschaft, Darmstadt

Potthast T (2001) Gefährliche Ganzheitsbetrachtung oder geeinte Wissenschaft von Leben und Umwelt? Epistemisch-moralische Hybride in der deutschen Ökologie 1925–1955 Verhandlungen zur Geschichte und Theorie der Biologie 7: 91–113

[368]　Pratt ML (1992) Imperial eyes: travel writing and transculturation. Routledge, London/New York

Ratzel F (1882) Anthropogeographie. Engelhorn, Stuttgart

Ratzel F (1897) Politische Geographie. Oldenburg, München

Ritter C (1852) Einleitung zur allgemeinen vergleichenden Geographie und Abhandlungen zur Begründung einer mehr wissenschaftlichen Behandlung der Erdkunde. Reimer, Berlin

Ritter C (1862) Allgemeine Erdkunde. Reimer, Berlin

Schmithüsen J (1953) Grundsätzliches und Methodisches. Einleitung zum Handbuch der naturräumlichen Gliederung Deutschlands. In: Emil M, Schmithüsen J (1953) (eds) Handbuch der naturräumlichen Gliederung Deutschlands. Bundesanstalt für Landeskunde und Raumforschung, Bad Godesberg, pp 1–44

Schmithüsen J (1964) Was ist eine Landschaft? Steiner, Wiesbaden

Schmithüsen J (1974) Landschaft und Vegetation. Gesammelte Aufsätze von 1934 bis (1971) Geographisches Institut der Universität des Saarlandes, Saarbrücken

Schultz H-D (1980) Die deutschsprachige Geographie von 1800 bis 1970. Ein Beitrag zur Geschichte ihrer Methodologie. Selbstverlag des Geographischen Instituts, Berlin

Schultz H-D (1981) Carl Ritter ein Gründer ohne Gründerleistung? In: Lenz K (ed) Carl Ritter Geltung und Deutung. Reimer, Berlin, pp 55–74

Schultz H-D (1997) Von der Apotheose des Fortschritts zur Zivilisationskritik. Das Mensch-Natur-Verhältnis in der klassischen Geographie. In: Eisel U, Schultz H-D (eds) Geographisches Denken. Gesamthochschulbibliothek, Kassel, pp 177–282

Schultz H-D (2002) "Jeder Raum hat sein Volk". In: Luig U, Schultz H-D (eds) Natur in der Moderne: Interdisziplinäre Annäherungen. Berliner Geographische Arbeiten, Berlin, pp 87–148

Schultz, H-D (2003) Geographie? Antworten vom 18. Jahrhundert bis zum Ersten Weltkrieg (Teil 1), Antworten von 1918 bis zur Gegenwart (Teil 2), vol 88, 89. Arbeitsberichte des Geographischen Instituts der HU Berlin, Berlin

Schwarz AE (2001) "Der See ist ein Mikrokosmos" oder die Disziplinierung des "uneindeutigen Dritten". Verhandlungen zur Geschichte und Theorie der Biologie 7: 69–89

Stegmüller W (1973) Theorienstrukturen und Theoriendynamik. In: Stegmüller W (ed) Probleme und Resultate der Wissenschaftstheorie und analytischen Philosophie, vol. 2.2. Springer, Berlin

Stegmüller W (1979) Rationale Rekonstruktion von Wissenschaft und ihrem Wandel. Reclam, Stuttgart

Stegmüller W (1980) Neue Wege der Wissenschaftstheorie. Springer, Berlin/Heidelberg/New York

Steward JH (1955) Theory of culture change. The methodology of multilinear evolution. University of Illinois Press, Urbana

Storkebaum W (1967) Zum Gegenstand und zur Methode der Geographie. Wissenschaftliche Buchgesellschaft, Darmstadt

Trepl L (1987) Geschichte der Ökologie: Vom 17. Jh. bis zur Gegenwart. Athenäum, Frankfurt a. M

Trepl L (1988) Gibt es Ökosysteme? Landschaft und Stadt 20(4): 176–185

Trepl, L (1992) Stadt-Natur: Ökologie, Hermeneutik und Politik. Bayerische Akademie der Wissenschaften (ed) Rundgespräche der Kommission für Ökologie. Pfeil, München, pp 53–58

Trepl L (1996) Die Landschaft und die Wissenschaft. In: Konold W (ed) Naturlandschaft Kulturlandschaft: Die Veränderung der Landschaften nach der Nutzbarmachung durch den Menschen. Ecomed, Landsberg, pp 13–26

Trepl L (1997) Ökologie als konservative Naturwissenschaft. Von der schönen Landschaft zum funktionierenden Ökosystem. In: Eisel U, Schultz H-D (eds) Geographisches Denken. Gesamthochschulbibliothek, Kassel, pp 467–492

Troll C (1931) Die geographischen Grundlagen der andinen Kulturen und des Inkareiches. Ibero-Amerikanisches Archiv 5: 1–37

Troll C (1966a) Ökologische Landschaftsforschung und vergleichende Hochgebirgsforschung. F. Steiner, Wiesbaden

Troll C (1966b) Luftbildforschung und landeskundliche Forschung. F. Steiner, Wiesbaden

Waibel L (1921) Urwald, Veld, Wüste. Hirt, Breslau

第 26 章　生态学与应用科学的边界地带

Yrjö Haila

26.1　起源

生态学思想是在与人类生存实践密切互动中发展起来的。有两大证据可以证实这一观点。首先, 人类的生存最终取决于对生态过程的利用, 可以通过狩猎和采集、饲养家畜和种植作物或基于其他生物资源的生产等方式实现。其次, 与所有其他生物体一样, 人类本身也是生物有机体, 我们的生活交织在生态关系网络之中。

因此, 整个人类社会都已积累了关于其赖以生存的自然要素和自然过程的知识。这种实践中获得的知识比生态学的产生早几千年。然而, 从历史上看, 各种实践技能并不能顺利转化成统一的生态科学, 事实上远非如此。基于利用各种生物资源而获得的知识, 发展成了一整套应用研究传统和学科, 如农业、林业、渔业以及狩猎和牧场管理。这些都是自生态学诞生之日开始, 便与之相生相伴而又相异的主要应用科学。实际上, 就生态学而言, 纯科学和应用科学之间的界限可能最为模糊。

如果我们严肃地声称生态学知识的根源可以追溯到过去, 那么我们就必须回答: 我们可以使用什么标准来区分作为现代科学的生态学与这些传统背景知识?如下简短而实际的论述可能会充分回答这个问题。当生态学家 (即从事生态研究的人) 采用创新的概念并能够将这些概念运用到实际研究中时, 生态学便成为一门独特的学科。这一自我辩护的结构促进了科学的稳定性 (Hacking 1992)。但是, 需要注意的是哈金 (Hacking) 将此想法应用于实验科学, 而生态学研究主要在野外 [370] 进行。这一差异已经为生态学研究的稳定性带来了额外的挑战 (参见 Haila 1992, 1998; Kohler 2002); 但是, 有趣的是, 它也加强了生态学和应用学科之间的联系: 对生态资源的现代系统的利用为在更大尺度上认识生态过程提供了不可或缺的视

Y. Haila (✉)

Department of Regional Studies, University of Tampere, 33014 Tampere, Finland

e-mail: yrjo.haila@uta.fi

角, 这是控制实验难以达成的。生态学家们不得不学会运用这种经验。

26.2 议程

人们通常认为, 基础研究和应用研究彼此对立。对立的范式模型源于物理科学与工程学之间的关系。托马斯·吉尔因 (Thomas Gieryn 1983, 1999) 指出, 这一区别很大程度上源自 19 世纪中叶的约翰·廷德尔 (John Tyndall) 等人提出的所谓 "边界工作" (boundary work)。他们试图通过与工程学 (被描绘为实用的、浅显的和利润驱动的) 对比, 提高基础研究 (被描绘为理论上严谨的且客观的) 的社会声望。另一方面, 工程师们也强调他们专长的实际用处, 突出了边界工作的另一面。

有时, 类似的区分使生态学与其相应的应用领域分开, 但是这一动态发展有其独特之处。一方面, 生物学的基础研究并未如物理科学在 19 世纪后半叶那样已建立起成熟的理论体系, 更不用说作为其新兴子学科的生态学了。生态学家们很难在边界领域做出积极的探索。此外, 当时的生态学家们在巩固其科学方面仍然在很大程度上依赖各种实践经验, 实际上正如 17 世纪和 18 世纪的先驱物理学家一样。

另一个区别, 从生物资源的使用中发展出来的实践性学科自身是如此的庞杂, 以至于难以归为一个具有明确特征的学科, 比如廷德尔讥讽的 "力学"。每一个与生态学接壤的应用领域也有其自身的历史制度沿袭。在不同的国家, 根据各自的自然条件和生产需要, 在农业、林业、渔业和牧场管理等领域较早地成立了行政机构和政府研究机构。当然, 这种制度化的核心体现了生物资源对一个国家经济的重要性。也就是说, 生态学应用研究中传统的政治经济学是调节国家发展环境的一个重要因素 (参见 Levins and Lewontin 1985 中关于农业研究的部分)。

在与生态学接壤的应用科学领域中, 还有一个异类: 环境科学。早在 19 世纪初, 对自然的破坏就已成为生态学先驱们的关注点, 但是当环境问题在 20 世纪最

[371] 后 25 年成为公众意识时, 这些关注就获得了更大的力量。如今, 环境问题成为应用生态学议程中的重要组成部分。实际上, 毫不夸张地说, 公众认同生态学是一个独立的生物学子学科应归功于环境问题。这一发展也影响了其他传统的应用学科。显然, 如果我们要实现生物资源可持续管理的目标, 就需要应用学科创造出来的所有知识。

本章的目的是概述生态学与相应的应用学科之间的关联是如何随时间而变化的。但是, 本章仅提供一个最为基本的轮廓, 实际上每个实践领域都本应独立成章。此外, 背景数据也很缺乏。特别令人惊讶的是, 大多数生态科学的历史研究很少涉及它与应用研究之间的广泛联系。当然, 研究美国植物生态学和草原农业的

托比 (Tobey 1981) 以及研究生态系统生态学和环境问题的高雷 (Golley 1993) 除外。还有唐纳德·沃斯特 (Donald Worster 1985),作为历史学家撰写了生态学思想史,他对贯穿于其中的社会背景很敏感。在我看来,科勒 (Kohler 2002) 启示了我们,尽管是间接地启示,如何理解这一不足。创建了生态学这一独立学科的生态学家们常常努力使生态学获得尊重,他们希望以物理学为榜样,在实验室中开展基础研究,因而往往边缘化应用领域的工作。

但是,首先要进一步说明生态学的早期起源。克拉伦斯·格拉肯 (Clarence Glacken 1967) 描述了西方传统中早期理解生态过程的几个主要阶段。农业知识的一些重要总结出现于罗马时代和中世纪后期。在中世纪后期,"随着印刷术的发明,知识得到了更广泛的传播" (Glacken 1967,第 317 页),极大增加了在不断延展的空间和时间上获取并比较特定实践经验的可能性。当然,宽广的比较视角是认识生态规律的必要前提。18 世纪是欧洲的 "理性时代",产生了博采众长的生物学大家,例如法国的布丰伯爵 (Count Buffon) 和瑞典的卡尔·林奈 (Carl Linnaeus),他们的工作对后世的生态学思想具有深远的影响。

地理探索一直为生态学思想提供重要的素材。纵观近代早期,欧洲人通过侵略和殖民接触到不同的自然界。很多情况下,这些自然界与欧洲人所熟悉的截然不同。欧洲扩张的一个重要后果是在 18 世纪逐步使地球上大部分宜居的地区都有人类居住。这带来了 "封闭空间的思想" (Glacken 1967,第 623 页)。关于人类的未来前景,在 18 世纪末,分化为两个对立的观点:一派对历史的进步信心十足,而另一派则持有疑虑。前者的代表人物是孔多塞侯爵 (Marquis Condorcet) 和威廉·戈德温 (William Godwin),后者的代表人物是托马斯·马尔萨斯 (Thomas Malthus);尽管这两个阵营都有先驱者。后来类似的二元分歧也出现在环保主义者的讨论中。但是,没有他们,生态学思想不太可能独立地发展出关于人类未来前景如此对立的两种判断。

另外,关于自然和社会的理念在政治哲学层面上一直是相互影响的。人类所有的文化都清楚它们的存在依赖于文化 "之外" 的东西,即自然。正如威廉·康诺利 (William Connolly 1993) 所指出的,这种关系在现代社会中越来越多地使用 "自然" 这一词汇来表达。这里有两种不同的形式。有些理论家认为自然规律是有可能被人类理解并掌握的,而另一些理论家则认为人类不过是有序的大自然的一个组成部分。这些互斥的观点意味着,关于人类文化如何应对除人类之外的自然界中的其他部分,存在着相互矛盾的假设。

总体而言,我们有充足的理由相信对生物界的认识不仅与生产实践密切相关,也与对社会秩序的理解紧密相关。前人的实践经验已经成为各种科学观点可信度

[372]

的检验基准。

26.3 自然的利用和植物生态学

意义的隐喻转换在确定生态学研究对象方面发挥了重要作用 (Worster 1985; Taylor 1988; Cuddington 2001; Jax 2002)。隐喻在实践与形而上学领域和自然界的科学概念化之间充当了思想和经验的调解者。早期生态学家确定的第一个研究对象通常使用两个互补的隐喻 (有机体和群落) 实现概念化, 而群落还经常使用古老的微宇宙隐喻来进一步表述 (Schwarz 2003)。这些概念被用来刻画由大量不同物种组成的单元。19 世纪初期的地理勘探为我们提供了早期的灵感: 像阿方索·德·康多勒 (Alphonse de Candolle) 和亚历山大·冯·洪堡 (Alexander von Humboldt) 这样的先驱者用为后来群落生态学铺平了道路的术语描述了植被的地理分异。早期生态学家们的研究聚焦于他们认为的原真系统, 但他们对这些系统本质的认识受到基于生物资源的主要生产实践的影响。

植物学家比动物学家早几十年就已经开始了为现代生态学铺平道路的研究。这似乎是自然而然的, 因为农业和林业是人类涉及的主要生产实践方面。在这些生产实践中, 人类管理了含有多个物种的群落, 尤其聚焦植物资源。正如稍后所强调的, 尽管有一些应用群落生态学的先驱者是动物学家, 但整体而言由植物学家主导。

农业对早期生态学的重要性尚未被充分研究。自农业形成伊始, 就一直为人们提供环境条件如何影响植物生长的实践经验。1840 年, 德国有机化学家尤斯图斯·冯·李比希 (Justus von Liebig) 建立了系统研究农业化学的体系, 并提出了著名的 "最小值法则" (law of the minimum), 即李比希定律; 据此, 尤金·奥德姆 (Eugene Odum) 简练地提出: "有机体由其需求生态链中最薄弱的环节决定" (Odum 1959, 第 88 页)。农业实验站始建于 19 世纪; 1843 年建立的英国洛桑实验站被公认最为古老。这些实验站为以后的生态学家们提供了数据。植物学家特意时不时地提醒我们应该关注农业实验在早期生态学中的重要作用。例如, 洛桑实验站产生的实验数据是费希尔 (R. A. Fisher) 创建的统计分析的关键, 如方差分析。洛桑实验站的长期昆虫种群数据为分析不同大小的物种丰度分布提供了资料 (Williams 1964)。

[373]

在北美, 大草原的草地开荒激发了植物生态学研究, 但历史学家对于这种联系的重要性并未达成共识。例如, 唐纳德·沃斯特 (Donald Worster 1985) 强调了两者间的明确关联, 但罗伯特·麦金托什 (Robert McIntosh 1985) 在他的生态学史作品中几乎未提 "农业" 一词。在 1930 年代, 干旱尘暴区的灾难引发了生态学家关于草原农业前景的争论。根据沃斯特 (Worster 1985) 的分析, 学术观点分为两大派,类似于 19 世纪初关于人类文化前景的乐观与悲观二极看法。当时美国植物生态学的领军人物, 弗雷德里克·克莱门茨 (Frederick Clements) 支持了这两派观点。一方面, 他的植被演替规律研究为草原管理提供了方法, 被用来支持乐观主义; 克莱门茨本人也受到罗斯福新政社会工程的启发 (另见 Hagen 1992, 第 85 页)。另一方面, 与包括气候在内的局域环境条件相匹配的顶极群落学说, 并没有为人类的主动性留出太多的空间; 主流的昆虫学家 (如罗杰·史密斯 (Roger Smith) 和保罗·西尔斯 (Paul Sears)) 往往持悲观主义的立场。1950 年代出现了类似的关于基本观点的争论, 只不过使用的术语更加鲜明。沃尔特·普雷斯科特·韦布 (Walter Prescott Webb) 支持通过模仿自然取食的放牧实现和谐共存, 而詹姆斯·马林 (James Malin) 则宣扬通过机械化农业进行强势干预。

在 1930 年代, 苏联经历了类似的冲突, 形式更为激烈。生态学家要求谨慎对待在俄罗斯南部和乌克兰广袤的平原开荒耕种, 而斯大林意识形态的拥护者则将其谴责为反动宣传 (Weiner 1988)。

林业是人类开发生态资源的另一种主要形式, 但是人为造成木材增长或 "造林", 是从生物科学的早期阶段独立发展起来的。乔治·帕金斯·马什 (George Perkins Marsh 1965) 概述了 19 世纪中叶的造林技术。造林的起源可以追溯到 18 世纪后半叶, 当时德国的护林人开发出了测量林区木材总量或体积的方法 (Lowood 1991)。

欧洲大陆 (主要是法国和德国) 早期森林保护者主要关注森林中的木材总量, 而非森林生态系统。"可持续林业" 的观点起源于同一时间, 但是可持续性的唯一指标是稳定的木材产量。 [374]

在 19 世纪的后几十年, 北欧植物学家开始通过研究森林植被来确定木材生产力的生态指标。他们希望在不同类型的森林中建立起管理实践的科学指导。芬兰人卡扬德 (A. K. Cajander) 是该领域的一位先驱, 他接受的是地植物学的教育并在东西伯利亚勒拿河低地开始他的职业生涯 (当时芬兰是俄国的一个公国)。根据在不同的气候和土壤条件下的典型植被, 卡扬德创立了林地类型分类的方法 (Cajander 1949, 其中还包括 19 世纪森林分类的德国传统的重要概述; 卡扬德于 1909 年发表了他关于林地类型分类的第一本巨著, "*Über Waldtypen*")。卡扬德的学生将他的方法运用到中欧和北美。

卡扬德如此描述他理论的根基: "该林地类型理论可以追溯到林地的分组, 使用了之前的芬兰森林经济中的观点 [……] 并对卡扬德教授提出的基于植物地形的这一分组进行了更精确的分析和定义" (Cajander 1949, 第 3 页)。诺林 (Norrlin) 是赫尔辛基大学的植物学教授, 他于 1870 年和 1871 年发表了他最早的植物地理学调查报告。

卡扬德在芬兰的科学职业生涯证明了地理探索、生态调查和生产需求之间有趣的融合, 形成了统一的森林生态学研究传统。几乎在世界每个工业化地区都可能记录到类似的融合。卡扬德还是一名成功的政治人物, 在 1930 年代末担任过总理。他以 "进步党" 的身份入选议会, 这让我们联想到美国的罗斯福新政进步主义。当时, 林业产业已成为芬兰经济的骨干力量, 林业科学由此在社会领域获得了特殊的声望。

在 19 世纪末的北美, 森林的命运备受公众关注。当时, 对森林的滥伐已经严重损害了大陆上不同地区的植被景观 (Williams 1989), 在社会上形成广泛的争议, 所谓的环保主义者宣扬功利性的资源管理。我后面会继续谈这一观点。

26.4　关注种群的动物生态学

和植物生态学类似, 早期动物生态学从应用领域中获得的灵感也很多。诸多综合性概念是从中欧的水生生态学研究中发展而来的。查尔斯·埃尔顿 (Charles Elton 1966) 在其著作的第 30 页向这一传统表达了敬意。特别重要的是彼得森 (C. G. J. Petersen) 及其同事对丹麦内陆盐峡湾海洋生物的研究, 对定量采样分析水生生物群落的重要组成部分等方面进行了许多方法学的创新。"这项伟大调查的动机是经济利益, 目的在于测量鱼类可获得的食物资源" (Elton 1966, 第 31 页)。卡尔·奥古斯特·默比乌斯 (Karl August Möbius 1870 年代) 对石勒苏益格–荷尔斯泰因州 (Schleswig-Holstein) 海岸的牡蛎养殖进行研究的动机与此类似。

在美国中西部地区, 史蒂芬·福布斯 (Stephen Forbes 1887) 在他的文章《湖泊是一个微宇宙》中表达了对生态群落的综合性看法。福布斯和他的后继者, 例如维克多·谢尔福德 (Victor Shelford), 强调了生态群落的思想, 并积极寻求在基础生态学和作为应用科学的湖泊学之间建立富有成效的联系 (Golley 1993, 第 36 页)。

然而, 大体而言, 植物学家主要将研究放在生物群落。动物生态学家对单一种群的动态变化比对群落的组成更感兴趣。但是, 在水生环境中, 这些角色是经常颠倒的 (Schwarz 2003)。生物种群动态变化的研究, 其灵感源自人类的人口统计学。达西·汤普森 (D'Arcy Thompson 1992) 详细描述了这些关联的丰富历史细节。1798 年出版《人口论》(*Essay on the Principle of Population*) 的托马斯·马尔萨斯 (Thomas Malthus) 是一位先驱, 他努力探寻能够确定人口增长的系统性原理。1838 年, 比利时的人口学家皮埃尔–富朗克斯·费尔许尔斯特 (Pierre-Francois Verhulst) 赋予了 1830 年代马尔萨斯的理论一个更精确的数学表述, 利用当时可以从各国获得的人口统计数字, 得到了 S 形人口 "增长曲线"。费尔许尔斯特的工作在 1920 年代之前一直被忽视。

人口统计学, 加上流行病学、医学昆虫学和化学动力学, 启发阿尔弗雷德·洛特卡 (Alfred Lotka) 撰写了《物理生物学原理》(*Elements of Physical Biology*) 这一伟大著作 (1924/1956)。该书奠定了种群动态变化的数学理论基础, 尽管当时几乎没有人阅读过。现代人口动态研究的另一位创始人是维多·沃尔泰拉 (Vito Volterra), 他的研究灵感来自第一次世界大战期间和之后地中海海域渔获量的波动 (Scudo 1971)。

渔业一直是一项重要的生产实践。在 19 世纪后期, 渔业从林业中借鉴了可持续产量这一概念工具。直到 20 世纪中期, 可再生资源最优收获的理论模型才发展出来 (渔业中的贝弗顿-霍尔特 (Beverton-Holt) 模型, 参见 Clark 1989)。但是, 这些模型均假定环境不变, 并被证明存在严重缺陷。直到最近, 可持续渔业的模型中才考虑到生态系统的动态变化。

金斯兰 (Kingsland 1985) 证明了战争年代人口动态模型与农业昆虫学之间的紧密联系。对森林害虫种群的监测获得了宝贵的数据集, 可用于分析昆虫种群的动态变化 (Clark et al. 1967)。一个重要的例子是霍林 (Holling)、克拉克 (Clark) 及其同事对加拿大云杉蚜虫种群动态变化进行的建模。这些模型证明了同一系统中慢变量和快变量之间的相互作用会产生 "迟滞现象" (参见 Holling 1992)。

捕食者-猎物 (或拟寄生物-猎物) 的建模工作也在与诸如害虫控制之类农业问题的密切互动中取得了发展。赫法克 (Huffaker) 在温室条件下开展了关于捕食者与猎物相互作用中空间异质性效应的经典实验, 而霍林 (C. S. Holling) 开始了关于捕食者行为的实验。这些研究说明了森林昆虫学中捕食者数量与猎物数量间是 "功能性" 响应还是 "数量性" 响应的重要区别 (参见文献例如 Hassell 1978)。 [376]

26.5　人类全球生态学

如前文所述, 人类的生态前景在 19 世纪到来之际崭露头角, 应归功于马尔萨斯和他的批评者之间的论战, 虽然是间接的。但是, 这个问题由来已久, 并且完全可以理解的是, 应该利用生态学这一新生物学科的知识来解决。乔治·帕金斯·马什 (George Perkins Marsh) 于 1864 年首次出版了他的《人与自然》(*Man and Nature*)一书, 成为评估人类对全球环境影响的无出其右的先驱。他的研究基于丰富的素材, 这些素材描述了 19 世纪中期资源利用的不利影响。虽然这本书在其出版时引起了相当的关注, 并给 19 世纪晚期的北美环保主义者带来了至关重要的灵感, 但是, 它对研究几乎没有什么直接的影响 (对于这段历史, 参见 Turner et al. 1990)。这可能是由于这本书的概要性质: 它是一本关于不同领域资源使用的丰富经验和观察的集合, 而不是一个研究项目的起点。马什在地理学家中的知名度高于在生物学家中的知名度。

马什所洞见的历史背景最近在历史学家中引起了一些争议。马什提出了一个开创性的观点, 他认为地球上人类文化对自然环境具有破坏性影响, 不过他的观点植根于 19 世纪早期和中叶在新英格兰地区盛行的一场更广泛流行的环保运动 (Judd 1997, 2004)。新英格兰人曾经经历过如何面对不太熟悉的自然, 如何在没有外部帮助的情况下独自生存, 他们很快就学会了尊重他们崭新的自然环境。似乎在欧洲其他殖民地, 包括热带岛屿 (Grove 1995) 以及澳大利亚和新西兰 (Wynn 2004), 类似的情况也产生了有利于保护自然的情感。尽管对财富和资源的无情剥削通常是欧洲殖民的驱动力, 但是一旦殖民者被独自留在新大陆的陌生环境中, 他们的心绪就会发生很大变化。

全球生态学的系统研究传统始于 20 世纪早期, 基于生物地球化学, 或基于对全球物质循环及生物有机体在维持这些循环过程中的作用的研究。阿尔弗雷德·洛特卡是这一领域的一位先驱。他将全球水循环及其主要化学元素的各种分析纳入他的《物理生物学原理》一书中。他还提出了全球生态学中富有活力的观点: "我们要研究的动力学是能量转换器系统或**引擎系统**的动力学" (Lotka 1956, 第 325 页; 黑体部分为原文中的强调)。

[377]

洛特卡对全球生态学的兴趣明确包括对人类在改变全球物质循环中作用的评估。在洛特卡的研究中, "基础" 研究与 "应用" 研究之间的界限一直很模糊。事实上, 他的一些总结性说法就相当于可持续发展目标的早期表述, 例如:

> 从广泛的角度来看, 人类作为一个包含经济和工业附加体在内的单元, 已经迅速而彻底地改变了其特性 [……] 我们远离平衡态, 这一事实具有无可比拟的实践意义, 因为它意味着我们所处的阶段是通向平衡的调整期, 那些期望无须付出巨大努力即可实现平衡的人是极端的乐观主义者 (Lotka 1956, 第 279 页)。

这段引文引自题为 "动态平衡" 的一章; 换言之, 洛特卡所指并非措辞中可能暗示的那个稳定的 "自然平衡", 而是一个动态的、随时间而变化的稳恒状态。

全球生物地球化学领域的另一位先驱是俄罗斯的维尔纳茨基 (Vernadsky)。和洛特卡相比, 他更明确地把生物纳入了全球生态学中。1929 年, 他的《生物圈》(Le Biosphére) 一书翻译成法语时, 维尔纳茨基将 "生物圈" 带到生物术语之中 (俄罗斯原版于 1926 年出版, 见第 24 章)。生物圈已成为由詹姆斯·洛夫洛克 (James Lovelock)、林恩·马古利斯 (Lynn Margulis) 等人在 1970 年代建立的所谓盖娅理论的关键概念 (Lovelock 1979; Margulis and Sagan 1997)。盖娅理论是一个关于生物进化如何塑造了地球的今日样貌的理论; 人类在这一过程中的作用也得到了详细阐述。

　　洛特卡和维尔纳茨基的思想为生态系统的能量观奠定了基础, 这一构想由哈钦森 (G. E. Hutchinson) 在 20 世纪下半叶于美国提出 (见 Golley 1993)。哈钦森主要以其对基础生态学的贡献而闻名; 在他的思想传承人中, 尤金·奥德姆和霍华德·奥德姆两兄弟建立了生态系统研究的现代传统。弗兰克·高雷 (Frank Golley 1993) 对该研究传统进行了精彩的历史描述, 这使人们对该研究本质上的可应用性产生了兴趣。由奥德姆兄弟进行的实证研究的大部分原始资金来自原子能委员会 (Atomic Energy Commission, AEC), 目的是发现放射性辐射对生态系统的生态影响。高雷写道: "在 1960 年代的美国, 有关生态系统的活跃研究项目主要是在 AEC 的支持下进行的" (Golley 1993, 第 74 页)。

　　奥德姆影响深远的教科书《生态学基础》(*Fundamentals of Ecology*) (1953 年, 1959 年第二版) 揭示了生态系统研究与人类全球生态学之间的紧密联系。该书第三部分标题为 "应用生态学"。它全面涵盖了资源管理和污染以及公共卫生方面的各种问题。在第二版的序言中, 奥德姆表达了他的乐观主义态度: "幸运的是, 生物学家和公众都开始意识到最基本的生态学研究对解决人类的环境问题是至关重要的。" 在这里, 奥德姆并没有区分基础生态学和应用生态学。 [378]

　　受到生态系统研究的启发, 由国际生物学计划 (International Biological Program, IBP) 资助, 生态学成为 "大科学"。IBP 的设想由 1959 年科学联合会国际理事会提出, 并于 1964 年在巴黎举行的第一次大会上, 正式启动了该计划。紧随 IBP 其后的是 1971 年联合国教科文组织 (UNESCO) 发起的人与生物圈计划 (Man and Biosphere Program, MAB)。高雷 (Golley 1993) 描述了这些计划的发展。IBP 的目的是评估地球上所有生态系统的总生产力。它的指导精神与人类需求息息相关。例如, 1960 年筹备会议的主题是 "人类福利的生物学基础" (Golley 1993, 第 110 页)。

　　美国国会为 IBP 提供了慷慨的资助。1967 年夏天, 美国众议院的科学、研究和发展委员会就这一问题在听证会上进行了讨论。钟林·柯 (Chunglin Kwa 1987) 认为, 广泛的环境关注对积极资助的决定起到了关键性的作用。支持这一计划的生态学家们说服了委员会, 使其相信该计划可以为解决环境污染问题提供科学依据。讨论的核心是人们认为自然是 "一个可控制、可管理的系统" (Kwa 1987, 第 425 页)。换言之, 参与讨论的政治家们逐渐认识到 IBP 可以为全球生态系统的管理提供科学指导。

　　但是, 自从 IBP 以来, 生态系统研究的奥德姆传统便逐步消退了。这有两大原因。首先, 这个概念在分析上并不清晰。如高雷 (Golley 1993) 所示, 它主要是由零散的类比想法衍生而来; 此外, 与热力学平衡相联系的能量观已过时, 实际上生态系统远未构成一个热力学平衡。最近人们已经意识到, 恰恰是非平衡热力学提供了用于分析生态系统能量流的概念性工具 (Morowitz 1968)。其次, 正如许多当代的评论家所指出, 显而易见奥德姆的视角不足以识别相关的动态变化单元。此外, 奥德姆教科书中提出的解决环境问题的方法是枚举性的, 基本上只包括各种问题的清单, 而这些问题仅与基本理论有模糊的联系。这甚至都不如一个世纪前乔治·帕金斯·马什那部 "概要" 性质的著作; 事实上该书内容多样化, 不成体系, 仅能为系统研究提供寥寥无几的指导。

最近, 有关全球变化的研究已经主导了生态系统传统。例如, 沃克和斯特芬 (Walker and Steffen 1996) 概述了应用于陆地生态系统的研究方法。虽然生理学已纳入研究, 目前的研究已经更加精准地聚焦在生物体基础生化过程的动态变化, 以及生物体个体之间的生态相互作用。在布伦特兰 (Brundtland) 于 1987 年《我们共同的未来》(*Our Common Future*) 报告中使用了 "可持续发展" 一词并广为流传之后, "可持续发展科学" 在 20 世纪的最后十年已成为环境科学领域的一个新兴子学科。系统建模人员在该领域具有特别突出的地位。

[379] ## 26.6　生态学与环境政治学

1960 年代的环境意识和环境危机的概念引发了环保运动, 从 1960 年代开始, 对环境问题的关注也进入了生态学。蕾切尔·卡森 (Rachel Carson) 的《寂静的春天》(*Silent Spring*) (1962) 对生态问题的公众意识产生了至关重要的影响, 尽管在此之前人们就已经认识到了人口增长和资源枯竭的问题, 例如奥德姆的《生态学基础》中就曾提及。巴里·康芒纳 (Barry Commoner 1971) 强调了在生产过程中新化学品的日益使用所带来的生态危害。

1960 年代末期出现了 "新马尔萨斯主义" 的环境思想。根据这一思想, 人口的增长是环境危机主要的罪魁祸首。新马尔萨斯主义最著名的例子是保罗·埃利希 (Paul Ehrlich 1969) 描绘的 "生态灾难" 情景。埃利希描绘的情景源于一种假设的竞争, 他认为美国和苏联这两个超级大国通过不断开发更高效的用于农业生产的杀虫剂以达到在第三世界中争霸的目的。最终, 新的超级毒药泄漏到海洋中, 导致生态灾难。相反, 新马尔萨斯主义的批评者, 如巴里·康芒纳 (1971) 则强调, 经济和政治进程对理解当代环境问题的性质至关重要, 其重要性甚至超过了纯粹人口数量的影响。讽刺的是, 埃利希场景的纯社会特征实际上支持了诸如此类的批评。

最初, 环境意识的觉醒受到了许多生态学家的青睐, 但很快人们就认识到, 基础生态学理论对于理解环境问题提供不了多少帮助 (参见 McIntosh 1985; Boucher

1998)。造成这种情况的主要原因是, 环境问题有其历史和背景: 生态学能否提供评估环境问题的统一概念框架, 尚且难以确定, 更不用说通过生态学来解决这些问题了 (Haila and Levins 1992)。正如安德鲁·贾米森 (Andrew Jamison) 在本书 (第 16 章) 指出的, 环保运动带来了新的认知实践成分, 但与学界的生态学仍有一定差距。

　　功利性管理 ("自然保护主义者") 和全面保护之间的争论仍然非常激烈, 后者由 "深层生态学家" 代表, 但深层生态学 (deep ecology) 本质上是一种哲学思潮, 与生态学研究仅有微弱的联系。拉图尔 (Latour 2004) 对深层生态学的批判相当有趣, 他认为深层生态学的观点依靠的是一个鲜明的但站不住脚的 "文化–自然" 二元论。

　　关于自然资源可持续管理原则的争论进一步涉及功利性保护与全面保护这一传统争议。生态经济学是与环境有关的经济学考量方面的一个重要新兴学科。但是, 该领域的实际意义尚不确定。经济学依旧背负着瓦尔拉斯福利经济学的传统及其对人类经济行为非常不切实际的背景假设 (见第 28 章)。经济学思维认真考虑生态学, 这还有很长的路要走 (Dyke 1988, 1997)。 [380]

　　保护生物学是一门快速发展起来的应用学科, 它起源于生态学。起初, 在 19 世纪, 受到浪漫主义运动的启发, 自然保护被看作一种文化责任。生态学家对人为灭绝威胁的意识不断增强, 生态科学因此参与到自然保护中来。造成这种人为灭绝情况的主要原因是大型狩猎活动所造成的破坏, 这一情况几乎在世界各地都存在。殖民地猎人 "社区" 最先萌发了这一担忧, 在举办第一次国际会议和在 20 世纪初建立第一个自然保护组织方面发挥了重要作用 (Adams 2004)。

　　大约在 20 世纪中叶, 自然保护被普遍认为是一项政府职责。1948 年在法国枫丹白露成立的自然保护国际联盟是一个重要里程碑 (该组织后来发展成国际自然保护联盟; 见 Holdgate 1999, 见第 17 章)。作为一项政府责任, 保护自然需要一个系统化的方法: 在所有可能的物种及其栖息地和场地中需要保护什么? 为什么保护? 需要给出明确答案。像 20 世纪上半叶那样, 仅仅主张特定地点或物种的独特性是远远不够的 (Adams (1996) 对英国的这一转变进行了很好的分析)。在实践中, 这意味着要制定濒危物种的全面名录, 并最终包括其栖息地的清单。编制红色数据清单的倡议来自非政府组织, 特别是世界自然基金会, 该清单在 1960 年代得以系统化。第一批清单收录了各个国家的脊椎动物和 (高等) 植物, 自 1990 年代早期起, 该清单逐渐国际化并收录了无脊椎动物 (参见 Mace et al. 1998)。

　　正是由于对人为灭绝浪潮这一迫在眉睫的危险的认识, 促使生态学家参加了保护运动并建立了保护生物学新学科, 1980 年代中期成立了相关的科学协会和创办了同名期刊。迈克尔·苏莱 (Michael Soulé 1985) 将保护生物学称为 "危机学科"。换言之，这一新学科坚定地致力于产出对实际保护政策和管理有用的知识。在 1980 年代，生物多样性成为保护生物学的一个核心概念。戴维·塔克斯 (David Takacs 1996) 描述了该概念的采用历程，揭示了这一进程中蓄意的政治色彩。

生物多样性的概念被保护生物学家用来传达他们的想法，即对决策者和普通大众来说明自然保护的必要性。然而，自相矛盾的是，由于该概念在科学上难以具体化，因此仅强调生物多样性也会让公众有疏离感。实际上，这一概念的采用让我们得以管窥保护生物学家所做的边界工作。用塔克斯的话来说："通过推广和使用生物多样性的概念，生物学家希望尽可能地保留生物世界，包括其中塑造世界的动态过程，同时赋予他们自身权威来谈论、界定并捍卫这一概念" (Takacs 1996, 第99 页)。

[381]

爱德华·威尔逊 (Edward Wilson) 阐明了生物多样性一词包罗万象的本质："那么，它是什么？从某种意义上说，生物学家倾向认为它就是一切" (1977, 第 1 页)。通过这样的措辞，威尔逊显然想强调生物多样性的重要性，但效果可能不佳。如果生物多样性确实是 "一切"，它就不能为自然保护提供实用的指导原则：我们不可能保护 "一切"，所以需要关键区分的标准。生物多样性是一个重要的概念，而且还引发了重要的实践研究，但旧争论也使之失效，特别是人类与除人类之外的自然这一二元论的争论 (Haila 1999, 2004)。随着时间的推移，生物多样性这一概念主要意义在于它有助于我们更深刻地理解并珍惜自然的道德责任，而非推进具体的保护项目。

大约 1970 年代，所有工业化国家都建立了负责环境政策的政府机构，促成了 "环境科学" 的兴起，囊括了对环境问题的几乎所有科学研究 (Weale (1992) 记录了早期的政策和科学之间的关联)。生态学中的特定研究传统，其中最坚实的是保护生物学，已在环境科学中确立了稳固的地位。但是，由于环境研究主要集中在特定的且通常是非常具体的环境问题上，在特定的研究项目中，不同的研究传统以不同的背景导向结合在一起。这样的研究是真正意义上的跨学科研究。

参考文献

Adams WH (1996) Future nature. A vision for conservation. Earthscan, London

Adams WH (2004) Against extinction. The story of conservation. Earthscan, London

Boucher D (1998) Newtonian ecology and beyond. Sci Cult 7: 493–517

Cajander AK (1949) Forest types and their significance. Acta Forestalia Fennic 56: 1–71

Clark CW (1989) Bioeconomics. In: Roughgarden J, May RM, Levin SA (eds) Perspectives in ecological theory. Princeton University Press, Princeton, pp 275–286

Clark LR, Geier PW, Hughes RD, Morris RF (1967) The ecology of insect populations in theory and practice. Methuen & Co., London

Commoner B (1971) The closing circle. Alfred A. Knopf, New York

Connolly WE (1993) Voices from the whirlwind. In: Bennett J, William C (eds) In the nature of things. Language, politics, and the environment. The University of Minnesota Press, Minneapolis, pp 197–225

Cuddington K (2001) The "balance of nature" metaphor and equilibrium in population ecology. Biol Philos 16: 463–479

D'Arcy WT (1992) On growth and form. The complete revised edition. Dover, New York

Dyke C (1988) The evolutionary dynamics of complex systems. A study in biosocial complexity. Oxford University Press, Oxford

Dyke C (1997) The heuristics of ecological interactions. Adv Human Ecol 6: 49–74

Ehrlich Paul R (1969) Eco-Catastrophe! Ramparts (September): 24–28　　　　　　　　　　[382]

Elton CS (1966) The pattern of animal communities. Methuen, London

Forbes SA (1887) The lake as a microcosm. Bull Illinois Nat Hist Surv 15: 537–550

Gieryn TF (1983) Boundary-work and the demarcation of science from non-science: strains and interests in professional interests of scientists. Am Sociol Rev 48: 781–795

Gieryn TF (1999) Cultural boundaries of science. Credibility on the line. The University of Chicago Press, Chicago

Glacken C (1967) Traces on the Rhodian shore. Nature and culture in western thought from ancient times to the end of the eighteenth century. University of California Press, Berkeley

Golley FB (1993) A history of the ecosystem concept in ecology. More than the sum of the parts. Yale University Press, New Haven

Grove RH (1995) Green imperialism. Colonial expansion, tropical island Edens and the origins of environmentalism. Cambridge University Press, Cambridge, pp 1600–1860

Hacking I (1992) The self-vindication of the laboratory sciences. In: Pickering A (ed) Science as practice and culture. The University of Chicago Press, Chicago, pp 29–64

Hagen JB (1992) An entangled bank. The origins of ecosystem ecology. Rutgers University Press, New Brunswick

Haila Y (1992) Measuring nature: quantitative data in field biology. In: Clarke AE, Fujimura JH (eds) The right tools for the job. At work in twentieth-century life sciences. Princeton University Press, Princeton, pp 233–253

Haila Y (1998) Political undercurrents of modern ecology. Sci Cult 7: 465–491

Haila Y (1999) Biodiversity and the divide between culture and nature. Biodivers Conserv 8: 165–181

Haila Y (2004) Making sense of the biodiversity crisis: a process perspective. In: Oksanen M, Pietarinen J (eds) Philosophy of biodiversity. Cambridge University Press, Cambridge, pp 54–82

Haila Y, Levins R (1992) Humanity and nature. Ecology, science and society. Pluto Press, London

Hassell MP (1978) Anthropod predator-prey systems. Princeton University Press, Princeton

Holdgate M (1999) The green web. A union for world conservation. Earthscan, London

Holling CS (1992) The role of forest insects in structuring the boreal landscape. In: Shugart HH, Leemans R, Bonan GB (eds) A systems analysis of the global Boreal forest. Cambridge University Press, Cambridge, pp 170–195

Jax K (2002) Die Einheiten der Ökologie. Analyse, Methodenentwicklung und Anwendung in Ökologie und Naturschutz. Peter Lang, Frankfurt a. M

Judd RW (1997) Common lands, common people: the origins of conservation in Northern New England. Harvard University Press, Cambridge

Judd RW (2004) George perkins marsh: the times and their man. Environ Hist 10: 169–190

Kingsland S (1985) Modeling nature. Episodes in the history of population ecology. University of Chicago Press, Chicago

Kohler RE (2002) Landscapes and labscapes. Exploring the lab-field border in biology. The University of Chicago Press, Chicago

Kwa C (1987) Representations of nature mediating between ecology and science policy. Soc Stud Sci 17: 413–442

Latour B (2004) Politics of nature. How to bring the sciences into democracy? Harvard University Press, Cambridge

Levins R, Lewontin R (1985) The dialectical biologist. Harvard University Press, Cambridge

Lotka AJ (1956) Elements of mathematical biology (original: elements of physical biology, 1924). Dover, New York

Lovelock JE (1979) Gaia: a new look at life on earth. Oxford University Press, Oxford

Lowood HE (1991) The calculating forester: quantification, cameral science, and the emergence of scientific forestry management in Germany. In: Frangsmyr T, Heilborn JL, Rider RE (eds) The quantifying spirit in the eighteenth century. University of California Press, Berkeley, pp 315–342

[383]   Mace GM, Balmford A, Ginsberg JR (eds) (1998) Conservation in a changing world. Cambridge University Press, Cambridge

Margulis L, Sagan D (1997) Slanted truths. Essays on gaia, symbiosis, and evolution. Springer, New York

Marsh GP (1965) In: Lowenthal D (ed) Man and nature. Or, physical geography as modified by human action. Belknap Press, Cambridge [original in 1864]

McIntosh RP (1985) The background of ecology. Concept and theory. Cambridge University Press, Cambridge

Morowitz H (1968) Energy flow in biology. Biological organization as a problem in thermal physics. Academic, New York

Odum EP 1959 (1953) Fundamentals of Ecology. Saunders, Philadelphia

Schwarz AE (2003) Wasserwüste—Mikrokosmos—Ökosystem. Eine Geschichte der "Eroberung" des Wasserraumes. Rombach, Freiburg

Scudo FM (1971) Vito Volterra and theoretical ecology. Theor Popul Biol 2: 1–23

Soulé ME (1985) What is conservation biology? BioScience 11: 727–734

Takacs D (1996) The idea of biodiversity. Philosophies of paradise. The John Hopkins University Press, Baltimore

Taylor PJ (1988) Technocratic optimism, H. T. Odum, and the partial transformation of ecological metaphor after world war II. J Hist Biol 21: 213–244

Tobey RC (1981) Saving the prairies. The life cycle of the founding school of American plant ecology. University of California Press, Berkeley, pp 1895–1955

Turner BLII, Clark WC, Kates RW, Richards JF, Matthews JT, Meyer WB (eds) (1990) The earth as transformed by human action. Global and regional changes in the biosphere over the past 300 years. Cambridge University Press, Cambridge

Walker B, Steffen W (eds) (1996) Global change and terrestrial ecosystems. Cambridge University Press, Cambridge

Weale A (1992) The new politics of pollution. The Manchester University Press, Manchester

Weiner DR (1988) Models of nature: conservation, ecology, and cultural revolution. Indiana University Press, Bloomington

Williams CB (1964) Patterns in the balance of nature. Academic, London

Williams M (1989) Americans and their forests: a historical geography. Cambridge University Press, Cambridge

Worster D (1985) Nature's economy. A history of ecological ideas. Cambridge University Press, Cambridge

Wynn G (2004) On heroes, hero-worship, and the heroic in environmental history. Environ Hist 10: 133–152

第 27 章 生态学与系统论的边界地带

Egon Becker and Broder Breckling

27.1 导言

在任何知识领域, 对相互作用的研究都会从逻辑上引出系统组织的概念。

—— 海洛夫 (Khailov 1964)

多年来, 系统论支持者和生态学支持者在思想、原则、概念、理论、模型和方法等方面进行了深入的交流[1], 这种交流的动态进程推动了这两个领域的发展。个人先驱 (如尤金·奥德姆 (Eugene Odum) 和霍华德·奥德姆 (Howard Odum)) 和创新组织 (如圣塔菲研究所) 推动了这种互惠的概念转移。因此, 生态学和系统论形成了两个仅仅是部分分离的研究领域, 它们显示出强大的、从几个方面渗透的内在动力和边界。然而, 这两个研究领域都充满了争议。多元混杂话语在这两个领域都得到了发展, 每一种话语都有自己特定的认知和社会秩序, 以及与之相匹配的理论概念和科学实践。虽然每一种话语都有自己的历史, 但两者之间关系的历史仍未成文。

1930 年代以来, "生命系统" 这一悖论式观念塑造了系统论话语与生态学话语的交流。这个想法是一个悖论, 因为, 至少从表面上看, "系统" 不是有生命的实体, "生命" 也不是系统。贝塔朗菲 (Bertalanffy 1932, 1968) 的命题推广了对有机体作为开放系统的理解。作为一个一般性的概念参照点, "生命系统" 的理念使每个话语
的独特思想和概念框架得以表达, 而不需要明确的共识。

---

[1]此后, 这一过程将被称为 "概念转移" (concept transfer)。

E. Becker
Institute for Social-Ecological Research (ISOE) Frankfurt/Main (Germany)
e-mail: e.becker@em.uni-frankfurt.de

B. Breckling (✉)
University of Bremen, Germany (Center for Environmental Research and Sustainable Technology, UFT)
and University Vechta (Chair for Landscape Ecology)

　　转移过程与一个关键问题密切关联，即采用系统概念和方法有利还是有害于生态学的发展。与之相反的问题，即关于生态学方法对系统论的影响很少被问到。生态学中系统论的兴起 (Odum 1971, 1983) 是颇具争议的主题。一些科学家欢迎将生态学从传统的描述性学科转变为现代的解释性科学的机会 (Fränzle 1998)。然而，对另一些科学家来说，生态学向系统范式的转变代表着将生命机械化的动向，这与生态学研究中的技术化转变关联在一起 (Trepl 1987)。尽管有这样的批评，但近几十年来，随着计算机应用的发展，系统思维和正式的数学建模在科学和许多其他领域都得到了扩展。

27.2　批评和争议

　　在目前的大部分批评中，还不清楚到底是什么受到了批评。这是因为，如前所述，无论是系统论还是生态学都不是一个融贯的整体。在这两个领域，各种不同的理论观点和实践取向相互共存。这两个领域通过建设性地回应批评和互用概念，持续独立发展。通过这个过程，两个领域的各分支之间发展了许多不同类型的联系。尽管如此，争论的所有参与者都倾向于采用同质性假说，路德维希·冯·贝塔朗菲 (Ludwig Von Bertalanffy) 的特定版本的系统论被广泛认为正是这样的系统论。

　　因此，关于系统论与生态学之间的关系，流传着许多故事。这些故事点缀了争论的诸多生动细节，杂以轶事，并与其他故事交织在一起。这使得生态学话语的发展变得可信。总体而言，生态学中系统论的支持者描述了一个**进步**的过程：从形而上学整体论到现代系统生态学的转变是如何发生的，它是如何成功地克服了 1920 年代和 1930 年代的意识形态争议，以及生态学是如何从博物学的描述性学科发展成为一门数学化的、基于模型的理论和经验学科。该观点的批判者则从相反角度来描述**缺失**的故事：我们对生命的理解是如何变得机械化的，量化是如何抹去了我们对生命关系的定性性质的理解，有机体的个体性如何从生态学的核心消失了，系统思维如何导致了方法论上的局限，以及世界的机械论模型和技术化途径通常是如何取而代之的。

　　这样的故事通常用来强化自己在话语权争夺和概念界定中的立场，特别是如果它们是由先驱者自己讲述的。对科学史的详细研究已经能够澄清这类故事的作用，并指出无论是这些故事本身还是对它们的批评都是目光短浅的 (McIntosh 1985)。下面是对偏见，特别是对同质性概念的更正：

　　1. 并没有齐一性的系统论，只有各种多元混杂的系统话语，它包含了大量的概念和方法、不同的背景哲学和实践应用。在控制论和通信工程中的系统概念与

[387]

塔尔科特·帕森斯 (Talcott Parsons) 或尼克拉斯·卢曼 (Niklas Luhmann) 的社会学系统论之间, 以及在运筹学或博弈论中的方法与生态系统研究中应用的方法之间存在着巨大的概念和方法论鸿沟。

2. 概念的转移并不是从系统话语到生态学的单向转移, 相反, 生态观念和概念很早就被引入系统话语体系中[2]。在洛特卡 (Lotka 1925) 和沃尔泰拉 (Volterra 1926) 的系统论数学公式中, 种群动力学的重要性经常被系统论的开创者淡化[3]。

3. 控制论不仅仅是一般系统论的特例, 控制论也不是在系统论中发展起来的。在控制论宽泛的理论框架中, 以循环为基本原则的思想演变形成了 "循环因果关系" 的概念。因此, 控制论获得了自己的话语体系, 这个体系是围绕调控和信息传递形成的。然而, 正如批评家经常暗示的那样, 控制论并不能等同于自动化和调控技术以及计算机科学中的技术应用。控制论的概念还出现在医学、心理学、政治学和文化人类学中。

4. 维纳 (Wiener) 和艾什比 (Ashby) 的经典控制论并没有停滞不前, 而是演变成了 "二阶控制论"。新控制论试图将 "观察者" 纳入系统; 它探索 "正反馈" 的重要性, 并集中在非线性方面。这也使得通过控制论的视角理解自组织 (self-organization) 和涌现 (emergence) 成为可能。二阶控制论对最近的系统话语产生了强烈的影响, 并帮助阻止了它的衰落。此外, 近期出现了大量建模方法。这些实例可以在神经信息、人工生命和仿生机器人中找到。

5. 以能流分析为中心的系统生态学并不是生态学中唯一的系统论进路。例如, 格雷戈里·贝特森 (Gregory Bateson) 借鉴早期控制论, 提出了一个生态学的系统概念, 其中他特别强调了生态系统中信息流和通信网络的重要性 (Harries-Jones 1995)。然而, 这个概念并没有在生物生态学中被采用; 相反, 生态学中占主导的是能流分析 (Odum 1971, 1983)。控制论目前正在发生类似于 "符号学转变" 的事情, 这种转变现在已经延伸到生物学领域, 并采纳了贝特森提出的生态学概念。一个新的研究领域, 生物符号学 (biosemiotics) 正在兴起, 其核心概念是生物体内和生物体之间的信号交流 (Hoffmeyer 2008)。

[388]

系统科学中系统概念的非一致性不断引发关于生态系统本体论和认识论地位的根本性争论。这场争论一直是适用于生态学的系统概念之争的根源, 并影响

---

[2] 从历史的角度来看, 研究生态学家伊夫林·哈钦森 (Evelyn Hutchinson) 在早期控制论的发展中究竟扮演了什么样的角色将是非常有意义的 (Taylor 1988; Heims 1991; Schwarz and Schwoerbel 2001; Pias 2003)。无论如何, 控制论的核心概念 "循环因果关系" 肯定受到了哈钦森的强烈影响。

[3] 除了洛特卡思想的生态重要性, 他的书还预测了贝塔朗菲在 1950 年代对一般系统论的发展。贝塔朗菲相当不光彩地淡化了他的方法和洛特卡方法之间的相似性, 但洛特卡首先明确规定了系统分析的基本程序 (Kingsland 1985, 第 26 页)。

到生态学与系统科学之间的概念转移。以下各节将更详细地讨论这场争端中涉及的问题。在种种争议的背后, 潜藏着 "系统" 的形式表征与特定的生态条件之间的关系问题。

27.3 真实世界与抽象系统

无论是在系统论还是在生态学中, 对于系统究竟是什么都没有达成共识, 更不用说应该如何理解和描述它们了。因此, 关于如何理解和使用 "系统" 这个术语, 有很多不同的意见。在生态学中, 这些问题继续引发 "实在论与唯名论" (realism versus nominalism) 式的争论, 在这场争论中, 概念争论不休, 对系统的理解也不同, 涉及各种本体论和认识论的含义。主要的争论类似于中世纪哲学中著名的唯名论者和实在论者之间的对峙, 这场对峙在 11 世纪和 14 世纪之间达到白热化程度, 并在 20 世纪再次暴发, 特别是在分析哲学中[4]。

最初的冲突围绕普遍概念—— **共相** (如 "善" "神圣" "人" 或 "动物") 是否独立存在, 或者共相是否是事物的性质从而仅仅是一个名字的问题。在古典希腊哲学中, 共相被理解为一种理型或原则 (柏拉图), 或者作为一种形式或原型 (亚里士多德)。在后来的争论中, 共相的认识论地位特别借助伦理或数学例子进行了讨论。中世纪争论的一个问题是, 一方面是思想的可见形式, 另一方面是思想本身的存

[389] 在样式。生物学作为一门科学学科, 早在中世纪就被卷入了争论: 属和种是真实存在的, 还是仅仅是分类取向的思想过程的产物? **实在论者** 追随柏拉图。对实在论来说, 普遍概念在超越于可见世界的理型世界中存在。根据柏拉图的说法, 它们可以通过人类的思想来发现。相反, 亚里士多德认为共相仅仅存在于具体的个体事物中, 因为只有个体才是 "真实的"。中世纪的 **唯名论者** 将亚里士多德的观念推向极端, 并最终认为共相仅仅是语言概括或哲学抽象的一个名字。共相并不代表特定的本体论状态。只有个体事物和个体生物才是真实的。

在生态学中, 眼下的问题是生态系统是否真的存在, 抑或它们仅仅是科学构建出来的。对于 "系统实在论者" 来说, 生态系统确实是作为本体论实体而存在的, 因此它们不能被随意地或根据人类的偏好来定义; 对于 "系统唯名论者" (他们现在通常被称为 "建构主义者") 来说, 生态系统是由科学构建的, 例如逻辑分类, 可以从属和种的角度来解释 (Trepl 1987, 第 140 页)。在生态学研究实践中逐渐出现了可以辨认的三种不同立场。它们分别是 (1) 图像式自然主义 (image naturalism), (2) 分析实在论 (analytical realism) 和 (3) 建构主义实在论 (constructivist realism)。

---

[4]在数学哲学和量子理论中,这场争论是在 "柏拉图主义" 和 "建构主义" 观点的对比中进行的 (Stegmüller 1978; Khlentzos 2004)。

立场 1: "图像式自然主义" (Abbildrealismus) 是实在论的极端版本。虽然很少有人主张将其作为认识论立场,但它在科学实践中广为流传。生态系统被理解为现实世界中**给定的对象**,包括个体有机体和物种的多样性、相互作用的复杂模式和相互纠缠的过程。这样的系统可以在空间和时间上进行界定、识别和命名,经验研究可以产生越来越多的关于它们的知识。正是在这个意义上,物理学家谈论的是 "行星系统",而生态学家将特定的森林、蛙池或蚁群当作 "生态系统"。在野外或实验室通过客观的观察尽可能广泛地收集经验数据,并对这种观察进行归纳总结,被认为是科学知识的基础。如果这种知识被认为或多或少是对自然的准确图像或描述,那么从系统实在论的本体论立场衍生出来的就是我们所说的**图像式自然主义**的认识论立场。这种思维方式源于 "所予的自然主义神话" (naturalistic myth of the given) (Hesse 2002)。在这种情况下,"系统" 仅仅是任何有内部成分和复合结构的实体的类名。按此观点,朴素的图像式自然主义蕴含了唯名论的本体论。用一个自相矛盾的说法,它是一种 "唯名论的实在论"。只要我们对这一立场的基本原理进行认识论的分析,很快就会发现 "图像式自然主义" 亟须修正。

立场 2: 当生态学研究致力于经验调查和数学建模领域,这样的修正更易发生。这导致了以内容为中心的**分析实在论**: 从本体论的角度来看,它是一种**实在论**,因为它已经假定生态系统不依赖于任何外部观察或描述而独立存在。这种实在论是**分析性**的,因为它承认,在研究中生态系统的特征在分析上是明确有别于环境的。科学家们还认识到,作为研究过程的结果所获得的知识随后被表示为 "系统"。这个系统具体强调哪些特征,取决于科学家的研究兴趣和追求的问题。这种经验式–分析式的理解在一般的科学研究中占主导地位,并不是生态学中的系统分析所特有的。

[390]

立场 3: 如果对系统的理解是在基于方法论而不是基于内容的基础上发展起来的,则更加强调系统方法的具体含义。在这种情况下,"系统" 被认为是特定方法的标志。换句话说,经验背景是根据它的内部组织以及它与世界上其他事物的关系来解释的。根据这一观点,感知对象并不是独立于感知它的行为而存在的。相反,**系统对象**必须首先根据特定的思维模式、概念和方法 "构建"。只有在为这一对象建立了合适的理论模型之后,经验现象才能被重构为一个 "系统"。**系统方法论**表现了以逻辑和透明的方式构建系统所采取的操作。在这一点上,相应的系统论可以用建构主义的术语来解释。在这种分析–建构的系统观点中,从语言逻辑的角度来看,"系统" 一词是所谓的 "抽象者",通过它可以构造和命名抽象对象。因此,我们这里持有的是一种**唯名论**,就 "系统" 而言,其指称的是一种方法论所产生的抽象。这种**建构主义**或**基于模型的唯名论**与上面讨论的两种系统观点,即图像式自然主义和分析实在论, 形成了对立面。苏卡乔夫 (Sukachev 1964) 明确区分了生态系统和生物地理群落的概念, 前者是理论模型, 后者是经验上可及的观察对象。魏德曼和克勒 (Weidemann and Koehler 2004) 目前正在生态演替领域研究这一区别。

在系统学讨论中发展出了名副其实的抽象方法库。图像式自然主义认为这些方法是描述生态事物的工具; 分析实在论认为它们是分离和连接现象特定方面的一种方式。更准确的分析表明, 所有方法都使得抽象能够表述出来。"系统" 可以被构建为**认知客体**、人类所能和想要了解的事物, 以及使用适当语言描述的对象 (Rheinberger 1997)。日常生活中也存在着类似的多重解读现象。从这个意义上说, 自然界的东西, 如苹果树, 可以成为认知客体。它也可以作为一种经济物品 (苹果可以作为商品出售, 也可以作为制作苹果酒的原料), 也可以作为一种文化审美实体 (有人可以写一首关于苹果树的诗)。这棵树在感知和分析中的地位取决于它出现的上下文认知、生产或沉思。类似地, 在生态学中, 一片草地可以被系统地归类为一个特定的植被群丛, 它可以被视为一个草地系统, 也可以被认定为一种生境类型。在特定情况下, 被草覆盖的区域甚至可能只是作为定义空间阻力参数的基础, 这些参数被用来理解其他生物的扩散动力学。

[391]

这个例子表明, 仅仅将一个对象 (如 "草") 归类为 "系统", 就突显了 "系统" 究竟有什么存在方式的问题。在**一般系统论** (general systems theory, GST) 中, 系统通常被视为真实 (物质–能量或交流–符号) 关系的**模型**。尽管在一般系统论中建构主义认识论占主导地位, 但在日常研究中这些模型是按照实在论的方式重新解释的。这是因为, 根据主流的科学理解, 这些模型表征了按照方法论原则产出的关于生态实体的知识。为了避免这种情况造成的混淆, 应该明确区分**构建系统的操作**和对这些操作的模型**诠释**, 但这种情况很少发生。留给我们的一方面是理想化的抽象, 另一方面是具象化的解释。

如果对真实世界和理想化世界之间没有做本体论上的区别 (例如, 通过将理想化世界纯粹当成真实世界的反映——或者反之亦然), 那么抽象的意义就不能被正确地理解。在这方面, 分析实在论对模型建构的理解在本体论上是不能令人满意的。然而, 在系统话语中, 分析实在论肯定能从认识论上得到证明: 根据这种认识, 系统是受时间和空间限制的真实现象的模型。正是**模型与实在之间的差异**、建模的关系成为认识论问题的关键。有没有可能在没有模型的情况下设想和界定 "实在" 呢?

为了避免使用系统术语, 可以将要建模的 "实在" 理解为 "特定时空区域中的现象" "特定的经验区域" "特定的研究单元" 或 "实在的一部分"。这些表述都含有实在论本体论的要素, 它认为事物本身可以直接作为经验和理论研究的对象。很少有人提出这样的关键问题, 即研究对象是自然给定的, 还是在系统话语中作为认知对象被构建出来的。我们持有这样的立场, 即建模构成了一类特定的 "认知对象": 人们所观察和描述的生态环境, 显得它好像是一个系统一样; 无须考虑这样的本体论是否存在。如果人们比较观察和描述 "同一" 客体的不同方式, 例如, 一种情况是 "景观", 而另一种情况是生态系统, 那么这种情况就会变得更加清晰。这一层面的反思超越了建构主义 "唯名论"。"系统" 不仅仅是方法论产生的抽象概念的名称, 也是关于生态学问题的知识模型。这一立场可以称为**基于模型的建构主义**。然而, 只有当系统被视为理想化世界中的抽象对象时, 这一立场才能被认真采纳。这些对象可以是逻辑数学的, 并且至少在原则上可以用计算机程序来实现; 图像化、隐喻化和概念化模型, 只要它们能表征复杂的交互网络, 在这个意义上也可以被认为是理想对象。

[392]

27.4 系统概念谱系

当人们不仅关注个体有机体, 而且还考虑由个体有机体组成的更大的 "群体生态学单元" (syn-ecological units) (种群、动植物群丛、群落) 时, 概念的歧义和混淆一直很普遍。个体有机体之间的复杂关系是否表现出个体本身不具备的特征? 这些 "群体生态学单元" 本身能否理解为 "生命系统"? 以此类推, 以个体有机体为起点, 群体生态学单元必然被视为一种 "超有机体"。然而, 以系统为起点, 群体生态学单元必须被认为是突现的系统层次, 不是超有机体, 而是层级化的组织系统。这里提出的问题引发了一场根本性的争论, 即是否可以用系统论话语中发展起来的概念和方法来充分分析有机体和群体生态实体。

关于最适合生态学的系统概念存在许多争议。这些争论似乎独立于关于生态系统的本体论和认识论地位的原则性问题而存在。总体而言, 争议集中在生态系统本身概念的定义上 (Brecling and Müller 2003)。如果我们用 "生命系统" 这个概念来考察生态学话语和系统话语是如何联系在一起的, 就可以很好地理解这场争论。这使得我们能够跟踪不同**系统概念**的发展轨迹并绘制它们的谱系。在这个过程中暴露出来的是各种系统生态学之间的显著概念差异。在生态学中, 所有实体只要其间存在关系就被称为**生态学系统** (ecological system)。这样的系统还可以包括个体有机体与环境中的其他实体之间的关系。时空局域化的生物群落, 即有机体群落及其非生物环境, 称为**生态系统** (ecosystem)。按照我们所说的图像式自然主义来看, 这个概念有时表达对系统本体论的朴素看法; 然而, 更常见的是, 它与分析实在论紧密相连。用这种方法来论证某种类型的形而上学的系统论是可能的,但现代科学意义上的任何系统论都不能建立在此基础上。只有当模型和实在之间的关系得到反映时, 才能获得对系统的分析性理解。因此, 所有严肃的系统概念本质上都是分析性的。在这里我们所主张的基于模型的建构主义版本中, 模型和实在之间的差异构成了系统论反思的起点。

[393]

我们既不希望也不能在这里呈现一个完整的现代系统论思想的**谱系**。即使只局限于生物学和生态学, 这样的谱系也会很混乱, 因为它与哲学争论和生物学知识的进步息息相关。在 19 世纪末和 20 世纪的自然科学系统话语中, 形成了各种截然不同甚至彼此对立的系统论概念。然而, 在系统话语早期, 就有人认真地尝试排序、分类、评述和综合不同的系统概念 (Klir 1972)。排序尝试主要是采用经典的二元对立方式 (如实在论/唯名论、具体/抽象、真实/理想、物质/形式)。然而, 并不清楚的是这种区分是**系统概念**的差异, 还是不同**系统类型**的差异。在我们看来, 一种更有成效的方法不是按照二元对立的方式, 而是按照系统概念本身的**基本区别**来排序安排各种不同的系统概念。虽然每个基本区别都意味着不同的独特限定, 但它也意味着不同的本体论和认识论:

1. 通常的概念性策略源于**系统和环境**之间的区分。互动模式被定义为系统, 因此区别于其所处的环境。这种区别或多或少可以追溯到柏拉图。这一概念的现代谱系始于 1930 年代, 当时生物体被定义为处于动态平衡的热力学开放系统。从理论上讲, 这是一个物理模型, 普里果金 (Prigogine) 等人将它与非线性过程联系起来进行了更深入的阐述, 为热力学不可逆过程引入了 "耗散结构" 这一系统概念 (Glansdorff and Prigogine 1971; 另见 Prigogine and Stengers 1981)。这个 "系统" 最初被刻画为一个**黑箱**, 有物质和能量的输入、流通和输出。然后, 输入和输出之间的关系可以基于系统的转换功能来进行描述。因此, 这一系统概念被称为**功能系统概念**。

2. 经典的控制论追求一种不同的概念策略。这里区分的是**调节与扰动**。按照控制论的观点, 基于正负反馈回路 ("循环因果关系") 和通信网络, 系统是封闭运行的调节单元。这使得系统可以对内外扰动做出反应。这里所蕴含的区分是系统组分和系统状态之间的区分。经典控制论处理的是结构上具有稳定组分的系统状态的变化。这一系统概念被称为**运作系统概念**。

3. 第二次世界大战后, 阐发了第三种基于**要素和关系**之间的区别的概念性策略。系统被抽象地定义为要素集合, 关系集合存在于要素集合之上 (Hall and Fagen 1956)。这一涉及集合论的理解是基于系统的**结构**概念, 并在真正的柏拉图主义的意义上引入了最大限度的抽象: 系统被定义为真正的数学对象, 即原则上可以分立的、相互关联的客体的集合。

[394]

　　不同的概念策略导致了有时并行但经常交叉的谱系。新的概念可能源自这些交叉点。其中一个这样的概念是 "自创生" (autopoiesis) (Maturana and Varela 1992)，其中 "生命系统" 被定义为在物质和能量上是开放的，但在运行上是封闭的。系统的所有要素以及这些要素之间的关系都是由内部运作产生的。在生态学中，人们发现了各种不同的区别和概念策略的变化，因此也发现了一系列基于非常不同的概念基础的系统生态学。在实际研究中，这些不同的系统生态学可以被不同的子学科做不同程度的借鉴，这为批评提供了另一个起点。这里只举两个例子。在贝贡等 (Begon et al. 1986) 的标准教科书中，基本上回避了生态系统的概念，转而采用了个体、种群和群落之间的定性和形式化的关系的概念。与此形成鲜明对比的是，奥德姆 (Odum 1983) 将生态系统的概念置于生态学的中心，并将能量流作为关键的统一手段。

　　除了朴素的**图像式自然主义**，人们可以发现三种不同的概念策略的区分与**分析实在论/建构主义唯名论**的区分的相似性。**功能系统概念**在很大程度上在生态学中得到了实在论的解释。与此形成对比的是，社会学系统论通过归纳系统与环境的区别，采用一种激进的建构主义认识论，倡导一种去本体化的研究纲领[5]。控制论中发展起来的**运作系统概念**无法实现实在论的解释，因为它抽象地概括了系统论的物质实现。二阶控制论试图建立一种激进的认识论建构主义。**结构系统概念**既可以用实在论解释，也可以用建构主义解释。然而，在实在论的解释中，"集合" 并不是从严格的数学意义上理解的，而是按照具体对象的多样化排列来理解的。在我们所偏爱的带有柏拉图主义色彩的建构主义解释中，系统是理想化世界中的抽象对象。

27.5　概念转移　　　　　　　　　　　　　　　　　　　　　　[395]

　　实在论和建构主义立场之间的争论长期以来被理解为关于一般系统论 (GST) 经验内容的争论[6]。一般系统论首先被视为有不同系统背景的一般**理论**，包括物理、有机体、心理和社会 "系统" 的一般理论。在系统哲学中是这样主张的，尽管它在实践中是不可行的。从方法论上讲，GST 提供了许多方法来形式化相互作用的网络 (Hammond 2003)；然而，GST 方法无法捕获适合描述 "生命系统" 的复杂性和多

---

　　[5]该方法试图从操作角度定义所有现有概念，并将其与 "沟通" 严格联系起来，作为出发点和参考点 (Luhmann 1997)。这是否导致了社会学解释基础的更新，正如其拥护者所声称的那样，多年来一直是激烈争论的主题 (参见 Merz-Benz and Wagner 2000; Clam 2002)。

　　[6]1950 年，卡尔·亨佩尔 (Carl G. Hempel) 已经拒绝 GST 的实证相关性，并将其称为 "纯数学的一个分支" (Hempel 1951，第 314–315 页)。在后来的作品中，他反对模拟方法，反对功能解释，反对同构的建议，反对涌现理论 (Hempel 1965)。米勒 (Müller 1996，第 245 页) 总结了 GST 的实证内容和解释力的争议。

样性的结构可变的网络。结构上可变的网络用于目标导向的建模, 例如, 作为表征在时间、空间和结构上可变的个体间互动网络的一种方式 (基于个体的建模) (DeAngelis and Gross 1992; Breckling 2004)。

贝塔朗菲最初把**一般系统论**设想为一个常微分方程组。然而, 一般系统论以这种形式应用于有机体、心理和社会现象, 收效甚微。只有将该理论扩展到包括基于非线性偏微分方程的系统, 才有可能将组织模式的突现以及突现的自组织结构和分化过程正式化。1952 年, 图灵 (Turing) 在化学形态发生研究中提出了这种可能性, 迈因哈德和吉勒 (Meinhard and Gierer 1972) 以及迈因哈德 (Meinhard 1982) 进一步采取了这一方法。

然而, 所有这些并不一定会得出经常被引用的结论, 即一般系统论作为一种**理论**已经失败, 它只能被当作一种元理论或一种系统哲学。然而真正失败的是一般系统论主张的普遍性以及统一科学的雄心。到目前为止, 还没有找到适用于所有经验科学的**数学**模型, 想必也永远找不到。为千差万别的实在领域发展一个普遍的**经验**理论的努力也失败了。系统科学很久以前就放弃了追求普遍性和统一科学的努力。在这方面, 批评获得了成功。这些对追求普遍性的批评, 要么针对幻景中的哲学的夸大, 要么针对历史的具体对象, 都与当代的科学实践无关。然而, 剩下的努力是在各种不同的实在领域追求以经验为导向的系统研究, 以及寻找适当的整合性概念和数学模型。在其不断发展的过程中, **一般系统论**已经分化为多种**专门化**的系统科学, 并继续以本体论和认识论矛盾突出的多元混杂的话语形式存在。

[396]　然而, 相比之下, 早期系统自我理解的另一个方面在方法论方面被证明是非常成功的: 一般系统论是一个**概念转移**领域, 拥有大量**理想系统模型**。奠基人, 尤其是路德维希·冯·贝塔朗菲和阿那托·拉帕波特 (Anatol Rapaport), 通过指出经验科学中同构的存在, 确证了这种转移的可能性。他们还认识到系统论在促进概念转移和方法论使用方面的重要性。隐喻和类比在这一过程中起着重要的启发式作用。到目前为止, 关于概念转移中从一个领域转移到另一个领域的确切内容, 以及可以预期的认识论后果, 几乎没有进行过研究。早期的一般系统论强调规则的形式结构相似性, 从而得出结论, **原则和模型**是可以转移的。

然而, 这种转移并不是无害的, 因为和原则和模型一样, 理论和概念也在转移, 而这正是新的**认识对象**的构成。一个领域的现象开始被认为在结构上类似于另一个领域的现象。此外, **原则**的转移总是意味着**类别**从存在的一个领域到另一个领域的类似传递, 例如从有机体到机器, 或者从生态系统到城市, 反之亦然。**模型**的转移可以涉及模型结构的转移以及建模技术的转移。如果以这种方式区分概念转移, 不同的前提、问题和错误就会暴露出来, 实际上, 有趣的解决方案也是如此。同样,尽管如此,对概念转移的批评也应该有所区别——这是很少发生的事情。从实在论或者建构主义的角度来看,概念转移是有所不同的。从实在论的角度,必须假设存在强同构,而从建构主义的角度,概念转移强化了可用作模型的逻辑数学对象库。

27.6　系统作为理想世界中的客体

数学是否可以应用于生物、心理、社会或历史等高度复杂的现象,这有时会受到质疑。怀疑者说,尽管进行了重大改进,但目前的数学工具还不能满足流体力学、亚原子粒子物理学和宇宙学等学科提出的要求 (Castoriadis 1981, 第 178–179 页)。生物学和社会学的特殊之处不仅在于其研究对象的复杂性,最重要的是所涉及的各种关系的特殊性和结构变异性,以及它们过程的特殊性。不过,高度的复杂性也可以通过数学处理。此外,数学不是简单的经验科学的 “工具”,而是一种关于抽象对象和关系的理论。尽管人们对数学在当前发展阶段的表现持怀疑态度,但几乎没人断定,流体力学、亚原子粒子物理学或宇宙学不能用数学术语来表示。然而,在生物学和生态学方面,数学屡受质疑。对我们来说,利用数学上的进步和许多数学方法,即形式方法,似乎更有成效,这些方法对生态学的益处已经广为人知。这有助于从大量细节和数据中识别和过滤出连贯的要素和模式[7]。

[397]

建立在集合论基础上的形式化引发了一股强大的抽象趋势。从生态环境的描述中抽象出**逻辑数学系统对象**,如偏微分方程、图形和拓扑结构成为可能。更新的基于计算机的建模技术 (细胞自动操作、遗传算法等) 用来模拟具有大量元素和关系的系统的特征 (因此具有很高的数值复杂度)。使用一般原理,特别是在流行的表示法中,经常尝试用文字来描述这种逻辑数学系统对象的属性。因此,有人说: “生态系统是复杂的、层级化的、动态的和适应环境的。” 这就是通过多重概念转移,描述生态环境的新语言可以出现的缘故: 使用生物学背景中的概念 (细胞、遗传学、层级、适应、自组织等) 来解释数学对象。而在日常语言中,这些数学对象的动力学行为的描述则被用来描述生态学模式。数学成为隐喻的丰富源泉。

然而,将数学视为一种精确的 “语言”,正如 400 年前的伽利略所推测的那样, “自然这本书是用数学语言写成的”,这种观点是误导性的。纯粹的数学是一种符号系统,通过它可以发现和表示抽象关系网络中的形式含义。只有当它在语义上

---

[7]在研究实践中,尤其是在生态数据分析中,这种情况越来越多。在景观生态学中,分形几何的方法保持了其优势 (Turner and Gardner 1991),而种群生态学使用面向对象的建模方法 (Breckling 2004)。在生态学研究中,可以使用 Petri 网 (Gnauck 2001) 等技术。机器学习和数据挖掘领域的技术适用于大型数据集的结构识别和分析 (Dzeroski et al. 1994; Dzeriski 1995)。诚然,这些技术并非源自纯粹的数学;然而,它们确实使用了正式的描述。

被诠释为实在领域的模型时，它才会变成一种语言。随之，新的被描述的生态环境也可以用数学来表征。因此，隐喻可以再次转化成数学。满足自组织标准的特定数学对象的特征可以用日常语言来近似描述，并且可以从这些语言中衍生出用于描述生态学特征的新语言。这样的语言催生了新的、不同寻常的区分和描述，然后就可以澄清以前笼罩在迷雾中的东西 (比如自组织过程)。

[398] ## 27.7 系统论作为一种逻辑数学对象理论

在第一次世界大战和第二次世界大战之间，由于受到数学集合论(Cantor 1895)、逻辑抽象类理论 (Frege 1893)、逻辑类型论 (Whitehead and Russell 1910) 以及量子物理学的影响，古老的部分和整体的形而上学在许多科学领域被取代。**元素/关系/系统**的方案取而代之，由此，始于牛顿经典力学的数学表述和相应的普适性要求的发展达到了高潮：关系本体论取代了传统的实体形而上学。

虽然生态学已经为这种类型的范畴转换做好了充分的准备，但它还没有为逻辑数学抽象的过程做好准备。当然，对于超越原子论和形而上学整体论的现代系统论来说，这无疑是成熟的：自 19 世纪下半叶以来，生态学一直关注具体的 “关系”，即生物体与其生物和非生物环境之间的因果模式 (联系、相互作用、交换)。在这样做的过程中，生态学要么关注相互关联的元素 (例如植物和动物)，要么关注 “关系模式” (例如食物链、竞争关系、共生关系)。然而，生态学中的系统概念仍然是实在的和生物学的：“种群” 和群落 (生物群落) 描述了真实存在的生态环境；它们表征了后者作为超个体的实体的系统特征。

生态学只有缓慢且仅通过从一般系统论的概念转移的过程，才能采用逻辑和数学抽象的假设。在 1950 年代，差不多是康托 (Cantor)、弗雷格 (Frege)、希尔伯特 (Hilbert)、罗素 (Russell) 和怀特黑德 (Whitehead) 的基础数学著作发表近 50 年后，系统概念被严格地形式化了。梅萨罗维奇 (Mesarovic 1972) 采用集合论的方法试图概括出他那个时代对系统 (开放和封闭系统、多层级系统、控制和决策系统等) 的不同理解，并将其转变为公理化的表述。这些理解强烈倾向于按照控制论概念去理解系统。对基于集合论的抽象系统概念的最有影响的解释是由霍尔和费根 (Hall and Fagen 1956, 第 18 页) 提出的。他们的定义简明扼要：“系统是一组客体，以及客体之间的关系和客体属性之间的关系。”

在我们看来，这个定义是系统话语谱系中最重要的概念创新：即使在今天，它仍然能够解开那里发现的错综复杂的错误。一旦使用集合论阐明了系统概念，就为构建逻辑数学系统对象开辟了道路。它将系统话语与现代逻辑、数学和元数学的发展和洞察力联系起来，包括这些涉及的基本问题。事实上，这种联系可能是卓有成效的, 这一事实在控制论中得到普遍承认, 而在基于有机体的系统论中没有得到普遍承认。

霍尔和费根以完全抽象的方式将系统定义为一组可区分的元素的集合, 元素之间存在可区分的关系。以这种方式定义的系统并不构成任何真实的东西; 相反, 它们是抽象的类。抽象系统的 "元素" 并不等同于现实领域中的真实个体。按照集合论的定义, "系统" 既不包含兔子或狐狸, 也不包含山毛榉或橡树, 也不包含任何人。充其量, 由定义标准选择的某些特征可能会出现在系统中, 即使那样也只是以抽象的形式出现。这是因为在现代集合论中, 系统的 "元素" 不再由真实的对象来定义, 而是由等价类的性质来定义。如果两个类之间存在明确的关系, 则它们被限定为 "等价" 的。在系统的集合论定义中, 由抽象类定义的 "元素" 只有在它们构成 "与系统类似" 的情境时才使人们感兴趣, 当元素由类之间存在的关系确定时, 就避免了循环定义[8]。换句话说, 系统是关系的集合。

[399]

如果沿着集合论所阐述的抽象系统概念所铺设的道路走下去, 就会把生态环境的真实情境置之脑后, 转而刻画一个抽象对象的理想世界。系统是在抽象化世界中独立存在的。集合理论的解释和相关的抽象过程使得我们可以通过逻辑和数学的形式手段 (例如, 关系逻辑、相互连接的微分或差分方程组系统、拓扑模式、图表或网络) 来设想系统成为可能。因此, 系统话语催生了一个由逻辑数学系统对象构成的理想化世界。这个理想化世界无疑是人类创造的, 不是神的启示。然而, 一旦它通过抽象的工作被创造出来, 其中存在的对象就像柏拉图的形式一样永恒存在。这些永恒客体存在的唯一条件是它们内部必须是自洽的, 并且不同客体之间存在逻辑或定量的关系。然而, 在一个逻辑关联的自组织网络中, 由于自洽性难以被证明, 系统对象的排序始终难以实现。哥德尔 (Gödel 1931) 利用数论为这一事实提供了形式化证明, 即没有任何足够复杂的逻辑或数学系统能够同时满足完备性和自洽性。这是因为系统总是包含了其真值不能用系统内的概念和方法来判定的命题。一个系统可以是完备的, 也可以是自洽的, 但不能两者兼而有之。因此, 在抽象对象的理想化世界中, 一个命题的真假是未知的[9]。人类活动创造了理想化

---

[8] 1920 年代末的洛特卡-沃尔泰拉 (Lotka-Volterra) 方程应用了这一原理, 而 19 世纪中期的费尔许尔斯特 (Verhulst 1838) 增长方程则预测了这种形式化。集合论为在数学上表示相关实体之间特定联系的可能性提供了一个一致的基础。

[9] 这可以用水生生物学中的一个相关场景加以说明。鱼可以分为两类: 一类是同类相食的, 如果它们碰巧可以接近, 就吃自己的同类; 另一类是不这样做的。然后是物种特有的营养偏好。可能有一类捕食性鱼类, 它们只吃那些不吃自己鱼苗的其他鱼类。如果这类鱼自己的一个后代出现在它面前, 它会怎么做? 这个设定是罗素著名理发师悖论 (barber paradox) 的生态伪装。可怜的鱼在不陷入矛盾网的情况下, 无法做出任何一种选择——食用自己的鱼苗会违反不食用它的条件, 不食用鱼苗会使鱼苗符合食用资格……

世界中的永恒的客体，而它们由于逻辑上的不自洽并不是真正永恒的。

[400]　　　　对于生态学来说，能够将青蛙池塘或森林等具体实体称为"系统"，并能够用语言或图形描述它们的系统特征，这是非常自然的。然后这样的描述可以用来生成严格抽象意义上的系统。这是因为原则上总是有可能找到一组对象和一组关系，在直观的集合论的意义上，它们构成一个"整体"。然而，用"系统"一词来描述任何生物群落环境总是带来实体化的危险：通过抽象产生的系统会与真实的青蛙池塘和森林相混淆，关于数学系统对象的性质和动力学的陈述会被误解为是关于真实环境的陈述；这就引起了人们的抱怨，即抽象的系统不是具体的。

　　　　为了减少实体化和概念化之间的混淆，我们建议**"系统"一词的使用应限于逻辑数学对象，并与真实情境严格区分开来**。每当在生态学中明确区分模型和模型所表征的实在时，都会提出类似的论点。如果这些对象符合集合论给出的系统定义，则它们可以称为**数学系统对象**。系统论由此成为一种**抽象的逻辑数学系统对象的理论**。我们怀疑是否有可能为所有潜在的系统对象发展一个通用的理论。一个不仅包括偏微分方程系统，而且还包括神经网络、细胞自动机、分形分析、混沌理论和所有其他现象的理论的实体是什么？这样的理论大概和霍尔和费根 (Hall and Fagen 1956) 对系统概念的理论解释一样宽泛和普遍，而且相应地也缺乏实体性内容。

27.8　作为对逻辑数学对象的解释的建模

　　　　就系统研究和生态学而言，数学系统客体理论只有与具有实践意义的生态学问题相联系，才能与实践研究相联系。因此，用对待数学和物理之间关系的方式对待系统和实在之间的关系是明智的：数学对象可以用来生成物理对象的描述性语言，因为它们的组成部分 (项、运算符、函数等) 可以被赋予语义，也就是说，它们可以指称物理对象的特征。生态学建模在很大程度上遵循了同样的程序。

　　　　在爱因斯坦的相对论和量子理论中，针对这种情况采用了一种高妙的方式：实在是通过可观测量的数学描述，从而通过**可测量的变量**的数学表述来表征的。因此，现代物理学是一门关于可测量世界的科学。同样，将抽象的系统对象与生态学情境联系起来也是可能的。例如，洛特卡–沃尔泰拉微分方程中的抽象变量可以在种群生态学的背景中获得解释。然而，问题仍然是特定的种群生态学变量如

[401]何能够真实被观测到。通常采用计数的方法从经验上确定种群数量，尽管这并没有对不同的种群之间存在的关系做出任何断言。例如，在捕食者–猎物模型中，这些相互关系以比率的形式出现，而比率由种群大小随着时间的变化而得出。

　　　　对生态学目标而言，以这种方式出现的模型代表了复杂的结构假设，而这些

第 27 章 生态学与系统论的边界地带 387

假设又可以通过经验来检验。因此, 抽象的数学系统对象通过这样的解释可以与具体的物理或生态学对象相互关联起来。该对象可以是人工制品 (恒温器、伺服机构 ……) 或自然环境 (某个景观中的兔子和狐狸种群)。同样, 控制论试图构建数学系统对象的技术实现手段 (例如, 可以用电路实现布尔代数和逻辑运算、用模拟计算机实现数学函数的计算)。然而, 这并不意味着逻辑数学系统对象仅仅是技术化对象的抽象。某些系统对象可以在技术上实现; 其他系统对象则在生物学上被证实。

在系统论研究中, 逻辑数学系统对象与其物理或技术对象的实际表征之间并没有严格区分。因此, 经常发生将物理对象 (例如, 复摆或扩散过程) 或技术对象 (例如, 恒温器) 直接用作其他类型对象的模型的情况, 而没有先以抽象形式数学地表征系统对象。这就暗含着建立了物理学对象与我们所研究的生态学情境之间的结构相似性, 这一假设会导致我们常见的物理主义的错误。这样一来, 某些认识论的倾向会得到巧妙的强化, 并且塑造了模型建构的过程。其中一个例子是根据物质和能量流动模型来规划和设计景观或保护区, 以实现出于政治动机的环境目标。这种技术治理主义的观念在生态学上受到批评是理所当然的。

参考文献

Begon M, Harper JL, Townsend CR (1986) Ecology. Individuals, populations and communities. Blackwell, Sunderland

Breckling B (2004) Individuenbasierte Modellierung—Entwicklungshintergrund und Anwendung einer ökologischen Modellierungsstrategie. In: Fräzle O, Müller F, Schröer W (eds) Handbuch der Umweltwissenschaften. Grundlagen und Anwendungen der Ökosystemforschung, V–2.3. Ecomed, Landsberg am Lech, pp 2–25

Breckling B, Müller F (2003) Der Ökosystembegriff aus heutiger Sicht—Grundstrukturen und Funktionen von Ökosystemen. In: Fräzle O, Müller F, Schröer W (eds) Handbuch der Umweltwissenschaften. Grundlagen und Anwendungen der Ökosystemforschung, II–2.2. Ecomed, Landsberg am Lech, pp 1–21

Cantor G (1895) Beiträge zur Begründung der transfiniten Mengenlehre, Mathematische Annalen XLVL, pp 481–512

Castoriadis C (1981) Durchs Labyrinth. Seele, Vernunft, Gesellschaft. Europäsche Verlagsgesellschaft, Frankfurt a. M

Clam J (2002) Was heißt, sich an Differenz statt an Identität orientieren? Zur De-ontologisierung in Philosophie und Sozialwissenschaft. Universitätsverlag Konstanz, Konstanz

DeAngelis DL, Gross LJ (eds) (1992) Individual-based models and approaches in ecology: populations, communities and ecosystems. Chapman & Hall, London

Dzeroski S, Dehaspe L, Ruck B, Walley W (1994) Classification of river water quality data using

[402]

machine learning, Proceedings of the 5th international conference on the development and application of computer techniques to environmental studies, vol 1. Computational Mechanics Publications, Southhampton, pp 129–137

Dzeriski S (1995) Inductive logic programming and knowledge discovery in databases. In: Fayyad G, Piatetsky-Shapiro G, Smyth P, Uthurusamy R (eds) Advances in knowledge discovery and data mining. MIT Press, Cambridge, pp 118–152

Fränzle O (1998) Grundlagen und Entwicklung der Ökosystemforschung. In: Fränzle O, Müller F, Schröder W (eds) Handbuch der Umweltwissenschaften. Grundlagen und Anwendungen der Ökosystemforschung, II–2.1. Ecomed, Landsberg am Lech, pp 1–24

Frege G (1893) Grundgesetze der Arithmetik. Hermann Pohle Verlag, Jena

Glansdorff P, Prigogine I (1971) Thermodynamic theory of structure, stability and fluctuations. Wiley, New York

Gödel K (1931) Über formal unentscheidbare Sätze der Principia Mathematica und verwandter Systeme I. Monatshefte für Mathematik und Physik. Akademische Verlagsgesellschaft, Leipzig 38. pp 173–198

Gnauck A (2001) Kontinuierlich oder diskret? Zur Verwendung von Petrinetzen in der ökologischen Modellierung, Simulationstechnik. Gruner Druck GmbH, Erlangen, pp 453–458, ASIM 2001 Paderborn

Hall AD, Fagen RE (1956) Definition of system: general systems. In: Bertalanffy LV, Rappoport A (eds) Year book of the society for the Advancement of General Systems Theory, Vol I, Ann Arbor, Mich, pp 18–28

Hammond D (2003) The science of synthesis: exploring the social implications of general systems theory. University Press of Colorado, Boulder

Harries-Jones P (1995) A recursive vision: ecological understanding and Gregory Bateson. University of Toronto Press, Toronto

Heims SJ (1991) The cybernetics group. MIT Press, Cambridge

Hempel CG (1951) General system theory and the unity of science. Hum Biol 23: 313–322

Hempel CG (1965) Philosophy of the natural science. Prentice-Hall, Englewood Cliffs

Hesse H (2002) Zur Konstitution naturwissenschaftlicher Gegenstände insbesondere in der Biologie. In: Lotz A, Gnädinger J (eds) Wie kommt die Ökologie zu ihren Gegenständen? Gegenstandskonstitution und Modellierung in den ökologischen Wissenschaften. Peter Lang, Frankfurt a. M, pp 117–127

Hoffmeyer J (2008) Biosemiotics: an examination into the signs of life and the life of signs. Scranton University Press, Scranton

Khailov KM (1964) The problem of systemic organization in theoretical biology. Gen Syst 9: 151–157

Khlentzos D (2004) Naturalistic realism and the antirealistic challenge. MIT Press, Cambridge

Kingsland SE (1985) Modelling nature: episodes in the history of population ecology. University of Chicago Press, Chicago

Klir GJ (ed) (1972) Trends in general systems theory. Wiley-Interscience, New York

Lotka AJ (1925) Elements of physical biology. Williams and Wilkins, Baltimore

Luhmann N (1997) Die Gesellschaft der Gesellschaft. Suhrkamp, Frankfurt a. M

Maturana HR, Varela FJ (1992) Tree of knowledge: biological roots of human understanding. Shambul Publications, Boston

McIntosh RP (1985) The background of ecology: concept and theory. Cambridge University Press, Cambridge

Meinhard H (1982) Models of biological pattern formation. Academic, London

Meinhard H, Gierer A (1972) A theory of biological pattern formation. Kybernetik 12: 30–39

Merz-Benz P-U, Wagner G (eds) (2000) Die Logik der Systeme. Kritik der systemtheoretischen Soziologie Niklas Luhmanns. Universitätsverlag Konstanz, Konstanz

Mesarovic MD (1972) A mathematical theory of general systems. In: Klir GJ (ed) Trends in general systems theory. Wiley-Interscience, New York, pp 251–269 [403]

Müller K (1996) Allgemeine Systemtheorie. Geschichte, Methodologie und sozialwissenschaftliche Heuristik eines Wissenschaftsprogramms. Westdeutscher Verlag, Opladen

Odum EP (1971 (1953)) Fundamentals of ecology. Saunders, Philadelphia

Odum HT (1983) Systems ecology: an introduction. Wiley, New York

Pias C (ed) (2003) Cybernetics: the Macy conferences 1946–1953, vol 1, Transactions. Diaphanes, Zürich

Prigogine Ilya, Isabelle Stengers (1981) Dialog mit der Natur. Piper, München

Rheinberger H-J (1997) Toward a history of epistemic things: synthesizing proteins in the test tube. Stanford University Press, Stanford

Schwarz AE, Schwoerbel J (2001) George Evelyn Hutchinson. In: Jahn I, Schmitt M (eds) Klassiker der Biologie, Band 2. Beck, München, pp 215–232

Stegmüller W (1978) Das Universalien-Problem. Wissenschaftliche Buchgesellschaft, Darmstadt

Sukachev VN (1964) Basic concepts. In: Sukachev VN, Dylis NV (eds) Fundamentals of forest biogeocoenology. Oliver and Boyd, Edinburgh

Taylor PJ (1988) Technocratic optimism, H. T. Odum, and the partial transformation of ecological metaphor after world war II. J Hist Biol 21: 213–244

Trepl L (1987) Geschichte der Ökologie. Vom 17. Jahrhundert bis zur Gegenwart. Athenäum, Frankfurt a.M

Turing A (1952) The chemical basis of morphogenesis. Philos Trans R Soc Lond B 237: 37–72

Turner MG, Gardner RH (1991) Quantitative methods in landscape ecology. Springer, New York

Verhulst PF (1838) Notice sur la loi que la population suit dans son accroissement. Corr Math Phys 10 (113): 121

Volterra V (1926) Variazione e fluttuazioni del numero d'individui in specie animali convivienti. Mem Acad Lincei 6 (2): 31–113

von Bertalanffy L (1932) Theoretische Biologie, Band I: Allgemeine Theorie, Physikochemie, Aufbau und Entwicklung des Organismus. Gebrüder Borntraeger, Berlin

von Bertalanffy L (1968) General system theory: foundations, development, applications. George Braziller, New York

Weidemann D, Koehler GH (2004) Sukzession. In: Fränzle O, Müller F, Schröder W (eds) Handbuch der Umweltwissenschaften, Grundlagen und Anwendungen der Ökosystemforschung III, 2–1. Ecomed, Landsberg am Lech, pp 1–50

Whitehead AN, Russel B (1910) Principia Mathematica I. Cambridge University Press, Cambridge, UK

第 28 章　经济学、生态学与可持续发展

John M. Gowdy

28.1　导言

福利经济学 (welfare economics) 涵盖了多种经济学理论。它为经济学工具应用于政策, 包括环境政策的成本效益分析和可持续性的经济模型, 提供了基本理论框架。福利经济学主导了经济学家的基本世界观; 为经济活动的终极目标和促进人类福祉的最佳政策这些基本问题提供了答案。在 20 世纪的大部分时间里, 经济学理论被一种叫**瓦尔拉斯经济学**的福利经济学所主导, 该经济学以 19 世纪政治经济学家莱昂·瓦尔拉斯 (Léon Walras) 的名字命名。瓦尔拉斯经济学的基石是一种体现在理性经济人 (economic man 或 *Homo economicus*) 身上的关于人类偏好的理论。瓦尔拉斯和他的追随者假设社会福利可以通过将孤立、自私的个体偏好相加来评估, 由此出发构建了一个一般经济均衡的数学模型, 该模型定义了稀缺资源在不同目的之间的最优配置 (Gowdy 2009)。

今天, 福利经济学正在经历一场革命, 从根本上改变经济学家看待世界的方式。瓦尔拉斯的福利经济学正在被一种新的以实验为基础的经济学所取代, 该经济学考虑到了做决策时社会学和生物学的背景以及人类行为的复杂性。当前经济理论的巨变为生态学家和经济学家提供了一个独特的机会, 他们通力合作, 共同推动主流经济学理论和政策转向以科学为基础的环境政策和可持续发展进路。

可持续发展问题以及经济学和生态学相结合的核心是价值观念。在瓦尔拉斯体系中, 自然界中的一个特定功能价值几何? 这个问题很简单, 即人们愿意为之支付多少钱。总的社会价值等于人类偏好之和, 而人类偏好是理性经济人这个行为假设下做出的选择所揭示的, 人类偏好被认为是稳定的、一致的、独立于他人偏好的。选择的背景是市场经济, 因此效用或福利就等于 (适当定价的) 市场商品的

J. M. Gowdy (✉)

Rittenhouse Professor of Humanities and Social Science, Department of Economics, Rensselear Polytechnic Institute, Troy 12180, New York, USA

e-mail: johngowdy@earthlink.net

消费。如果个人理性地分配有限的收入,选择给他们最大效用的商品,那么包括环境商品在内的市场商品的价值总和就是一个很好的社会福利指标。在这个理论框架下,可持续性就意味着维持必要的生产经济商品和服务所需的资本存量。

尽管包括许多近期的诺贝尔奖获得者在内的主流理论家已经抛弃了瓦尔拉斯框架,但它仍然在经济学教科书中占主导地位,并成为大多数经济学家日常政策建议的基础。它的假设隐藏在环境政策的成本效益分析之中。瓦尔拉斯框架也得到了许多生态学家的拥护,尽管他们可能没有意识到该系统的核心假设及其对环境评估和政策的影响。基于这些原因,有必要对瓦尔拉斯体系的基本特征进行评述。

28.2 瓦尔拉斯体系

瓦尔拉斯体系的第一个基石是在一个纯易货经济中,自由交换将产生帕累托效率 (Pareto efficiency)。拥有既定数量商品的个人可以直接和自由地与其他人交换有价值的商品,帕累托效率的达成是基于新的贸易导致一个人福祉的增加,而不降低另一个人的福祉。瓦尔拉斯体系的第二个基石是,如果市场价格正确地反映了个人偏好,一个完全竞争的市场经济将导致帕累托效率。也就是说,自由市场中的竞争将与易货经济中的自由交换导致同样的结果。该体系的第三个基石,也是最后一部分,是认识到市场商品的价格可能因为多种原因而被扭曲。这些原因包括各类外部性、市场势力和公共产品。在这些情况下,政府可以合法干预,纠正市场在确定环境服务等事物的适当价值 (价格) 方面的失败。

瓦尔拉斯体系总结如下:

1. 不受约束的易货贸易中,具有稳定偏好的行动主体将产生帕累托效率——在这种情况下,没有交易在增加一个人的福祉的同时不会减少另一个人的福祉。

2. 如果价格正确地反映了消费者的偏好,那么竞争性市场总是帕累托有效的。自由市场中的竞争将与易货经济中的自由交换导致同样的结果。

3. 必要时,开明的政府干预可以调节市场价格,从而达到最佳的帕累托效率。

这三个基石体现了大多数经济学家的世界观。只有当理性经济人的假设和完全自由的竞争假设都得到满足时,它们才是有效的。

[407]   ### 28.2.1 环境的价值

在瓦尔拉斯体系中,价值的最终来源是理性经济人的偏好,无论这些偏好是什么,也不管它们是如何形成的。环境分析的主要含义是: (1) 任何环境特征的价值是利己的、自主的个体偏好的总和; (2) 所有环境特征被视作与所有其他市场商品具有同等地位的商品; (3) 环境特征可以被市场商品交易和替代; (4) 如果社会滥用特定的环境特征, 这仅仅表明它的价格是不正确的, 应该通过政府行动加以纠正; 以及 (5) 由于偏好是价值的终极来源, 并且它们是稳定的, 环境经济学家的主要任务是揭示人们对环境产品的 "真实" 偏好, 以便赋予合理的价格, 并实现帕累托效率。

瓦尔拉斯模型是新古典主义可持续性模型的基本框架 (Stavins et al. 2002; Arrow et al. 2004)。两者间唯一的差别是, 瓦尔拉斯模型关注个体之间的商品最佳配置, 而可持续性模型用来描述跨代人维持人均收入的资源优化配置。随着时间的推移, 包括环境特征在内的经济产品的最优分配, 是由普通人或 "代表" 在特定的时间点做出利己的选择决定的。可持续性被认为是一个史无前例的、静态的资源分配问题, 由一个对未来资源可用性和未来技术具备完备知识储备的无所不知的代表提出 (例如, 参见 Nordhaus 2001 中的经济/气候模型)。

28.2.2　福利经济学的革命

主流经济学最近的理论和实证进展削弱了利己的理性经济人模型, 理性经济人模型是瓦尔拉斯理论的关键, 也是传统环境评估和政策的基础。首先, 用理性经济人进行福利比较的基础被证明在理论上是站不住脚的。识别和修正市场失灵需要一个一致的框架来比较不同经济状态, 而瓦尔拉斯体系没有提供这样的框架 (Gowdy 2004, 2005)。例如, 所谓的博德威悖论 (Boadway paradox) 表明, 如果起点是一个经济状态 A, 而另一个经济状态 B 比这个起点 A 帕累托优越 (Pareto superior), 那么如果经济状态 B 是起点, 经济状态 A 也可能是帕累托优越的。这被称为 "偏好循环", 根据博德威 (Boadway 1974, 第 926 页) 的说法, 这意味着当比较可选择的政策时, 净收益最大的政策未必是帕累托优越的。福利经济学理论工作的结果是, 如果没有人际之间的福利比较, 就不可能有逻辑上一致的经济状态的比较。鲍尔斯和金蒂斯 (Bowles and Gintis 2000)、奇普曼和穆尔 (Chipman and Moore 1978) 对这一理论工作进行了有益的总结。

对瓦尔拉斯体系的第二个致命打击来自经验经济学, 包括行为经济学和博弈论。博弈论和实验经济学的研究已经证明, 理性经济人模型几乎总是产生错误的预测 (Gintis, 2000)。一个广为人知的例子是最后通牒博弈 (Ultimatum Game), 在这个博弈中, 组织者给两个玩家中的一个提供一笔钱, 并指示该玩家与第二个玩家分享这笔钱。第二个玩家要么接受这笔钱, 要么拒绝, 如果拒绝, 两个玩家最后都什么也拿不到。理性经济人应该接受任何积极的提议。例如, 如果第一个玩家得到 100 美元, 并给第二个玩家 1 美元, 第二个玩家应该接受, 因为多总是比少好。 [408]

然而, 最后通牒博弈的结果显示, 低于总出价 30% 的出价通常会被拒绝, 因为它们不 "公平"。大多数提议者提供了总数的 40% 到 50% (Nowak et al. 2000)。即便在使用比较大量的真钱进行实验—— 比如相当于 3 个月工资, 这些结果仍然站得住脚 (Fehr and Tougarva 1995)。博弈论结果表明, 在各种假设条件下, 非自私动机比理性经济人所体现的纯自私动机更能预测人的行为。

瓦尔拉斯经济学的理论结构已经被证明是内在不一致的, 它的基本假设已经被经验证明不足以对人类实际行为进行预测。在 20 世纪的大部分时间里起着主导作用的经济学体系的衰落, 为经济学家与生态学家一起制定新的以科学为基础的环境价值评估和可持续发展理论提供了一个真正的机会 (另见第 26 章)。对于生态学家来说, 现在是将可持续发展的新观念引入经济领域的好时机。

28.3　环境评估和环境政策的新方向

生态学家在可持续发展的辩论中做出了许多重要贡献, 但有三个概念尤为重要。首先是认识到人类是在地球生态系统内进化的生物。人类有各种基本的物质的、社会的和生物的需求, 可持续发展政策至少必须确保满足这些需求的支持系统得以维持。第二, 在理解复杂系统中要意识到层级的重要性。人类经济是相互关联的社会、生态和地质层级系统中的一部分。当前的政策只关注层级系统的一个层面, 即物质经济, 而忽视了其他层面, 最终将对人类维持产生负面影响。第三个观念是认识到能流在生命系统中的核心作用。生态学家长期以来一直强调熵在生态系统进化和组织结构中的关键作用。生态经济学家在将这些思想应用于人类社会分析方面已经取得了长足的进步, 但还有更多的工作要做。

[409]
28.3.1　基本需求与人类福祉

许多经济学家正在回归经济学的根源, 再次将效用定义为福祉或幸福, 而不仅仅是收入或消费。这迫使人们要考虑到社会学和生物学需求以及文化创造的物质需要。幸福感研究的一个引人注目的结果是, 在达到一定水平后, 增加收入并不会带来更大的幸福感。例如, 近几十年来, 美国的实际人均收入大幅增加, 报告的幸福感却在下降 (Blanchflower and Oswald 2000)。据报道, 日本和西欧也有类似的结果 (Easterlin 1995)。对个体生命历程的研究也表明, 收入的增加和幸福感的增加之间缺乏相关性 (Frey and Stutzer 2002)。同样, 最广泛使用的可持续福祉指标是人均消费, 但有证据压倒性地表明, 这是一个糟糕的衡量标准。

是什么使人幸福? 行为实验已经确定了正向影响幸福感的关键因素。这些因素包括健康 (尤其是自我报告的健康) 、亲密关系和婚姻、智力、教育和宗教 (Frey and Stutzer 2002)。年龄、性别和收入也会影响幸福感,但影响程度并不像人们想象的那样大。安全感似乎是幸福感的一个关键因素,这意味着可以通过扩大医疗保险、养老保障、就业和工作保障来增加个人安全感,从而获得巨大的福利收益。更丰富的社会关系通常会让人们更幸福,这意味着福利收益可能会从增加闲暇时间和在社会、环境和娱乐基础设施上的更多公共投入中获得。

关注个人福祉的政策对环境可持续性有何影响?有一些证据表明,当个人在经济上更安全 (不一定更富有) 时,他们更有可能关心子孙后代的福祉和环境福祉 (Rangel 2003)。有证据表明,将政策重点放在直接衡量福祉的指标上,而不是收入上,不仅会让人们更幸福,还会减少消费,更重视环境特征的价值,更重视子孙后代的福祉——简而言之,这将有助于我们走上更可持续发展的社会之路。

将政策重点放在基本需求上,而不是人均消费上,将对可持续性产生重要的积极影响 (Corning 2000)。但是,即使可持续的福利政策是基于科学衡量的个体 "偏好",这也给我们留下了一个问题,即它可能无法确保地球上生命支持系统的持续存在。在满足公民偏好方面确实做得很好,但最终以生态崩溃告终的社会 (Tainter 1998),这样的例子很多。确定对人类福祉有益的因素是至关重要的,但我们还需要了解人类社会在更大的生物物理世界中的位置。我们需要把对个人福祉的关注扩大到作为生态单元的人类社会的福祉中去。

28.4 层级系统的可持续性 [410]

经济学关注的是个体。但是在生态系统的进化过程中,个体,甚至物种,都无关紧要。我曾在其他地方主张,应该把环境的价值放在层级系统的背景中来看待 (Gowdy 1997)。以生物多样性为例,从高层次到低层次,生物多样性具有可以用货币单位来衡量的直接市场价值,具有可以用调查技术来部分量化的社会价值,它还具有生态系统价值,可以描述和建模,但不能完全量化。仅仅关注市场价值就忽视了生物多样性对维持人类物种的重要性。生物学家警告说,人类经济活动的扩张已经将我们置于 6 亿年的多细胞生命史上第六次大灭绝的边缘。大量现存物种的丧失对人类的福祉会产生负面影响。

28.4.1 能流与可持续性

经济学家对可持续发展的分析令人震惊地脱离了历史。可持续发展通常是在缺乏制度背景或演化背景的框架内进行考察的。所幸的是生态学家和社会科学家对资源、复杂性和解决问题机构之间的相互关联的研究日益增多 (Allen et al. 2001; Ostrom 2009)。包括人类系统在内的各种生态系统的可持续发展的一个关键因素是能流的可获得性和组织模式。

一段时间以来, 能量分析一直是生态学关注的中心问题 (Odum 1971)。能源在经济系统中扮演的关键角色已经被一些经济学家研究过 (Georgescu-Roegen 1971)。生物学家和社会科学家最近的跨学科研究集中于不同能源使用模式所产生的不同组织特征 (Tainter et al. 2003)。其中, "能源投资回报" (energy return on investment, EROI) (Hall et al. 1972) 是从根本上影响生命系统的关键变量。具有高 EROI 的系统与具有低 EROI 的系统看起来非常不同。人们在各种不同的系统中已经发现了相同的模式, 如培育真菌的蚁群、河狸种群和罗马帝国 (Tainter et al. 2003)。在人类系统中, 整合性的政治、宗教和意识形态制度的演变受到特定能源的影响。在过去的 200 年里, 在廉价化石燃料能源的压倒性影响下, 工业化的北半球的制度和经济结构发生了巨大变化。向可持续社会的过渡将需要克服在廉价化石燃料能源背景下发展起来的政治和经济制度的惯性。

[411]   ## 28.5 结论

经济学和生物学在思想交流方面有着悠久的历史。达尔文和华莱士的自然选择思想都来自政治经济学家托马斯·马尔萨斯 (Thomas Malthus) 的著作。经济学和生物学都有一个共同的主题, 因为这两个领域探讨的都是复杂的、层级化的和不断演变的系统。用威尔逊 (E. O. Wilson 1998) 的描述来说, 经济学在经历了几十年的 "牛顿主义" 和 "赫尔墨斯主义" 之后, 正在向一门经验科学转变, 这门科学的基本假设与心理学、生物学和物理学中的已知事实是一致的。对于生态学家和经济学家来说, 未来几十年有望开展富有成效的合作将可持续发展政策建立在健全的科学基础之上。

参考文献

Allen T, Tainter JA, Pires C, Hoekstra T (2001) Dragnet ecology just the facts, Ma'am: the privilege of science in a postmodern World. BioScience 51: 475–485

Arrow K, Dasgupta P, Goulder L, Daily G, Ehrlich P, Heal G, Levin S, Mäler K-G, Schneider S, Starrett D, Walker B (2004) Are we consuming too much? J Econ Perspect 18: 147–172

Blanchflower D, Oswald D (2000) Well-being over time in Britain and the U. S. A., NBER Working Paper 7481. National Bureau of Economic Analysis, Cambridge

Boadway R (1974) The welfare foundations of cost-benefit analysis. Econ J 84: 926–939

Bowles S, Gintis H (2000) Walrasian economics in retrospect. Q J Econ 115: 1411–1439

Chipman J, Moore J (1978) The new welfare economics 1939—1974. Int Econ Rev 19: 547–584

Corning P (2000) Biological adaptation in human societies: A basic needs approach. J Bioecon 2: 41–86

Easterlin R (1995) Will raising the incomes of all increase the happiness of all? J Econ Behav Org 47: 35–47

Fehr E, Tougareva E (1995) Do high stakes remove reciprocal fairness evidence from Russia. Manuscript, Department of Economics, University of Zürich, Zürich

Frey B, Stutzer A (2002) Happiness and economics: how the economy and institutions affect well-being. Princeton University Press, Princeton

Georgescu-Roegen N (1971) The entropy law and the economic process. Harvard University Press, Cambridge

Gintis H (2000) Beyond *Homo economicus*: evidence from experimental economics. Ecol Econ 35: 311–322

Gowdy J (1997) The value of biodiversity: markets, society, and ecosystems. Land Econ 73: 25–41

Gowdy J (2004) The revolution in welfare economics and its implication for environmental valuation. Land Econ 80: 239–257

Gowdy J (2005) Toward a new welfare foundation for sustainability. Ecol Econ 53 (2005): 211–222

Gowdy J (2009) Microeconomics old and new: a student's guide. Stanford University Press, Stanford

Hall C, Cleveland C, Kaufman R (1972) Energy and resource quality: the ecology of the economic process. University of Colorado Press, Niwot

Nordhaus W (2001) Global warming economics. Science 294: 1283–1284

Nowak M, Page K, Sigmund K (2000) Fairness versus reason in the ultimatum game. Science 289: 1773–1775

Odum HT (1971) Environment, power, and society. Wiley-Interscience, New York

Ostrom E (2009) A general framework for analyzing sustainability of social-ecological systems. Science 325: 419–422

Rangel A (2003) Forward and backward generational goods: why is social security good for the environment? Am Econ Rev 93 (3): 813–834

Stavins R, Wagner A, Wagner F (2002) Interpreting sustainability in economic terms: dynamic efficiency plus intergenerational equity. Resources for the Future Discussion Paper 02–29, Washington, DC

Tainter J (1988) The collapse of complex societies. Cambridge University Press, Cambridge

Tainter J, Allen T, Little A, Hoekstra T (2003) Resource transitions and energy gain: Contexts of organization. Conserv Ecol 7 (3): 4 online

Wilson EO (1998) Consilience. Knopf, New York

[412]

图 清 单

第 10 章

图 10.1: 恩斯特·海克尔关于动物学子学科的想法。(a) 摘自海克尔 (Haeckel 1866, Vol. 1, 第 238 页), (b) 摘自海克尔 (Haeckel 1902, 第 29 页)。

第 19 章

图 19.1 (a): 早期版本的 "湖沼学研究的三阶段" (Thienemann 1925, 第 680 页)。

图 19.1 (b): 修订版 "湖沼学研究的三阶段" (Thienemann 1935, 第 18 页)。

图 19.1 (c): "生态学的三阶段" (Thienemann 1942, 第 325 页)。

图 19.2: 布尔克哈特 (Burckhardt) 绘制的深度坐标图, 用于展示浮游动物分布的时间变异。令习惯于当代图解法的人迷惑不解的是, 他在统一坐标空间中展示多个位点却并未分别予以明确标注 (Burckhardt 1900, 第 424 页)。

图 19.3 (a): 一种常见的浮游动物——单肢蚤 (*Holopedium gibberum*) 的 "环境需求" 图示, 蒂内曼在 1926 年的《动物形态学》期刊中详细描述过该物种 (Thienemann 1927, 第 43 页)。

图 19.3 (b): 谈及 "局部环境谱" (ökologisches Teilspektrum), 汉斯·乌特默尔 (Hans Utermöhl) 提供了一份更精确的展示, 以一种硅藻 (*Cyclotella comta*) 为对象, 他说物种并不一定在每条线或每一层上栖息, "然而, 他们也有可能出现", 参见其书《湖沼浮游植物研究》(Utermöhl, 1925)。

第 21 章

图 21.1: 以博物学为业的科学社团的地理分布。

图 21.2: 植物志和植物名录的作者数量 (1800—1914)。

图 21.3: 28 个学术社团的博物学出版物在各省的数量分布。

图 21.4 (a-e): 植物类博物学家的必备工具。(a) 植物采集箱, (b) 和 (c) 挖掘和碎解工具, (d) 高枝剪 (échenilloir) 和手剪 (sécateur), (e) 背包。图片来源:《草药师植物学指南》(Bernard Verlot 1879);《博物学家和科学旅行者指南, 或动物、植物、矿物、化石和活体生物样本的搜索、制备、运输和保存的说明》第 2 版 (Guillaume

Capus 1883)。

图 21.5: 文章中提到的早期法国生态学活跃的城市和地域分布图 (哈克 (C. Haak) 制图)。

第 22 章

图 22.1: 塞尔索·阿雷瓦洛 (右侧) 和一位不知名的研究人员在桑坦德的海洋生物试验站 (Estación de Biología Marítima), 大约摄于 1905 年 (马德里的玛丽亚·特蕾莎·阿雷瓦洛 (María Téresa Arévalo) 供图)。

图 22.2: 巴伦西亚普通技术学院 (Instituto General y Técnico de Valencia) 的一位雇员展示 "水生生物学实验室" (Laboratorio de Hidrobiología) 的部分湖沼学仪器, 大约摄于 1915 年 (马德里的玛丽亚·特蕾莎·阿雷瓦洛供图)。

图 22.3: 埃米利奥·乌格特·戴·比利亚尔在《地植物学》一书中推出的植被类型划分方案 (Villar 1929)。

图 22.4: 何塞·夸特雷卡萨斯 (左侧), 当地向导和植物学家丹尼尔·桑斯 (Daniel Sans) (右侧) 在马吉纳山脉 (西班牙哈恩省), 1920 年代初, 夸特雷卡萨斯在此开始他的生态学调查 (巴塞罗那植物研究所供图)。

图 22.5: 本章涉及的早期西班牙生态学活动方位分布图 (哈克 (C. Haak) 制图)。

词　汇　表

　　该词汇表是专为本书而选的。一些主要的概念词汇用星号 (*) 标出。主要概念词汇能够构成一个知识领域的问题和观点, 一般来说, 它们是难以定义且开放的术语, 继而引申并组织其他概念。它们不一定只是生态学词汇的一部分。

　　HOEK 相关网站收录了完整的生态学概念词汇。虽然该目录还在继续收录中, 却给人一种其囊括了整个生态学概念词汇的印象。它是由库尔特·贾克斯 (Kurt Jax) 和阿斯特丽德·施瓦茨 (Astrid Schwarz) 通过不同科学风格和语言的生态文献整理而成的。尤其要考虑教科书、不同类型的词典以及涉及特定概念词汇及其在科学界作用的文章。随后, 该目录在一些同行之间传播, 并根据他们的意见和建议进行了扩充。

Concepts	Begriffe	Concepts	概念词汇
*adaptation	* Adaptation	* adaptation	* 适应
assemblage/assembly	Gefüge	assemblage	集群
association	Assoziation	association	群丛
autecology	Autökologie	autécologie	个体生态学
* biocoenosis	* Biozönose	* biocénose	*生物群落
biodiversity	Biodiversität	biodiversité	生物多样性
biogeoc (o) enosis	Biogeozönose	biogéocénose	生物地理群落
biome	Biom	biome	生物群系
biosystem	Biosystem	biosystème	生物系统
* biotope	* Biotop	* biotope	*生态单元 群落生境
border zone	Grenzbereich	zone frontière	边界地带
* boundary	* Grenze	* limite	*边界
* carrying capacity	* Umweltkapazität	* capacité de charge	* 环境容纳量
* climate change	* Klimawechsel	* changement climatique	* 气候变化
climax	Klimax	climax	顶极群落

续表

Concepts	Begriffe	Concepts	概念词汇
coevolution	Koevolution	coévolution	协同进化
* coexistence	* Koexistenz	* coexistence	* 共存
* community	* Lebensgemeinschaft	* communauté	* 群落
* competition	* Konkurrenz	* compétition	* 竞争
competitive exclusion principle	Konkurrenz-ausschlussprinzip	principe d'exclusion compétitive	竞争排斥原理
* complexity	* Komplexität	* complexité	* 复杂性
* conservation	* Naturschutz	* Conservation/ protection de la nature	* 保护
* disturbance	* Störung	* perturbation	* 干扰
* diversity	* Diversität	* diversité	* 多样性
* ecosystem	* Ökosystem	* écosytème	* 生态系统
ecotone	Ökoton/Saum-/ Randbiotop	écotone	生态过渡带
* energy	* Energie	* énergie	* 能量
* environment	* Umwelt, Umgebung	* environnement	* 环境
* equilibrium	* Gleichgewicht	* équilibre	* 平衡
food chain	Nahrungskette	Chaîne alimentaire/ trophique	食物链
food pyramid	Nahrungspyramide	pyramide alimentaire	食物金字塔
* food web	* Nahrungsnetz	* réseau trophique	* 食物网
habitat	Habitat	habitat	栖息地; 生境
* heterogeneity	* Heterogenität	* hétérogénéité	* 异质性
holism-reductionism	Holismus-Reduktionismus	holisme-réductionisme	整体论–还原论
image of nature	Naturbild	représentation de la nature	自然图像
individual	Individuum	individu	个体
uncertainty	Unsicherheit	incertitude	不确定性
* lake type	* Seentypen	* type de lac	* 湖泊类型
* landscape	* Landschaft	* paysage, écocomplexe	* 景观
law	Gesetz	loi	法则
* life cycle	* Lebenszyklus/ Entwicklungszyklus	* cycle biologique	* 生活史
medium	Medium	moyen	媒介
model	Leitbild	modèle	模型

[416]

续表

Concepts	Begriffe	Concepts	概念词汇
model (logistic, exponential, dynamic)	Modelle (logistisch, exponentiell, dynamisch etc.)	modèle (logistique, exponentiel, dynamique)	模型 (逻辑斯蒂、指数、动态)
natural history	Naturgeschichte	histoire naturelle	自然史
* natural selection	* natürliche Selektion	* sélection naturelle	* 自然选择
* niche	* Nische	* niche	* 生态位
* organism	* Organimus	* organisme	* 有机体
patchiness	Verteilungsmuster	Patchiness/mosaïque/ disposition en mosaïque	斑块性
pattern	Muster	patron	格局
political ecology	politische Ökologie	écologie politique	政治生态学
* population	* Population	* population	* 种群
population ecology	Populationsökologie/ Demökologie	démécologie	种群生态学
* production	* Produktion/Produktivität	* production	* 生产
reductionism-holism	Reduktionismus-Holismus	réductionisme-holisme	还原论–整体论
* reproduction	* Reproduktion	* reproduction	* 繁殖
resilience	Resilienz	résilience	恢复力
* resource	* Ressource	* ressource	* 资源
restoration	Restauration	restauration	恢复
* scale	* Maßstab	* échelle	* 尺度
simulation	Simulation	simulation	模拟
* stability	* Stabilität	* stabilité	* 稳定性
stochastic processes	stochastische Prozesse	processus stochastiques	随机过程
* succession	* Sukzession	* succession	* 演替
superorganism	Superorganismus	superorganisme	超有机体
* sustainable development	* Nachhaltigkeit/ nachhaltige Entwicklung	* développement durable	* 可持续发展
symbiosis	Symbiose	symbiose	共生
synecology	Synökologie	synécologie	群体生态学
* vegetation type	* Vegetationstyp	* type de végétation	* 植被型

[417]

作者介绍

　　阿斯特丽德·施瓦茨 (Astrid Schwarz)　　达姆施塔特工业大学 (Technische Universität Darmstadt)、巴塞尔大学 (University of Basel) 高级研究员, 拥有哲学和生物学教育背景。继在法国和德国获得实验水生生态学学位后, 又获得生物学历史和哲学专业博士学位。受巴黎人文科学之家 (Maison des Sciences de l'Homme, MSH) 资助从事博士后研究。从巴黎来到达姆施塔特 (Darmstadt), 进入哲学研究所工作。2006 年 10 月至 2007 年 9 月, 担任跨学科研究中心 (ZIF Bielefeld) 研究员, 研究领域为科学技术哲学及文化史。研究兴趣主要包括探究概念、对象和意象在生成、稳定和划分科学/技术科学知识过程中的地位及作用。主持《生态学概念手册》图书编辑项目及 "生态学研究的视觉文化" 项目。后者是一个用于研究和教学的网络化信息系统。自 2010 年 8 月以来, 携手贝尔纳黛特·邦索德–文森特 (Bernadette Bensaude-Vincent) 和阿尔弗雷德·诺德曼 (Alfred Nordmann) 开展题为 "技术科学对象的起源和本体论" (Genesis and Ontology of Technoscientific Objects) 研究。2010 年夏季学期在达姆施塔特应用科学大学 (University of Applied Sciences in Darmstadt) 担任短聘教授。上述科研项目及研究兴趣均汇聚于图书项目 "边界上的科学——对失控环境的永恒修补" (*Science at the Border—Permanent Tinkering with Unruly Conditions*) 中。

　　库尔特·贾克斯 (Kurt Jax)　　德国莱比锡市亥姆霍兹环境研究中心 (UFZ Helmholtz Centre for Environmental Research) 高级研究员, 慕尼黑市慕尼黑工业大学 (Technische Universität München) 生态学系教授。贾克斯曾是淡水生态学家, 研究领域是水生原生动物生态学。之后研究兴趣转为生态学和保护生物学的概念基础, 并进行了长达二十余年的研究。早期工作是在奥尔登堡大学 (University of Oldenburg) 为德国瓦登海 (Waddensea) 的生态系统研究创建理论概念。随后研究重心更多地转向生态学的哲学维度。获图宾根大学 (University of Tübingen) 科学和人文国际伦理中心的博士后基金资助。1999 年至 2009 年, 担任《环境伦理学》(*Environmental Ethics*) 期刊编辑顾问委员会委员。其为获取慕尼黑工业大学任教资格撰写的论文 (2000) 对生态单元 (种群、群落、生态系统) 的概念进行了理论和哲学的分析。研究重点聚焦将理论生态学概念用作保护生物学的工具，并将人文学科，特别是哲学的研究方法用于环境科学的跨学科研究。编著《生态学概念手册》也是其主要研究兴趣。近期的主要著作涉及"生态单元"相关概念、环境科学功能概念的各种应用以及有关自然及其实际和伦理内涵的社会觉知。代表性成果包括在 BIOKONCHI 研究项目中对智利南部生物多样性所做的评估。出版了专著《生态系统功能》(*Ecosystem Functioning*) (剑桥大学出版社, 2010)。

安德鲁·贾米森 (Andrew Jamison)　获哈佛大学历史与科学学士学位 (1970 年), 哥德堡大学 (University of Gothenburg) 科学理论博士学位 (1983 年)。1986 年至 1995 年, 在隆德大学 (University of Lund) 创建了科学与技术政策研究生项目, 并担任该项目负责人。自 1996 年起, 担任奥尔堡大学 (Aalborg University) 发展与规划系技术与社会专业教授。1996 年至 1999 年, 担任欧盟资助项目"公众参与、环境科学与技术政策选择" (Public Participation and Environmental Science and Technology Policy Options, PESTO) 负责人。2010 年至 2013 年, 获丹麦战略研究理事会 (Danish Strategic Research Council) 资助, 担任"丹麦工程教育: 机遇与挑战"研究项目 (Program of Research on Opportunities and Challenges in Engineering Education in Denmark, PROCEED) 负责人。贾米森在环境政治、社会运动和文化史等领域著述颇丰。出版的著作包括《绿色知识的形成》(*The Making of Green Knowledge*)、《环境政治与文化转型》(*Environmental Politics and Cultural Transformation*) (剑桥大学出版社, 2001), 以及与迈克尔·哈德 (Mikael Hard) 合著的《傲慢与杂糅:技术与科学的文化史》(*Hubris and Hybrids: A Cultural History of Technology and Science*) (劳特利奇出版社, 2005)。

埃贡·贝克尔 (Egon Becker)　德国歌德-美茵河畔法兰克福大学 (Goethe-University Frankfurt/Main) 科学理论和高等教育社会学退休教授、社会生态学研究所 (Institute for Social-Ecological Research, ISOE) 高级研究员。曾在德国达姆施塔特工业大学学习数学、物理、社会学、哲学, 毕业于电气工程和物理学专业, 获固体量子理论专业理论物理学博士学位。曾任美国耶鲁大学研究员, 巴西、墨西哥、瑞典客座教授。目前的研究领域是社会生态系统、复杂性理论和科学哲学的概念及方法论问题, 著述颇丰。

帕特里克·马塔涅 (Patrick Matagne)　拥有生物学和历史学教育背景, 获科学史博士学位。法国普瓦捷大学 (Université de Poitiers) 讲师, ICOTEM-RURALITES EA 2252 (变化区域的身份及相关知识) 实验室成员。研究兴趣聚焦自然史的实践史和生态学史。参与了生物多样性和可持续发展教育项目。著作包括《生态学起源》(*La naissance de l'écologie*)、《科学史》(*Histoire des sciences*) (伊利普赛出版

[421]

社, 2009) 及《生态系统概念史》(*Histoire du concept d'écosystème*) (见 *Ciencia & Ambiente* 39, 2009, 第 33–47 页)。

路德维希·特列普 (Ludwig Trepl)　生于 1946 年, 曾在慕尼黑和柏林学习生物学。1994 年至 2011 年担任慕尼黑工业大学景观生态学系主任, 长期致力于植被生态学研究。随后研究兴趣转向生态学历史和理论。近十年转而研究作为文化主题的景观历史和理论。

约翰·高迪 (John M. Gowdy)　纽约特洛伊伦斯勒理工学院 (Rensselaer Polytechnic Institute) 经济系人文与社会科学里滕豪斯讲席教授 (Rittenhouse Professor)。曾任美国生态经济学会会长, 现任 (2010—2012) 国际生态经济学会会长。目前的研究兴趣包括气候变化、生物多样性评估、行为经济学和进化经济学。曾任维也纳经济大学 (Economic University of Vienna) 富布赖特学者、利兹大学 (Leeds University) 勒沃胡姆讲席教授 (Leverhulme Professor)、巴塞罗那自治大学 (Autonomous University of Barcelona)、苏黎世大学 (University of Zurich)、阿姆斯特丹自由大学 (Free University of Amsterdam)、昆士兰大学 (University of Queensland) 和日本德岛大学 (Tokushima University) 访问学者。独著或合著 160 多篇文章、10 部著作。著作包括《微观经济理论的旧与新: 学生指南》(*Microeconomic Theory Old and New: A Students Guide*) (斯坦福大学出版社, 2010), 与卡尔·麦克丹尼尔 (Carl McDaniel) 合著《出售的天堂: 自然的寓言》(*Paradise for Sale: A Parable of Nature*) (加州大学出版社, 2000), 与乔恩·埃里克森 (Jon Erickson) 合著《生态经济理论与应用前沿》(*Frontiers in Ecological Economic Theory and Application*) (爱德华·埃尔加出版社, 2008)。

布勒德·布雷克林 (Broder Breckling)　就读于不来梅大学 (University of Bremen) 生物学专业。博士论文研究个体建模用于分析生态过程和相互作用的潜能。曾就职于基尔大学 (University of Kiel) 生态系统研究中心和奥地利拉克森堡国际应用系统分析研究所 (International Institute of Applied Systems Analysis, IIASA)。在不来梅环境研究和可持续技术中心获执教资格 (venia legendi), 随后继续在不来梅和韦希塔大学 (University of Vechta) 进行研究工作, 研究重点聚焦生态理论、生态过程的计算机模拟以及农业系统中转基因植物产生的环境影响。参与并负责多项研究项目。与弗雷德·约普 (Fred Jopp) 和豪克·鲁特 (Hauke Reuter) 合著了一本关于生态建模的教科书 (2011 年初出版)。

沃尔夫冈·哈贝尔 (Wolfgang Haber)　德国慕尼黑工业大学景观生态学荣誉退休教授, 霍恩海姆大学 (University of Hohenheim) 农业科学专业荣誉博士, 中国科学院爱因斯坦讲席教授。出版论文、著作 435 篇 (部), 其中专著 4 部, 编著

[422]   12 部。就读于明斯特大学 (Universities of Münster)、慕尼黑大学、瑞士巴塞尔大学和霍恩海姆大学学习生物学、化学和地理学。获生物学硕士学位，专业为兰花种植。获土壤微生物生态学和理论生态学博士学位。 1958 年至 1966 年，在明斯特的威斯特伐利亚自然历史博物馆 (Westphalian Museum of Natural History) 担任初级研究员、讲师和馆长。随后负责威斯特伐利亚自然保护和景观管理方面的研究及行政工作。之后担任慕尼黑工业大学新成立的景观生态学研究所所长、景观生态学教授。在一般生态学和景观生态学、植被和生态系统科学、保护生物学、农业生态学和土地利用史领域从事教学和研究工作。1970 年，与他人合作创立了德语国家生态学会 (Gesellschaft für Ökologie, 简称 GfÖ)，并在 1980 年至 1989 年担任该学会会长。担任多家学术机构的委员，其中包括巴伐利亚州政府和德国联邦政府自然保护咨询委员会 (Advisory Committees for Nature Conservation of the State of Bavaria Government and the German Federal Government)、德国联邦环境顾问委员会 (German Federal Council of Environmental Advisors) 和德国土地使用管理委员会 (German Council of Land Use Management)。1990 年至 1996 年，当选为国际生态学会 (International Association for Ecology, INTECOL) 主席，该学会是全世界各地生态学会的综合性机构。自 1996 年起，在瑞士和中国等国家担任生态学顾问、资深生态学家和环境专家。目前仍是活跃的作者及博士生导师。

安妮特·沃伊特 (Annette Voigt)   巴黎洛德隆大学 (Lodron University) 奥地利萨尔茨堡 "景观与城市生态" 工作组博士后研究员。就读于德国柏林工业大学 (Technische Universität Berlin) 学习景观规划和景观建筑学，获硕士学位。2000 年至 2010 年，在慕尼黑工业大学担任景观生态学研究助理，期间获博士学位。博士论文题目为《群落生态单元理论对解释生态系统概念模糊性的贡献》(*Theories of Synecological Units: A Contribution to the Explanation of the Ambiguity of the Ecosystem Concept*)。出版专著《自然的构建——生态学理论和社会化的政治哲学》(*Die Konstruktion der Natur. Ökologische Theorien und politische Philosophien der Vergesellschaftung*) (施泰纳出版社，斯图加特，2009)。研究领域包括生态科学的哲学、历史和文化背景，重点研究群落生态学、生态系统生态学、景观规划和自然保护以及人与自然关系的理论。目前的研究重点聚焦城市自然概念和城市地区自然管理面临的挑战。

多纳托·贝尔甘迪 (Donato Bergandi)   巴黎国家自然历史博物馆生态哲学副教授。研究兴趣包括生物哲学、生态哲学 (尤其是方法论)、环境伦理学、环境史以及有关可持续发展的社会、经济、环境及伦理方面内容。在《生命科学哲学》(*Ludus Vitalis*)、《控制论》(*Kybernetes*)、《生物学理论学报》(*Acta Biotheo-*

retica)、《科学史杂志》(*Revue d'histoire des sciences*) 等期刊上发表多篇论文。担任《生态学、进化论和伦理学: 良性知识论循环》(*Ecology, Evolution, Ethics: The Virtuous Epistemic Circle*) 一书的科学编辑。参与制定国际自然保护联盟生物圈伦理倡议 (IUCN Biosphere Ethics Initiative) 中的伦理准则。

乔治·列维特 (Georgy S. Levit)　加拿大哈利法克斯市国王大学学院 (University of King's College) 助理教授、德国耶拿大学 (Jena University) 研究员。目前的研究兴趣包括进化论替代理论史 (非达尔文进化论)、进化发育生物学史 (史前)。[423] 著作涉及不同主题, 包括进化论史、希特勒统治下的德国科学、全球问题以及俄罗斯科学史。这些不同的主题由一条共同的主线贯穿其中, 即科学与社会、宗教及哲学的相互作用。近期发表的文章包括与霍斯费尔德 (U. Hossfeld) (2009) 合著《从分子到生物圈: 尼古拉·弗拉基米罗维奇·蒂莫费耶夫–雷索夫斯基 (1900—1981) 极权主义景观中的研究项目》(*From Molecules to the Biosphere: Nikolai V. Timoféev-Ressovsky's (1900–1981) Research Program within A Totalitarian Landscapes*) (*Theory in Biosciences*, 128: 237–248), 以及与希穆内克 (M. Simunek)、霍布菲尔德 (U. Hoßfeld) (2008) 合著《心理个体发育和心理种系发育: 贝恩哈尔·伦施 (1900—1990) 通过泛心论同一性棱镜做出的选择论者转向》(*Psychoontogeny and Psychophylogeny: The Selectionist Turn of Bernhard Rensch (1900–1990) through the Prism of Panpsychistic Identism*) (*Theory in Biosciences*, 127: 297–322)。

格哈德·哈德 (Gerhard Hard)　德国奥斯纳布吕克大学 (University of Osnabrück) 自然地理学讲席教授 (1977—1999)。1962 年获植被地理学博士学位。七年后出版著作《语言的 "景观" 和地理学家的 "景观"》(*'Landschaft' der Sprache und die 'Landschaft' der Geographen*), 并获任教资格。1971 年担任波恩莱茵兰教育大学 (Pedagogical University of the Rhineland) 地理学和教学法教授。在对景观概念的语义分析中, 他认为德国地理学中使用的 "景观" 概念体现了美学概念, 意指对空间土地配置的审美感知。这一表述在德国地理学界引起巨大争议, 且一直延续至今。哈德反对把 "景观" 这个概念看作一个科学事物, 在 1995 年出版的著作《痕迹和追踪者》(*Spuren und Spurenleser*) 中, 他主张把地理概念看作符号和象征的科学。同样的概念也适用于景观生态学和建筑以及开放空间规划和自然保护。哈德被公认为地理学领域及教学科研领域的先锋人物。2007 年耶拿大学化学和地球科学学院授予其荣誉博士学位。

桑托斯·卡萨多 (Santos Casado)　西班牙马德里自治大学 (Autónoma de Madrid) 生态学系副教授。研究兴趣包括西班牙的自然史和环境科学史, 以及西班牙保护和环境运动的思想史和文化史。相关著作包括《生态学在西班牙的萌芽》(*Los primeros pasos de la ecología en España*) (Madrid: Ministerio de Agricultura, 1997)、《实地科学》(*La ciencia en el campo*) (Tres Cantos: Nivola, 2001) 和《大自然的书写》(*La escritura de la naturaleza*) (Madrid: Caja Madrid, 2001)。著作《国家自然》(*Naturaleza patria*) (Madrid: Marcial Pons, 2010) 探讨了在 19 世纪与 20 世纪之交的西班牙自然界的科学愿景如何与国家认同和政治改革交织在一起。

罗伯特·麦金托什 (Robert McIntosh) 印第安纳州圣母大学 (University of Notre Dame) 荣誉退休教授。他的职业生涯始于植物生态学。曾是约翰·柯蒂斯 (John T. Curtis) 的首批学生之一,于 1950 年在威斯康星大学麦迪逊分校 (University of Wisconsin-Madison) 获得博士学位。与柯蒂斯合作发展了 "植物连续体概念",使亨利·格里森 (Henry A. Gleason) 关于植物群落的 "个体论概念" 重获新生,并通过大量的经验数据加以验证。彼时,弗雷德里克·克莱门茨 (Frederic Clements) 的有机体概念占主导地位,麦金托什的研究为取代有机体概念提供了可靠的方案,且广受好评。麦金托什曾在佛蒙特州和波基普西 (纽约瓦萨学院) 的大学任教。1958 年至 1987 年,在圣母大学任教至退休。除了在生态学方面的理论和实证研究外,麦金托什早年还对生态学的历史颇感兴趣。早在 1950 年代就已出版了有关生态学史的著作。其中,《生态学背景》(*The Background of Ecology*) 一书 (剑桥大学出版社, 1985) 在学界享有盛誉。作为生态学历史领域的开山之作,该书对生态学的历史做了全面的概述。时至今日,麦金托什仍是生态学领域最受尊敬的学者之一。 1970 年至 2002 年,麦金托什担任《美国中部自然学家》(*American Midland Naturalist*) 期刊的编辑。他曾获誉无数,其中包括 1998 年获得的 "美国生物科学学会 (American Institute of Biological Sciences, AIBS) 主席引证奖 (AIBS President's Citation Award)"。

帕特里克·布兰丁 (Patrick Blandin) 巴黎国家自然历史博物馆荣誉退休教授。曾任法国普通生态学实验室主任 (1988—1998)、法国生态和生物多样性研究所副所长 (1995—1998) 、生物进化大展馆主任 (1994—2002)、昆虫学实验室主任 (2000—2002)。自 2003 年起,他是 "人类、自然与社会" 研究部成员。在巴黎高等师范学院 (Ecole Normale Supérieure) (1967—1973)、巴黎第六大学 (Université Paris 6) (1973—1988) 任助理教授期间主要在拉目图 (Lamto) 热带稀树草原(科特迪瓦)研究蜘蛛生态学 (1969—1981)。1983 年,关于蜘蛛的研究成果荣获了法国动物学会颁发的奖项。1975 年至 1985 年,布兰丁在枫丹白露森林附近设置了森林生态观测站。他曾指导多个跨学科项目,包括城市郊区森林 (1980—1983) 和巴黎地区开阔地带林地的生物多样性研究 (1992—1994)。为环境部撰写了关于生物指标的综合报告,并荣获法国科学院奖项 (1987)。自 1968 年以来,研究南美洲和中美洲蝴蝶的分类学和生物地理学问题。自 2005 年以来, 在秘鲁研究该区域生物多样性问题。2007 年出版了一部关于大闪蝶属 (*Morpho*) 的专著。2008 年因其对蝴蝶的研究荣获法国昆虫学会奖项。布兰丁博士在 1990 年代参与解决枫丹白露森林保护问题, 并在 2003—2006 年担任枫丹白露人与生物圈保护区科学委员会主席。创立了国际自然保护联盟法国国家委员会 (French National Committee of the International Union for Conservation of Nature), 并担任主席 (1992—1999)。现任 IUCN 生物圈伦理倡议委员会联合主席。出版了两部关于保护自然和生物多样性的历史和认识论方面的专著。最近的著作《生物多样性, 和谐的未来》(*Biodiversité, l'avenir du vivant*) (2010) 获得了法国科学院大奖。

佩德 · 安克尔 (Peder Anker)　纽约大学加勒廷学院 (Gallatin School) 个体化研究和环境研究项目副教授。著作包括《帝国生态学:大英帝国的环境秩序: 1895—1945》(*Imperial Ecology: Environmental Order in the British Empire, 1895—1945*) (哈佛大学出版社, 2001) 和《从包豪斯到生态住宅: 生态设计史》(*From Bauhaus to Eco-House: A History of Ecological Design*) (路易斯安那州立大学出版社, 2010)。

彼得 · 泰勒 (Peter Taylor)　马萨诸塞大学波士顿分校 (University of Massachusetts Boston) 教授, 面向本科生和研究生讲授批判性思维、反思实践和社会中的科学等课程。著作聚焦环境和健康科学在其社会背景下的复杂性问题, 包括《失控的复杂性:生态学、解释和参与》(*Unruly Complexity: Ecology, Interpretation, Engagement*) (芝加哥大学出版社, 2005)。这个关于复杂性和变化的研究项目始于澳大利亚的环境和社会行动主义, 推动了其在生态学和农业方面的研究工作。他后来到美国攻读生态学博士学位, 辅修专业为科学和技术研究 (science and technology studies, STS) (哈佛大学博士, 1985)。他将科学调查与源自科学技术研究不同学科的解释性探究相结合, 以便生命和环境专业的学生及科学家能够运用科学技术视角开展研究工作。 [425]

格哈德 · 威格勒布 (Gerhard Wiegleb)　德国科特布斯市勃兰登堡理工大学 (Brandenburg University of Technology) 普通生态学全职教授。就读于德国哥廷根大学 (University of Göttingen) 学习淡水生态学, 研究德国北部水生大型植物的分布和指标值。之后研究河流、沼泽和重度干扰景观 (如露天矿和军事训练基地) 的生态恢复问题。基于在该领域的研究, 威格勒布与泽布 (S. Zerbe) 合著了教科书《中欧地区生态系统的再饱和》(*Renaturierung von Ökosystemen in Mitteleuropa*) (Spektrum Verlag, Berlin, 2008)。1986 年以来讲授科学史和科学哲学课程。近些年为硕士生和博士生开设生物伦理学课程。近期的研究重点为生物多样性保护的社会、法律、经济和伦理方面问题。主要著作涉及生物多样性评价的伦理辩护, 将生物多样性纳入景观管理决策的制定以及立法 (如欧盟生物多样性保护环境责任法) 对保护生物多样性的作用。

　　尔约·海拉 (Yrjo Haila)　就读于赫尔辛基大学 (University of Helsinki) 学习生态动物学 (ecological zoology), 主要辅修科目是哲学。1983 年完成关于奥兰群岛 (Åland Archipelago) 陆生鸟类生态学的博士论文答辩。研究主要聚焦人类密集改造环境 (如城市和商业化管理的森林) 中的生态变化。自 1995 年起, 担任坦佩雷大学 (University of Tampere) 环境政策教授。主要研究兴趣是从互补的角度研究自然和社会的交互作用。与理查德·莱文斯 (Richard Levins) 合著《人与自然》(*Humanity and Nature*) (普鲁托出版社, 1992); 与查克·戴克 (Chuck Dyke) 合编《大自然如何说——人类生态状况的动态研究》(*How Nature Speaks. The Dynamics of the Human Ecological Condition*) (杜克大学出版社, 2006)。此外, 出版了数部芬兰语著作。

姓 名 索 引

注：页码为本书页边方括号中的页码，即英文原著页码。

主题词索引

译 后 记

生态学是一门古老而又年轻的学科。说其古老，人类从采集狩猎时代开始就在积累生物与其环境关系的知识。说其年轻，"生态学"这一术语的采用也不过百五十年左右的历史。究其根源在于，迟至19世纪下半叶，人们仍然未能建立起一个基本的概念框架，来理解生物与其所处的环境之间的关系。

作为一门年轻的学科，生态学迄今尚未形成库恩意义上的"范式"。种群生态学、群落生态学和生态系统生态学尽管都是生态学的分支，但它们所采用的基本概念和研究方法似乎缺乏一个共通的理论基础。不同于物理学、化学甚至生物学，生态学的基本概念框架并不是一个自洽的概念体系，而是由多组相互补充同时又相互对立的概念簇构成的。

自从进入生态学领域以来，译者就希望能有一部生态学理论发展史的著作，采用概念史的方法来分析生态学中基本概念的起源与演变，以及生态学基本概念框架的逐步成型过程。四年前的某一天，高等教育出版社的李冰祥编审询问是否有意翻译此书，译者接到样书后一口气阅读到深夜，随即慨然允诺。

严格来讲，这不是一部专著，而是根据编者所设计的结构组织的20多篇专题文章的合集。本书的两位编者最初的雄心，是将生态学中的基本概念按照关联程度分成若干概念簇，并邀请相关领域专家围绕每个概念簇来撰写专题文章，以期编撰一部大型的关于生态学的历史与哲学的百科全书——《生态学概念手册》。呈现在读者面前的这本著作，相当于《生态学概念手册》的导论部分，即生态学整体概念框架的形成与演变过程。作为专题文章的合集，它能够容忍不同作者的观点倾向和写作风格。这虽然在一定程度上牺牲了一部专著所应有的统一性，却为我们带来了更宽广的重新审视生态学的视角。在译者看来，这部生态学史著作至少从四个方面为我们回顾并反思生态学的基本概念框架提供了新颖的视角。

首先，这部著作站在自然哲学的高度，围绕整体论与还原论之争这条主线，来梳理生态学理论的发展历史。这是本书第二部分的主题。在第 4 章中，作者贝尔甘迪 (Donato Bergandi) 指出，这一争论在不同的时代有不同的表现形式。为此，他区分了这一争论的两个版本：一种是从整体与部分的角度来理解的，具体表现为有机体论与个体论之争; 另一种是从层级结构角度来理解的, 具体表现为突现论与还原论之争。基于这一区分, 他逐一分析了福布斯、克莱门茨、坦斯利、奥德姆兄弟等人的生态学思想, 并指出生态系统理论可以视为一种还原论的 (与突现论相对的) 整体论 (与个体论相对的)。

略有不同的是, 第 5 章的两位作者特列普 (Ludwig Trepl) 和沃伊特 (Annette Voigt) 专门从整体和部分的角度, 更清晰地重构了生态学理论发展过程中的整体论与还原论之争。按此叙事, 争论的一端是有机体论的整体论, 以克莱门茨为代表, 强调群落是超有机体, 群落的演替是目标导向的; 争论的另一端是个体论的还原论, 以格里森为代表, 强调群落是由于物种迁移和环境变迁而导致的不同物种的某种随机组合。两位作者指出, 20 世纪下半叶, 随着生态系统理论的发展, 群落作为超有机体的观念, 以及某个气候区域单一的顶极群落概念, 都遭到了人们的抛弃。与此同时, 生态系统理论从物质流、能量流和信息流概念出发, 仍然将生态系统视为一个自我调节的、趋向多样性和稳定性的自然单元, 从而在某种意义上实现了还原论与整体论的统一。不消说, 从整体论与还原论之争的角度来理解生态学史, 能够让我们剔除芜杂纷繁的历史细节, 抓住概念和理论发展的主要关节和脉络。

其次, 这部著作还从科学哲学的角度分析了生态学的理论结构, 即本书第三部分所论述的主题。这一部分的几位作者都一致强调, 生态学尚未形成库恩意义上的为大家所普遍接受的范式, 至今还处在拉卡托斯意义上的相互竞争的研究纲领阶段。在第 8 章中, 施瓦茨 (Astrid Schwarz) 尝试用生态位、微宇宙和能量这三个基本观念, 来重构生态学基本概念框架的发展过程。其中生态位观念来自种群和进化生态学, 它从物种之间的竞争和选择的角度来解释动植物群落的形成; 微宇宙的观念与群落生态学紧密关联, 这里群落被认为是超有机体, 群落内物种的生存是以适应作为整体的群落为前提的; 能量的观念来自生态系统理论, 该理论断言, 物质和能量的流动维系着生态系统的统一与平衡。

施瓦茨认为, 生态学并不是一门学科, 而是一个知识领域; 生态学的多元性即来自这三个既相互补充又相互冲突的观念所组成的基本概念框架, 生态学的历史可以看作这个概念框架内部的来回 "振荡"。他的这一尝试, 不仅有助于我们理解生态学的历史, 还能启发我们展望生态学的未来。比如, 景观生态学的兴起, 就有望调和生态位和微宇宙这两个基本观念之间的内在张力。按第 6 章的作者所述, 景观生态学家正在采用数学建模的方法, 通过增减种群来探讨复杂性与稳定性的关系。这虽然还算不上是普遍的生态学理论, 但至少在种群生态学和群落生态学之间架起了桥梁。至于生态学中数十个基本概念的渊源, 以及生态学中众多分支学科的划分, 读者可以参考本书第 7 章的讨论。

再次, 这部概念史著作强调, 早期生态学 (从19世纪下半叶到第二次世界大战结束) 具有鲜明的地域文化特征。本书的第六部分讨论了德语世界、英语世界、法国、瑞士、丹麦、西班牙和俄罗斯等国家和地区早期生态学的发展。按照这些作者的论述, 德语世界的生态学从一开始就按生境类型沿水生生态学和陆地生态学这两条路径展开; 法瑞学派的生态学侧重于植物地理生态学, 聚焦于植物群丛的鉴定与分类; 丹麦学者瓦尔明通过借鉴法国学派的共生性概念和德国学派的形态学方法, 并结合对格陵兰岛植被特征的考察, 提出了生物群落概念, 从而使生态学的发展进入了一个新的阶段。俄罗斯生态学的独特性, 体现为以生物圈理论为基础的全球生态学, 强调生命体塑造了生物圈并使之成为一个自我调节系统。这一特征与俄罗斯的辽阔地域范围和超级大国地位十分契合。

如果说欧洲大陆的生态学主要来自博物学传统, 英美的早期生态学则更多体现为借鉴其他成熟科学的理论与方法, 使之朝向更普遍的科学这一方向发展。无论是借鉴博弈论通过数学建模来探讨种群之间的竞争与合作关系, 还是借鉴动力学来探讨植物群落的演替阶段和方向, 抑或是借鉴热力学和控制论来探讨生态系统的自我维系和自我调节机制, 无一不体现了生态学力图摆脱博物学传统的科学化倾向。但这部著作告诉我们, 英美生态学的科学化倾向是建立在欧陆生态学的博物学传统基础之上的。

最后, 这部概念史著作着力强调, 生态学中的基本观念深深植根于历史文化语境。语境之一是不同时代人们所信奉的自然观和社会观。举例来说, 生态学中的个体论与有机体论之争, 与政治领域的自由主义 (个人主义) 和保守主义 (国家主义) 之争紧密相关。构成生态学基本概念框架的生态位、微宇宙和能量观念, 对应于不同时代的三种自然观, 即 17—18 世纪的力学自然观、19 世纪德语世界的浪漫主义自然观和 20 世纪人类控制自然的观念。语境之二是相关学科的进展。举例来说, 系统论、控制论和信息论的兴起, 刺激了生态系统理论的迅速发展。语境之三是不同时代的社会政治运动, 特别是 1960 年代兴起的环境保护运动和 1980 年代兴起的可持续发展运动。对物种多样性和生态系统稳定性的探讨, 正是对这场社会运动的呼应。本书的第五和第七部分, 对后两种语境给予了充分的讨论。

生态学理论的语境特征, 使得生态学不仅呈现出与数学和自然科学交叉的特征, 同时还呈现出与哲学和社会科学交叉的特征。本书的多位作者都认为, 生态学是一门 "超级学科"。它的跨学科性质, 反过来对人类的政治和经济活动产生了深远的影响, 绿党的政治纲领和当代的可持续发展理念即为明证。生态学作为 "自然的经济体系", 还刺激了福利经济学的发展。

总之, 这是一部具有哲学深度和历史厚度的生态学思想史著作。参与撰写本书各专题的作者, 除了生态学领域的专家之外, 还有来自哲学、科学史、语言学、民族学等不同领域的学者。生态学的 "超级学科" 性质, 以及作者队伍的跨学科组成和非英语母语背景, 决定了本书的翻译不是一件易事。为了提高翻译的质量和效率, 译者也组织了一个由生态学家、哲学家、科学史家、语言学家和翻译专家共同参与的跨学科翻译团队。

整个翻译过程历时三载, 历经四道工序。第一道工序是基于事先确定的分工译出各章的初稿。第二道工序是通过举行每周一次的集体研讨会议, 逐段甚至逐句对照原文修订初稿, 统一人名、地名和专业术语的译法。第三道工序是组织生态学专业的博士研究生和博士后逐章阅读修订后的中文译稿, 发现问题并及时修正。最后一道工序是邀请相关领域的专家对全书进行审校。

值得一提的是, 翻译工作的时间跨度与新冠疫情的三年几乎重合。疫情防控给这项工程带来了困难, 也提供了机会——每周一次甚至两次的线上或线下集体研讨, 因此得以实现。2022 年底第三道工序进行时, 适逢疫情防控最为严峻艰难的时期, 主译者带领 20 余名研究生在校园内开展长达一个半月的阅读讨论。每天三四小时的诵读时光, 为疫情期间枯燥的生活平添了一抹亮色。

本书各章翻译分工如下: 序言, 高原 (中国科学院大学 (后简称国科大) 外语系); 第一部分 (第 1—3 章), 郝彦宾 (国科大生命科学学院); 第二部分 (第 4—5 章), 杨岭楠和顾盼 (国科大人文学院); 第三部分 (第 6—8 章), 高原、张旭 (西南林业大学) 和崔雅琼 (国科大外语系); 第四部分 (第 9—14 章), 张旭、崔雅琼、田建卿 (中国科学院植物研究所) 、孙丽冰 (国科大外语系) 和周小奇 (华东师范大学); 第五部分 (第 15—18 章), 周小奇、李冰祥 (高等教育出版社) 、杜剑卿 (国科大资源与环境学院) 和孙丽冰; 第六部分 (第 19—24 章), 何东 (新疆大学); 第七部分 (第 25—28 章), 薛凯 (国科大资源与环境学院)、于华 (国科大外语系) 和王文雯 (国科大资源与环境学院); 词汇表, 孙丽冰。

中文初稿的修订和讨论工作主要由王艳芬 (国科大)、高原和郝刘祥 (国科大哲学系) 负责。参加中文修订稿试读的博士生和博士后人员包括: 殷有薇、杨岭楠、顾盼、杨雅茜、章笑宇、崔丽珍、马丽媛、王雪萌、宁瑶、单丽雯、李聪佳、夏安全、周丹妮、张泽林、王夔、何舜、王泽原、周姝彤、张彪、庞哲和陈琳。最后一道审校由王艳芬负责, 郝刘祥和高原分别承担了与哲学和语言学相关章节的校订。这里要特别感谢于贵瑞院士在百忙之中通览本书并欣然作序。感谢傅伯杰院士、康乐院士、邬建国教授、韩兴国研究员、马克平研究员和崔骁勇教授在繁重的科研工作中抽出时间审读译文,并提出宝贵的修改建议。译文中的错讹与疏漏,自然由本书的主译者承担。

王艳芬　郝刘祥　高原

2023 年 8 月 10 日

《生态学名著译丛》已出版图书

郑重声明

高等教育出版社依法对本书享有专有出版权。任何未经许可的复制、销售行为均违反《中华人民共和国著作权法》，其行为人将承担相应的民事责任和行政责任；构成犯罪的，将被依法追究刑事责任。为了维护市场秩序，保护读者的合法权益，避免读者误用盗版书造成不良后果，我社将配合行政执法部门和司法机关对违法犯罪的单位和个人进行严厉打击。社会各界人士如发现上述侵权行为，希望及时举报，我社将奖励举报有功人员。

反盗版举报电话 （010）58581999 58582371

反盗版举报邮箱 dd@hep.com.cn

通信地址 北京市西城区德外大街 4 号 高等教育出版社法律事务部

邮政编码 100120